电站锅炉
及其辅机性能试验
原理、方法及应用

Performance Test for Utility Boilers and Their Auxiliaries
Theory，Method and Application

赵振宁　张清峰　李战国　编　著

中国电力出版社
CHINA ELECTRIC POWER PRESS

内 容 提 要

　　目前，电站锅炉性能试验更重要的功能是指导节能减排生产实践。这就要求我们对电站锅炉的性能及性能试验本质有充分的了解，只有测得准、算得对，才能把生产实践引向正确的方向。本书以最新版本的中国电站锅炉性能试验标准体系（GB/T 10184—2015）与 ASME 蒸汽锅炉性能试验系列标准（ASME PTC 4—2013）作为研究重点，介绍了电站锅炉性能试验原理，以及这两个性能试验标准体系在应用性能试验原理时所采取的具体思路、计算模型、细节处理及应用条件等，解释了各标准、各版本之间的差异，以便使读者对此有彻底的了解，可以根据自己的不同需求，灵活应用。

　　本书可供电站锅炉性能试验人员、电厂节能管理人员及电厂运行人员使用，也可供高等院校热能与动力工程相关师生参考。

图书在版编目（CIP）数据

　电站锅炉及其辅机性能试验：原理、方法及应用/赵振宁，张清峰，李战国编著 . —北京：中国电力出版社，2019.9

　ISBN 978-7-5198-3663-4

　Ⅰ . ①电…　Ⅱ . ①赵…　②张…　③李…　Ⅲ . ①火电厂—锅炉—性能试验　Ⅳ . ①TM621.2

中国版本图书馆 CIP 数据核字（2019）第 200723 号

出版发行：中国电力出版社
地　　　址：北京市东城区北京站西街 19 号（邮政编码 100005）
网　　　址：http://www.cepp.sgcc.com.cn
责任编辑：赵鸣志（zhaomz@126.com）
责任校对：黄　蓓　常燕昆
装帧设计：赵姗姗
责任印制：吴　迪

印　　刷：三河市万龙印装有限公司
版　　次：2019 年 12 月第一版
印　　次：2019 年 12 月北京第一次印刷
开　　本：787 毫米×1092 毫米　16 开本
印　　张：29.5
字　　数：658 千字
印　　数：0001—1500 册
定　　价：128.00 元

前 言

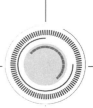

　　21 世纪以来，随着我国电力行业的快速发展，我国电站锅炉的设计、制造和运行水平均得到了空前的发展，十年前国内 600MW 亚临界机组才刚成为主力机组，到现在已经是相对落后的产品；1000MW 及以上超临界机组、超超临界机组、二次再热机组才是最先进的技术，目前我国的 1000MW 机组总容量超过世界上其他国家同级机组的总和。同时我国机组的技术水平从十年前普遍在 340～350g/kWh 的供电煤耗水平，发展到目前普遍在 300g/kWh，步入世界最先进行列，交出了漂亮的成绩单。

　　与电站锅炉装备产能与技术的发展速度相比，我国关于电站锅炉性能试验技术理论体系的研究相对滞后。AMSE 的电站锅炉性能试验标准 PTC 4 在 1998 年就发布了具有划时代意义的版本，且在 2008 年、2013 年又进行了两次修订，改正了其中不少编辑错误，并简化了 1998 版中某些对数学处理要求过高的方法，其相应的重要附件，如 ASME PTC 4.2、4.3、4.4 也于近年来进行了大幅度的修改。但我国电站锅炉性能试验标准一直发展较慢，以 ASME PTC 4.1—1964 为基础编制的 GB/T 10184—1988 的修订版 GB/T 10184—2015 历时近十年才完成发布工作，而最终用户一直到 2016 年底才拿到纸质版标准，很大程度上影响了我国性能试验技术水平的进步。

　　与 ASME PTC 4—1998 一样，GB/T 10184—2015 也是 GB/T 10184—1988 的大修版本，尽管文中存在一些编辑失误，但仍解决了 GB/T 10184—1998 中的很多问题，如边界的处理、锅炉效率的概念、散热损失计算方法等，使得其计算结果基本上可以与 ASME PTC 4 用低位热值处理的结果相一致，计算结果可以用于机组效率的计算，同样具有划时代的意义。为了解决这些问题，笔者曾于 2008 年开始，花费两年的时间对当前的各种标准进行了深入的考证，于 2010 年编著出版了《电站锅炉性能试验原理、方法及计算》一书，为广大性能试验工作者进行标准解读，参考 ASME PTC 4 中的原理，提出了 GB/T 10184—1988 中存在的一些问题的解决思路，并于 2014 年在参与编写 DL/T 904 行业标准时对锅炉效率等关键问题进行了应用。尽管这些思路在评估我国节能减排的工作中取得了非常好的应用效果，但毕竟电力行业标准 DL/T 904 的法律效力要弱于国家标准 GB 10184，多年来相关问题仍然未能彻底解决。这些思路最终能够被 GB/T 10184—2015 所采用，体现了我国科技工作者实事求是、海纳百川的胸怀。

　　与 GB/T 10184—2015 相似，在 2017 年 4 月，ASME 又一次进行了更新。ASME PTC 4.3 最早发布于 1968 年，因提出了漏风率修正等关键技术而闻名于世，在业界广泛应用了近 60 年。ASEM PTC 4.3—1968 发布时还没有三分仓空气预热器，其关键技术漏风率修正在应用于三分仓空气预热器时遇到了困难。笔者在 2010 年出版《电站锅炉性能试验原理、方法及计算》时对此首次进行了深入的研究，提出先按一次风压力修正一次，再按二次风压力修正一次的思想，并应用于电力行业标准 DL/T 1616《火力发电机组性能试验导则》。该思想被 ASME 所采纳，但提出了更加精确的算法思想，即先按一次风漏风率就一次风压力修正一次，再按二次风漏风率对二次风压力修正一次的思想，然后再取平均值，使得模型更为精细，该模型也将会被笔者主编的电力行业标准《空气预热器性能试验规程》所采纳。

由于这些新标准与旧标准差异很大，之前出版的《电站锅炉性能试验原理、方法及计算》中不少内容已有些落伍了。尽管笔者没有参与这些标准的编写，但仍花费近一年的时间对这些差异内容进行修订，同时也对该书中部分笔误进行了修正，以期推动我国性能试验水平再上一个新的台阶，为我国的节能减排工作贡献自己的力量。

本书基本上仍然按照《电站锅炉性能试验原理、方法及计算》的区块编排，对第一章、第二章、第四章、第五章进行了较大范围的修改；并且为了方便读者使用，增加了其他辅机性能试验标准的内容。因而本书的名称也改为《电站锅炉及其辅机性能试验：原理、方法及应用》。原书中第六章为性能试验标准的程序设计，考虑到使用本书的用户大多不会去设计性能试验系统，且这部分技术在今天也已不是新技术，因而本次修改把原第六章两节算法级代码作为第七章保留，而删除设计系统的相关内容，如用户有需求，可以参考《电站锅炉性能试验原理、方法及计算》一书。

本书第一章、第三章由赵振宁与张清峰合作编写；第二章、第六章由赵振宁与李战国合作编写；第四章、第五章、第七章由赵振宁编写。李金晶、李媛园、陈英涛、刘成永、李侠、孙亦鹏、曹红加、程亮、李庆、郭玥、常晨、王洪涛、张天浴等同志为本书的编写提供了帮助。

本书由清华大学教授吕俊复主审，在此对吕教授提出的建议和帮助表示衷心的感谢，也向支持本书编著工作的华北电力科学研究院有限责任公司的各级领导表示衷心的感谢！

为方便大家理解，本书编写时加入了大量编者自身的体会和看法，同时由于编者水平所限，书中疏漏之处在所难免，恳请读者批评指正。

编　者

2019 年 10 月

第一章

锅炉性能试验原理

性能试验的最初目的是验收设备的性能是否达到生产厂家的设计值或合同的规定值，因而要求相关人员（包括试验者、生产厂家及购买方）都应非常熟悉性能试验标准中的各种相关规定，以保证试验结果的正确性和公平性。但对于大量出于其他目的的性能试验，特别是为节能而进行的性能试验来说，仅了解性能试验标准中的条文已不能满足要求，还需要深刻了解锅炉性能试验的原理（包括算法原理、假定及应用条件等）。因此，本章介绍相关预备知识，包括专业术语含义、锅炉的类型、设计的思路与理念，以及相关化学、工程热力学、传热学知识及概念，以帮助读者提高想象、抽象、质疑与分析的综合能力。

第一节　性能试验相关的基础知识

一、能源及能量转化

1. 能量的多样性

能（energy）表示某种物质（或物质系统）对外提供做功、热量等的能力。能有多种存在的形式，如化学能、光能、原子能、电能、机械能、热能等。

2. 能量的转移

相同的能量是可以转移的。以热能为例，若两个冷热状况不同的物体放在一起，则冷的物体将变热，热的物体将变冷。在没有其他外来影响的情况下，两物体终将达到相同的冷热状况，能量就从热的物体转移到了冷的物体中。这就是著名的热力学第零定律，它是温度的测量基础。

驱动相同类型的能量转移的动力往往称为"××差"，如上述实例中的温差，以及常说的电压差、压力差等。

3. 能量的转化

各种形式的能量之间可以相互转化，且转化完成后总量不变，这就是著名的能量守恒定律，热力学中称为热力学第一定律，流体力学中称为伯努利方程。锅炉性能试验的本质是研究锅炉的能源利用转化率，因此能量守恒定律是本书研究的基石。

4. 热功当量

由于能量可以转化且转化后总量不变，所以各种能本质上是一种东西，可以用一种单位系统进行度量。物理学中最早研究的能量是机械能，所以把能及能量定义为"物理系统做功的容量与能力"，度量能的国际单位是 N·m，即"焦耳"（J），含义为"用 1 N 的力作用于物体，使其移动 1m 的距离所做的功"。另一种常见的度量能量的方法是热能单位，在热力学研究的早期，人们还不知道热能与机械能有关系时，热量度量的单位为"卡路里"（cal），简称卡，表示 1g 纯水在标准大气压下温度升高 1℃所需的热量，两种单位之间的转换关系称为热功当量，最早由科学家焦耳测量得出。

由于纯水在不同的温度下升高 1℃所需的热量不完全相同，因而出现了各种定义的卡，也就出现了各种各样的热功当量值。几种典型的热量单位的定义如下：

（1）热化学卡（cal_{th}）。科学家焦耳最早用实验确定了这种关系，1956 年被热化学界以国际标准的形式规定下来，称为"热化学卡"，$1cal_{th}=4.1840J$。

（2）20℃卡（cal_{20}）。20℃卡是指在标准气压下，1g 纯水温度从 19.5℃升高至 20.5℃所需要的热量。我国旧国家标准 GB 2589—1981《设备热效率计算通则》中附录第一条规定，"燃料发热量"所用卡为 20℃卡，$1cal_{20}=4.18168J$。这种热量单位在我国电力行业内颇为流行，如 DL/T 904—2004《火力发电厂技术经济指标计算方法》中就采用了该热功当量，标准煤发热量为 29271kJ。目前我国煤炭行业很喜欢使用这个标准煤发热量值，因为相同的热量可以有更多的标准煤折算量。

（3）国际蒸汽表卡（cal_{IT}）。1948 年第 9 届国际计量大会通过用焦耳作为能量单位后，1956 年伦敦第五届国际水蒸气大会规定了"水蒸气卡"。"1 水蒸气卡"的热量表示在标准气压下，1g 纯水温度从 14.5℃升高至 15.5℃所需要的热量，也称 15℃卡，$1cal_{IT}=4.1868J$。

目前国际上的热功当量值多采用 cal_{IT}，我国新国家标准 GB 2589—2008《设备热效率计算通则》也采用了 cal_{IT}，此时标准煤的发热量为 29307kJ。目前电力行业标准 DL/T 904—2015《火力发电厂技术经济指标计算方法》和 DL/T 1616—2016《火力发电机组性能试验导则》在改版后都将热功当量从 cal_{20} 改为 cal_{IT}，计算煤耗时标准煤的发热量为 29308kJ。

热功当量值的不同给电站节能工作者带来了困扰。因此在计算煤耗时，特别是要与国外标准进行比较时，应当把国际标准单位 kJ 除以 4.1868 转化为标准煤的质量。应当注意的是，这些都是人为的规定，与试验的精度无关，不是误差。

5. 能的品质

各种能之间的转化具有一定的方向性，如煤炭中的化学能很容易转化为热能，反之把热能转化为化学能的过程则相当困难；机械能、电能也可以完全转化为热能，而热能转化为机械能、电能则不可能达到 100%。如果一种能可以更多量地转化为另一种能，则认为该能比另外一种能具有更高的品质。

热力学认为能量基本可以分三类：第一种能量是机械能、化学能、电能等高级能源，可以完全转换为完其他形式的能量，能量的"量"和"质"完全统一。如 1L 汽油，尽管所含总能量不大，但却可以非常方便地用来取暖、驱动汽车。第二种能量是完全不能转换的能量，如环境内能。大气环境中所蕴含的热量其实非常大，烧光一个煤矿都无法把大气温度升高 1℃，但这么多能量却无法推动一根毛发，这种能量只有"量"，没有"质"。

第三类能量是大部分能量中可部分转换的能量，如热势能（本书把有压力、有直接做功能力的热能称为热势能，而把没压力、没有做功能力或需转换才有做功能力的热能，如锅炉排烟带走的废热，称为热能）等，这种能量的"量"和"质"不完全统一，转换能力受到热力学第二定律的约束。

除化学能向热能的转化（燃烧）外，发电厂的能源流程整体上是一个由低级能源（热能）向高级能源（电能）转化的过程。因此，在研究电站锅炉的性能时，一般要尽可能地考虑汽轮机的性能，尽可能地采用"分级利用"的方法，以获得最大的能源利用率。

6. 能源及其与能量的区别

能源的物理定义为能量的来源，如煤、石油、天然气及经过加工，以商品形式出现的焦炭、汽油、电力、蒸汽等。现实生活中最为常见的能源形式为电力、石油及其二次产品、天然气、煤等。

能量与能源有时可以通用，如电能和蒸汽所携带的热势能，既可以看作是能量，也可以看作是能源，能量的转化往往也可说成是能源的转化；但大部分情况下，能量与能源必须加以区别，如节能减排实际上是节省能源，因为能量的总量是不变的，不存在节省的问题。

二、热力系统及热力过程

能量在转换时，在"量"与"质"两个方面遵循不同的客观规律。热力学第一定律从能量的"量"出发，指出在能量转换过程中能量的总量守恒；热力学第二定律从能量的"质"出发，指出在能量转换过程中，能量的质要贬降，即能量的品质要降低、要贬值。这两个定律从"量"与"质"两个方面揭示了能量在转换及传递过程中的客观规律，是热力学研究的理论基础。

1. 热力系统

在热力学中，研究能量转换问题的基础是热力系统（简称系统，见图1-1），即把所要研究的对象用一个虚拟或实际的边界与周围环境分隔开来。系统通过边界与外界进行功、能量和物质交换，边界不同，交换大小相差很大。

进行电站锅炉性能试验时，锅炉系统就是一个开口热力系统。为了加强对比性，性能试验规程原则上已经把系统的边界确定了下来。如果两个标准的边界不同，则两个标准的结果是不具备可比性的。当前，锅炉性能试验的主要目的不在于测量，更重要的是改进，有时需要根据不同的运行情况，选择不同的边界进行分析。

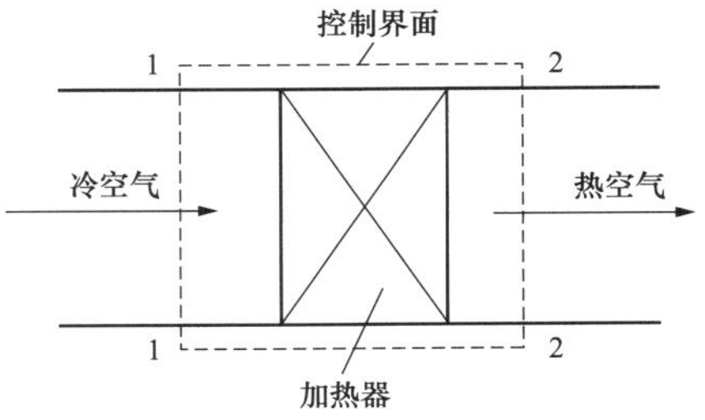

2. 热力过程与状态参数

系统与外界传递能量的同时，系统工质的热力

图 1-1 热力系统示意图

状态必将发生变化。例如锅炉中高温烟气由于与水发生热交换，温度由高温降到低温；又如进入汽轮机的高温、高压水蒸气，由于对外做功而变为低温、低压的蒸汽流出等。工质从某一状态过渡到另一状态所经历的全部状态变化称为热力过程，某瞬间工质热力

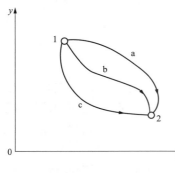

图 1-2　热力过程路径

性质的总状况称为热力状态（简称为状态），而描述这些状态的物理参数称为工质的状态参数。

当工质状态发生变化时，初、终状态参数的变化值仅与初、终状态有关，而与状态变化的途径无关，这称为状态参数的路径无关性。如图 1-2 所示，工质的状态由 1 变到 2，可沿 a 路径，也可以沿 b 路径或 c 路径。某种状态参数的变化量都可表示为

$$\int_1^2 \mathrm{d}x = x_2 - x_1 \qquad (1\text{-}1)$$

式中　　x——工质的某一状态参数。

热力过程的路径无关性使得确定某些状态参数的变化量时，只要确定开始点、结束点的状态即可，而不用研究过程线的路径，从而把研究大大简化。锅炉性能试验中大量使用状态参数来确定能量的变化，如工质蒸汽的吸热量、排烟所携带的能量等，都是式（1-1）的应用，因此，状态参数的理解对本书的理解非常重要。

三、常用的状态参数

热力学中常见的状态参数有温度、压力、比体积（或密度）、焓、熵等。其中，温度、压力、比体积（或密度）可以直接或间接地用仪表测量出来，称为基本状态参数。温度、压力等参数与质量多少无关，没有可加性，称为强度性参数。强度性参数在热力过程中起着推动力作用，一切实际热力过程都是在某种势差的推动下进行的，当强度性参数不相等时，便会发生能量的传递，如在温差作用下发生热量传递，在力差作用下发生功的传递。另一种参数为广延性参数，如系统的容积、内能、焓等；整个系统中某广延性参数值等于系统中各单元体该广延性参数值之和，它们与系统中的质量多少有关，具有可加性。在热力过程中，广延性参数的变化起着类似力学中位移的作用，称为广义位移，是强度性参数改变的对象。

除了解状态参数的含义，还要了解不同单位制之间的差别及其转换：同样的计算对象，同样的公式，所采用的单位不同，则公式中的常数项就不同。只有熟练应用两种体系下的应用公式，才能保证计算过程准确。

1. 温度

温度是使用最频繁的物理量。国际单位制（SI）规定温度用字母 T 表示，单位代号为 K（Kelvin），规定纯水三相点温度（即水的汽、液、固三相平衡共存时的温度）为基本定点，并指定为 273.15K，每 1K 为水三相点温度的 1/273。实用温标温度用小写字母 t 表示，代号为摄氏度℃（Celsius），每 1℃与每 1K 相同，其定义式为

$$t = T - 273.15 \qquad (1\text{-}2)$$

式中　273.15 是国际计量会议规定的数值，当 $t=0$℃时，$T=273.15$K。

英制单位广泛使用的温标是华氏温标，单位为℉，它把水、冰和海盐混合物的温度定为 0℉，把健康人的血液温度（正常体温为 35.56℃）定为另一固定点，中间部分分为 4×24=96 等份，这样，水的冰点定为 32℉，标准大气压下水的沸点就是 212℉，其间相

差 180℉，即 1℃=1.8℉。两种单位的转换关系式为

$$t_F = \frac{9}{5}t_C + 32 \quad \text{或} \quad t_C = \frac{5}{9}(t_F - 32) \tag{1-3}$$

英制单位中的绝对温标称为兰氏温度（也译作朗肯温度），单位用°R 表示，与华氏温标相差 459.668°R，即华氏温度 t_F 与兰氏温度 T_R 的关系为

$$t_F = T_R - 459.668 \tag{1-4}$$

2. 压力

与温度类似，压力也是性能试验中使用较为频繁的参数。SI 中规定压力的单位为 Pa（$1Pa=1N/m^2$），工程上应用最多的压力单位是 kPa、atm、mmH$_2$O 等，英制单位中最常见的是 psi（磅力/平方英寸）。最常用的转换关系为：1kPa=0.145psi；1inHg=3386.39Pa；1psi=6.895kPa；1atm=101.325kPa=14.696psi。

相对压力与绝对压力的测量与含义如图 1-3 所示。当用 U 形压力计测量风机出、入口压力时，压力计指示的压力是气体的绝对压力与外界大气压力的差值，称为相对压力。相对压力与绝对压力之间的关系如图 1-4 所示。绝对压力小于外界大气压力时，相对压力为负压（有时称为真空）；反之为正压。相对压力又称表压。

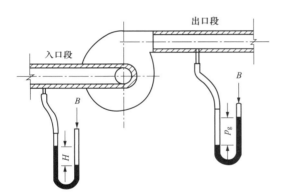

图 1-3　相对压力与绝对压力的测量与含义

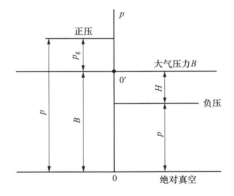

图 1-4　相对压力与绝对压力间的关系

由于大气压力随地理位置及气候条件等因素而变化，因此绝对压力相同的工质，在不同的大气压力条件下，压力表指示的相对压力并不相同，必须将其换算成绝对压力，只有绝对压力才是状态参数。

3. 比体积和密度

工质所占有的空间称为工质的容积，单位质量工质所占有的容积称为工质的比体积（"比"表示单位质量的基准）。工质的容积为 V，质量为 m，则比体积（m^3/kg）为

$$v = \frac{V}{m} \tag{1-5}$$

单位容积的工质所具有的质量称为工质的密度（kg/m^3），即

$$\rho = \frac{m}{V} \tag{1-6}$$

显然，工质的比体积与密度互为倒数，它们不是两个独立的状态参数，如二者知其

一，则另外一个也就确定了。

4. 比热容与焓

在分析热力过程时，常常涉及气体的内能、焓、熵及热量的计算，这都要借助于气体的比热容。单位物量的物体，温度升高或降低 1K 吸收或放出的热量，称为该物体的比热容。

比热容的单位取决于热量单位和物量单位。物量的单位不同，比热容的单位也不同。对固体、液体而言，物量单位常用质量单位（kg）；对于气体而言，除用质量单位外，常用标准容积（m^3）和千摩尔（kmol）做单位，因此，相应有质量比热容、容积比热容和摩尔比热容。

（1）定容比热容。气体加热是在容积不变的情况下进行的，加入的热量全部用于增加气体的内能，使气体温度升高。因此，定容比热容可定义为：定容情况下单位物量的气体，温度变化 1 K 所吸收或放出的热量，用 c_V 表示。

（2）定压比热容。气体加热在压力不变的情况下进行，加入的热量部分用于增加气体的内能，使其温度升高，部分用于推动活塞升高而对外做膨胀功，这种比热容称为定压比热容，用 c_p 表示。

工质在进出系统时向流动的前方传递的功称为流动能或推动功，数值上等于其压力与比容之积（pV）；如果工质不流动，则表示有这种做功的能力，即为压力势能。这种压力势能与工质由于温度而具有的能（热能）之和即为焓，用 H 表示，显然有

$$H=U+pV=m \times c_p \times T \tag{1-7}$$

显然，焓是一个广延性参数，将其除以工质质量便得到状态参数比焓，用符号 h 表示为

$$h=u+pv=c_p \times T \tag{1-8}$$

进行锅炉性能试验时，计算输入、输出的能实际都是在计算焓值。需注意的是，焓值计算只关心某两个状态下的相对变化量，因而需要把式（1-7）和式（1-8）中的 T 用 ΔT 代替。显然，如果比热容的基准值不同，计算出的焓值就不同，但两温度下的焓值差是相同的，具体可参见附录 A。

四、理想气体、混合气体及其特性

1. 理想气体与状态方程

理想气体是一种经过科学抽象的假想气体模型，它被假设为：气体分子是一些弹性的、不占有体积的质点，分子相互之间没有作用力（引力和斥力）。在这两个假设条件下，气体分子运动规律大大简化，把复杂的分子间热运动转化为温度、压力、比体积这三个基本状态参数之间的函数关系，称为状态方程，写为

$$pv=RT \tag{1-9}$$

锅炉燃烧的燃烧风及燃烧后的烟气都可视为理想气体，因此只要记住标准状态下的空气密度为 1.293，就可以根据状态方程推导出任何温度与压力下空气的密度，计算公式为

$$\rho=1.293 \times \frac{273.15 \times (p_a + p_{st})}{101325 \times (273.15 + t)} \tag{1-10}$$

式中 p_a——大气压力，Pa；

p_{st}——测量的静压（表压），Pa；

t——测量的温度值，℃。

如果气体不能当作理想气体，则称其为实际气体，锅炉中生成的水蒸气就是典型的实际气体。空气及烟气中的水蒸气含量少，比体积大，故均可当作理想气体看待。

2. 混合物气体的热力性质

锅炉燃烧时烟气与空气都是混合气体，所有成分具有的温度是相同的，第 i 种成分所具有的容积称为分容积，所贡献的压力称为分压力。对理想气体来说，根据道尔顿定律，分压力之比等于分容积之比。烟气/空气中的比热容等参数均可用各组分的分容积或分压力进行加权平均计算所得。

五、锅炉中的化学反应

1. 燃烧反应

锅炉中的燃烧主要是碳元素、氢元素、硫元素与空气中的氧气发生化学反应，可燃物质全部燃烧，生成二氧化碳、水蒸气、二氧化硫，同时放出相应的反应热。主要反应式如下：

$$C+O_2=CO_2+33730kJ/kg \tag{1-11}$$

$$2H_2+O_2=2H_2O+120370kJ/kg \tag{1-12}$$

$$S+O_2=SO_2+9050kJ/kg \tag{1-13}$$

如果燃烧中空气不足或混合不好，则燃料中的碳元素不完全燃烧会生成一氧化碳，所放出的反应热也相应减少，即

$$2C+O_2=2CO+9270kJ/kg \tag{1-14}$$

锅炉中的燃烧反应是连续不断的，因此需要连续不断地往锅炉中送入燃料、空气，并把废物排出锅炉。这样燃料在锅炉内的停留时间就很短，往往难以完全燃烧。为了保证燃料燃烧完全，锅炉运行中往往通入比实际需要更多的空气（氧化剂），这就是过量空气。过量空气的加入使得烟气组成成分中多了 O_2。

为了保证燃烧稳定，也使 NO_x 的生成量减少，锅炉往往通过分级配风把氧化剂送入炉膛，这样燃烧空气就有了一次风、二次风和三次风之分。

（1）一次风（primary air）。主要提供着火初期所需要的氧化剂，在煤粉锅炉中，还具有将煤粉干燥、分离并从磨煤机送至燃烧器的功能；在循环流化床锅炉中，一次风从燃烧室底部送入并使床料流化；燃油和燃气燃烧速度快，通常没有一次风。

（2）二次风（secondary air）。使燃料完全燃烧的空气。在煤粉炉和流化床锅炉中，指除一次风以外的燃烧用空气；燃油和燃气锅炉中，空气预热器出口的全部燃烧空气通常被称为二次风。

（3）三次风。不同情况下，三次风的定义有不同。在中储式系统的锅炉中，煤粉分离完成后，还有一部分极细煤粉混在干燥、输送磨煤机煤粉到粉仓的空气中，这部分空气一般由单独的燃烧器送入锅炉，称为三次风，也称为乏气（exhaust air）；在中速、高速磨煤机制粉系统中，为了实现空气分级配风，二次风中又分出一部分用作顶部风（OFA， over fire air），或称压火风等，但大部分称为三次风。在旋流燃烧器燃烧方式中，还把最外侧的二次风称为三次风。除中储式系统中的三次风外，其他情况下的三次风都与二次风没有本质上的区别。

现在大型锅炉中，往往采用三分仓回转式空气预热器来把一次风与二次风分开，一次风量占总风量的比例为25%～30%。

2. 炉内脱硫反应

在锅炉的燃烧产物中，SO_2 和 NO_x 是环境污染的罪魁祸首，因而需要将其脱去。由于煤粉在炉内的停留时间很短，而煤粉炉的炉膛温度比较高，因此煤粉锅炉很少采用炉内脱硫，而更多采用效率更高的尾部湿法脱硫系统。循环流化床锅炉可采用炉内脱硫技术，并结合尾部湿法或半干法脱硫，大幅度降低 SO_2 排放。

炉内脱硫是指把石灰石或熟石灰等脱硫剂与燃料一同送入锅炉。这些脱硫剂先吸收热量，产生 CaO、MgO 等碱性氧化物，然后与高温烟气中的 SO_2 和 O_2 发生化学反应，生成 $CaSO_4$、$MgSO_4$ 等硫酸盐，从而把烟气中的 SO_2 固化为硫酸钙，与灰分一起排出锅炉，完成炉内脱硫的过程。

以石灰石（主要成分为 $CaCO_3$）为例，其在炉膛内受热分解生成 CaO 的过程称为石灰石的煅烧反应（calcination），是吸热化学反应过程，同时释放出 CO_2，方程式为

$$CaCO_3 = CaO + CO_2 - 1782kJ/kg \tag{1-15}$$

煅烧形成的 CaO 颗粒与燃烧烟气中的 O_2 和 SO_2 形成硫酸钙的放热化学反应称为硫化反应（sulfation），方程式为

$$CaO + \frac{1}{2}O_2 + SO_2 = CaSO_4 + 4860\,kJ/kg \tag{1-16}$$

如果是 $Ca(OH)_2$、$Mg(OH)_2$ 之类的熟石灰，则先发生脱水反应（dehydration）生成 CaO、MgO，然后再进行硫化反应。脱水反应也是吸热反应，以 $Ca(HO)_2$ 为例，化学反应式为：

$$Ca(OH)_2 = CaO + H_2O - 1480kJ/kg \tag{1-17}$$

炉内脱硫是有控制的化学反应，加入的吸收剂量必须与燃料中的硫含量相符才能既保证脱硫效率，又保证经济性不受很大的影响。根据燃料中的硫分含量来确定脱硫剂的参数称为钙硫摩尔比（calcium to sulfur molar ratio），即送入的脱硫剂中钙的总摩尔数与送入燃料中硫的总摩尔数的比值，是一个非常重要的参数。

相比锅炉尾部脱硫来说，尽管炉内脱硫相对简单，但在锅炉性能试验时，会使计算、试验的复杂性大大增加，增加了发热与损失的来源，还在灰平衡中增加了脱硫过程中产生的灰渣（spent sorbent），这也是 ASME PTC 4 如此难以理解的重要原因之一。如无特殊说明，本书中脱硫指炉内脱硫。

3. 脱硝反应

NO_x 主要通过在大气中形成硝酸雨而危害环境，脱除 NO_x 也称脱硝技术。脱硝技术分为两大派，即催化剂脱硝反应技术 SCR（selective catalytic reduction）及无催化剂反应技术 SNCR（selective non-catalytic reduction）。

SCR 用钒作为催化剂，其反应原理如图 1-5 所示。氨气或氨水通过多个喷嘴以雾化的方式喷入热烟气中，并快速蒸发，和烟气充分混合后，通过富含催化剂的反应器后，烟气中的 NO_x 即分解为 N_2 和水蒸气。还原反应式为

$$4NO+4NH_3+O_2 \rightarrow 4N_2+6H_2O \tag{1-18}$$
$$6NO+4NH_3 \rightarrow 5N_2+6H_2O \tag{1-19}$$
$$2NO_2+4NH_3+O_2 \rightarrow 3N_2+6H_2O \tag{1-20}$$
$$6NO_2+8NH_3 \rightarrow 7N_2+12H_2O \tag{1-21}$$

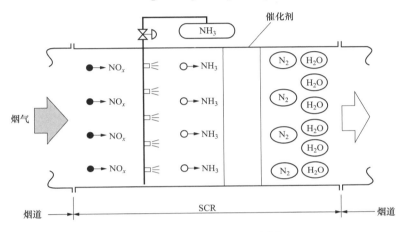

图 1-5 SCR 反应原理示意图

SNCR 技术所发生的化学反应与此相同，但由于没有催化剂，所以此需要在温度更高的区域中进行。一般 SCR 反应可以设置在空气预热器入口 300～400℃ 的区间内，而 SNCR 反应则必须设置在 800～1200℃，甚至更高的区域内反应，因此反应产物往往在屏底送入。

与脱硫反应相同，脱硝反应也使得锅炉中的化学反应发生了变化，但是 NO_x 含量一般比 SO_2 小很多（低 NO_x 燃烧技术一般只有 200～400 mg/m³），所以添加剂相对较少，目前所有的标准都还没有考虑这部分反应的影响，但根据 SCR 运行电站的情况，投与不投 SCR 排烟温度也有一些变化，意味着锅炉效率存在一些变化。

4. 添加剂

在锅炉不同位置加入的非燃料、非空气的物质统称为添加剂（additive），脱硫反应中加入的石灰石、脱硝反应中加入的氨气或氨水等都是添加剂，其对锅炉性能的影响如下：

（1）添加剂中的惰性成分，增加了灰渣烟气质量和灰渣显热损失/排烟热损失。

（2）添加剂中的水分，增加了烟气中的水分损失，并且改变了烟气比热容。

（3）添加剂可发生化学反应，从而改变烟气的组成或改变所需空气量。

（4）吸热反应需要热量，从而造成发热的额外损失。

（5）放热反应可放出热量，从而成为额外的外来热量。

ASME 标准中的石灰石计算示范了大多数添加剂对效率和燃料产物的影响所需要遵循的计算原则。如果考虑其他添加物质，如考虑脱硝剂的影响，可按相同的原则进

行计算。

六、相对分子质量在单位转化中的作用

化学反应中原子没有改变，只是重新组合，因而可以用分子或原子的个数来度量反应前后物质的变化。由于一个分子的质量太小，所以物理学上用摩尔（mol）来表示组成物质的分子或原子的量，单位符号为 mol。1mol 含有 6.02×10^{23} 个分子或原子，它所具有的质量称为摩尔质量，单位是 g/mol，数值上恰好等于它们的相对分子质量或相对原子质量。

通过摩尔质量就可以进行各种计量单位的转化，具体形式为：

（1）物质量向质量转化：质量=摩尔尔质量（相对分子质量）×摩尔数。

（2）质量向摩尔数转化：摩尔数=$\dfrac{质量}{摩尔质量（相对分子质量）}$。

相对分子质量等于各个组成原子的相对原子质量之和，而所有物质的相对原子质量都可以通过元素周期表（见图1-6）查到。

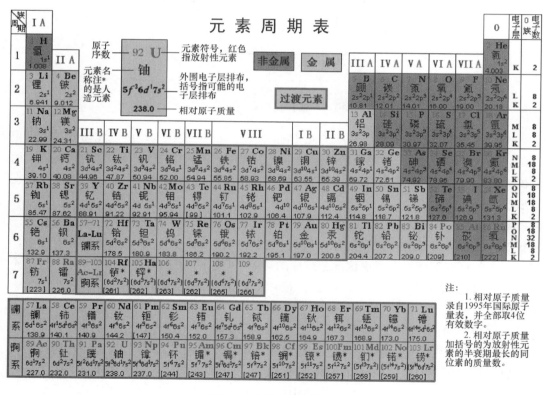

图1-6　化学元素周期表

七、锅炉中传热

传热的基本方式有热传导、热对流和热辐射三种。热传导是指在不涉及物质转移的情况下，热量从物体中温度较高的部位传递给相邻的温度较低的部位，或从高温物体传递给相接触的低温物体的过程，简称导热。热对流是指不同温度的流体各部分由相对运

动引起的热量交换。热辐射是指物体因自身具有温度而辐射出能量的现象，特点是可以在没有中间介质的真空中、不接触地直接传递。

锅炉炉膛中的传热以辐射为主，尾部受热面以对流换热为主，分别是热辐射、热对流与金属受热面的导热综合作用的结果。锅炉性能试验研究的是传热的结果，对传热过程本身不作具体研究。但如果能理解这些传热过程的特点，并根据实际情况把传热过程及路径进行适当的划分，将对理解书中的某些内容很有帮助。例如在研究锅炉散热损失的热量时，即可把传热过程分为两个部分：第一部分为受热面管通过导热、透过保温层传递给保温层外表面的热量；第二部分为保温层外表面向环境辐射和对流时，传递给环境而损失掉的热量。在整体过程中，显然第一部分导热传递的热量等于第二部分两种传热方式所传递热量的总和，可以用第一部分来估算第二部分的热量，这就是 ASME PTC 4 中关于散热损失修正的理论基础。

八、锅炉辅机

除了锅炉本体以外，锅炉还有一些重要的辅机与锅炉性能相关，这些辅机包括：

（1）空气预热器。空气预热器是锅炉中把空气加热到一定温度，以保证锅炉着火并回收烟气中废热的重要辅机，它对锅炉效率有很重要的意义。试验时离开锅炉的烟气温度即为空气预热器出口的烟气温度。空气预热器本身的性能也很重要，直接关系到锅炉的效率，本书第五章将专门对此进行介绍。与排烟温度相关的一个概念是烟气的酸露点，它表示烟气中的酸性物质（如 SO_2）在烟气变冷时会凝结成酸，并对受热面造成危害的温度。锅炉运行中一定要把排烟温度控制在一定的范围之内，以保证空气预热器冷端（空气进口）不发生低温腐蚀。

（2）送风机/一次风机。送风机和一次风机是为锅炉输送燃烧空气的两个重要风机，其性能也是关注对象之一。与锅炉热效率相关的是其进出口空气温度、流量，以及是否把它们划分在锅炉系统内。以前这两个风机压力小，温升也小，GB/T 10184—1988 把它们划在锅炉系统内；但随着机组容量的增加，风机功率越来越大，其温升已经不可忽略。ASME PTC 4—2013 和 GB/T 10184—2015 都将其划分在锅炉系统外。

（3）引风机。主要功能为维持锅炉负压、排出燃烧产生的废气。ASME PTC 4—2013 和 GB/T 10184—2015 对引风机的处理相同，都把它划分在锅炉系统外。

（4）磨煤机。ASME PTC 4 和 GB/T 10184 都将其划分在锅炉系统内，其消耗的电量作为系统的外来热量计入。

第二节　电站锅炉的性能与性能试验内容

一、电站锅炉功能与工作过程

1. 电站锅炉功能

电站锅炉的种类很多，有汽包炉、直流炉、亚临界、超临界、四角切圆、对冲燃烧及循环流化床等。不同的锅炉之间必然有差异，欲用几个指标将这些个体放在同一平台和尺度下进行衡量比较，就必须把它们相像的部分抽出来，抽象成与实际锅炉具体类型和部件无关的通用数据模型，对其中的共同点进行研究。

图 1-7 所示为现代发电燃煤单元机组的能源转化流程。燃料（主要是煤）和燃烧用的空气送入锅炉后，在锅炉内进行强烈的燃烧，生成高温烟气，并以很快的速度将循环工质（水）加热、蒸发，产生高温、高压的水蒸气，并将无法利用的废热和燃烧产生的温室气体 NO_x、SO_2 等污染物、粉尘等排入大气，完成化学能向热势能的转化。高温、高压的水蒸气通过管道送入汽轮机，然后推动汽轮机转动，带动发电机产出电能，最后经电网送往用户。在这个过程中，有两大重要的能源转化流程：第一流程为燃料燃烧与传热的过程，把化学能转化为蒸汽所携带的热势能，这部分能源转化发生在锅炉；第二流程是蒸汽所携带的热势能通过汽轮机转化为机械能，进而转化为电能，这部分能源转化主要发生在汽轮机。

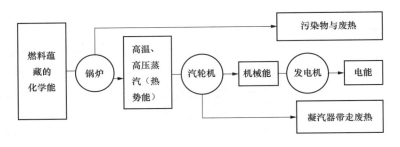

图 1-7　单元机组能源转化流程

这样尽管电站锅炉很复杂、种类很多，但可以把它抽象为：将燃料中的化学能转化为带有做功能力的热势能（高温、高压水蒸气）的一种装置，是整个发电厂的原动机。从这个定义可以看出：

（1）电站锅炉是一种能源转化装置，其最重要的性能参数是能源转化率。考察其性能时可以不用关心它的内部，而把它抽象为一个有输入、输出和有边界的黑匣子。这样就把所有的研究对象放在一个同样的平台。

（2）电站锅炉产生的蒸汽推动汽轮机进行发电，实现热势能转化为机械能。携带这种热势能的工质就是具有高温、高压的合格品质的蒸汽。因此，电站锅炉强调所产汽的做功能力、汽温、蒸发量、汽压等参数，这与普通锅炉有很大的区别。我国往往把锅炉翻译为"boiler（蒸发器）"，国外把电站锅炉称作"steam generator（蒸汽发生器）"，非常明确地说明了电站锅炉的本质在于生产蒸汽。

（3）性能的边界相关性。考察电站锅炉性能时，将它抽象为一个有输入、输出和有边界的黑匣子，因而与边界有密切的关系。边界不同，锅炉的性能也有差异，这也正是多个性能试验标准的不同之处，需要引起注意。

2. 锅炉工作过程

电站锅炉中有如下三个过程：

（1）燃料的燃烧过程。在这个过程中，燃料中的化学能被释放出来，并转化为被烟气所携带的热能，这一过程也称为炉内过程，如图 1-8 所示。

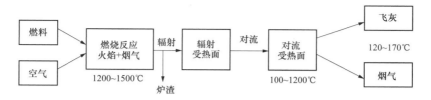

图1-8 锅炉中进行的燃烧过程

（2）传热过程。在这个过程中，烟气所携带的热能通过锅炉的各种受热面传递给锅炉的工质，如图1-9所示。

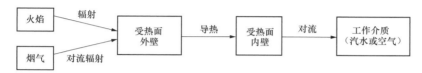

图1-9 锅炉中进行的传热过程

（3）工质的升温、汽化、过热过程。在这个过程中，工质吸收热量，被加热到所期望的温度，这一过程也称为锅内过程，如图1-10所示。

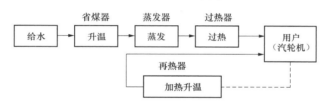

图1-10 锅内过程（蒸汽升温、升压）示意

实际生产过程中锅炉是连续运行的，这三个过程并列运行、通力合作，一边把冷水、燃料与空气送进去，另一边就会有高温、高压蒸汽产出，使锅炉最大限度地把化学能转化为热势能。在三个环节中，任何一个环节出问题，都会导致锅炉出问题或性能下降。

二、电站锅炉的性能

1. 能源利用率相关性能

用最小的代价，把尽可能多的化学能量转化到蒸汽中去，并使这些蒸汽发出更多的电，是锅炉的能量转化率的性能，也可称为节能方面的性能，具体包括锅炉效率、蒸汽参数、辅机耗电率等。

（1）锅炉热效率。锅炉热效率即锅炉本身的能源转化率，是最主要的锅炉性能之一。大多数性能试验标准及本书都是围绕锅炉热效率，着重讲述如何正确计算热效率、如何准确测量热效率等。但是必须明确的是：只有满足一定条件（如汽温、汽压、减温水量等参数满足要求）的锅炉效率才是我们要追求的，极端情况下，如果一台锅炉大量上水，使机组出口不是蒸汽而是温水，那必定会使锅炉的效率极高，但这没有任何用处。

（2）锅炉产生的蒸汽参数，如温度、压力等，是与锅炉效率并行的重要性能。蒸汽参数对汽轮机的做功能力影响很大，锅炉必须满足汽轮机对蒸汽的参数要求，才能最大限度地发挥其作用。现代锅炉设计通常有较大的负荷调节范围，运行条件（如煤种等）发生变化时，蒸汽参数还有一定的调节裕量，因此，性能试验标准中对蒸汽参数介绍并不多，但并非不重要。必须在电站的能源转化率框架内考查电站锅炉的锅炉效率，换句话说，本书所要强调的是，电站锅炉效率必须照顾到下级汽轮机的能源转化率。

（3）辅助设备耗电率。给煤机、磨煤机、送风机、引风机、一次风机等大型辅机的耗电率是锅炉节能方面的重要性能，这些耗电率一旦增加，必然使发电机组的净出力减少、效率降低。

（4）汽水系统的阻力。汽水系统的阻力是锅炉的重要指标，锅炉厂应当采用合适的蒸汽通流面积与受热面积之比，使过热器与再热器的阻力合适，以保证蒸汽携带的这些热势能更好地在汽轮机里做功，而不是用于克服锅炉本身的阻力（过热器阻力大还会使给水泵的压头增加，耗费更多的厂用电）。因而汽水系统的阻力也是锅炉节能方面的重要性能。

（5）空气/烟气侧的阻力。空气、烟气侧的阻力增加时，会增加烟风道相应风机的出力，使厂用电率上升，机组净出力下降。

（6）烟气挡板及摆动燃烧器的调温特性。烟气挡板与摆动燃烧器是烟气侧的调温装置，主要满足 50%～100%BMCR 工况下再热蒸汽温度的调节。由于再热蒸汽不经过高压缸，做功能力差，如果烟气侧的调温能力好，就不必投入再热器减温水，在相同的锅炉效率下，会有更好的机组效率。

2. 使用性能

满足使用便利性的性能。电站锅炉的用途在于集中生产电力，且电是不能存储的特殊产品，必须达到生产多少，供给多少，消耗多少，作为原动力的锅炉出力也总是在不断地变化之中，因而锅炉必须有大容量、良好的控制能力与变负荷能力等性能，包括额定蒸发量、最大连续蒸发量、最低稳燃负荷、变负荷速率及辅机的出力等。

（1）蒸发量。在规定的蒸汽参数 （包括规定的排污量和辅助用蒸汽量）和机组运行方式下，锅炉能够连续产生的最大主蒸汽流量，称为最大连续蒸发量。ASME 标准则用峰值出力（capacity peak）代替最大出力，它表示在规定蒸汽参数和机组运行方式下，锅炉在短时间内，即在不影响机组将来运行的特定时段内能够产生的最大主蒸汽流量。

（2）锅炉调节范围。锅炉必须有一定的负荷调节范围，最大出力、额定出力及最低断油出力（液态排渣炉稳定流渣的最低负荷称为液态排渣临界负荷）三个负荷点的工作状态是锅炉性能中很重要的因素，其中锅炉最大出力和最低断油出力是两个极限负荷。超出最大出力，锅炉的安全性会受到威胁；小于最小出力，则锅炉必须投油，运行费用会增加很多，环保性能也会变差。锅炉额定出力是锅炉的设计铭牌出力，也是整个机组（注意不是锅炉本身）最为经济的运行负荷。因此，锅炉性能试验需要考核这几个出力下的性能。

（3）电站锅炉的变负荷特性。在电力生产中，发电厂的发电量取决于用户侧的用电量，如果用户的用电量减少，发电机就要立即减少发电，反之要立即增加发电，否则就可能出现电网频率的波动。在发电站三大主机中，汽轮机通过改变进汽量实现变负荷，发电机通过励磁机电流实现变负荷，两者都可瞬间完成；唯独作为原动力的锅炉，负荷改变时要先调整燃料量，然后依次完成燃料燃烧、传热、蒸汽升温升压的三个过程，直至蒸汽参数改变到位，需要近10min的时间，因而锅炉变负荷特性很差。锅炉变负荷特性特别受电网关注。

（4）辅机的出力性能。辅机的出力性能包括出力是否满足设计要求及辅机运行耗电量两个方面的内容。为了使锅炉有足够的调节能力与适应能力，辅机出力通常都有一定的裕量，即辅机总容量必须大于锅炉要求的辅机容量，但辅机容量增加又必然使自用能增加。由于辅机是发电站中自用能最大的部分，所以如果采取一定的措施，使辅机的耗电量降低，节省的这些电送到最终用户的手中，则经济效益会很好。因而，辅机的耗电量是辅机节能的重要研究内容。大部分辅机的调节特性都很好，但高效率区都在高负荷区，如果裕量较大，锅炉机组运行的负荷率不高，就会使得辅机运行效率很低。

3. 环保性能

锅炉的环保性能集中体现在污染物的排放上，如 SO_2、NO_x、粉尘、重金属的排放，未来的环保性能除了上述污染物的排放性能外，更为重要的性能是 CO_2 的排放。

除循环流化床锅炉以外，大量的煤粉锅炉只能依靠尾部脱硫系统来控制 SO_2。NO_x 则可通过组织良好的燃烧，并结合脱硝装置来进行控制。粉尘主要依靠除尘器来控制。CO_2 排放的控制不仅取决于锅炉，更取决于整个机组的发电效率，发电效率越高，单位供电量的 CO_2 排放就越小，与节能方面性能的目标非常一致。

4. 安全性方面的性能

锅炉安全性方面的性能就是保证锅炉安全运行方面的性能，如着火和燃烧的稳定性、结渣特性、过热器和再热器的热偏差、金属超温特性等。另一个锅炉安全性方面的性能主要是要保证锅炉运行、操作人员的安全、健康的一些性能，如噪声、粉尘等。此外，锅炉系统的严密性同时具有安全、能源利用率、环保等多方面的性能特征。

（1）烟气侧严密性。锅炉的烟风道必须严密，外漏和内漏都不应出现。如果高温烟气向外泄漏，不但会有安全性后果，还会把热量直接排入大气中，从而降低能源转化率。目前，大部分锅炉负压运行，烟风道不严密时，通常是大气向锅炉内漏入冷空气，这增加了风机出力，降低了烟气温度，使烟气与蒸汽侧的温差变小而使传热环节变差、锅炉效率降低。空气预热器本身的漏风，虽不会影响锅炉效率，但会大大增加三大风机的出力，使厂用电率上升，因此，锅炉漏风是节能方面一个非常重要的性能。

（2）蒸汽侧的严密性。锅炉产出的蒸汽需要到汽轮机去做功，因而蒸汽侧的严密性实际上是锅炉在能源转化率方面的一个重要性能，否则很小的泄漏都会造成整个发电机组有不小的损失。如果泄漏加大，不但损失加大，锅炉也将无法正常工作，因此，蒸汽侧的严密性还是一个安全性性能。

5. 其他性能

除上述性能外，锅炉机组还有很多性能要求，如汽水品质等。

三、性能试验的内容与分类

1. 性能试验内容

性能试验是为确定以上各项锅炉性能而进行的试验，这些性能有些需要精确测量，有些合并在一起。国内进行锅炉性能试验时有以下内容：

（1）锅炉热效率试验。最重要的性能考核试验，机组经济性的重要指标之一。

（2）锅炉最大连续出力试验。获得最大出力时的锅炉特性。

（3）锅炉断油最低稳燃出力试验。与最大连续出力试验相似，获得负荷调节特性的另一个极限性能。

（4）锅炉额定出力试验。最重要的出力特性之一，可以与锅炉效率试验同时进行。

（5）空气预热器性能试验。主要的辅机试验，可以与锅炉效率试验同时进行，见第五章。

（6）制粉系统出力试验。主要的辅机试验，有专门的标准，详见第六章。

（7）磨煤机单耗试验。磨煤机试验的一部分，有专门的标准，详见第六章。

（8）除尘器性能试验。主要的辅机试验，有专门的标准，详见第六章。

（9）脱硝装置性能试验。主要的辅机试验，有专门的标准，详见第六章。

（10）脱硫装置性能试验。主要的辅机试验，有专门的标准，详见第六章。

（11）汽轮机高压加热器全切工况试验。锅炉配合试验，但锅炉相对吃力，需认真对待。

（12）厂用电率及供电煤耗测试。可计算出最终的全厂效率和煤耗指标。

（13）烟气污染物排放测试。测量机组 NO_x、SO_2 和固体颗粒物的排放浓度。

（14）机组散热测试。测量机组主要设备及管道保温结构的外表面温度和散热单位。

（15）机组粉尘测试。测量机组工作场所的粉尘浓度。

（16）机组噪声测试。测量机组的设备噪声、生产性噪声和厂界噪声。

尽管上述锅炉性能内容很多，但并不是所有的性能都通过性能试验来获得的，因为不同的性能有不同的要求。有的性能很复杂，如变负荷特性，受到锅炉类型、制粉系统的形式、燃料特性等很多因素的制约，主要由电网企业与发电厂来要求，不是性能试验标准所要考虑的内容。另外一些性能，如汽温、汽压、汽水品质等参数，是锅炉必须保证的，否则机组将无法运行，因而在锅炉性能中占有非常重要的地位，但在性能试验标准中对此描述得不多。对于大部分的辅机性能、环保性能、安全卫生性能等，大多都有专门的标准来进行约束。锅炉性能试验标准最重要的内容是锅炉热效率，即锅炉的能源转化率。在保证蒸汽参数的基础上有一个高的锅炉效率，是研究锅炉性能的终极目标。

2. 性能试验的类型与目的

从性能试验项目的清单来看，完整的性能试验还是很复杂的，需要耗费很大的人力、物力，有很多性能（如最大出力等）随机组的寿命变化很小。因此，实际生产活动中，根据对锅炉性能试验的不同要求，往往对这些性能试验的内容与要求进行取舍，形成不同的锅炉性能试验类型，主要包括新机验收考核试验、修前性能评估试验、修后性能评估试验、能耗评估试验、运行优化试验等。不同类型的试验目的不同，有不同要求。

（1）新机验收考核试验。新机验收试验的主要任务是考核锅炉是否达到设计要求。

由于涉及锅炉买卖双方的合同条款是否得以执行和货款是否支付等内容，因此要求试验结果必须公平、准确，按照合同规定的条款选择试验标准，并严格遵守试验规程，得到买卖双方的认可。试验时，试验条件应尽可能地接近设计条件，必须按设计要求进行如排污等设备的隔离，并通过修正计算把性能值修正到设计条件下的值。需要特别注意的是，修正后的值已不是真实的工况，而是一个假定的理想工况，这个效率仅能用于比较，而不能用于计算煤耗。验收试验中另一个常见且较为棘手的问题是合同条款中规定的试验标准已经作废。到目前为止，我国的合同中还往往按 ASME PTC 4.1—1964 而不是 ASME PTC 4—2013 来签订性能保证值，同时要求用低位发热量来代替高位发热量值进行试验。在此种情况下，对于试验方来说，最希望遵循最新标准；而对于设计方来说，最希望按设计的方法进行，于是就出现了在满足标准要求与满足合同要求之间的矛盾。三方需要根据具体情况权衡后达成一致。当然，作为业主与设计制造方，最好能够及时提高认识水平，按最新的标准来洽谈合同。

（2）修前性能评估试验。修前性能评估试验的主要功能是评价设备健康状态，通过整体性能的劣化程度来决定需要进行修理、定位可能出现的故障部位，从而决定修理的项目等。因为没有假想的设计工况作为参照物，所以试验时最好贴近实际生产的状态，而且只有这样，才能真实地得到设备的状态。同时，试验过程中最好对整体性能下降的可能性进行关注，必要时还需对设备运行期间的历史数据进行追溯，最好可较准确地定位整体性能劣化的病灶部位，从而达到指导大小修的目的。

（3）修后性能评估试验。修后性能评估试验的主要功能是评价大小修的效果，同时对设备可以高效运行的时间间隔加以预估。因为修理的效果只能与修前试验效果进行比较，也就是以修前试验工况为参考，所以试验的安排方法、条件应当等同于修前试验，且最好将试验结果修正到修前试验气候条件下的结果，然后进行比较（两个工况之间最大的差别只有气候条件的差别）。一般来说，如果修理过程中燃烧设备没有明显的损坏，受热面没有进行更换或改造，且修前也没有明显的结渣、积灰情况，则整体性能不会有很大的变化；但如果存在这些变化，就必须加以注意。

（4）能耗评估试验。能耗评估试验的主要任务是确定发电机组的整体性能。发电机组整体性能是锅炉、管道、汽轮机等设备性能串联的结果。因此，真实运行条件下的性能数据是最主要的，试验的条件应当完全在正常运行状态下进行，只要求状态稳定即可，不能为了试验而进行系统隔离。试验也不应在一个工况下进行，至少要在满负荷的工况之外再增加一个常用负荷的工况。各工况下锅炉性能不是线性的，因此，常用负荷的性能并不等于平均负荷下的性能，平均负荷下的性能也不等于各负荷下性能的平均（按负荷、天气条件加权平均的结果）。

（5）运行优化试验。为运行分析而进行的试验是最有用的性能试验，主要寻找一些优化性的操作或改造、改进对锅炉性能的影响，这种试验往往只用到性能试验中的一部分指标，典型的如最佳氧量试验、最佳煤粉细度试验等。

四、使用条件与修正

所有的锅炉性能都是基于一定的条件表现出来的，如煤种、环境温度、大气压力、大气中的含湿量、进口水温等，当这些运行条件变化时，锅炉性能必然会变化。

要减少这些偏差，一般是使锅炉试验的空气温度、外部预热的燃烧空气温度、给水温度、再热器进口蒸汽温度及燃料特性等初始条件尽可能与设计条件靠近，但没有任何工况能完全满足设计的要求。这些偏差会造成锅炉效率的偏差。如果性能偏差由这些运行条件的偏差引起，则不应归咎于设计不当，更不应看作是设计没有达到要求。

当需要与设计效率或保证效率进行比较时，必须按一定的算法对这些条件不一致的影响进行修正，以达到公平、公正。修正只是在两种条件不一致，为了避免因输入条件不一致而引起偏差的进行效率的比较时采取的一种虚拟工况的方法。理论上说，这种工况与实际工况还是有差别的。正常情况下的锅炉运行煤耗计算应当基于实际工况，而不是虚拟工况。除性能比较外，也可以通过修正计算预估预测条件下的性能，为锅炉的改造、改进提供适当的预测分析方法。

值得注意的是，无论哪一种修正，都是在小范围变化的基础上取得的效果。如果参数变化很大，修正后的性能必然与修正计算预想的不完全一致。

五、研究的重点

要彻底地理解、提高、改进锅炉效率，首先要准确地确定锅炉效率，这就是锅炉性能试验所要研究的内容。而要准确地确定锅炉效率，首先要了解锅炉效率的算法，掌握算法的方方面面；进而根据算法的要求，确定相应的测量内容；最后才根据测量内容的特点，选择合适的测点位置、测量强度及测量仪器。这样就保证了最后计算出来的锅炉效率的可信度。

对于性能试验，要非清晰确地了解如下六个方面的内容：

（1）测哪些参数。

（2）如何测量（每个参数）。

（3）如何使用这些数据（即计算）。

（4）为什么这样计算。

（5）如何测量准确。

（6）如何分析结果。

以上 6 个问题中最核心的是第（3）条，其次是第（5）条，最终目的是第（6）条。只有真正了解了计算方法及计算原理（4），才能决定到底需要哪些数据。有些数据可以直接测量，有些数据则必须间接测量，即问题（1）。正因为有了很多不可以直接测量的数据，才使得准确测量更加困难，因而才有了问题（5）。反过来，问题（5）对整个工作的有效性相当重要，只有测得准才能算得准，进而在此基础上的改进工作才是正确而有效的，否则很容易误导。

尽管锅炉效率的算法可能显得很简单，但必须很深入地了解每一个细节，才能组织和高质量地完成试验，对试验的结果进行进一步分析；锅炉性能试验的中心是效率试验，而效率试验的灵魂是试验算法。掌握一个标准的真正含义就是掌握这个标准的计算体系，必须完全掌握这些算法，进而了解整个性能试验，评价性能试验的结果。

第三节　锅炉效率概念、原理及计算模型

锅炉效率是锅炉的核心性能，但锅炉效率的理解可以是多种多样的，不同的标准有不同的定义。即使同为 ASME 标准，不同的版本（如 ASME PTC 4.1—1964 与 ASME PTC 4—1998/2008/2013）、同一版本的不同子标准（如 ASME PTC 4.4—1981 与 ASME PTC 4.1—1964），所给的定义也有所不同。不同的效率有不同的习惯，还与用途有关。需要认真地甄别，以把它们用在各自所需要的地方。

一、锅炉效率的概念

锅炉效率表示的是锅炉的输出能量占输入能量的比例，因而各个标准中的锅炉效率都是按照式（1-22）式定义的。式（1-22）中锅炉效率的计算过程符合沿能量转化的路径，因而也称为正平衡效率或输入-输出效率，即

$$\eta = \frac{Q_{out}}{Q_{in}} \times 100 \qquad (1\text{-}22)$$

式中　Q_{in}——输入锅炉系统边界的热量总和，kJ/kg 或 kJ/m³；

　　　Q_{out}——输出锅炉系统边界的热量总和，kJ/kg 或 kJ/m³；

　　　η——锅炉效率，%。

根据热力学第一定律，在稳定工况下，锅炉系统边界的热量增量为零，即进入、离开锅炉系统的热量平衡。即

$$Q_{in} = Q_{out} + Q_{loss} \qquad (1\text{-}23)$$

稳定运行状态下，输入锅炉系统但没有被利用的那部分热量，最终以某种形式（如灰渣显热、排烟带走的热量等）进入大气环境而损失掉。因此，锅炉输入热量与输出热量及各项热损失之间建立了热量平衡。这样锅炉效率也可以通过测量热量损失来计算，即

$$\eta = \left(1 - \frac{\sum q_i}{Q_{in}}\right) \times 100 \qquad (1\text{-}24)$$

因为它与锅炉中进行的能量转化过程相反，所以式（1-24）定义的锅炉效率称为反平衡效率或热损失效率。我国标准和教学体系习惯称为正平衡效率和反平衡效率，而国外则习惯称为输入-输出效率和热损失效率。

式（1-22）～式（1-24）中输入热量和输出热量中所选择包括的不同项目可定义出若干不同的效率，如高位发热量效率、低位发热量效率、燃料效率、毛效率等多种分类。锅炉效率中计算基准是热量，因而锅炉效率更为精确的说法是锅炉热效率，无论哪一种效率都是热效率，因为都是热效率，通常大家把热字去掉，简称为锅炉效率。

二、锅炉效率的分类

1. 正平衡效率与反平衡效率

上文中已经谈到正反平衡效率，这两种效率虽表示同样的事物，但有不同的数学表达式，更有两种不同的测量方法，测量精度也有很大差别。

两种测量方法的优缺点见表 1-1。

表 1-1　　　　　　　　　　不同锅炉热效率测定方法的比较

方法	优　点	缺　点
正平衡法	（1）直接测量确定效率的主要参数（输入、输出）； （2）需较少的测量； （3）无需对无法测量的损失进行估计	（1）需要精确测量燃料量和蒸汽流量，这两个量的测量精度很低，对试验结果影响很大； （2）不能分析效率低的原因； （3）不能将试验结果修正到标准条件或保证条件
反平衡法	（1）能很精确地测量主要的量（烟气分析和烟气温度）； （2）可根据运行条件的变化将试验结果修正到标准条件或保证条件； （3）由于被测量（各项损失）只占总能量的很小份额，因此其测量精度对试验整体精度的影响较小； （4）可确认较大损失的来源； （5）可以找到两次测量结果不同的原因	（1）需要较多的测量； （2）不能直接得到蒸发量和输出热量数据； （3）某些损失实际上无法测量，其值必须估计

反平衡法中如果全部损失与外来热量是总输入热量的 10%，则其 1% 的测量误差将仅对效率值造成 0.1% 的误差。而正平衡法测量燃料流量、蒸汽流量时，1% 的误差就会对效率造成 1% 的误差。正是由于避免了精度很低、对试验结果影响很大的给煤流量和蒸汽流量的直接测量，而只测量占总能量份额很小、测量精度对试验整体精度的影响较小的各项损失值，反平衡法比正平衡法精确，故性能验收试验必须以反平衡法为主。ASME 通过大量的试验分析得到的两种方法测得的锅炉效率精度的差别见表 1-2。

表 1-2　　　　　　　　　　两种方法测得的锅炉效率的精度差别

锅炉形式		反平衡法（%）	正平衡法（%）
电站／大型工业锅炉	燃煤锅炉	0.4～0.8	3.0～6.0
	燃油锅炉	0.2～0.4	1.0
	燃气锅炉	0.2～0.4	1.0
	流化床锅炉	0.9～1.3	3.0～6.0
带尾部受热面的小型工业锅炉	燃油锅炉	0.3～0.6	1.2
	燃气锅炉	0.2～0.5	1.2
无尾部受热面的小型工业锅炉	燃油锅炉	0.5～0.9	1.2
	燃气锅炉	0.4～0.8	1.2

2．毛效率与燃料效率

毛效率与燃料效率定义主要是由输入热量的不同方式造成的：

（1）锅炉毛效率。ASME PTC4—1998/2008/2013 中将输入到锅炉系统边界内的所有热量作为输入能量计算时定义为锅炉毛效率（gross efficiency），而 GB/T 10184—1988 和 ASME PTC 4.1—1964 都以此来计算锅炉效率，GB/T 10184—2015 中将其定义为锅炉热效率。

20 世纪以前，锅炉效率主要考察传热效率的大小。包括 ASME 在内的所有国家的性能试验标准（ASME PTC4.1—1964 及之前版本，GB/T 10184—1988）都将毛效率作为锅炉效率，即输入热量 Q_r 不仅包含燃料的发热量，还有随燃料一起带入炉膛的很多其他的热量。这种把燃料外所有的小股输入热量，等同于相同数量燃料的发热量而定义的热效率称为毛效率。毛效率很容易理解，非常符合锅炉传热的物理意义，因而是考察锅炉设计是否达标（锅炉厂金属受热面是否给足、安排是否合理）的最佳方式。

锅炉毛效率比下面的燃料效率更容易理解，但由于它仅用来验收锅炉本身的效率，不可以用来计算发电机组的效率，因而事实上它已经渐渐被人们所淡忘。

（2）燃料效率（fuel efficiency）。仅将燃料的化学能作为输入热量计算时的锅炉热效率称为燃料效率（需注意燃料效率本质也是热效率），目前 GB/T 10184—2015 中燃料效率和 ASME PTC4—1998/2008/2013 中的燃料效率定义是一致的，是两个标准推荐的锅炉效率。使用燃料效率时，锅炉的输入与机组供电煤耗计算时的输入重合，既可以用来进行机组性能验收，也可以进行煤耗计算。本书如无特别指明，锅炉效率均指燃料效率。

（3）毛效率与燃料效率的差别在于除煤的发热量外，如雾化蒸汽带入的热量、暖风器带入的热量等，各小股外来热量 Q_{ex} 的处理。毛效率把它加入到锅炉输入热量上（计算效率时的分母），而燃料效率把这些热量当作锅炉输出的减少。从测量的数值上来说，燃料效率一般高于或等于毛效率，但因外来热量份额很小，故燃料效率高于毛效率的部分很小。但站在全站发电流程的角度来看，燃料效率更符合物理规律，因为这些热量本质上来源于锅炉输入燃料的热量，把它们当作输入热量就是自己输入自己了，如图 1-11 所示。

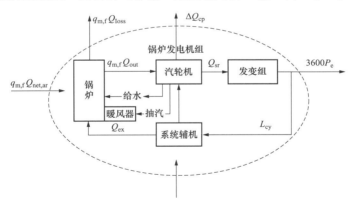

图 1-11　锅炉发电机组整体热流图

（4）使用正确锅炉效率计算机组煤耗。锅炉作为机组发电流程中的第一个环节来说，其真正的能量输入其实只有燃料的发热量。采用仅以燃料发热量为基础的锅炉效率计算煤耗，就将锅炉效率与煤耗计算统一了起来，而采用毛效率在物理意义上是不对的。GB/T 10184—2015 在制定时，也参考了国内外一致认同的准则，即锅炉效率就是指燃料效率。因而计算全站的能耗指标要使用燃料效率，不能使用毛效率。

3. 高位发热量效率与低位发热量效率

尽管 GB/T 10184—2015 和 ASME PTC4—2013 对锅炉效率的定义相同，但两者使用不同的发热量基准。ASME PTC4—2013 使用高位发热量，发热量包括了煤燃烧产生的水蒸气凝结释放出的汽化潜热。GB/T 10184—2015 使用低位发热量，发热量不包括水蒸气凝结释放出的汽化潜热。

为了防止锅炉尾部受热面低温腐蚀，除少数燃气锅炉或燃气蒸汽联合循环锅炉的排烟温度一般为 80℃ 以下外，燃煤电站锅炉的排烟温度一般控制在 120℃ 以上，不让烟气中的水蒸气凝结，汽化潜热就没有机会释放。从这个角度来讲，以低位发热量来衡量锅炉效率更符合其物理意义。包括我国和欧洲各国在内的许多国家，在锅炉的有关计算中均采用低位发热量。

ASME 以高位发热量作为基准是因为他们认为低位发热量难以测量准确。ASME 标准中高位发热量 HHV（kJ/kg）与低位发热量 LHV（kJ/kg）之间的关系为

$$LHV = HHV - 216.45H_{ar} - 24.22M_{ar} \qquad (1\text{-}25)$$

式中　H_{ar}——收到基氢元素含量；

　　　M_{ar}——收到基水分。

尽管燃料中水分、氢元素比例都较小，但由于汽化潜热量非常大，1kg 水蒸气在常压下的汽化潜热约为 2500kJ/kg。因此，如果用高位发热量来计算锅炉效率，会造成高位发热量效率明显低于低位发热量效率。高位发热量效率唯一有利的地方是可以更为敏感地反映水分变化对锅炉效率的影响。

4. 燃料效率、传热效率等定义

从锅炉能量转换过程可知，锅炉效率包含燃烧效率、传热效率及保温效果三方面的内容，如图 1-12 所示。反平衡计算需要确定热损失。热损失又可分为未完全燃烧损失、显热损失及散热损失三大类，分别对应于燃烧效率、传热效率和保温效果。

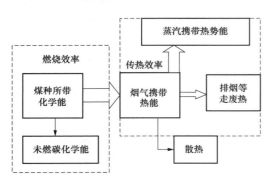

图 1-12　锅炉效率含义模型

（1）燃烧效率。燃料中有部分化学能没有释放出来，而以灰渣中未燃碳、烟气中未燃尽气体的形式带走。这部分能量还是化学能，但已无法利用，这部分损失称为未完全燃烧损失，即气体类未完全燃烧损失和固体类未完全燃烧损失，表征了燃料燃烧的完全程度，即燃料是否将化学能全部转化为热能。化学能转化为热能的百分比称为燃烧效率，一般电站锅炉的燃烧效率都在 98% 以上。

中国国家标准并未直接定义燃烧效率，但燃烧理论相关书籍上较多提到。参考 ASME 标准，规定燃烧效率等于 100-未燃尽可燃物的损失（不包括石子煤的损失），即

$$\eta_r = 100 - q_3 - q_4 \qquad (1\text{-}26)$$

式中　η_r——燃烧效率，%；

　　　q_3——化学未完全燃烧热损失，%；

　　　q_4——固体未完全燃烧热损失，%。

（2）传热效率。大部分化学能通过燃烧进行释放，并使烟气温度升高，转化为烟气携带的热能，其中一小部分以辐射散热的形式传递给大气，大部分则以传热的形式转化为蒸汽所携带的热势能，没有传递给工质的热能则被排烟、灰渣等所带走。如果条件改变，如进水温度降低，在燃料量不变的情况下，就会使传热温差加大，传热加强，排烟的温度降低，反之亦然。这一部分实际损失表示了锅炉受热面把燃料放出来的热能在多大程度上转化为蒸汽所蕴含的热势能，对应的效率称为传热效率。

排烟损失 q_2 是锅炉热损失中最主要的一项，对大中型电站锅炉而言，其值为 4%～8%，而小型锅炉的这一数值可能更高。通常排烟温度每升高 20℃，可使 q_2 增加 1% 左右（随氧量的变化而变化），因而其测量的准确性非常重要，直接关系到锅炉效率测量的准确性。实际生产中，强化传热手段（如通过吹灰和减少炉膛、制粉系统的漏风等措施）和降低排烟损失 q_2，是提高锅炉效率的主要方向之一。

需注意的是，吹灰与减少漏风对锅炉效率的影响方式是不同的。吹灰后，锅炉的传热能力加强，排烟温度降低，q_2 降低，锅炉效率增加；但吹灰本身消耗蒸汽，也带来能量损失。空气预热器前的漏风减少后，锅炉空气预热器的空气量增加，使锅炉的换热加强，排烟温度降低，锅炉效率增加；但是空气预热器本身的漏风增减，只改变了空气预热器后的热量分配，虽降低了排烟温度，但也扩大了排烟体积，锅炉效率并不增加。

（3）保温效果。保温效果的好坏对锅炉效率的影响很大，决定了散热损失的大小。

由于传热量和排烟带走的热量占绝大多数份额，因此锅炉效率中以传热效率为主，整体特性也表现为传热效率。实际中，可以用传热效率来分析很多问题，如大多数锅炉的传热效率主要取决于锅炉金属受热面积及各种受热面之间的配比，效率高可认为是锅炉厂家给的金属受热面充足，反之则不足；又如，如果传热面没有改变，则通过大小修大幅度提高锅炉效率的可能性较小。

在锅炉热力计算中，常用保温系数来表示保温效果的好坏，不少人会将其与散热损失 q_5 的含义混淆，以为两者之和为 1。保温系数与 q_5 的区别与联系是：q_5 表示锅炉外表面散热量占总输入热量的比例，不关心散热的途径；保温系数则考虑了散热的途径，如图 1-13 所示，热量先由烟气传递给受热面，进而传递给工质，最后传递给大气，两者的基准不同。这样，对于任何一段烟道来说，保温系数 ϕ 的意义是：保温层外表面的散热量占烟气传递给工质的热量的份额，即

图 1-13 散热的传热路径

$$\phi = \frac{工质吸热量}{传递给工质的总吸热量} = \frac{工质吸热量}{工质吸热量+散热量} = \frac{\eta}{\eta + q_5} \qquad (1-27)$$

ϕ 主要用于热力计算中。热力计算的每一步都是计算烟气通过金属受热面的通道传给工质的总热量，用保温系数可以计算出这部分热量最终究竟有多少用于提高工质参数，有多少热量通过炉墙以散热的形式损失掉。

5. 锅炉净效率与锅炉岛效率

GB/T 10184—1988 规定锅炉岛的经济性是在热效率基础上扣除辅机消耗的功耗得

到的净效率，因而锅炉净效率也称锅炉岛效率。由于厂用电的消耗能量虽然可折算为锅炉输入热量的比例，但能级差别很大，如 1kWh 的电能量级相当于 123g 标准煤热值，但得到 1kWh 电能可能需要 300g 标准煤，折算到锅炉输出损失时是算 123g 标准煤还是按 300g 计算，争议很大。此外，位于锅炉的前端辅机耗电会在生产中被利用一部分，如磨煤机、风机，而位于生产流程后端的辅机耗电基本上没有利用，两者如何区别，也难以精确界定。因此，锅炉净效率虽然理论上很明晰，但是实际应用很复杂。无论是 GB/T 10184—2015 还是 ASME 标准，均不再涉及锅炉岛效率（或锅炉净效率）。

6. 锅炉效率的边界相关性

锅炉效率与边界密切相关，不同的边界意味着不同的输入热量和不同的输出热量，效率当然也不同。大部分性能试验标准的边界是相类似的，关键是要理解对空气预热器及风机的处理。

（1）所有的性能试验标准都把空气预热器划入热力系统之内，边界定于空气预热器出口，而把引风机、除尘器划在系统之外，原因为：①空气预热器在尾部吸收的热量，由热风携带回到炉膛，所以这部分热量实际上是内部循环热量。②如果空气预热器划分到热力系统外，则必须测量烟气量和空气量，这些都是非常困难的工作，不易准确测量。③引风机、除尘器都是不换热的设备，其功耗最后变成热量随烟气排入大气，没有进入锅炉，所以应当把它们划分在系统之外，即空气预热器出口是划分烟气侧出口边界的最佳点。

（2）当前所有有效的性能试验标准都把送风机、一次风机划入热力系统之外，这是因为在计算入口空气带入系统的热量时，送风机、一次风机附加的热量对空气焓值的影响已经计算了。所以空气侧锅炉边界一般为风机出口或空气预热器入口。

（3）烟气再循环风机、炉水循环泵、磨煤机、脱硝装置等划入热力系统之内，这些设备的进、出口工质都在系统范围内，处于系统的内部循环。尽管电功率不一定都转化为工质焓值的变化，但这些设备是热力系统正常运行所必需的，因此这些设备都划入系统范围内，且计算外来热量时需考虑其电功率。

（4）暖风器。一种暖风器以锅炉自产汽作为热源，这种暖风器实际上是锅炉系统边界内热量的内循环，烟气传给蒸汽的热量又传回给了烟气，应当包含在锅炉系统范围内。由于这种暖风器经济性差，所以在我国没有应用案例，国外某些老旧机组有，仅 ASME 标准考虑了这种情况。另一种是暖风器以汽轮机辅助用蒸汽作为热源，新版国际标准已经把它划出锅炉系统之外。

（5）低压省煤器。低压省煤器指安装在锅炉尾部烟道，用烟气余热加热凝结水的省煤器，因其压力显著低于给水，而称为低压省煤器（由于其温度较低，国内大部分标准或文献中把它误称为低温省煤器，严格地说低温省煤器应当指两段式布置的低温省煤器）。当前标准中均没有考虑低压省煤器，因此它在系统外。与暖风器相似，假定锅炉输出不变的情况下，暖风器、低压省煤器的影响显著反应在发电量的变化上，因此它们也不在汽轮机系统内，参见 DL/T 904。

（6）边界中有些地方很难测量，而且份额很小，精确测量也没有太大意义（如排污与吹灰用的蒸汽量），因此，大部分情况下为了方便测量，试验时往往需要把它们从系统中隔离开来，称为系统隔离。排污、吹灰和暖风器是锅炉侧最为常见的需隔离的设备。正常情况下，为使性能试验的结果更加准确，需对一些设备进行隔离，使其更加接近试验标准规定的边界，如停止吹灰、排污，切除暖风器等。但在部分试验中，暖风器切除后具有一定的危险性，尤其在寒冷的冬季，即使在很短时间内切除暖风器，也难以避免空气预热器结露堵灰，此时只能投暖风器进行试验。

由于锅炉效率与系统边界密切相关，所以如果两个锅炉效率的边界不同，就不具有可比性，在使用效率分析问题时必须注意这一点。

三、锅炉反平衡效率的计算模型

1. 锅炉系统边界

首先确定锅炉机组热平衡系统边界。根据锅炉燃烧方式及所用燃料种类，现代化电站锅炉多采用煤粉燃烧方式和循环流化床燃烧方式。典型煤粉锅炉机组热平衡系统边界见图 1-14，典型循环流化床（以下简称 CFB）锅炉机组热平衡系统界限见图 1-15。

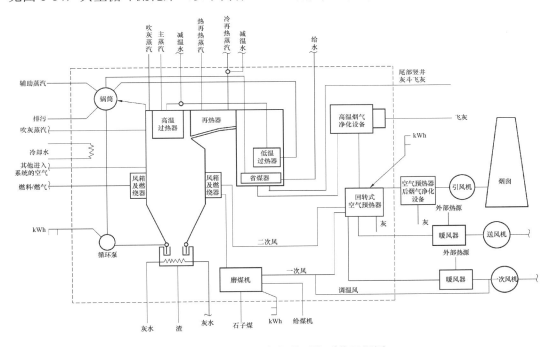

图 1-14 煤粉锅炉机组热平衡系统界限图

各个系统进出口中的边界分别如下：

（1）蒸汽侧进口。

1）省煤器入口。

2）再热器入口。

3）减温水。

4）系统外冷却水（炉水泵冷却水、湿渣斗冷却水）入口。

（2）蒸汽侧出口。

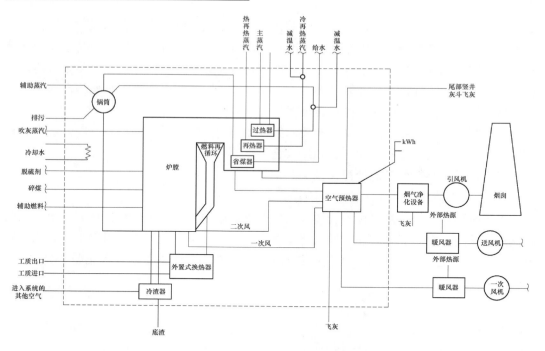

图 1-15　CFB 锅炉机组热平衡系统界限图

1）过热器出口。

2）再热器出口。

3）排污。

4）其他用汽，如吹灰、辅汽等用汽。

5）系统外冷却水（炉水泵冷却水、湿渣斗冷却水）出口。

（3）烟气侧入口。

1）燃料（包括油、煤、燃气等）。

2）热风入口位于空气预热器入口。

3）冷风（包括漏风、制粉系统调温风、密封风等）。

4）外来热量。

（4）烟气侧出口。

1）空气预热器出口。

2）锅炉底部大渣出口。

（5）锅炉实际边界。由其进行的能量转移为散热。

（6）边界内设备。

1）带磨煤机的制粉系统（不包括给煤机）。

2）带循环泵的汽水系统。

3）燃烧设备。

4）脱硝装置（不包括稀释风机）。

5）空气预热器。

6）烟气再循环风机。

基于该种边界划分，相比煤粉锅炉，CFB 锅炉有更多的输入输出项，因而以 CFB 锅炉为例说明锅炉效率的计算方法。把图 1-15 整理为图 1-16 所示的热量平衡图，根据图 1-16 所示的热量平衡图，输入能量 Q_{in} 包括：

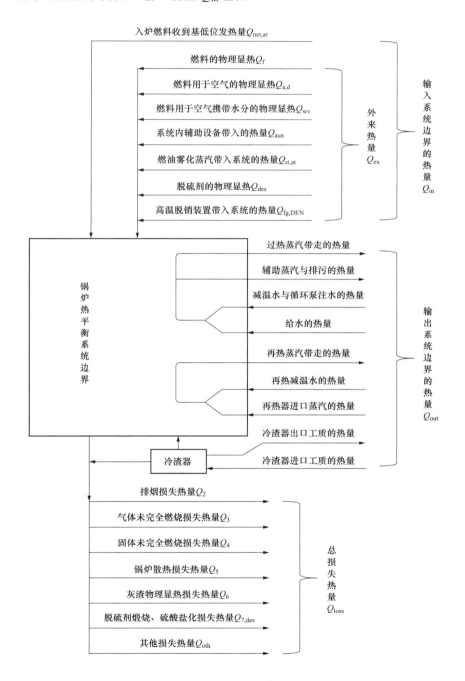

图 1-16 GB/T 10184—2015 中的热量平衡图

（1）输入系统的燃料燃烧释放的热量 $Q_{net,ar}$。

（2）燃料的物理显热 Q_f。

（3）进入系统边界的干空气带入的热量 $Q_{a,d}$。

（4）进入系统边界的水分带入的热量 Q_{wv}。

（5）系统内辅助设备带入的热量 Q_{aux}。

（6）燃油雾化蒸汽带入的热量 $Q_{st,at}$。

（7）炉内加入脱硫剂的物理显热 Q_{des}。

（8）高温脱硝装置带入系统的热量 $Q_{fg,DEN}$。

其中（2）～（8）之和统称为输入锅炉系统边界的外来热量 Q_{ex}。则有

$$Q_{in}=Q_{net,ar}+Q_{ex} \tag{1-28}$$

输出热量 Q_{out} 包括：

（1）过热蒸汽带走的热量 $Q_{st,SH}$。

（2）再热蒸汽带走的热量 $Q_{st,RH}$。

（3）辅助用汽带走的热量 $Q_{st,aux}$。

（4）排污水带走的热量 $Q_{st,bd}$。

（5）冷渣水带走的热量 Q_{SC}。

损失热量 Q_{loss} 包括：

（1）排烟损失的热量 Q_2。

（2）气体未完全燃烧损失的热量 Q_3。

（3）固体未完全燃烧损失的热量 Q_4。

（4）锅炉散热损失的热量 Q_5。

（5）灰渣物理显热损失的热量 Q_6。

（6）脱硫剂煅烧、硫酸盐化损失的热量 $Q_{7,des}$。

（7）其他损失的热量 Q_{oth}，包括石子煤排放损失的热量等。

即

$$Q_{loss}=Q_2+Q_3+Q_4+Q_5+Q_6+Q_{7,des}+Q_{oth} \tag{1-29}$$

2. 毛效率的计算

根据输入-输出热量法（正平衡法）和热损失法（反平衡法），锅炉毛效率的计算公式分别为式（1-30）和式（1-31），即

$$\eta_g = \frac{Q_{out}}{Q_{in}} \times 100 \tag{1-30}$$

$$\eta_g = \left(1 - \frac{Q_{loss}}{Q_{in}}\right) \times 100 \tag{1-31}$$

将锅炉热损失各项代入式（1-31），则锅炉毛效率热损失法表达式为

$$\eta_g = 100 - \frac{100 \times (Q_2 + Q_3 + Q_4 + Q_5 + Q_6 + Q_{7,des} + Q_{oth})}{Q_{in}} \tag{1-32}$$

或

$$\eta_{\text{g}} = 100 - (q_{2,\text{g}} + q_{3,\text{g}} + q_{4,\text{g}} + q_{5,\text{g}} + q_{6,\text{g}} + q_{7,\text{des},\text{g}} + q_{\text{oth},\text{g}})$$ （1-33）

式中 $q_{2,\text{g}}$——热效率计算排烟热损失，即排烟损失的热量占输入热量的百分比，%；

$q_{3,\text{g}}$——热效率计算气体未完全燃烧热损失，%；

$q_{4,\text{g}}$——热效率计算固体未完全燃烧热损失，%；

$q_{5,\text{g}}$——热效率计算锅炉散热热损失，%；

$q_{6,\text{g}}$——热效率计算灰、渣物理显热损失，%；

$q_{7,\text{des},\text{g}}$——热效率计算脱硫剂煅烧和硫酸盐化热损失，%；

$q_{\text{oth},\text{g}}$——热效率计算其他热损失，%。

应注意，在 GB 10184—2015 中，锅炉毛效率是用锅炉热效率这一术语定义的，并用 η_{t} 来表示，这并不恰当（因为各种锅炉效率都是热效率）。但在通常的文献中，η_{t} 一般表示机组的效率，为避免误解，本书中把该符号改用 η_{g} 表示。当前情况下，毛效率 η_{g} 基本已不使用，除了在本处解释概念外，本书其他地方不再对其论述。

3. 燃料效率的计算

根据输入-输出热量法（正平衡法），燃料效率 η（即锅炉效率，%）的计算式为

$$\eta = \frac{Q_{\text{out}}}{Q_{\text{net},\text{ar}}} \times 100$$ （1-34）

将输入热量式（1-28）代入能量平衡方程（1-23），则有

$$Q_{\text{out}} = Q_{\text{net},\text{ar}} + Q_{\text{ex}} - Q_{\text{loss}}$$ （1-35）

将式（1-35）代入式（1-34），则得出反平衡法计算锅炉效率的公式为

$$\eta = \left(1 - \frac{Q_{\text{loss}} - Q_{\text{ex}}}{Q_{\text{net},\text{ar}}}\right) \times 100$$ （1-36）

$$\eta = \left(1 - \frac{Q_2 + Q_3 + Q_4 + Q_5 + Q_6 + Q_{7,\text{des}} + Q_{\text{oth}} - Q_{\text{ex}}}{Q_{\text{net},\text{ar}}}\right) \times 100$$ （1-37）

$$\eta = 100 - (q_2 + q_3 + q_4 + q_5 + q_6 + q_{7,\text{des}} + q_{\text{oth}}) + q_{\text{ex}}$$ （1-38）

式中 q_2——排烟热损失，即排烟损失的热量与燃料低位发热量的百分比，%；

q_3——气体未完全燃烧热损失，%；

q_4——固体未完全燃烧热损失，%；

q_5——锅炉散热热损失，%；

q_6——灰、渣物理显热损失，%；

$q_{7,\text{des}}$——脱硫热损失，%；

q_{oth}——其他热损失，%；

q_{ex}——外来热量与燃料低位发热量的百分比，%。

第四节　各国锅炉性能试验标准及特点

一、我国锅炉性能试验标准

1. GB/T 10184—1988《电站锅炉性能试验规程》

我国电站锅炉性能试验标准第一版的名称为《电站锅炉性能试验规程》，标准号为 GB/T 10184—1988，英文名称为 Performance Test Code for Utility Boiler，由原机械电子工业部于 1988 年 11 月 8 日批准，1989 年 7 月 1 日实施。该标准规定了电站锅炉性能试验方法，作为锅炉性能鉴定试验和验收试验（以下统称验收试验）的依据，适用于蒸发量为 35t/h 或 35t/h 以上，蒸汽出口压力高于 2.45MPa 或蒸汽出口温度超过 400℃的蒸汽锅炉。

2. DL/T 964—2005《循环流化床锅炉性能试验规程》

GB 10184—1988 发布时，我国 CFB 锅炉容量还普遍很小，因而对其性能试验方法未作规定。2000 年以来我国 CFB 锅炉快速发展，其与常规煤粉炉的差异越来越明显，例如锅炉底渣排放份额大且变化较大、炉内加入石灰石脱硫、设置冷渣系统等，使锅炉性能测试和计算方法较常规电站锅炉复杂。为了适应 CFB 锅炉性能试验的要求，国家发展和改革委员会于 2005 年 2 月 14 日发布了 DL/T 964—2005《循环流化床锅炉性能试验规程》，作为 GB/T 10184—1988 的补充，于 2005 年 6 月 1 日执行。

3. GB/T 10184—2015《电站锅炉性能试验规程》

GB/T 10184—2015《电站锅炉性能试验规程》于 2015 年 12 月 10 日发布，于 2016 年 7 月 1 日开始实施，以替代 GB/T 10184—1988。该标准同时涵盖了煤粉炉和流化床锅炉两种燃烧方式，并增加了高温脱硝装置及空气预热器性能计算部分公式，拓宽了适用性；同时修改基准温度为 25℃，以与 ASME 标准接轨。

二、美国 ASME 标准

1. 历史

原名《固定式锅炉性能试验标准（The Test Code for Stationary Steam Generating Units）》，于 1915 年首次出版，并于 1918 年、1926 年 10 月、1930 年 2 月、1936 年 1 月、1945 年 11 月多次修订，1946 年 5 月 23 日由 ASME 批准并颁布，成为 ASME PTC 4.1—1946。1958 年又进行较大篇幅的修订并更名为《The Performance Test Codes for Steam Generating Units》，1964 年 6 月 24 日由 ASME 批准并采纳作为该协会标准，标准号为 ASME PTC 4.1—1964。

1980 年，ASME 性能试验标准委员会（BPTC）开始对该标准进行审查并修订，并重新命名为《锅炉性能试验标准》，以强调仅限于燃烧燃料的锅炉，于 1998 年 8 月 3 日由 ASME 批准，成为 ASME PTC4—1998（The Performance Test Codes for Fired Steam Generators），同年 11 月 2 日被 ANSI 标准审查局批准作为美国国家标准。较 ASME PTC 4.1—1964，ASME PTC 4—1998 改动主要包括：推荐燃料效率作为锅炉效率的考核指标，增加了炉内脱硫和烟气净化设备对锅炉效率影响的计算，并细化了不同类型机组（燃油、燃气锅炉，煤粉锅炉、循环流化床锅炉、火床锅炉及鼓泡床锅炉等）的边界界定。

2007 年 10 月 16 日，《锅炉性能试验标准》（The Performance Test Codes for Fired Steam Generators）经 ASME 性能试验规程标准委员会审查通过，并于 2008 年 2 月 19 日经 ASME 批准成为 ASME PTC 4—2008，同年 10 月 14 日被 ANSI 标准审查局批准作为美国国家标准。较 ASME PTC 4—1998，ASME PTC4—2008，主要修订内容包括：根据 PTC19.1《试验不确定度》，更新了不确定度分析的有关定义和术语，增加了低位发热量计算效率时的处理方法和进口空气温度变化时修正到标准工况的计算方法等。

2013 年 5 月 31 日，《锅炉性能试验标准》（The Performance Test Codes for Fired Steam Generators）经 ASME 性能试验规程标准委员会审查通过，并于 2013 年 10 月经 ASME 批准成为 ASME PTC 4—2013，同年 11 月 21 日被 ANSI 标准审查局批准作为美国国家标准。较 ASME PTC 4—2008，ASME PTC 4—2013 主要修订内容包括：对于原版的公式、符号及常数项换算到国际单位等勘误进行了修正，更改了附录中的计算表格，更新了对代码和标准的引用等。

2. ASME 的其他锅炉相关标准

ASME 标准除了电站锅炉的标准以外，还有若干个附件，包括 ASME PTC 4.3—2017《空气预热器性能试验标准》（替代 ASME PTC 4.3—1968）、ASME PTC 4.4—2008《余热锅炉性能试验标准》（替代 ASME PTC 4.4—1981）等。

三、欧盟 EN 标准

欧洲标准学会（EN）于 2003 年 9 月 19 日发布了 EN 12952-15—2003《水管锅炉和辅助设备　第 15 部分：验收试验》（Water tube boilers and auxiliary installations - Part 15：Acceptance tests；German version EN 12952-15：2003）；欧盟成员国英国于 2003 年 10 月 14 日发布了与此具有一致法律效力的本国锅炉性能试验标准 BS EN 12952-15（2003 版）；欧盟成员国德国于 2004 年 1 月 1 日发布了与此具有一致法律效力的本国锅炉性能试验标准 DIN EN 12952-15（2004 版），以替代原德国锅炉性能试验标准（编号 DIN—1942）（ACCEPTANCE TESTING OF STEAM GENERATORS，VDI CODE OF PRACTICE）。由于欧盟 EN 标准、英国 BS EN 标准和德国 DIN EN 标准在计算方法上有很多相似性，本书以 BS EN 12952-15（2003 版）为例做介绍。

BS EN 12952-15 标准（以下简称 BS EN 标准）主张用反平衡法进行效率试验，热损失的分项、计算的原理与我国性能试验标准大致相同，但在具体项目确定方面与我国性能试验标准、ASME 标准完全不同，因此这里仅作简单介绍。

1. 排烟损失

BS EN 12952-15 中排烟损失计算式为

$$l_{(N)GF} = \frac{\mu_{Gd}\overline{c}_{pGd}(t_G - t_r) + \mu_{H_2O}\overline{c}_{pST}(t_G - t_r)}{H_{(N)tot}} \tag{1-39}$$

式中　μ_{Gd}——单位质量燃料产生的干烟气量，kg/kg；

t_G——空气预热器出口排烟温度，℃；

t_r——试验基准温度，规定为 25℃；

$\overline{c}_{pGd}$——干烟气在 $t_G \sim t_r$ 之间的平均定压比热容，kJ/（kg·K）；

μ_{H_2O} ——单位质量燃料产生烟气中的水分（包括煤携带水分、氢燃烧产生水分以及空气中水分），kg/kg；

$\overline{c}_{pST}$ ——水蒸气在 $t_G \sim t_r$ 之间的平均定压比热容，kJ/（kg·K）。

$H_{(N)tot}$ ——进入系统的单位质量燃料总热量，包括燃料发热量和外来热量，kJ/kg。

BS EN 标准中排烟损失的计算公式与我国性能试验标准相同，但在下列参数的确定方面有差别：

（1）我国标准、ASME 标准及绝大多数其他标准进行试验时，理论空气量、理论烟气量都是基于煤的元素分析，根据化学反应当量关系推导出来的；而 BS EN 标准除了提供类似的基于煤质分析的计算方法外，更推荐的是一种基于统计学、根据煤的工业分析数据（发热量、水分、灰分等）得出的关系式来确定的方法，这种思路为我国电厂日常生产报告的计算提供了理论支持，如 DL/T 904 中的算法。

（2）平均定压比热容的计算，对于烟气比热容，中国国家标准推荐根据烟气成分加权平均计算；ASME 标准认为对于典型的碳氢化合物燃料，在不高于 300%的过量空气系数下燃烧，完全可以用标准干烟气（O_2=3.5%，CO_2=15.3%，SO_2=0.1%，N_2=81.1%）的 JANAF/NASA 简化焓-温关联式来计算；对于非常规燃料或非空气燃烧，则需要根据烟气成分加权平均计算。而 BS EN 标准处理方法与 ASME 的标准相同，不计算干烟气各成分的比例（仅测量 O_2 或 CO_2），但考虑了 CO_2 百分比的影响，给出了根据烟气温度和湿烟气中 CO_2 百分比计算烟气比热容的多项式拟合公式。对于空气比热容，中国国家标准、ASME 标准和 BSEN 标准均采用分别给出干空气焓值、水蒸气焓值的温度关联多项式，然后根据水分比例加权计算。

2. 气体未完全燃烧热损失

气体未完全燃烧热损失的主要差别在于计入的成分不同。ASME 标准在计算气体不完全燃烧热损失时，比较全面地计及了 CO、H、碳氢物质 C_mH_n 等；而 BS EN 标准仅计及了 CO。实际生产过程中，计算 CO 足够精度，而其他物质基本在若干个百万分之一的浓度，可忽略不计。在 CO 的热值方面，BS EN 标准为 12.633MJ/m³，而 ASME 标准为 10111kJ/kg（折算为 12.638 MJ/m³），中国国家标准为 12.636MJ/m³，较前两者稍微偏低。

3. 未燃碳热损失

BS EN 标准灰渣显热计算公式与 ASME 标准和中国国家标准相同。不同于 ASME 标准和中国国家标准中飞灰、炉渣比热均是温度的函数，BSEN 标准中飞灰、炉渣比热均取常数，分别是 0.84、1.0（固态排渣）、1.26kJ/（kg·K）（液态排渣）。

对于未燃碳部分，ASME 标准与我国国家标准一样，认为该项损失就是碳，而不包括除此以外其他的可燃物，如硫、氢等；而 BS EN 标准认为未燃碳热损失相当于一部分煤还没有燃烧。在计算未燃碳发热量时，BS EN 标准则按燃料分为 33.0MJ/kg（Hard coal）和 22.7MJ/kg（Brown coal）；ASME 标准和中国国家标准则均按碳处理，分别为 32.8、33.727 MJ/kg。

4. 散热损失

对于散热损失，中国国家标准推荐可以实测或查图表方式，ASME 标准推荐采用实测的方法，BS EN 标准认为准确测量散热损失是无法实施的，提出根据锅炉最大出力（注意不是机组最大出力）、燃料性质（燃油、无烟煤、褐煤和流化床）通过指数函数或图表来计算。但没有区分不同容量机组的差异，比如燃用相同燃料下，300MW 机组额定负荷的散热量与 600MW 机组 50%负荷的散热量计算结果是一样的。在相同机组额定负荷下，BS EN 标准计算的散热损失要大于中国国家标准计算的散热损失。

第五节 电站锅炉性能试验的组织

一、试验准备

性能试验是一个比较复杂的试验，因此最好由专业的机构来进行相关工作。性能试验前应当由试验单位完成试验大纲的编写，并与设备相关的各个单位（如电站的设备部、发电部、各设备厂家等）对性能试验大纲内容共同讨论确定，保证试验的顺利进行。

试验大纲宜包括试验目的、试验依据、试验项目、试验方法、应具备的条件及要求、测点、试验仪表、持续时间、数据处理方法、测试结果有效性判据、组织机构、各单位责任及分工、过程危险点和应急处理原则等内容。对于验收试验，需要考虑设备买卖双方的商务合同来确定其最终的考核指标、参照标准及部分特殊试验项目，如散热损失和不测量热损失的测量和计算方法等；对于新建机组，应提出性能试验所需测孔（点）清单及布置方式以供现场采购、安装。

二、试验前应达成的协议

试验前应达成协议的内容如下：

（1）试验目的与试验项目。

（2）试验参照标准、试验项目的测试和计算方法。

（3）试验燃料特性及其允许变化范围。

（4）脱硫剂特性及其允许变化范围。

（5）锅炉效率计算中，散热损失的计算或测量方法。

（6）锅炉效率计算中，不测量项目包括的内容及热损失给定值。

（7）试验测试项目、测点位置及数量。

（8）燃料、脱硫剂、飞灰、炉渣、烟气、汽、水等的取样方法及进行的有关分析。

（9）试验用仪器的型号（技术参数）和试验前、后的状态。

（10）设备状态及试验期间的运行方式，包括辅助设备和控制系统的投运方式。

（11）试验期间锅炉主要参数允许波动幅度。

（12）测试前工况的稳定时间和测量持续时间。

（13）特殊工况及异常情况的处理，试验数据的取舍。

（14）试验原始记录和燃料、脱硫剂、灰、渣样的处置。

（15）各个灰、渣收集点之间灰渣量的分配比例（灰渣百分比）或测量（计算）方法。

（16）重复性试验工况之间的允许偏差。

（17）将测试结果修正到保证条件下的计算方法。宜采用合同约定性能试验标准中推荐的曲线和方法，若采用设备供应商提供的修正曲线，必须经建设单位、设备供应商和试验单位三方签字确认。

（18）其他在标准内的未尽事宜。

三、参加试验各方的组织

（1）参加试验人员包括：试验单位、设备供应商、电厂设备部、发电部及其他参加试验人员。

（2）试验单位应负责技术指导及试验的具体实施，电厂负责协调。

（3）参加试验的各方人员有权对试验工况进行确认和质疑。

（4）试验前电厂应负责根据试验计划向电网调度提出负荷申请；试验中机组工况的调整和维持应由发电部人员负责，并应满足试验要求。

（5）电厂应派专人负责试验的协调配合工作，如指定检修人员配合进行试验用临时电源、照明和脚手架的搭建和安装，以及松试验测孔堵等工作。

（6）设备供应商应安排代表对锅炉的运行状态进行判断和必要的调整，并对试验工况和试验结果进行确认。

（7）试验单位负责试验大纲的编写，试验测点的设计、布置，试验仪器的准备，试验过程的组织实施，并完成试验数据的整理及试验报告的编写。

四、试验时间安排及负荷申请

根据 DL/T 1616—2016《火力发电机组性能试验导则》，机组性能试验宜在机组供货合同约定的期限内完成，部分与机组带负荷能力密切相关的试验项目，也可在机组整套启动试运期间（锅炉断油最低稳燃出力试验）完成，全部试验应在考核期（移交试生产后 6 个月）内完成。鉴于锅炉和汽轮机试验项目有类似的负荷要求，一般由试验单位汇总各专业后提出试验计划，以供发电部向电网调度部门申请。表 1-3 所示为某 1000MW 机组性能试验负荷申请计划，按照该计划可最大限度保证试验顺利开展。

表 1-3　　　　　某 1000MW 电厂机组性能试验计划及负荷请求

试验日期	时间	要求负荷（MW）	试 验 项 目
第 1 天	08:00～～12:00	1000	汽轮机不明漏量试验 制粉系统试验
	12:00～13:00	1000→900	
	13:00～14:00	900→1000	
	14:00～18:00	1000	
第 2 天	08:00～12:00	1000	汽轮机不明漏量试验 制粉系统试验 磨煤机单耗试验
	12:00～13:00	1000→900	
	13:00～14:00	900→1000	
	14:00～18:00	1000	
第 3 天	00:00～06:00	600	试验前锅炉全面吹灰，最低负荷
	06：00～08:00	600→1000	

试验日期	时间	要求负荷（MW）	试 验 项 目
第3天	08:00～17:00	1000	锅炉热效率试验（两遍） 空气预热器漏风试验（两遍） 汽轮机热耗试验（两遍） 机组厂用电率试验（两遍） 机组供电煤耗试验（两遍）
	17:00～24:00	1000→600	
第4天	00:00～06:00	600	试验前锅炉全面吹灰，最低负荷
	06:00～08:00	600→1000	
	08:00～17:00	1000	除尘器性能试验（两遍） 污染物排放试验 噪声测试、散热测试、粉尘测试 机组轴系振动试验
	17:00～24:00	1000→600	
第5天	00:00～06:00	600	试验前锅炉全面吹灰最低负荷
	06:00～08:00	600→1000	
	08:00～17:00	1000	脱硝性能试验 发电机额定负荷下的温升试验 主变压器额定负荷下的温升试验
	17:00～24:00	1000→600	
第6天	00:00～06:00	600	试验前锅炉全面吹灰最低负荷
	06:00～08:00	600→1000	
	08:00～18:00	1000	锅炉额定出力试验 汽轮机额定出力试验（高背压及切高压加热器）
	18:00～24:00	1000→600	
第7天	00:00～06:00	600	试验前锅炉全面吹灰，最低负荷
	06:00～08:00	600→1000	
	08:00～12:00	1000→1108	锅炉BMCR试验，汽轮机VWO试验，发电机最大出力试验

五、试验安全注意事项

（1）试验期间应保持机组运行可靠，各项参数稳定，如需进行负荷变动、磨煤机调整和主要参数调整，应及时通知试验人员。

（2）试验用煤经商定后应保证有足够的供应，从而保障试验的连续性和可靠性。

（3）在试验或计算期间发现导致明显不真实的试验结果的数据时，该试验废弃，并应重新进行一次试验。

（4）试验过程中搭建的临时设施应符合 GB 26164.1 的规定，并通过验收。

（5）试验期间若发生异常情况，应按运行规程进行事故处理，并立即终止试验。

第二章

中国锅炉性能试验标准（GB/T 10184—2015）

我国锅炉性能试验标准 GB/T 10184—1988《电站锅炉性能试验规程》，与我国教科书的体系相同，具有简练的特点，是国内应用最多的锅炉性能试验标准，为大家所熟悉。GB/T 10184—2015 继承了 GB/T 10184—1988 实用、易操作等特点，依据 WTO/TBT 原则更改了符号系统，并将基准温度调整为 25℃，与 ASME 标准和 EN 标准接轨；增加了脱硫、脱硝装置等对锅炉效率的影响，以及空气预热器性能试验等内容，对锅炉性能的评定内容更全面。本章以 GB/T 10184—2015 为基础，介绍锅炉效率试验的测量、计算及修正方法，其他标准的内容主要参照本章，并基于两者的不同点来进行编写。

第一节 新版性能试验标准的主要变化

新版性能试验标准 GB/T 10184—2015 于 2015 年 12 月 10 日发布，于 2016 年 7 月 1 日正式实施。相比旧标准，新标准的主要变化如下：

（1）新标准修改了锅炉效率的定义，推荐燃料效率作为考核指标。GB/T 10184—2015 保留了锅炉毛效率（新版标准中称其为热效率）的定义，只是为了与 GB/T 10184—1988 相延续，并不使用。而是提出了燃料效率并推荐其作为考核指标，与 ASME 标准实现了统一。

（2）焓值基准温度的不同。GB/T 10184—1988 并没有明确焓值基准温度的概念，但实际上采用了 0℃ 为基准温度；新标准明确规定了基准温度，把焓值计算的基准确定为 25℃。

很多人把该基准温度理解为试验基准温度，实际应为焓值基准温度，是进出锅炉热平衡边界的物质热量时所用的焓值（比热容）的起算点温度，它的选取会影响到各项损失的分布及外来热量的计算。各标准处理相差很大，ASME PTC4.1—1964 以 20℃ 为基准，而余热锅炉性能试验标准 ASME PTC4.4—1981 和 ASME PTC 4.4—2008 则以 16℃ 为基准。不同基准温度进行热量计算过程中的中间数据有所差异，但计算的效率结果几乎没有差别。

美国三军联合参谋部（JANAF，Joint Army-Navy-Air Force）最早对物性进行了测量，测量最低温度即为 25℃，最高达几千摄氏度，低于 25℃ 的物性用外推法得到，并被美国标准技术研究院（National Institute of Standards and Technology，NIST，）采用作为标准。

大部分国家实验室化验燃料发热量时都把 25℃ 作为终温，ASME PTC 4—1998/2008/2013 把 25℃ 作为基准温度，实现了化验、计算与试验的基准温度完全一致。GB/T 10184—2015 与 ASME、EN 等标准一致，把基准温度从 0℃ 修改为 25℃。

（3）系统的边界不同。另一个与焓值基准温度相类似的温度是试验中锅炉系统的最低温度。显然，该温度与锅炉系统的边界密切相关，是整个锅炉系统所处的环境中最低的温度。GB/T 10184—1988 把送风机也划入锅炉系统，则送风机入口空气温度 t_0 为锅炉系统的最低温度。而新标准与 ASME 标准相同，把送风机、一次风机等辅机划出系统，因此锅炉系统最低温度变为空气预热器入口进风温度。

另一个与焓值基准温度相类似的温度是试验基准温度，也就是各项输入能量与输出能量的起算点温度。GB/T 10184—1988 把送风机入口空气温度（实验时系统最低温度）设为试验基准温度，风机入口室外布置时可以等同于环境温度。而 GB/T 10184—2015 则与 ASME 标准相同，把试验基准温度与焓值计算基准温度统一起来，规定为 25℃。两者本质上没有区别，但却使处理过程异常复杂。

（4）新标准修改了过量空气系数的计算方法。GB/T 10184—2015 中过量空气系数 α 定义为实际送入炉内的空气量除以理论空气量；ASME 标准中过量空气率 XpA（%）定义为实际送入的空气量减去理论空气量，结果再除以理论空气量。不同标准对过量空气系数的计算方法对比见表 2-1。

表 2-1　　　　　　　　不同标准的锅炉过量空气系数（空气率）计算方法对比

标准来源	计算公式	需要数据及使用条件
GB/T 10184—2015	$\alpha_{cr}=\dfrac{21\varphi_{N_2,fg,d}}{21\varphi_{N_2,fg,d}-79\varphi_{O_2,fg,d}}$	干烟气中 N_2 和 O_2 的体积分数，CO 等可燃气体可忽略不计
GB/T 10184—1988	$\alpha_{py}=\dfrac{21}{21-(O_2-2CH_4-0.5CO-0.5H_2)}$	干烟气中 O_2、CH_4、CO 和 H_2 的体积分数
ASME PTC4—2013	$XpA=100\dfrac{DVpO_2(MoDPc+0.7905MoThACr)}{MoThACr(20.95-DVpO_2)}$	煤质计算的理论干烟气量和理论干空气量，干烟气中 O_2 的体积分数
GB 10180—2003	$\alpha_{py}=\dfrac{21}{21-79\dfrac{O_2-(2C_mH_n+0.5CO+0.5H_2)}{100-(RO_2+O_2+CO+0.5H_2+C_mH_n)}}$	干烟气中 O_2、C_mH_n、CO、H_2、RO_2（SO_2、CO_2、NO_x 等三原子气体）的体积分数

GB/T 10184—2015 的计算公式中需要干烟气中 N_2 的体积分数 $\varphi_{N_2,fg,d}$，但却无法直接测量，形式复杂，本质上依然是通过测量烟气中 O_2、C_mH_n、CO、H_2 和 RO_2（SO_2、CO_2、NO_x 等成分的体积分数来进行计算，这一点改动最为必要。

（5）新标准更新了散热损失的定义及计算方法。GB/T 10184—1988 定义散热损失为"锅炉炉墙、金属结构及锅炉范围内烟风、汽水管道及联箱等"向四周环境中散失的热量，GB/T 10184—2015 定义散热损失为"锅炉系统边界内炉墙、辅机设备及锅炉边界内烟风、汽水管道及联箱等"向四周环境中散失的热量，即明确了包括制粉系统、炉水循环泵、旋风分离器及回料器等设备的散热量，从系统边界上考虑更加全面。新标准中计算方法得到结果与 ASME 和设计参数相接近，改正了 GB/T 10184—1988 中散热损失明显偏大的现象。

（6）新标准修改了"试验过程中锅炉蒸发量、压力、蒸汽温度波动的最大允许偏差"，对参数波动的要求更加严格和细化，对比见表2-2。

表 2-2　　　　　　　　　　　试验过程中参数波动范围对比

测量项目		GB/T 10184—2015	GB/T 10184—1988
蒸发量 t/h	$D>2008$	±1.0%	
	$950<D\leq2008$	±2.0%	
	$480<D\leq950$	±4.0%	
	$D<480$	±5.0%	
	$D>220$		±3%
	$65\leq D\leq220$		±6%
	$D<65$		±10%
蒸汽压力 （MPa）	$p>18.5$	±1.0%	±2.0%
	$9.8\leq p\leq18.5$	±2.0%	±2.0%
	$D<9.8$	±4.0%	±4.0%
蒸汽温度 （℃）	$D\geq540$	±5℃	−10℃～+5℃
	$D<540$	−10℃～+5℃	−15℃～+5℃

（7）根据现阶段测量仪器的发展状况，新标准更新了仪器设备的使用建议和规定，主要烟气分析仪器变化对比见表2-3。

表 2-3　　　　　　　　　　　烟气分析仪器对比

烟气成分	GB/T 10184—2015	GB/T 10184—1988
O_2	顺磁氧量计、氧化锆氧量计	顺磁氧量计、氧化锆氧量计
CO	红外线吸收仪	一氧化碳分析仪 气相色谱仪 红外分光光度计
CO_2	红外线吸收仪	二氧化碳分析仪 不分光红外吸收仪 气相色谱仪
SO_2	红外线吸收仪 紫外线脉冲荧光分析仪	非扩散红外线吸收 电化膜扩散 电解滴定 化学荧光 紫外线脉冲荧光
NO_x	化学发光法分析仪 紫外线吸收仪	化学发光 氮氧化物分析仪 电化膜扩散 非扩散紫外吸收
H_2	色谱仪	色谱仪
C_mH_n	红外线吸收仪、色谱仪	色谱仪
H_2S	—	电解滴定、电化膜扩散 火焰光度气相色谱仪 非扩散红外吸收

（8）原标准仅有空气预热器漏风率的测定与计算，且计算公式比较粗糙；新标准给出了使用烟气量计算空气预热器漏风率的公式，原理与 ASME PTC 4.3 相同，并增加了空气预热器换热效率等性能试验内容，但仍然不够精细。

（9）原标准只有常规煤粉锅炉的系统界限图；新标准细化为煤粉锅炉，火床（链条）炉，燃油、燃气锅炉，循环流化床锅炉等不同类型的计算边界，更贴合实际。

（10）原标准制定时未考虑循环流化床锅炉；新标准考虑了脱硫剂的加入对锅炉效率的影响，并增加了与脱硫剂有关的测量、计算等内容，因此新标准也适用于循环流化床锅炉的性能试验，完全包含 DL/T 964—2005 的内容。

（11）原标准制定时未考虑高温脱硝装置；新标准将高温脱硝装置进、出口烟气焓值的变化作为输入热量的一部分考虑，来计算对锅炉效率的影响。

（12）新标准增加了烟气中 NO_x 浓度和 SO_2 浓度的测量项目，与 GB 13223—2011《火电厂大气污染物排放标准》保持一致。

（13）新标准修改了原标准中的部分术语，与 GB/T 2900.48—2008《电工名词术语　锅炉》一致，增加了与脱硫有关的术语。

（14）新标准更改了符号命名规则，符号的编制均以英文翻译为基础，涉及的煤质分析符号与现行煤质分析符号一致。

（15）新标准删除了制粉系统主要特性参数测定的有关内容；删除了误差分析的有关内容；删除了原标准中的部分附录。

第二节　常规煤粉锅炉效率反平衡计算方法

我国锅炉性能试验标准可以同时应用于固体燃烧、液体燃料与气体燃料的锅炉。对于固体、液体燃料的锅炉来说，燃料一般用质量流量来计量比较方便，所以标准中采用的基准单位为 kg，即 1kg 煤（油）发热量基准下的锅炉效率；而采用气体燃料的锅炉一般用标准状态下的体积流量来计量比较方便，所以标准中采用的基准单位是 m^3，表示 $1m^3$ 体积流量的燃料发热量基准下的锅炉效率。不管采用哪一种燃料锅炉的效率，其烟气生产量都以 m^3（标准状况下）进行计算最为方便。为了使读者更容量理解，本书先采用 1kg 燃料作为计算基础，最后给出燃气锅炉的差别。

新版国家标准采用燃料效率作为锅炉效率，因而需要确定 Q_{net}、Q_2、Q_3、Q_4、Q_5、Q_6、Q_{oth}、Q_{ex}。计算过程中如无特别声明，m^3 指的是标准状况下的体积；对于气体，定压比热容指的是工质从计算温度到基准温度的平均定压比热容（标准状况），单位为 kJ/（m^3·K）；对于固体，定压比热指的是从计算温度到基准温度的平均定压比热（无体积影响），单位为 kJ/（kg·K）。

一、输入热量

常规的煤粉锅炉没有炉内脱硫，则输入锅炉能量平衡系统的总热量 Q_{in} 包括燃料发热量 $Q_{net,ar}$、燃料物理显热 Q_f、进入系统边界的空气所携带的热量（$Q_{a,d}$、Q_{wv}）、系统内辅助设备带来的热量 Q_{aux}、燃油雾化所用蒸汽带入的热量 $Q_{st,at}$，以及高温脱硝装置带入

热量 $Q_{fg,DEN}$ 等。即

$$Q_{in}=Q_{net,ar}+Q_f+Q_{a,d}+Q_{wv}+Q_{aux}+Q_{st,at}+Q_{fg,DEN} \tag{2-1}$$

输入热量 Q_{in} 在计算锅炉效率时并不使用，但用式（2-1）有助于计算过程中不漏项。

1. 燃料发热量

对于固体和液体燃料，燃料发热量取实验室收到基低位发热量 $Q_{net,ar}$（kJ/kg）。对于燃用多种燃料的锅炉，应分别测量每种燃料消耗量及其元素分析值、工业分析值和低位发热量。混合燃料的低位发热量按各种燃料占总燃料消耗量份额的加权平均值计算，即

$$Q_{net,ar,to} = \sum \frac{q_{m,f,i}Q_{net,ar,i}}{\sum q_{m,f,i}} = \sum w_{f,i}Q_{net,ar,i} \tag{2-2}$$

$$w_{f,i} = \frac{q_{m,f,i}}{\sum q_{m,f,i}} \tag{2-3}$$

式中　$Q_{net,ar,to}$——入炉混合燃料的低位发热量，kJ/kg 或 kJ/m³；

$q_{m,f,i}$——某种燃料组分的消耗量，kg/h 或 m³/h；

$Q_{net,ar,i}$——某种入炉燃料的低位发热量，kJ/kg 或 kJ/m³；

$w_{f,i}$——某种燃料消耗量占总燃料消耗量的质量分数。

2. 燃料物理显热

燃料的物理显热是进入系统的单位燃料携带的热量，按式（2-4）计算，即

$$Q_f = c_f(t_f - t_{re}) \tag{2-4}$$

式中　Q_f——燃料物理显热，kJ/kg 或 kJ/m³；

c_f——燃料比热，kJ/（kg·K）或 kJ/（m³·K）；

t_f——进入系统边界的燃料温度，℃；

t_{re}——基准温度，GB/T 10184—2015 规定为 25℃。

以煤炭为输入的固体燃料比热 c_f 是由干煤的比热与水分的比热加权平均计算，即

$$c_{c,ar} = c_{c,d}\frac{100 - w_{m,ar}}{100} + 4.1868\frac{w_{m,ar}}{100} \tag{2-5}$$

$$c_{c,d} = 0.01[c_{rs}w_{as,d} + c_c(100 - w_{as,d})] \tag{2-6}$$

$$c_c = 0.84 + 37.68\times10^{-6}(13 + w_{v,daf})(130 + t_c) \tag{2-7}$$

$$c_{rs} = 0.71 + 5.02\times10^{-4}t_{rs} \tag{2-8}$$

式中　$c_{c,ar}$——入炉煤的比热，kJ/（kg·K）；

$w_{m,ar}$——入炉煤收到基水分的质量分数，数值上等于全水分，%；

$c_{c,d}$——煤的干燥基比热，由灰、可燃物组成加权计算，kJ/（kg·K）；

c_c——煤中可燃物质的比热，kJ/（kg·K）；

$w_{as,d}$——入炉煤干燥基灰分的质量分数，%；

$w_{v,daf}$——入炉煤干燥无灰基挥发分的质量分数，%；

t_c——入炉煤的燃料温度，℃；

c_{rs}——灰（渣）的比热，kJ/（kg·K）；

t_{rs}——灰（渣）的温度，计算时取燃料温度，℃。

当固体燃料的温度低于 0℃时，输入热量中还应扣除燃料的解冻用热量 $Q_{f,im}$，即

$$Q_{f,im} = 3.35\left(w_{m,ar} - w_{m,ad}\frac{100 - w_{m,ar}}{100 - w_{m,ad}}\right) \tag{2-9}$$

式中　　$Q_{f,im}$——解冻燃料用热量，kJ/kg；

　　　　$w_{m,ad}$——入炉煤空干基水分的质量分数，%。

$Q_{f,im}$ 计算式（2-9）中，括号内的部分是计算基于收到基的外水分的质量比例，因为只有外水分才会结冰。内水分是结晶水，与其他分子一块呈固态。

3. 进入系统边界的干空气所携带的热量

进入系统边界的干空气所携带的热量由进入空气预热器的一次风、二次风及其他空气份额所携带的热量组成，GB/T 10184—2015 用式（2-10）计算 $Q_{a,d}$，即

$$Q_{a,d} = \frac{q_{m,a,p}}{q_{m,f}}\left(\frac{c_{p,a,p}t_{a,p}}{\rho_{a,p}} - \frac{c_{p,a,re}t_{re}}{\rho_{a,re}}\right) + \frac{q_{m,a,s}}{q_{m,f}}\left(\frac{c_{p,a,s}t_{a,s}}{\rho_{a,p}} - \frac{c_{p,a,re}t_{re}}{\rho_{a,re}}\right) + \sum\frac{q_{m,a,oth}}{q_{m,f}}\left(\frac{c_{p,a,oth}t_{a,oth}}{\rho_{a,oth}} - \frac{c_{p,a,re}t_{re}}{\rho_{a,re}}\right) \tag{2-10}$$

$$\rho_a = 2.694\rho_{a,st}\frac{p_{at} + p_a}{273 + t_a}\times 10^{-3} \tag{2-11}$$

式中　　　　$Q_{a,d}$——进入系统边界的干空气所携带的热量，kJ/kg；

　　$q_{m,a,p}$、$q_{m,a,s}$——进入系统边界的一次风、二次风质量流量，kg/h；

　　$c_{p,a,p}$、$c_{p,a,s}$——进入系统边界的一次风、二次风定压比热容，kJ/（m³·K）；

　　　　$t_{a,p}$、$t_{a,s}$——进入系统边界的一次风、二次风温度，℃；

　　　　$q_{m,a,oth}$——进入系统边界的（未经空气预热器）其他空气质量流量，比如进入磨煤机的调温风（部分锅炉取自大气）、循环流化床锅炉的高压流化风等，kg/h；

　　　　$c_{p,a,oth}$——进入系统边界的（未经空气预热器）其他空气定压比热容，kJ/（m³·K）；

　　　　$t_{a,oth}$——进入系统边界的（未经空气预热器）其他空气温度，℃；

$\rho_{a,p}$、$\rho_{a,s}$、$\rho_{a,oth}$——一次风、二次风密度和其他进入炉膛燃烧空气密度，kg/m³。

公式（2-10）通过 $\dfrac{q_{m,a,p}}{q_{m,f}}$、$\dfrac{q_{m,a,s}}{q_{m,f}}$ 和 $\dfrac{q_{m,a,oth}}{q_{m,f}}$ 把实测的一次风、二次风、和其他燃烧空气的质量流量转换成为每 kg 燃料的燃烧空气分配，然后再除以密度转换为每 kg 燃料一次风、二次风和其他空气的体积流量，最后分别乘以定压比热容（$c_{p,a,p}$、$c_{p,a,s}$、$c_{p,a,oth}$）精确计算各股风带入总热量。问题是定压比热容 $c_{p,a,p}$、$c_{p,a,s}$ 和 $c_{p,a,oth}$ 均为标准状态下的比热，则体积计算应用各股燃烧空气的标准状态体积，而不是由实际密度 $\rho_{a,p}$、$\rho_{a,s}$ 转化而来的当地体积；同时，用实测的燃烧空气流量除以给煤量 $q_{m,f}$ 直接计算燃烧空气量精度非常低，是不恰当的方法。

考虑到标准状态下体积流量之比即为质量流量之比，本书推荐用实测流量确定各股空气的比例，而总空气量基于燃料当量关系来计算，即

$$Q_{a,d} = \frac{\alpha_{cr}V_{a,d,th,cr}}{\sum q_{m,a,i}}\left[q_{m,a,p}c_{p,a,p}(t_{a,p} - t_{re}) + q_{m,a,s}c_{m,a,s}(t_{a,s} - t_{re}) + \sum q_{m,a,oth}c_{m,a,oth}(t_{a,oth} - t_{re})\right] \tag{2-12}$$

式中　$\sum q_{m,a,i}$ ——所有空气质量流量的总量。

4. 进入系统的空气中水蒸气所携带的热量

进入系统的空气中水蒸气所携带的热量按式（2-13）计算，即

$$Q_{wv} = 1.603 \alpha_{cr} V_{a.d.th.cr} h_{a.ab} c_{p.wv}(t_{a.wm} - t_{re}) \tag{2-13}$$

$$t_{a.wm} = \frac{q_{m.a.p} t_{a.p} + q_{m.a.s} t_{a.s} + \sum q_{m.a.oth} t_{a.oth}}{q_{m.a.p} + q_{m.a.s} + \sum q_{m.a.oth}} \tag{2-14}$$

式中　Q_{wv} ——进入系统边界的空气中水蒸气所携带的热量，kJ/kg；

　　　α_{cr} ——修正的过量空气系数；

　　　$V_{a,d,th,cr}$ ——由实际燃烧碳计算的理论干空气量（单位燃料），m^3/kg；

　　　$h_{a,ab}$ ——空气的绝对湿度，kg/kg；

　　　$t_{a,wm}$ ——进入系统的空气加权平均温度，按式（2-14）计算，℃；

　　　$c_{p,wv}$ ——按进入系统的空气加权平均温度计算的水蒸气定压比热容，kJ/（m^3 •K）。

GB/T 10184—2015 原公式有错误，其中 Q_{wv} 的计算公式与式（2-13）仅常数项有差别，见式（2-15），即

$$Q_{wv} = 1.293 \alpha_{cr} V_{a,d,th,cr} h_{a,ab} c_{p,wv}(t_{a,wm} - t_{re}) \tag{2-15}$$

1.293 为干空气密度（kg 空气/m^3），则 $1.293\alpha_{cr}V_{a,d,th,cr}$ 是修正后的燃烧空气质量（kg 空气/kg 燃料）；$h_{a,ab}$ 为空气的绝对湿度（kg 水蒸气/kg 空气），则 $1.293\alpha_{cr}V_{a,d,th,cr}h_{a,ab}$ 为燃烧空气携带的水蒸气质量（kg 水蒸气/kg 燃料）。水蒸气比体积为 1.24m^3/kg，因此需要乘以 1.24 换算成水蒸气体积量，则为 1.293×1.24=1.603，即式（2-15）中 1.293 应改为1.603。

5. 系统内辅助设备带入的热量

系统边界内辅助设备包括磨煤机、烟气再循环风机、热一次风机、炉水循环泵、空气预热器等，系统内辅助设备带入热量按其消耗功率计算，即

$$Q_{aux} = \frac{3600}{q_{m,f}} \sum (P_{aux} \eta_{tr,aux}) \tag{2-16}$$

式中　Q_{aux} ——系统边界内辅助设备带入的热量，kJ/kg；

　　　P_{aux} ——系统边界内辅助设备的实际功率，kW；

　　　$\eta_{tr,aux}$ ——系统边界内辅助设备总传动效率，包括电动机效率、液力耦合器效率、传动效率等，%。

P_{aux} 可以通过便携式单相或三相功率表测量，或者经过校验的 0.5～1.0 级电能表测定。若使用电能表（一般有专门的开关室）测量，可用累积电能除以累积时间计算平均功率，即

$$P_{aux} = \frac{C_{dn} \sum W_{aux}}{\Delta t} \tag{2-17}$$

式中　$\sum W_{aux}$ ——试验结束电能表读数与试验开始电能表读数之差，kWh；

　　　C_{dn} ——电能表电量系数（倍数）；

　　　Δt ——试验持续时间，h。

需要指出的是，对于送风机、冷一次风机和其他以测量设备出口流体温度为计算基础的所有设备，均不计算外来热量。例如计算进入系统边界的空气所携带的热量时，送风机和一次风机等附加的能量（空气经过风机的温升）已经计算过，若再加上风机功率携带的外来热量，就相当于将该部分热量加了两次。

6. 燃油雾化蒸汽带入的热量

燃油雾化蒸汽带入的热量按式（2-18）计算，即

$$Q_{st,at} = \frac{q_{m,st,at}}{q_{m,f}}(H_{st,at,en} - H_{st,sat,re}) \tag{2-18}$$

式中　$Q_{st,at}$——雾化蒸汽带入的热量，kJ/kg；

　　　$q_{m,st,at}$——雾化蒸汽质量流量，kg/h；

　　　$H_{st,at,en}$——雾化蒸汽在进入系统参数下的焓，根据水蒸气性质图表计算，kJ/kg；

　　　$q_{m,st,at}$——雾化蒸汽在基准温度下的饱和蒸汽焓，kJ/kg。

一般性能试验时，煤粉锅炉不投油枪且停止吹灰，燃油雾化蒸汽带入的热量一般为零。从热量平衡的基础来讲，若可以明确系统存在其他外来蒸汽带入热量（来自外部热源，且热量未通过其他方式计入），也可按式（2-18）计算，作为输入热量一部分。

7. 高温脱硝装置带入的热量

高温脱硝装置一般位于锅炉省煤器出口、空气预热器进口。加装高温脱硝装置对锅炉效率的影响主要表现在以下四个方面：

（1）增加了锅炉的散热损失。

（2）还原介质（一般为氨）及其雾化空气给系统带入热量。

（3）脱硝反应放出热量。

（4）由于烟气成分、烟气中水分及烟气量的改变，对排烟热损失产生影响。

考虑到测量和计算各种烟气成分、水分及烟气量测量和计算的复杂性，GB/T 10184—2015 作了以下简化处理：排烟中烟气成分仅考虑 O_2、CO_2、CO、NO 及 SO_2，忽略由于脱硝反应引起排烟中水分的改变，则高温脱硝装置运行时带入的热量为

$$Q_{fg,DEN} = V_{fg,DEN,lv}c_{p,fg,DEN,lv}t_{fg,DEN,lv} - V_{fg,DEN,en}c_{p,fg,DEN,en}t_{fg,DEN,en} \tag{2-19}$$

式中　$Q_{fg,DEN}$——脱硝装置进出口烟气热量增量，即还原介质（包括脱硝反应放出的热量）及其稀释空气给系统带入热量与脱硝装置散热量之差，kJ/kg；

　　　$V_{fg,DEN,lv}$——脱硝装置出口烟气量，过量空气系数采用脱硝出口烟气成分计算，m^3/kg；

　　　$c_{p,fg,DEN,lv}$——脱硝装置出口烟气定压比热容，采用脱硝出口烟气成分加权计算，kJ/（m^3·K）；

　　　$t_{fg,DEN,lv}$——脱硝装置出口烟气温度，℃；

　　　$V_{fg,DEN,en}$——脱硝装置进口烟气量，过量空气系数采用脱硝入口烟气成分计算，m^3/kg；

　　　$c_{p,fg,DEN,en}$——脱硝装置进口烟气定压比热容，采用脱硝出口烟气成分加权计算，kJ/（m^3·K）；

$t_{fg,DEN,en}$——脱硝装置进口烟气温度，℃。

精确计算脱除 NO_x 前后对于式（2-19）中体积（$V_{fg,DEN,lv}$、$V_{fg,DEN,en}$）和比热容（$c_{p,fg,DEN,lv}$ 和 $c_{p,fg,DEN,en}$）的变化非常困难，因为 NO_x 的浓度相对其他烟气成分少一到两个数量级，因而忽略其对于烟气体积和比热容的影响对计算结果并没有任何影响。

输入热量中的各项数据计算完成后，代入式（1-37）中可计算出各项 q_{ex}。

二、排烟热损失（q_2 的计算方法）

锅炉排烟热损失为离开锅炉系统边界的烟气带走的物理显热，分为干烟气带走的损失与水分带走的损失两个部分，按式（2-20）～式（2-22）计算，即

$$Q_2 = Q_{2,fg,d} + Q_{2,wv,fg} \tag{2-20}$$

$$Q_{2,fg,d} = V_{fg,d,AH,lv} c_{p,fg,d} (t_{fg,AH,lv} - t_{re}) \tag{2-21}$$

$$Q_{2,wv,fg} = V_{wv,fg,AH,lv} c_{p,wv} (t_{fg,AH,lv} - t_{re}) \tag{2-22}$$

百分比表示的排烟损失为

$$q_2 = \frac{Q_2}{Q_{net,ar}} \times 100 \tag{2-23}$$

式中　$Q_{2,fg,d}$——干烟气带走的损失，kJ/kg 或 kJ/m³；

　　　$Q_{2,wv,fg}$——烟气中所含水蒸气带走的损失，kJ/kg 或 kJ/m³；

　　　$V_{fg,d,AH,lv}$——单位燃料燃烧生成的空气预热器出口处的干烟气体积，m³/kg 或 m³/m³；

　　　$c_{p,fg,d}$——干烟气从 t_{re} 到 $t_{fg,AH,lv}$ 的定压比热容，kJ/（m³·K）；

　　　$t_{fg,AH,lv}$——空气预热器出口烟气温度（即排烟温度），℃；

　　　$V_{wv,fg,AH,lv}$——空气预热器出口处烟气中水蒸气的体积，m³/kg 或 m³/m³；

　　　$c_{p,wv}$——水蒸气从 t_{re} 到 $t_{fg,AH,lv}$ 的定压比热容，kJ/（m³·K）。

由式（2-20）～式（2-23）可知，计算 q_2 时除了应确定低位发热量外，还需确定 5 个变量，分别为：

（1）$t_{fg,AH,lv}$——可以直接测量。

（2）$c_{p,fg,d}$——是与温度相关的函数，可根据 $t_{fg,AH,lv}$ 到 t_{re} 的定压比热容进行查表或者多项式计算。由于烟气是混合气体，因此确定其值时，除了需要温度外，还需要测量或计算烟气的组成成分，然后进行加权计算。

（3）$c_{p,wv}$——是与温度相关的函数，可根据 $t_{fg,AH,lv}$ 到 t_{re} 的定压比热容进行查表或者多项式计算。

（4）$V_{fg,d,AH,lv}$——可以通过直接测量湿烟气量然后通过干烟气和水蒸气份额求得，但误差较大，GB/T 10184—2015 推荐通过煤的燃烧反应关系和过量空气系数计算求得。

（5）$V_{wv,fg,AH,lv}$——可以通过直接测量湿烟气量然后通过干烟气和水蒸气份额求得，但误差较大，GB/T 10184—2015 推荐通过煤的燃烧反应关系、煤中的水分以及燃烧空气带入的水分计算求得。

在上述 5 个变量中，最重要的工作为根据煤的燃烧反应计算烟气中的各种组成成分，并据此计算其摩尔比（体积比）。由于燃烧反应计算是锅炉效率试验中计算最为繁杂的一部分，因此本书将其单列出来。

三、气体未完全燃烧热损失

烟气中有不完全燃烧的可燃物，如 CO、H_2、CH_4 和 C_mH_n 等，会造成气体未完全燃烧损失。因而，该损失热量由未完全燃烧产物的含量决定，数值上等于每千克燃料燃烧时产生各种未完全燃烧产物的容积与容量发热量的乘积之和，表达式为

$$Q_3 = V_{CO}Q_{CO} + V_{CH_4}Q_{CH_4} + V_{H_2}Q_{H_2} + V_{C_mH_n}Q_{C_mH_n} \tag{2-24}$$

$$\left.\begin{aligned}
V_{CO} &= \frac{\varphi_{CO,fg,d}}{100} V_{fg,d,AH,lv} \\[6pt]
V_{CH_4} &= \frac{\varphi_{CH_4,fg,d}}{100} V_{fg,d,AH,lv} \\[6pt]
V_{H_2} &= \frac{\varphi_{H_2,fg,d}}{100} V_{fg,d,AH,lv} \\[6pt]
V_{C_mH_n} &= \frac{\varphi_{C_mH_n,fg,d}}{100} V_{fg,d,AH,lv}
\end{aligned}\right\} \tag{2-25}$$

式中　　$\varphi_{CO,fg,d}$、$\varphi_{CH_4,fg,d}$、$\varphi_{H_2,fg,d}$、$\varphi_{C_mH_n fg,d}$——干烟气中 CO、CH_4、H_2 和 C_mH_n 的体积浓度（摩尔比），由烟气分析仪（干基）测得，通常直接测量的单位为 10^{-6}，计算时需要在此基础上除以 10000 后得到单位是 % 的数值；C_mH_n 表示非 CH_4、CO 和 H_2 的碳氢化合物，m、n 为示意值，无需知道具体值，%；

V_{CO}、V_{CH_4}、V_{H_2}、$V_{C_mH_n}$——单位燃料燃烧产生烟气中 CO、CH_4、H_2 和 C_mH_n 的体积，可由测量的相应烟气成分的比例乘以干烟气体积计算，m^3/kg；

Q_{CO}、Q_{CH_4}、Q_{H_2}、$Q_{C_mH_n}$——标准状态下，单位体积的 CO、CH_4、H_2 和 C_mH_n 的低位发热量，其值分别为 12636、35818、10798 和 $59079kJ/m^3$。

由此可求得

$$Q_3 = V_{fg,d,AH,lv}(126.36\varphi_{CO,fg,d} + 358.18\varphi_{CH_4,fg,d} + 107.98\varphi_{H_2,fg,d} + 590.79\varphi_{C_mH_n,fg,d}) \tag{2-26}$$

$$q_3 = \frac{Q_3}{Q_{net,ar}} \times 100 \tag{2-27}$$

在 q_3 中，CO 是烟气中化学未完全燃烧损失的主要来源。通常情况下，电站锅炉中不应当有 CO 产生，但有时为了降低燃料成本而大量使用劣质煤，或锅炉设计有问题，或降低氮氧化物而低氧燃烧，或节省厂用电（风机出力不足），或在线氧量表显示偏高等而使燃料在极低的氧量氛围中燃烧，会产生大量的 CO。性能试验前，应先努力通过调整将 CO 含量降到最少。一般来说，若 CO 含量超过 $100ml/m^3$，则该项损失就不可以忽略，且此时飞灰可燃物含量也往往较高。因此，不少电厂用 CO 在线仪表来监测燃烧的状态，当 CO 升高时，说明燃烧缺氧，需要加风。

四、固体未完全燃烧热损失

1. 固体未完全燃烧损失 q_4 的含义

是指燃料经过炉膛而未完全燃烧造成飞灰、炉渣中存在的残余可燃物的热损失占燃料低位发热量的百分率。

尽管固体未完全燃烧热损失与可燃气体燃烧不完全都称为不完全燃烧损失，但本质上有很大的不同：由于烟气中的可燃气体与烟气中的氧气有充分的接触时间，理论上烟气中的可燃气体应全部燃烧，因此可燃气体燃烧不完全并不是不具备条件，而是由于燃烧这一化学反应环节出了问题当未完全燃烧气体浓度较大时，固体未完全燃烧损失就更为可观；固体燃烧不完全是因煤粉颗粒部分燃烧后的煤焦（灰粒与固定碳的结合体）内部无法接触到烟气中的氧气而造成的。由于煤粉颗粒的燃烧总体上来说只能由外到内逐层燃烧，如果煤粉颗粒足够细，或在锅炉内的时间足够长，让外部的碳完全燃烧完毕后，把内部暴露出来与氧气反应，也只能减少此项损失，但不能根除这项损失。

锅炉炉型确定以后，煤粉在炉内的燃烧时间也基本固定，因此 q_4 实际上在很大程度上取决于煤粉细度。煤粉越细，q_4 越小；反之，则 q_4 越大。但磨细煤粉需要加大制粉系统耗电率，所以煤粉并非越细越好，必须在这两者之间进行权衡和优化，这就是最佳煤粉细度试验的工作。q_4 是最主要的未完全燃烧损失，所以煤粉细度优化试验多直接用 q_4 表征煤粉的燃尽程度。

2. 确定方法

固体未完全燃烧热损失可通过煤质分析及测量炉渣和飞灰中的可燃物含量来确定，按式（2-28）和式（2-29）计算，得

$$Q_4 = 3.3727 w_{as,ar} w_{c,rs,m} \tag{2-28}$$

$$q_4 = \frac{Q_4}{Q_{net,ar}} \times 100 \tag{2-29}$$

式中　　$w_{as,ar}$ ——入炉燃料收到基灰分的质量分数，%；

　　33727 ——每 kg 纯碳的发热量，kJ/kg。

　　$w_{c,rs,m}$ ——灰、渣平均可燃物的质量分数，尽管可燃物除了碳还包括硫等，但均以碳计算，所以较多时候灰渣可燃物含量也称为灰渣含碳量（下同），%。

$w_{c,rs,m}$ 表示基于收到基灰分 $w_{as,ar}$ 的灰渣平均可燃物，数值上表示 1kg 纯灰中携带的可燃物的质量。计算时要区别基于收到基燃料的灰渣平均可燃物 $w_{c,ar,m}$（在 GB/T 10184—2015 中并没有这一变量，本书为便于理解在此加上），表示基于收到基煤中未燃烧的那一部分。在 ASME PTC 4 中两者的对应术语名称分别为 $MpCRs$（Unburned Carbon in the Residue）和 $MpUbc$，（Unburned Carbon in Fuel）。下面对其计算方法进行推导。

收到灰分为 $w_{as,ar}$（%），则每 kg 煤产生的总灰分为 $\dfrac{w_{as,ar}}{100}$ kg/kg。化验可得飞灰、沉降灰、炉渣和落煤中可燃物的质量分数（%）分别为 $w_{c,as}$、$w_{c,pd}$、$w_{c,s}$、$w_{c,lm}$。

假定一份飞灰样品中纯灰分的质量为 A_{as}（kg/h），携带的可燃物质量为 C_{as}（kg/h），则飞灰的总质量为 $A_{as}+C_{as}$（kg/h），用烧失法进行化验测量可燃物含量为 $w_{c,as}$（%），则

这几个变量之间的关系为

$$w_{c,as} = \frac{C_{as}}{C_{as} + A_{as}} \times 100 \qquad (2\text{-}30)$$

则该飞灰样品中可燃物质量 C_{as}（kg/h）的计算式为

$$C_{as} = \frac{w_{c,as}}{100 - w_{c,as}} A_{as} \qquad (2\text{-}31)$$

同理可得锅炉炉渣、沉降灰样品中的可燃物质量（kg/h）的计算式为

$$C_s = \frac{w_{c,s}}{100 - w_{c,s}} A_s, \quad C_{pd} = \frac{w_{c,pd}}{100 - w_{c,pd}} A_{pd} \qquad (2\text{-}32)$$

可燃物总质量（kg/h）为

$$C = C_{as} + C_s + C_{pd} \qquad (2\text{-}33)$$

灰渣平均可燃物质量分数为可燃物总质量与灰渣总质量之比（%），可得

$$w_{c,rs,m} = \frac{10000}{w_{as,ar}} \times \left(\frac{w_{c,as}}{100 - w_{c,as}} A_{as} + \frac{w_{c,s}}{100 - w_{c,s}} A_s + \frac{w_{c,pd}}{100 - w_{c,pd}} A_{pd} \right) \qquad (2\text{-}34)$$

总灰分中飞灰、沉降灰、和炉渣的质量分数分别为 w_{as}、w_{pd}、w_s，且 $w_{as} + w_{pd} + w_s = 100$，则各部分灰的质量为

$$A_{as} = \frac{w_{as}}{100} \frac{w_{as,ar}}{100}, \quad A_s = \frac{w_s}{100} \frac{w_{as,ar}}{100}, \quad A_{pd} = \frac{w_{pd}}{100} \frac{w_{as,ar}}{100} \qquad (2\text{-}35)$$

则将式（2-35）代入式（2-34），化简可得

$$w_{c,rs,m} = \frac{w_{as} w_{c,as}}{100 - w_{c,as}} + \frac{w_s w_{c,s}}{100 - w_{c,s}} + \frac{w_{pd} w_{c,pd}}{100 - w_{c,pd}} \qquad (2\text{-}36)$$

式中　　$w_{c,rs,m}$——灰、渣平均可燃物的质量分数，%；

$w_{c,as}$、$w_{c,pd}$、$w_{c,s}$——飞灰、沉降灰、炉渣中可燃物的质量分数，%；

w_{as}、w_{pd}、w_s——飞灰、沉降灰、炉渣占燃料总灰量的质量分数，%。

根据基于收到基燃料灰渣平均可燃物的定义，即可燃物总量与燃料量之比（%）为

$$w_{c,ar,m} = \frac{C}{q_{m,f}} \times 100 = w_{c,rs,m} \times \frac{w_{as,ar}}{100} \qquad (2\text{-}37)$$

从式（2-36）和式（2-37）可知，基于收到基灰分的灰渣平均可燃物 $w_{c,rs,m}$ 和基于收到基燃料的灰渣平均可燃物 $w_{c,ar,m}$ 两者都是灰渣中可燃物的质量分数，只是基于不同的基准（分母），后者就是固体未完全燃烧热损失的含碳量计算项（$w_{c,rs,m} \times w_{as,ar}$）。由于 $w_{as,ar}$、$w_{c,as}$、$w_{c,pd}$、$w_{c,s}$ 均由实验室测定，因此计算固体未完全燃烧热损失最重要的是确定灰渣中各项份额。

3. 灰平衡

性能试验中确定灰渣份额称为灰平衡，GB/T 10184—2015 对灰、渣测量规定如下：

（1）火床炉的灰量包括炉渣、飞灰和漏煤。火床炉试验时应收集试验期间全部漏煤并称量。

（2）燃煤锅炉总的灰、渣量等于炉渣量、沉降灰量和进入除尘器的飞灰量之和（无

漏煤）。有条件时，可分别测量锅炉机组各部位排出的灰、渣量，由此计算出各部分的质量比例，用于锅炉效率计算。也可根据采用推荐的灰、渣比例，或根据试验开始前商定的灰、渣比例进行计算。

（3）对有飞灰回燃系统的机组，应根据该系统的具体布置选定取样点及确定灰平衡比例。必要时应测量和计算确定灰平衡比例。

因此对于一般的煤粉锅炉，可用实测法确定，也可以采用设计值（商定）或推荐值，见表 2-4。对于特殊燃烧方式的锅炉，如 CFB 锅炉等，灰、渣比例采用实测值时的测量和处理方法见本章第三节 CFB 锅炉的处理。

表 2-4   **GB/T 10184—2015 标准推荐的锅炉灰、渣比例**

燃烧方式与炉膛型式		捕渣率（%）	飞灰份额（%）
链条炉		—	15～30
沸腾炉		—	40～60
CFB 锅炉		实际测量[①]	实际测量[①]
固态排渣火室炉	钢球或中速磨煤机	约 10	约 90[②]
	竖井磨煤机	约 15	约 85
液态排渣炉	开式炉膛	20～35	—
	半开式炉膛	30～45	—
卧式旋风炉	煤粉：烟煤、褐煤	约 80	—
	煤屑：烟煤	80～85	—
立式前置旋风炉（BTN 型）	无烟煤	50～60	—
	其他煤种	60～80	—
立式置旋风炉（KSG 型）	褐煤	80～85	—

①   或取设计值。

②   其中省煤器下部沉降灰为 3%，空气预热器下部沉降灰为 5%。

五、散热损失

在大量引进欧美技术之前，我国锅炉设计一直使用苏联锅炉热力计算 1957 年版和 1973 年版标准。20 世纪 70 年代，西安热工研究院对当时国内最具代表性的 11 台容量为 130～1083t/h 的锅炉（其中油炉 2 台）进行实测后，得出 GB/T 10184—1988 中散热损失计算公式，即

$$q_5 = q_5^e \frac{D^e}{D} \tag{2-38}$$

$$q_5^e = 5.82(D^e)^{-0.38} \tag{2-39}$$

式中 q_5^e——锅炉机组额定负荷下的散热损失，%；

          D^e——锅炉额定负荷（蒸发量），t/h；

          q_5——试验负荷锅炉散热损失，%；

          D——试验时锅炉负荷（蒸发量），t/h。

q_5^c 可以用式（2-39）计算，该公式非常简洁，但是计算值比设计值普遍大一倍左右。典型的 300、600MW 机组，如 SG-1025/17.6-M859 型（300MW）锅炉的辐射热损失设计值为 0.18%～0.21%，HG—2008/17.4-YM5 型（600MW 亚临界）锅炉散热损失设计值为 0.19%～0.20%，B&WB—2028/17.5-M（600MW 亚临界）型锅炉散热损失设计值为 0.18 %、HG—1900/25.4-YM4（600MW 超临界）型锅炉的散热损失设计值为 0.17%，而按照 GB/T 10184—1988 中公式进行计算的结果都超过 0.34%。

GB/T 10184—2015 重点修订了散热损失的算法，推荐了下列 3 种方法：

（1）取设计值法。当全部被测区域表明平均温度符合以下规定时，可取用锅炉设计的散热损失值。条件是环境温度低于 27℃ 且保温结构的外表面温度小于或等于 50℃，或当环境温度超过 27℃ 且保温结构的外表面温度小于或等于环境温度与 25℃ 之和。

（2）曲线计算法。提供了与 GB/T 10184—1988 类似的曲线，见图 2-1。

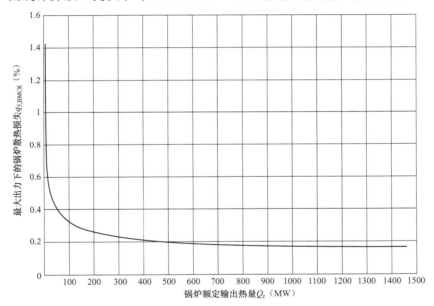

图 2-1　辐射散热损失标准曲线（温差 28℃、表面风速 0.5m/s）

计算式为

$$q_5 = q_{5,\mathrm{BMCR}} \times \frac{Q_{\mathrm{BMCR}}}{Q_r} \times \beta \tag{2-40}$$

$$\beta = \frac{E}{0.3943} \tag{2-41}$$

式中　$q_{5,\mathrm{BMCR}}$ ——最大出力下的锅炉散热损失，按图 2-1 查取，%；

$\quad\quad Q_{\mathrm{BMCR}}$ ——锅炉最大输出热量，根据设计说明书查取，MW；

$\quad\quad Q_r$ ——试验时锅炉输出热量，采用试验时实际负荷，MW；

$\quad\quad \beta$ ——锅炉表面辐射率系数，与表面与环境温差、表面风速有关；

$\quad\quad E$ ——锅炉表面辐射率，按图 2-2 查取，kW/m²。

应注意，GB/T 10184—2015 附录 I 中公式有误，Q_{BMCR} 和 Q_r 的分子和分母位置反了。

　　q_5 的大小是根据标准制定时的多台锅炉数据统计而来的，反映了当时的设备保温水平。随着材料和冰保温技术的进步，q_5 的大小呈现下降的趋势。以最近的某 300MW 亚临界机组为例，设计 BMCR 蒸发量为 1025t/h，TRL 工况蒸发量为 960t/h，设计散热损失为 0.2%。假定试验负荷为 TRL 工况，按 GB/T 10184—1988 计算的 q_5 为 0.44%，而按 GB/T 10184—2015 方法计算则仅为 0.25%。600MW 以上的锅炉，按照 GB/T 10184—2015 中公式进行计算的结果为 0.22%～0.19%。根据目前的实际情况，GB/T 10184—2015 计算的散热损失和设计值更为相近，与欧美等标准的偏差也比较小，如图 2-3 所示。

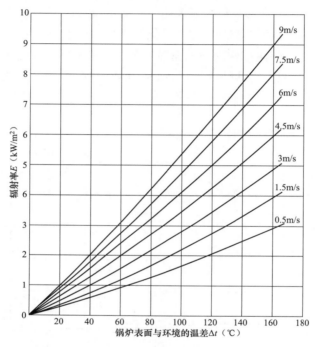

图 2-2　在不同风速和环境温差下的锅炉辐射率

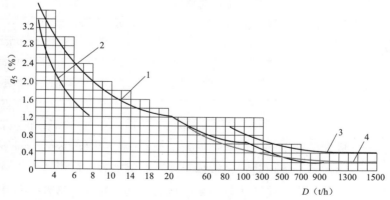

图 2-3　我国性能试验标准锅炉与苏联热力计算标准 1973 版中散热损失 q_5 的比较

1—锅炉整体（连同尾部受热面）；2—锅炉本身（无尾部受热面）；

3—GB/T 10184—1988 的实线（连同尾部受热面）；4—GB/T 10184—2015 的曲线

GB/T 10184—2015 没有提供最大出力下的锅炉散热损失 $q_{5,\text{BMCR}}$ 的计算公式，每次都需要根据锅炉额定输出热量（MW）按图 2-1 查取，非常麻烦，而且重复工作可能导致结果的偏差。为方便计算，可以将图 2-1 中的数据用最小二乘法进行拟合，得到计算公式为

$$q_{5,\text{BMCR}} = 1.27924 - 0.90374\left(1 - e^{-\frac{Q_{\text{BRL}}}{23.67721}}\right) - 0.19599\left(1 - e^{-\frac{Q_{\text{BRL}}}{246.1218}}\right) \quad (2\text{-}42)$$

拟合选取 7 组代表性的数据和验证数据如表 2-5 所示。

表 2-5　　　　　　　　　　散热损失拟合曲线与图中查取值对比

项目	1	2	3	4	5	6	7	8
锅炉额定负荷（MW）	8.5	100	200	350	600	660	1000	300
图中散热损失值（%）	1.0000	0.3233	0.2667	0.2267	0.1966	0.1931	0.1828	0.2380
拟合散热损失值（%）	1.0000	0.3233	0.2667	0.2268	0.1966	0.1929	0.1829	0.2374
绝对误差（%）	−0.0000	−0.0000	−0.0000	0.0001	0.0000	−0.0002	0.0001	−0.0006
相对误差（%）	−0.0001	−0.0005	−0.0132	0.0381	0.0152	−0.0900	0.0440	−0.2361

表 2-5 中前 7 组为拟合曲线源数据，最后一组为验证数据。拟合方差相关系数平方 COD（R-Square）为 0.9999999，残差平方和（Residual Sum of Squares）为 4.62386×10^{-8}。拟合散热损失和图中散热损失非常吻合，绝对误差最大只有−0.0002%（660MW），相对误差为−0.09%。用未参与拟合的数据（300MW、0.2380%）进行验证，绝对误差为−0.0006%，不影响要求小数点后三位的数据，可以满足计算要求。

式（2-40）中的 $\dfrac{Q_{\text{BMCR}}}{Q_{\text{r}}}$ 是锅炉负荷的修正系数，根据锅炉设计最大输出热量除以锅炉试验实际输出热量，其含义是假定锅炉不同负荷下通过表面散出去的热量恒定不变，则该热量与锅炉输入热量成反比，即锅炉负荷率越高，散热所占的份额越小。

在旧版标准中，锅炉负荷的修正系数用主蒸汽流量来表示。GB/T 10184—2015 改为锅炉功率（单位为 MW），本意是为了减少不同蒸汽参数（压力、温度）对锅炉输出热量计算的影响（比如相同蒸汽流量而蒸汽参数不同时，机组功率也不同）。但也存在一些问题：对于纯凝机组来说，锅炉输出功率和机组功率是对应的；对抽汽供热机组，在供热工况下锅炉输出功率一部分转化为机组电功率，另一部分转化为抽汽供热，此时锅炉输出功率与机组功率并不对应，相对于非供热工况，锅炉输出功率是不变的，但机组电功率是减小的，按电功率计算将会出现比主蒸汽流量代表锅炉输出热量还大的误差。因此本书建议 Q_{BMCR}、Q_{r} 应分别根据锅炉最大出力对应主蒸汽流量和试验时主蒸汽流量计算。

β 是实际辐射换热修正系数，根据实测的锅炉表面温度与环境的温差、锅炉表面风速从图 2-2 中查取。图 2-2 中为曲线并非斜率不变的直线。因此要确定锅炉散热损失，必须知道锅炉额定功率、锅炉最大出力主蒸汽流量、锅炉试验负荷主蒸汽流量、试验时锅炉表面温度、环境温度、锅炉表面风速等。

（3）实测法。按 GB/T 8174《设备及管道绝热效果的测试与评价》和 GB/T 17357《设备及管道绝热层表面热损失现场测定 表面温度法》实际测量。需要在足够多的位置测定表面温度、环境温度和环境空气流速来确定具有代表性的平均值。由于现场实测工作量太大，而且测量过程中不同位置的温度、风速偏差可能较大，从而也为结果处理带来困难和较大的不确定度（±20%～±50%）。

GB/T 10184—2015 认为散热损失不仅与机组负荷有关，还与外表面温度和风速有关，无论采用哪种方法，都要进行表面风速和温度的测量。

六、灰渣物理热损失

高温的灰渣从锅炉排出时，也带走了部分热量，由此造成的热损失称为灰渣物理热损失，即炉渣、飞灰与沉降灰排出锅炉设备时所带走的显热占输入热量的百分率。与固体未完全燃烧损失一样，不同部分的灰渣显热先单独计算，然后相加，一般可按式（2-43）和式（2-44）计算，即

$$Q_6 = \frac{w_{as,ar}}{100}\left(\frac{w_s c_s (t_s - t_{re})}{100 - w_{c,s}} + \frac{w_{pd} c_{pd}(t_{pd} - t_{re})}{100 - w_{c,pd}} + \frac{w_{as} c_{as}(t_{as} - t_{re})}{100 - w_{c,as}}\right) \tag{2-43}$$

$$q_6 = \frac{Q_6}{Q_{net,ar}} \times 100 \tag{2-44}$$

式中　　q_6——灰渣物理热损失，%；

c_s、c_{pd}、c_{as}——分别表示炉渣、沉降灰和飞灰的比热，kJ/（kg·K）；

t_s、t_{pd}、t_{as}——分别表示炉渣、沉降灰和飞灰温度，℃。

沉降灰温度、飞灰温度分别取其对应位置处的烟气温度。空冷固态排渣锅炉需实测排渣温度。当不易直接测量炉渣温度时，火床锅炉排渣温度可取 600℃，水冷固体排渣锅炉可取 800℃，液态排渣锅炉可取灰流动温度（FT）再加上 100℃，同时冷渣水所带走的热量不再计及。对燃油和燃气锅炉，$Q_6=0$。

七、其他热损失

其他损失热量 Q_{oth} 按式（2-45）和式（2-46）计算，即

$$Q_{oth} = Q_{pr} + Q_{cw} \tag{2-45}$$

$$q_{oth} = \frac{Q_{oth}}{Q_{net,ar}} \times 100 \tag{2-46}$$

式中　　Q_{pr}——石子煤带走的热量，kJ/kg；

Q_{cw}——冷却水带走的热量，kJ/kg。

如果存在进入锅炉系统边界的冷却水（比如循环水泵电机冷却水等），吸收的热量未被利用，则其带走的热量 Q_{aw}（单位为 kJ/kg）按照式（2-47）计算，即

$$Q_{cw} = \frac{q_{m,cw}}{q_{m,f}}(H_{cw,lv} - H_{cw,en}) \tag{2-47}$$

式中　　$q_{m,cw}$——进入锅炉系统边界的冷却水流量，kg/h；

$H_{cw,en}$——冷却设备进口冷却水焓，kJ/kg；

$H_{cw,lv}$——冷却设备出口冷却水焓，kJ/kg。

中速磨煤机排出石子煤的热量 Q_{pr} 按式（2-48）计算，即

$$Q_{pr} = \frac{q_{m,pr}Q_{net,pr}}{q_{m,f}}$$ （2-48）

式中　$Q_{net,pr}$ ——石子煤低位发热量，kJ/kg；

　　　　$q_{m,pr}$ ——中速磨排出的石子煤的质量流量，kg/h。

对火床锅炉漏煤造成的热量损失，仍按式（2-48）计算，只是将其中的石子煤量和石子煤的低位发热量改为链条漏煤量和入炉煤的低位发热量即可。

一般情况下，石子煤量 $q_{m,pr}$ 远小于给煤量 $q_{m,f}$，用式（2-48）计算出的石子煤热损失往往也很小，因此，使用 q_4 分析问题（如最佳煤粉细度试验）时，主要考虑式（2-29）的固体未完全燃烧热损失。但对于一些特殊情况，如煤质特别差或磨煤机发生故障时会造成石子煤大量排放，带出原煤外排，增加固体未完全燃烧损失。此时进行最佳煤粉细度试验、分析锅炉的燃尽程度时，必须排除石子煤排量引起的热损失部分，否则可能会得出错误的结论。

磨煤机的流量平衡如图 2-4 所示，给煤机煤量为 $q_{m,f}$，发热量为 $Q_{net,ar}$，大部分的煤以煤粉的形式进入锅炉，其质量流量为 $q_{m,rl}$，发热量为 $Q_{net,rl}$，少量的石子煤排放量为 $q_{m,pr}$，发热量为 $Q_{net,pr}$。由于一般中速磨煤机制粉系统锅炉的入炉煤取样位于给煤机下方，采煤样品包含了石子煤的部分，因而这三者的关系为

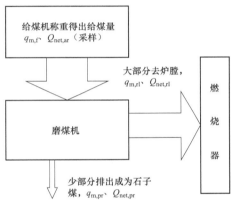

图 2-4　磨煤机的流量平衡示意图

$$q_{m,f} = q_{m,rl} + q_{m,pr}$$
$$q_{m,rl} \times Q_{net,rl} + q_{m,pr} \times Q_{net,pr} = q_{m,f} \times Q_{net,ar}$$

计算式中，rl 下标表示入炉煤。欲排除石子煤的影响，最好是通过上述两式导出入炉煤粉部分的煤量及发热量，锅炉性能试验的边界从给煤机入口移到磨煤机出口即可（此时石子煤已经是系统外），这样给煤量、煤的发热量都发生了变化，变为 $q_{m,rl}$ 和 $Q_{net,rl}$，从而可以得出

$$q_{m,rl} = q_{m,f} - q_{m,pr}$$
$$Q_{net,rl} = (q_{m,f} \times Q_{net,ar} - q_{m,pr} \times Q_{net,pr})/(q_{m,f} - q_{m,pr})$$

经上述分析可知，大石子煤大量排放时，可用 $q_{m,rl}$ 和 $Q_{net,rl}$ 代替效率试验中的 $q_{m,f}$ 和 $Q_{net,ar}$。通过正常试验的测量数据，则可推算出以磨煤机出口的入炉煤为基准的固体未完全燃烧损失，准确地反映了煤粉细度与锅炉效率之间的关系，把锅炉石子煤大量排放的问题与最佳煤粉细度两个问题解耦，从而可以放心地使用 q_4 分析锅炉燃尽度。

当然，获取了正确的关系后，不应忘记需要解决的漏煤量大的问题，这两个问题性质完全不同，解决手段相差很大。可见在节能工作中，只有灵活应用效率试验的计算方法，才可以得出正确的结果，不可以教条套用。

八、燃烧产物量、组分及比热容的确定

以排烟热损失 q_2 为代表的显热类损失的确定最为复杂，由于烟气量很大，且分布不

均匀，因此测量烟气量、比热容及温度都非常困难，是整个性能试验的研究重点。

为了便于理解，这里以碳元素（C）的反应为例，简单说明如何用化学反应式来确定烟气量及烟气产物的比热容。碳的燃烧反应式为

$$C+O_2=CO_2+Q$$

根据反应式可知，1 个（或 1mol）C 原子与 1 个（或 1mol）O_2 反应生成 1 个（或 1mol）CO_2 分子，燃烧先后的体积没有变化，而质量的变化可以由这个化学反应式按比例进行计算（我国性能试验标准的方法），也可由 C 与 O_2 的质量相加（ASME 标准的方法）得到。

因此，根据反应式找到燃料与反应产物的比例关系，就可以确定燃烧产物的量，根据燃料产物的种类与数量确定烟气的比热容，再测出其温差，即可计算其带走的显热损失。但由于燃料更容易以质量计量，参与燃烧的气体和生成的烟气产物更容易以体积流量计算，而化学反应式显示的是反应物的分子对应的个数关系，因此用这种方法计算排烟损失就需要在物质的量、质量及标准状态下的体积之间进行换算。由于燃料不仅是碳元素，所以需用加权平均的方法来确定。

从上文的描述可知，确定 q_2 的关键是确定燃烧产物的生成量与组成成分（组分），基本思路为：先根据燃料的成分及燃烧反应的规律来计算燃烧所需要的氧化剂含量（理论空气量）及燃烧生成烟气量（理论烟气量）；同时，可通过测量烟气中的氧量来确定过量空气系数，进而确定实际燃烧反应的烟气总量、烟气中各组分的比例，并确定比热容。由于燃料中的可燃成分不可能燃烧完全，因此事先需要通过灰渣中的可燃物含量进行燃尽率的修正。氧化剂空气的成分包含了氮气、氧气及水分，这些成分的比例随大气压力、湿度等参数而变化，所以还需要确定空气中的水分，这使得燃烧产物量及组分比例的计算十分复杂，如图 2-5 所示。

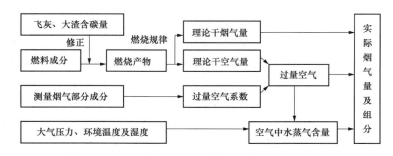

图 2-5 确定烟气量及比热容的思路

（一）锅炉中的燃烧反应

燃料中的可燃物质全部燃烧，即燃烧所生成的烟气中不再含有可燃物质时的燃烧称为完全燃烧。燃烧反应中，燃料中的可燃质碳生成二氧化碳，氢生成水蒸气，硫生成二氧化硫，同时放出相应的反应热。反应式为

$$C+O_2 \rightarrow CO_2+33730kJ/kg \qquad (2\text{-}49)$$

$$2H_2+O_2 \rightarrow 2H_2O+120370kJ/kg \qquad (2\text{-}50)$$

$$S+O_2 \rightarrow SO_2 + 9050\text{kJ/kg} \tag{2-51}$$

上述化学反应方程式表示了燃料的完全燃烧反应。如果燃烧中空气不足或混合不好，则燃料中的碳因不完全燃烧而生成一氧化碳，所放出的反应热也相应减少，即

$$2C+O_2 \rightarrow 2CO + 9270\text{kJ/kg} \tag{2-52}$$

燃烧计算即燃烧反应计算，是建立在式（2-49）～式（2-52）的燃烧化学反应式的基础上的。可以看出，燃料的燃烧产物有 CO_2、H_2O 及 SO_2 三种，实际烟气是燃烧产物与空气的混合物，即烟气的组成成分主要是 CO_2、H_2O、N_2 与 O_2 四种，以及很少量的气体如 CO、SO_2、NO_x。目前环保形式下电站锅炉 NO_x 的原始生成浓度（省煤器出口，体积分数）一般控制在 200×10^{-6}～600×10^{-6}，锅炉系统的出口浓度（体积分数）一般控制在 50×10^{-6}～100×10^{-6}，对氧气消耗和烟气量的计算影响非常小。因此在计算理论空气量和理论烟气量时，不考虑 N 转换为 NO_x 的影响。

（二）理论干空气量和修正的理论干空气量

1. 理论干空气量

1kg 固体及液体燃料完全燃烧并且燃烧产物（烟气）中无自由氧存在时，所需要的干空气量称为理论干空气量 $V_{a,d,th}$，可根据燃料中 C、S、H 等可燃元素所需要的氧气量计算得到，以标准状态下的体积来表示，单位是 m^3/kg。

燃烧计算时把空气和烟气均视为理想气体，即 1kmol 气体在标准状态（$t=273.15K$，$p=0.1013\text{MPa}$）下体积均为 $22.4m^3$。根据式（2-49）可知，1kmol 碳完全燃烧时需要 1kmol 氧气，同时生成 1kmol 二氧化碳，即完全燃烧所需要的氧气与生成二氧化碳的体积同为 $22.4m^3$。碳的分子量为 12g/mol，1kg 燃料中碳的质量为 $\dfrac{w_{C,ar}}{100}$ kg，则每千克燃料中的碳完全燃烧所需氧气的体积为

$$\frac{22.4}{12} \times \frac{w_{C,ar}}{100} = 1.866\frac{w_{C,ar}}{100}, \quad m^3$$

根据式（2-50）可得，1kmol 氢原子完全燃烧需要 1/4kmol 的氧气，氢原子的摩尔质量为 1.008 g/mol，则每千克燃料中的氢完全燃烧所需要的氧气体积为

$$\frac{22.4}{4 \times 1.008} \times \frac{w_{H,ar}}{100} = 5.555\frac{w_{H,ar}}{100}, \quad m^3$$

根据式（2-51）可得，1kmol 硫原子完全燃烧需要 1kmol 的氧气，硫原子的摩尔质量为 32 g/mol，则每千克燃料中的硫完全燃烧所需要的氧气体积为

$$\frac{22.4}{32} \times \frac{w_{S,ar}}{100} = 0.7\frac{w_{S,ar}}{100}, \quad m^3$$

氧原子的摩尔质量为 16g/mol，每个氧气分子含两个氧原子，因而其摩尔质量为 32g/mol，1kg 燃料中本身所包含的氧元素变成氧气后的体积为

$$\frac{22.4}{32} \times \frac{w_{O,ar}}{100} = 0.7\frac{w_{O,ar}}{100}, \quad m^3$$

因此，1kg 燃料完全燃烧时所需要的氧气的体积为

$$1.866\frac{w_{C,ar}}{100} + 5.555\frac{w_{H,ar}}{100} + 0.7\frac{w_{S,ar}}{100} - 0.7\frac{w_{O,ar}}{100}, \text{ m}^3$$

锅炉燃烧所需要的氧气源于空气。由于空气中氧气的体积百分数为 21%，则理论空气量（体积）计算式为

$$V_{a,d,th} = \frac{1}{0.21}\left(1.866\frac{w_{C,ar}}{100} + 5.555\frac{w_{H,ar}}{100} + 0.7\frac{w_{S,ar}}{100} - 0.7\frac{w_{O,ar}}{100}\right) \quad (2\text{-}53)$$

即 $$V_{a,d,th} = 0.0888w_{C,ar} + 0.2647w_{H,ar} + 0.0333w_{S,ar} - 0.0334w_{O,ar} \quad (2\text{-}54)$$

式中 $V_{a,d,th}$——理论干空气量，m^3/kg；

$w_{C,ar}$、$w_{S,ar}$、$w_{H,ar}$、$w_{O,ar}$——入炉燃料（收到基）中元素碳、硫、氢、氧的质量分数，%。

2. 修正的理论干空气量

在实际的燃烧反应中，燃料不可能完全燃烧，必然有部分碳元素以飞灰、灰渣可燃物的形式排出炉外，1kg 煤燃烧时实际所需的空气体积必然小于式（2-54）计算出的体积。因此，需要根据实际燃烧的碳元素来计算理论空气量。

实际燃烧的碳是燃料收到基总含碳量减去灰渣中未燃碳含量，即

$$w_{c,b} = w_{C,ar} - \frac{w_{as,ar}}{100}w_{c,rs,m} \quad (2\text{-}55)$$

式中 $w_{c,b}$——实际燃烧的碳占入炉燃料的质量分数，%；

$w_{C,ar}$——入炉燃料收到基灰分碳的质量分数，%；

$w_{c,rs,m}$——灰渣平均可燃物的质量分数，%［计算式见（2-36）］。

未燃碳与灰分一起排出锅炉，没有参加任何化学反应，因此将燃烧的碳代入完全燃烧反应的式（2-54）就可以得出，基于实际燃烧碳修正的理论干空气量 $V_{a,d,th,cr}$ 为

$$V_{a,d,th,cr} = 0.0888w_{c,b} + 0.2647w_{H,ar} + 0.0333w_{S,ar} - 0.0334w_{O,ar} \quad (2\text{-}56)$$

式中 $V_{a,d,th,cr}$——修正的理论干空气量，m^3/kg。

3. 实际空气量、过量空气系数和漏风系数

实际送入锅炉的空气量称为实际空气量，实际空气量比理论空气量多出的那部分空气称为过量空气，实际空气量为理论空气量与过量空气量之和。

实际空气量与理论空气量的比值称为过量空气系数，用 a 表示，即

$$\alpha = \frac{V_{a,d}}{V_{a,d,th}} \quad (2\text{-}57)$$

$$\alpha_{cr} = \frac{V_{a,d}}{V_{a,d,th,cr}} \quad (2\text{-}58)$$

式中 α——过量空气系数，无量纲；

α_{cr}——修正的过量空气系数，无量纲；

$V_{a,d}$——实际送入炉内的干空气量，m^3/kg。

由于锅炉负压运行，因此如看火孔、穿墙管等所处的烟道会漏入一定的空气，其体积 ΔV 与修正的理论干空气量的比值称为该烟道的漏风系数，以 $\Delta\alpha$ 表示，即

$$\Delta \alpha = \frac{\Delta V}{V_{\text{a,d,th,cr}}} \tag{2-59}$$

锅炉各烟道漏风系数的大小取决于负压的大小及烟道的结构形式，一般为 $0.01\sim$ 0.1。若锅炉为微正压燃烧，则烟道的漏风系数为 0。

控制过量空气系数对锅炉的性能非常重要。过量空气系数太大，则锅炉燃烧温度降低，燃料燃烧不完全，引起 q_4 增加，同时排烟烟气量增加导致 q_2 也增加，锅炉效率下降；反之，如果过量空气系数太小，氧化剂含量不足，也会引起锅炉燃料燃烧不完全而导致 q_4 增加，虽排烟烟气量减少，但排烟温度可能升高，一般也会导致 q_2 增加，锅炉效率下降。同时，过量空气增加还会引起风机电耗的增加。因此，最佳过量空气系数要通过试验来确定（见图 2-6），找出电耗、锅炉效率的最佳值。

研究表明，在同一过量空气系数下，尽管不同燃料燃烧产生的 CO_2 含量相差很大，但烟气中的剩余 O_2 含量却相差很小，基本上达到与燃料无关的水平，如图 2-7 所示。

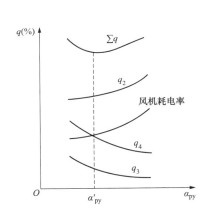

图 2-6　最佳过量空气系数确定示意图

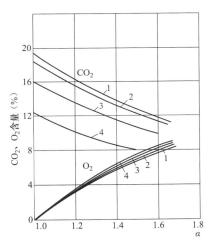

图 2-7　烟气中 CO_2 及 O_2 含量随 α 变化的关系
1—无烟煤；2—褐煤；3—重油；4—天然气

对于燃烧固体或者液体燃料的锅炉，通过测量烟气成分和灰、渣可燃物含量，可计算得到修正的过量空气系数为

$$\alpha_{\text{cr}} = \frac{21\varphi_{\text{N}_2,\text{fg,d}}}{21\varphi_{\text{N}_2,\text{fg,d}} - 79\varphi_{\text{O}_2,\text{fg,d}}} \tag{2-60}$$

式中　$\varphi_{\text{O}_2,\text{fg,d}}$、$\varphi_{\text{N}_2,\text{fg,d}}$——干烟气中 O_2、N_2 的体积分数，%。

当 CO 等可燃气体可以忽略不计时，修正的锅炉空气系数可按式（2-61）简式计算，即

$$\alpha_{\text{cr}} = \frac{21}{21 - \varphi_{\text{O}_2,\text{fg,d}}} \tag{2-61}$$

（三）烟气体积

燃料燃烧后的产物就是烟气。当仅供给理论空气量时，燃料完全燃烧后产生的烟气

量称为理论烟气量，有过量空气的烟气量称为实际烟气量。其组成部分为 CO_2、SO_2、N_2、H_2O 和 O_2，其中 O_2 来源于过量空气，N_2 源于燃料中的氮元素及空气中带入的氮气，H_2O 则来源于燃料中的水分、燃料中氢元素燃烧产生的水分及空气带入的水分。CO_2、SO_2、N_2、O_2 这 4 种成分的总和称为干烟气，干烟气与 H_2O 一起的烟气称为湿烟气。若燃烧不完全，则除上述组分外，烟气中还将出现 CO、CH_4 和 H_2 等可燃成分。

与理论干空气量、实际干空气量的计算一样，烟气量的计算同样基于燃烧反应的物质平衡，并且以理论烟气量、理论空气量、过量空气系数为基础计算。

1. 理论干烟气量

标准状态下，1kg 固体及液体燃料在理论干空气量下完全燃烧时所产生的燃烧产物（CO_2、SO_2、N_2）的体积称为固体及液体燃料的理论干烟气量，用式（2-62）表示，即

$$V_{fg,d,th} = 1.8658\frac{w_{C,ar}}{100} + 0.6989\frac{w_{S,ar}}{100} + 0.79V_{a,d,th} + 0.8000\frac{w_{N,ar}}{100} \qquad (2\text{-}62)$$

式中　$V_{fg,d,th}$、$V_{a,d,th}$——以收到基碳计算的理论干烟气量、理论干烟气量，m^3/kg；

$w_{C,ar}$、$w_{S,ar}$、$w_{N,ar}$——入炉燃料（收到基）中元素碳、硫、氮的质量分数，%。

由实际燃烧的碳计算的干烟气量称为修正的理论干烟气量，按式（2-63）计算，即

$$V_{fg,d,th,cr} = 1.8658\frac{w_{c,b}}{100} + 0.6989\frac{w_{S,ar}}{100} + 0.79V_{a,d,th,cr} + 0.8000\frac{w_{N,ar}}{100} \qquad (2\text{-}63)$$

式中　$V_{fg,d,th,cr}$——修正的理论干烟气量，m^3/kg。

（1）烟气中三原子气体的生成量。由上文可知，标准状态下，1kmol 碳完全燃烧后产生 CO_2 体积为 $22.4m^3$，1kmol 硫完全燃烧后产生 SO_2 的体积为 $22.4m^3$，因此 1kg 燃料完全燃烧后产生 CO_2 和 SO_2 的体积（单位为 m^3/kg）分别为

$$V_{CO_2,d,th,cr} = \frac{w_{c,b}}{100} \times \frac{22.4}{12} = 1.8658\frac{w_{c,b}}{100} \qquad (2\text{-}64)$$

$$V_{SO_2,d,th,cr} = \frac{w_{S,ar}}{100} \times \frac{22.4}{32} = 0.6989\frac{w_{S,ar}}{100} \qquad (2\text{-}65)$$

由于烟气中的 CO_2 和 SO_2 同属三原子气体，产生的化学反应式也有许多相似之处，并且在奥式烟气分析仪时常常被同时测出，因此将它们合并表示，称为三原子气体，用 RO_2 表示。用 V_{RO_2} 表示三原子气体的体积，则有

$$V_{RO_2} = V_{CO_2,d,th,cr} + V_{SO_2,d,th,cr} \qquad (2\text{-}66)$$

（2）烟气中氮气的体积。目前锅炉机组中烟气中 NO_x 生成量很少，因此计算氮气体积时不考虑其生成量，即不考虑其对 N_2 和氧量消耗的计算。理论氮气体积包括两部分：①理论空气量中的氮气，其体积为 $0.79V_{a,d,th,cr}$ m^3/kg；②燃料本身包括的氮，1kg 燃料含 $\frac{N_{ar}}{100}$ kg 氮元素，N_2 的摩尔质量为 28g/mol，则标准状态下燃料中的氮产生氮气的体积为 $\frac{22.4}{28} \times \frac{w_{N,ar}}{100} = 0.8\frac{w_{N,ar}}{100}$（$m^3/kg$）。

因此，理论干烟气中氮气体积（m^3/kg）为

$$V_{N_2,d,th,cr} = 0.79 V_{a,d,th,cr} + 0.8000 \frac{w_{N,ar}}{100} \qquad (2-67)$$

2. 实际干烟气量

实际燃烧是在有过量空气（$\alpha > 1$）条件下进行的，故实际干烟气量中除理论干烟气量外，还有过量空气，则计算排烟热损失时使用的空气预热器出口实际干烟气量体积为

$$V_{fg,d,AH,lv} = V_{fg,d,th,cr} + (\alpha_{cr} - 1) V_{a,d,th,cr} \qquad (2-68)$$

式中 $V_{fg,d,AH,lv}$——空气预热器出口位置处的实际干烟气量，m^3/kg。

式（2-68）针对炉膛出口之后的烟道各处烟气体积的计算都适用（高温脱硝装置由于改变了烟气成分所以不适用），只是不同位置由于漏风的影响，过量空气系数 α 不同而已。

3. 过量空气系数计算公式的来源及计算

多年来，在很多情况下，多数人认为式（2-61）是正确的。但实际上，这只是一个近似的计算公式，有严格的使用要求。下面对过量空气系数的公式进行推导。

假定燃料中所有的碳元素都反应生成了 CO_2，某处烟气中过量空气系数为 α_{cr}，则此处烟气中过剩空气量为 $(\alpha_{cr}-1)V_{a,d,th,cr}$，则实际干烟气量（$m^3/kg$）可表示为

$$V_{fg,d} = V_{fg,d,th,cr} + (\alpha_{cr} - 1) V_{a,d,th,cr}$$

则其中氧气的体积（m^3/kg）为

$$V_{O_2} = 0.21 \times (\alpha_{cr} - 1) V_{a,d,th,cr} \qquad (2-69)$$

此时用烟气分析仪器测量，干烟气中氧气的比例（%）应为

$$\varphi_{O_2,fg,d} = \frac{V_{O_2}}{V_{fg,d}} \times 100 = \frac{21 \times (\alpha_{cr} - 1) V_{a,d,th,cr}}{V_{fg,d,th,cr} + (\alpha_{cr} - 1) V_{a,d,th,cr}} \qquad (2-70)$$

燃烧不良时，假定有一部分碳元素生成了 CO，有一部分生成了 $C_m H_n$，还有一部分氮元素生成了 NO_x，式（2-70）仍然成立。只是式中的 $V_{fg,d,th,cr}$ 和 $V_{a,d,th,cr}$ 需要考虑生成的 CO、$C_m H_n$ 和 NO_x 的影响。换言之，式（2-70）是没有误差的。

由此可以导出干烟气中氧气份额与过量空气系数的关系为

$$\alpha_{cr} = \frac{21 + \dfrac{\varphi_{O_2,fg,d}(V_{fg,d,th,cr} - V_{a,d,th,cr})}{V_{a,d,th,cr}}}{21 - \varphi_{O_2,fg,d}} \qquad (2-71)$$

把 $V_{a,d,th,cr}$、$V_{fg,d,th,cr}$ 的计算式（2-56）和式（2-64）代入式（2-71），可得出

$$V_{fg,d,th,cr} - V_{a,d,th,cr} = 0.007 w_{O,ar} + 0.008 w_{N,ar} - 0.0554 w_{H,ar} \qquad (2-72)$$

由式（2-72）可知，氧元素（O）、氮元素（N）与氢元素（H）的比例越小，理论空气量与理论干烟气量越接近，几种煤的差别如表 2-6 所示。即使这些元素含量很高，如氧元素含量很高的褐煤，由于 $w_{O,ar}$、$w_{N,ar}$、$w_{H,ar}$ 的数值一般很小，且氢氧元素的影响还相反，所以造成理论干烟气量与理论干空气量差别也不大，很多时候可认为 $V_{a,d,th,cr} = V_{fg,d,th,cr}$，则式（2-71）即变为式（2-61）。这样，不但方便了计算，也解释了图 2-7 中氧量与过量空气系数的变化关系，揭示了用氧量测量过量空气系数与煤种无关的

原因。但对于一个具体的锅炉性能试验来说，采用式（2-71）计算所得的结果更为精确，且目前多为计算机计算，本身也没有多大的工作量，所以在实际计算中优先推荐使用式（2-71）。

表 2-6　　　　　　　　　　　　　几种煤理论空气量与干烟气量的差值

	内　　容	符号	单位	A 煤	B 煤	C 煤	D 煤
工业分析	收到基全水分	$w_{m,ar}$	%	14	14.4	20.8	5.9
	空气干燥基水分	$w_{m,ad}$	%	2.01	8.00	11.94	1.60
	收到基灰分	$w_{as,ar}$	%	11.76	5.45	3.44	27.11
	收到基挥发分	$w_{v,ar}$	%	25.09	27.71	35.79	6.01
	收到基固定碳	$w_{FC,ar}$	%	—	52.44	39.98	60.98
	干燥无灰基挥发分	$w_{v,daf}$	%	33.8	34.57	47.23	8.97
元素分析	收到基碳	$w_{C,ar}$	%	63.09	65.47	57.49	60.73
	收到基氢	$w_{H,ar}$	%	3.95	3.71	4	2.07
	收到基氮	$w_{N,ar}$	%	0.82	0.82	1.19	0.89
	收到基全硫	$w_{S,ar}$	%	0.45	0.14	0.36	0.57
	收到基氧	$w_{O,ar}$	%	5.93	10.01	12.73	2.74
	收到基低位发热量	$Q_{net,ar}$	kJ/kg	24190	24190	24620	22190
	理论干空气量（标准状态）	$V_{a,d,th}$	m³/kg	6.465	6.471	5.755	5.872
	理论干烟气量（标准状态）	$V_{fg,d,th}$	m³/kg	6.294	6.341	5.631	5.783
	差值（标准状态）	ΔV	m³/kg	0.171	0.130	0.124	0.089
	相对值	$100\dfrac{\Delta V}{V_{a,d,th}}$	%	2.645	2.004	2.151	1.512

不完全燃烧时，烟气中的氧部分源于过量空气，也有部分源于理论空气中由于碳不完全燃烧而未消耗的氧。不完全燃烧中烟气出现一氧化碳（CO）时，未消耗的氧体积份额为 $0.5\varphi_{CO,fg,d}$，即过量空气中的氧应为烟气分析测定的氧减去 $0.5\varphi_{CO,fg,d}$；同样，出现甲烷（CH$_4$）后未消耗的氧的体积份额为 $2\varphi_{CH_4,fg,d}$，出现氢气（H$_2$）后未消耗的氧的体积为 $0.5\varphi_{H_2,fg,d}$。由此用 $\varphi_{O_2,fg,d}-2\varphi_{CH_4,fg,d}-0.5\varphi_{CO,fg,d}-0.5\varphi_{H_2,fg,d}$ 代替式（2-71）中的 $\varphi_{O_2,fg,d}$，可得到不完全燃烧时的过量空气系数计算方法，即

$$\alpha_{cr} = \frac{21 + \dfrac{(\varphi_{O_2,fg,d} - 2\varphi_{CH_4,fg,d} - 0.5\varphi_{CO,fg,d} - 0.5\varphi_{H_2,fg,d})(V_{fg,d,th,cr} - V_{a,d,th,cr})}{V_{a,d,th,cr}}}{21 - (\varphi_{O_2,fg,d} - 2\varphi_{CH_4,fg,d} - 0.5\varphi_{CO,fg,d} - 0.5\varphi_{H_2,fg,d})} \tag{2-73}$$

GB/T 10184—2015 推荐的过量空气系数计算方法与式（2-71）不同，见式（2-60），该计算式可以从以下思路推导。

由于 N 转化为 NO$_x$ 非常少，则实际烟气中氮气的体积为理论烟气量中氮气体积和过量空气中氮气体积之和，即

$$V_{N_2} = V_{N_2,d,th,cr} + 0.79(\alpha_{cr}-1)V_{a,d,th,cr} = 0.79\alpha_{cr}V_{a,d,th,cr} + 0.8000\frac{w_{N,ar}}{100} \tag{2-74}$$

$$\varphi_{N_2,fg,d} = \frac{V_{N_2}}{V_{fg,d}} \times 100 = \frac{79\alpha_{cr}V_{a,d,th,cr} + 0.8000w_{N,ar}}{V_{fg,d,th,cr} + (\alpha_{cr}-1)V_{a,d,th,cr}} \tag{2-75}$$

联立式（2-74）和式（2-75），则有

$$\frac{\varphi_{N_2,fg,d}}{\varphi_{O_2,fg,d}} = \frac{79\alpha_{cr} + 0.8000w_{N,ar}/V_{a,d,th,cr}}{21\times(\alpha_{cr}-1)} \tag{2-76}$$

式（2-76）等号右边的分子由两项组成，对于煤粉锅炉一般 $\alpha_{cr}=1.1\sim1.4$，煤中的 $w_{N,ar}$ 为 $0.8\sim1.8$（%）左右，而 $V_{a,d,th,cr}$ 根据煤质在 $5\sim7m^3/kg$，则 0，$8000w_{N,ar}/V_{a,d,th,cr}$ 相比 $79\alpha_{cr}$ 小 2 个数量级以上（约占 0.3%），对计算结果影响不大。因此式（2-76）可简化为

$$\frac{\varphi_{N_2,fg,d}}{\varphi_{O_2,fg,d}} = \frac{79\alpha_{cr}}{21\times(\alpha_{cr}-1)} \tag{2-77}$$

以 α_{cr} 为未知数，式（2-77）转化为

$$\alpha_{cr} = \frac{21\varphi_{N_2,fg,d}}{21\varphi_{N_2,fg,d} - 79\varphi_{O_2,fg,d}}$$

式（2-60）中的 $\varphi_{N_2,fg,d}$ 并不能直接测量，而是通过测量或计算其他烟气成分后反算得到，即

$$\varphi_{N_2,fg,d} = 100 - \varphi_{O_2,fg,d} - \varphi_{CO,fg,d} - \varphi_{CO_2,fg,d} - \varphi_{SO_2,fg,d} - \varphi_{NOx,fg,d} \tag{2-78}$$

式（2-60）虽然形式上较为简单，但测试工作复杂很多，除需要测量 O_2 外，还需要测量 CO_2 等主要烟气成分和微量的 CO、NO_x 及 SO_2。CO_2 不易测量，微量的 CO、NO_x 及 SO_2 测量波动范围很大，但对结果影响很小，造成很多工作没有效果。对比式（2-71），仅需要测量 O_2 就可以精确计算过量空气系数。

式（2-60）并不能提升过量空气系数的计算精度。以表 2-6 中的 A 煤为例，理论干烟气量和理论干空气量分别为 $6.294m^3/kg$ 和 $6.465m^3/kg$，假定测量烟气成分（%）为 $\varphi_{O_2,fg,d}=3.5$，$\varphi_{CO,fg,d}=0.03$，$\varphi_{SO_2,fg,d}=0.04$，$\varphi_{NOx,fg,d}=0.004$，$\varphi_{CO_2,fg,d}=15.56$，不同过量空气系数计算和干烟气计算结果见表 2-7。

表 2-7　　　　　　　　不同标准中过量空气系数的计算对比

标准体系	计　算　式	α_{cr}	$V_{fg,d}$（m^3/kg）	$\Delta V_{fg,d}/V_{fg,d,GB/T\ 10184-2015}$[①]（%）
GB/T 10184—2015	式（2-60）	1.1945	7.5514	0
	式（2-61）	1.2000	7.5871	0.47
GB/T 10184—1988	$\alpha_{py} = \dfrac{21}{21-(O_2-2CH_4-0.5CO-0.5H_2)}$	1.1990	7.5804	0.38
GB/T 10180—2003	$\alpha_{py} = \dfrac{21}{21-79\dfrac{O_2-(2C_mH_n+0.5CO+0.5H_2)}{100-(RO_2+O_2+CO+0.5H_2+C_mH_n)}}$	1.1935	7.5450	−0.09

续表

标准体系	计 算 式	α_{cr}	$V_{fg,d}$（m^3/kg）	$\Delta V_{fg,d}/V_{fg,d,GB/T\ 10184-2015}$[①]（%）
ASME PTC4 —2013[②]	式（2-71）	1.1947	7.5529	0.02
	式（2-73）	1.1937	7.5464	−0.07

① 以 GB/T 10184—2015 计算的值（7.5514）为基准的相对偏差。
② 式（2-71）或式（2-73）计算的过量空气系数 α_{cr} 和 ASME 定义的过量空气率 X_{pA} 在推导原理和过程上是相似的，只是意义上不同，α_{cr} 为实际空气量与理论空气量的体积之比（或摩尔之比），而 ASME 的 X_{pA} 为实际空气量减去理论空气量之后与理论空气量的摩尔之比。

由表 2-7 可知：

（1）GB/T 10184—2015 的公式（2-60）的计算结果与式（2-71）的计算结果十分相近，实际烟气量偏差为 0.02%；假定干烟气热损失为 6%～8%，则对锅炉热效率的影响约为 0.0012%～0.0016%，对最终结果无影响。

（2）GB/T 10180—2003 和式（2-73）结果十分接近，均比 GB/T 10184—2015 的计算结果偏小，主要是考虑 CO 的影响导致计算的过量空气系数较小。

（3）GB/T 10184—2015 的简化计算式（2-61）与 GB/T 10184—1988 的计算结果较为相近，且较 GB/T 10184—2015 式（2-60）的结果偏差较大，分别为 0.47% 和 0.38%；假定干烟气热损失为 6%～8%，则对锅炉热效率的影响约为 0.0282%～0.0376%、0.0228%～0.0304%，则对最终结果有较大影响。

如果一定要采用式（2-60），可根据常规测试结果，如 $\varphi_{O_2,fg,d}$、$\varphi_{CO,fg,d}$、煤质、灰渣含碳及灰渣比来迭代计算 α_{cr}。流程见图 2-8。

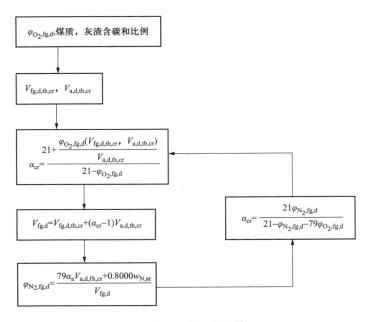

图 2-8　α_{cr} 的迭代计算

其中使用了式（2-60）推导过程中的假设条件计算式（2-74）。迭代过程中 $V_{fg,d}$ 的两次参数偏差小于 0.01% 时，则认为迭代完成，计算出氮气成分，进而计算出过量空气系数。

图 2-8 所示的迭代计算过程也可以通过联立方程来求解，即联立式（2-60）、式（2-68）和式（2-75），$V_{fg,d}$ 和 $\varphi_{N_2,fg,d}$ 均为中间变量，最终化简为 α_{cr} 的一元二次方程，利用求根公式求解即可。化简的方程为

$$a \times \alpha_{cr}^2 + b \times \alpha_{cr} + c = 0$$

其中：

$$a = 79V_{a,d,th,cr} \times (21 - \varphi_{O_2,fg,d})$$

$$b = 21 \times 0.8 w_{N,ar} - 21 \times 79 V_{a,d,th,cr} + \varphi_{O_2,fg,d} \times 79 V_{a,d,th,cr} - \varphi_{O_2,fg,d} \times 79 V_{fg,d,th,cr}$$

$$c = -21 \times 0.8 w_{N,ar}$$

依据一元二次方程求根公式求解，舍弃负值项，则有

$$\alpha_{cr} = \frac{-b + \sqrt{b^2 - 4ac}}{2a} \tag{2-79}$$

根据表 2-6 的算例，采用图 2-8 所示的迭代法和式（2-79）的求解法得到的过量空气系数 α_{cr} 均为 1.1945，与式（2-60）计算结果相同。因此在烟气成分没有完全测量时，两者均可以作为计算过量空气系数的方法。

4. 空气湿度的确定

确定送入锅炉空气所含的水分需要测量空气湿度。湿度可用干湿球法来测量，也可用一体化集成的温湿度计进行测量，测量的原始数据有干球温度、湿球温度或相对湿度及大气压力。为提高测量精度，一般在风机入口进行测量。

在使用温湿度计测量时，空气湿度的计算方法为

$$h_{a,ab} = 0.622 \frac{h_{a,re} p_{wv,sat}/100}{p_{at} - h_{a,re} p_{wv,sat}/100} \tag{2-80}$$

$$p_{wv,sat} = 611.7927 + 42.7809 t_a + 1.6883 t_a^2 + 1.2079 \times 10^{-2} t_a^3 + 6.1637 \times 10^{-4} t_a^4 \tag{2-81}$$

式中　$h_{a,ab}$——空气的绝对湿度，kg 水/kg 干空气；

　　　$h_{a,re}$——空气的相对湿度，%；

　　　$p_{wv,sat}$——在大气温度（干球温度）下的水蒸气饱和压力，Pa。

需要注意的是，式（2-81）适用范围是 0～50℃。在低于 0℃ 时计算不准确，可查表计算或者参考 ASME PTC4 的推荐公式计算。

表 2-8　　　　　　　　　　　0.1MPa 时空气中水蒸气饱和压力

干球温度	水蒸气分压	干球温度	水蒸气分压	干球温度	水蒸气分压
℃	Pa	℃	Pa	℃	Pa
−20	103	12	1401	44	9100
−18	125	14	1597	46	10085
−16	150	16	1817	48	11162

干球温度	水蒸气分压	干球温度	水蒸气分压	干球温度	水蒸气分压
−14	181	18	2062	50	12335
−12	217	20	2337	52	13613
−10	259	22	2462	54	15002
−8	309	24	2982	56	16509
−6	368	26	3360	58	18146
−4	437	28	3778	60	19917
−2	517	30	4241	65	25010
0	611	32	4753	70	31160
2	705	34	5318	75	38550
4	813	36	5940	80	47360
6	935	38	6624	85	57800
8	1072	40	7376	90	70110
10	1227	42	8198		

若使用干湿球温度计，测量结果为干球温度和湿球温度，则用式（2-82）或式（2-83）计算水蒸气分压力，计算原理分别参阅《工程热力学》和 GB/T 11605《湿度测量方法》的相关内容，即

$$p_{wv} = p_{wv,sat,wb} - \frac{(p_{at} - p_{wv,sat,wb}) \times (t_{db} - t_{wb})}{1590 - 1.44 T_{wb}} \qquad (2-82)$$

$$p_{wv} = p_{wv,sat,wb} - A \times p_{at}(t_{db} - t_{wb}) \qquad (2-83)$$

式中　　t_{db}——干球温度计测量的温度，℃；

t_{wb}——湿球温度计测量的温度，℃；

p_{wv}——空气中水蒸气的分压力，Pa；

$p_{wv,sat,wb}$——湿球温度 t_{wb} 对应的饱和水蒸气的分压力，计算方法见式（2-81），Pa；

p_{at}——实测当地大气压力，Pa；

A——干湿表系数，在风速为 2.5m/s 条件下，湿球未结冰时，$A=6.62\times10^{-4}$/℃；湿球结冰时，$A=5.84\times10^{-4}$/℃，℃$^{-1}$。

利用公式（2-82）或（2-83）计算出 p_{wv} 后，再计算绝对湿度，即

$$h_{a,ab} = 0.622 \frac{p_{wv}}{p_{at} - p_{wv}} \qquad (2-84)$$

5. 干烟气量与湿烟气量

在已知煤质、灰渣含碳，以及烟气成分等基础上，计算出修正的理论空气量、理论烟气量和修正的过量空气系数，从而按照式（2-68）计算实际干烟气量 $V_{fg,d}$。

实际烟气为湿烟气，烟气中的水分（水蒸气）包括燃料中的氢燃烧产生的水蒸气，燃料中的水分蒸发形成的水蒸气，空气中水分以及燃油雾化蒸汽带入的水蒸气等，即

$$V_{wv,fg,AH,lv} = 1.24 \left(\frac{9w_{H,ar} + w_{m,ar}}{100} + 1.293\alpha_{cr}V_{a,d,th,cr}h_{a,ab} + \frac{q_{m,st,at}}{q_{m,f}} \right) \qquad (2-85)$$

式中　　$V_{wv,fg,AH,lv}$——单位燃料生成的烟气中水蒸气的体积，m^3/kg；

$w_{H,ar}$、$w_{S,ar}$、$w_{m,ar}$——分别为入炉燃料（收到基）中元素氢、硫、水分的质量分数，%；

α_{cr}——修正的过量空气系数，无量纲；

$V_{a,d,th,cr}$——修正的理论干空气量，m^3/kg；

$h_{a,ab}$——空气的绝对湿度，kg 水/kg 干空气；

$q_{m,t,sat}$——雾化蒸汽质量流量，kg/h。

（1）燃料中氢元素的燃烧。由氢燃烧反应式可知，单位燃料中含有 $w_{H,ar}/100$ kg 氢元素，反应后生成水的质量为 $9w_{H,ar}/100$kg，1kg 水在标况下的体积为 22.4/18=1.24m^3/kg，则此部分水的体积为 $1.24 \times 9w_{H,ar}/100 m^3/kg$ 燃料。

（2）随燃料带入的水分蒸发后形成的水蒸气。标准状态下，单位燃料中含有 $w_{H,ar}/100$kg 水，则此部分水在标况下的体积为 $1.24 \times w_{H,ar}/100 m^3/kg$ 燃料。

（3）随实际空气量带入的水蒸气。此部分水分的计算方法和燃料带入的水蒸气的计算方法类似，只需要计算出单位燃料实际燃烧的空气量携带进入的水分即可。根据式（2-29）的推导可知，随实际空气量带入的水分为 $1.24 \times 1.293\alpha_{cr}V_{a,d,th,cr}h_{a,ab} m^3/kg$ 燃料。

（4）燃油雾化蒸汽带入的水蒸气。折算到单位燃料带入的雾化蒸汽为 $q_{m,st,at}/q_{m,f}$（kg 水/kg 燃料），则此部分水分为 $1.24 \times q_{m,st,at}/q_{m,f} Nm^3/kg$ 燃料。

湿烟气量或实际烟气量（m^3/kg 燃料）为干烟气量和烟气中水蒸气体积之和，即

$$V_{fg} = V_{fg,d} + V_{wv,fg} \tag{2-86}$$

（四）烟气各成分比热容及平均比热容

1. 烟气平均比热容

通过上述空气体积、烟气体积及含湿量的计算，可以较容易地计算得出烟气中各种气体的容积比（摩尔比），进而进一步由烟气成分按体积浓度进行加权平均计算出烟气的比热容。SO_2 的比热容与 CO_2 比热容很接近，通常把它们合称为三原子气体 RO_2。NO_x 含量很小，可以忽略，因此计算式为

$$c_{p,fg,d} = c_{p,O_2}\frac{\varphi_{O_2,fg,d}}{100} + c_{p,CO_2}\frac{\varphi_{RO_2,fg,d}}{100} + c_{p,CO}\frac{\varphi_{CO,fg,d}}{100} + c_{p,N_2}\frac{\varphi_{N_2,fg,d}}{100} \tag{2-87}$$

$$\varphi_{O_2,fg,d} + \varphi_{RO_2,fg,d} + \varphi_{CO,fg,d} + \varphi_{N_2,fg,d} = 100 \tag{2-88}$$

$$\varphi_{RO_2,fg,d} = \varphi_{CO_2,fg,d} + \varphi_{SO_2,fg,d} \tag{2-89}$$

式中　　$\varphi_{O_2,fg,d}$、$\varphi_{RO_2,fg,d}$、$\varphi_{CO,fg,d}$、$\varphi_{N_2,fg,d}$——干烟气中 O_2、RO_2、CO、N_2 的体积分数，%；

c_{p,O_2}、c_{p,CO_2}、$c_{p,CO}$、c_{p,N_2}——O_2、CO_2、CO、N_2 的定压比热容，kJ/（$m^3 \cdot K$）。

对于常规煤粉锅炉，$\varphi_{RO_2,fg,d}$ 可以通过计算的方法取得，即

$$\varphi_{RO_2,fg,d} = \frac{1.8658w_{c,b} + 0.6989w_{s,ar}}{V_{fg,d,AH,lv}} - \varphi_{CO,fg,d} \tag{2-90}$$

式中　　$V_{fg,d,AH,lv}$——空气预热器出口位置处的实际干烟气量，按式（2-68）计算 m^3/kg,；

$w_{c,b}$、$w_{s,ar}$——单位燃料实际燃烧掉的碳、收到基全硫的质量分数，%。

2. 各烟气成分比热容

（1）查表法或插值法。由于气体的比热容主要对温度敏感，而受压力的影响不大，因此无论是我国的标准还是 ASME 标准，都采用 1 个标准大气压下的比热容作为计算值。我国标准采用标准状态下 $1m^3$、25℃作为基准计算得到各种烟气成分的平均比定压热容见表 2-9（摘自 GB/T 10184—2015 附录表 E.1）。在计算平均定压比热容时，可以从表中直接查到或者插值法计算。

表 2-9　　　　从 25℃到不同温度下常用气体平均定压比热容和灰（渣）比热

$t/(℃)$	c_{p,CO_2} [kJ/ ($m^3 \cdot K$)]	c_{p,N_2} [kJ/ ($m^3 \cdot K$)]	c_{p,O_2} [kJ/ ($m^3 \cdot K$)]	$c_{p,wv}$ [kJ/ ($m^3 \cdot K$)]	$c_{p,a,d}$ [kJ/ ($m^3 \cdot K$)]	$c_{p,CO}$ [kJ/ ($m^3 \cdot K$)]	c_{p,H_2} [kJ/ ($m^3 \cdot K$)]	c_{rs} [kJ/ ($kg \cdot K$)]
0	1.635508	1.301525	1.309350	1.497685	1.299843	1.301196	1.285276	0.726697
10	1.645646	1.301371	1.310389	1.498673	1.299944	1.301217	1.286477	0.736487
20	1.655664	1.301262	1.311505	1.499724	1.300096	1.301290	1.287616	0.745921
25	1.660627	1.301225	1.312091	1.500272	1.300191	1.301345	1.288162	0.750510
30	1.665561	1.301198	1.312695	1.500836	1.300299	1.301413	1.288693	0.755016
40	1.675340	1.301178	1.313956	1.502006	1.300550	1.301585	1.289712	0.763786
50	1.685001	1.301201	1.315285	1.503233	1.300850	1.301805	1.290676	0.772247
60	1.694545	1.301266	1.316679	1.504515	1.301196	1.302072	1.291585	0.780414
70	1.703975	1.301373	1.318134	1.505852	1.301587	1.302386	1.292444	0.788300
80	1.713290	1.301521	1.319647	1.507241	1.302023	1.302744	1.293254	0.795920
90	1.722492	1.301710	1.321216	1.508680	1.302502	1.303147	1.294017	0.803288
100	1.731582	1.301938	1.322837	1.510168	1.303023	1.303594	1.294736	0.810417
110	1.740561	1.302206	1.324508	1.511705	1.303585	1.304083	1.295413	0.817319
120	1.749430	1.302512	1.326225	1.513287	1.304186	1.304613	1.296050	0.824008
130	1.758191	1.302855	1.327987	1.514914	1.304826	1.305184	1.296649	0.830495
140	1.766844	1.303236	1.329790	1.516584	1.305504	1.305794	1.297213	0.836793
150	1.775391	1.303652	1.331631	1.518297	1.306218	1.306443	1.297742	0.842913
160	1.783832	1.304105	1.333509	1.520049	1.306968	1.307130	1.298240	0.848866
170	1.792169	1.304592	1.335421	1.521841	1.307752	1.307854	1.298708	0.854663
180	1.800403	1.305114	1.337364	1.523671	1.308569	1.308613	1.299148	0.860314
190	1.808536	1.305670	1.339335	1.525538	1.309418	1.309408	1.299562	0.865830
200	1.816567	1.306258	1.341333	1.527439	1.310299	1.310237	1.299951	0.871220

（2）积分法。可以通过计算气体及灰（渣）的瞬时比热容来求得平均比热容。

瞬时比热计算公式为

$$c_p = f(T_k) = \sum_{i=0}^{4} a_i T_k^i \qquad (2\text{-}91)$$

其中　　T_k——工质温度，K；

　　　　a_i——系数，见表 2-10（摘自 GB/T 10184—2015 附录表 E.2）。

表 2-10　　各种气体和灰渣瞬时比热计算系数

T_k	系数	c_{p,CO_2} [kJ/(m³·K)]	c_{p,N_2} [kJ/(m³·K)]	c_{p,O_2} [kJ/(m³·K)]	$c_{p,wv}$ [kJ/(m³·K)]	$c_{p,a.d}$ [kJ/(m³·K)]	$c_{p,CO}$ [kJ/(m³·K)]	c_{p,H_2} [kJ/(m³·K)]	c_{rs} [kJ/(m³·K)]
$255 \leq T_k \leq 1000$	a_0	8.91723547E-01	1.37590391E+00	1.40536482E+00	1.54792396E+00	1.37780212E+00	1.37803383E+00	1.09283555E+00	-5.65544570E-01
	a_1	3.24448449E-03	-5.28116398E-04	-1.12295173E-03	-6.72529762E-04	-6.46620591E-04	-6.01378652E-04	1.29271576E-03	8.31638505E-03
	a_2	-2.45407619E-06	1.06488291E-06	3.69540740E-06	2.20813986E-06	1.60493642E-06	1.37144692E-06	-2.88554909E-06	-1.81304489E-05
	a_3	7.43673742E-10	-4.46779779E-10	-3.64698624E-09	-1.80774547E-09	-1.11259405E-09	-7.54730414E-10	2.78469083E-09	1.91187152E-08
	a_4	2.35019309E-13	-5.18308023E-13	1.22688379E-13	5.67687359E-13	2.52930872E-13	8.89695159E-14	-9.35812868E-13	-7.40468842E-12
$T_k > 1000$	a_0	1.65688015E+00	1.05977577E+00	1.34166565E+00	9.78350938E-01	1.11780306E+00	1.10836808E+00	1.13463691E+00	8.38791653E-02
	a_1	1.15075632E-03	5.95097521E-04	2.78023209E-04	1.15593703E-03	5.23410128E-04	5.53108512E-04	2.21818789E-04	2.01233192E-03
	a_2	-4.60298371E-07	-2.33761775E-07	-7.36187893E-08	-3.35314436E-07	-1.98149715E-07	-2.15055874E-07	-6.21841146E-10	-1.38453917E-06
	a_3	8.44683080E-11	4.24945174E-11	1.25352171E-11	4.70705621E-11	3.58434791E-11	3.84969852E-11	-7.88930904E-12	4.50271081E-10
	a_4	-5.76681968E-15	-2.89922956E-15	-8.87979072E-16	-2.56893312E-15	-2.45231752E-15	-2.57598896E-15	9.35519790E-16	-5.36618434E-14

则 298.15K（25℃）到 T_k（K）的平均定压比热容可结合瞬时比热系数进行积分求解，即：

$$\overline{c}_p = \frac{\int_{25+273.15}^{T_k} c_p \mathrm{d}t}{T_k - (25+273.15)} \tag{2-92}$$

式（2-92）的分子 $\int_{25+273.15}^{T_k} c_p \mathrm{d}t$ 为瞬时比热从 298.15K（25℃）到 T_k（K）的定积分，也即 298.15K（25℃）到 T_k（K）之间的（比）焓差。根据定积分的牛顿-莱布尼茨定理，$\int_{25+273.15}^{T_k} c_p \mathrm{d}t$ 等于 c_p 的任一原函数 [（假设为 F（T_k）] 在 298.15K（25℃）到 T_k（K）区间上的变化量，即

$$\int_{25+273.15}^{T_k} c_p \mathrm{d}t = F(T_k)\big|_{25+273.15}^{T_k} = F(T_k) - F(25+273.15) \tag{2-93}$$

$$F(T_k) = a_0 T_k + \frac{a_1 T_k^2}{2} + \frac{a_2 T_k^3}{3} + \frac{a_3 T_k^4}{4} + \frac{a_4 T_k^5}{5} = \sum_{i=0}^{4} \frac{a_i T_k^{i+1}}{i+1} \tag{2-94}$$

则平均比热容的计算公式可以由积分形式转化为温度的多项式。需要注意的是，由于表 2-10 中 1000K 上下两个区间系数不同 [假定对应的原函数分别为 $F_1(T_k)$、$F_2(T_k)$]，当 $T_k \leqslant 1000K$ 时可以直接计算，但 $T_k > 1000K$ 时需要进行分段积分，即

$$T_k \leqslant 1000K：\quad \overline{c}_p = \frac{F_1(T_k) - F_1(25+273.15)}{T_k - (25+273.15)} \tag{2-95}$$

$$T_k > 1000K：\quad \overline{c}_p = \frac{F_2(T_k) - F_2(1000) + F_1(1000) - F_1(25+273.15)}{T_k - (25+273.15)} \tag{2-96}$$

利用式（2-92）与表 2-9 的数据进行对比：在 1000K 之前，公式计算比热数据均和表中数据完全一致；在大于 1000K 后，计算数据和表格数据在小数点第 4 位及之前均相同，第 5 位及之后不尽相同，但从计算精度上已足够满足要求。而且便于计算机计算，建议首先予以采用。

（3）多项式拟合法。由于各烟气成分（除灰渣）平均定压比热容在 0～500℃ 范围内连续变化，因此利用表（2-9）中的数据进行多项式拟合，结果如下。0～500℃ 范围内，各烟气成分的比热容拟合公式为

$$c_{p,\mathrm{CO_2}} = 1.63551 + 0.00102 - t6.10304 \times 10^{-7} t^2 + 1.86268 \times 10^{-10} t^3 - 2.21527 \times 10^{-16} t^4 \tag{2-97a}$$

$$c_{p,\mathrm{N_2}} = 1.30152 - 1.76649 \times 10^{-5} t + 2.29325 \times 10^{-7} t^2 - 1.13171 \times 10^{-10} t^3 - 9.77266 \times 10^{-16} t^4 \tag{2-97b}$$

$$c_{p,\mathrm{O_2}} = 1.30935 + 9.98845 \times 10^{-5} t + 4.04444 \times 10^{-7} t^2 - 5.70474 \times 10^{-10} t^3 + 2.45364 \times 10^{-13} t^4 \tag{2-97c}$$

$$c_{p,\mathrm{wv}} = 1.49768 + 9.57076 \times 10^{-5} t - 11 \times 10^{-7} t^2 - 2.93837 \times 10^{-10} t^3 + 1.13343 \times 10^{-13} t^4 \tag{2-97d}$$

$$c_{p,\mathrm{a,d}} = 1.29984 + 7.46361 \times 10^{-6} t + 3.19561 \times 10^{-7} t^2 - 2.07822 \times 10^{-10} t^3 + 5.06252 \times 10^{-14} t^4 \tag{2-97e}$$

$$c_{p,\mathrm{CO}} = 1.30120 - 4.16705 \times 10^{-7} t + 2.63619 \times 10^{-7} t^2 - 1.64124 \times 10^{-10} t^3 + 1.80113 \times 10^{-14} t^4 \tag{2-97f}$$

$$c_{p,\mathrm{H_2}} = 1.28528 + 1.23425 \times 10^{-4} t + 3.29929 \times 10^{-7} t^2 + 4.35816 \times 10^{-10} t^3 - 1.87121 \times 10^{-13} t^4 \tag{2-97g}$$

$$c_{\mathrm{rs}} = 0.72670 + 9.97295 \times 10^{-4} t + 1.85819 \times 10^{-6} t^2 + 2.72020 \times 10^{-9} t^3 - 1.48108 \times 10^{-12} t^4 \tag{2-97h}$$

以上拟合公式，相关性系数 R 均为 1，对比表（2-9）中数据，$c_{p,\mathrm{CO_2}}$ 的最大偏差为（500℃）0.0024%，$c_{p,\mathrm{N_2}}$ 等比热（0～500℃）的最大偏差为 0.0004%。

炉渣温度一般较高，计算其比热时，可采用 750～1500℃ 的拟合公式（2-97i），相关性系数 R 为 0.99，其最大偏差为 0.0055%，即

$c_{rs}=1.29806-7.52164\times10^{-4}t+9.77669\times10^{-7}t^2-5.05876\times10^{-10}t^3+9.77064\times10^{-14}t^4$ 　　（2-97i）

第三节　循环流化床锅炉的特殊性及其处理方法

一、CFB 锅炉的特殊性

CFB（Circulating Fluidized Bed）锅炉是 20 世纪 70 年代末开始出现的清洁煤燃烧技术，以其宽泛的燃料适应性和优越的环保特性得到了迅猛发展，在燃用高硫煤、城市垃圾和污泥、褐煤及煤联产气化等方面有很大的优势。截至 2016 年底，我国商业运行的 CFB 锅炉已超过 3000 台，其中 100MW 等级以上的 CFB 锅炉总装机台数已超过 300 台，600MW 超临界 CFB 锅炉投产 1 台，350MW 超临界 CFB 锅炉投产 14 台。我国是世界上 CFB 锅炉装机容量最多和单机容量最大的国家。

CFB 锅炉主要由布风装置、炉膛、气固分离装置与回送装置（有的炉型设置有循环灰外置换热器）、尾部对流烟道及各受热面组成，汽水系统与常规煤粉锅炉基本相同，但燃烧方式与常规煤粉锅炉有很大的不同。CFB 锅炉的燃烧方式为：粒径小于 10mm 的固体燃料在炉膛中，以气固流态化的方式燃烧，并向炉膛受热面放热；炉膛下部锥段固体颗粒较粗、且浓度高的区域称为密相区（dense phase zone），炉膛中部以上颗粒较细、且浓度相对较低的气固两相流区域称为稀相区（dilute phase zone），通常位于炉膛二次风喷口以上，物料主要由循环颗粒构成；稀相区后，上升气流把一些细颗粒带出炉膛，其中大部分又被气固分离器收集下来，由循环灰经回送装置送回炉膛再次燃烧；最后，少量细小颗粒离开分离器，随烟气进入尾部烟道，继续向沿程布置的对流受热面放热，降至排烟温度后排出锅炉（至除尘器）。

循环灰（circulating ash）是在 CFB 锅炉中经分离而循环运动着的大量灰粒，平均粒径在床料与飞灰之间，在 CFB 锅炉运行中有调节床温、携带和传递热量，并使碳粒循环燃尽及提高氧化钙利用率等重要作用。

CFB 锅炉运行时，可通过向炉膛内投入固态脱硫剂（一般采用粒径小于 1mm 的石灰石粉）脱除烟气中二氧化硫气体；同时，炉膛燃烧温度只有 900℃，采用分级送风燃烧等技术，使得烟气中氮氧化物气体含量远低于常规煤粉锅炉。

1. CFB 锅炉性能试验的难度

（1）CFB 锅炉无磨煤机和密封风机等制粉系统。CFB 锅炉的燃料为 0～10mm 的宽筛分颗粒，不需要磨煤机碾磨，通过两级破碎和三级筛分来控制入炉煤粒径。

（2）CFB 锅炉除渣系统为风水联合式冷渣器或滚筒冷渣器、链斗输送机和斗提机，比煤粉炉的复杂。因为 CFB 排渣口位于密相区且正压运行，炉渣量较大，同时还需要控制排渣量，多采用风冷+水冷的风水联合冷渣器或水冷的滚筒冷渣器。风冷却炉渣之后进入炉膛，水一般采用凝结水冷却炉渣后返回低加（水侧）系统。

（3）个别 CFB 锅炉配置有外置床换热器。随着锅炉容量的增加，单靠在炉膛内布置水冷壁很难保证合理的床温和炉膛出口温度。而炉膛中的空间不足以安排过多屏式受热面时，需要考虑采用在主循环回路的炉膛外部分设置换热器。引进型机组和 600MW 超临界 CFB 锅炉均配置有外置床换热器，布置中温过热器和高温再热器等受热面。

（4）CFB 由气固旋风分离器实现飞灰的循环和反复燃烧，从而额外地给锅炉性能试验增加了难度：常规锅炉的灰分大部分以飞灰的形式排掉，飞灰份额一般规定为 85%～90%，大渣份额为 10%～15%。CFB 锅炉由于循环灰的存在，使得灰渣份额差别很大，而固态脱硫剂的使用使得 CFB 锅炉增加了额外灰源，使灰平衡更加复杂，必须进行灰平衡试验来确定灰渣份额。此外，炉内脱硫使得炉内燃烧化学反应有所变化，对锅炉效率也产生了一定的影响。

我国 1988 年发布 GB/T 10184—1988 时，CFB 锅炉还不常见，因此只规定了常规电站锅炉性能鉴定试验和验收试验的现行方法，直到 2005 年才发布了 DL/T 964—2005《循环流化床锅炉性能试验规程》作为 GB/T 10184—1988 的补充。对于 CFB 锅炉，大部分测量项目和试验原理与常规锅炉类似，因此，DL/T 964—2005 仅从差异点出发进行了编写，而其关键点为灰平衡的确定，但在损失分类上也有一些差异，如图 2-9 所示。

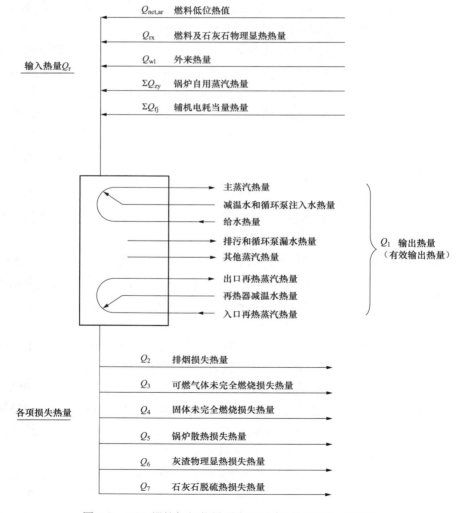

图 2-9　CFB 锅炉机组热量平衡（引自 DL/T 964—2005）

GB/T 10184—2015 在制定时，国内已有 600MW 超临界 CFB 机组投产，CFB 机组总装机容量也占很大比重，因此综合考虑了炉内脱硫、冷渣器及灰渣比例的影响。对比图 2-9 和图 1-16 可知，GB/T 10184—2015 在热量平衡中已经将 CFB 燃烧工况囊括在内。因此本章节内容及符号以 GB/T 10814—2015 为主，两者有差异的地方再加以分析。

2. 边界与基准温度

根据 GB/T 10184—2015 规定，CFB 锅炉机组热平衡系统界限见图 1-15，以空气预热器入口、空气预热器出口、冷渣器出口等来划分边界，一次风机、二次风机、引风机、回料风机等划分在系统之外。基准温度为恒定 25℃。而 DL/T 964—2005 规定的 CFB 锅炉机组热平衡系统界限图见图 2-10，其将风机均划入系统范围内，且规定送风机入口温度作为试验基准温度，这与 GB/T 10184—2015 有着显著区别。

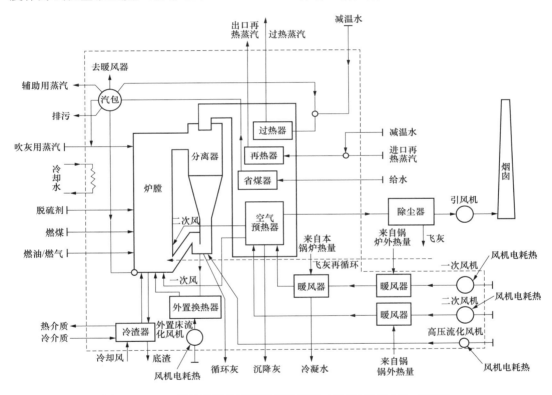

图 2-10 CFB 锅炉机组热平衡系统界限图（引自 DL/T 964—2005）

3. 性能试验稳定状态参考参数

为了准确计量灰渣量及灰渣份额，在性能试验前的稳定期间和试验开始时刻，锅炉以性能试验设定的蒸发量、床温、床压、风室风量及风室风温等参数值运行，并在整个试验期间维持这些参数稳定不变。对于间歇排底渣的锅炉，试验各方需事先确定试验期间排底渣的间隔时间和每次的排放量。在试验结束前 5min 至试验结束后 5min 内，锅炉的蒸发量、床温、风室风量及风室风温等参数值，尤其是床压值，必须与试验开始时刻的参数值一致，其最大允许偏差见表 2-11。

表 2-11　　　　　　　　　　CFB 锅炉性能试验稳定参数

序号	项　　目	单位	长时间允许偏差	短时允许波动
1	蒸发量	%	±3	±4
2	密相区平均床温	℃	±20	±30
3	密相区床压	Pa	±300	±500
4	排烟氧量	%	±0.5	±1.0
5	入炉燃料量	%	—	±10
6	入炉石灰石量	%	±2	±4

4. 底渣物理显热

CFB 锅炉与普通锅炉的一个明显不同是 CFB 锅炉有冷渣器，因而计算 CFB 锅炉热效率时，需要考虑冷渣介质带走的热损失，处理原则见表 2-12。如果冷渣器冷却介质（流化风及冷却水）划归系统内，则在输出热量中加入冷渣器水的吸热项 Q_{SC}；如果冷渣器冷却介质划归系统外，则无此项。

表 2-12　　　　　　　　　　冷渣器边界划分原则

冷渣器类型	冷却介质	介质划归系统	底渣的物理显热损失
风水联合冷却（流化床型）	冷空气	机组烟风系统内	以冷渣器排渣温度计算
	水	机组汽水系统内	
风水联合冷却（流化床型）	冷空气	机组烟风系统内	以冷渣器排渣温度计算，但另加冷却水吸热损失
	水	机组汽水系统外	
风水联合冷却（流化床型）	冷空气	机组烟风系统外	以炉膛密相区床温计算
	水	机组汽水系统外	
滚筒型	水	机组汽水系统内	以冷渣器排渣温度计算
滚筒型	水	机组汽水系统外	以炉膛密相区床温计算
不冷却	—	—	以炉膛密相区床温计算

二、CFB 锅炉的灰平衡计量和计算

CFB 锅炉的灰平衡难以计算，其主要原因有飞灰循环燃烧与炉内石灰石脱硫两个方面，特别是后者，其带来的主要问题如下：

（1）增加了灰渣的总量，包括炉内脱硫生成的产物；石灰石本身带入的灰分；未发生分解的石灰石；石灰石中分解为 CaO，但未与烟气中的 SO_2 反应的部分。

（2）循环的灰包含了上述各种增加的灰渣。

（3）现场可测量的内容有限，需要较为复杂的流程来确定这些量的大小。

（一）炉内脱硫的概念

1. 石灰石炉内脱硫时发生的化学反应

石灰石的主要成分是 $CaCO_3$，它不能直接与 SO_2 反应，而是先在炉膛内受热分解生成氧化钙，然后才能进行炉内脱硫工作。该过程为吸热化学反应过程，称为石灰石的煅烧反应（calcinations），同时释放出 CO_2 气体，方程式为

$$CaCO_3 \rightarrow CaO + CO_2 - 183kJ/mol \tag{2-98}$$

煅烧形成的氧化钙颗粒与燃烧烟气中的氧气、二氧化硫气体形成硫酸钙的放热化学反应，这个反应就是硫化反应。硫酸钙就与灰分一起排出锅炉，完成了炉内脱硫的过程，方程式为

$$CaO + 1/2O_2 + SO_2 \rightarrow CaSO_4 + 486kJ/mol \tag{2-99}$$

2. 炉内脱硫效率

燃料中的硫主要有燃料硫、硫铁矿硫及硫酸盐硫三种存在形式。在煤粉炉中，烟气温度高于 1200℃，如果不脱硫，所有的硫分基本都会变成 SO_2，然后排入大气。因此，炉内脱硫效率（desulfuration efficiency）定义为实际脱除的 SO_2 与硫全部生成 SO_2 之比，即

$$\eta_{SO_2} = \frac{V_{SO_2,th} - V_{SO_2}}{V_{SO_2,th}} \times 100 = \left(1 - \frac{V_{SO_2}}{V_{SO_2,th}}\right) \times 100 \tag{2-100}$$

$$V_{SO_2,th} = \frac{22.41}{32.066} \times \frac{w_{S,ar}}{100} \tag{2-101}$$

$$V_{SO_2} = \frac{\varphi_{SO_2,fg,d}}{100} V_{fg,d} \tag{2-102}$$

$$\eta_{SO_2} = \left(1 - \frac{32.066}{22.41} \frac{\varphi_{SO_2,fg,d}}{w_{S,ar}} V_{fg,d}\right) \times 100 \tag{2-103}$$

式中　η_{SO_2}——添加脱硫剂后炉内脱硫效率，%；

$V_{SO_2,th}$——单位燃料中硫全部生成 SO_2 的理论体积，m^3/kg；

V_{SO_2}——单位燃料的实测烟气中 SO_2 的体积，m^3/kg；

$\varphi_{SO_2,fg,d}$——干烟气中实测 SO_2 的体积分数，%；

$V_{fg,d}$——单位燃料燃烧生成的干烟气体积（在 SO_2 含量测量位置处），m^3/kg。

对于 CFB 锅炉来说，炉膛温度一般不会超过 1000℃，因而硫酸盐硫不会分解变成 SO_2，而以灰分的形式离开锅炉。因此用收到基全硫定义脱硫效率其实并不妥当，这样定义出的脱硫效率较小（分母大），应当扣除硫酸盐硫的份额后再计算 $V_{SO_2,th}$。

3. 脱硫控制

炉内脱硫 CFB 运行时，根据钙硫摩尔比 $r_{Ca/S}$（Ca/S molar ratio）控制石灰石的投运量。钙硫摩尔比表示投入炉内石灰石脱硫时，提供给单位质量燃料的石灰石中钙的摩尔数与燃料收到基全硫的摩尔数之比，即

$$r_{Ca/S} = \frac{32.066}{100.086} \frac{w_{CaCO_3,des}}{w_{S,ar}} \frac{q_{m,des}}{q_{m,c}} \tag{2-104}$$

式中　$r_{Ca/S}$——钙硫摩尔比，无量纲数；

$w_{CaCO_3,des}$——脱硫剂中碳酸钙的质量分数，由实验室化验，%；

$q_{m,des}$——入炉脱硫剂的质量流量，kg/h；

$q_{m,c}$——入炉燃料的质量流量，kg/h。

（二）灰平衡试验

1. 灰平衡计算方法

由于 CFB 锅炉灰渣份额随煤种、炉型及运行方式不同而有较大差别，而灰渣份额对锅炉热效率计算结果影响极大，因而 GB/T 10184 和 DL/T 964 均推荐灰渣份额通过实际测量和计算获得。方法是称量试验期间各个出渣口出渣的质量，并由此计算该渣口流量与热效率迭代计算求得的锅炉总灰流量 q_{rs} 之比的百分率。如少测一个出渣口，按如下方法计算。

假定试验锅炉排渣口为底渣、排放循环灰、沉降灰（CFB 锅炉一般不排这两部分灰）及飞灰，则需准确称量试验期间前三部分灰的排放质量，计算出相应的底渣灰流量 $q_{vs,s}$，循环灰流量 $q_{rs,xxh}$ 和沉降灰流量 $q_{rs,pd}$，再分别计算出各灰渣份额。由式（2-35）可知，灰渣比是碳完全燃烧（没有未燃碳）生成的纯灰分（飞灰、沉降灰、炉渣等）的比例，而灰平衡实测和取样时的样品是纯灰分和未燃碳的混合样品。对于飞灰部分，根据式（2-30）可知

$$A_{as} = \frac{100 - w_{c,as}}{100} \times (A_{as} + C_{as}) = q_{rs,as} \frac{100 - w_{c,as}}{100} \qquad (2\text{-}105)$$

$$q_{rs,as} = A_{as} + C_{as} \qquad (2\text{-}106)$$

根据飞灰占燃料总灰量的质量分数 w_{as}（%）的定义，即

$$w_{as} = \frac{A_{as}}{q_{rs}} \times 100 = \frac{q_{rs,as}}{q_{rs}} (100 - w_{c,as}) \qquad (2\text{-}107)$$

式中 A_{as}——燃料完全燃烧生成纯飞灰的质量流量，kg/h；

　　　　C_{as}——飞灰中携带未燃碳的质量流量，kg/h；

　　　　$w_{c,as}$——飞灰炉渣中可燃物的质量分数，实验室化验，%；

　　　　$q_{rs,as}$——飞灰和未燃碳的质量流量，试验测量值，kg/h；

　　　　q_{rs}——飞灰、炉渣、沉降灰等总灰量的质量流量，kg/h。

同理，可推导出炉渣、沉降灰、循环灰的质量分数，分别如下：

$$w_s = \frac{q_{rs,s}}{q_{rs}} (100 - w_{c,s}) \qquad (2\text{-}108)$$

$$w_{pd} = \frac{q_{rs,pd}}{q_{rs}} (100 - w_{c,pd}) \qquad (2\text{-}109)$$

$$w_{xhh} = \frac{q_{rs,xxh}}{q_{rs}} (100 - w_{c,xhh}) \qquad (2\text{-}110)$$

$$w_{as} = 100 - w_s - w_{pd} - w_{xhh} \qquad (2\text{-}111)$$

$$q_{rs} = \frac{q_{m,f} w_{as,to,des}}{100} \qquad (2\text{-}112)$$

式中 $w_{c,as}$、$w_{c,pd}$、$w_{c,s}$、$w_{c,xxh}$——飞灰、沉降灰、炉渣、循环灰中可燃物的质量分数，%；

　　　　w_{as}、w_{pd}、w_s、w_{xxh}——飞灰、沉降灰、炉渣、循环灰占燃料总灰量的质量分

数，%；

$q_{rs,as}$、$q_{rs,pd}$、$q_{rs,s}$、$q_{rs,xxh}$——飞灰、沉降灰、炉渣、循环灰的质量流量，kg/h；

q_{rs}——锅炉产生总灰量的质量流量，kg/h。

在式（2-105）～式（2-112）中，有多个变量无法直接获得，必须通过复杂的灰平衡迭代计算才可以得到。

2. 总灰量

总灰量也称为计算灰分（ash counted due to desulfuration），指投石灰石脱硫时，每千克入炉燃料所对应的灰分，由入炉煤自身的灰分、石灰石带入的杂质、未煅烧分解的碳酸钙、脱硫反应生成的硫酸钙及脱硫反应后剩余的氧化钙等组成，如图 2-11 所示。计算灰分为

$$w_{as,to,des} = w_{as,ar} + w_{as,des} + w_{CaCO_3,ud} + w_{CaSO_4} + w_{CaO} \tag{2-113}$$

式中 $w_{as,to,des}$——添加脱硫剂后，相应每千克入炉燃料所产生的灰分质量分数，%；

$w_{as,ar}$——入炉燃料收到基灰分的质量分数，%；

$w_{as,des}$——相应每千克入炉燃料，脱硫剂灰分的质量分数，%；

$w_{CaCO_3,ud}$——相应每千克入炉燃料，脱硫剂未分解的碳酸钙的质量分数，%；

w_{CaSO_3}——相应每千克入炉燃料，脱硫后生成的碳酸钙的质量分数，%；

w_{CaO}——相应每千克入炉燃料，脱硫剂煅烧反应后未发生硫酸盐化反应的氧化钙质量分数，%。

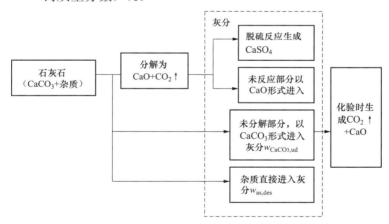

图 2-11 CFB 锅炉灰平衡物质流图

3. 石灰石耗量计算

每千克煤中含硫的摩尔量为 $\dfrac{w_{S,ar}}{100 \times 32.066}$，可得每千克煤脱硫需要钙的摩尔量为 $\dfrac{w_{S,ar} r_{Ca/S}}{100 \times 32.066}$，它在数值上等于 $CaCO_3$ 的摩尔量，因此每千克煤对应 $CaCO_3$ 的耗量 $w_{CaCO_3,to.c}$（kg/kg 燃料）为

$$w_{CaCO_3,to.c} = \frac{100.086}{32.066} \frac{w_{S,ar} r_{Ca/S}}{100} \tag{2-114}$$

由此推算出，单位燃料脱硫的实际石灰石耗量 $w_{\text{des,to,c}}$（kg/kg 燃料）为

$$w_{\text{des,to,c}} = \frac{100w_{\text{CaCO}_3,\text{to,c}}}{w_{\text{CaCO}_3,\text{des}}} = \frac{100.086}{32.066}\frac{w_{\text{S,ar}}r_{\text{Ca/S}}}{w_{\text{CaCO}_3,\text{des}}} \tag{2-115}$$

式中　$w_{\text{CaCO}_3,\text{des}}$——脱硫剂中碳酸钙的质量分数，由实验室化验，%；

　　　$w_{\text{CaCO}_3,\text{to,c}}$——每千克煤对应 $CaCO_3$ 的耗量，kg/kg 燃料；

　　　$w_{\text{des,to,c}}$——单位燃料脱硫的实际石灰石耗量，kg/kg 燃料。

联立式（2-104）和式（2-115）可知

$$w_{\text{des,to,c}} = \frac{q_{\text{m,des}}}{q_{\text{m,c}}} \tag{2-116}$$

4. 灰中各成分的计算

如果已知碳酸钙的分解率 $\eta_{\text{CaCO}_3,\text{dec}}$，就很容易计算出灰分中各种成分的比例，分别如下。

（1）相应每千克入炉燃料，脱硫剂灰分的质量分数 $w_{\text{as,des}}$。石灰石中成分为碳酸钙（$w_{\text{CaCO}_3,\text{des}}$）、水分（$w_{\text{m,des}}$）和灰分，因此石灰石中灰分的质量分数（%）为（$100-w_{\text{CaCO}_3,\text{des}}-w_{\text{m,des}}$）。根据式（2-115）可知单位燃料的石灰量耗量，因此脱硫剂灰分的质量分数为

$$w_{\text{as,des}} = \frac{100.086}{32.066}\frac{w_{\text{S,ar}}r_{\text{Ca/S}}}{w_{\text{CaCO}_3,\text{des}}}(100-w_{\text{CaCO}_3,\text{des}}-w_{\text{m,des}}) \tag{2-117}$$

式中　$w_{\text{m,des}}$——脱硫剂中水分的质量分数，由实验室化验，%；

　　　$w_{\text{CaCO}_3,\text{des}}$——脱硫剂中碳酸钙的质量分数，由实验室化验，%。

需要说明的是，与本书中（2-117）对应的 GB/T 10184—2015 中的式（22）（P36）印刷错误，见式（2-118），因此在计算时需要特别注意。

$$w_{\text{as,des}} = \frac{100.086}{32.066}\frac{w_{\text{S,ar}}r_{\text{Ca/S}}}{w_{\text{CaCO}_3,\text{des}}}w_{\text{as,des}} \tag{2-118}$$

（2）相应每千克入炉燃料，脱硫剂未分解的碳酸钙的质量分数 $w_{\text{CaCO}_3,\text{ud}}$。石灰石中部分碳酸钙由于床温等因素的影响，会存在一部分未分解，此时碳酸钙的分解率（脱硫剂中分解的碳酸钙占碳酸钙总量的质量分数，%）不是 100，而是 $\eta_{\text{CaCO}_3,\text{dec}}$。根据式（2-115）可知单位燃料全部的碳酸钙量，则未分解的碳酸钙的质量分数为

$$w_{\text{CaCO}_3,\text{ud}} = \frac{100.086}{32.066}w_{\text{S,ar}}r_{\text{Ca/S}}\left(1-\frac{\eta_{\text{CaCO}_3,\text{dec}}}{100}\right) \tag{2-119}$$

式中　$\eta_{\text{CaCO}_3,\text{dec}}$——碳酸钙分解率，%。

对于正常运行的锅炉 $\eta_{\text{CaCO}_3,\text{dec}}$ 一般取 98，也可根据灰、渣中氧化钙和碳酸钙的含量确定。通常将碳酸钙分解率作为脱硫剂转化率。

（3）相应每千克入炉燃料，脱硫后生成的硫酸钙的质量分数 w_{CaSO_4}。由式（2-99）可知，脱硫后生成的硫酸钙是脱除 SO_2 的产物，可根据实测烟气中二氧化硫和脱硫效率来确定。根据式（2-100）可知，脱除的 SO_2 体积（m^3/kg 燃料）为

$$\Delta V_{SO_2} = V_{SO_2,th} - V_{SO_2} = V_{SO_2,th} \frac{\eta_{SO_2}}{100} = \frac{22.41}{32.066} \times \frac{w_{S,ar}}{100} \times \frac{\eta_{SO_2}}{100} \qquad (2\text{-}120)$$

由于固硫反应过程中，脱除的 SO_2 与硫酸钙摩尔数（mol/kg 燃料）相同，则有

$$n_{CaSO_4} = n_{\Delta V_{SO_2}} = \frac{\Delta V_{SO_2}}{22.41} \times 10^3 \qquad (2\text{-}121)$$

则脱硫后生成硫酸钙的质量分数（%）为

$$w_{CaSO_4} = n_{CaSO_4} \times M_{CaSO_4} \times 100 = \frac{136.140}{32.066} \frac{\eta_{SO_2}}{100} w_{S,ar} \qquad (2\text{-}122)$$

其中，硫酸钙的摩尔质量为 136.140 g/mol，标准状况下 1mol 气体的体积为 22.4L。

（4）相应每千克入炉燃料，脱硫剂煅烧反应后未发生硫酸盐化反应的氧化钙质量分数 wCa。碳酸钙经煅烧反应后分解为氧化钙后，由于床温、氧量、接触面积等因素的影响，炉内硫酸盐化反应并不完成，部分氧化钙未参加反应作为锅炉灰分排出。未反应硫酸盐化反应的氧化钙量可由煅烧反应中生成的氧化钙量减去硫化反应中消耗的氧化钙量计算。

根据式（2-98）可知，煅烧反应生成的氧化钙的摩尔数与实际参与反应的碳酸钙摩尔数相同。实际参与反应的碳酸钙为式（2-114）计算的纯碳酸钙乘以碳酸钙分解率，即

$$n_{CaO,gen} = n_{CaCO_3} = \frac{1000}{32.066} \frac{w_{S,ar} r_{Ca/S}}{100} \frac{\eta_{CaCO_3,dec}}{100} \qquad (2\text{-}123)$$

根据式（2-99）可知，硫化反应氧化钙的摩尔数与生成硫酸钙的摩尔数相同，硫酸钙的摩尔数参考式为式（2-121），将式（2-120）代入，则有

$$n_{CaO,con} = n_{CaSO_4} = \frac{1000}{32.066} \times \frac{w_{S,ar}}{100} \times \frac{\eta_{SO_2}}{100} \qquad (2\text{-}124)$$

则脱硫剂煅烧反应后未发生硫化反应的氧化钙摩尔数为

$$\Delta n_{CaO} = n_{CaO,gen} - n_{CaO,con} \qquad (2\text{-}125)$$

则脱硫剂煅烧反应后未发生硫化反应的氧化钙质量分数为

$$w_{CaO} = \Delta n_{CaO} \times M_{CaO} \times 100 = \frac{56.077}{32.066} \left(r_{Ca/S} \frac{\eta_{CaCO_3,dec}}{100} - \frac{\eta_{SO_2}}{100} \right) w_{S,ar} \qquad (2\text{-}126)$$

5. 灰平衡的迭代计算

上文已经给出了详细的灰平衡试验中图 2-11 所示各变量之间的关系。但仍无法直接求解出各个变量的解析解，主要是因为需要迭代计算。

目前 GB/T 10184—2015 和 DL/T 964—2005 都假定碳酸钙分解率为 98 来进行计算，此时可不需要再进行迭代计算。

若 CFB 灰渣在化验时测量了碳酸盐的二氧化碳含量，未分解率也可以通过平均 CO_2 含量计算出来，迭代计算框图如图 2-12 所示，计算方法如下：

（1）飞灰和大渣中 CO_2 含量通过实验室化验，然后加权计算中灰渣中平均 CO_2 含量 $w_{CO_2,rs,m}$。

（2）假定 1 个分解率，计算出一个 $w_{as,to,des}$；根据式（2-126），利用灰渣中平均 CO_2

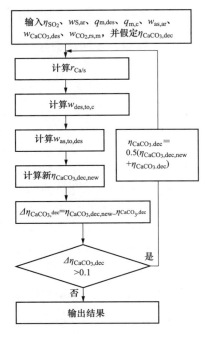

图 2-12　灰平衡计算过程

含量来计算出灰分中未分解的石灰石质量流量为

$$w_{CaCO_3,ud} = \frac{100.086}{44} \frac{w_{as,to,des}}{100} \frac{w_{CO_2,rs,m}}{100} \quad (2\text{-}127)$$

（3）重新计算碳酸钙分解率为

$$\eta_{CaCO3,dec} = \left(1 - \frac{w_{CaCO_3,ud}}{w_{des,to,c}}\right) \times 100 \quad (2\text{-}128)$$

重复迭代计算，直至两次偏差小于 0.1，分解率收敛。

（三）平均含碳量的计算

计算出 $w_{as,to,des}$ 后，就可以计算各个排灰点的飞灰份额（至多 1 个地方未测量或取设计值），从而计算出所有灰渣比例、平均含碳量。计算方式同煤粉炉，即

$$w_{c,rs,m} = \frac{w_{as} w_{c,as}}{100 - w_{c,as}} + \frac{w_s w_{c,s}}{100 - w_{c,s}} + \frac{w_{pd} w_{c,pd}}{100 - w_{c,pd}} + \frac{w_{xxh} w_{c,xhh}}{100 - w_{c,xhh}}$$

$$(2\text{-}129)$$

则添加脱硫剂后实际燃烧的碳占入炉燃料的质量分数为

$$w_{c,b,des} = w_{C,ar} - \frac{w_{as,to,des}}{100} w_{c,rs,m} \quad (2\text{-}130)$$

三、CFB 锅炉热效率计算

添加脱硫剂后，炉内发生煅烧和硫酸盐化反应剂，通过以下几种途径影响锅炉效率：

（1）增加灰渣质量和灰渣热损失。

（2）增加燃烧所需空气量，改变烟气组成和烟气成分。

（3）煅烧吸热反应和硫酸盐化放热反应改变热损失。

因此相对于煤粉锅炉，CFB 锅炉的热效率计算主要有以下不同之处。

1. 输入热量的不同

随每千克燃料输入锅炉能量平衡系统的总热量，包括燃料的收到基低位发热量、物理显热、用外来热源加热燃料或空气时带入的热量，以及雾化燃油所用蒸汽带入的热量。此外，还包括随每千克燃料入炉的脱硫用石灰石物理显热热量。

对于添加脱硫剂的固体燃料锅炉，脱硫剂物理显热按式（2-131）计算，即

$$Q_{des} = \frac{q_{m,des}}{q_{m,f}} c_{des}(t_{des} - t_{re}) \quad (2\text{-}131)$$

$$c_{des} = 0.71 + 5.02 \times 10^{-4} t_{des} \quad (2\text{-}132)$$

式中　Q_{des}——脱硫剂物理显热，kJ/kg；

$\quad\quad q_{m,des}$——燃料质量流量，kg/h；

$\quad\quad c_{des}$——脱硫剂比热，kJ/（kg·K）；

$\quad\quad t_{des}$——进入系统边界的脱硫剂温度，℃。

2. 输出热量的不同

对于 CFB 锅炉，冷渣器带走的热量（滚筒冷渣器的凝结水或风水联合冷渣器的流化风等）如果被利用，正平衡计算输出热量时需要增加冷渣器带走的热量，即

$$Q_{SC} = \frac{q_{m,cw,SC}}{q_{m,f}}(H_{cw,SC,lv} - H_{cw,SC,en}) \tag{2-133}$$

式中　Q_{SC} ——冷渣器带走的热量，kJ/kg；

　　　$q_{m,cw,SC}$ ——冷渣器冷却水质量流量，kg/h；

　　　$H_{cw,SC,en}$ ——冷却设备进口冷却水焓，kJ/kg；

　　　$H_{cw,SC,lv}$ ——冷却设备出口冷却水焓，kJ/kg。

对于 CFB 锅炉，如果冷渣器带走的热量未被利用，则该项热量计入热损失。对于煤粉锅炉，该项热量不被利用。

3. 脱硫热损失

对于炉内脱硫的 CFB 机组，计算锅炉效率时需考虑石灰石煅烧反应吸收热量与脱硫硫化反应放出热量的影响。GB/T 10184 综合计算两部分热量占燃料发热量的比率，即脱硫热损失 $q_{7,des}$（heat loss due to desulfuration）。对于热损失来说，带入系统热量即放热量为负值，带走系统热量即吸热量为正值。

对于煅烧反应，根据式（2-123）计算实际反应碳酸钙的摩尔数；对于硫化反应，根据式（2-124）计算实际反应硫酸钙的摩尔数；则根据式（2-98）和式（2-99）可知脱硫热损失为

$$Q_{7,des} = \frac{w_{S,ar}}{100}(57.19 r_{Ca/S}\eta_{CaCO_3,dec} - 151.59\eta_{SO_2}) \tag{2-134}$$

$$q_{7,des} = \frac{Q_{7,des}}{Q_{net,ar}} \times 100 \tag{2-135}$$

式中　$Q_{7,des}$ ——脱硫损失热量，kJ/kg；

　　　$q_{7,des}$ ——脱硫热损失，%。

4. 排烟热损失

CFB 锅炉投石灰石脱硫时，由于石灰石的存在，理论空气量、烟气量都有所变化，因而锅炉排烟热损失 q_2 也会发生变化。

（1）添加脱硫剂后修正的理论干空气量。添加脱硫剂后，增加了硫化反应消耗氧量带入的空气量，硫化反应消耗氧量体积等于脱除的 SO_2 体积 [计算式（2-120）] 的 1/2，则该部分氧气体积为 $\frac{22.41}{32.066 \times 2} \times \frac{w_{S,ar}}{100} \times \frac{\eta_{SO_2}}{100}$ m³/kg 燃料，则对应空气的体积（氧气体积占比 0.21）为 $0.0166 w_{S,ar} \frac{\eta_{SO_2}}{100}$ m³/kg 燃料。则添加脱硫剂后的理论干空气量为

$$V_{a,d,th,cr,des} = 0.0888 w_{c,b,des} + 0.0333 w_{S,ar} + 0.2647 w_{H,ar} - 0.0334 w_{O,ar} + 0.0166 w_{S,ar}\frac{\eta_{SO_2}}{100} \tag{2-136}$$

式中　$V_{a,d,th,cr,des}$ ——添加脱硫剂后修正的理论干空气量，m^3/kg；

$w_{c,b,des}$ ——添加脱硫剂后实际燃烧的碳占入炉燃料的质量分数，%；

$w_{S,ar}$、$w_{H,ar}$、$w_{O,ar}$ ——入炉燃料（收到基）中元素碳、硫、氢、氧的质量分数，%；

η_{SO_2} ——实测炉内脱硫效率，%。

（2）添加脱硫剂后修正的理论干烟气量。添加脱硫剂后，干烟气中增加了煅烧反应新生成的二氧化碳的体积，以及减少了脱除的 SO_2 的体积。新生成二氧化碳的摩尔数和实际参与反应碳酸钙的摩尔数［计算式（2-124）］相同，即 $\dfrac{1000}{32.066}\dfrac{w_{S,ar}}{100}r_{Ca/S}\dfrac{\eta_{CaCO_3,dec}}{100}$ mol/kg 燃料，则其体积为 $\dfrac{22.4}{32.066}\dfrac{w_{S,ar}}{100}r_{Ca/S}\dfrac{\eta_{CaCO_3,dec}}{100}$ m^3/kg 燃料；脱除的 SO_2 体积见式（2-120），则添加脱硫剂后修正的理论干烟气量为

$$V_{fg,d,th,cr,des}=1.8658\frac{w_{c,b,des}}{100}+0.6989\frac{w_{S,ar}}{100}+0.79V_{a,d,th,cr,des}+0.8000\frac{w_{S,ar}}{100}+$$
$$0.6989\frac{w_{S,ar}}{100}\left(r_{Ca/S}\frac{\eta_{CaCO_3,dec}}{100}-\frac{\eta_{SO_2}}{100}\right)$$

$$\text{（2-137）}$$

式中　$V_{fg,d,th,cr,des}$ ——添加脱硫剂后修正的理论干烟气量，m^3/kg；

$V_{a,d,th,cr,des}$ ——添加脱硫剂后修正的理论干空气量，m^3/kg；

$r_{Ca/S}$ ——钙硫摩尔比；

$\eta_{CaCO_3,dec}$ ——碳酸钙分解率，正常运行的锅炉一般取 98，%。

（3）过量空气系数。相应于添加脱硫剂后修正的理论空气量，添加脱硫剂后修正的过量空气系数的定义为

$$\alpha_{cr,des}=\frac{V_{a,d,des}}{V_{a,d,th,cr,des}}$$

$$\text{（2-138）}$$

式中　α_{cr} ——添加脱硫剂后修正的过量空气系数；

$V_{a,d,des}$ ——添加脱硫剂后的入炉干空气量，m^3/kg；

$V_{a,d,th,cr,des}$ ——添加脱硫剂后修正的理论干空气量，m^3/kg。

（4）干烟气带走的热量。干烟气带走的热量按式（2-139）计算，即

$$Q_{2,fg,d}=V_{fg,d,AH,lv,des}c_{p,fg,d}(t_{fg,AH,lv}-t_{re})$$

$$\text{（2-139）}$$

$$V_{fg,d,AH,lv,des}=V_{fg,d,th,cr,des}+(\alpha_{cr,des}-1)V_{a,d,th,cr,des}$$

$$\text{（2-140）}$$

式中　$Q_{2,fg,d}$ ——添加脱硫剂后干烟气带走的损失，kJ/kg；

$V_{fg,d,AH,lv,des}$ ——添加脱硫剂后单位燃料燃烧生成的空气预热器出口处的实际干烟气体积，m^3/kg；

$c_{p,fg,d}$ ——干烟气从 t_{re} 到 $t_{fg,AH,lv}$ 的定压比热容，kJ/（$m^3\cdot K$）；

$t_{fg,AH,lv}$ ——空气预热器出口烟气温度（即排烟温度），℃。

（5）烟气中水蒸气的体积与带走的热量。脱硫剂的投入使烟气中的水蒸气增加了石灰石中的水分一项，即包括燃料总的氢燃烧生成的水蒸气、燃料总的水分蒸发

形成的水蒸气、空气中的水分，以及脱硫剂中的水分。其中脱硫剂中水分的质量可以用单位燃料石灰石量［计算式（2-115）］乘以石灰石中水分的质量分数计算，即 $\dfrac{100.086}{32.066}$ $\dfrac{w_{S,ar}r_{Ca/S}}{w_{CaCO_3,des}} \times \dfrac{w_{m,des}}{100}$ kg/kg 燃料。再将水蒸气质量换算成水蒸气体积量，即乘以 22.4（L）/18（g·mol）=1.24。则添加脱硫剂后烟气中水蒸气的体积为

$$V_{wv,fg,AH,lv,des} = 1.24\left(\frac{9w_{H,ar}+w_{m,ar}}{100} + 1.293\alpha_{cr,des}V_{a,d,th,cr,des}h_{a,ab} + \frac{q_{m,st,at}}{q_{m,f}} + \frac{100.086}{32.066}\frac{w_{S,ar}r_{Ca/S}}{w_{CaCO_3,des}} \times \frac{w_{m,des}}{100}\right)$$

$$(2\text{-}141)$$

式中　$V_{wv,fg,AH,lv,des}$——添加脱硫剂后单位燃料生成的烟气中水蒸气的体积，m³/kg；

$w_{H,ar}$、$w_{S,ar}$、$w_{m,ar}$——入炉燃料（收到基）中元素氢、硫、水分的质量分数，%；

$\alpha_{cr,des}$——添加脱硫剂后修正的过量空气系数，无量纲；

$V_{a,d,th,cr,des}$——添加脱硫剂后修正的理论干空气量，m³/kg；

$h_{a,ab}$——空气的绝对湿度，kg 水/kg 干空气；

$q_{m,t,sat}$——雾化蒸汽质量流量，kg/h。

$r_{Ca/S}$——钙硫摩尔比；

$w_{CaCO_3,des}$——碳酸钙分解率，正常运行的锅炉一般取 98，%。

$w_{m,des}$——脱硫剂中水分质量分数，%。

添加脱硫剂后烟气中水分带走的热量为

$$Q_{2,wv,fg} = V_{wv,fg,AH,lv,des}c_{p,wv}\left(t_{fg,AH,lv} - t_{re}\right) \qquad (2\text{-}142)$$

式中　$Q_{2,wv,d}$——添加脱硫剂后烟气中水分带走的热量，kJ/kg；

$c_{p,wv}$——水蒸气从 t_{re} 到 $t_{fg,AH,lv}$ 的定压比热容，kJ/（m³·K）。

需要说明的是：对比公式（2-141），GB/T 10184—2015 中的相应公式存在错误，如式（2-143）所示，读者可以自行对比。

$$V_{wv,fg,AH,lv,des} = 1.24\left(\frac{9w_{H,ar}+w_{m,ar}}{100} + 1.293\alpha_{cr,des}V_{a,d,th,des}h_{a,ab} + \frac{100.086}{32.066}\frac{w_{S,ar}r_{Ca/S}}{w_{CaCO_3,des}} \times w_{m,des}\right) \quad (2\text{-}143)$$

（6）排烟热损失。添加脱硫剂后排烟热损失计算形式与未投脱硫剂完全相同，计算式为

$$Q_{2,des} = Q_{2,fg,d} + Q_{2,wv,fg} \qquad (2\text{-}144)$$

$$q_{2,des} = \frac{Q_{2,des}}{Q_{net,ar}} \times 100 \qquad (2\text{-}145)$$

但两者 $Q_{2,fg,d}$、$Q_{2,wv,fg}$ 计算公式及方法都有所不同。

5. 气体未完全燃烧热损失

添加脱硫剂后的气体未完全燃烧损失热量按式（2-146）计算，即

$$Q_{3,des} = V_{fg,d,AH,lv,des}(126.36\varphi_{CO,fg,d} + 358.18\varphi_{CH_4,fg,d} + 107.98\varphi_{H_2,fg,d} + 590.79\varphi_{C_mH_n,fg,d}) \quad (2\text{-}146)$$

则气体未完全燃烧热损失为

$$q_{3,\text{des}} = \frac{Q_{3,\text{des}}}{Q_{\text{net,ar}}} \times 100 \tag{2-147}$$

6. 固体未完全燃烧热损失

固体未完全燃烧损失热量等于灰、渣中可燃物含量造成的热量损失，按式（2-148）计算，即

$$Q_{4,\text{des}} = 3.3727 w_{\text{as,to,des}} w_{\text{c,rs,m}} \tag{2-148}$$

$$q_{4,\text{des}} = \frac{Q_{4,\text{des}}}{Q_{\text{net,ar}}} \times 100 \tag{2-149}$$

式中　$w_{\text{as,to,des}}$——添加脱硫剂后，相应每千克入炉燃料所产生的灰分质量分数，%；

　　　$w_{\text{as,to,des}}$——添加脱硫剂后，灰渣平均可燃物的质量分数，%。

7. 散热损失

由于 CFB 锅炉存在外循环系统，较同容量煤粉炉的散热面积大，且旋风分离器和回料器部分往往由于内部工作条件恶劣，产生浇铸料脱落的现象，实际上外表面的温度很高，因此 CFB 锅炉散热损失比同容量的煤粉炉高。

CFB 锅炉散热计算和测量方法与常规煤粉炉相同，但若根据式（2-40）和图 2-1、图 2-2 计算，则需要考虑修正系数，即

$$q_{5,\text{des}} = q_5(1 + c_{\text{CFB}}) \tag{2-150}$$

式中　c_{CFB}——CFB 锅炉散热面积的修正系数，取约定值。

GB/T 10184 中并没有给出 c_{CFB} 如何取值或计算，而且锅炉厂一般也没有专门的修正系数。此时可参考 DL/T 964 中计算散热损失的修正系数 f_{xz}，即

$$q_{5,\text{des}} = q_5 \times f_{\text{xz}} \tag{2-151}$$

$$f_{\text{xz}} = \frac{A_z}{A_z - A_{\text{fl}}} \tag{2-152}$$

式中　A_z——锅炉总表面积，m^2；

　　　A_{fl}——锅炉分离回送系统等的表面积之和，包括分离器、立管、回料器和外置换热器等的表面积，m^2。

对比式（2-150）～式（2-152），可知

$$c_{\text{CFB}} = f_{\text{xz}} - 1 = \frac{A_{\text{fl}}}{A_z - A_{\text{fl}}} \tag{2-153}$$

8. 灰渣物理热损失

灰渣物理热损失热量按式（2-154）计算，即

$$Q_{6,\text{des}} = \frac{w_{\text{as,to,des}}}{100}\left(\frac{w_s c_s(t_s - t_{\text{re}})}{100 - w_{\text{c,s}}} + \frac{w_{\text{pd}} c_{\text{pd}}(t_{\text{pd}} - t_{\text{re}})}{100 - w_{\text{c,pd}}} + \frac{w_{\text{as}} c_{\text{as}}(t_{\text{as}} - t_{\text{re}})}{100 - w_{\text{c,as}}}\right) \tag{2-154}$$

$$q_{6,\text{des}} = \frac{Q_{6,\text{des}}}{Q_{\text{net,ar}}} \times 100 \tag{2-155}$$

冷渣器划归系统内时，CFB 的炉渣温度取冷渣器出口温度。若冷渣水热量未被利用或冷渣器划归系统外，则炉渣温度取冷渣器进口温度。若冷渣器流化风划归系统内，冷却水划归系统外，则采用冷渣器出口渣温，但需要增加冷却水未利用损失的热量 Q_{SC}。

如果 CFB 锅炉有飞灰再循环系统，则在计算灰渣物理热损失时，还应计入飞灰输送过程中的物理热损失。

9. CFB 锅炉效率

根据式（1-31），CFB 锅炉效率反平衡计算简化为

$$\eta = \left(1 - \frac{Q_{2,des} + Q_{3,des} + Q_{4,des} + Q_{5,des} + Q_{6,des} + Q_{7,des} - Q_{ex}}{Q_{net,ar}}\right) \times 100 \qquad (2\text{-}156)$$

$$\eta = 100 - (q_{2,des} + q_{3,des} + q_{4,des} + q_{5,des} + q_{6,des} + q_{7,des} - q_{ex}) \qquad (2\text{-}157)$$

10. GB/T 10184—2015 和 DL/T 964—2005 的异同

（1）相同点。

1）冷渣器的处理方式相同。对冷渣器的处理影响到灰渣物理热损失和输出热量，GB/T 10184—2015 和 DL/T 964—2005 均按表 2-12 进行边界划分和处理。对于常见的风水联合冷渣器和滚筒冷渣器两种冷渣器，处理方式为：冷渣器划归系统内时，CFB 的炉渣温度取冷渣器出口温度。若冷渣水热量未被利用或冷渣器划归系统外，炉渣温度取冷渣器进口温度。若冷渣器流化风返回系统内，冷却水未被机组利用，则采用冷渣器出口渣温，但需要增加冷却水未利用损失的热量 Q_{SC}。

2）灰分的计算方法相同。在计算 $w_{as,to,des}$ 时，GB/T 10184—2015 与 DL/T 964—2005 均将其分为五部分计算，即 $w_{as,ar}$（入炉燃料收到基灰分的质量分数，%），$w_{as,des}$（相应每 kg 入炉燃料，脱硫剂灰分的质量分数），$w_{CaCO_3,ud}$（相应每千克入炉燃料，脱硫剂未分解的碳酸钙的质量分数，%），w_{CaCO_3}（相应每千克入炉燃料，脱硫后生成的碳酸钙的质量分数，%），以及 w_{CaO}（相应每千克入炉燃料，脱硫剂煅烧反应后未发生硫酸盐化反应的氧化钙质量分数，%），五部分的计算公式完全相同。

3）灰、渣比的确定方式相同。由于 CFB 锅炉的循环燃烧方式和脱硫剂加入的影响，CFB 的灰、渣比并不固定，GB/T 10184—2015 和 DL/T 964—2005 均没有给出常规 CFB 机组的灰、渣份额。DL/T 964—2005 推荐灰、渣份额采用实际测量方法，当确因现场条件对某部分灰渣量无法实际测定时，应由试验各方在试验前约定各部分灰渣份额，但约定值与设计值之间偏差的绝对值不应超过 10%；GB/T 10184—2015 推荐灰、渣份额采用实际测量方法或选用设计值，因此 CFB 锅炉在确定灰、渣份额时宜采用实际测量的方法。

4）灰、渣中可燃物的化验要求相同。添加脱硫剂之后，灰渣中不仅有未燃碳，还有石灰石中未分解的碳酸钙。在采用常规烧失量法进行灰渣含碳量分析出，碳酸钙会分解为氧化钙和二氧化碳，则烧失量中包含未燃碳燃烧以及 $CaCO_3$ 分解造成的质量损失。因此 GB/T 10184—2015 和 DL/T 964—2005 都规定添加脱硫剂后的灰、渣分析应参考 DL/T 567.6—2016《火力发电厂燃料试验方法 第 6 部分：飞灰和炉渣可燃物测定方法》

执行，即称取一定质量的飞灰（炉渣）样品，在充足氧气供应的条件下按规定升温程序、时间对其灼烧，根据其灼烧减量扣除水分含量和碳酸盐二氧化碳含量后，作为可燃物含量。其中碳酸盐二氧化碳的含量，按 GB/T 218《煤中碳酸盐二氧化碳含量的测定方法》或者 DL/T 1431《煤（飞灰、渣）中碳酸盐二氧化碳的测定　盐酸分解——库仑滴定法》测定。

另根据 DL/T 964—2005 的规定：经试验各方协商同意，也可分别测定同一样品在空气气氛和纯氮气气氛下的固态质量减少量，两个质量减少量百分率的差值即为样品可燃物含量。

另根据 GB/T 10184—2015 的规定：经试验各方协商同意，添加脱硫剂后也可按 DL/T 567.6 测量灰、渣样品中可燃物含量。

5）脱硫效率和实际干烟气量均需要迭代计算。由式（2-140）可知，计算实际干烟气量 $V_{fg,d}$ 需要先计算添加脱硫剂后修正的理论干空气量 $V_{a,d,th,cr,des}$ 和理论修正干烟气量 $V_{fg,d,th,cr,des}$，而计算这两者都需要已知脱硫效率 η_{SO_2}；但由式（2-103）可知，计算 η_{SO_2} 需要已知测量处的实际干烟气量 $V_{fg,d}$。由此实际干烟气量和脱硫效率相互耦合，直接求解工作量很大，必须迭代计算，流程如图 2-13 所示。

需要注意的是，个别文献在计算 CFB 锅炉效率时，直接用常规煤粉炉（未添加脱硫剂）的修正理论干空气量和理论干烟气量计算实际干烟气量，然后直接计算脱硫效率。尽管可能计算实际烟气量差别不大，但原则上这种计算方法是不准确的，而且影响到飞灰量的计算，因此推荐采用图中的迭代方法进行计算。

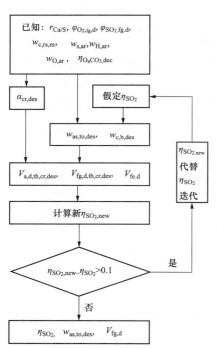

图 2-13　脱硫效率与烟气量迭代计算

6）固体未完全燃烧损失、灰渣物理热损失计算相同。由于 GB/T 10184—2015 和 DL/T 964—2005 对添加脱硫剂后灰分的计算方法，灰、渣比的确定方法，灰、渣中可燃物的化验要求，以及冷渣器处理方式相同，则两者在固体未完全燃烧损失和灰渣物理热损失的计算上相同。

7）修正理论空气量、修正理论烟气量和烟气中水蒸气量计算方法相同。由于脱硫剂的加入，GB/T 10184—2015 和 DL/T 964—2005 均对修正理论空气量、修正理论烟气量和烟气中水蒸气量计算公式进行了重新规定，以区分常规煤粉锅炉，且两者的计算公式完全相同。

8）碳酸钙分解率取常数。GB/T 10184—2015 和 DL/T 964—2005 在处理碳酸钙分解率时均取常数 98，而不是采用图 2-13 中所示的通过灰渣中碳酸盐二氧化碳含量迭代计算碳酸钙分解率，从而简化了添加脱硫剂后的灰分计算过程。

（2）不同点。

1）两者系统边界不同。对比 GB/T 10184—2015 划定的 CFB 锅炉机组热平衡系统界限（见图 1-16）和 DL/T 964—2005 划定的界限（见图 2-9），可知两者边界存在不同：DL/T 964 将一次风机、二次风机和高压流化风机和来自锅炉外热量的暖风器划归至系统内，系统边界为风机入口，并将这些辅机的电耗当量热量计入输入热量；而 GB/T 10184 则将一次风机、二次风机和高压流化风机和来自锅炉外热量的暖风器划归为系统外，系统边界为来自本锅炉热量的暖风器入口。

2）基准温度不同。DL/T 964—2005 的基准温度为送风机入口温度，与 GB/T 10184—1988 的规定相同；GB/T 10184—2015 在改版时考虑到燃料热值以及与 ASME 对标，规定基准温度恒定为 25℃。

3）过量空气系数计算公式不同。DL/T 964—2005 中过量空气系数计算方法与 GB/T 10184—1988（见表 2-1）相同，GB/T 10184—2015 在改版后规定过量空气系数计算方法见式（2-60），对烟气成分的测量要求更为严格。由于过量空气系数计算方法不同，在相同煤质、灰渣含碳及灰渣比例，以及烟气成分时两个标准计算的过量空气系数不同，从而造成实际烟气量不同，排烟热损失和气体未完全燃烧热损失的结果有所偏差。

4）燃料量和石灰石量的确定方法不同。DL/T 964—2005 认为入炉燃料量的直接计量准确度低，因此在反平衡计算锅炉效率中所采用的入炉燃料量（包括由此计算的灰渣总量及钙硫摩尔比）可采用先假定锅炉热效率，通过正平衡有效吸热量的测定计算入炉燃料量，最后按反平衡迭代计算（前后两次热效率之差不大于 0.01%为合格）的方法确定。入炉石灰石量可通过标定石灰石给料机等方法测定。

GB/T 10184—2015 在修订时，考虑到 DCS 现有的测量（皮带秤等）仪表已经足够精确，规定可以采用运行测量装置测量的燃料量和脱硫剂流量，在试验开始前应对测量装置进行校准或标定。

5）脱硫效率的计算方法不同。在处理添加脱硫剂后的锅炉效率计算时，DL/T 964—2005 和 GB/T 10184—2015 都采用脱除的二氧化硫与理论二氧化硫之比作为脱硫效率。但两者定义式有微小差异。

根据 DL/T 964—2005 中脱硫效率的定义，则有

$$\eta_{tl} = \frac{\rho_{SO_2,th} - \rho_{SO_2}}{\rho_{SO_2,th}} \times 100 = (1 - \frac{\rho_{SO_2}}{\rho_{SO_2,th}}) \times 100 \qquad (2\text{-}158)$$

$$\rho_{SO_2,th} = \frac{\varphi_{SO_2,th,1.4}}{100} \times \frac{21-6}{21-6} \times \frac{64 \times 10^6}{22.41} \qquad (2\text{-}159)$$

$$\varphi_{SO_2,th,1.4} = \frac{V_{SO_2,th}}{V_{fg,d,1.4}} \times 100 \qquad (2\text{-}160)$$

$$\rho_{SO_2} = \frac{\varphi_{SO_2,fg,d}}{100} \times \frac{21-6}{21-\varphi_{O_2,fg,d}} \times \frac{64 \times 10^6}{22.41} \qquad (2\text{-}161)$$

$$\varphi_{SO_2,fg,d} = \frac{V_{SO_2}}{V_{fg,d}} \times 100 \qquad (2\text{-}162)$$

式中 η_{tl} ——DL/T 964—2005 中定义的炉内脱硫效率，%；

     ρ_{SO_2} ——实测烟气中 SO_2 换算到过量空气系数为 1.4（氧量 6%）的质量浓度，mg/m^3；

     $\rho_{SO_2,th}$ ——理论 SO_2 排放量换算到过量空气系数为 1.4（氧量 6%）的质量浓度，mg/m^3；

     $\varphi_{SO_2,th,1.4}$ ——理论 SO_2 排放量在过量空气系数为 1.4 的干烟气中的体积分数，%；

     $\varphi_{SO_2,fg,d}$ ——干烟气中实测 SO_2 的体积分数，%；

     $\varphi_{O_2,fg,d}$ ——干烟气中实测 SO_2 的体积分数，与 $\varphi_{SO_2,fg,d}$ 同一位置，%；

     $V_{SO_2,th}$ ——单位燃料中的硫全部生成 SO_2 的理论体积，m^3/kg；

     $V_{fg,d,1.4}$ ——单位燃料燃烧生成的干烟气体积（过量空气系数为 1.4），m^3/kg；

     V_{SO_2} ——单位燃料的实测烟气中 SO_2 的体积，m^3/kg；

     $V_{fg,d}$ ——单位燃料燃烧生成的干烟气体积（在 SO_2 含量测量位置处），m^3/kg。

将式（2-159）～式（2-162）代入式（2-158），则有

$$\eta_{tl} = (1 - \frac{21-6}{21-\varphi_{O_2,fg,d}} \times \frac{V_{fg,d,1.4}}{V_{fg,d}} \times \frac{V_{SO_2}}{V_{SO_2,th}}) \times 100 \tag{2-163}$$

对比 GB/T 10184—2015 中的脱硫效率计算式（2-100），式（2-163）区别在于有一项，即

$$k_{tl} = \frac{21-6}{21-\varphi_{O_2,fg,d}} \times \frac{V_{fg,d,1.4}}{V_{fg,d}} \tag{2-164}$$

依据干烟气量计算式（2-140）和过量空气系数的简化计算式（2-61）可知

$$V_{fg,d,1.4} = V_{fg,d,th,cr,des} + \frac{6}{21-6} V_{a,d,th,cr,des} \tag{2-165}$$

$$V_{fg,d} = V_{fg,d,th,cr,des} + \frac{\varphi_{O_2,fg,d}}{21-\varphi_{O_2,fg,d}} V_{a,d,th,cr,des} \tag{2-166}$$

对于大多数煤种，理论干烟气量与理论干空气量差别不大，可认为两者相等，则有

$$V_{fg,d,1.4} = \frac{21}{21-6} V_{a,d,th,cr,des} \tag{2-167}$$

$$V_{fg,d} = \frac{21}{21-\varphi_{O_2,fg,d}} V_{a,d,th,cr,des} \tag{2-168}$$

将式（2-167）和式（2-168）代入式（2-164），得出 k_{tl}=1，则此时式（2-163）和式（2-100）完全相同。

尽管 DL/T 964—2005 和 GB/T 10184—2015 对脱硫效率的定义和计算方法不同，但通过计算发现，两种脱硫效率的计算结果偏差很小（不到 0.1%），因此对于锅炉效率的计算影响不大，两者都可以使用。

（3）选择标准。

通过对 DL/T 964—2005 和 GB/T 10184—2015 的比较可以看出，DL/T 964—2005 的定位仍然是 GB/T 10184—1988 的附件，在试验边界范围等重大问题上与 GB/T 10184—1988 一致。在 GB/T 10184—2015 发布后，DL/T 964—2005 应停止应用。

第四节　修正到设计条件下的计算方法

锅炉是基于一定设计参数的，如燃烧煤种、环境温度、大气压力、大气含湿量、进口水温等设计的，锅炉厂提供给电厂的效率保证值是基于这些设计参数的值。而实际的运行过程中，这些设计参数可能无法完全满足，与设计值之间存在偏差，从而造成锅炉效率的偏差。该偏差不应视为由设计不当而引起的，因而也不应当视为设计没有达到要求。

要减少这些偏差的影响，除了试验时的空气温度、外部预热的燃烧空气温度、给水温度、再热器进口蒸汽温度及燃料特性等初始条件要尽可能与设计参数靠近外，另一个有效的手段就是修正计算，用修正后的效率与设计效率或保证效率进行比较。

因此，修正是为了避免两种不一致条件而引起的效率测试，在效率比较时采取的一种虚拟工况的方法。尽管理论上虚拟工况下的性能是可以达到的，但毕竟是不存在的，因此正常情况下锅炉的运行煤耗计算应当采用正常工况计算，而不采用虚拟工况进行计算。

由于修正计算可为各种不同的设计条件的转化提供可靠的方法，所以修正计算的另一用途是对改变条件的调整、改造后的效果进行预测。

但是无论哪一种修正，只能应用在参数小范围变化的情况下。如果参数变化很大，锅炉效率未必完全与修正计算预想的一致。

一、总则

锅炉性能试验期间，要求进出系统边界的空气、给水、蒸汽、燃料和脱硫剂等特性参数都应符合设计或保证值要求。如它们偏离设计或保证值，根据事先达成的协议规定，可将试验结果换算成为设计或保证条件下的结果。修正计算方法可采用 GB/T 10184—2015 提供的方法，也可以按照试验前各方约定的方法。

在进行锅炉效率试验时，应尽量使试验工况接近锅炉的设计工况，减少参数的修正量。考虑到在锅炉正常运行情况下，再热器进口蒸汽参数的少量变化对锅炉效率（主要是对排烟温度）影响不大，因此对再热器进口蒸汽参数的少量变化引起锅炉效率的修正不作考虑。GB/T 10184—2015 修正内容只针对锅炉的输入热量和热损失两部分，要求试验工况的过热器出口蒸汽流量、压力和温度，再热器出口蒸汽压力和温度，过量空气系数和煤粉细度等与设计参数基本保持一致，并不考虑对其修正。

如果锅炉必须在与设计值不同的过量空气系数下运行，以满足锅炉其他性能参数，例如未燃尽碳、污染物排放、蒸汽温度等，则不需要对试验的过量空气系数进行修正。

下面简要介绍几种常见的修正方法。

二、进风温度偏离设计值的修正

运行条件变化后的修正，以进口空气温度和给水温度偏差的修正最为常见，进口空气温度一年四季中都有变化，进口水温则主要是汽轮机侧加热器的投入与退出造成的。

进口空气温度变化后，由于冷却空气预热器的能力发生变化，因而对锅炉效率的排烟损失影响很大。

1. 进风温度偏离设计值的修正公式

进风温度的改变影响输入热量和排烟温度。

将进入系统边界的空气温度设计值替代进入系统边界的空气温度试验值，就可得到其设计条件下的外来热量，即将式（2-10）和式（2-13）中实测一、二次风温度用设计值替代。

进风温度的改变会导致排烟温度的变化，在排烟热损失及灰渣物理热损失的修正计算中，应对排烟温度进行修正，计算式为

$$t_{\text{fg,AH,lv,cr,a}} = \frac{t_{\text{a,AH,en,d}}(t_{\text{fg,AH,en,m}} - t_{\text{fg,AH,lv,m}}) + t_{\text{fg,AH,en,m}}(t_{\text{fg,AH,lv,m}} - t_{\text{a,AH,en,m}})}{t_{\text{fg,AH,en,m}} - t_{\text{a,AH,en,m}}} \tag{2-169}$$

$$t_{\text{a,AH,en,m}} = \frac{(q_{\text{m,a,p}}t_{\text{a,p}} + q_{\text{m,a,s}}t_{\text{a,s}})}{q_{\text{m,a,p}} + q_{\text{m,a,s}}} \tag{2-170}$$

式中　$t_{\text{fg,AH,lv,cr,a}}$——换算到设计的（保证的）空气预热器进口空气温度下的排烟温度，℃；

$\quad\quad t_{\text{a,AH,en,d}}$——设计的（保证的）空气预热器进口空气温度，℃；

$\quad\quad t_{\text{fg,AH,en,m}}$——实测空气预热器进口烟气温度（如为双级交错布置空气预热器，为低温级空气预热器的），℃；

$\quad\quad t_{\text{fg,AH,lv,m}}$——实测空气预热器出口烟气温度，℃；

$\quad\quad t_{\text{a,AH,en,m}}$——实测空气预热器进口空气温度，按公式（2-170）加权计算，℃。

当保证锅炉效率的条件里面规定设计的（保证的）空气预热器进口空气温度时，直接代入式（2-169）即可求得修正后的排烟温度。

2. 进风温度修正排烟温度公式的来源

修正前后的虚拟工况对比如下：修正前，将温度为 $t_{\text{a,AH,en,m}}$ 的风送入空气预热器，导致烟气温度从 $t_{\text{fg,AH,en,m}}$ 降为 $t_{\text{fg,AH,lv,m}}$，这是实实在在的工况，因此计算 q_2 采用的温差是（$t_{\text{fg,AH,lv,m}} - t_{\text{re}}$）；修正后为虚拟工况，假定空气预热器的入口烟气温度为 $t_{\text{fg,AH,en,m}}$，如果风温不是 $t_{\text{a,AH,en,m}}$ 而是 $t_{\text{a,AH,en,d}}$，则此时的排烟温度不是 $t_{\text{fg,AH,lv,m}}$，而是 $t_{\text{fg,AH,lv,cr,a}}$，因而在计算修正后的 q_2 与 q_6 时，温差应当采用（$t_{\text{fg,AH,lv,cr,a}} - t_{\text{re}}$）。

GB/T 10184—2015 并没有说明为什么要这样修正，有没有不合适的地方，这里为读者进行相应的说明。

先引进空气预热器烟气侧效率的概念，即空气预热器将烟气的热量传给空气，其最大可传出的热量为其输入烟气所包含的热量（数值上等于空气预热器入口烟气温度所具有的烟气焓与烟气总量的乘积），换热量等于空气预热器入口烟气焓与排烟焓的差值。根据 GB/T 10184 中 8.6 关于空气预热器性能的内容，则实测工况时空气预热器烟气侧效率为

$$\eta_{\text{fg}} = \frac{t_{\text{fg,AH,en,m}} - t_{\text{fg,AH,lv,nl}}}{t_{\text{fg,AH,en,m}} - t_{\text{a,AH,en,m}}} \times 100 \tag{2-171}$$

$$t_{\text{fg,AH,lv,nl}} = t_{\text{fg,AH,lv,m}} + \frac{\eta_{\text{lg,AH}}}{100}\frac{c_{\text{p,a}}}{c_{\text{p,fg}}}(t_{\text{fg,AH,lv,m}} - t_{\text{a,AH,en,m}}) \tag{2-172}$$

式中　η_{fg}——空气预热器烟气侧效率，%；

$t_{\text{fg,AH,lv,nl}}$——经无空气泄漏修正的空气预热器出口烟气温度，℃；

$\eta_{\text{lg,AH}}$——空气预热器漏风率，%；

$c_{p,\text{a}}$——在温度 $t_{\text{fg,AH,lv,m}}$ 和 $t_{\text{a,AH,en,m}}$ 之间的空气定压比热容，kJ/（m³·K）；

$c_{p,\text{fg}}$——在温度 $t_{\text{fg,AH,lv,m}}$ 和 $t_{\text{a,AH,en,m}}$ 之间的烟气定压比热容，kJ/（m³·K）。

则当空气预热器工作在设计空气预热器进口空气温度时的烟气侧效率为

$$\eta_{\text{fg,d}} = \frac{t_{\text{fg,AH,en,m}} - t_{\text{fg,AH,lv,nl,cr}}}{t_{\text{fg,AH,en,m}} - t_{\text{a,AH,en,d}}} \times 100 \tag{2-173}$$

$$t_{\text{fg,AH,lv,nl,cr}} = t_{\text{fg,AH,lv,cr,a}} + \frac{\eta_{\text{lg,AH,d}}}{100} \frac{c_{p,\text{a,d}}}{c_{p,\text{fg,d}}}(t_{\text{fg,AH,lv,cr,a}} - t_{\text{a,AH,en,d}}) \tag{2-174}$$

式中　$\eta_{\text{fg,d}}$——设计进口空气温度时的空气预热器烟气侧效率，%；

$t_{\text{fg,AH,lv,nl}}$——设计进口空气温度时经无泄漏修正的空气预热器出口烟气温度，℃；

$\eta_{\text{lg,AH,d}}$——设计进口空气温度时的空气预热器漏风率，%；

$c_{p,\text{a,d}}$——在温度 $t_{\text{fg,AH,lv,cr,a}}$ 和 $t_{\text{a,AH,en,d}}$ 之间的空气定压比热容，kJ/（m³·K）；

$c_{p,\text{fg,d}}$——在温度 $t_{\text{fg,AH,lv,cr,a}}$ 和 $t_{\text{a,AH,en,d}}$ 之间的烟气定压比热容，kJ/（m³·K）。

假定当空气预热器工况发生微小变化时不影响空气预热器的烟气侧效率和漏风率，则有

$$\eta_{\text{fg}} = \eta_{\text{fg,d}} \tag{2-175}$$

$$\eta_{\text{lg,AH,d}} = \eta_{\text{lg,AH}} \tag{2-176}$$

进风温度变化幅度通常小于 50℃，排烟温度会随着进风温度的升降而同向变化，因而这一小范围的温度变化对空气比热容与烟气比热容的比值影响很小，则有

$$\frac{c_{p,\text{a}}}{c_{p,\text{fg}}} = \frac{c_{p,\text{a,d}}}{c_{p,\text{fg,d}}}$$

代入式（2-175），解方程可得

$$t_{\text{fg,AH,lv,cr,a}} = \frac{t_{\text{a,AH,en,d}}(t_{\text{fg,AH,en,m}} - t_{\text{fg,AH,lv,m}}) + t_{\text{fg,AH,en,m}}(t_{\text{fg,AH,lv,m}} - t_{\text{a,AH,en,m}})}{t_{\text{fg,AH,en,m}} - t_{\text{a,AH,en,m}}} \tag{2-177}$$

式（2-178）与式（2-169）完全一致。由上述推导可知，进口风温变化修正的本质是建立在空气预热器烟气侧效率一致的基础上的，是基于热平衡所得的结果。

3. 保证的温度为大气环境温度时的修正

若未明确规定设计的（保证的）空气预热器进口空气温度，如国内某新建 1000MW 机组锅炉保证热效率（按低位发热量）在下述工况条件下考核：

（1）燃用设计煤种。

（2）煤粉细度 $R_{90} \leqslant 20\%$。

（3）大气温度为 20℃，大气相对湿度为 80%。

（4）锅炉负荷在 BRL 工况时。

保证锅炉效率的边界温度为大气温度，而不是空气预热器入口温度。此时需要先将

设计大气温度折算到设计空气预热器入口温度，即暖风器没有运行时有

$$t_{a,AH,en,d} = t_{a,AH,en,m} + t_{a,fj,en,d} - t_{a,fj,en,m} \tag{2-178}$$

暖风器运行（设计无暖风器运行）时有

$$t_{a,AH,en,d} = t_{a,fj,lv,m} + t_{a,fj,en,d} - t_{a,fj,en,m} \tag{2-179}$$

式中　$t_{a,fj,en,d}$——设计的（保证的）大气环境温度（风机入口温度），℃；

　　　$t_{a,fj,en,m}$——实测的大气环境温度（风机入口温度），℃；

　　　$t_{a,fj,lv,m}$——实测的风机出口温度，℃。

上式中（$t_{a,AH,en,m} - t_{a,fj,en,m}$）或（$t_{a,fj,lv,m} - t_{a,fj,en,m}$）是试验工况的实测风机温升，再加上设计风机入口温度 $t_{a,fj,en,d}$，就是折算到设计工况的风机出口温度，即设计没有暖风器投入时的空气预热器进口空气温度 $t_{a,AH,en,d}$，如图 2-14 所示。

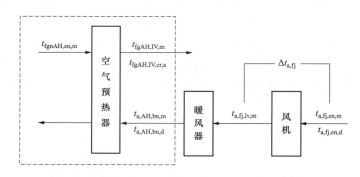

图 2-14　保证的空气预热器进口空气温度

如果锅炉性能试验时不能切除暖风器（系统外热量），则根据系统划分原则，把暖风器出口作为锅炉系统边界。则与保证条件相同的情况下，仅相当于空气预热器入口风温（暖风器出口风温）发生了改变，引起外来热量的增加（这部分热量已经在空气预热器风温中体现，所以不再计及暖风器带入热量）。根据式（2-178）或式（2-179）计算设计的（保证的）空气预热器进口空气温度，再代入式（2-169）修正排烟温度。

4. 与 GB/T 10184—1988 的区别与联系

在 GB/T 10184—1988 中进口空气温度偏离设计值对排烟温度的修正公式为

$$t_{fg,AH,lv,cr,a} = \frac{t_{a,fj,en,d}(t_{fg,AH,en,m} - t_{fg,AH,lv,m}) + t_{fg,AH,en,m}(t_{fg,AH,lv,m} - t_{a,fj,en,m})}{t_{fg,AH,en,m} - t_{a,fj,en,m}} \tag{2-180}$$

对比式（2-169）和式（2-180）可知：GB/T 10184—2015 的修正值是以设计的（保证的）空气预热器进口空气温度为基准的，而 GB/T 10184—1988 的修正值是以风机入口温度为依据的。空气从环境温度变化到热风温度的过程，包含了风机温升的部分，因而用 GB/T 10184—1988 中式（2-180）来修正并不完全符合实际。

例如某电厂锅炉大修后试验时，实测送风机入口风温为 35℃，空气预热器入口风温为 50℃，进口烟气温度为 300℃，排烟温度为 150℃；锅炉效率保证的风机入口环境温度为 20℃。

采用 GB/T 10184—2015 计算方法时，已知 $t_{a,fj,en,d}=20℃$，$t_{a,fj,en,m}=35℃$，$t_{a,AH,en,m}=50℃$，$t_{fg,AH,en,m}=300℃$，$t_{fg,AH,lv,m}=150℃$，代入式（2-213）可知 $t_{a,AH,en,d}=50+20-35=35$（℃）；代入式（2-169），则修正后排烟温度为

$$t_{fg,AH,lv,cr,a} = \frac{35\times(300-150)+300\times(150-50)}{300-50} = 140.51(℃)$$

采用 GB/T 10184—1988 计算方法时，直接将 $t_{a,fj,en,d}=20℃$ 代入式（2-180），则修正后排烟温度为

$$t_{fg,AH,lv,cr,a} = \frac{20\times(300-150)+300\times(150-35)}{300-35} = 140.00(℃)$$

可见在相同参数下，GB/T 10184—2015 与 GB/T 10184—1988 对进风温度引起的排烟温度修正结果有所偏差，且随着风机入口设计温度和实测温度偏差的增大而增大。因此在锅炉效率保证温度为大气环境温度（或风机入口温度）时，应先用式（2-178）或式（2-179）计算出当前风机温升工况下的设计空气预热器入口温度，再代入式（2-169）修正排烟温度。

应避免出现式（2-169）和式（2-180）混用的情况，即将设计的（保证的）温度取风机入口温度，而实测温度取空气预热器入口空气温度，则会造成计算上的错误，即

$$t_{fg,AH,lv,cr,a} = \frac{20\times(300-150)+300\times(150-50)}{300-50} = 132.00(℃)$$

上述计算方法在部分测试报告中偶有出现，应及时更正。

5. 注意事项

需要注意的是，GB/T 10184—2015 各项热损失的基准温度均为 $t_{re}=25℃$，而不是环境温度 $t_{a,fj,en,d}$，也不是 $t_{a,AH,en,d}$，因此计算修正后 q_2 或 q_6 时温差项应为 $(t_{fg,AH,lv,cr,a}-t_{re})$，而不是 $(t_{fg,AH,lv,cr,a}-t_{a,fj,en,d})$、$(t_{fg,AH,lv,cr,a}-t_{a,AH,en,d})$ 或 $(t_{fg,AH,lv,cr,a}-t_{a,AH,en,m})$，这是 GB/T 10184—2015 修改基准温度后与 GB/T 10184—1988 极大的差别。但是要注意燃烧风带入热量也应同时进行修正。有不少试验单位的报告中，用修正后的排烟温度与用于修正的风温来计算修正后的热损失值，这种方法是 GB/T 19184—1988 的思路，也是可以的。

三、给水温度偏离设计值的修正

给水温度变化，对锅炉省煤器的冷却能力、锅炉水冷壁中相变点的位置都有较大影响，较大范围内改变了炉膛的冷却能力，改变了锅炉辐射热与对流热的分配。总之，改变了锅炉的整体运行，对锅炉有很大的影响。

给水温度的变化相当于传热时冷源发生了变化，传热温差加大，会影响锅炉的效率。因此，给水温度有较大变化时，应当进行排烟温度的修正，计算式为

$$t_{fg,AH,lv,cr,fw} = t_{fg,AH,lv,m} + \left(\frac{t_{fg,ECO,en}-t_{fg,ECO,lv}}{t_{fg,ECO,en}-t_{fw,m}}\right)\left(\frac{t_{fg,AH,lv}-t_{a,AH,en}}{t_{fg,AH,en}-t_{a,AH,en}}\right)(t_{fw,d}-t_{fw,m}) \qquad (2\text{-}181)$$

式中　$t_{fg,AH,lv,cr,fw}$——换算到设计给水温度下的排烟温度，℃；

$\quad\quad t_{fg,ECO,en}$——省煤器（如双级交错布置时为低温级省煤器）进口烟气温度，℃；

$\quad\quad t_{fg,ECO,lv}$——省煤器（如双级交错布置时为低温级省煤器）出口烟气温度，℃；

$t_{fw,m}$——实测的给水温度，℃；

$t_{fw,d}$——设计的（保证的）给水温度，℃。

为了弄清式（2-181）具体表达的意思，笔者查阅了大量的文献，也没有找到其来源，因而无法具体给出解释。但通过对空气温度修正的认识，可知其中的 $\dfrac{t_{fg,ECO,en} - t_{fg,ECO,lv}}{t_{fg,ECO,en} - t_{fw,m}}$ 应当为省煤器烟气侧的传热效率；而 $\dfrac{t_{fg,ECO,en} - t_{fg,ECO,lv}}{t_{fg,ECO,en} - t_{fw,m}}(t_{fw,d} - t_{fw,m})$ 应当为在省煤器入口水温变化时导致烟气温度变化的量；而 $\dfrac{t_{fg,AH,lv} - t_{a,AH,en}}{t_{fg,AH,en} - t_{a,AH,en}}$ 为空气预热器入口烟气温度到进口空气温度的温差，与排烟温度与空气温度偏差的比值，$\dfrac{t_{fg,AH,lv} - t_{a,AH,en}}{t_{fg,AH,en} - t_{a,AH,en}}$ 表示空气预热器入口烟气温度每变化 1℃ 引起的空气预热器出口排烟温度的变化。因此，修正项 $\dfrac{t_{fg,ECO,en} - t_{fg,ECO,lv}}{t_{fg,ECO,en} - t_{fw,m}}\dfrac{t_{fg,AH,lv} - t_{a,AH,en}}{t_{fg,AH,en} - t_{a,AH,en}}(t_{fw,d} - t_{fw,m})$ 实际上表示的含义是：给水温度变化引起的空气预热器入口烟温变化量传递给空气预热器后，按空气预热器传热效率不变的情况引起排烟温度的变化。

四、煤种变化的修正

如果试验所用燃料特性在预先约定的变化范围内，则不需要考虑由燃料特性变化引起热效率偏差。但当煤种与规定值存在较大偏差，特别是煤种的变化引起了燃烧与传热的较大变化时，试验所得的锅炉效率会与设计效率有较大偏差。由于锅炉结构形式多样，不可能对这种换算提出一套通用的曲线或公式，因此锅炉制造厂应按协议为其生产的锅炉提供这种修正曲线的资料，并得到有关各方的事先认可。

当试验燃料特性偏离设计值时，GB/T 10184—2015 规定将燃料的元素分析和低位发热量设计值替代所有热损失计算有关公式中的相应值，即可求得修正的热损失值。对于试验燃料特性或吸收剂特性超出事先规定的变化范围时，该试验工况作废。

DL/T 1616—2016 规定应在试验前取样并进行煤的工业分析，其结果由参加试验各方确认，试验用煤的工业分析及发热量与设计煤种或商定煤种的偏差应介于如下范围：

（1）干燥无灰基挥发分：±5%（绝对偏差）。

（2）收到基全水分：±4%（绝对偏差）。

（3）收到基灰分：−10～+5%（绝对偏差）。

（4）低位发热量：±10%（相对偏差）。

（5）灰的变形温度：−50℃。

五、空气水分偏离设计值导致热损失变化的修正

将设计的空气中的水分替代测量值即可求得修正后的热损失值。

六、锅炉效率的修正

用修正后的外来热量、设计燃料低位发热量及修正后的热损失，代入锅炉效率计算式中，可求得设计或保证条件下的锅炉效率。

第五节 燃用其他燃料的锅炉性能计算

一、液体燃料

液体燃料主要指燃油，包括轻柴油、重油和渣油等，是石油炼制后的残油。燃油的成分与煤一样，也分为碳、氢、氧、氮、硫、水分和灰分，其处理方法与燃煤锅炉基本相同。燃油中氢的含量很高，而杂质含量又很少，很容易着火和燃烧，且几乎不存在炉内结渣和受热面磨损的问题。然而燃油中的硫分和灰分对受热面的腐蚀和积灰的影响较大。

本书将其与燃煤锅炉的不同或需要引起注意的地方单列出来，仅供读者参考。

（1）计算基础。液体燃料一般可方便、准确地称重。因为液体燃料锅炉的计算也以1kg 燃料为基准条件，液体燃料成分的基准换算方法与固体燃料相同。

（2）燃油锅炉一般灰分很少，且多为碳黑，q_4 可以忽略不计。若必须计算，则需要测量碳的质量浓度后，由式（2-182）计算，即

$$Q_4 = 33.727 \rho_{C,fg} V_{fg,d,AH,lv} \qquad (2\text{-}182)$$

式中 　$\rho_{C,fg}$ ——实测干烟气中碳的质量浓度，g/m^3；

　　　$V_{fg,d,AH,lv}$ ——实测干烟气量，m^3/kg。

需要注意的是，GB/T 10184—2015 给出的燃油锅炉固体未完全燃烧热损失计算公式是错误的，比公式（2-182）多了一位小数，公式如下（标准中公式编号为82），即

$$Q_4 = 3.3727 \rho_{C,fg} V_{fg,d,AH,lv}$$

（3）燃用重油时，由于重油的黏度较大，常采用蒸汽雾化，故雾化蒸汽也被喷入炉内。因此，理论水蒸气容积还应考虑雾化用蒸汽。对于蒸汽雾化燃油的锅炉，其理论水蒸气容积与煤粉炉一样，见式（2-85）。

（4）在计算燃料物理显热时，重油的比热容按式（2-183）计算，即

$$c_{fo} = 1.738 + 0.003 \times \frac{t_f - t_{re}}{2} \qquad (2\text{-}183)$$

式中 　c_{fo} ——燃油比热，$kJ/(kg \cdot K)$；

　　　t_f ——燃油温度，℃。

（5）在计算外来热量时，燃油雾化蒸汽带入的热量应计入，见式（2-18）。

（6）对于燃油锅炉，$q_6 = 0$。

二、气体燃料

燃气锅炉主要指采用天然气、液化气等气体燃料的锅炉。气体燃料一般也含有碳、氢、氧、氮、硫、水分和灰分等成分，各种气体燃料的成分和含量差别很大。一般来说，可燃物成分有氢气、一氧化碳、硫化氢、甲烷等碳氢化合物；不可燃成分有氮气、二氧化碳、水蒸气等，此外还有其他液体和固体杂质。对于气体燃料，通常以各种气体的体积百分率来表示它的成分，气体的发热量以每立方米（标准状态下）的热值表示。

本书将其与燃煤锅炉的不同或需要引起注意的地方单列出来，仅供读者参考。

（一）计算基础

气体燃料的质量不方便准确地称重，而其体积测量却相对容易。因此，锅炉计算以 $1m^3$（标准状态）燃料为基准条件，生成的产物依然与燃煤锅炉一样，用 m^3 计量。这样，在燃煤锅炉燃烧产物中原来用 m^3/kg 表示的项目就变成 m^3/m^3，表示 $1m^3$ 的气体燃料生成的燃烧产物。

（二）发热量处理

一般不直接化验气体燃料的发热量，而是根据各种可燃物质（H_2、CO、H_2S、CH_4 等碳氢类化合物）的体积比，然后按式（2-184）计算低位发热量，即

$$Q_{net,g} = 107.98\varphi_{H_2,g} + 126.36\varphi_{CO,g} + \sum(Q_{net,C_mH_n}\varphi_{C_mH_n,g}) \qquad (2\text{-}184)$$

式中　　　　　$Q_{ar,g}$ ——气体燃料低位发热量，kJ/m^3；

$\varphi_{H_2,g}$、$\varphi_{CO,g}$、$\varphi_{C_mH_n,g}$ ——气体燃料中 H_2、CO、其他各可燃气体成分的体积分数，%；

Q_{net,C_mH_n} ——碳氢化合物低位发热量见表 2-13，kJ/m^3。

表 2-13　　　　　各种单一可燃气体的燃烧化学反应式

气体物质	符号	密度（kg/m^3）	燃烧化学反应	反应热（MJ/m^3）		
				最高	最低	低位热量
氢	H_2	0.090	$H_2+O_2 \rightarrow 2H_2O$	127.61	10.743	10.798
氮	N_2	1.251	—	—	—	—
空气氮[①]	N_{2A}	1.257	—	—	—	—
氧	O_2	1.428	—	—	—	—
一氧化碳	CO	1.250	$2CO+O_2 \rightarrow 2CO_2$	12.636	12.636	12.636
二氧化碳	CO_2	1.964	—	—	—	—
二氧化硫	SO_2	2.858	—	—	—	—
硫化氢	H_2S	1.520	$2H_2S+3O_2 \rightarrow 2H_2O+2SO_2$	25.385	23.383	23.383
甲烷	CH_4	0.716	$CH_4+2O_2 \rightarrow 2H_2O+CO_2$	39.749	35.709	35.818
乙烷	C_2H_6	1.342	$2C_2H_6+7O_2 \rightarrow 6H_2O+4CO_2$	69.639	63.577	63.748
乙炔	C_2H_2	1.171	$2C_2H_2+5O_2 \rightarrow 2H_2O+4CO_2$	58.646	58.451	56.05
丙烷	C_3H_8	1.967	$C_3H_8+5O_2 \rightarrow 4H_2O+3CO_2$	99.106	91.029	91.251
丁烷	C_4H_{10}	2.593	$2C_4H_{10}+13O_2 \rightarrow 10H_2O+4CO_2$	128.501	118.407	118.646
戊烷	C_5H_{12}	3.218	$2C_5H_{12}+15O_2 \rightarrow 12H_2O+10CO_2$	157.893	145.776	146.077
乙烯	C_2H_4	1.251	$C_2H_4+3O_2 \rightarrow 2H_2O+2CO_2$	63.510	59.464	59.063
丙烯	C_3H_6	1.877	$2C_3H_6+9O_2 \rightarrow 6H_2O+6CO_2$	92.461	86.407	86.001
丁烯	C_4H_8	2.503	$C_4H_8+6O_2 \rightarrow 4H_2O+4CO_2$	121.790	113.713	113.508
苯	C_6H_6	3.485	$C_6H_6+9O_2 \rightarrow 3H_2O+6CO_2$	152.106	145.994	140.375

① 空气氮中混有氩气的成分。

气体燃料定压比热容按式（2-185）计算，即

$$c_{p,g} = \frac{1.298(\varphi_{CO,g} + \varphi_{H_2,g} + \varphi_{O_2,g} + \varphi_{N_2,g}) + 1.591(\varphi_{CH_4,g} + \varphi_{CO_2,g} + \varphi_{H_2S,g} + \varphi_{wv,g}) + 2.094\sum\varphi_{C_mH_n,g}}{100}$$

（2-185）

式中　　　　　　　　　　　　　　　　　　　　　　　　$c_{p,g}$——气体燃料定压

比 热 容， kJ /

（$m^3 \cdot$ K）；

$\varphi_{CO,g}$、$\varphi_{H_2,g}$、$\varphi_{O_2,g}$、$\varphi_{N_2,g}$、$\varphi_{CH_4,g}$、$\varphi_{CO_2,g}$、$\varphi_{H_2S,g}$、$\varphi_{wv,g}$、$\varphi_{C_mH_n,g}$——气体燃料中CO、

H₂、O₂、N₂、CH₄、
CO₂、H₂S、水蒸
气、碳氢化合物
各气体成分的体
积分数，%。

（三）生成产物的计算方法

1. 理论干空气量

标准状态下 1m³ 气体燃料按燃烧反应计量方程完全燃烧所需要的空气量（指干空气），称为气体燃料的理论空气量（m³·m³）。

与固体及液体燃料一样，气体燃料的燃烧计算也是建立在其可燃成分的燃烧化学反应方程式的基础上的。气体燃料中各可燃气体的燃烧化学反应方程式见表2-13。

由表2-13可以归纳出碳氢化合物的燃烧反应通式，即

$$C_mH_n + \left(m + \frac{n}{4}\right)O_2 \rightarrow mCO_2 + \frac{n}{4}H_2O$$

（2-186）

当气体燃料的组成已知时，便可计算出标准状态下该气体燃料燃烧所需要的理论空气量。由于气体燃料易于燃烧，故正常运行情况下，气体燃料的理论干空气量等于修正的理论干空气量，即

$$V_{a,d,th,g} = \frac{1}{21}\left[0.5\varphi_{CO,g} + 0.5\varphi_{H_2,g} + 1.5\varphi_{H_2S,g} + \sum\left(m + \frac{n}{4}\right)\varphi_{C_mH_n,g} - \varphi_{O_2,g}\right]$$

（2-187）

式中　$V_{a,d,th,g}$——燃用气体燃料的理论干空气量，m³/m³（干空气/干燃气）。

2. 烟气量及组分

燃气中各可燃组分单独燃烧后产生的理论烟气量，可通过燃烧反应式来确定（反应式见表2-13）。标准状态下1m³ 干燃气的湿燃气完全燃烧后产生的烟气量，按以下方法计算。

（1）理论干烟气量。理论干烟气量按式（2-188）计算，即

$$V_{a,d,th,g} = V_{CO_2} + V_{SO_2} + V_{N_2}$$

（2-188）

干烟气中的 CO₂ 来自气体燃料中的 CO₂、CO 和碳氢化合物中碳元素燃烧产生的 CO₂。1m³ 气体燃料中的 CO₂ 的体积为 $\frac{\varphi_{CO_2,g}}{100}$；单位摩尔 CO 燃烧产生的 CO₂ 的摩尔数为

1，则生成 CO_2 的体积为 $\dfrac{\varphi_{CO,g}}{100}$；单位摩尔碳氢化合物燃烧产生 CO_2 的摩尔数为 m，则生

成 CO_2 的体积为 $\dfrac{m\varphi_{C_mH_n,g}}{100}$，则干气体中 CO_2 的体积按式（2-189）计算，即

$$V_{CO_2} = \frac{\varphi_{CO,g} + \varphi_{CO_2,g} + \sum m\varphi_{C_mH_n,g}}{100} \qquad （2\text{-}189）$$

同样，气体燃料生成干烟气中的 SO_2 来自 H_2S 的燃烧，单位摩尔 H_2S 燃烧产生的 SO_2 的摩尔数为 1，因此干气体中 SO_2 的体积为

$$V_{SO_2} = \frac{\varphi_{H_2S,g}}{100} \qquad （2\text{-}190）$$

气体燃料中的氮气和燃烧所需空气中的氮气均不可燃烧，认为它们体积不变，即

$$V_{N_2} = 0.79V_{a,d,th,g} + \frac{\varphi_{N_2,g}}{100} \qquad （2\text{-}191）$$

则气体燃料的理论干烟气量为

$$V_{fg,d,th,g} = \frac{\varphi_{CO,g} + \varphi_{CO_2,g} + \varphi_{H_2S,g} + \sum m\varphi_{C_mH_n,g}}{100} + 0.79V_{a,d,th,g} + \frac{\varphi_{N_2,g}}{100} \qquad （2\text{-}192）$$

（2）实际水蒸气量。气体燃料燃烧烟气中水分来自 H_2、H_2S、碳氢化合物中的氢元素燃烧产生的水分，气体燃料自带水分，以及燃烧所需空气携带的水分。

根据前面对气体燃料燃烧产物的特性分析，则 H_2、H_2S、碳氢化合物中的氢元素产生水分的体积等于各组分的体积分数乘以单位摩尔产生的水蒸气摩尔数，分别为 1、1、$n/2$，则这部分水蒸气的体积为 $1/100\left(\varphi_{H_2,g} + \varphi_{H_2S,g} + \dfrac{n}{2}\varphi_{C_mH_n,g}\right)$；气体燃料自带水分，以及燃烧所需空气携带的水分的计算方法与固体燃料相同。则总水蒸气量为

$$V_{wv,fg,AH,lv} = \frac{1}{100}\left(\varphi_{H_2,g} + \varphi_{H_2S,g} + \frac{n}{2}\varphi_{C_mH_n,g}\right) + \frac{h_g}{0.804} + \frac{1.293\alpha_{cr}V_{a,d,th,g}h_{a,ab}}{0.804} \qquad （2\text{-}193）$$

式中　$V_{wv,fg,AH,lv}$——单位气体燃料生成的烟气中水蒸气的体积，m^3/m^3；

$\quad\quad h_g$——气体燃料的湿度，每立方米干气体中含水蒸气的千克数，kg/m^3；

$\quad\quad h_{a,ab}$——空气的绝对湿度，kg 水/kg 干空气；

$\quad\quad \alpha_{cr}$——气体燃料燃烧的过量空气系数，无量纲。

需要注意的是，GB/T 10184—2015 中计算水蒸气的公式在改版时仍未改正 GB/T 10184—1988 中的错误，即碳氢化合物产生水蒸气的系数应为 $n/2$，而不是 $m/2$。GB/T 10184—2015 中的相应公式（标准中公式编号为 77）为

$$V_{wv,fg,AH,lv} = \frac{1}{100}\left(\varphi_{H_2,g} + \varphi_{H_2S,g} + \frac{m}{2}\varphi_{C_mH_n,g}\right) + \frac{h_g}{0.804} + \frac{1.293\alpha_{cr}V_{a,d,th,g}h_{a,ab}}{0.804}$$

（3）实际烟气量。与固体燃料相似，用过量空气系数来计算气体燃料的实际干烟气量，即

$$V_{fg,d,AH,lv} = V_{fg,d,th,g} + (\alpha_{cr} - 1)V_{a,d,th,g} \qquad （2\text{-}194）$$

气体燃料的实际烟气量 $V_{\text{fg,AH,lv,g}}$ 等于实际干烟气量和实际水蒸气量之和，即

$$V_{\text{fg,AH,lv,g}} = V_{\text{fg,d,AH,lv}} + V_{\text{wv,fg,AH,lv}} \tag{2-195}$$

（四）热损失

对于燃气锅炉，所含杂质和产生的灰渣量很少，则 q_4 和 q_6 两项均为零。

三、混合燃料

对燃用多种燃料的锅炉，应分别测量每种燃料消耗量及其元素分析值、工业分析值和低位发热量。混合燃料的低位发热量按各种燃料占总燃料消耗量份额的加权平均值计算，即

$$Q_{\text{net,ar,to}} = \frac{\sum q_{\text{m,f},i} Q_{\text{net,ar},i}}{\sum q_{\text{m,f},i}} = \sum w_{\text{f},i} Q_{\text{net,ar},i} \tag{2-196}$$

$$w_{\text{f},i} = \frac{q_{\text{m,f},i}}{\sum q_{\text{m,f},i}} \tag{2-197}$$

式中　$Q_{\text{net,ar,to}}$——入炉混合燃料的低位发热量，kJ/kg 或 kJ/m³；

$\quad\quad q_{\text{m,f},i}$——某种燃料组分的消耗量，kg/h 或 m³/h；

$\quad\quad Q_{\text{net,ar},i}$——某种入炉燃料的低位发热量，kJ/kg 或 kJ/m³；

$\quad\quad w_{\text{f},i}$——某种燃料消耗量占总燃料消耗量的质量分数。

当燃煤或燃油锅炉混烧气体燃料时，需先将气体燃料成分按式（2-198）～式（2-205）换算为质量分数表示的元素成分，然后按式（2-196）的原则计算混合燃料的元素分析值及工业分析值。

$$w_{\text{C,g}} = \frac{0.54}{\rho_{\text{g,st}}} (\varphi_{\text{CO,g}} + \varphi_{\text{CO}_2,\text{g}} + \sum m \varphi_{\text{C}_m\text{H}_n,\text{g}}) \tag{2-198}$$

$$w_{\text{H,g}} = \frac{0.045}{\rho_{\text{g,st}}} (2(\varphi_{\text{H}_2,\text{g}} + \varphi_{\text{H}_2\text{S,g}}) + \sum n \varphi_{\text{C}_m\text{H}_n,\text{g}}) \tag{2-199}$$

$$w_{\text{O,g}} = \frac{0.715}{\rho_{\text{g,st}}} (\varphi_{\text{CO,g}} + 2(\varphi_{\text{CO}_2,\text{g}} + \varphi_{\text{O}_2,\text{g}})) \tag{2-200}$$

$$w_{\text{N,g}} = \frac{1.25}{\rho_{\text{g,st}}} \varphi_{\text{N}_2,\text{g}} \tag{2-201}$$

$$w_{\text{S,g}} = \frac{1.43}{\rho_{\text{g,st}}} \varphi_{\text{H}_2\text{S,g}} \tag{2-202}$$

$$w_{\text{m,g}} = \frac{0.8}{\rho_{\text{g,st}}} \varphi_{\text{wv,g}} \tag{2-203}$$

$$w_{\text{as,g}} = \frac{0.1}{\rho_{\text{g,st}}} \rho_{\text{as,g}} \tag{2-204}$$

$$\rho_{\text{g,st}} = 0.0125\varphi_{\text{CO,g}} + 0.0009\varphi_{\text{H}_2,\text{g}} + \sum (0.54m + 0.045n) \frac{\varphi_{\text{C}_m\text{H}_n,\text{g}}}{100} + 0.0152\varphi_{\text{H}_2\text{S,g}} + $$
$$0.0196\varphi_{\text{CO}_2,\text{g}} + 0.0125\varphi_{\text{N}_2,\text{g}} + 0.0143\varphi_{\text{O}_2,\text{g}} + 0.008\varphi_{\text{wv,g}} + \frac{\rho_{\text{as,g}}}{1000} \tag{2-205}$$

式中 $\varphi_{wv,g}$ ——气体燃料中水蒸气的体积分数，%；

$w_{C,g}$、$w_{H,g}$、$w_{O,g}$、$w_{N,g}$、$w_{S,g}$、$w_{wv,g}$、$w_{as,g}$ ——换算后气体燃料中元素碳、氢、氧、氮、硫、水蒸气、灰分的质量分数，%；

$\rho_{as,g}$ ——气体燃料中灰的质量浓度，g/m^3；

$\rho_{g,st}$ ——标准状态下气体燃料的密度，kg/m^3。

第六节　标准反平衡方法的测试工作

反平衡方法虽然测量精度高，但测量工作也复杂很多，因此需要认真对待才能做到测量准确。随着时代的进步，工作方法与测量仪器也在不断改进。本节内容结合具体工作编写，基本上反映了国内一般性能试验的常规做法。

一、工作过程

为了提高试验测量的准确性和合理安排，需要相关人员有组织、精心地进行工作。本节内容参考了 ASME 性能试验标准与我国性能试验标准中相类似的要求，也是我们现在做性能试验时一般遵循的要求。

试验开始前参加试验各方（电站、性能试验单位、制造商等）应召开联络会议，就试验各方面内容达成一致意见，具体内容见第一章第五节。

1. 试验大纲的编写

试验前试验负责单位应编写试验措施（或大纲），说明试验目的，试验条件及要求，试验内容，测试项目、仪器设备、测点布置及测试方法，试验数据处理原则，试验人员及组织，及试验日程和计划等。如果是验收试验，这些内容可根据标准及合同条款确定，不但需要获得试验各方的认可，还要符合科学本身的规律，不能有太大的出入。

除此之外，还需要明确以下内容：

（1）重复试验的次数。

（2）运行工况要求、在试验过程中允许的运行工况的变动、各试验负荷、试验持续时间，否决试验的底线、试验实施步骤等。

（3）维持稳定试验工况的措施与各控制参数平均值偏离目标值的最大允许偏差值。

（4）试验前锅炉受热面的清洁程度，以及在试验过程中需要维持的清洁程度（包括在试验过程中的吹灰操作）。

（5）需要进行的读表和观察，以及次数和频率。

（6）燃料取样方法及频率、分析燃料的实验室，以及要采用的燃料试验方法。

（7）各个灰渣采集点灰渣份额的分配，以及灰渣取样和分析方法。

（8）用于烟气取样与分析的步骤。

（9）确定在测定烟气温度及氧气含量时是否需要流量加权及其方法。

（10）为了对比合同规定的条件而需要采用的修正，包括修正曲线。

2. 试验前应具备的条件

锅炉性能试验前相关人员必须进行一些稳定性、安全性的检查，确保试验过程中工况的波动在可控范围之内。典型的检查项如下：

（1）机组在试验工况运行稳定，锅炉所有主、辅机运行正常，所有监视仪表完好，指示正确、可靠。

（2）各磨煤机运行状况良好，在效率保证值试验时有足够的磨煤机运行，且不投助燃油、不投等离子或微油。

（3）所有阀门及挡板动作正常，执行器操作正常、反馈正确。

（4）机组的自动调节系统尽可能正常投入，如有必要进行手动操作，需要经各方同意。

（5）锅炉各项保护正常投入。

（6）试验范围内各系统有充分、可靠的照明，各岗位通信设备齐全可用。

（7）锅炉机组的严密性检查合格。

（8）消除烟风、制粉、汽水系统及燃料的泄漏。

（9）确定试验机组系统已与其他非试验系统可靠隔离，例如两台机组之间联络系统（例如辅汽联箱）确认已可靠隔离，不能影响试验中对水耗、蒸汽等测量。

（10）锅炉热效率试验前应进行磨煤机相关试验，确认磨煤机各粉管风量、煤粉偏差在合格范围内，且使煤粉细度达到或接近设计值。

（11）锅炉热效率试验前厂家应进行必要的燃烧调整试验，以确定最佳的一、二次风配比及过量空气系数。

（12）每次试验前锅炉受热面应进行一次全面吹灰，保证受热面清洁，在完成吹灰、锅炉运行稳定后开始试验，试验期间不吹灰。

（13）测试期间不允许进行可能干扰试验工况的任何操作，如排污、吹灰等。但由于电站运行安全的例外情况，应按照运行规程做出相应的处理。

3. 试验工况点的确定

每次试验均应尽可能在锅炉最接近规定的运行工况下进行，以避免对最后的试验结果进行修正或尽量减小修正的量级。最关键的工况参数包括燃料特性、流量、压力和温度。对于层燃锅炉和流化床锅炉，维持不变的煤质和原煤粒度对确保运行工况稳定尤为重要；对于采用脱硫剂的机组，脱硫剂与燃料比（Ca/S 摩尔比）的合理控制也非常重要。

对于锅炉各项性能试验，理论上都应在厂家要求的负荷进行，原则与运行参数偏差不能超过表 2-2 和表 2-11 中的规定。但目前大型电站锅炉蒸汽流量多为调节级压力公式计算的结果，并未实际测量，因此锅炉效率试验期间的蒸发量严格按照蒸发量（或主汽流量）显热无法实施。在实际执行过程中，一般用电负荷来代替蒸发量或与汽轮机专业协调。例如锅炉效率试验保证负荷一般为 BRL 工况左右，但汽轮机热耗试验要求在 THA 工况。BRL、THA 工况对应的电负荷相同，只是机组的补水率与排污情况不同，且锅炉的蒸发量和蒸汽压力在允许偏差范围内，因此锅炉厂家也同意在 THA 工况考核锅炉保证效率值。

对于新建机组，一般要求在保证锅炉效率的同时保证氮氧化物排放。因此在性能试验前应由厂家进行充分的调整，包括磨煤机组运行台数、煤粉细度、氧量、二次风控制方式等的调整，以期锅炉效率和氮氧化物两个指标综合达到最优值，避免在试验期间频繁调整。

4. 试验工况的稳定性

稳定运行规定为系统处于热量平衡与化学平衡下的运行工况。在每组试验前，设备必须运行足够长的时间以建立稳定的运行工况。稳定运行通常是指所有的输入、输出量，以及所有的内部参数不随时间变化或参数的偏离度在一定范围之内，在整个试验期间，储存于锅炉系统内的热量（储存于水和蒸汽中，以及金属、耐火材料和锅炉系统中的其他固体材料中）没有发生改变。对 CFB 机组，热平衡还包括满足建立循环固体颗粒粒度平衡的要求。如果锅炉在试验进程中处于热平衡状态，则可准确地计算出平均输入和输出能量。这样在试验中的数据平均值才能代表燃料输入能量和锅炉输出能量间的平衡。

利用石灰石或其他脱硫剂来减少硫化物排放的流化床锅炉内有大量必须达到化学平衡的反应物料，包括来自除尘器灰斗的循环物料。为使送入炉内的石灰石和燃料中的硫达到平衡，在稳定阶段中应使脱硫剂与燃料比值变化维持在目标比值的±5%内。该类锅炉炉膛上部悬浮段的压降通常是一个显示化学、物料平衡的良好手段，试验时应持续监视这些值，并将其作为床料与循环物料之间达到化学平衡态的标志。由于只需获取相对变化值，电站现有的监视仪表即可用于监测这些趋势。

试验期间机组典型参数的允许波动范围见表 2-2 和表 2-11。

为了达到这一目的，试验中尽可能不采用吹灰操作，以防止对稳定工况产生扰动。但是对于某些结渣性燃料，不吹灰锅炉很可能会有不良后果，此时吹灰是不可避免的，不可因为测量的方便而牺牲了安全性，而应当在吹灰的基础上进行有考虑的试验。如果采用一组试验确定锅炉性能，每组试验中均应实施同样的操作，每次试验中的吹灰操作都应记录在案，并体现在试验结果分析中。

对固定炉排层燃锅炉，在试验开始前必须进行火床的全面清渣和调整，然后在试验结束前再进行同样时间长度的清渣和调整。在试验中也允许进行正常的火床清渣。在火床两次清渣和调整后清空灰渣斗，或者是在试验开始和结束前清空灰渣斗，以确保灰渣量与烧掉的燃料量相一致。

试验过程中应当保证试验各方认定且可影响到试验结果的关键参数的稳定，但是系统稳定运行的主要标准是数据的平均值反映燃料输入能量与锅炉输出能量的平衡，某些关键参数在足够长的试验期间的缓慢变化不必成为认定一次试验无效的理由。

在测定机组的最大蒸发量时，应在机组达到最大蒸发量值时立即开始试验，并持续到规定的时间结束，除非机组有特殊情况，否则应要求提前结束试验。

5. 试验工况的持续时间

尽管精心控制，但由于机组运行的特点、控制方式等，机组运行的参数还是在不停地波动，如图 2-15 所示。因此，性能试验持续时间必须足够长，才能保证测量数据反映机组的平均效率和平均性能。

GB/T 10184—2015 要求试验前，机组应连续正常运行 3 天以上。测量前锅炉试验负荷及条件下稳定运行时间应不少于 2h。对于添加脱硫剂的锅炉，应在脱硫剂投入量和

SO_2 排放浓度达到稳定后 2h，方可开始试验。

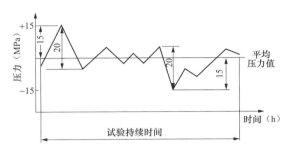

图 2-15 机组平均性能示意图

鉴定和验收试验的持续时间见表 2-14。

表 2-14　　　　　　　　　　　　　试验工况持续时间

燃烧方式		锅炉效率			其他项目测试时间（h）
		测量方法	工况稳定时间（h）	测试有效时间（h）	
煤粉锅炉	固态排渣	热损失法或输入输出法	0.5	4	2
	液态排渣	输入输出法	1	4	2
火床炉		反平衡法	大于一个炉排行走时间	4	2
		正平衡法		6	2
CFB 锅炉		热损失法或输入输出法	0.5	4	2
燃油或燃气锅炉		热损失法或输入输出法	0.5	2	2

试验持续时间一般是基于连续数据采集和采用网格法烟气取样决定的，必要时可延长试验时间来获取足够的被测参数的样本数量，以提高试验精度。若在大直径管道上采用逐点跨截面测量，则试验时间应足够长到完成至少两次跨截面逐点测量。燃用混合燃料或废物燃料时，如果燃料性质变化明显，也需要较长的试验时间。

大修前后等常规试验持续时间可适当调整，但不应小于 2h。

6. 参数测量和样品取样的时间间隔

试验期间参数测量和样品取样时间间隔见表 2-15。

表 2-15　　　　　　　　　　　参数测量和样品取样时间间隔

测量和取样对象	测量或取样时间间隔
蒸汽流量、压力、温度	5～15min
给水流量、压力、温度	5～15min
空气压力、温度 烟气压力、温度	5～15min
烟气成分	5～15min
环境压力、温度、湿度	10～20min

测量和取样对象	测量或取样时间间隔
燃料和脱硫剂取样	30min
飞灰	每个工况每个取样点至少取样 2 次
炉渣	15～30min
机组主要表盘参数	试验起、止时记测 1 次；试验中每小时记测 1 次
其他参数	15～30min

7. 试验工况和试验数据的舍弃

（1）在试验过程中或整理试验结果时，如果发现观测到的数据中有严重异常，应考虑将此试验工况舍弃；如果受影响的部分是在试验的开头或结尾，且扣除异常情况后的有效测试时间符合表 2-16 的要求，则可舍弃异常部分的数据；如有必要，应重做该试验工况。

（2）凡出现下列情况之一时，该试验工况应作废：

1）试验燃料特性或吸收剂特性超出事先规定的变化范围。

2）蒸发量或蒸汽参数波动超出试验规定的范围。

3）某一个主要测量项目的试验数据有 1/3 以上出现异常或矛盾。

8. 试验安排

进行正式试验前，一般先进行预备性试验，以检查锅炉机组运行状态，检验测试装置和仪器，培训试验人员。如试验各方认可试验过程和条件满足试验大纲要求，预备性试验也可作为正式试验的一部分。

根据 GB/T 1084—2015 的规定，进行鉴定和验收试验时，在所要求的负荷下至少应做两次试验。若两次试验结果超过预先商定的平行试验之间的允许偏差（一般为 0.5%），则需要做重复性试验。直到有两次试验的结果落在允许偏差范围内，取其算术平均值作为最终试验结果。

二、反平衡试验需要测量的测点及部位

根据性能试验时的锅炉边界，可确定需要测量的内容，如表 2-16 所示。

表 2-16　　　　　　　　　　电站锅炉效率试验所要采取的测点及目的

测量变量		测量方法	目　　的
入炉燃料分析	全水分	取样化验	（1）计算理论干空气量（必须借助灰渣份额中计算出的实际碳燃烧份额）。 （2）计算理论干烟气量（同上）。 （3）计算理论燃烧生成的水蒸气量。 （4）计算烟气中的组分
	收到基灰分	取样化验	
	收到基碳	取样化验	
	收到基氢	取样化验	
	收到基氮	取样化验	
	收到基全硫	取样化验	
	收到基氧	取样化验	

续表

测量变量		测量方法	目　的
入炉燃料分析	收到基低位发热量	取样化验	输入热量的主要成分
	入炉燃料温度	测量	计算燃料物理显热
脱硫剂分析（炉内脱硫）	碳酸钙的质量分数水分的质量分数	取样化验取样化验	（1）为计算入炉灰分做准备。（2）为计算钙硫摩尔比做准备。（3）计算脱硫剂带入的水蒸气量
	入炉脱硫剂温度	测量	计算脱硫剂物理显热
灰平衡及可燃物含量分析	飞灰可燃物	取样化验	（1）计算实际碳燃烧份额。（2）计算修正后的理论干空气量和理论干烟气量。（3）计算 q_4 损失。（4）为 q_2 及 q_6 损失计算做准备。（5）计算石子煤带走的热损失
	炉渣可燃物	取样化验	
	底渣温度	测量或规定	
	飞灰温度	取排烟温度	
	石子煤量及发热量	测量	
	锅炉给煤量	测量或计算	
	锅炉脱硫剂量	测量	
	炉渣流量或份额	测量或设计	
	飞灰流量或份额	测量或设计	
大气参数	送风机入口温度	测量	（1）为计算烟气中总水分做准备。（2）为计算 q_2 损失计算做准备
	大气压力	测量	
	大气相对湿度或湿球湿度	测量	
空气预热器出口烟气成分及温度	O_2 的体积份额（干基）	测量	（1）计算实际排烟烟气中成分、生成体积及比热容，计算 q_2 损失。（2）计算 q_3 损失。（3）计算脱硫效率及脱硫热损失 q_7。（4）计算 q_6 损失
	排烟温度	测量	
	CO 的体积份额（干基）	测量	
	SO_2 的体积份额（干基）	测量	
	NO_x 的体积份额（干基）	测量	
高温脱硝装置进出口	脱硝进口烟气成分及温度脱硝出口烟气成分及温度	测量测量	计算高温脱硝装置带入的热量
其他	燃油雾化蒸汽流量、压力和温度	测量	计算燃油雾化蒸汽带入热量
锅炉运行参数	锅炉蒸发量	测量	计算 q_5 损失
	锅炉额定负荷蒸发量	设计	
	空气预热器进口一次风量、一次风温空气预热器进口二次风量、二次风温空气预热器进口烟气温度	测量测量测量	（1）计算空气带入外来热量做准备。（2）进口空气温度偏离设计的修正
	省煤器进口烟气温度省煤器出口烟气温度给水温度	测量测量测量	给水温度偏离设计的修正
其他所需的数据			

三、燃料数据

（一）入炉燃料的取样

1. 一般要求

入炉燃料取样的代表性直接影响锅炉热效率测试结果的准确性。对于原煤等固体燃料，要求所取样化学成分在整个试验期间都能很好地代表入炉煤。入炉燃料应采用全截段、连续取样的方法，也可采用固定时间间隔、均等取样的方法，并保证固体燃料取样有效时间可覆盖整个试验时间，以减少随时间的煤质成分变化的影响。

燃料和脱硫剂取样开始和结束的时间应视物料从采取点至炉膛所需的时间适当提前。

应从流动中的固体物料流中取样，如果给料口不止一个，则应在每个给料口等时间间隔分别取样。每个给料口每次获取的试样质量不小于 2 kg。如果各给料口给料量不同或给料品种不同，应按照各给料口的流量进行加权混合缩制，使最终的混合试样能代表试验期间燃料的平均特性。

取样完成后，应将各取样点取得的全部份样充分混合，对固体燃料和脱硫剂，按照"堆锥四分法"缩制成预先确定的份数，每份试样不小于 5 kg，且应立即密封保存，并尽快送实验室分析。分析项目包括全水分分析、元素分析、工业分析和低位发热量分析等。

对于混合燃料，应将不同种燃料分别缩制成平行试样，分别分析其成分，最后根据取样点的流量，采用流量加权的方法，计算混合燃料的化学成分和低位发热量。

煤样取样的要求见表 2-17。

表 2-17　　　　　　　　　　　　　　　　煤粉取样的要求

煤种	粒度（mm）	份样质量（kg）	份样个数（个）
烟煤	≤70	≥1	≥10
褐煤	≤70	≥1	≥15
无烟煤	≤70	≥1	≥20
混煤	≤70	≥1	≥50

基于以上原则，根据不同形式的锅炉和不同的运行条件，有不同的取样方法。

2. 直吹式制粉系统入炉煤取样方法

对于正压运行的直吹式制粉系统来说，磨煤机磨制成煤粉后没有中间环节，直接吹入锅炉燃烧。从给煤机到燃烧器之间的距离很短，时间差很小，所以在给煤机附近取样在时间维度上具有很好的代表性。

但是直吹式制粉系统运行期间给煤机必须密封，因此不可以在前端门进行取样，一般入炉原煤可在原煤仓至给煤机的连接管道（给煤机入口的落煤管）上取样。大多数中速磨煤机所配的称重式给煤机有三种取样方式：①在连接管道上可预先安装原煤取样管座，如图 2-16（a）所示，利用原煤自流来进行取样。②采用固体颗粒取样器截取煤样，如图 2-16（b）所示，取样器有各种各样的设计，ASME 标准推荐如图 2-17 所示的取样器，取样时贯穿整个落煤管，可以均匀、更有代表性地取样。③利用给煤机落煤管上原配的取样门，通常用两个小螺栓进行固定，取样时可打开一端，原煤就会自动撒落到收集的器具中，取样完成后再把取样门用螺栓固定即可。这本质上与第一种情况相同。表面上看似乎不符合取样要求，但由于落煤管很细，直径仅有 400～500mm，原煤从煤仓到给煤机下落的过程中混合相同均匀，通过落煤管的煤量很大，因此贴壁煤与中间的煤无太大的区别。实践也证明，这样取样的代表性还是很好的，与固体取样器所取的煤样差别很小。

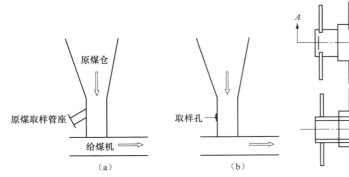

图 2-16　原煤取样管座示意图

（a）利用原煤自流取样；（b）利用颗粒采样器截取

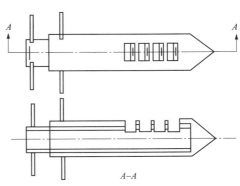

图 2-17　原煤取样器示意图

注：原煤取样器两个同心管组成，二者的取样孔结构相同。采样器插入物料流中，此时取样孔关闭（内管相对于外管从取样孔旋转 180°）。将内管旋转至取样孔位置，然后再旋转回来，此时内管中充满同体颗粒物料。

若入炉煤为比较单一的煤种，则取样间隔可适当放长；若入炉煤为来自煤场的杂煤，则应减小取样间隔时间，增加取样次数。当燃料为单一煤种时，将所采取的全部样煤充分混合后缩制成一个新的煤样，如图 2-18 所示。不同燃料混烧、掺煤运行时，要分为两种情况：如果采用分磨上煤、炉内混烧的运行方式，则不同种类煤需要在各自的给煤机上进行取样，不进行混合，分别进行煤质分析，入炉的煤质数据采用各煤种煤质数据的给煤量加权平均值进行计算。如果采用的是炉外混合的方式，在煤仓里已经混合均匀，则可视同为单一燃料进行取样，可通过减少取样时间间隔，加大取样量来取得更好的代表性。

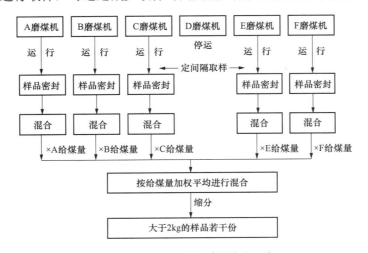

图 2-18　中速磨煤机采样缩分示意

原煤取样器的尺寸应大于原煤平均颗粒尺寸的 3 倍以上。

3. 中间储仓式制粉系统入炉煤取样方法

对于中间储仓式磨煤机来说，又有两种运行方式：投入磨煤机运行的方式和不投磨煤机、仅用粉仓的运行方式。

若不投磨煤机运行时，因为进入锅炉的燃料仅有粉仓的煤粉，三次风是纯空气，这时与直吹式系统一样，可取粉仓的煤粉样作为输入燃料，进行锅炉效率试验的计算。

但如果磨煤机投入运行，情况就要复杂得多。由于磨煤机磨制的煤粉不直接进入燃烧器，而是经过两级分离器分离后送入粉仓，锅炉运行所使用的煤粉是粉仓底部预先制备好的煤粉（煤分中含有一定的水分，约为煤质的内水分），同时分离器分离煤粉完成后的乏气中还携带有 10%左右很细的煤粉与干燥煤粉时外水分所蒸发出来的水蒸气，因此任何时间进入锅炉的煤粉都由部分新粉和部分旧粉组成。这两部分的比例无法确定，再加上新煤的外水分，导致进入锅炉的煤质实际上很难找到真实的值，无论是原煤样及煤粉样，都很难代表锅炉入炉煤，如图 2-19 所示，这样就为入炉煤煤质的确定带来了很大的难度。

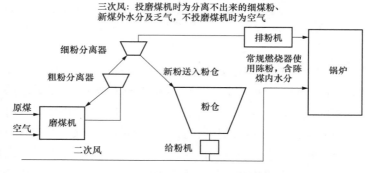

图 2-19　中间储仓式制粉系统入炉煤取样方法

中间储仓式制粉系统锅炉入炉煤的取样主要有以下两种方法：

（1）以原煤为主、忽略细粉的处理方法。试验期间保证煤质的稳定，使这两部分煤的特性基本一致；假定测试时三次风携带的是实时煤样干燥后的水分与细粉，正好可以补足陈粉磨制时损失的水分与细粉。这样可以通过提前原煤取样的时间，保证试验粉仓烧空，从而保证试验时进入锅炉的大部分燃料为取样的原煤。例如根据粉仓料位情况，估计粉仓内煤粉烧完所需的时间，假设为 4h，则原煤取样时间比试验提前 4h，对每台运行的给煤机按一定时间间隔进行多次取样。煤样的多少按各给煤机出力的比例确定，各煤样充分混合后缩分成一份或多份煤样。

（2）以煤粉为主，并通过原煤水分测量为主的处理方法。测试热效率期间，对取粉管的煤粉进行热值分析、工业分析和元素分析。由于煤粉已先去了部分水分，因此需要在给煤机上另取原煤，进行水分分析，并将煤粉分析结果换算为原煤的分析数据。

中间储仓式制粉系统一般为负压运行，采样期间可打开给煤机前端门，用原煤取样铲进行取样，应注意满足取样的代表性。

（二）煤的化验及成分转化

采来的煤样要送到有资质的实验室进行化验，以便得到元素分析、工业分析与低位发热量的数据。煤的工业分析参见 GB/T 212《煤的工业分析方法》，测量煤中水分、挥发分、固定碳、灰分的质量分数；煤的元素分析参见 GB/T 476《煤中碳和氢的测定方法》、GB/T 214《煤中全硫的测定方法》和 GB/T 19227《煤中氮的测定方法》，测量煤中元素碳、氢、硫、氧（计算）的质量分数；煤的低位发热量参见 GB/T 213《煤的发热量测定方法》测定弹筒发热量，并转换为低位发热量给出。

由于煤中水分和灰分含量受到外界条件的影响，其他成分的含量百分数随之变更，因此不能简单地用含量百分数来表明煤的种类和某些特性，必须同时指明百分数的基准是什么。"基"是表示化验结果是以什么状态下的煤样为基础而得出的。煤质分析中常用的"基"有空气干燥基、干燥基、收到基、干燥无灰基等。

（1）收到基（原应用基，用上标 y 表示）：以实验室收到状态的煤为基准，表示符号为 ar（as received）。

（2）空气干燥基（原分析基，用上标 f 表示）：以与空气湿度达到平衡状态，即失去外水分的煤为基准，表示符号为 ad（air dry basis）。

（3）干燥基：水分全部失去，以假想无水状态的煤为基准，表示符号为 d（dry basis）。由于已不受水分的影响，灰分含量百分数比较稳定，可用于比较两种煤的含灰量。

（4）干燥无灰基（原可燃基，用上标 r 标示）。以假想无水无灰状态的煤为基准，表示符号为 daf（dry ash free），由于不受水分、灰分影响，因此常用于比较两种煤中的碳、氢、氧、氮、硫成分含量的多少。

除上述分类外，还有入炉基与入厂基之分。入炉基是指进入锅炉燃烧的基准，是大多数性能试验的基准，也就是性能试验煤样的收到基。而入厂基是以电站收到原煤为基准，是电厂购买燃料时送实验室化验的收到基。入炉基与入厂基之间的主要差别是由于煤中外水分发生了变化。

元素分析、工业分析及各种成分之间的关系如图 2-20 所示。

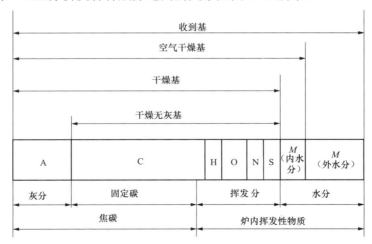

图 2-20　元素分析、工业分析及各种成分之间的关系示意

根据图 2-20，对于煤的收到基的工业分析和元素分析有以下结论：

$$w_{m,ar} + w_{as,ar} + w_{v,ar} + w_{fc,ar} = 100 \tag{2-206}$$

$$w_{m,ar} + w_{as,ar} + w_{C,ar} + w_{H,ar} + w_{O,ar} + w_{N,ar} + w_{S,ar} = 100 \tag{2-207}$$

我国锅炉效率试验采用收到基燃料成分进行计算。而一般情况下化验采用空气干燥基进行，所以收到化验结果时，如果基于不同的基准，需进行变换，换算系数见表 2-18。

表 2-18 燃料基质换算系数

已知燃料基质	欲求燃料基质			
	收到基（ar）	空气干燥基（ad）	干燥基（d）	干燥无灰基（daf）
收到基（ar）	1	$\dfrac{100-w_{m,ad}}{100-w_{m,ar}}$	$\dfrac{100}{100-w_{m,ar}}$	$\dfrac{100}{100-w_{m,ar}-w_{as,ar}}$
空气干燥基（ad）	$\dfrac{100-w_{m,ar}}{100-w_{m,ad}}$	1	$\dfrac{100}{100-w_{m,ad}}$	$\dfrac{100}{100-w_{m,ad}-w_{as,ad}}$
干燥基（d）	$\dfrac{100-w_{m,ar}}{100}$	$\dfrac{100-w_{m,ad}}{100}$	1	$\dfrac{100}{100-w_{as,d}}$
干燥无灰基（daf）	$\dfrac{100-w_{m,ar}-w_{as,ar}}{100}$	$\dfrac{100-w_{m,ad}-w_{as,ad}}{100}$	$\dfrac{100-w_{as,d}}{100}$	1

注 $w_{m,ar}$——入炉煤收到基中水分质量分数，在数值上等于全水分，%；

$w_{as,ar}$——入炉煤收到基灰质量分数，%；

$w_{m,ad}$——空气干燥基水分质量分数，%；

$w_{as,ad}$——空气干燥基灰分质量分数，%；

$w_{as,d}$——干燥基灰分质量分数，%。

利用门捷列夫公式可以核算化学化验结果的准确性，门捷列夫计算公式为

$$Q_{net,ar} = 339w_{C,ar} + 1028w_{H,ar} - 109(w_{O,ar} - w_{S,ar}) - 25w_{m,ar} \tag{2-208}$$

当空气干燥基灰分 $A_d \leqslant 25\%$ 时，化验结果中的低位发热量与门捷列夫公式计算出的低位发热量偏差不会超过 $\pm 627kJ/kg$；当 $A_d > 25\%$ 时，化验结果中的低位发热量与门捷列夫公式计算出的低位发热量偏差不会超过 $\pm 836kJ/kg$。如果两个值的偏差超出这个范围，则说明化验结果有问题，必须重新化验。

（三）脱硫剂的取样

石灰石（粉）的取样以入炉前的石灰石样为佳，也可从输送管道处进行取样。由于石灰石在潮湿空气中容易结块，因此取样后应当立即将其密封保存。常见石灰石通过给煤机进入炉膛或气力输送方式进入炉膛，对于前一种方式，类似于直吹式制粉系统的燃料取样方法，可以在原煤仓至给煤机的连接管道（给煤机入口的落煤管）上取样；对于后一种方式，目前多采用在石灰石粉仓至旋转给料机连接管道上取样。

对于 CFB 锅炉，原煤和石灰石的粒径分布对锅炉运行和脱硫性能影响明显，试验前应采用筛分或者激光粒度分析法确认石灰石粒度是否满足要求。石灰石中碳酸钙、碳酸镁、水分的测定参照 GB/T 3286.8《石灰石 白云石分析方法 灼烧减量的测定》、GB/T 3286.9《石灰石 白云石分析方法 二氧化碳量的测定》、GB/T 6284《化工产品中水分测定的通用方法 干燥减量法》或 GB/T 5762《建材用石灰石、生石灰和熟石灰化学分

析方法》进行化验。

（四）液体和气体燃料取样

液体燃料取样技术要求高，需要专业人员进行，一般要求如下：

（1）取样前，应将取样管道中残留的液体燃料放掉，以保证取到的样品为该次试验所用的燃料。

（2）液体燃料取样按 GB/T 1756 的规定。

（3）液体燃料的总取样量不小于 8 kg。

液体燃料至少要分析燃料的低位发热量和元素分析，参照 DL/T 567.8《火力发电厂燃料试验方法　燃油发热量的测定》、DL/T 567.9《火力发电厂燃料试验方法　燃油元素分析》进行化验，此外视需要还可分析其重度、运动黏度系数等。

气体燃料取样的一般要求如下：

（1）整个试验过程中应按均等时间间隔、等体积取样。

（2）取样前应对取样管路进行排放冲洗。

（3）气体燃料的总取样量应不少于 20L。

气体燃料至少需要分析燃料各种气体组分的容积百分率（体积分数），参照 GB/T 10410《人工煤气和液化石油气常量组分气相色谱分析法》、GB/T 13610《天然气的组成分析　气相色谱法》进行化验。

四、灰渣数据

灰渣主要指炉渣（也称大渣）和飞灰。随烟气进入烟道的燃料灰分统称飞灰，而在除尘器前省煤器、空气预热器下部拐弯处灰斗中收集的飞灰称为沉降灰。实际上，对于目前国内的大容量锅炉来说，很多省煤器下的灰斗与空气预热器下的灰斗不使用；即使使用，其量也很少，多被忽略。锅炉仅有飞灰和大渣两部分灰渣。

1. 灰渣的化验

灰渣的化验可采用烧失法和氧弹法。前一种方法假定灰渣未燃尽部分都是碳，把灰渣长时间置于（815±10）℃的温度下加热，使其完全氧化，然后进行称重，计算烧失的部分，即为未燃尽碳的质量比例。氧弹法把灰渣当作一种燃料进行发热量化验。由于灰渣中的可燃物含量一般都很小，发热量极小，显然第一种方法比第二种方法具有更高的精度，且操作方便，成为灰渣分析的主流方法，只有在很特殊的情况下才采用第二种方法。

2. 灰渣比例的确定

燃煤锅炉总的灰、渣量等于炉渣量、沉降灰量和进入除尘器的飞灰量之和。有条件时，可分别测量锅炉机组各部位排出的灰、渣量，根据计算总灰量计算出各部分的质量比例（一般测量灰渣量只用于份额计算，并不建议用于锅炉总灰量的计算），用于锅炉效率计算，参建本章第四节"灰平衡计算方法"。也可根据本书的表 2-4 确定各部分灰、渣比例，或根据试验开始前商定的灰、渣比例进行计算。

对于实测灰渣份额来说，最理想的状态是精确称量从机组排出的全部灰渣量，这样既可以非常均匀地取样，又可以计算出大渣与飞灰的比例。现代电站锅炉往往采用自动除灰、除渣系统，实测瞬时底渣量是一件不现实的事，为此只能通过计算累积时间段内的平均值得到。由于飞灰不易收集且锅炉存在积灰的可能，如果通过试验测量方法确定灰渣比例，最好是去确定炉渣的量。

正常运行过程中锅炉要连续排放渣（或灰），无法提供足够的间隔时间来截断灰渣然后单独计量，因此试验前应将 1 个渣仓或灰库清空（一般电厂 3 个灰库，可以在试验过程中专门准备 1 个灰库存灰，灰库或渣仓在清空时开始计时 $t_{zc,m,b}$）。试验期间灰、渣量连续进入该渣仓和灰库，期间视试验持续时间渣仓（或灰库）可以装卸 1 次渣（或灰）进入罐车，试验结束之时，渣仓开始大量卸渣，并在渣仓再次清空时（或灰库通过库顶切换阀切换至其他灰库）停止计时 $t_{zc,m,e}$。将 $t_{zc,m,b}$ 至 $t_{zc,m,e}$ 期间的炉渣（或飞灰）量全部进行称重，然后除以持续时间（$t_{zc,m,e}-t_{zc,m,b}$），以求得时间平均的炉渣流量，进而求得炉渣份额。为避免不同负荷或其他运行参数对灰渣份额的影响，要求渣仓清空开始计时 $t_{zc,m,b}$ 至渣仓再次清空停止计时 $t_{zc,m,e}$ 之间锅炉的运行参数与锅炉效率试验的参数保持一致。

对有飞灰回燃系统的机组，应根据该系统的具体布置选定取样点及确定灰平衡比例。必要时应测量和计算确定灰平衡比例。

3. 炉渣的取样

炉渣取样方法随锅炉炉底结构和排渣装置的不同而不同。对于连续出渣的锅炉，为得到机组出口各含灰物质流的代表性样品，我国性能试验标准规定两种取样方式：炉渣取样应尽可能从流动炉渣中按等时间间隔、等质量接取；如果从渣槽（池、斗）内掏取，应特别注意样品的代表性，每次取样量应相同。为保证样品具有代表性，每次取样量不少于 2kg，取样开始和结束的时间应考虑燃料从取样点到形成炉渣的滞后时间。全部样品被破碎到粒度小于 25mm，充分混合后，缩制成预先预定的份数（一般 4 份），每份试样不少于 1kg。实际工作过程中，大多数按第二种方式取样，因为按第一种取样方式虽更具有代表性，但必须有专门的取样装置。

对于间隔排渣锅炉，炉渣取样方式为：在试验开始前排空渣池，试验期间每隔 1h 左右锅炉排渣一次，在排渣沟中用合适的取样装置连续捞取渣水样，渣水中的炉渣沉淀后取全部或部分炉渣样；若试验持续时间比较短，如燃烧调整试验，则只在试验结束时进行锅炉排渣，并连续取渣水样。

根据 DL/T 567.3—2016《火力发电厂燃料试验方法 第 3 部分：飞灰和炉渣样品的采取和制备》的规定，在机械或水力除渣系统出灰口的链式输送带上炉渣取样时，应选择适当位置用采样铲（见图 2-21）实施系统采样。采样铲由钢板制成并配有足够长的手柄，其开口尺寸应大于 3 倍被采样品最大标称粒度。采样时应观察渣块的大小和颜色，合理分布采集子样位置，每次采样子样数目不少于 1 个，子样质量应基本相等。

在对在线集渣罐放渣口采样时，用采样斗（见图 2-22）接取炉渣样品；根据放渣过程的时间估算取样间隔，每次采样子样数目应不少于 10 个。人工采样斗由钢板或钢管制成，材质宜选用不锈钢。其开口尺寸至少应为炉渣标称最大粒度的 3 倍，且不小于 30mm。在斗身和斗底部有一定数量的沥水孔，孔径不宜大于 1mm。

锅炉炉膛渣池很大，炉渣分布极不均匀，取样时应尽可能在采粒度较小的渣，而不是大块的焦，因为它很可能不是当前燃烧的结果，在炉内停留的时间很长，可能其中完全不含碳，因而它不具有任何代表性。

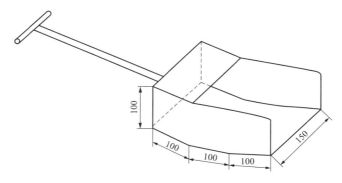

图 2-21　采样铲（适用于标称最大粒度 50mm）

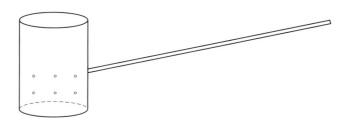

图 2-22　人工采样斗

可见，试验期间取到有代表性的炉渣样不是一件容易的事，为提高炉渣样和分析结果的代表性，可以采用以下方法：

（1）提高炉渣取样的频率，减少取样时间间隔。

（2）每次取样时从渣流中的多个位置取样。

（3）增加每次取样的炉渣量。

（4）对一次试验的多个炉渣样品进行含碳量分析。

但也要明白，整个试验期间锅炉运行非常稳定，煤粉燃烧的条件不会发生很大的变化，大渣也不会有太大差别，而锅炉捞渣机附近是很不安全的地方，锅炉的每一次掉渣都有可能引起正压或水封破坏的危险，人员应尽可能少地在其附近长时间停留。因而，按第二种方式取样，也不必取 10 次。通常的做法是在试验的开始、结束及中间各取几次，与取 10 次引起的锅炉效率偏差并不大。

GB/T 10184—1988 还要求对灰渣样品密封保存，以防止样品水分散失。实际上大多数灰渣化验都采用烧失法进行，这时不但不应密封保存，还应在化验前对灰渣样品进行烘干后再进行化验。因为对于炉底渣来说，从捞渣机里出来时已经吸收了很多水分，把这些水分算作是未燃尽碳当然是不正确的。对于干除渣系统及飞灰样来说，烟气、空气中有很多水分会被灰渣的多孔结构吸收，增加其质量，也不能把它们当作未燃尽碳。因此，密封保存并无意义，GB/T 10184—2015 中已无此要求。

4. 飞灰取样

由于飞灰由烟气携带，随烟气一起向前运动，同时受到重力影响向下运行，因而在一个烟道截面内，灰粒的粒度分布和灰中含碳量的分布不均匀，收集与采样的难度比大渣大得多，有代表性就更不容易。

为了获得有代表性的飞灰样品，必须满足如下三个条件：

（1）当取样时吸入速度和来流速度不相等，或取样探头没有正对气流方向时，固体颗粒会因惯性力的作用而脱离弯曲的气流流线，造成取样误差，如图 2-23 所示。为了避免改变烟气流中的飞灰浓度，进入取样口的烟气流速必须等于烟道中对应点的烟气流速，该过程称为等速取样。

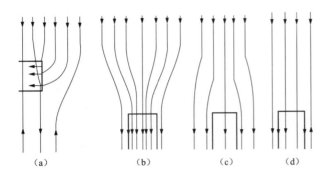

图 2-23　等速取样与非等速取样的差别

（a）等速取样，方向不一致；（b）高速取样，方向一致；

（c）低速取样，方向一致；（d）等数取样

为了不改变烟气流速对取样代表性的影响，第一个条件就是采取等速取样，且取样管不能设计得太大。取样管的截面仅占流通截面的 1%～2%，最大不超过 5%，以避免取样管对流线产生影响。

（2）现代大容量锅炉的尾部烟气往往不够布置所有的受热面，因而要多次拐弯，这样每有一个"L"形拐弯，就会有一部分飞灰分离出来，即为沉降灰。一般第一次拐弯位于省煤器出口，因此为了避免省煤器、空气预热器沉降灰的影响，最好在省煤器出口处进行飞灰等速取样。如果飞灰取样点不在此处，则必须对飞灰取样点前每个沉降灰进行采样，并测量沉降灰的比例。

（3）为了补偿不均匀的速度分布和飞灰浓度分层，最好的办法是在取样截面上进行多点网格等速取样。

综合以上三个条件，网格法等速取样的方法是保证飞灰代表性的基准飞灰取样方法。采用等截面的划分原则，网格点数可根据取样烟道的截面积、试验的持续时间、巡回取样次数、取样系统的散量等因素确定，取样在整个试验期间逐点进行，每个网格点取样时间相等。飞灰取样网格点尽可能布置在垂直烟道气流稳定处，且取样截面前 6 倍直径、后 3 倍直径长的直管段。GB/T 10184—2015 规定，鉴定和验收试验应按网格法进行多点等速取样。对于常规性试验，可采用代表点取样：当烟道宽度小于 10m 时，每个烟道布置 2 个测点；当烟道宽度超过 10m 时，应均匀布置 3 个或 4 个测点。

实现网格法飞灰等速取样的方法主要有预测流速法、动压平衡法、静压平衡法等。

（1）预测流速法。取样前先用毕托管或长径靠背管等测速装置，测出整个烟道各取样点的速度、温度和静压，然后根据取样探头口径，按等速取样的原则计算出各测点所需的抽汽流量。抽汽流量的测量可以采用流量计或者流量测量孔板，取样时调节抽汽流量至计算值，从而实现等速取样。若取样系统采用外置过滤器，则需对取样系统进行加热，至烟气露点温度以上（约 80℃），以防止水分在取样管路或过滤器上凝结。

采用预测流速法等速取样原理进行飞灰取样，既能够满足热效率测试中对飞灰的取样

工作，也能满足火电站除尘器前后测尘和完成测试飞灰含碳量时的取样工作。该方法取样准确，但操作繁琐、步骤复杂，特别是对多工况的燃烧调整试验尤其不利。目前应用较多的是自动等速方法，也是通过控制取样管内静压与烟气静压平衡来实现的，操作简便、可靠性高。

（2）动压平衡法。动压平衡法用取样枪中的流量孔板的压差，和与之相配套的靠背管压差相等来实现等速取样，如图 2-24 所示。取样系统的取样枪内有飞灰过滤筒，用来收集飞灰；该飞灰滤筒后有一差压孔板，用以测量取样烟气流量；取样枪旁边固定一靠背管，用以测量烟道内流速。差压孔板、飞灰取样头直径和靠背管相互匹配，只要靠背管测量的差压与取样枪内孔板的测量差压相等，即可保证取样等速。取样系统可手动调节等速，也可以接自动调节装置，这样可同时测量烟气温度、压力、流量和飞灰浓度。由于飞灰过滤器在烟道内，因此无需对取样管路加热。

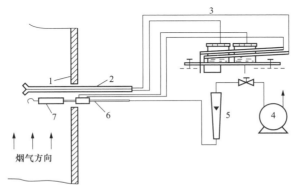

图 2-24　动压平衡等速取样方法示意

1—炉墙；2—毕托管（或靠背管）；3—双联斜管微压计；

4—抽气泵；5—流量计；6—飞灰取样管；7—过滤筒

（3）静压平衡法。静压平衡法用取样枪内外的静压差为零来实现等速，其基本原理为：假定取样管入口的静压及流速分别为 p 和 w，气流未经扰动前的静压及流速分别为 p_0 和 w_0，如图 2-25 所示。取样气流为理想流体，若不考虑取样口的阻力，则有

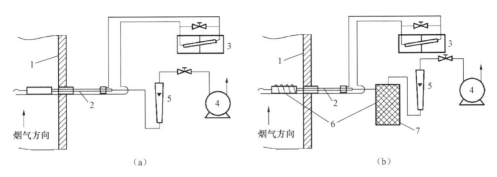

（a）　　　　　　　　　　　　　　　　（b）

图 2-25　静动压平衡等速取样方法

（a）无加热；（b）带加热器及过滤器

1—炉墙；2—取样管；3—压力偏差指示器；4—抽气泵；5—流量计；6—电加热丝；7—外置过滤器

$$\frac{1}{2}\rho w^2 + p = \frac{1}{2}\rho w_0^2 + p_0$$

$p = p_0$ 时　$w = w_0$

进行飞灰取样和分析时需要注意：对于内置过滤器的动压平衡型飞灰取样枪，在取样期间随着过滤器内飞灰的增多，取样阻力明显增大。为了保证等速取样，应随时调节抽汽流量，使抽汽动压和取样点测量流速的动压相等。

虽然网格法等速取样的精度较高，但也存在两个问题：①工作相对复杂；②取样量很小。因此一般锅炉试验采用飞灰取样代表点的方式进行取样，即采用固定式取样装置，在整个试验期间连续取样。固定式取样装置常见的有两种：一种是采用经标定的旋风子式等速飞灰取样器，如图 2-26 所示；另一种是经过标定的撞击式飞灰取样器，如图 2-27 所示。

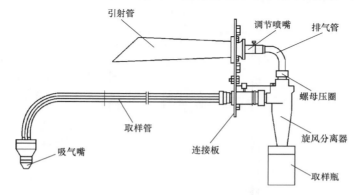

图 2-26　固定式飞灰等速取样器结构示意图

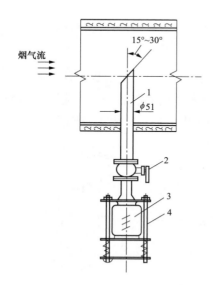

图 2-27　撞击式飞灰取样器结构示意图

1—采样管；2—球形旋塞；3—集灰瓶；

4—灰瓶固定架

旋风子式等速飞灰取样器的工作原理如下：

（1）利用大气压力与烟道负压的差值作为原动力，使一小部分外界空气通过可调节的缩放喷嘴后得到高速射流，从而产生抽力，把含灰烟气从吸气嘴中吸入，经过取样管后进入旋风分离器，把灰粒分离落到取样瓶。无灰的烟气由排气管进入引射管，与抽吸空气混合后又进入炉膛。

（2）旋风子分离器的工作原理。烟气中的灰粒沿器壁切线方向进入旋风子分离器，再沿器壁自上而下旋转。在旋转过程中，飞灰因重力惯性作用，被甩到器壁上，并靠重力作用沿器壁落入集灰漏斗，进入取样瓶。

（3）调节喷嘴的入口处的通流面积可以调节，从而改变进入喷嘴的空气量，并改变烟气的抽吸能力。抽吸力可根据烟道内的烟气流速（如按 8～10m/s 范围）确定，从而使烟气取样口的速度与烟道内的烟气接近，接近等速取灰，使取出的灰样具有较好的代表性。

撞击式取样器工作较为简单，烟气中的飞灰高速冲入取样装置入口，撞击到与其运行有一定夹角的取样管后速度变为零，沿斜面落入取样器。由于取样器受烟气流动影响较大，且只能取到大颗粒的灰，在煤种改变很大时往往代表性很差，需进行标定。在某些燃用劣质煤的电站，因为大颗粒少，但含碳量很高（可能有 30%～40%），这种取样器根本无法通过等速取样来标定。

这两种设置在取样前都应消除取样管及装置内的存灰。

5. 石子煤的取样

对于磨煤机石子煤排入出渣系统的锅炉，试验期间全部的石子煤都应收集并称量采取样品数量不应少于 2kg，充分混合后制成 4 份，进行低位发热量的化验。

五、温度参数的测量

1. 温度测量的一般要求

应根据测量介质选用合理的测量仪器，见表 2-19。应根据不同的被测量对象、温度范围选用合适的热电偶，热电偶导线不应与电源线并行放置，以免干扰。测量过程中应采取必要措施，防止温度测量仪表因受传导、对流和辐射影响，导致测量数据失真。

表 2-19　　　　　　　　　温 度 测 量 仪 表

名称	测量对象	测温范围（℃）
玻璃水银温度计	水和空气温度	0～500
热电偶温度计	水及蒸汽、燃油、燃气、空气、烟气等	−20～1800
干湿球温度计	空气	−10～50

温度测点应选择速度与温度分布均匀的管道横截面，测量截面应远离通道的转弯、有阻碍物或变径处；截面积较大的网格应采用网格法测量，被测截面速度场或温度场有一项较均匀时，可采用代表点测量。

2. 燃料温度的测量

燃料（和脱硫剂）的温度用于计算燃料（和脱硫剂）的物理显热。

固体物流（煤和脱硫剂等）温度通常难以测量，在试验开始前各方可协商采用商定值或测量值。对于一般的燃煤锅炉而言，燃料的温度与给煤机附近的环境温度相同，在不方便测量时可以使用原煤仓温度。如需测量固体物料温度，应将测量元件插入固体物料流中测量，为防止磨损，可采用带保护套管的热电偶温度计。

对于液体和气体燃料，当燃料有外界热源加热时，应在加热器后测量燃料温度；当燃料由系统自身热源加热时，在加热器前测量温度。

3. 风机入口温度的测量

为了计算空气中水分带入热量以及排烟中水分带走的热损失，需要测量风机入口空气温度和湿度。对于风机入口布置在室外的情况，风机入口处空气的温、湿度就是大气环境参数；对于风机入口布置在室内的情况，要在室内测量风机入口处空气的温、湿度；对于送风机、一次风机入口分别布置在室内、室外的情况，应分别在室内、室外测量各风机入口处空气的温、湿度。

风机入口空气温度的测量可采用水银或酒精温度计、热电偶温度计或干湿球温度计。测量时，应将温度计放置在避风、避热源、遮阳的地方。

大气的绝对湿度可以采用三种测量方法：干湿球法、冷凝法（露点法）及相对湿度法（吸湿法）。干湿球温度计分别测量干球温度和湿球温度，此时应把干、湿球温度计置于专用的百页箱内，然后查大气湿度表而得。冷凝法采用抽取一定量的空气，并把它冷却到较低的温度，如 0℃ 以下，使空气中的所有水分都变成水或冰时，即可非常容易地测量湿度。相对湿度法采用薄膜电容和聚合物电阻作为探头，直接测量大气相对湿度。目前多采用集温度（热电偶法）、湿度（电容式湿度传感器）于一体的电子温湿度计来同时测量风机入口的空气湿度和相对湿度，然后根据测量的风机入口大气压力，计算空气的绝对湿度。

除了冷空气、下雨等一些突变因素外，热效率测试期间的大气参数一般是缓慢变化的，因此，测量的时间间隔可以取长一些，如 20min 测量一次。但至少应测量试验开始、试验中间、试验结束这三个时间点的大气参数值。

4. 空气预热器进口空气温度的测量

进行锅炉热效率计算时，需要用到空气预热器进口空气温度来计算空气带入外来热量，以及对排烟温度进行修正。空气预热器进口空气温度的测量方法与烟气温度的测量方法要求相同，空气预热器进口空气温度测点位置应选择流速分布比较均匀的直管段，对于锅炉性能验收试验，则采用网格法测量。温度测量的一次仪表为 T 型热电偶、Pt100 热电阻等，二次仪表为数据采集系统或手持式测温仪。

对于没有投运暖风器的锅炉，空气预热器进口空气温度基本等于风机出口温度。风机进、出口空气温度的升高主要是风机旋转叶片的一部分机械能转化为空气热能的结果。没有暖风器传热，因而空气预热器进口空气温度的分布比较均匀，可以适当减少测量网格点。

在风机出口和空气预热器进口之间有暖风器并投入使用的情况下，由于风道内暖风器加热可能不均匀，因此应按照烟气温度网格测量的标准来测量空气预热器进口空气温度。除此之外，还需要测量风机出口空气温度，以换算设计保证锅炉效率的边界温度为大气温度时的空气预热器入口设计温度。

对于一股空气流，截面空气平均温度采用各网格点的算术平均值即可，但对于有一次风和二次风的空气预热器，进口平均空气温度必须采用空气质量流量的加权平均温度值。

如果燃油锅炉采用蒸汽雾化，而不是采用压缩空气雾化，则需要测量蒸汽母管的温度、压力和质量流量。蒸汽温度的测量采用插入式套管的方式，一次仪表为热电偶或热电阻；蒸汽压力测量可采用单圈弹簧管压力表；蒸汽流量的测量则比较困难，需要采用孔板或喷嘴流量计。

六、流量测量

流量测量一般通过测量介质静压、动压和温度计算流量。采用孔板、喷嘴、文丘里管和机翼装置测量时，介质温度和压力应在测量装置上游布置。

1. 空气预热器入口空气流量

空气预热器入口空气流量采用网格法，测点布置和空气预热器进口温度位置相同，利用靠背管、笛形管或皮托管来测量各股气流（空气预热器进口一次风、空气预热器进口二次风、空气预热器旁路一次风）截面的动压、静压，并同时测量此处的温度，计算该截面的流速，再根据截面积计算空气流量。大截面通道的流量测量不确定度不容易忽略，因而锅炉计算中烟风流量要取按燃料燃烧当量关系所得的计算流量为基准，测量的流量仅用于确定各股烟风量的份额。

2. 燃料和脱硫剂流量

燃料和脱硫剂自测量处至进入锅炉机组之间应尽量消除泄漏。如不可避免，则将所有泄漏或损失量收集、称重和记录，以对测量结果进行修正。

采用运行测量装置测量燃料量和脱硫剂流量，在试验开始前应对测量装置进行校准和标定。测量气体燃料量时，应同时测量气体燃料的压力和温度，将流量值换算到标准状态。

若各方认为运行燃料量不可信时，可结合汽轮机热耗试验或通过正平衡试验，通过锅炉效率的迭代计算得到燃料量。

七、烟气参数

1. 烟气参数测量的难度

要计算烟气的排烟损失，需要测量所有烟气的平均排烟温度，然后计算烟气与基准温度的差值，同时还需测量锅炉燃烧产生的烟气成分以确定烟气的比热容。

由于烟道很大、空气预热器漏风不均匀，特别是三分仓空气预热器，一次风与二次风运行在不同的压力水平上，导致一次风侧的漏风量远大于二次风侧的漏风量，这样就导致了烟气在烟道横面上各处的温度、烟气成分都不相同，且很不均匀。同时，尾部烟道可能存在多次拐弯，导致烟气在烟道中各处的速度并不相等。因而考虑这样两个因素，精确测量烟气参数就有相当大的困难，难点不在测量，而在于很难测出具有代表性的值。

下面以测量最为简单的温度为例说明这个问题。假定烟道中有两股烟气，一股速度为 v_1，流通截面积为 A_1，温度为 t_1，用 gas_1 表示；另一股速度为 v_2，流通截面积为 A_2，温度为 t_2，用 gas_2 表示，则有：

（1）gas_1 1h 通过的质量为 $v_1A_1\rho_1$，携带的能量是 $v_1A_1t_1c_{p1}$。

（2）gas_2 1h 通过的质量为 $v_2A_2\rho_2$，携带的能量是 $v_2A_2t_2c_{p2}$。

（3）两股烟气混合到一起后所具有的质量为（$v_1A_1\rho_1+v_2A_2\rho_2$），总能量为（$v_1A_1\rho_1t_1c_{p1}+v_2A_2\rho_2t_2c_{p2}$）。其中，比热容差别不大，可以忽略，从而得出两者的平均温度为

$$\bar{t} = \frac{v_1A_1\rho_1t_1 + v_2A_2\rho_2t_2}{v_1A_1\rho_1 + v_2A_2\rho_2}$$

（4）当 t_1 与 t_2 相差较大时，密度差的影响不可以忽略不计，此时有

$$\rho_1 = \rho_0 \frac{273}{273 + t_1}$$

$$\rho_2 = \rho_0 \frac{273}{273 + t_2}$$

由此可得

$$\bar{t} = \frac{\dfrac{v_1 A_1}{273 + t_1} t_1 + \dfrac{v_2 A_2}{273 + t_2} t_2}{\dfrac{v_1 A_1}{273 + t_1} t_1 + \dfrac{v_2 A_2}{273 + t_2} t_2}$$

当 t_1 与 t_2 相差不大时，密度相差很小，可以忽略不计。可以通过一定的手段，只要控制面积 A_1 和 A_2 相等，平均温度就可以消去密度与面积项，从而得到以烟气速度为加权因子的平均值，即

$$\bar{t} = \frac{v_1 t_1 + v_2 t_2}{v_1 + v_2}$$

（5）推广到很多个点，如 n 个点，平均温度的计算方法为

$$\bar{t} = \frac{\displaystyle\sum_{i=1}^{n} v_i t_i}{\displaystyle\sum_{i=1}^{n} v_i} \quad \text{（温度相差不大时）}$$

或

$$\bar{t} = \frac{\displaystyle\sum \frac{v_i A_i}{273 + t_i} t_i}{\displaystyle\sum \frac{v_i A_i}{273 + t_i}} \quad \text{（温度相差较大时）}$$

由于密度也要受到烟气成分的影响，因此烟气成分的测量就更复杂。但在大多数情况下，除了速度因子外，一般都认为烟气成分、密度与温度的偏差还不足以造成很大的影响，以速度为加权因子计算的排烟温度足够精确。但即使是以速度为加权因子，其带来的工作难度也是很大的。

2. 网格法测量

从上文网格测量的导出过程可以看出，要想使用速度为加权因子的多点法测量，必须保证各个点代表的那股烟气通流截面积相等。该要求在实际工作中非常容易解决。对于矩形烟道，可以把整个截面平均分成如图 2-28 所示的若干个等面积的假想流道，测量

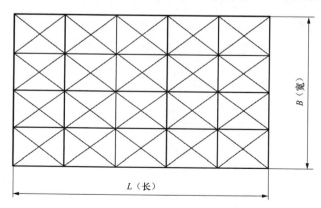

图 2-28　矩形截面的网格状等截面假想流道

（测点为中间交叉点）

每个假想截面积中间的流速与温度，即可满足速度加权平均因子的计算要求；对于圆形管状烟道，情况较复杂，因为这种情况下没有矩形截面那样明显的等面积子流道，只能把它们分成等面积的环状假想流道，每处假想流道的平均速度以中心点速度来表示，如图 2-29 所示。

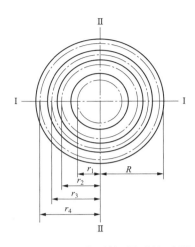

图 2-29　圆形截面等面积假想流道

这样就把道内均匀地分成若干个等流通截面积的假想流道，每个流道中心点的速度与待测变量（如温度）代表整个假想流道截面上的值，然后再把各假想流道的待测变量值由速度加权后计算得到整个流道截面的值。采用这种方法测量时，各测量点呈网格状分布，所以称为网格法测量。网格法在大流通截面上进行烟气的温度测量与成分测量方面，应用非常广泛，是锅炉性能试验乃至整个热工测量中最主要的测量方法之一。

网格的疏密程度与测量的精度有很大关系，网格越密，每个点所代表的假想流道截面积越小，测量值越真实，整体上越接近于连续测量。但网格点越多，工作量越大，测量所用的时间也越长，工况发生变化也越有可能。因此网格点的数量不是越多越好，只要取适当的密度即可。

矩形截面与圆形截面的网格法取点要求见表 2-20 和表 2-21。

表 2-20　　　　　　　　　　　　　矩形截面的网格法取点要求

边长（mm）	≤500	>500~1000	>1000~1500	>1500
测点总数	3	4	5	每增加 500，测点排数 N 增加 1

注　对较大的矩形截面，可适当减少 N 值，一个截面的总测点数不宜超过 36 个。

表 2-21　　　　　　　　　　　　　圆形截面的网格法取点要求

圆形截面直径 D（mm）	≤300	>300~400	>400~600	$D>600$ 时，D 每增加 200
等面积环数 N	3	4	5	N 增加 1
测点总数	6	8	20	测点总数增加 4

注　大于大型圆形管道，一个截面的总测点数不宜超过 36 个。

当圆形截面直径小于 400mm 时，等环网格测点面积小，每个环只要测量两个点，即沿一条直径测量一条线上的数据即可；当直径大于 400mm 时，等环网格测点面积逐渐加大，每个环的代表性变差，需要在相互垂直的两条直径上各测两个点，一共要测量 4 个点。

测点距圆心之间的距离按式（2-209）求得，即

$$r_i = R \times \sqrt{\frac{2i-1}{2N}} \qquad\qquad (2\text{-}209)$$

式中 r_i——测点距离圆形截面中心的距离，mm；

　　R——圆形截面半径，mm；

　　i——从圆形截面中心算起的测点的序号；

　　N——圆形截面所需等面积圆环数。

式（2-209）表明，每个等面积圆环的厚度越靠外越小，且环形测点的中心线并不是每一个等面积圆环内外径的中间线，而是中心线略偏外一些。简单推导如下：

（1）圆形截面总面积为 πR^2，每个等面积圆环面积为 $\pi R^2/N$。

（2）最中心为小圆面积，其半径 $r_{\min} = R \times \sqrt{\dfrac{1}{N}}$，内部有两个测点，每个测点代表该圆一半面积。假定测点与圆心的距离为 r_1，测点外是一个环状，测点内是一个更小的圆，两者面积相等，则有

$$\pi r_{\min}^2 - \pi r_1^2 = \pi r_1^2 \Rightarrow \pi r_{\min}^2 = 2\pi r_1^2$$

即

$$r_1 = r_{\min}\sqrt{\frac{1}{2}} = R\sqrt{\frac{1}{2N}} = R\sqrt{\frac{2 \times 1 - 1}{2N}}$$

（3）第二个环的内径为 $r_{2,\mathrm{n}} = r_{\min}$，假定其外环直径为 $r_{2,\mathrm{w}}$，则有

$$\pi r_{2,\mathrm{w}}^2 - \pi r_2^2 = \pi r_2^2 - \pi r_{2,\mathrm{n}}^2$$

即

$$\pi r_{2,\mathrm{w}}^2 + \pi r_{2,\mathrm{n}}^2 = 2\pi r_2^2$$

第二个环外径所包含的面积为 $\pi r_{2,\mathrm{w}}^2$，其大小也为 $\dfrac{2\pi R^2}{N}$，这样就有

$$\frac{3\pi R^2}{N} = 2\pi r_2^2$$

$$r_2 = R\sqrt{\frac{3}{2N}} = R\sqrt{\frac{2 \times 2 - 1}{2N}}$$

（4）假定第 i 个等面积圆环的外径为 $r_{i,\mathrm{w}}$，内径为 $r_{i,\mathrm{n}}$，测点位于半径 r_i 上，则同理可得

$$\pi r_w^2 - \pi r_i^2 = \pi r_i^2 - \pi r_n^2$$

即

$$\pi r_w^2 + \pi r_n^2 = 2\pi r_i^2$$

同样，外径所包含的面积为 $\dfrac{i\pi R^2}{N}$，内环所包含的面积为 $\dfrac{(i-1)\pi R^2}{N}$，最终可以得出

$r_i = R\sqrt{\dfrac{2i-1}{2N}}$，即式（2-209）。

（5）如果在一个环内增加两个测点，最好是再增加一条线上的两个点，即垂直方向一条线，可以把该环再次平分，这时它的位置在垂直直径上相同的位置。

矩形截面则简单得多，因为其中心点很好确定，采用对角线交叉或延长中心线交叉

都很容易找到。对于目前的大面积烟气流通截面，N 的数量可以适当降低，但每一个等面积的边长不得超过 1m。换句话说，每个测点所代表的物理量是不超过 $1m^2$ 所在流道截面的平均值。

3. 测量位置与网格点增减

尽管用速度加权平均可以更准确地测量温度、烟气成分，但由于烟气速度的测量是一件很复杂的事，如果烟道内烟气速度相对均匀，用数学平均代替速度加权平均，就可大大减轻工作强度。因此，烟气取样点的位置需要考虑烟气流量和成分的均匀性，以及测量的方便。

空气预热器进口烟气取样点的位置一般布置在空气预热器的进口烟道上，此处烟气经过很长时间的混合，非常均匀，切圆燃烧的锅炉更是如此，因此可以适当减少测量点，甚至只测一点即可。空气预热器进口网格测量主要是针对旋流燃烧和对冲燃烧的锅炉。在空气预热器出口，烟气取样点可有多个位置布置测点。如图 2-30 所示。位置 1 最接近空气预热器出口，但由于空气预热器漏风的影响，该位置的氧量分布不均匀，且测量空间往往不够；位置 2、3 的氧量分布也不均匀，且在转弯烟道后流速分布不均匀，在此测量需要增加取样点的数量，或者将流速和烟气成分一并测量，采用流速加权平均值；位置 4 在电除尘器前的水平烟道上，有相对较长的直管段，由于烟气有水平段的混合作

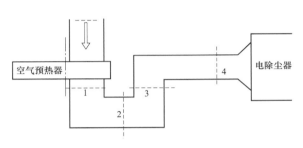

图 2-30　不同的排烟测量位置

用，烟气成分和流速相对均匀。但在该位置测量需要保证空气预热器出口至测量截面的烟道不漏风，若在该位置也测量排烟温度，则要考虑烟气从空气预热器出口至测量截面的温降。对于保温良好的烟道，该温降一般在 $1\sim2℃$。

空气预热器测点在设计时就应当充分考虑。如某电站 350MW 机组配置两台空气预热器，设计空气预热器出口烟道时只考虑节约成本，并未考虑测量问题，导致测点布置非常困难。该机组每侧空气预热器出口烟道尺寸约为宽 7m、深 3m，操作平台只有不到 $1.5m^2$ 的空间，给测孔开设和测点布置带来很大难题，只能选择较短的取样枪，造成测量工作量很大。再如大机组烟道尺寸太大，导致取样枪太长且实际操作时取样枪难免弯曲，导致无法准确测量。

4. 烟气成分的网格法测量及要求

烟气的成分主要有 O_2、CO、NO_x、SO_2、CO_2、N_2 和水蒸气等，可根据试验项目的不同，有选择地进行测量以确定烟气比热容和实际烟气量。锅炉效率性能试验要求测量 O_2、CO、NO_x、SO_2，CO_2 可计算或测量，N_2 通过反算获得；一般的效率试验测量 O_2 和 CO 即可，污染物排放试验则需要增加 NO_x、SO_2 的测量。

烟气成分的测量一般先是把烟气从烟道中抽取出来后，由烟气分析设备进行分析确定。其测量系统由两部分组成，即样品采集与传输系统和烟气分析仪。样品采集与传输

系统由多取样头网格、取样管线、烟气混合设备、过滤器、冷凝器或气体干燥器、抽气泵等组成，烟气经过采集与传输系统后，过滤了粉尘，去除了水分，最后分析得到各成分干基下的体积浓度。取样管路材料尽可能接近取样点，并保证在工作温度下与样品不发生反应，不泄漏，必要时管路引出炉墙后应保温或加热。典型的逐点测量的烟气取样系统如图 2-31 所示。

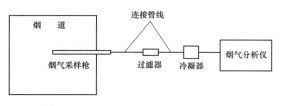

图 2-31　典型的烟气采样系统（逐点测量）

烟气成分的网格法测量较为复杂，网格法取样可以有以下三种方式：

（1）对各取样点采用烟气多点取样混合器进行混合取样，如图 2-32 所示，对各取样点的混合烟气在试验期间进行连续取样分析，来自每一取样头的流量保持接近。由于抽气量较大，一般需要单独配置抽气泵和多组分烟气分析仪。

这种方法可以实现连续测量或间隔一定时间测量，以得到烟气成分随时间的变化趋势，从而得到烟气成分在整个试验期间沿空间和时间的平均值。但也有其缺点：①无法确知到分析仪器的混合烟气是否混合均匀，在烟气成分变化时可能无法及时发现，且记录的数据为不同时间（变化前、后）混合的烟气成分。②无法得到烟气成分在空间上的分布。③用有机玻璃做成的混合器容易漏空气，影响测量的准确性。④为保证各网格点流量相同，应加装可调流量阀调整和流量计监测，并在测量过程中实时调整，否则在参数分布不均时会因抽气量的不合理加权引起较大误差。⑤当测定成分为二氧化硫、硫化氢等易溶于水的气体成分时，不宜采用注水式多点取样混合器，且测量 SO_2 时取样管道需要考虑恒温伴热。

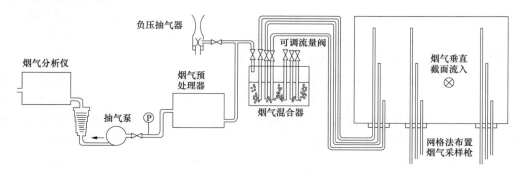

图 2-32　烟气混合采样器示意图

（2）对各取样点逐点取样和测量，烟气成分的平均值取各取样点的算术平均值或流速加权平均值，这种方法可以得到烟气成分在截面上的分布，且适用于截面流速和氧量分布都很不均匀、需要进行流速加权平均来计算平均烟气成分的场合。这种方法测量简单，可使用移动式烟气分析仪，但是工作量很大，无法得到对烟气成分随时间的波动情况，在测试工况不是很稳定的条件下，得到的平均烟气成分存在一定的误差。

（3）采用数据采集系统的测量方法。逐点测量法每次只能测量一个测点，测量时间较长；多点取样混合器法每次只能测量一列（排），而 GB/T 10184—2015 要求烟气成分的测量时间间隔为 5～15min，对测量的要求更高。数据采集系统可以克服前两种方法的缺点，但是系统异常复杂，需要把所有位置点的取样器预先集中装好在烟道中，并且把这些取样枪通过多个管线引到特定的管路切换装置中，然后由烟气分析仪逐点测量，如图 2-33 所示。目前的困难除了系统复杂外，测量切换装置的工作也不太稳定。同时管路的增加，给烟气分析仪的抽吸力带来了一些额外要求。为了实现数据采集和传输，还需要将烟气分析仪的结果，以及烟气温度的结果均转换为 4～20mA 信号，通过分散式数据采集系统输送到电脑（终端），实现自动记录。

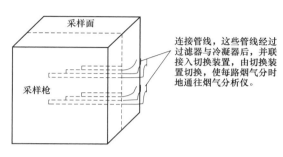

图 2-33　采用烟气数据采样系统

5. 烟气温度的网格法测量与要求

空气预热器出口烟气温度用于计算锅炉热效率；空气预热器进口烟气温度则用于修正锅炉热效率，以及空气预热器传热性能的分析和空气预热器的运行监视。与烟气成分相比，烟气温度的测量相对简单，网格布置原则与烟气取样点的网格布置原则相同，但测量网格点位置必须与烟气成分测量点（取样点）位置相同。

空气预热器进、出口烟气温度测量最常用的一次仪表是热电偶和热电阻，热电阻测量范围较小，响应时间比热电偶长，但其较热电偶准确。无论是哪一种测量仪表，均需要根据测量对象的温度范围选择精度最高的仪器。例如对于空气预热器出口温度的测量，通常采用 T 型铠装热电偶测量，若用 K 型热电偶测量，则误差相对较大；而对于空气预热器进口温度的测量，则采用 K 型铠装热电偶测量，如用 T 型热电偶测量时，则可能造成超量程，测量精度不高。

对于锅炉性能验收试验，空气预热器进、出口烟气温度测量的二次仪表最好使用数据采集系统，以得到烟气温度的时间和空间平均值。这主要是由于燃烧工况不可能绝对稳定，烟气温度存在随时间波动的原因。数据采集系统的形式有多种，如英国的 IMP 数据采集系统和我国某大学独立开发的 893 系列数采系统，都带有环境温度的自动补偿，可方便地实现各测点的温度测量、显示、储存和计算，得到温度的空间平均值和时间平均值。

对于一般的热效率测量，也可以采用手持式温度测量仪逐点测量多网格点的温度，一般要求巡回测量两次，取两次测量的平均值。手持式温度测量仪也有多种型号可供选择，各测温仪均带有环境温度的自动补偿，可适应多种型号的热电偶和热电阻，直接得到测量温度，因此需要选择好相应的型号。

烟气温度的网格法测量还需要注意以下的问题：

（1）必须保证热电偶或热电阻在测量环境中达到热平衡，即测量等待时间需要超过热电偶或热电阻的响应时间，温度示值稳定后才读数。热电阻的响应时间比热电偶长。

（2）热电偶导线与电源线不得平行放置，以避免感应电的干扰。

（3）热电偶的补偿导线的类型应与热电偶的类型一致。

（4）每个电偶单独读数，不允许把热电偶的输出端接在一起读数。

6. 代表法测量

我国性能试验标准标定：锅炉鉴定和验收试验应采用网格法取样，如测量截面氧量和速度分布中有一项较均匀，也可采用多代表点取样。用网格法或多代表点法取出的各点样品在不影响精度的前提下可混合为 1 个或 2 个样品进行分析。目前在电站锅炉性能试验的烟气成分和温度测量时，都应先进行逐点网格法测量，根据实际烟气成分的分布情况确定是否进行多代表点取样；选择多代表点后可以进行间隔取样或混合连续取样，以满足标准间隔时间或连续测量的要求。

当采用多代表点测量时，取样点总数应少于 4 点。多代表点的测量方法主要用于逐点测量烟气参数与烟气温度的网格法测量方式，可以节省工作量，提高工作效率，特别是对于多工况的燃烧调整试验，不再计较效率试验的微小变化，而重在寻找最优工况。

代表点法测量的应用需要注意以下事项：

（1）代表点的选择不是随机选取代表点，而必须基于网格法测量的结果选取，即网格法测量完成后，选取 2～3 个不同的测孔。这些测孔所有测点的平均值与网格内所有测点的平均值接近，这种方法所得到的代表点具有较好的稳定性与精度。

（2）在烟气中的氧量或烟气速度分布有一项较均匀的条件下才可采用多代表点取样，否则采用网格法取样。

（3）被测量截面速度分布或温度分布有一项较均匀时，可采用代表点测量；若被测截面存在明显的烟气分层流动现象，应采用流量加权（参考 ASME 规定，本书只推荐进行流速或体积流量加权，而非质量流量加权）的方法计算得到该截面的温度加权平均值。

（4）只要各代表点的烟气成分平均值与网格法测量的截面烟气成分平均值一致或接近，该点就可以作为该截面的代表点，这样可以得到多组不同的代表点，各组代表点的平均值都与网格平均值接近。

（5）烟气温度代表点应根据测量情况分别选取，两者不一定在同一位置，不一定完全一致。

（6）在不同的燃烧工况下，由于烟气速度分布会改变，因而并不是每一组代表点都能在不同工况下稳定地代表截面的烟气成分平均值。一个工况下获得的代表点，只能应用非常类似的工况。例如额定负荷下的两个不同燃烧工况下，最好进行 3 个或 3 个以上不同燃烧工况的网格法测量。

（7）每侧空气预热器进口或出口按一个测量单元考虑，若每侧空气预热器出口有两个烟道，则按两个烟道的网格平均值选取代表点。

（8）两侧空气预热器进口或出口的代表点（代表孔）往往具有对称性。图 2-34 所示为某锅炉空气预热器出口在不同时期代表点的选取结果，从图中可以看到所选代表点的稳定性和两侧对称性。当然，代表一个截面烟气成分平均值的稳定代表点可以有不同的选取结果，而且代表点的选取结果与网格法测量时的燃烧工况稳定性有关。

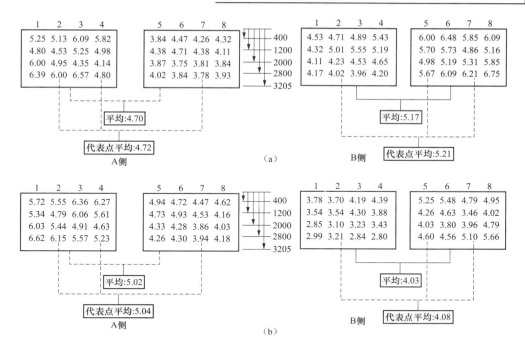

图 2-34 某锅炉空气预热器出口在不同时期代表点的选取结果

（a）2004 年 3 月；（b）2004 年 11 月

选取代表点测量时必须注意，工况变化很大时，代表点位置的变化也会很大，必须重新寻找。例如绝不可以把 100%负荷下得到的代表点用于测量 50%负荷。

第七节 正平衡法热效率及燃料量测量

一、正平衡计算效率的方法

如第一章所述，正平衡锅炉效率的计算公式为

$$\eta = \frac{Q_{out}}{Q_{net,ar}} \times 100$$

上式中，Q_{out} 为单位燃料的锅炉输出热量，包含工质在锅炉能量平衡系统中所吸收的热量，以及排污水和其他外用蒸汽所消耗的热量等。空气在空气预热器吸热后又回到炉膛，其吸热量属锅炉内部热量循环，不应计入。以最为常见的一次再热机组为例，锅炉输出热量计算公式为（对于多次再热机组，应加入其余各级再热器吸收的热量）

$$Q_{out} = Q_{st,SH} + Q_{st,RH} + Q_{st,aux} + Q_{bd} + Q_{SC} \qquad (2\text{-}210)$$

式中 Q_{out} ——输出锅炉系统边界的有效热量，kJ/kg 或 kJ/m³；

$Q_{st,SH}$ ——过热蒸汽带走的热量，kJ/kg；

$Q_{st,RH}$ ——再热蒸汽带走的热量，kJ/kg；

$Q_{st,aux}$ ——辅助用汽带走的热量，kJ/kg；

$Q_{st,bd}$ ——排污水带走的热量，kJ/kg；

Q_{SC} ——冷渣水带走的热量，计算见公式（2-133），一般煤粉炉此项为零，kJ/kg。

1. 过热蒸汽带走热量

过热蒸汽带走热量，根据给水流量、过热器减温水量和主蒸汽流量及焓值计算，即

$$Q_{st,SH} = \frac{1}{q_{m,f}}(q_{m,st,SH,lv}H_{st,SH,lv} - q_{m,fw,ECO,en}H_{fw,ECO,en} - \sum q_{m,sp,dSH}H_{sp,dSH}) \qquad （2-211）$$

式中 $q_{m,st,SH,lv}$ ——过热蒸汽出口蒸汽流量，kg/h；

$H_{st,SH,lv}$ ——过热蒸汽出口蒸汽焓，kJ/kg；

$q_{m,fw,ECO,en}$ ——省煤器进口给水流量，kg/h；

$H_{fw,ECO,en}$ ——省煤器进口给水焓，kJ/kg；

$q_{m,sp,dSH}$ ——过热器减温水流量，kg/h；

$H_{sp,dSH}$ ——过热器减温水焓，kJ/kg。

式（2-211）中过热器减温水取自高压加热器出口（省煤器进口），省煤器进口给水流量不包括过热器减温水量；若取自省煤器出口，则过热器减温水包含在省煤器进口给水流量之中，不需要单独计算此项。

2. 再热蒸汽带走热量

再热蒸汽带走热量，根据再热器进口蒸汽流量、再热器出口蒸汽流量及再热器减温水量及焓值计算，即

$$Q_{st,RH} = \frac{1}{q_{m,f}}(q_{m,st,RH,lv}H_{st,RH,lv} - q_{m,st,RH,en}H_{st,RH,en} - \sum q_{m,sp,dRH}H_{sp,dRH}) \qquad （2-212）$$

式中 $q_{m,st,RH,lv}$ ——再热蒸汽出口蒸汽流量，kg/h；

$H_{st,RH,lv}$ ——再热蒸汽出口蒸汽焓，kJ/kg；

$q_{m,st,RH,en}$ ——再热蒸汽进口蒸汽流量，kg/h；

$H_{st,RH,en}$ ——再热蒸汽进口蒸汽焓，kJ/kg；

$q_{m,sp,dRH}$ ——再热器减温水流量，kg/h；

$H_{sp,dRH}$ ——再热器减温水焓，kJ/kg。

式（2-212）适用于一次再热机组，对于多次再热机组，应加入其余各级再热器吸收的热量。

3. 辅助用汽带走的热量

从锅炉机组系统边界内锅筒、过热器或再热器抽出的离开锅炉系统边界作为其他用途的辅助用蒸汽带走的热量，由辅助用蒸汽流量及焓值计算，即

$$Q_{st,aux} = \frac{q_{m,st,aux}}{q_{m,f}}(H_{st,aux} - H_{fw,ECO,en}) \qquad （2-213）$$

式中 $q_{m,st,aux}$ ——辅助用蒸汽流量，kg/h；

$H_{st,aux}$ ——辅助用蒸汽焓，kJ/kg；

$H_{fw,ECO,en}$ ——省煤器进口给水焓，kJ/kg。

式（2-213）适用于一次辅助抽汽机组，对于多次辅助抽汽机组，应加入其余各级抽

汽带走的热量。在锅炉性能试验中，如果辅助用汽能够被隔离或采用锅炉系统边界外其他辅助汽源，则该项热量为零。

4. 排污水带走的热量

锅炉连排、定排或疏水等排污水带走的热量，由各处排污水流量和焓值计算，即

$$Q_{bd} = \frac{1}{q_{m,f}} \sum q_{m,bd} (H_{w,sat} - H_{fw,ECO,en}) \tag{2-214}$$

式中 $q_{m,bd}$——排污水流量，kg/h；

$H_{w,sat}$——排污水焓，kJ/kg；

$H_{fw,ECO,en}$——省煤器进口给水焓，kJ/kg。

在锅炉性能试验中，如果锅炉连续排污和定期排污能够关严，该项热量为零。

二、正平衡试验相关测量要求

1. 蒸汽和给水温度测量的要求

测量管道内的蒸汽和给水温度时，应采用插入式套管，套管插入深度应达到 1/3 管内径，并远离束状流区域。给水温度测点应尽可能选在靠近省煤器进口处。

当蒸汽温度成为重要测试项目时，如果条件许可，应分别从两个尽可能相互靠近的测点进行测量，该两个测点读数偏差应不超过其平均值的±0.25。

注：饱和蒸汽温度可根据饱和蒸汽压力由《水和蒸汽的性质》查得。

2. 汽水系统压力测量

压力和压差测量可采用单圈弹簧管压力表、U 形管压力计、电子式微压计、膜式压力计、压力和差压变送器；压力计的最小分度应满足试验精度和对压力波动观察的要求；选择压力计时，应使被测压力值处于其满刻度范围的 1/2～3/4 区段内（下限适用于压力波动大的情况，上限适用于压力变化范围小的情况）。

压力测点尽量靠近相应设备进、出口，压力计及传压管应装设在不受高温、冰冻和振动干扰的部位；应对取压点和测量仪器之间的高度差进行修正。

3. 蒸汽流量测量的要求

蒸汽流量一般采用喷嘴或孔板测量，温度和压力测点应布置在流量装置上游。

过热蒸汽流量采用锅炉给水流量，并考虑给水流量测量点之后至过热器出口的任何补充或抽取的流量，如连续排污、过热器减温器减温水流量、锅炉循环泵注水、汽包水位变化等。试验期间，还应对在上述区段内可能的泄漏量进行测量和记录，并在计算过热蒸汽流量时计入。

当锅炉试验与汽轮机试验同步进行时，可直接采用汽轮机试验所得的主蒸汽流量。

再热蒸汽流量可以用过热蒸汽流量减去相应的抽气量、汽轮机高压缸漏气量，再加上减温器喷水量等计算得出。

4. 给水和减温水流量测量的要求

给水和减温水流量一般采用孔板或喷嘴测量；为防止给水在节流件中汽化，水的压力应比水温实测值所对应的饱和压力高 0.25MPa，或水的实测温度应比测量的压力所对应的饱和温度低 15℃。

三、燃料消耗量的估算

由式（2-210）～式（2-214）可知，计算各项热量需要知道燃料量，而正平衡效率试验中锅炉燃料量的测量难度和精度与反平衡试验一样，所以实际正平衡试验更多是用来估算燃料量的，即

$$q_{m,f} = \frac{100(q_{m,f}Q_{out})}{\eta Q_{net,ar}} \qquad (2\text{-}215)$$

式（2-215）中，$q_{m,f}Q_{out}$ 即式（2-210）～式（2-214）中流量和焓值的计算部分，结果为单位时间输出系统边界的热量（kg/h），通过试验测量计算。

式（2-215）计算出来的燃料量是进入锅炉的实际燃料量，即包括已燃烧和未燃烧的燃料。在苏联与我国的教学体系里，一般把灰渣中的可燃物当作未燃烧的煤。因此，扣除 q_4 造成的影响，实际燃烧掉的燃料量（热力计算中称为计算燃料量）$q_{m,f,cr}$ 为

$$q_{m,f,cr} = q_{m,f}\left(1 - \frac{q_4}{100}\right) \qquad (2\text{-}216)$$

但是我国性能试验标准把可燃物含量当作游离的碳（纯碳），本书认为这样的假定更为合理，据此可计算燃料量 $q_{m,f,cr}$，即

$$q_{m,f,cr} = q_{m,f}\left(1 - \frac{q_4}{100} \times \frac{Q_{ar,net}}{33727}\right) \qquad (2\text{-}217)$$

由于燃料测量不准确，所以在锅炉性能试验中，凡涉及燃料量的计算（如与石子煤有关的计算），其计算精度均不高，因而应对燃料量进行迭代计算，计算方法如图 2-35 所示。

四、与汽轮机热耗试验的联系

1. 主蒸汽流量及给水流量

随着机组参数的升高，主蒸汽参数也越来越高，直接测量主蒸汽流量基本不太现实。如果采用 DCS 主蒸汽流量，考虑我国电站中大部分锅炉的主蒸汽流量都是利用调节级后的压力，根据费留格尔公式进行计算。该公式可能有 3%～5% 的误差，从而锅炉输出热量的测量精度很可能只是稍高于燃料量的测量精度，造成按图 2-35 计算出的燃料量出现较大偏差。

为了解决这个问题，可同时安排锅炉性能试验与汽轮机性能试验。目前汽轮机性能试验按照 ASME PTC 6 或 GB/T 8117 执行，试验期间机组

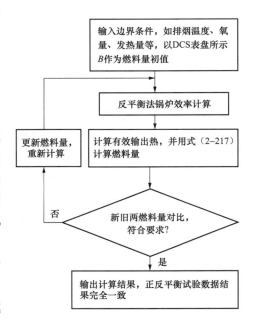

图 2-35　利用锅炉效率进行燃料量迭代求解

要按照隔离清单进行隔离（辅汽自用），同时试验期间系统不补水，锅炉定排、连排关闭，试验前进行系统不明泄漏量的测定，以检查热力系统的严密性。主流量测量一般采用两组高精度标准喷嘴测量主凝结水流量，流量测量管段安装在 5 号低压加热器出口至除氧

器入口之间的凝结水直管道上。辅助流量采用长径喷嘴测量的，包括一级、二级过热器减温水流量、再热汽减温水流量等；采用标准喷嘴测量的，包括汽动给水泵汽轮机的蒸汽流量。其余门杆、轴封漏汽等多采用设计值或实测值。主要压力和温度均采用高精度压力变送器和高精密热电偶测量，例如各级加热器中的进口蒸汽压力、温度，疏水压力、温度，以及进、出口水压力、温度，重要测点如主蒸汽、再热蒸汽、高压排汽等均采用双重测点布置。

在测量凝结水流量的基础上，通过各级加热器的热量平衡和质量平衡来计算给水流量。每级加热器疏水均逐级自流至下级加热器，末级高压加热器疏水自流至除氧器；假定试验期间各级高压加热器无泄漏（如高压加热器大旁路泄漏则需要测量），则每级高压加热器进水均为同一给水流量（高压加热器出口给水流量）。加热器平衡图见图 2-36，对于第一级加热器（没有上级来的疏水），则用

$$D_i = \frac{(D_s)_i[(h''_s)_i - (h'_s)_i]}{(h'_q)_i - (h''_q)_i} \tag{2-218}$$

对于其余加热器，则用

$$D_i = \frac{(D_s)_i[(h''_s)_i - (h'_s)_i] - (D_{sh})_i[(h'_{sh})_i - (h''_q)_i]}{(h'_q)_i - (h''_q)_i} \tag{2-219}$$

式中　　D_i ——第 i 级抽汽加热器进口蒸汽流量，t/h；

$(D_s)_i$ ——第 i 级抽汽加热器水流量，t/h；

$(D_{sh})_i$ ——上级抽汽加热器逐级自流来的疏水流量，t/h；

$(h'_{sh})_i$ ——上级抽汽加热器逐级自流来的疏水焓，kJ/kg；

$(h'_q)_i$、$(h''_q)_i$ ——第 i 级抽汽加热器进、出口蒸汽焓，kJ/kg；

$(h'_s)_i$、$(h''_s)_i$ ——第 i 级抽汽加热器进、出口水焓，kJ/kg。

根据对高压加热器及除氧器逐级能量平衡和质量平衡，以及测量凝结水流量，通过迭代计算求出给水流量。则有：主蒸汽流量=给水流量-分配到炉侧的系统不明漏量或主蒸汽流量=给水流量+过热器减温水流量-分配到炉侧的系统不明漏量。

为了减少流量测量装置影响低压力的再热蒸汽做功，再热蒸汽流量一般不直

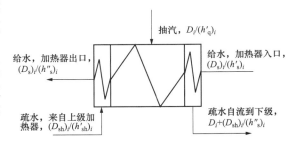

图 2-36 基于加热器的热平衡计算抽汽流量

接测量，而是通过质量平衡计算，即冷端再热蒸汽流量=主蒸汽流量-高压门杆漏汽总流量-高压缸前、后轴封漏汽总量-高压缸各段抽汽量；热端再热蒸汽流量=冷端再热蒸汽流量+再热器减温水量。

当锅炉验收试验与汽轮机验收试验同时进行时，一般此时 Q_{bd}、$Q_{st,aux}$ 项为零。可直接采用汽轮机试验中所得给水流量、主蒸汽流量、再热器蒸汽流量，以及各级减温水量等作为锅炉正平衡试验的确定值，从而计算输出热量。

2. 锅炉燃料量

利用汽轮机性能试验所得热耗来精确地计算锅炉输出热量，进一步计算燃料量。汽轮机热耗与锅炉燃料量的关系为

$$q_{m,f} = \frac{qP_e}{Q_{net,ar}\eta\eta_{gd}} \times 10^4 \qquad (2\text{-}220)$$

式中　q——汽轮机性能试验所得热耗率，是精确量，kJ/（kW·h）；

　　　P_e——为性能试验时发电机的输出功，kW；

　　　η_{gd}——管道效率，一般取 99，%。

第八节　锅炉性能试验常用的测量仪器

一、测试仪器的一般要求

（1）鉴定和验收试验的主要测试项目所用仪器应为专用仪器。

（2）测试仪器应在检定或校准有效期内。

（3）如果运行表计达到测试要求的精度等级，并经校准合格，也可采用运行表计。

（4）试验开始前和试验结束后，均应采用标准气体分析仪器进行整定。

（5）测量仪器可在试验后进行复校，如发现异常则应对所测数据进行修正或舍弃所测数据。

（6）经试验各方协商同意，也可使用未包含在标准规定范围内的仪器。

主要测试仪器的测量误差见表 2-22。

表 2-22　　　　　　　　　　主要测试仪器的最大允许误差

序号	测量项目		允许误差（按满量程计）/%
1	水和蒸汽	流量	±0.35
2		压力	±0.25
3		温度	±0.40
4	燃料量	流量	±0.5
5	脱硫剂量	流量	±0.5
6	空气和烟气	流量	±5.0
		压力	±0.25
		温度	±0.40
7	烟气成分	氧量	±1.0
		二氧化碳	±1.0
		一氧化碳	±5.0（读数的百分数）
		二氧化硫	±5.0（读数的百分数）
		一氧化氮	±5.0（读数的百分数）

二、温度测量仪器

（一）热电偶温度计

热电偶温度计由热电偶、电测仪表和连接导线组成，可以直接把温度信号变为电压信号，非常方便地进行远传与实现多点切换，同时价格低廉、测量精度高，是使用最为广泛的温度测量元件。

1．测量原理

如果两种不同材料的导体（或半导体）A 和 B 构成闭合回路，如图 2-37 所示。当两个接触端温度 $T_1 > T_2$ 时，回路中将产生电动势，这种现象称为热电现象，产生的电动势称为热电动势，AB 构成的闭合回路称为热电偶，T_1 为测量端（热端、工作端），T_0 为参比端（冷端、自由端），热电偶就是根据这种原理制成的温度测量元件。

图 2-37　热电偶测温原理

热电动势由接触电动势和温差电动势组成。由于导体材料内部自由电子密度不同，当两种不同导体相互接触时接点处产生的电动势。自由电子从密度大的导体扩散到密度小的导体中，失去电子的导体呈阳性，获得电子的导体呈阴性，因此又形成了一个内部电场，此电场阻碍自由电子的进一步扩散。当电场力与扩散力达到平衡时，接点处形成一定的电位差。

接触电动势是接点温度的函数，与两种导体的性质有关，其大小为

$$E_{AB}(T) = \frac{kT}{e} \ln\left(\frac{N_A}{N_B}\right) \qquad (2\text{-}221)$$

式中　k——波尔兹曼常数 1.38×10^{-23}，J/K；

　　　T——接点温度，K；

　　　e——单位电荷数，4.802×10^{-10}，绝对静电单位制；

N_A、N_B——导体 A、B 在温度 T 时的自由电子密度。

同时，如果一种材料导体的两端位于不同的温度下，就会产生一定的电动势，这种电动势称为温差电动势（温度高的一侧自由电子能量大，因此电子扩散时从高温端移向低温端的数量多，返回的数量少，形成的内部电场力与扩散力平衡时，导体呈电性，产生的温差电动势也称为汤姆逊电动势）。数值上表示为

$$e_A(T, T_0) = \int_{T_0}^{T} \delta \mathrm{d}t = e_A(T) - e_A(T_0) \qquad (2\text{-}222)$$

式中　δ——汤姆逊系数，表示温差为 1℃时所产生的电动势，与材料的性质有关；

　　　$e(T)$——只与导体性质及温度有关，与导体长度、截面积及温度分布无关。

可见，两种电动势都仅与温度有关，与导体材质和接点温度相关，而与形状、接触面积无关。若 T_0 恒定、材料恒定，则热电动势与绝对温度 T 呈一一对应关系。

热电偶有以下四大基本定律：

（1）均质导体定律。沿导体长度方向各部分化学成分均相同的导体称为均质导体。如果由一种均质导体所组成的闭合回路，不论导体的截面积如何及导体各处的温度分布

如何，都不能产生热电动势。

通过该定律可知，热电偶必须由两种不同材质的导体构成；反之，若两种导体组成的闭合回路产生热电动势，则材料肯定是非均质，这样就对热电偶的材料产生了较高的要求，性能试验必须对热电偶进行校验。

（2）中间导体定律。在热电偶回路中接入中间均质导体，只要导体两端温度相同，就对回路总电动势没有影响，这样就使得热电偶用仪表测量热电动势成为可能，且提出了测量接线及环境要求。根据该定律可得：如果导体 A、B 对 C 材料的热电动势是已知的，则 A、B 构成热电偶的热电动势为它们对 C 热电动势的代数和，如图 2-38 所示。这样，只要通过试验获得某些电极与标准铂电极的热电动势，则其中任何两个电极配成的热电偶热电动势即可通过计算获得，这样就大大简化了热电偶的研制过程，使人们在很短的时间内研制出大量的热电偶种类。

图 2-38　中间导体定律　　　　图 2-39　热电偶补偿导线示意图

（3）连接导体定律。热电偶回路中如果热电偶 A 和 B 分别与导体 A′、B′相接，接点温度分别为 T、T_n、T_0，则回路总电动势等于热电偶热电动势和连接导体热电动势的代数和，如图 2-39 所示。该定律的作用为：若 A′、B′ 材料热电特性在 T_n、T_0（低温区）与 A、B 的热电特性相同，则可用 A′、B′材料代替 AB 延长热电偶。

（4）中间温度定律。两种均质材料 AB 构成热电偶，两端温度分别为 T、T_0，如果有一个中间温度 T_n，则热电动势不受影响。

2. 热电偶的种类与使用要求

热电偶工艺成熟，能批量生产、性能稳定、应用广泛，我国从 1988 年 1 月 1 日起，热电偶和热电阻全部按 IEC 国际标准生产，并指定 S、R、B、K、N、E、T、J 七种标准化热电偶为我国统一设计型热电偶，如表 2-23 所示。标准化热电偶的热电势与温度的关系如图 2-40 所示。

表 2-23 标准化热电偶

分度号	材料	测量范围（℃）	允许误差	备注
S	铂铑 10-铂	0～1100	±1℃	GB/T 1598—2010《铂铑 10-铂热电偶丝、铂铑 13-铂热电偶丝、铂铑 30-铂铑 6 热电偶丝》
		1100～1300	$\pm [1+（t-1100）\times0.003]$ ℃	
R	铂铑 13-铂	0～1100	±1℃	
		1100～1600	$\pm [1+（t-1100）\times0.003]$ ℃	
B	铂铑 30-铂铑	0～1600	±0.25%	
K	镍铬-镍硅	−200～1200	±1.5℃或±0.4%	GB/T 2614—2010《镍铬-镍硅热电偶丝》

分度号	材料	测量范围（℃）	允许误差	备　注
N	镍铬硅-镍硅	−200～1200	±1.5℃或±0.4%	GB/T 17615—2015《镍铬硅-镍硅镁热电偶丝》
E	镍铬-康铜	−200～800	±1.5℃或±0.4%	GB/T 4993—2010《镍铬-铜镍（铜铜）热电偶丝》
T	铜-康铜	−200～350	±0.5℃或±0.4%	GB/T 2903—2015《铜-铜镍（康铜）热电偶丝》
J	铁-康铜	−40～750	±1.5℃或±0.4%	GB/T 4994—2015《铁-铜镍（康铜）热电偶丝》

除上述分类外，根据组成材料与应用范围不同，热电偶还可以分为如下几类：

（1）贵金属热电偶。包括铂铑系列热电偶（最高测量温度为 1850℃）、铱铑系列热电偶（最高测量温度达 2250℃）、铂-金热电偶（具有极高的稳定性，主要用于航天技术和高精度测量领域）。

（2）贵-廉金属混合式热电偶。主要有金铁合金热电偶（用于低温测量，测温范围 −270～0℃，且在低温下都有较高的灵敏度和稳定性）和双铂钼热电偶（热电偶可用于核辐射场合中，也可以在真空和惰性气体中长期使用，最高温度为 1600℃）。

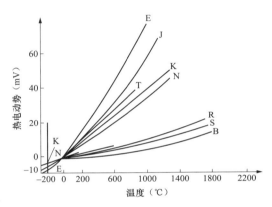

图 2-40　标准化热电偶热电势与温度的关系

（3）难熔金属热电偶。钨铼合金热电偶，熔点高于 3000℃，最高测量温度可达 2500～2800℃，稳定性好、线性度好，在冶金、建材、航空航天和核能工业中具有良好的应用前景，是一种在高温测量领域很有发展前途的热电偶。钨钼热电偶最高测量温度为 2000℃，价格便宜，但热电动势小。

（4）非金属热电偶。由非金属材料制成的热电偶目前仍处于研究阶段，主要问题是它的复现性和机械强度差，但热电动势大，如碳-硅碳热电偶在 1700℃时，热电动势为 508mV。

需要根据不同的测温区间选择不同类型热电偶。锅炉效率试验有两个测温区：①排烟温度区间，温度在 100～200 称为低温压。②省煤器出口、空气预热器入口部位，温度区为 300～400℃，称为中温区。根据这一特点，应在低温区选择 T 型热电偶，而在中温区，J、E 型热电偶都是很好的选择。燃烧调整试验时，锅炉还要在 400～1000℃的高温区进行测量，必须使用高温热电偶 K 型（价格最为便宜，制造最为简单），很多单位都有大量的 K 型热电偶，在这种情况下中温区也多采用 K 型热电偶进行测量。

3. **热电偶的结构形式**

铠装热电偶是由感温元件（热电偶）、引线、绝缘材料、不锈钢套管组合而成的坚实体，它的外径一般为 2～8mm，如图 2-41 和图 2-42 所示。与普通型热电偶相比，具有下列优点：①体积小、内部无空气隙、热惯性小、测量滞后少。②机械性能好、耐振，抗冲击。③能弯曲，便于安装。④使用寿命长。

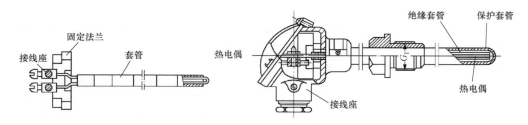

图 2-41　普通装配式热电偶结构

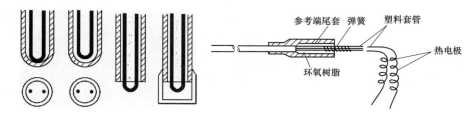

图 2-42　铠装热电偶的结构

4. 热电偶的冷端处理

由热电偶特性可知，只有冷端温度 T_0 可知并恒定时，热电偶输入的热电动势 e 才与被测热端温度 T 呈单值函数关系，所以需要进行冷端处理，否则测量不出准确的值，这个过程称为冷端处理。人们在使用过程中，找到了各种各样的冷端处理方法。

（1）冷端恒温法。冷端恒温法基于热电偶产生的原理，是最简单的一种冷端处理方法，但也是最不方便实现的一种方法，如图 2-43 所示，只宜于实验室应用或校验精度时使用。

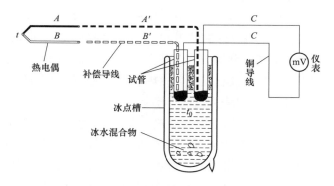

图 2-43　冰点槽法冷端处理

也可以把冰点槽换成恒温箱，这时由于恒温数值 T_0 已知，可用式（2-223）修正，即

$$E(T,0)=E(T,T_0)+E(T_0,0) \tag{2-223}$$

（2）冷端补偿器法。原理思路为：被测温度一定时，冷端温度升高，必须导致热电动势下降；反之亦然。若想办法在热电偶回路中串联一个输出电压也随冷端温度变化，但与热电动势变化方向大小相等、方向相反，那么总输出电动势将再不受冷端温度变化

的影响。

实现原理为：直流不平衡电桥，其中固定三个桥臂电阻，另一个桥臂电阻随温度变化而变化，如图 2-44 所示。其中，R_1、R_2、R_3 为 1Ω，用锰铜电阻（温度系数为 $0.006×10^{-3}$Ω/℃），R_{Cu} 为铜电阻（温度系数为 $4.25～4.28×10^{-3}$Ω/℃），设计平衡温度点（假定为 0℃）时为 1Ω。这样，从 a 点到 b 点的路径有 acb 路与 adb 路径两条，acb 路为 R_1/R_2 串联，adb 路为 R_{Cu}/R_3 串联，两者又并联在一起。如果冷端温度在平衡温度点（即 $t_0=0$），四个电阻阻值完全相同，acb 路与 adb 路径阻值相同，所以两条路径的电流相同，其中间点 c、d 电压为 0，毫伏计测得的电压 U_{be} 即为热电偶产生的热电动势 E_{ab}。假定温度冷端温度升高（$t>t_0$，$t_0>0$），此时热电偶产生热电动势 E_{ab} 下降；同时，R_1、R_2、R_3 基本不变，仍为 1Ω。但 R_{CU} 阻值增加，导致 acb 与 adb 两条路径的阻值不同，adb 路阻值大于 acb 路阻值，回路产生的电流大部分都涌向 acb 路，使 acb 路两端的电压（U_{ab}）有所上升（adb 路电流也下降，但是阻值增加，总体电压也上升，与 U_{ab} 相同）。这样，热电偶输出的电动势由不平衡电桥补偿后，电压 U_{be} 基本恒定（示值不变），与冷端 t_0 没有关系，即

$$U_{be}=E(t,t_0)+U_{ab}\equiv f(t) \tag{2-224}$$

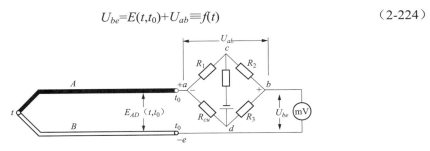

图 2-44 不平衡电桥法冷端处理原理示意

因为不平衡电桥非常灵敏，而且可以做得很小，既方便携带又非常有效，所以不少电子测量表计把它集成在中间。国内常用的 FLUKE 系列电子测温仪及我国自行研制的 893 系列采集板，都在内部实现了电桥补偿。

不平衡电桥补偿的方法使用条件较为严格，必须注意如下事项：

（1）不同分度号的热电偶配用不同的冷端补偿器（调整电源回路电阻），对应于电子测温仪与 893 采集板有不同的设置，不可用错。

（2）如果自己接电桥，冷端补偿器中的铜电阻必须与冷端同温，商用电子测温仪可自行达到此条件。

（3）补偿范围有限（一定精度内，一般为 0～50℃）。

（4）极性不能接反。

（二）热电阻温度计

热电阻利用导体或半导体的阻值随温度变化这一现象测量温度。与热电偶一样，热电阻在工业范围之内也有广泛的应用，特别是在大部分可测量的范围之内（−200～850℃），热电阻的测量精度比热电偶高。但由于热电阻的接线比热电偶复杂一些，价格

也相对较高，所以其应用范围比热电偶小。在电力行业内，对温度精度要求更高的汽轮机内多采用热电阻温度计；而对温度要求较低的锅炉，则多采用热电偶温度计。

标准热电阻结构如图 2-45 所示，除测量原理不同以外，整体上与热电偶非常相似。

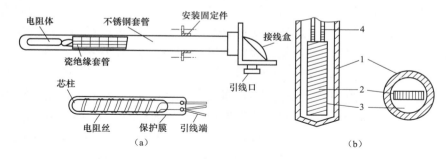

图 2-45　装配式及铠装式热电阻结构示意图

1. 热电阻的分类

（1）贵金属铂热电阻。测温范围为 $-200\sim850\,^{\circ}\mathrm{C}$，精度高、稳定性和复现性好，价格高、体积略大，常用的有 Pt10 与 Pt100 两种铂电阻。其中 Pt10 在 $0\,^{\circ}\mathrm{C}$ 时为 10Ω，用较粗铂丝绕制，主要用于 $650\,^{\circ}\mathrm{C}$ 以上温区；Pt100 在 $0\,^{\circ}\mathrm{C}$ 时为 100Ω，用较细铂丝绕制，用于 $650\,^{\circ}\mathrm{C}$ 以下温区，其数学模型为

$-200\sim0\,^{\circ}\mathrm{C}$ 时
$$R_\mathrm{t} = R_0(1+At+Bt^2) \tag{2-225}$$

$0\sim850\,^{\circ}\mathrm{C}$ 时
$$R_\mathrm{t} = R_0[1+At+Bt^2+Ct^3(t-100)] \tag{2-226}$$

其中：

$$A = 3.9083\times10^{-3}$$
$$B = -5.775\times10^{-7}$$
$$C = -4.183\times10^{-12}$$

（2）铜热电阻。特点是测温范围较小，仅为 $-40\sim140\,^{\circ}\mathrm{C}$，线性好、价格低、体积大，常用的种类有 Cu50 和 Cu100，$0\,^{\circ}\mathrm{C}$ 时分别为 50Ω 和 100Ω，其数学模型为

$$R_t = R_0(1+At+Bt^2+Ct^3) \tag{2-227}$$

其中：

$$A = 4.28899\times10^{-3}$$
$$B = -2.133\times10^{-7}$$
$$C = 1.233\times10^{-9}$$

实际使用中，分度表一般由上述数学模型计算出后，以 $R\text{-}T$ 表格形式给出。

2. 热电阻的测量

由于电阻的测量比电流和电压的测量都难，且精度低，因此通常把热电阻的测量转化为电压与电流的测量。这样就产生了两种测量方法，即使用恒流电源或用电桥补偿法。与热电偶自己产生电压不同，无论采用哪种方法测量热电阻，都是依靠其他电源产生电流后，通过电阻（或电桥）产生相应的电压，所以受测量通路中电流的影响较大，更需

要注意误差的消除。

热电阻测量的误差来源如下：

（1）分度误差。由材料纯度和工艺所致，这种误差热电偶中也有，主要靠提高工艺水平、标定等环节消除。

（2）通电发热误差（自升温）。这种误差是热电偶没有、而热电阻独有且无法消除的，但可通过限定最大电流不超过 6mA 的方法减少自升温，并把测量回路放置在传热条件好的地方来减小这种误差。

（3）线路电阻变化引入的误差。可用串联电位器调整，规定三线、四线接线方法等减小。

（4）附加热电势。接点处构成热电偶，可通过接点靠近、同温等办法减小或消除。

测量方法有下列两种：

（1）四线制接法。如图 2-46 所示，测量回路由恒流源驱动，使回路产生一定的电流，并由一个电阻转化为电压，用电位差计测量电压。因为电位差计是高阻抗输入，故连线电阻 r 对电位差不产生影响，从而可减少测量误差。在这种测量技术中，恒流电源的要求很高，是保证整个测量过程精度的关键。

（2）三线制接法。由热电阻与电桥配合使用时，三线制接法又分为平衡电桥原理测电阻测量和不平衡电桥原理测量两种方法，可有效减小连线误差。

平衡电桥原理测电阻方法如图 2-47 所示，当电桥平衡时有

$$R_1(R_3 + r) = R_2(R_t + r) \tag{2-228}$$

$$R_t = \frac{R_1(R_3 + r) - R_2 r}{R_2} = \frac{R_1 R_3}{R_2} + \frac{R_1}{R_2} r - r \tag{2-229}$$

设计时满足 $R_1 = R_2$，式（2-228）变成 $R_3 = R_t$，即温度变化时调整 R_3 即可使电桥平衡（检流计计数为零），测量时用可变电阻 R_3 的刻度表示 R_t 的电阻值。这种方法无法实现电子化，仅适合实验室工作。

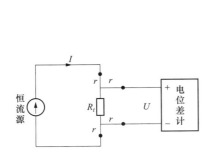 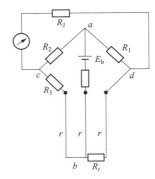

图 2-46　四线制热电阻测温原理示意　　图 2-47　平衡电桥原理测电阻的方法示意

不平衡电桥原理测电阻的接法也如图 2-47 所示，但除测温电阻外，其他桥臂电阻不可变。设计工况下电桥处于平衡状态（如 0℃以下）。当被测温度偏离设计状态时，电桥

失去平衡，检流计显示出不平衡电流的大小，并以该电流计算出温度变化的数值。

不平衡电桥测量模型可实现电子化，但测量精度电路中的所有元器件相关，所以除测温电阻外均要保持稳定，其工作电源的稳定性对测量结果的影响很大，对检流计的精度、灵敏度要求很高。

三、烟气成分的测量

近年来，随着社会对环保的重视，对烟气中 SO_2 和 NO_x（主要是 NO）的测量也越来越多。因此，燃烧试验配备上述五种气体成分（包括 O_2、CO_2、CO、SO_2、NO_x）的分析仪器是基本的要求。

尽管 GB/T 10184—2015 推荐了采用的烟气分析仪（见表 2-3），并不强制必须使用该类仪器，各试验项目可根据不同标准要求及试验各方协商确定。表 2-24 所示为目前比较成熟的气体成分分析所用的测试方法，性能试验中最重要的是氧气的测量。

表 2-24 　　　　　　　　　　　　　　　烟气成分分析方法

气体成分	成熟的分析方法	GB/T 10194—2015	ASME PTC—2013
O_2	顺磁法、氧化锆法、电化学法	顺磁氧量计、氧化锆氧量计	顺磁氧量计、电化学氧电池、燃料电池、氧化锆
CO_2	红外法	红外线吸收仪	非分散红外线法
CO	红外法、电化学法	红外线吸收仪	非分散红外线法
SO_2	红外法、荧光法、紫外线法、电化学法	红外线吸收仪 紫外线脉冲荧光分析仪	脉冲荧光法、紫外线法
NO_x	红外法、化学发光法、电化学法	化学发光法分析仪 紫外线吸收仪	化学发光法
H_2	色谱仪、火焰电离探测法	色谱仪	火焰电离探测法（FID）
C_mH_n	色谱仪、红外线吸收仪、火焰电离探测法	红外线吸收仪、色谱仪	火焰电离探测法（FID）

（一）顺磁法测量氧量

现场性能试验中使用较多的是顺磁式氧量仪。与其他气体相比，氧气的一个显著的

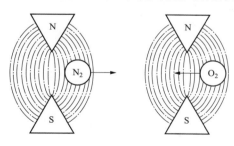

图 2-48　气体的磁化特性示意图

物理特征是它有特别高的磁化率，并且呈顺磁性。在外磁场的作用下，介质分子受磁力作用趋向磁场强的地方，且磁化率越高，拉力越大（逆磁性物质受斥力，会被推向磁场弱的地方），如图 2-48 所示。利用氧气的这一特性来测量烟气中的氧气是十分理想的。

烟气中各种成分的磁化率（相对 O_2 磁化率的数值）如表 2-25 所示。可见除 O_2 外，其他气体的磁化率都很小，只有 O_2、NO 和 CH_4 为顺磁性，

而 NO 和 CH_4 的含量很小，都是 10^{-6} 级的，所以 O_2 是唯一磁化率高、主要份额大的顺磁性气体。

表 2-25　　　　　　　　　　　　　　　烟气中各种成分的磁化率

成分	N_2	O_2	CO_2	H_2	CO	CH_4	NO	H_2O
相对磁化率（%）	-0.4	100	-0.57	-0.11	-0.31	0.68	36	-0.4

顺磁氧量计又分热磁式及机械式两种类型。

1. 热磁式氧量计

顺磁性气体的磁化率 k 与温度的关系满足居里定律，即

$$k = \frac{CMp}{RT^2} \qquad (2-230)$$

式中　C、R——居里常数和气体常数；

　　　M——气体分子量；

　　　p、T——介质的压力和温度。

对于一定的气体，C、R、M 为常数，如果能保证压力的恒定，则 k 随 T 的变化而变化，T 上升，则 k 下降。顺磁性物质在磁场中要受到磁场的吸引力，该力随介质的温度升高而减小，这就是热磁式氧量计的物理基础。典型的热磁式氧量计由一个带加热、电桥的环形管组成，如图 2-49 所示。组成不平衡电桥的 R_1 和 R_2 为热敏铂电阻，R_3 和 R_4 为固定电阻，正常情况下，4 个电阻相等，显示仪表为零。当烟气由磁场 S 端进入时，其中的氧气分子流过水平管的中间通道口，受拉力拉向磁场强处，从而进入水平管道。在水平管通道中设有加热丝，使此处氧的温度升高而磁化率下降，因而磁场吸引力减小，受后面磁化率较高的未被加热的氧气分子推挤而排出磁场，由此造成"热磁对流"或"磁风"现象。磁风流过水平管道，对加热线圈起冷却作用，水平管两边出现温度梯度，进气侧桥臂的温度低于出气侧桥臂的温度，电阻变化 $\Delta R_1 > \Delta R_2$，该信号可以由显示仪表反映出来。这样，在一定的气样压力、温度和流量下，通过测量磁风大小就可测得气样中氧气含量，氧气含量越大，电桥输出电压值越大。气样中无氧气存在时，磁风消失，两桥臂温度相同，电桥处于平衡状态，输出为零。

热磁式氧气传感器虽然具有结构简单、便于制造和调整等优点，但由于其磁风通过传热而使热敏电阻温度变化后才有显示，因而反应速度慢。且水平管道安装倾斜时，会在水平管内引入自然对流误差环境温度对测量有影响，测量误差大，还容易发生测量环室堵塞和热敏元件腐蚀严重等现象，使热磁式氧气传感器在火电站的应用日渐减少，逐渐被氧化锆等其他氧量计取代。

2. 机械式顺磁式氧量计

机械式顺磁氧分析仪的传感器由一对充满氮气

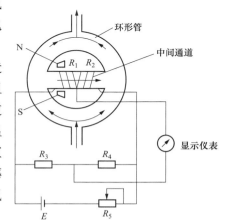

图 2-49　典型的热磁式氧量计原理图

的石英玻璃哑铃球组成，哑铃球周围环绕有 1 根铂丝，形成电流反馈回路。哑铃球悬垂

在磁场中，正中装有 1 个小反射镜。周围存在氧分子时，在磁场作用下，氧分子会推动哑铃球偏转，氧浓度越高，偏转角越大；由光源、反射镜及光敏元件组成的精密光学系统将测出这一偏转并将其转换成电信号，由放大器放大后，经反馈电路形成电流回路，在磁场作用下，迫使哑铃球恢复原平衡位置，该电路中的电流值与氧浓度成正比（见图 2-50）。

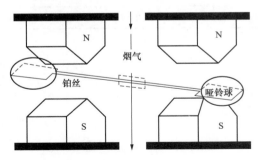

图 2-50　机械顺磁式氧量计

与热磁式氧量计相比，机械式顺磁氧分析仪结构简单很多，且磁风马上就会影响到悬垂哑玲球传感器，灵敏度高，迟滞小。但与热磁式氧量计相类似的是仪器比较精密，要求高，易发生零点漂移，每次使用前都应当标零。

（二）氧化锆法测量氧量

相对于性能试验，DCS 中使用较多的氧量分析仪是氧化锆氧量仪。氧化锆（ZrO_2）为陶瓷状晶体，是一种固体电解质（具有离子导电性质的固体），掺入一定量的 CaO 或 Y_2O_3（氧化钇）后，在 $600\sim850℃$ 的高温下，电介质两侧氧浓度不同时会形成浓差电池，该电动势在温度一定时只与两侧气体中氧气含量的差（氧浓差）有关。若一侧氧气含量已知（如空气中氧气含量为常数），则另一侧氧气含量（如烟气中氧气含量）就可用氧浓差电动势表示，测出氧浓差电动势，便可知烟气中氧气含量，测量原理如图 2-51 所示。

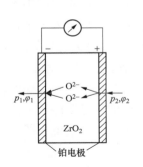

图 2-51　氧化锆氧量计浓差电动势

氧化锆氧量仪测量的准确性与锆管的工作温度、被测气体和参比气体的压力有十分密切的关系，现在使用的氧化锆氧气传感器均装有恒温装置，可使氧化锆氧气传感器工作在恒定的温度下。若忽略高温下氧化锆的自由电子导电，则氧化锆氧浓差电动势为 E，由奈斯特公式决定，即

$$E = \frac{RT}{nF}\ln\frac{p_2}{p_1} \qquad (2\text{-}231)$$

式中　R——气体常数，取 8.3143J/（mol.K）；

$\quad\quad F$——法拉第常数，取 9.6487×10^4C/mol；

$\quad\quad T$——绝对温度，K；

$\quad\quad n$——一个氧分子输送电子数，$n=4$；

$\quad\quad p_1$——被测气体的氧分压；

$\quad\quad p_2$——参比气体的氧分压。

烟气压力略小于大气压，因此可以忽略压力的影响，有

$$E = \frac{RT}{nF}\ln\frac{p_2}{p_1} = \frac{RT}{nF}\ln\frac{p_2/p}{p_1/p} = \frac{RT}{nF}\ln\frac{\varphi_2}{\varphi_1} \qquad (2\text{-}232)$$

式中 φ_1、φ_2——两侧介质中的 O_2 的体积浓度，实际工作时，参比气体采用空气，所以 $\varphi_2 \equiv 20.8\%$。

典型的氧化锆氧量计结构如图 2-52 所示。需要注意的是，这种测量装置有恒温装置自动调节，把测量点的温度加热到 700℃ 左右，这时烟气中的水蒸气还处于过热状态，因而其测量氧量为湿基氧量，一定要与用抽汽式烟气分析仪所测量结果有所区别。每次性能试验时，必然要进行的工作之一是用网格法对氧化锆测量点的代表性进行标定，这种标定工作一定要注意干湿基的转化。如果氧化锆测量值偏大，则很可能是测点前有漏风；反之，则一定是氧化锆测点本身出了问题。同时，应尽可能保证氧化锆氧气传感器两侧介质的压力相同（并保持不变）、两侧介质都保持流动，并保证使用过程中氧化锆表面清洁。由于这些因素的影响，氧化锆应当经常标定。

（三）奥氏体法

GB/T 10184—2015 相比 GB/T 10184—1988，对烟气分析仪的要求改动较大。例如烟气成分测量的时间间隔（见表 2-15）由原来的 15～20min 缩短至 5～15min，这要求在较短的时间完成大量的测量任务，需要连续测量，因此不再推荐采用奥氏体分析仪进行手动分析。尽管如此，奥氏体分析仪仍然是非常经典的多烟气成分手工分析方法，也是 20 世纪五六十年代所采用的唯一方法，且基于这种分析方法得出了独特的烟气量计算方法。

奥氏烟气分析仪的工作原理是：某些化学药剂对气体具有选择性吸收的特性。如将一定量的烟气（通常为 100mL）反复多次流经这些药剂，其中某一成分的气体便与之反应而被吸收。通过在等温等压条件下对气体减量的测定，便可获得该气体的容积百分数。

奥氏烟气分析仪的简单构造如图 2-53 所示。

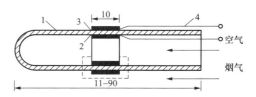

图 2-52 氧化锆氧量计结构示意图

1—搀杂质氧化钙的氧化锆材料；2、3—铂电极；4—引线

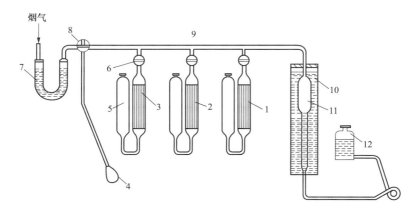

图 2-53 奥氏烟气分析仪的简单构造

1、2、3—吸收瓶；4—橡皮球；5—缓冲瓶；6—旋阀；7—U 形管；8—三通阀；

9—梳形管；10—水夹层；11—量筒；12—水准瓶

三个吸收瓶中预先注入不同的吸收剂：第一个吸收瓶中装有氢氧化钾（KOH）溶液，用来吸收 RO_2；第二个吸收瓶中装有焦性没食子酸 $C_6H_3(OH)_3$ 的碱性溶液，用来吸收 O_2（同时也能吸收 RO_2）；第三个吸收瓶中装有氯化亚铜的氨溶液 $Cu(NH_3)_2Cl$，用来吸收 CO（同时也吸收 O_2）。利用抽汽皮囊抽取烟气试样 100mL，使之流经 U 形管过滤器直至量筒内，然后使烟气依次进入三个吸收瓶（每次均需反复多次，以便充分吸收）。最先吸收的是 RO_2，其次吸收的是 O_2，最后吸收的是 CO，利用量筒上的刻度，可以迅速地测得每次吸收后烟气试样减少的容积值，该值就是被吸收的气体容积。

奥氏烟气分析仪因其结构简单、操作容易、测量准确等优点，而被广泛应用于燃煤工业锅炉的热工测试中。但该仪器所需分析时间长，一般一个熟练的操作人员需要 15～20min 才能完成一次测量。同时手工操作仪器会因操作技巧、化学试剂的纯度和其他与手工仪器有关的因素而产生较大误差，且手工操作仪器无法在整个试验过程中连续监测烟气成分。因此，ASME PTC4—2013 和 GB/T 10184—2015 均不再推荐使用奥氏体烟气分析仪。

同时，因为奥氏烟气分析仪在分析烟气时，把 SO_2 当作 CO_2 一起吸收，使得利用这种仪器得出的烟气成分分析结果计算理论空气的质量时存在不同的算法，同样使得烟气质量计算方法也不同。

（四）电化学方法分析

电化学传感器通过与被测气体发生反应并产生与气体浓度成正比的电信号来工作。典型的电化学传感器由传感电极（或工作电极）和反电极组成，并由一个薄电解层隔开，气体首先通过微小的毛管型开孔与传感器发生反应，然后是憎水屏障，最终到达电极表面。采用这种方法可以允许适量气体与传感电极发生反应，以形成充分的电信号，同时防止电解质漏出传感器。通过电极间连接的电阻器，与被测气浓度成正比的电流会在正极与负极间流动。测量该电流即可确定气体浓度，见图 2-54。由于该过程中会产生电流，电化学传感器又常被称为电流气体传感器或微型燃料电池。

电化学传感器对工作电源的要求很低，在气体监测可用的所有传感器类型中，电化学传感器的功耗最低，可以把测量多种组分的传感器做到一台仪器中。因此，这种传感器广泛用于包含多个传感器的移动仪器中，是有限空间应用场合中使用最多的传感器，可以同时测量 O_2、CO、SO_2、NO 等。但其缺点也是明显的，它不能直接测量二氧化碳（电化学法测量时二氧化碳会对氧气的测量造成干扰）；测量元件是消耗性部件易损坏，也不适宜作长时间的连续测量。

为取得良好的性能，需注意下列几点：

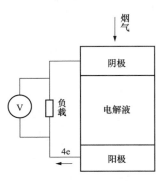

图 2-54　电化学原理图

（1）电化学传感器内电池的电解质是一种水溶剂，用憎水屏障予以隔离。憎水屏障具有防止水溶剂泄漏的作用，然而与其他气体分子一样，水蒸气可以穿过憎水屏障。因此在大湿度条件下，长时间暴露可能导致过量水分蓄积并引起泄漏，而在低潮湿或是测量烟气温度太高的条件下，传感器可能燥结；而如果电解质蒸发过于迅速，传感器信号会减弱，测量结果就会发生变化。

（2）电化学传感器受压力变化的影响极小。由于传感器内的压差可能损坏传感器，因此整个传感器必须保持相同的压力。

（3）电化学传感器对温度也非常敏感。一般而言，温度高于25℃时，传感器读数较高；低于25℃时，读数较低。温度影响通常为每摄氏度0.5%～1.0%，因此通常采取内部温度补偿。

（4）电化学传感器遇到大浓度测量气体、挥发性气体时，会影响传感器的测量精度，减短使用寿命，甚至使传感器中毒失效。

（5）电化学传感器通常对其目标气体具有较高的选择性。最好的电化学传感器是检测氧气的传感器，精度达到0.1%，具有良好的选择性、可靠性和较长的预期寿命。而其他电化学传感器容易受到其他气体的干扰（例如CO浓度高时SO_2的测量偏差很大），精度一般为5%，在实际应用中，这种干扰可能会导致读数错误或误报警。

目前性能试验过程中使用较多的电化学烟气分析仪有德国MRU公司的NOVA2000、NOVA4000系列，德图（TESTO）公司的testo350系列，英国凯恩（KANE）公司的KM950系列等。

（五）红外线吸收法

红外辐射在大气中传播时，受到大气中的气体分子、水蒸气，以及固体微粒、尘埃等物质的吸收和散射作用，使辐射在传输过程中逐渐衰减。光强损失是一定体积内活动气体分子数量的函数，与气体浓度有关，同时气体与红外光的相互作用只在红外光的特定波长发生。如果气体的吸收波段在红外辐射光谱范围内，那么当红外辐射通过该气体时，在相应峰值波长附近就会发生能量衰减。衰减大小受气体浓度值影响，通过分析红外辐射的衰减量（或吸收后的光谱），即可反演出气体浓度，见图2-55。

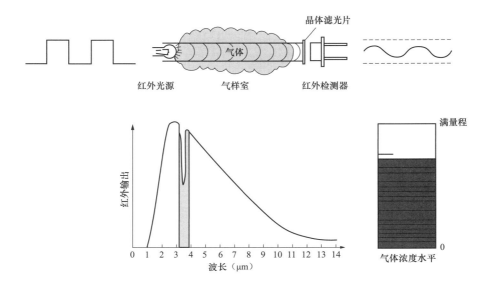

图2-55 红外吸收法示意图

红外吸收法的本质是红外光照射时，分子吸收了某些频率的辐射，并由其振动或转动运动引起偶极矩的净变化，产生分子振动和转动能级从基态到激发态的跃迁，使相应于这些吸收区域的透射光强度减弱。单原子（He、Ar 等）和对称双原子（O_2、H_2、N_2 等）由于共振时没有偶极矩的变化，不吸收红外辐射能量；而非对称双原子分子和多原子分子气体如 CO、CO_2 等气体在中红外波段都有自己的特征吸收带，可以吸收一定波长的红外线能量基础上，通过气体在基频带对红外能量的吸收。红外线的能量将减少，其减少量与气体浓度、气体吸收有效长度和吸收系数有关，服从朗伯-比尔（Lambert-Beer）定律。

朗伯-比尔定律是指一束光强为 I_0 的平行单色光入射到均匀气体介质，在不考虑散射的情况下，出射光的光强衰减为 I，吸收关系用公式表示为

$$I = I_0 e^{-KCL} \tag{2-233}$$

式中　I_0——入射到待测气体的初始光强；

　　L——光信号在吸收室内多次反射后的实际吸收长度；

　　C——待测气体的浓度；

　　I——经过待测气体吸收之后的出射光强；

　　K——待测气体的吸收系数，是吸光物质在特定波长和环境下的一个特征常数，表征吸光物质吸光能力的量度，通常由试验结果测定。

根据朗伯-比尔定律，按照吸光度的定义，吸光度 A 可以表示为

$$A = \ln[I_0(\lambda)/I(\lambda)] = KCL \tag{2-234}$$

如式（2-234）所示，朗伯-比尔定律给出了红外光通过目标气体后的吸光度与气体浓度的关系。当吸收室长度及红外光程确定时，L 值为定值，而对某一种特定的目标气体 K 是常数，此时红外能量经过目标气体的吸收，吸光度 A 与其浓度值在一定范围内成线性，从而通过计算吸光度值可以反演目标气体的浓度。

由此可知，要想区分不同的气体，必须知道气体的特征吸收频率（波长）。中红外光区（2.5～25μm）的特点是绝大多数有机化合物和无机离子的基频吸收带出现在该光区，而基频振动是红外光谱中吸收最强的振动。目前国际上（ISO19702）已积累了大量的数据资料，典型气体的吸收特性见图 2-56。

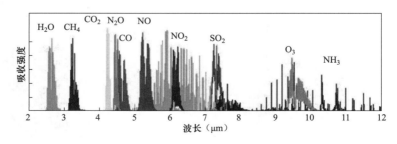

图 2-56　典型气体光谱吸收特性

由图 2-56 可知，同一种气体会出现多个特征吸收峰，而不同气体的特征吸收峰也有

可能重叠，因此为避免与其他待测气体吸收波段重叠，减少各待测组分气体间的交叉干扰，应根据气体的特性合理选择吸收谱线。由吸收光谱图知 CO_2 在中红外区有两处明显的吸收带，一处为 $4.0\sim5.0\mu m$ 之间，一处为 $2.5\sim2.8\mu m$ 之间。但是 $4.3\mu m$ 左右的吸收比较明显，吸收幅度比较大，且不受其待测气体干扰，因此选取此处的吸收谱线来分析 CO_2 的含量。从 CO 的红外吸收谱线可知，CO 在波长为 $4.0\sim5.0\mu m$ 处有两个特征吸收峰，分别为 $4.59\mu m$ 和 $4.74\mu m$，在 $4.74\mu m$ 处会受到 N_2O 干扰，因此选择前者来分析 CO含量。从 H_2O 的红外吸收谱线可知，在 $2\sim3\mu m$ 和 $5\sim8\mu m$ 这两个波段之间都有明显的吸收，由于 NO、NO_2 和 SO_2 在 $5\sim8\mu m$ 均有明显吸收，因此将 H_2O 选择 $2\sim3\mu m$ 波段。由于烟气中 SO_2 浓度较高，单个滤光片不能完成气体浓度全量程测量，因此一般选择两个波段滤光片分别测量高低 SO_2 浓度值。从 SO_2 的红外吸收谱线可知，在 $7\sim7.6\mu m$ 和 $4\mu m$ 左右这两个波段之间都有明显的吸收，前者 SO_2 吸收截面较后者大，我们将前者作为低浓度 SO_2 测量，后者作为高浓度 SO_2 测量；同理我们对 NO 和 NO_2 红外吸收带进行选择。选择对其他待测气体无干扰波段（$3.5\sim4\mu m$）作为参考滤光片特征吸收带，通过对气体吸收光谱线分析，从而提高了系统稳定性和测量准确度。

目前国内红外光谱法测量的相关标准规定如下：

（1）HJ 692—2014《固定污染源废气　氮氧化物的测定　非分散红外吸收法》是利用 NO 气体对 $5.3\mu m$ 波长光的选择性吸收，确定 NO 和 NO_2 通过转换器还原为 NO 后的浓度。

（2）HJ/T 44—1999《固定污染源排气中一氧化碳的测定　非色散红外吸收法》是利用一氧化碳对 4.67、$4.72\mu m$ 两波长处的红外辐射具有选择性吸收，在一定波长范围内，吸收值与一氧化碳的浓度呈线性关系，根据吸收值确定样品中一氧化碳的浓度。

（3）HJ 629—2011《固定污染源废气　二氧化硫的测定　非分散红外吸收法》是利用二氧化硫气体在 $6.82\sim9\mu m$ 波长红外光谱具有选择性吸收。一束恒定波长为 $7.3\mu m$ 的红外光通过二氧化硫气体时，其光通量的衰减与二氧化硫的浓度符合朗伯-比尔定律。

工业用红外气体分析仪从物理特征上分为分光型和不分光型两种。分光型是借助分光系统分出单色光，使通过介质层的红外线波长与被测组分的特征吸收光谱相吻合而进行测定的。虽然测量精度高，能同时对多种气体进行测量分析，但由于设备价格昂贵，只适用于实验室进行气体分析。

不分光型（或非分散型）指光源的连续光辐射全部投射到样品上，样品对红外辐射具有选择性吸收和积分性质，同时采用与样品具有相同吸收光谱的检测器来测定样品对红外光的吸收量。因为测量过程穿过采样腔的波长未经预先滤波；相反地，光滤波器位于检波器之前，以便滤除选定气体分子能够吸收的波长之外的所有光线。因此不分光型红外吸收法又称非分散红外吸收法（Non-Dispersive Infrared，NDIR），见图 2-57。NDIR分析仪尤其适合一氧化碳、二氧化碳或碳氢化合物的测量，也是我国电站锅炉性能试验标准和 ASME PTC 4 标准推荐的方法。

红外烟气分析仪的优点包括：①选择性好，可以测量多种气体。每种气体都有自己的特征红外吸收频率。在对混合气体检测时，各种气体吸收对应各自的特征频率光谱，它们是互相独立、互不干扰的。②由于滤光片并不与烟气接触，不易受有害气体的影响

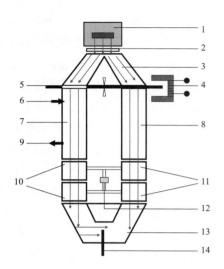

图 2-57　非分散红外吸收法

1—光源；2—滤光片；3—分光器；4—电动机；5—切光片；

6—样气入口；7—样品池；8—参比池；9—样气出口；

10—检测器（左）；11—检测器（右）；12—微流量传感器；

13—光耦合器；14—滑动触头（可调）

而中毒、老化。③响应速度快、稳定性好。某些气体检测方法的检测元件工作时，会因为检测元件发热温度升高等因素使得测量不准确。而红外吸收原理检测气体是采用光信号，自身不会引起检测系统发热，系统工作稳定性好。④测量精度高（±1%～±2%），使用寿命长。采用红外吸收原理，产生的干扰信号小、有用信号明显、系统的信噪比高，具有测量精度高、使用寿命长的优点。缺点包括：①预处理要求较高，含尘含水气体等会对光路产生干扰，从而影响试验结果。②需要对烟气温度、压力进行补偿。③切光片等部件较为精密，容易发生故障，需要在试验前后对仪器进行校准，以确保试验期间仪器工作正常。④一般仪器耗电功率较大，不便于携带，成本也较高。

目前性能试验过程中使用较多的非分散红外吸收烟气分析仪有德国 MRU 公司的 MG5+系列、日本 HORIBA 公司的 PG300 系列，以及德国 Rosemount 公司的 NGA2000 等，均可同时对 3～5 种多组分气体进行连续分析。

（六）紫外线吸收法

紫外线吸收法与红外线吸收法原理相同，都属于光谱吸收的范畴。与红外线吸收法不同的是，紫外光与分子相互作用是被分子吸收产生电子能级的跃迁而导致光能的变化，由于不同分子内部电子能级的跃迁能量和几率的不同，使得不同分子具有特征吸收光谱。

紫外吸收法的气体浓度和吸收特性也符合朗伯-比尔定律。紫外吸收的光谱（Ultraviolet Spectrometry，UV）波长范围为 4～400nm，可分为下列两个区：

（1）近紫外区（200～400nm）。芳香族化合物或具有共轭体系的物质在该区域有吸收。

（2）远紫外区/真空紫外区（4～200nm）。空气中的 O_2、N_2、CO_2 和水蒸气在该区域有吸收。

NO_2、SO_2 和 NO 的典型紫外吸收光谱强度如图 2-58 所示。在近紫外光区 NO、NO_2 和 SO_2 均有吸收。NO 的吸收波长从 190nm 到 230nm 有多条吸收线，其中在 190nm 的吸收线强度最大，在 226nm 吸收线的信噪比最高，但 NO 不干扰 SO_2 的测定。NO_2 的吸收波长从 250nm 到 650nm，中心波长为 400nm；SO_2 的吸收波长从 240nm 到 330nm，中心波长为 287nm。

在燃煤锅炉实际烟气测量时，电化学法测定 SO_2 时受到 CO 气体的严重正干扰，特别是 CO 浓度变化大时，电化学法仪器难以消除干扰。而 CO 在近紫外光区没有吸收，

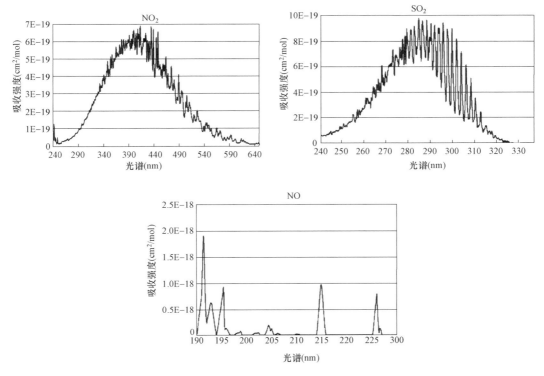

图 2-58　NO₂、SO₂ 和 NO 的紫外吸收光谱特性

不干扰紫外吸收法测定烟气中的 SO_2。同样，在红外光区有吸收的 CO_2 和 H_2O 在近紫外光区没有吸收，不干扰 SO_2 的测定。因此，紫外吸收法能适应更广泛的 SO_2 和氮氧化物的测定。但由于在 SO_2 的吸收波长范围内，NO_2 也有产生吸收谱线的重叠。因此当测试的废气中存在 NO_2 和 SO_2 时，由于 NO_2 在 287nm（SO_2 的中心波长）存在一定的吸收，测得的不是 SO_2 的实际浓度，必须消除 NO_2 的影响。

由于紫外光谱多呈宽带状分布（红外光谱则为窄带状），而且在各烟气成分测量时不可避免地存在反射、散射情况，使物质对光的吸收能量（光谱特性）发生了改变，从而引起朗伯-比尔定律的偏离。近年来，紫外差分吸收光谱（DOAS）技术广泛应用于工业污染源烟气排放监测、大气痕量气体浓度监测等，已成为欧美等国大气监测技术的标准技术。DOAS 技术是将吸收光谱分为宽带吸收（慢变化部分、气溶胶分子、烟尘的 m 氏散射、空气分子的瑞利散射，以及其他物质分子的吸光作用等引起）和窄带吸收（快变部分），通过多项式拟合高通滤波方法去除光谱中的慢变化部分。剩下的是由于分子的窄带吸收造成的光衰减，然后采用最小二乘拟合方法，用气体标准差分吸收截面对测量得到的差分吸收光谱进行拟合，反演出气体的浓度。典型 DOAS 系统组成见图 2-59。

DOAS 技术在下列几方面具有特有的优势：①二氧化硫、氮氧化物等主要污染气体在紫外波段都具有较强的吸收特性，不同的气体具有不同的窄带吸收结构，利用窄带吸收光谱可进行气体种类的鉴别及气体浓度的定量分析。②DOAS 技术的核心原理是分离待测气体的窄带吸收，可通过光谱分离技术将吸收光谱的宽带吸收滤除，因此可有效地

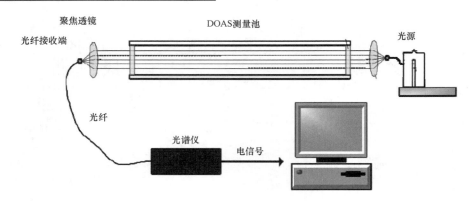

图 2-59　典型 DOAS 系统组成

消除由水分、粉尘、仪器函数、气体的"宽带"吸收、光散射等消光因素引起的光谱强度变化。③高精度（±1%）、低浓度（痕量，10^{-6} 浓度等级）、非接触、实时监测，尤其适用超低排放下的浓度检测。DOAS 技术缺点在于：①DOAS 技术是一种弱光谱检测技术，要求整个系统对杂散光、各种随机噪声有较好的屏蔽效果，而影响测量光谱的因素比较多，要得到高质量的测量光谱要求很高。②光谱的漂移、拉伸或压缩等使测量光谱与参考光谱之间不是完全的按波长吻合。如果不纠正这种影响就会得出完全错误的结果。

　　尽管我国电站锅炉性能试验标准推荐 NO_x 测量采用紫外吸收法，但目前国家标准（GB、DL 或 HJ）并没有 NO_x 紫外吸收法分析的相关标准。国内可参考的有山东省环境监测中心站起草的 DB37/T 2705—2015《固定污染源废气　二氧化硫的测定　紫外吸收法》和 DB37/T 2704—2015《固定污染源废气　氮氧化物的测定　紫外吸收法》，但并没有具体规定紫外吸收光谱的波长范围。

　　目前基于紫外吸收的成套烟气分析仪应用还不是很广泛，包括美国 CerexMS 公司的 UV3000 紫外差分烟气分析仪、瑞典 OPSIS AB 公司的 system400 型 DOAS 分析仪等。

　　（七）紫外荧光法

　　根据物质分子吸收光谱和荧光光谱能级跃迁机理，有吸收光子能力的物质在特定波长的光（如紫外光）的照射下，分子受激发跃迁到高能级（激发态），处于激发态的气体分子在返回基态瞬间发射出较激发光波长更长的光即荧光。二氧化硫分子便具有该特点，其过程方程式如下：

$$SO_2 + h\gamma_1(紫外光) \xrightarrow{跃迁到} SO_2^* \quad SO_2^* \xrightarrow{回到基态} SO_2 + h\gamma_2(荧光)$$

　　根据朗伯-比尔定律，光反应腔体中被二氧化硫吸收的紫外光强度的表达式为

$$I_a = I_0 \left[1 - \exp(-\alpha l c)\right] \tag{2-235}$$

式中　I_a——被 SO_2 吸收的紫外光强度；

　　　I_0——紫外光入射光强；

　　　a——SO_2 分子对紫外光的吸收系数；

　　　l——光程；

　　　c——SO_2 气体的浓度。

从光电倍增管接受到的荧光强度表达式为

$$I_{荧} = GQI_a = GQI_0 \left[1 - \exp(-\alpha lc)\right] \quad\quad\quad (2\text{-}236)$$

式中 G——光反应腔体的几何系数；

Q——荧光电子效率。

当 SO_2 浓度很低时，上述公式可简化为

$$I_{荧} = GQI_0 \quad\quad\quad (2\text{-}237)$$

在一定外部条件下，如光反应室几何尺寸已定、大气温度在一定范围内、紫外光强度已定等条件下，GQ 为一个常数，从光电倍增管接收到的荧光强度与 SO_2 浓度成线性关系。从而通过测量荧光强度可求出二氧化硫的浓度，进行定量分析。

紫外荧光法分析仪结构示意见图 2-60。

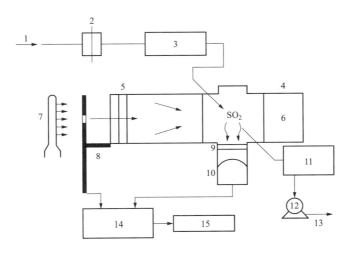

图 2-60 紫外荧光法分析仪结构示意图

1—样气；2—采用入口过滤膜；3—干扰物涤除器；4—光反应腔室；5—入口滤光片；6—光陷；7—紫外光源；

8—调制器；9—出口滤光片；10—光电倍增管；11—压力补偿流量计；12—抽气泵；13—排气口；

14—同步电子放大器；15—信号采集与处理系统

SO_2 分子对波长为 190～230、250～320、340～390nm 三个区域的紫外光有吸收作用。在波长 340～390 nm 范围，SO_2 分子对紫外线的吸收非常弱，测量不出荧光强度；在波长 250～320 nm 范围，吸收较强，但是在这一波长范围内空气中氮气和氧气所引起的淬灭很大，同样得不到足够大的荧光强度；在波长 190～230nm 范围，吸收最强，而且空气中的氮气和氧气及其他污染物基本上不引起淬灭。因此 190～230nm 被认为是紫外荧光法测量烟气中 SO_2 浓度的最好区域。

我国标准 QX/T 272—2015《大气二氧化硫检测方法 紫外荧光法》中提到的紫外荧光法分析仪结构如图 2-60 所示。样气经分析仪的进样口进入碳氢化合物涤除器，去除样品中芳香烃等的干扰，流入光反应腔室，接受波长为 200～220nm 的紫外光源照射，产生的波长分为在 240～420nm 范围的荧光，经过滤光片后备检测器转换为电信号。紫外

光源有连续的或脉冲的，如果分析仪器的紫外光源以脉冲形式工作，则成为紫外脉冲荧光法。

紫外荧光法的优点包括：①在紫外荧光法测量 SO_2 时，烟气中的 O_3、H_2S、NO_2、CO_2、CO 和 H_2 对其探测基本不存在干扰，能有效避免出现电化学法在 CO 高浓度烟气中测量 SO_2 的误差。②测量 SO_2 浓度精度非常高，可达到 $0.5×10^{-9}$ 级别。③分析线性范围比吸收光谱法宽，选择性更好。缺点包括：①有些物质不具备荧光效应，限制了其应用范围。②紫外荧光法测量 SO_2 浓度时，SO_2 发出的荧光主要受到氮气、氧气、水蒸气的影响，其中水蒸气对发出的荧光淬灭较大。③反应腔室中流量、温度和压力都会对测量结果产生影响，需要进行修正。④由于光电探测器等光电元件在无荧光时，仍会产生暗电流噪声，使得本底噪声信号对测量结果有直接影响。

目前市场上利用紫外荧光法原理的检测仪器主要有美国 Teledyne 公司的 6400TSG 紫外荧光分析仪、美国 Thermo Scientific 公司的 43i 型 SO_2 分析仪、日本 HORIBA 公司的 APSA-370 型（SO_2 浓度为 $0～10×10^{-6}$）等。

（八）化学发光法

氮氧化物的测定方法有许多种，如盐酸萘乙二胺比色法、激光诱导荧光法、电化学法、差分吸收光谱法、化学发光法等。它们各有特点：①盐酸萘乙二胺比色法是一种传统的化学检测方法，不能实现连续在线分析，只能采样测量。②激光诱导荧光法。响应速度、灵敏度高，可实现很低的检测极限，但系统过于复杂和精密，造价太高。③电化学法。随着使用时间推移，响应时间变长，灵敏度降低，传感器属于消耗型元件，需要及时更换传感器。④化学发光法。是目前国家环保总局和美国环保署推荐的氮氧化物定量分析方法，它以测量精度高、响应时间短、线形范围宽、灵敏度高、稳定可靠等优点已成为目前氮氧化物测定的主流方法。

化学发光是 A、B 两种物质发生化学反应生成 C 物质，反应释放的能量被 C 物质的分子吸收并跃迁至激发态 C*，处于激发态的 C* 在回到基态的过程中产生光辐射。因化学反应过程中伴随光辐射现象，故称为化学发光。对于氮氧化物来说，主要是指 NO 与臭氧（O_3）发生化学反应时，产生激发态的 NO_2 分子，激发态的 NO_2 分子回到基态时发射光子，发射光波长带宽约为 $600～3200nm$ 的连续光谱，峰值波长为 $1200nm$。反应式如下：

$$NO + O_3 \longrightarrow NO_2^*(激发态) + O_2 \tag{2-238}$$

$$NO_2^*(激发态) \longrightarrow NO_2 + h\nu(光子) \tag{2-239}$$

经研究，反应式（2-239）发射光的光强和 NO 的浓度存在以下关系，即

$$I = Ae^{-K/T} c_{NO} \times \frac{(1-g)V_r}{t_r + T_r} \tag{2-240}$$

式中　I——激发态 NO_2 化学反光的光强；

　　　A——关系式参数；

　　　K——温度系数常量；

T——反应室温度，K；

c_{NO}——被测样气中 NO 的浓度，10^{-9}；

g——臭氧流量与总流量之比（化学发光反应充分的前提条件）；

V_r——反应室体积；

t_r——反应室内气体停留的平均时间；

T_r——一氧化氮与臭氧的反应时间。

由式（2-240）可知，化学发光强度与反应室压力、温度、反应室体积及气体流量比等因素有关。为了得到稳定的发光强度，需要对反应室抽真空，并通过流量计控制反应室的气体流量和压力，同时采用恒温方法减少温度影响。当反应室温度一定、气体流量一定、NO 与臭氧充分反应时，化学发光强度与样气中 NO 浓度成正比。

大气和烟气中的氮氧化物主要是 NO 和 NO_2，因 NO_2 不与 O_3 发生发光反应，所以要检测 NO_x 总含量，需要把 NO_2 转化为 NO。常用的转化方法有金属还原法和光照分解法。其中金属还原法是用特定活泼度的金属（主要是钼）作为催化剂在高温下与 NO_2 反应，夺取其中的 1 个氧原子，使其还原为 NO，转换效率达到 96%以上。金属还原法以造价低、结构简单、坚固耐用、更换方便成为当前首选方案。光照分解法是用特定波长的光强束照射 NO_2 分子，使其分解得到 NO，转换效率达到 98%以上。但光照分解法对光源有很高的要求，结构精密、造价较高，限制了其广泛应用。

化学发光氮氧化物检测仪主要有臭氧发生器、NO_2-NO 转换器、反应室、光电放大器、抽气泵，以及流量、温度、压力传感器等组成，见图 2-61。三通阀切换至"钼转换室"时，测量的是总氮氧化物浓度（NO+NO_2），三通阀切换至"NO 模式"时，则仅测量 NO 的浓度，两次测定值的差值即实时 NO_2 的浓度。

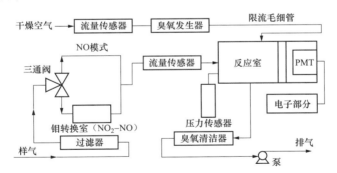

图 2-61　化学发光氮氧化物检测仪系统组成示意图

学发光法的优点包括：①不需要外源性激发光源，避免了背景光和杂散光的干扰，降低了噪声，大大提高了信噪比。②测量精度高，可测量大气或烟气中痕量的 NO 浓度（可达到 0.5×10^{-9} 级别）。缺点包括：①化学发光法对温度的要求很高，必须在恒温条件下仪器才能正常工作。②仪器气路复杂、维护成本高。③无法对烟气中多组分进行同时测量。

目前市场上利用化学发光法原理的检测仪器主要有美国 Thermo Scientific 公司的

Model42i 型 NO-NO2-NO$_x$ 分析仪、日本 HORIBA 公司的 NO$_x$ 分析仪 APNA-370 等。

第九节　试验报告的编制

一份完整的试验报告应至少包括试验目的、试验参照标准、试验内容及方法、试验计算及结论，以及相关附件等内容。性能试验报告应排版清晰、数据完整、计算正确、结论明确，对该次试验有指导性或结论性建议。结合本单位工作，一份典型的锅炉效率试验报告主要由以下部分组成：

1. 前言

（1）任务来源。包括该次试验的电站名称、锅炉编号、试验原因、试验的性质（鉴定、验收试验还是常规试验）、试验委托单位、试验负责单位、试验参加单位等。

（2）锅炉主辅设备介绍。简要介绍锅炉设备性能及与性能相关的数据，主要包括：锅炉的型号、燃烧组织形式及制粉系统型号、风机形式、燃料特性和脱硫剂特性、运行情况及必要的图表、设计锅炉效率及其保证条件。

（3）试验项目（考核内容）。按照设备厂商和电站签订的技术协议和会议纪要，明确该次试验项目、保证条件及考核指标。对于鉴定试验，试验目的重在检验该类型锅炉的性能指标能否达到设计值并作出综合评价；对于验收试验，试验目的重在检验锅炉运行性能能否达到设备合同中有关保证值；对于大修前后试验，试验目的重在指导大修及对大修效果进行评价；对于燃料改变后的试验，试验目的重在评估锅炉设备能否适应新的燃料，以及燃料改变后锅炉运行的安全性和经济性。

2. 试验参照标准及仪器设备

（1）试验参照标准。列出该次试验执行的标准编号（包括年份），例如 ASME PTC4—2013 或 GB/T 10184—2015。对于厂家技术协议中保证锅炉效率使用的计算标准已经过期作废的，原则上应按新的标准执行。

（2）仪器设备清单。应列出该次试验过程中使用到的产生原始数据的所有仪器，包括烟气分析仪、热电偶、温度计、电子温湿度计、大气压力表等；如果试验前进行煤粉细度的调整，使用到相关数据，还需要列出所用仪器。每个仪器型号、编号都应一一列出，并应与原始数据记录上的仪器一致，且需要说明仪器是否在检定或校准有效期内，状态是否"正常"。

3. 试验内容及过程

（1）试验内容。列出该次试验过程测量项目的实施情况，即表 2-16 中项目需要测量或取样的均应逐项说明测量或取样方法，测点位置、测点数量、必要的测点安装图；测量使用仪器；取样测试方法及取样测试频率；燃料和脱硫剂及灰（渣）化验的指定实验室、量值溯源程序等。

（2）试验过程。描述该次试验日期、起止时间、试验工况、试验期间锅炉主要参数的稳定情况、磨煤机组运行方式，以及试验期间有无扰动试验的操作等。同时有无掺煤、如何掺煤应当明确。

4. 试验数据及计算

这是试验报告中最重要的部分，整个试验报告的支撑，必须数据完整、有序可查、计算正确。对锅炉效率试验，必要数据至少包括以下方面：

（1）原煤、脱硫剂、飞灰、炉渣的化验情况。

（2）空气预热器出口烟气温度平均值（如果速度加权应说明过程）。

（3）空气预热器出口烟气成分（至少包括氧气、一氧化碳）。

（4）空气绝对湿度（或大气压力和相对湿度）。

（5）空气预热器进口一、二次风温度，空气预热器进口一、二次风量。

（6）送风机进、出口空气温度；一次风机进、出口空气温度（保证空气温度为大气温度时）。

（7）空气预热器进口烟气温度。

（8）额定蒸汽流量、运行蒸汽流量（计算散热损失 q_5）。

（9）系统边界内辅助设备的功率。

（10）进入系统的燃料温度和脱硫剂温度。

（11）给水温度。

（12）实测各项热损失及锅炉效率。

（13）保证的（设计的）空气预热器进口空气温度（空气预热器进口空气温度修正）。

（14）保证的（设计的）给水温度（给水修正）。

（15）修正后的各项热损失及锅炉效率。

报告中数据应完整，根据列出的数据其他试验人员应该也能进行相同的计算；计算过程中进行特殊处理或取约定值（例如灰、渣比例，未计热损失，散热损失等）的项目，应明确说明原因。

报告中的数据要有来源，即如果报告中用到某个参数的平均值，则该平均值在原始数据或运行参数中也应列出。

5. 结论

对于验收试验，应给出两次平行试验的结论，以及两者偏差是否满足试验要求，并将两次有效试验结果的算术平均值作为最终结果；根据试验结果结合试验项目逐一进行比较和分析，提出试验结论；如果发现问题，则提出适当的建议，但是建议一定要慎重处理。

6. 附录

附录里面应至少包括：

（1）原煤、脱硫剂、飞灰、炉渣的实验室化验数据（不同煤种应分别列出，并给出加权结果）。

（2）试验期间表盘运行参数（至少包括试验开始和结束的数据）。

（3）测点布置及原始数据。

（4）性能验收试验时参加试验各方工况确认单签字。

（5）设备厂家给出的经电厂确认签字的修正曲线。

（6）相关会议纪要及约定。

第十节　锅炉其他性能的测试

除了锅炉效率以外，性能试验中还需测量的参数包括锅炉蒸发量、蒸汽参数、阻力特性、辅机特性及其他运行特性等。

锅炉蒸发量、过/再热蒸汽的压力与温度、过/再热蒸汽减温喷水流量性能试验可与锅炉热效率试验及其他有关的性能试验同时进行，测定时间应不少于 2h。除额定负荷外，最好能在 70%额定蒸发量下对有关保证参数进行测定。

测量锅炉最大连续蒸发量的目的是考验该锅炉能否在短时间内满足锅炉机组设计最大连续蒸发量，需要进行专门的试验。试验时需监测的内容有锅炉蒸发量、蒸汽压力与温度以及其他运行参数。由于锅炉超出额定出力很多，往往会使得调温装置、受热面的沾污情况、金属壁温及各辅机、热力系统及自控装置的适应能力很吃力，因而最大连续出力试验实际上已经不用太多地关心经济性，只要能满足运行安全性要求即可。该试验需要投入很多的精力，时间应保持 2h 以上。

最低稳定燃烧负荷试验和液态排渣临界负荷试验的目的是确定固态排渣煤粉锅炉不投油或气体燃料助燃而能够长期稳定燃烧所能达到的最低负荷，或液态排渣炉稳定流渣的临界负荷。与最大出力相似，容易造成锅炉灭火，因而应投入足够的力量确保安全。试验前，需检查和确认火焰监测系统和灭火保护装置的性能良好，并有快速投入助燃燃料及将负荷转给其他锅炉等措施。试验时应先位于足够稳定的负荷，并以 3%～10%额定负荷的幅度逐级降低锅炉负荷，并在每级负荷下保持 15～30min，保证降负荷过程中的每一个负荷都可以安全稳定运行，直至燃烧稳定的最低负荷。液态排渣炉的最低稳定燃烧负荷通常低于液态排渣临界负荷，在逐级降低锅炉负荷时，每级负荷下至少保持稳定 30min 以上。

降负荷过程中应密切监测炉膛内燃料着火情况、炉膛负压及过量空气系数。在每级试验时，均需观测和记录各主要运行参数。试验中的给水温度应与设计值相近，最低稳定燃烧负荷下的试验持续时间不少于 2h。

对大容量电站锅炉来说，汽水品质已经是非常关键的参数。从机组调试启动初期就开始进行汽水品质的严格化验，并有在线表计及测量系统，因而汽水品质试验实际上是连续进行的。

对于汽水系统阻力，往往采用汽水系统进、出口的静压差来表示。对于过热器来说用出口静压减去入口压力即可。对于再热器来说，由于本身阻力远小于进、出口静压的量程，用进出口压力测量误差很大，最好采用差压计测定压差值，还应对进、出口测定之间由高度差引起的传压管道中的重位压差进行修正。

测定烟风道静压差的目的是检验额定蒸发量时各段烟风道设计的静压差或检查各段烟风道及有关风门是否有异常情况，可用 U 形管压力计和薄膜式微压计测定烟风道静压。

一、锅炉额定出力试验

1. 试验目的

锅炉额定出力试验的目的是检验机组额定负荷下锅炉设备的各种运行参数是否达

到合同、设计和有关规定的要求。

2. 试验标准

我国锅炉额定出力试验标准按 DL/T 1616—2016《火力发电机组性能试验导则》执行。

3. 试验条件及要求

（1）试验开始前各项要求符合大纲的规定，稳定运行状态应得到各方同意。试验结束后，各方对机组试验工况运行数据记录和试验测量记录进行签字，确认试验工况。

（2）机组在试验工况运行稳定，锅炉所有主、辅机运行正常，所有监视仪表完好、指示正常。

（3）磨煤机运行状况良好，石子煤排放正常，并且不投助燃油。

（4）所有阀门及挡板动作正常；执行器操作正常、反馈正确。

（5）锅炉各项保护正常投入，机组自动调节系统正常投入，如有必要进行手动操作，需要经各方同意。

（6）试验范围内各系统有充分可靠的照明，各岗位通信设备齐全可用。

（7）整个锅炉机组的严密性检查。

（8）消除烟风、制粉、汽水系统及燃料的泄漏。

（9）确定试验机组系统已与其他非试验系统隔离，1、2 号机组之间联络系统（例如辅汽联箱）确认已可靠隔离，试验期间机组可正常补水。

（10）每次试验前锅炉受热面应进行一次全面吹灰，在完成吹灰、锅炉运行稳定后开始试验，试验期间尽量不吹灰。

（11）试验期间燃用设计煤种或试验各方商定的煤种，电厂保证有足够的、符合试验规定的试验燃料。

（12）设备的实际状态、受热面的清洁度及燃料特性等和预先规定条件的任何偏离，均应记录在试验报告中。

（13）试验前应进行必要的燃烧调整试验，以确定最佳一、二次风配比及过量空气系数。机组经调整试验后其运行已达稳定状态，并经各方认可。

（14）对于试验期间锅炉运行参数要求。

1）额定负荷工况（BRL 工况）。锅炉负荷：额定电负荷±2%；主、再热汽温：额定汽温±5℃；给水温度：额定给水温度±5℃。高压加热器全切工况（HPO 工况）。

2）锅炉负荷：额定电负荷±2%；主、再热汽温：额定汽温±5℃；给水温度：设计给水温度±5℃。

4. 试验方法

（1）试验参数主要靠 DCS 系统常规测点获得。

（2）锅炉在额定电负荷工况下，机组自动控制系统投入和负荷不变的情况下，改变燃烧器及磨煤机的不同编组投入方式 1～2 次，保持锅炉出口蒸汽压力和温度在额定值，记录锅炉参数和各辅机运行数据，检验锅炉机组的运行适应能力。

（3）锅炉在额定电负荷工况下，根据高压加热器不同投运方式改变锅炉给水温度，保持机组负荷为设计工况，维持锅炉出口蒸汽压力和温度在额定值，记录锅炉参数和各辅机运行数据，检验锅炉机组的运行适应能力。

（4）试验中应监视的内容包括：锅炉蒸发量、蒸汽压力与温度；给水和主/再热蒸汽品质；汽水系统阻力特性；主蒸汽、再热蒸汽系统的温度特性；主蒸汽、再热蒸汽减温水及烟气挡板对汽温的调节特性；受热面的污染情况及金属壁温；锅炉各辅机、热力系统及自动控制装置的适应能力等。

（5）试验持续时间应大于 2h。

（6）试验期间应详细记录试验数据，每 30min 记录一次试验数据。

（7）试验期间若发生异常情况应按运行规程进行事故处理，并立即终止试验。

（8）对试验期间的煤质取样、分析。

5. 注意事项

（1）高压加热器设计抽汽量一般为 20%额定负荷蒸汽量，高压加热器突然全切会造成汽轮机做功能力快速升高，可能造成机组超负荷和调节级超压。因此高压加热器全切试验宜在机组 80%负荷进行，试验过程中根据高压加热器出口水温变化，逐步切除高压加热器，切忌在满负荷人为造成高压加热器压全切。

（2）高压加热器全切之后，机组升负荷过程中，要时刻注意各受热面壁温情况，防止超温运行。若壁温达到限值，采取各种调节手段无效时，则停止继续升负荷。

（3）高压加热器全切之后，给水温度会下降，脱硝入口烟温和排烟温度会降低，注意脱硝系统是否正常投入以及空气预热器冷端腐蚀情况。

6. 试验结论及报告

试验报告中应体现试验日期，试验起止时间，试验工况，汽水品质情况，汽温、壁温特性及减温水（或烟气挡板）调节情况，以及锅炉主辅机运行情况。对锅炉额定负荷和高压加热器全切两种工况分别给出是否达到设计要求的结论。

二、锅炉最大出力试验

1. 试验目的

锅炉最大出力试验的目的是检验锅炉的主蒸汽流量能否达到合同中的保证值最大连续蒸发量，同时汽温、壁温、压降等各项参数是否正常。

2. 试验标准

我国锅炉最大出力试验标准按 DL/T 1616—2016《火力发电机组性能试验导则》执行。

3. 试验条件及要求

（1）试验开始前各项要求符合大纲的规定，稳定运行状态应得到各方同意。试验结束后，各方对机组试验工况运行数据记录和试验测量记录进行签字，确认试验工况。

（2）锅炉应燃用设计煤种、校核煤种或商定煤种。

（3）锅炉带额定出力运行，主、辅机运行正常并有调节裕度，汽轮机、发电机运行稳定。

（4）所有监视仪表完好、指示准确。

（5）磨煤机运行状况良好，石子煤排放正常，并且不投助燃油。

（6）所有阀门及挡板动作正常；执行器操作正常、反馈正确。

（7）锅炉各项保护正常投入，机组自动调节系统正常投入，如负荷达到协调控制上限，可切为手动控制。

（8）试验范围内各系统有充分可靠的照明，各岗位通信设备齐全可用。

（9）整个锅炉机组的严密性检查。

（10）消除烟风、制粉、汽水系统及燃料的泄漏。

（11）确定试验机组系统已与其他非试验系统隔离，1、2 号机组之间联络系统（例如辅汽联箱）确认已可靠隔离，试验期间机组可正常补水。

（12）每次试验前锅炉受热面应进行一次全面吹灰，在完成吹灰、锅炉运行稳定后开始试验，试验期间不吹灰。

（13）试验前应进行必要的燃烧调整试验，以确定最佳的一、二次风配比及过量空气系数。机组经调整试验后其运行已达稳定状态，并经各方认可。

（14）对于试验期间锅炉运行参数要求。锅炉负荷：BMCR 工况设计蒸汽流量；主、再热蒸汽压力：不超过 BMCR 工况设计压力；主、再热汽温：额定汽温±5℃；给水温度：BMCR 工况设计给水温度±5℃。

4．试验方法

（1）锅炉最大出力试验宜与汽轮机最大出力工况（VWO）试验同时进行，以汽轮机测量计算得到的主蒸汽流量为锅炉最大出力。

（2）试验前应对过热器、再热器的进、出口压力取样点和变送器的标高差异情况进行检查，对变送器零位进行校正，以消除取样点至变送器水柱产生的静压差。

（3）试验应燃用设计煤种或商定煤种带额定出力运行，确认主辅机运行正常且有调节预留，汽轮机、发电机运行稳定。

（4）逐渐增加燃料量以提高锅炉出力，调整并保持过热蒸汽压力和温度、再热汽温等达到或接近设计值，直至达到最大连续出力（以主汽流量为准）。

（5）试验时间应保持 2h 以上，详细记录试验数据，每 30min 记录一次。试验中应监视的主要参数包括：锅炉蒸发量、蒸汽压力与温度；给水、主蒸汽、再热蒸汽的品质；汽水系统阻力（主蒸汽、再热器和省煤器系统压降）；主蒸汽、再热蒸汽汽减温水及烟气挡板对汽温的调节特性；受热面的污染情况及各级受热面金属壁温；锅炉本体烟气阻力；锅炉本体一次风阻力；锅炉本体二次风阻力；锅炉各辅机、热力系统及自动控制装置的适应能力及主要运行参数等。

（6）当汽轮机所有调节阀已全开，汽轮机达到最大进汽量（VWO 工况），锅炉仍未达到最大连续出力且汽轮机不具备超压运行能力的情况下，以汽轮机最大进汽量为试验工况。当发电机已达到厂家保证的最大负荷，或定子绕组温差等已达到极限值，不具备继续升负荷能力的情况下，以发电机最大电负荷时对应的主蒸汽量作为试验工况。

（7）试验期间对试验煤种进行取样、分析。

（8）应当按照等焓值法将试验蒸汽参数修正到设计条件，得到最终试验结果。

5. 注意事项

（1）部分机组协调控制系统在调试时并没有考虑到最大出力工况，相关的自动曲线只到额定负荷阶段，导致不具备继续协调升负荷的能力。试验前应对此检查确认，避免自动协调参数限制继续升负荷。

（2）当协调控制无法继续升负荷，而锅炉、汽轮机、发电机等系统具备进一步升负荷条件时，可以解除协调控制为手动，缓慢全开汽轮机调门，待负荷稳定后，手动缓慢增加燃料量，观察负荷、汽温、汽压、壁温、氧量等参数变化，及时调整。

（3）试验过程中，任一设备达到极限值必须暂停继续升负荷，试验各方应协商，并得到设备厂家同意提高设计值的保证后才能继续升负荷，不能盲目侥幸提高参数或者突击升负荷然后快速下降来进行试验。

6. 试验结论及报告

试验报告中应体现试验日期，试验起止时间，试验工况，汽水品质情况，主蒸汽流量、汽温、壁温特性以及减温水（或烟气挡板）调节情况，过热器压降、再热器压降、烟气阻力等是否满足设计要求，以及锅炉主辅机运行裕量情况。对锅炉最大连续出力做出"达到"或"未达到"设计值的结论，若因汽轮机、发电机或其他设备导致锅炉无法带最大出力，应予以说明。

三、锅炉不投油最低稳燃负荷试验

1. 试验目的

按照《火力发电建设工程启动试运及验收规程》的要求，对新投产的机组进行锅炉低负荷不投油稳燃试验，以考验燃烧器的低负荷稳燃能力，确定在锅炉不投油情况下的最低稳燃负荷是否与合同、设计相符，一般锅炉厂保证的不投油最低稳燃负荷为30%BMCR（按蒸汽流量考核）。同时为该机组今后的安全、经济运行和参与电网调峰提供技术依据。

对于进行燃烧器改造、锅炉增容改造或参与深度调峰的机组也建议进行锅炉不投油最低稳燃负荷试验。

2. 试验标准

我国锅炉不投油最低稳燃负荷试验标准按 DL/T 1616—2016《火力发电机组性能试验导则》执行。

3. 试验条件及要求

（1）锅炉应燃用设计煤种或事先商定的试验煤种，且试验过程中要求煤种稳定。

（2）试验前应根据锅炉燃烧优化调整和制粉系统调整试验结果确定合理的运行工况参数。

（3）试验前锅炉运行持续时间应大于 12h，试验时锅炉应从高负荷逐渐下降，试验稳定工况的持续时间应大于2h。

（4）试验前应对锅炉炉膛或燃烧器火焰检测系统进行检查，确认正常。

（5）试验前应检查供油、气及等离子助燃系统正常，处于备用状态。

（6）对于超临界直流锅炉，试验前锅炉启动循环泵暖泵系统能正常投入、大气扩容器冷却水系统应能投入、排水槽排水泵应能正常投入；炉水循环泵能够随时投入。

（7）试验时应控制煤粉细度在设计规定的范围内。

（8）试验时应投运临层磨煤机组或对冲布置的磨煤机组，保证燃烧稳定。

（9）试验过程中，锅炉各项保护应全部投入，为了稳定燃烧和便于控制，磨煤机一次风量自动和各层燃烧器二次风自动可切至手动方式运行，其余自动全部投入。

（10）对于直流锅炉，应控制好煤水比和分离器出口过热度，尽量维持机组干态运行，避免转为湿态运行。

（11）给水泵汽轮机汽源、轴封汽源等做好暖管工作，保证辅汽和临机汽源能随时投入。

4．试验方法

（1）检查调节级压力对应的主蒸汽流量曲线，主蒸汽流量能否显示最低稳燃负荷对应的主蒸汽流量。试验以主蒸汽流量为准，参考机组的负荷。

（2）根据技术协议，确定机组低负荷试验期间制粉系统投运的套数。计算确定低负荷稳燃试验期间所需要的燃煤量，根据制粉系统的出力确定制粉系统的投运套数，尽可能少投入制粉系统。

（3）机组降负荷，依次停上层磨煤机，待燃烧稳定后，机组电负荷逐步下降，总煤量逐步降低，2～3台磨煤量基本相当。停止磨煤机前逐渐减小磨煤机的给煤量至最低给煤量后停运给煤机。磨煤机停运后，应停止对其通风，关小二次风门。

（4）减煤过程应缓慢进行，同时减煤过程中应就地加强看火并及时向主控汇报着火情况，若此时出现燃烧不好、煤火检不稳定，应停止减煤，待燃烧稳定后再恢复减煤。同时注意监视炉膛出口烟温值，是否仍保持较高水平。

（5）根据机组的协调自动情况，确定采用手动还是自动降负荷至低负荷目标值。在低负荷稳燃试验期间的运行方式，一般采用投入 TF（汽轮机跟随）模式定压运行。

（6）机组协调控制或手动方式下，逐渐降低至目标负荷+10%的负荷值，稳定参数观察 10～20min，进一步降低机组的负荷至目标负荷+5%的负荷值，降负荷的速率应控制在 1%额定负荷/min 以内。

（7）对于给水泵为 2 台 50%出力汽动泵的机组，宜在 40%负荷退出一台汽动给水泵运行；维持两台汽动给水泵运行的，必须调节其再循环，防止发生汽蚀。

（8）试验中减燃料减负荷的速率主要根据燃烧强度变化及燃烧稳定的情况而定，并注意保持适当的一次风量、二次风量和氧量；减燃料的同时，应适当调整该磨煤机的一次风量，以保证较合理的一次风速、煤粉浓度及较高的磨煤机出口温度；同时，适当减少二次风量，维持合理的氧量。

（9）适当提高磨煤机出口温度，在满足制粉系统防爆要求的前提下，烟煤锅炉的磨煤机出口温度一般应在 80℃以上，褐煤锅炉的磨煤机出口温度一般应在 60℃以上，CFB锅炉维持床温一般应在 700℃以上。

（10）当锅炉负荷进入干湿态转换区间的负荷，打开储水箱水位调节阀对应的电动截止阀，为机组可能进入湿态运行做准备。

（11）如锅炉运行正常，进一步降低负荷至目标负荷；如不能正常运行，则不应继续降低负荷，以安全稳定运行时能达到的出力作为最低出力试验结果。

（12）试验时间应保持 2h 以上，每隔 15min 记录一次汽水系统、烟风系统、制粉系统的主要参数。

（13）对试验期间煤质、灰渣进行取样、化验。

5. 注意事项

（1）试验期间，试验人员应加强就地看火，运行人员加强对火检信号及炉膛负压、一次风量、二次风量、氧量、烟温以及受热面壁温等参数的监视。如有较大波动应暂时停止减燃料，调整燃烧至稳定后，再继续进行试验。

（2）开启锅炉看火门、检查孔及灰渣门时应在炉膛负压工况下缓慢小心地进行，作业人员应站在门、孔侧面，并选好躲避路线。

（3）现场试验人员应注意安全，观察锅炉炉膛内燃烧情况时，应戴防护眼镜。严禁站在看火孔正面观察。

（4）对于超临界直流锅炉，试验过程中，控制好煤水比和分离器出口过热度，维持机组干态运行，避免转为湿态运行。

（5）低负荷稳燃试验的主要危险点为燃烧不稳定造成的全炉膛灭火，因此试验过程中，应缓慢减少给煤量，缓慢减低机组负荷；当发现个别煤火嘴燃烧不稳时，应停止减负荷，调整燃烧，待稳定后方可继续减负荷。

（6）试验过程中，如果燃烧不稳可能发生锅炉灭火，立即投油或等离子体点火系统助燃，待燃烧稳定后重新开始试验。

（7）试验过程中，禁止进行锅炉本体吹灰及其他影响锅炉燃烧的工作。

（8）试验过程中，当发生意外或危及设备及人身安全时，试验应立即停止，并按运行规程进行事故处理。

6. 试验结论及报告

试验报告中应体现试验日期，试验起止时间，试验工况，主蒸汽流量、汽温、壁温特性及减温水（或烟气挡板）调节情况，锅炉主辅机运行裕量情况，以及试验期间煤质和灰渣化验分析结果。对锅炉不投油最低稳燃负荷做出"达到"或"未达到"设计值的结论，对因燃烧或煤质原因导致锅炉未达到设计值等情况应予以说明。

四、锅炉污染物排放试验

本节所描述的污染物排放试验特指锅炉本体的氮氧化物排放试验，一般新建机组锅炉效率和氮氧化物排放是同时考核的，或者现有机组进行低氮燃烧器改造后对比试验要求氮氧化物达到保证值且改造后锅炉效率不降低。

试验标准为 GB 13223–2011《火电厂大气污染物排放标准》和 GB/T 10184—2015《电站锅炉性能试验规程》，试验条件要求同锅炉热效率试验。

锅炉在燃烧过程中会生成 NO 和 NO_2，两者之和用 NO_x 表示，通常情况下 NO_2 在 NO_x 中所占的比率约为 5%。为简化，NO_x 浓度按实测 NO 浓度除以 0.95 计算。

试验方法：对于验收试验，与锅炉效率同时进行两次平行工况试验，测点布置采用网格法，使用烟气分析仪同时测量烟气中氧量和 NO（或氮氧化物）的体积分数，然后折算到6%干基氧量的标准浓度，即

$$\rho_{NO_x,re} = \rho_{NO_x,m} \times \frac{21 - \varphi_{O_{2,re}}}{21 - \varphi_{O_{2,m}}} \qquad (2\text{-}241)$$

式中　$\rho_{NO_x,re}$ ——折算到基准氧量下的氮氧化物浓度，mg/m³；

　　　$\rho_{NO_x,m}$ ——实测干烟气中氮氧化物的浓度，由实测干烟气中氮氧化物的体积分数换算，关系为 1×10^{-6}（μL/L）=2.05mg/m³，mg/m³；

　　　$\varphi_{O_{2,re}}$ ——基准氧量，对于燃煤锅炉为6%，对于燃油及燃气锅炉为3%；

　　　$\varphi_{O_{2,m}}$ ——实测干烟气中氧气的体积分数，%。

锅炉主要辅机包括磨煤机、风机、空气预热器等，其主要性能参数有磨煤机出力、磨煤机耗电量和制粉系统总耗电量、磨煤机通风量、煤粉细度、空气预热器漏风率等，详见本书第五章和第六章。

第三章

ASME 性能试验标准

（ASME PTC 4—2013/2008）

与 GB/T 10184—2015《电站锅炉性能试验规程》相比，ASME PTC 4—2013《Fired Steam Generators Performance Test Codes》编写得非常细致，考虑的因素非常全面，是性能试验的典范。随着我国国力的增强，我国电站锅炉已经销往世界各地，这些用户一般要求依照 ASME 标准进行验收。同时，国内销售的锅炉也大多数以 ASME 蒸汽锅炉性能试验标准作为合同标准。因此，ASME 标准非常重要。但是，ASME 标准与我国标准在表现形式上差别很大，完全理解并非易事。

本章主要从如下几方面帮助读者更好地理解 ASME PTC 4—2013 标准：

（1）参比我国的性能试验标准，并在此基础上进行介绍，沿用相似的编排，全面解释 ASME PTC 4—2013 的主要思想，着重解释两者的不同之处。

（2）在每一个符号后给出相应的英文原文，以便于读者更好地理解为什么用这样的缩写，也可以方便读者学习一些英文专业的词汇。

（3）统一符号。ASME 在进行公式的编排时，尽可能采用英文字母缩写，但有时也采用字母加数字的方式，很容易让读者迷惑。本书将采用 ASME 标准的方法把符号改为其英文字母的缩写，而不是原标准中的数字，以提高可读性。

（4）配备插图。在每一个难以理解的地方，如很多迭代计算、热平衡等部位，为了让读者完全明白，都配备了计算框图或热平衡示意图。

（5）大部分复杂、陌生的公式都说明其起源，或配以推导过程，以方便读者对这些公式的理解。

（6）简化公式。标准不少地方都把很多有物理含义的项目合并为一个大公式，使得其物理意义很难理解。本书把这些公式还原成若干项，尽管与原标准不完全相符，但物理意义更加明确，更容易理解。

（7）对一些不适当的修正方法进行了引申与探讨，帮助读者更好地理解这些内容的物理含义，以便于读者灵活应用。

（8）保留了 ASME 标准中使用的英制单位。采用公制时，可以根据附录 B 进行换算。

第一节 ASME 反平衡试验的计算模型

一、ASME 锅炉效率的定义

1. 锅炉热平衡

根据热力学第一定律，锅炉稳定运行以后，进入锅炉系统边界的能量等于离开锅炉系统边界的能量，从而有

$$QEn=QLv（\text{Btu/h 或 W}）\tag{3-1}$$

式中 QEn ——进入系统的能量，包括进入系统的质量流所携带的能量以及驱动辅助设备的能量（Q 表示能量，与我国性能试验标准一样，En 表示进入，英文 *Enter* 的前两个字母）；

QLv ——离开系统的能量，由离开系统的质量流携带的能量和经锅炉表面散热到外界环境的能量组成（Lv 表示离开，英文 *Leave* 中的两个字母）。

输入锅炉的能量就是燃料的热量，但进入系统的能量还包括随燃料进入系统的其他质量流所携带的能量以及驱动辅助设备的能量；离开系统的能量是离开系统的质量流携带的能量和经锅炉表面散热到外界环境的能量，与我国标准中的定义完全相同。锅炉变工况过程中，两者可以不相等，因为进入锅炉的燃料发热量可能过一小段时间才会传递到汽水侧，中间可增加或减少系统的蓄热。

式（3-1）可写成易于测量和计算的形式为

$$QrF=QrO+Qb（\text{Btu/h 或 W}）\tag{3-2}$$

式中 QrF ——燃料输入能量，字母 r 表示 rate，表示是以每小时为基的流量，F 表示燃料，fuel 的首字母大写；

QrO ——锅炉每小时的输出能量，O 表示输出，output 的首字母大写；

Qb ——能量平衡项，b 即 balance，该项热量组成部分分别为：进入、离开系统的质量流携带的能量（不包括输入能量项与输出能量项），发生在锅炉系统边界内的化学反应产生或吸收的能量，驱动辅机的能量以及以对流和辐射传热至环境中的能量等。

能量平衡项 Qb 可分为外来热量与损失两部分，即

$$Qb=QrL-QrB（\text{Btu/h 或 W}）\tag{3-3}$$

式中 QrL ——损失（losses），系统传向外界的各个能量之和，包括离开锅炉系统的质量流携带的能量（不包括输出能量项），发生在锅炉系统内的吸热化学反应能量，以及以通过对流和辐射的方式，由锅炉系统表面传递到环境中的能量；

QrB ——输入锅炉的外来热量，B 表示 bring，即随燃料带入的小份额输入热量之和，包括进入锅炉系统的各种质量流携带的能量（如燃料、雾化蒸汽带入的显热等）、锅炉系统内的放热化学反应热及驱动辅助设备的能量。

这些能量虽然种类较多，但与燃料的发热量相比，数量较小，相当于由燃料携带而

来的。ASME 标准中，这些小额热量用 credit 表示，原义是财务术语，表示扣款额、信用额度，这里可理解为：由于这些小部分热量的输入，"抵扣"了少部分输入燃料的热量。

把式（3-3）代入式（3-2）中，整理后可得整体能量平衡方程，即

$$QrF+QrB=QrO+QrL（Btu/h 或 W）\tag{3-4}$$

式（3-4）左边 $QrF+QrB$ 表示进入系统的所有能量，进一步可变换成如下两种形式，即

$$QrO= QrF+QrB-QrL（Btu/h 或 W）$$

或

$$QrF=QrO+QrL-QrB（Btu/h 或 W）$$

根据这些热平衡的关系，可以推导出 ASME 热效率的定义。

2. ASME 锅炉效率的定义

我国性能试验标准把锅炉效率定义为输出能量与输入燃料能量的比值，ASME 标准与之类似，将锅炉效率定义为锅炉输出能量与主动输入能量的百分数，即

$$EF =100\frac{Output}{Input}=100\frac{QrO}{QrI}\tag{3-5}$$

式中　EF——锅炉效率，英文单词 efficiency 的前两个字母大写，%

　　　QrI——每小时锅炉输入的热量，字母 I 为 input 的意思首字母大写；

　　　QrO——每小时锅炉输出的热量，单位必须与 QrI 相同。

比较式（3-1）～式（3-5）可明显看出，QrI 和 QEn 表示的含义相似，但不完全相同。QEn 表示进入锅炉热力学系统边界的热量，它考察的对象是系统边界，主语是热量，是纯粹的热力学术语；QrI 表示把锅炉系统当作一个黑匣子设备，人们主动输入的热量，并以此为基础考察锅炉系统能够达到的输出关系，而不关注附带的、随主动输入热量而被动进入锅炉系统的热量。热量本身是宾语，人是主语，虽然不完全符合热力学分析的思路，但 QrI 更直接地反映锅炉设备对主动输入这些热量的利用率，更便于考核锅炉设备的性能。因此，ASME 标准用了与 QEn 不同的符号 QrI 来表示锅炉效率。

人们主动送入锅炉设备的热量即为燃料输入的能量，它是燃料完全燃烧时可获得的最大能量，用式（3-6）表示，即

$$QrI=QrF=MrF.HHVF（Btu/h 或 W）\tag{3-6}$$

式中　QrF——燃料的输入能量，Btu/h 或 W；

　　　MrF——燃料的质量流量，M 表示质量 "mass"，r 表示速度或流量 "rate"，F 表示燃料 "fuel"，lb/h 或 kg/s；

　　　$HHVF$——燃料高位发热量（higher heating value of fuel），Btu/lb 或 J/kg。

英文质量单位磅的符号一般用 lb 表示，ASME 标准为了强调是质量单位，将其符号定义为 lbm，表示质量磅（pound mass），本书中 lbm 和 lb 是同一种含义。我国小时（hour）符号的缩写一般用 h，而 ASME 中缩写为 hr，两者实质也是相同的。

这样，就导出了 ASME 标准中锅炉效率的计算公式为

$$EF =100\frac{Output}{Input}=100\frac{QrO}{MrF \times HHVF}（\%）\tag{3-7}$$

ASME 标准在输入能量中仅考虑燃料的发热量，所有能量变化的分析都基于燃料的发热量，因此，ASME 标准中的锅炉效率称为燃料效率。它与我国标准中锅炉效率计算在以下两点是相同的：

（1）燃料效率直接反映了锅炉效率以煤为基础的输入-输出关系，可以直接用来计算供电煤耗，但该煤耗是基于高位发热量的供电煤耗。ASME 标准定义的效率与我国标准中锅炉效率（燃料效率）的定义是一致的，即输出热量与燃料输入热量之比，而把我国标准中的锅炉热效率称为毛效率，用符号 EGr 表示（其中 E 表示 efficiency，Gr 表示英文 Gross），并给出了燃料效率与毛效率的关系。尽管我国之前大量计算煤耗的工作使用简化版的毛效率（外来热量项为零）来代替燃料效率，但这样计算出来的煤耗值并不完全符合煤耗的物理意义。目前 ASME 标准和我国标准均不倡导毛效率，锅炉效率特指燃料效率。

（2）ASME 标准中，输入燃料的发热量是高位发热量，而且是定压条件下的高位发热量。这与我国标准有很大的差别，我国标准采用低位发热量作为输入基准。

3. 两种发热量之间的关系

高位发热量是指煤炭在空气中完全燃烧后产生的所有热量，包括产生的烟气中水蒸气凝结成水以后放出的热量，表征了煤炭质量的好坏；低位发热量是指高位发热量扣除水蒸气凝结热（即汽化潜热）后的部分。烟气中水分的汽化潜热很大，因此采用高位发热量可以很敏感地反映燃料、烟气中的水分变化。

由于煤中有灰分、SO_2 等易产生低温腐蚀的气体，如果让烟气中的水蒸气在锅炉尾部凝结放热，就很容易把灰分弄湿，像"和泥"一样，会产生积灰和低温腐蚀。因此，锅炉的排烟温度都设计在 100℃以上，烟气中的水蒸气不可能凝结放热。换言之，燃料在锅炉中不可能放出高位发热量，只能放出低位发热量。基于这种考虑，包括我国在内的大多数国家均采用低位发热量作为锅炉性能试验的基准。

高位发热量又分为恒容高位发热量与恒压高位发热量。恒容高位发热量是燃料在恒容条件下燃烧（压力会变化）放出的全部发热量，用 $HHVF_{cv}$（higher heating value of the fuel on a constant volume basis，下角标 cv 表示 constant volume）表示，恒压高位发热量是在压力恒定（体积会变化）条件下燃烧时放出的热量，本书中用 $HHVF_{cp}$（higher heating value of the fuel at constant pressure，下角标 cp 表示 constant pressure）表示。

恒容高位发热量一般由氧弹式量热计（bomb calorimeter）测量，如图 3-1 所示。将一定的燃料试样置于氧弹中，在有过量氧的条件下进行燃烧，然后燃烧产物冷却到原始温度（25℃）的条件下，单位质量燃料所能放出的热量称为弹筒发热量。由于燃烧过程中，燃料中的碳完全生成二氧化碳，氢完全燃烧生成液态水，硫和氮（包括弹筒内空气中的游离氮）在氧弹中燃烧生成三氧化硫和少量的氮氧化物，并溶于水生成硫酸和硝酸，且这些化学反应都是放热反应，因此氧弹发热量比实际燃烧过程（常压）中放出的热量更大，是燃料的最高发热量。

燃料在恒容条件下燃烧，燃烧产物温度升高的过程也是一个加压的过程，因此才促使硫燃烧生成三氧化硫，同时生成氮氧化物。在日常燃烧的过程中，硫只生成二氧化硫，

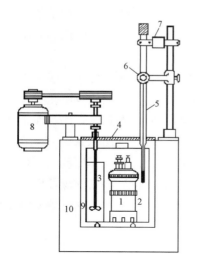

图 3-1　氧弹式量热计

1—氧弹；2—内筒；3—内筒搅拌器；4—盖子；

5—贝克曼温度计；6—放大镜；7—振动器；

8—电动机；9—绝缘层；10—外筒

氮只生成游离的氮气。因此，恒容条件下燃料的高位发热量，需要在弹筒发热量中扣除硫酸的生成热和硝酸的生成热。

燃料在电站锅炉中燃烧时，炉膛内为微负压，非常接近大气压力，所以锅炉内燃料放出的热量是在恒定压力下的高位发热量 $HHVF_{cp}$。由于 ASME 标准中所有的高位发热量都指恒压高位发热量，所以省掉了下标 cp，直接用 $HHVF$ 表示。而一般情况下，对于固体和液体燃料，高位发热量由氧弹式热量计测定，给出的高位发热量都是恒容高位发热量。

在恒容高位发热量测量过程中，由于烟气体积没有变化，所以烟气没有热力学做功，也没有动能的变化。在恒压条件下的反应则不同，如果化学反应最终的压力发生了变化，则必然伴随着热力学做功，从而改变烟气的发热量。简言之，恒容高位发热量是反应物和产物之间内能的变化，而恒压高位发热量是反应物和产物之间焓的变化，二者的关系为

$$HHVF = HHVF_{cv} + \frac{\Delta Pv}{778.2} \text{（Btu/lb 或 J/kg）}$$

因为炉膛内的燃烧反应压力很低，故烟气可视为理想气体；在该燃烧环境中，反应前后的物质质量不变，燃烧场所的压力不变，故 ΔPv 主要反映了反应前后容积 v 的变化。容积 v 变化的原因是反应前后分子的组合不同，导致分子的数量不一样，即燃烧反应前后 ΔPv 主要由反应物的摩尔数决定。根据理想气体状态方程，有

$$\frac{\Delta Pv}{778.2} = \frac{\Delta \varphi R u T}{778.2}$$

因而有

$$HHVF = HHVF_{cv} + \frac{\Delta \varphi R u T}{778.2} \text{（Btu/lb 或 J/kg）}$$

在煤的燃烧中，假定碳元素都生成 CO_2，硫元素都生成 SO_2，氢元素都生成 H_2O，N 元素都生成 N_2。前两个反应都消耗氧气，但生成的烟气产物与消耗的氧气体积相同，因而对压力没有什么影响；而第三个反应把空气中的氧气变为液态水，使烟气体积变小、压力降低，环境对烟气做功；第四个反应则使烟气体积增加、压力升高，消耗了烟气的能量，对周围环境做了一定的功。4 个反应导致反应前后烟气体积（摩尔数）的变化量为

$$\Delta \varphi = -\frac{MpN_2F}{28.016} + \frac{1}{2}\frac{MpH_2F}{2.016}$$

这样，就得出由恒容高位发热量与恒压高位发热量的转化关系为

$$HHVF = HHVF_{cv} + \left(\frac{1}{2} \times \frac{MpH_2F}{2.016} - \frac{MpN_2F}{28.016}\right)\frac{RuT}{778.2} \quad \text{（Btu/lb 或 J/kg）} \tag{3-8}$$

式中 $\Delta\varphi$——燃烧反应前后的气体摩尔数变化；

$HHVF_{cv}$——恒容条件下，由氧弹式量热计测得的燃料高位发热量；

MpH_2F——燃料中 H_2 的质量百分数，即 mass percent of H_2 in the fuel；

MpN_2F——燃料中 N_2 的质量百分数，即 mass percent of N_2 in the fuel；

Ru——通用气体常数，英制单位取 15.45ftf·lb/（mol·°R）；

T——量热计测量的发热量的最终温度，一般为 77℉，取华氏温度；

778.2——英制单位的热功当量，即 ftf·lb 转化为 Btu 的数据。

相比氢元素，氮元素的分子量大，煤中氮元素的含量也很小，因而氮元素变成 N_2 引起的 Pv 变化很小，折算成英制单位不超过 0.76Btu/lb，可以忽略不计。这样可仅考虑氢元素，用式（3-9）计算修正到恒压条件下的发热量，即

$$HHVF = HHVF_{cv} + 2.644MpH_2F \quad \text{（Btu/lb 或 J/kg）} \tag{3-9}$$

大多数情况下，进行燃料分析的实验室未做该项修正，因此，使用燃料分析的热值前必须进行确认。对于气体燃料，因高位发热量是在恒压条件下测定的，故无须修正。

对于气体燃料来说，我国标准一般用每标准立方米的发热量来作为试验基准，但 ASME 标准不论什么燃料，都采用单位质量燃料的高位发热量 Btu/lb 或 J/kg 作为基准。由于实验室分析所得的对于气体燃料高位发热量通常是单位容积的高位发热量，即 $HHVG$（G 表示 Gas，气体状态）表示，单位为 Btu/scf（J/m³），因此必须将单位容积的高位发热量换算为单位质量的高位发热量，换算关系为

$$HHVF = \frac{HHVGF}{DnGF} \quad \text{（Btu/lb 或 J/kg）} \tag{3-10}$$

式中 $DnGF$——气体燃料在标准状态的密度（density of gas fuel），lb/scf 或 kg/m³。

我国习惯用门捷列夫公式验证发热量测定的准确性，ASME 标准则采用元素分析计算的理论空气量来检验矿物燃料高位发热量测量值的合理性，即

$$HHVF = 10^6 \frac{MFrThA}{MqThAF} \quad \text{（Btu/lb 或 J/kg）} \tag{3-11}$$

式中 $MFrThA$——理论空气量（theoretical air），lb/lb 或 kg/kg；

$MqThAF$——被检验燃料的理论空气量的正常值（normal value of theoretical air for fuel being checked），lb/MBtu。

以 lb/MBtu 为单位，$MqThAF$ 的范围为：

煤（V_{daf}>30%）	735～775lb/MBtu
油	735～755lb/MBtu
天然气	715～735lb/MBtu
碳	816 lb/MBtu
氢	516 lb/MBtu

衡量的标准为：所有碳氢燃料的理论空气量都应当介于上述碳和氢的碳氢燃料的实际最大值和最小值之间，否则肯定是错误的。

二、ASME 反平衡效率

ASME 中的锅炉效率与我国性能试验标准一样，也有正平衡效率与反平衡效率。其中反平衡效率在 ASME 标准中称为能量平衡法（Energy Balance Method）效率，正平衡效率称为输入、输出法效率（Input-Output Method）。为了便于理解，本书把它们改称为与我国性能试验标准一致的名称。

通过式（3-7）可以看出，直接测定燃料量和锅炉汽水侧参数就可以算出锅炉的正平衡效率。但由于正平衡效率的精度不够，因此 ASME 标准也是以反平衡效率为主。

（一）计算方法

1. 热损失与外来热量

把式（3-3）或式（3-4）代入式（3-5），就可以得出由各项热损失和外来热量组成的反平衡效率表达式，即

$$EF = 100\frac{QrO}{QrF} = 100\frac{QrF - QrL + QrB}{QrF} = 100\left(1 - \frac{QrL}{QrF} + \frac{QrB}{QrF}\right) \quad (\%)$$

大多数热损失与外来热量可用占输入燃料热量的百分数来计算，即

$$QpL = 100\frac{QrL}{QrF} \text{ 或 } QpB = 100\frac{QrB}{QrF}(\%)$$

这样，燃料效率可以表示为式（3-12），L、B 分别表示损失与外来热量，即

$$EF = 100\left(1 - \frac{QrL}{QrF} + \frac{QrB}{QrF}\right) = 100 - QpL + QpB(\%) \tag{3-12}$$

2. 热损失与外来热量的类型

无论是损失的热量还是带入的热量，都可分为以下两类。

（1）第一类。损失（或外来热量）与每小时输入的燃料量成正比，即

$$\left.\begin{array}{l} QrL_k = MrF \cdot f_{Lk} \\ QrB_k = MrF \cdot f_{Bk} \end{array}\right\} \tag{3-13}$$

典型的损失（QrL_i）的例子是由燃烧产物离开系统产生的损失。在其他条件不变的情况下，由于 2kg 的燃料生成的燃烧产物（干烟气、水蒸气等）是 1kg 燃料生成产物的 2 倍，因此其导致的各项损失也是 1kg 燃烧产物的 2 倍；典型的带入热量 QrB_i 是燃烧风所带入的热量，燃烧 2kg 燃料的风量也是燃烧 1kg 燃料的风量的 2 倍，由它们带入的热量当然也是 1kg 燃料所需风量带入热量的 2 倍；同时，2kg 燃料输入的热量也是 1kg 燃料量输入热量的 2 倍。这样，在计算 $\frac{QrL_i}{QrF}$ 和 $\frac{QrB_i}{QrF}$ 时，分子、分母都有 MrF，恰好可以消去，即每千克燃料产生的损失与给煤量 MrF 无关，仅是输入煤发热量的函数，用式（3-14）表示，即

$$QpL_k = 100 \times \frac{MrF \cdot f_{Lk}}{HHVF \cdot MrF} = 100 \times \frac{f_{Lk}}{HHVF}$$

$$QpB_k = 100 \times \frac{MrF \cdot f_{Bk}}{HHVF \cdot MrF} = 100 \times \frac{f_{Bk}}{HHVF} \quad\quad （3\text{-}14）$$

（2）第二类。损失（或外来热量）与燃料输入热量无关，更容易基于单位时间测量与计算。例如锅炉表面辐射和对流散热损失主要与散热面积与环境温度等有关。

由于大部分的损失属于第一类，且锅炉效率也基于燃料热量，所以第二类损失最终要根据运行工况折算到每千克燃料的百分数。转化的方法是：先测量与计算每小时的总损失量，并除以每小时的燃料量，表示为

$$QpL_i = 100 \frac{QrL_i}{MrF \cdot HHVF} \quad （\%）$$

$$QpB_i = 100 \frac{QrB_i}{MrF \cdot HHVF} \quad （\%）$$

这样，锅炉效率就可以写作式（3-15）的形式，即

$$EF = 100 - \sum QpL_k + \sum QpB_k - \sum \frac{QrL_i}{MrF \cdot HHVF} + \sum \frac{QrB_i}{MrF \cdot HHVF} \quad （\%） \quad （3\text{-}15）$$

3. 第一类损失（或外来热量）的处理

对于第一类损失或输入热量时，关键是要确定损失与燃料损失函数 f_{Lk} 和 f_{Bk}。以损失计算为例，原则为

$$QpL_k = 100 \times \frac{\text{组分}k\text{的质量}(kg\text{或}lbm)}{\text{燃料输入热量}（Btu/lbm\text{或}kJ/kg）} \times \text{组分}k\text{的比热容}\left（\frac{kJ}{kg \times {}^\circ C}\text{或}\frac{Btu}{lbm \times {}^\circ F}\right）$$

$$\times \text{温差}（{}^\circ C\text{或}{}^\circ F）$$

$$= 100 \frac{\text{组分}k\text{的损失}（Btu\text{或}kJ）}{\text{输入热量}（Btu\text{或}kJ）} \quad （\%）$$

ASME 标准似乎更习惯于基于单位热量的损失，以排烟带走的物理显热损失为例，可以写作

$$QqL_k = 100 Mq_k (HLv_k - HRe_k) = 100 Mq_k \cdot MnCp_k (TLv_k - TRe) \quad （3\text{-}16）$$

$$HLv_k = \int_{TRe}^{TLv} Cp_k(T) \cdot dT = MnCp_k \cdot TLv_k$$

式中　QpL_k——某组分 k（constituent k）的损失，燃料输入热量的百分数，表示 100 个热量单位所产生的损失的热量数，即 Btu/100Btu 或 kJ/100kJ；

Mq_k——输入燃料每产生单位热量（1Btu 或 1kJ）产生烟气产物或需要的空气中，某组分 k 的质量，英文为 mass of constituent k per Btu or J input in fuel，我国性能试验标准中用标准状态下的体积来度量烟气量和空气量，ASME 标准则习惯用质量来度量所有的反应物；

TLv_k——离开锅炉系统边界的组分 k 的温度，℉ 或℃；

TRe——基准温度，单位为℉ 或℃，ASME 标准强调基准温度的重要性，并把它定义为 77℉ 或 25℃，实现了焓值计算、热值测量基准与试验温度基

准完全一致；

HLv_k——对应于温度 TLv_k，某组分 k 所具有的焓（enthalpy，没用英文缩写，而用了物理学符号，需注意），单位为 Btu/lb 或 J/kg，ASME 标准中的焓有两种：对于烟气中大多数组分如 CO_2，由于其压力很低，可以看作是理想气体，其焓的定义表示单位质量的组分在某一温度下所携带的、相对于基准温度 TRe 下所具有的热量，与热力学中定义的焓值相同，只是基准不同；而对于以液态进入锅炉、以水蒸气离开系统的水，其焓值还包含汽化潜热，与通用热力学中定义的焓值完全相同，均基于绝对零度而言。这两种焓值尽管本质相同，但数值上差别很大；

$MnCp_k$——组分 k 在温度 TRe 与 TLv_k 间的平均比热容（mean specific heat，Mn 表示 mean，Cp 即比定压热容，没有用 specific heat 的英文缩写，而用了物理学符号），英制单位为 Btu/（lb·℉），国际单位为 J/（kg·K）；

HRe_k——对应于温度 TRe 的某组分 k 的焓，单位为 Btu/lb 或 J/kg。对以液态进入锅炉、以水蒸气离开系统的水，采用 ASME 水蒸气表查取两个温度点的焓值后相减，此时焓的基准温度为 32℉（0℃），在温度 TRe 下水的焓为 45Btu/lb（105kJ/kg）。对所有其他成分，焓的基准温度 TRe 下的基准焓值都是 0，这样就导致上述的损失/外来热量能量平衡方程中 HRe_k 基本不出现。

需要注意的是，大部分气体的比热容与温度的线性度较好，用平均比热容与温差相乘即可得出这段温度范围内的放热量。但对水蒸气的焓，由于其线性度不好，用两个温度点的焓值相减会得出更为精确的值。ASME 标准推荐优先使用焓值来计算。

可以用国际水和水蒸气特性委员会（The International Association for the Properties of Water and Steam）中最新的水蒸气特性计算公式来计算烟气中水蒸气的焓，以达到更高的精度，但由于其量小，IAPWS-IF97 公式需要水蒸气分压力，相对复杂，且在很低压力下水蒸气焓值变化对压力不敏感，如 130℃时，9kPa 下水蒸气的焓值为 2744.7kJ/kg，而 90kPa 下，水蒸气的焓值为 2738.6 kJ/kg，变化仅 6.1kg/kg，误差为 0.2%左右。所以，ASME 标准中的蒸汽表把它仅简化为温度的函数，比较有利于工作的进行。

4. 第二类损失（与或外来热量）的处理

第二类损失与输入热量以基于时间的单位如 Btu/h（W）为基准单位计算更加方便，用基于热量的基准表示则相对困难。但由于第一类损失与热量是主要的，因而需要把第二类损失与输入热量转化为与燃料相关的第一类损失，这就需要用到燃料量，一般有以下三种解决途径：

（1）直接采用 DCS 上测量的燃料量。如果直接采用 DCS 上控制使用的燃料量（MrF），可以把每一项第二类损失（或热量）除以 MrF，即

$$QpLk = 100\frac{QrLk}{MrF \cdot HHVF} \text{或} QpBk = 100\frac{QrBk}{MrF \cdot HHVF} \tag{3-17}$$

再把 $QpLk$（或 $QpBk$）相加在一起，就得到锅炉效率，即

$$EF = 100 - \sum QpLk + \sum QpBk$$

ASME 标准中并没有这种方法。实际上，目前我国运行的大多数机组自动化水平相当高，给煤机一般都为称重式，MrF 每半年左右标定一次，精度较高；此外第二类损失相对来说量很小，因此采用 DCS 上测量的数据不会产生太大的误差。该方法最为简单，不用计算输出热量，因此是本书推荐的方法。

（2）采用式（3-18）进行转化，即

$$EF = (100 - SmQpL + SmQpB) \frac{QrO}{QrO + SmQrL - SmQrB} \quad (\%) \qquad (3\text{-}18)$$

式中　$SmQpL$、$SmQpB$——基于燃料输入百分数计算的热损失与外来热量之和；

$\quad\quad\ SmQrL$、$SmQrB$——基于 Btu/h（W）计算的热损失与外来热量之和；

$\quad\quad\ Sm$——英文单词 Sum，即"之和"。

这种方法较为费解，为了便于读者理解，这里加以简单推导，推导过程如下：

由锅炉边界热平衡可知

$$QrF + QrB = QrO + QrL$$

两边同时除以 QrF，再乘以 100 变成百分比后可得

$$100 + 100\frac{QrB}{QrF} = 100\frac{QrL}{QrF} + 100\frac{QrO}{QrF}$$

这里，QpL 由两部分组成：一部分由第一类损失组成，即 $SmQpL$，与 MrF 无关；另一类为第二损失转化为第一类损失之和，即 $100\dfrac{SmQrL}{QrF}$，QrF 中有 MrF 的信息

（$QrF = MrF.HHVF$）；同理，带入热量也仅第二类损失 $100\dfrac{SmQrB}{QrF}$ 中有 MrF 的信息，所以要想办法消去 QrF，使整个公式与 MrF 无关。

由锅炉效率正平衡定义式 $EF = 100\dfrac{QrO}{QrF}$ 可得 $QrF = 100\dfrac{QrO}{EF}$，QrO 为锅炉蒸汽侧输出热量，没有任何燃料量 MrF 的信息，所以可用 QrO 来替换 QrF，从而可消去 MrF，即

$$100\frac{SmQrL}{QrF} = 100\frac{SmQrL}{100\dfrac{QrO}{EF}} = EF\frac{SmQrL}{QrO}$$

$$100\frac{SmQrB}{QrF} = 100\frac{SmQrB}{100\dfrac{QrO}{EF}} = EF\frac{SmQrB}{QrO}$$

由此可得

$$100 + SmQrB + EF\frac{SmQpB}{QrO} = SmQpL + EF\frac{SmQrL}{QrO} + EF$$

从而进一步求出

$$EF = (100 - SmQpL + SmQpB) \frac{QrO}{QrO + SmQrL - SmQrB} \quad (\%)$$

这种处理方法看似简单，实际不然（因为要计算出输出热量 QrO，这是相对复杂的

工作），且这种方法在计算过程中不能找出精确的燃料量，有炉内脱硫时就不能使用（参见下文关于脱硫剂计算的部分，此时必须由燃料量来计算灰平衡）。因此，并不是 ASME 标准中推荐的方法。

（3）通过迭代计算精确地求解燃料量。计算锅炉效率要用到燃料量 MrF（mass flow rate of fuel），反过来燃料量也可用输出能量与能量平衡得到的燃料效率来计算，即

$$MrF = 100 \frac{QrO}{EF \cdot HHVF} \quad \text{（lb/h 或 kg/s）} \tag{3-19}$$

这样，两者耦合在一起，需要通过迭代过程计算，即预先估计一个燃料量 MrF，以开始效率计算，然后反复计算，一直到计算出的燃料量与输入的燃料量差值基本不变为止，过程如图 3-2 所示。该计算过程对初始估计值不敏感，非常容易收敛，得到的固体燃料质量流量一般比测量流量更为精确，这是 ASME 标准中推荐的方式。

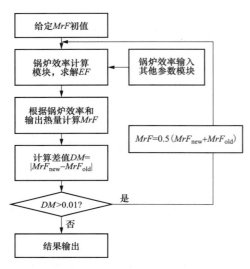

图 3-2　通过迭代法精确求解燃料量的步骤

第三种方法与第二种方法一样，利用锅炉输出热量 QrO 来迭代求解锅炉的燃料量，并把第二类损失转化为第一类损失。直接测量 QrO 将在下文中进行介绍，大多数情况下，QrO 的测量也不是很准确，因为主蒸汽流量、减温水流量的测量精度都不高。对于减温水流量来说，它们虽然都有独立的测量元件，但由于减温水量变化很大，在流量很小时，就不可能测量得非常准确。而主蒸汽流量则很少有自己的测量元件，多利用调节级后的压力采用费留格尔（Flugel）公式计算出来，如式（3-20）所示。这种公式原用于汽轮机变工况时使用，精度本来就不高，当进口压力取在汽轮机调门前时，该公式的计算精度就更低了。因此，本书认为这种方法其实与第一种方法的精度相差不多，但更为复杂。

$$\frac{D_1}{D_0} = \sqrt{\frac{p_{11}^2 - p_{12}^2}{p_{01}^2 - p_{02}^2}} \sqrt{\frac{T_{01}^2}{T_{11}^2}} \tag{3-20}$$

式中　D_1、D_0——测量工况与标准工况下的蒸汽流量；

　　p_{11}、p_{01}——测量工况与标准工况下的主蒸汽门前蒸汽压力；

　　p_{12}、p_{02}——测量工况与标准工况下的汽轮机调节级后压力；

　　T_{11}、T_{01}——测量工况与标准工况下的主蒸汽门前蒸汽温度。

当锅炉试验和汽轮机的性能试验同时进行时，就可以精确地测量 QrO。此时，汽轮机进行了相应的隔离后，可以精确地确定汽轮机的热耗值，锅炉的输出热量即为热耗值与发电机功率的乘积再除以管道的效率，即

$$QrO=HR \cdot Pg/EFp \tag{3-21}$$

式中　HR——汽轮机热耗值（heat resume of turbine），kJ/kWh；

　　　Pg——发电机发电量（power of the generator），kWh；

　　EFp——管道效率（efficiency of pipe），无量纲数。

现场试验时，锅炉、汽轮机同时进行性能试验非常容易实现，因而本书推荐采用这种方法。通过这种方法可以计算出锅炉输出热量，一方面可以用于计算反平衡锅炉效率的迭代计算；另一方面，通过正平衡锅炉效率的定义公式可以看出，此时正、反平衡效率完全一致。

（二）损失分类及计算

与我国性能试验标准一样，ASME 标准也把上述损失分解为更为细小的损失分别进行计算，只是分解得更为细致一些（外来热量也是如此），如图 3-3 所示。

1. 温度的测量与计算

（1）试验基准温度 TRe。参照温度是一个基准温度（reference temperature），ASME 标准规定所有进出锅炉系统的物质流，如空气、燃料和脱硫剂，均根据基准温度来计算显热损失和外来热量。因为固体燃料化验热量时的最终温度为 77℉（25℃），所以 ASME 标准也把试验基准温度规定为 77℉（25℃），并规定此温度下物质的焓为 0，这样就实现了热值计算与燃料化验基准温度的一致性，并且使计算公式得到简化。例如计算排烟中某一组分的损失时，本应使用排烟温度下该组分的焓与 77℉下该组分的焓的差值，但此时只要计算该排烟温度下的焓值即可。

（2）排烟温度的空气预热器漏风修正。ASME 标准和我国性能试验标准一样，把锅炉系统烟气侧的出口边界都定义为空气预热器的出口，排烟温度都在锅炉出口进行测量。ASME 标准还定义了"锅炉出口"（位于空气预热器入口、省煤器出口），并规定离开锅炉边界的烟气流量以该位置的数据为基准，这样就出现了烟气流量测点与温度的测量点不在同一位置的现象，必须采取某种补偿手段，把它们统一到相同的基准上再进行计算。

现代电站锅炉从炉膛出口到空气预热器入口之间一般都采用膜式包墙过热器作为烟道与外界的分隔，这一段烟道漏风很少、位置较长，经过若干次混合，烟气成分相对稳定、均匀，不像炉膛出口部位烟气中过量空气与其他燃烧产物尚未充分混合，也不像空气预热器出口那样受漏风影响严重。因而大部分电站锅炉把氧量计安装在此处，用此处的氧量表征炉膛出口的烟气氧量，作为炉膛内燃烧配风控制依据。ASME 标准中所指的"锅炉出口"实际就是"炉膛出口"，把烟气成分测量位置放在此处，可以获得比空气预热器出口更为准确的烟气组分与流量结果。

ASME 标准通过把空气预热器出口的烟气温度测量值修正到完全没有漏风时的情况来达到流量与温度的统一。假定空气预热器出口的烟气温度用 $TFglv$ 表示，对应的烟气焓用 $HFgLv$ 表示，排除漏风影响后的修正排烟温度用 $TFgLvCr$（Cr 即 corrected）表示，修正后的干、湿烟焓分别用 $HDFgLvCr$ 和 $HFgLvCr$ 表示，以空气预热器为输入对象，其输入、输出关系如图 3-4 所示。

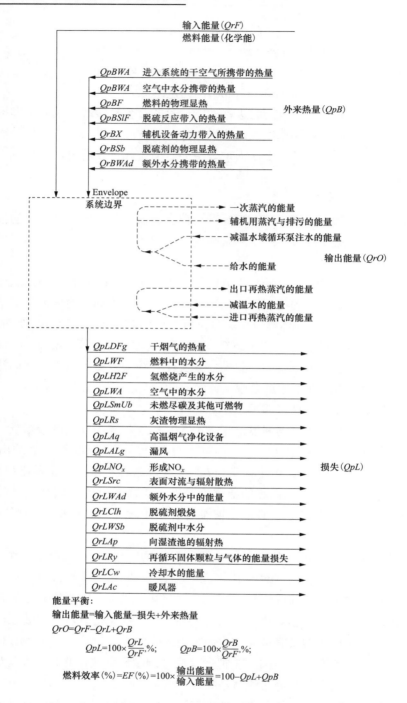

输入能量(QrF)

燃料能量（化学能）

$QpBWA$	进入系统的干空气所携带的热量	
$QpBWA$	空气中水分携带的热量	
$QpBF$	燃料的物理显热	外来热量（QpB）
$QpBSlF$	脱硫反应带入的热量	
$QrBX$	辅机设备动力带入的热量	
$QrBSb$	脱硫剂的物理显热	
$QrBWAd$	额外水分携带的热量	

Envelope

系统边界

一次蒸汽的能量

辅机用蒸汽与排污的能量

减温水域循环泵注水的能量

给水的能量 　　　　　　输出能量（QrO）

出口再热蒸汽的能量

减温水的能量

进口再热蒸汽的能量

$QpLDFg$	干烟气的热量	
$QpLWF$	燃料中的水分	
$QpLH2F$	氢燃烧产生的水分	
$QpLWA$	空气中的水分	
$QpLSmUb$	未燃尽碳及其他可燃物	
$QpLRs$	灰渣物理显热	
$QpLAq$	高温烟气净化设备	
$QpLALg$	漏风	
$QpLNO_x$	形成NO_x	损失（QpL）
$QrLSrc$	表面对流与辐射散热	
$QrLWAd$	额外水分中的能量	
$QrLClh$	脱硫剂煅烧	
$QrLWSb$	脱硫剂中水分	
$QrLAp$	向湿渣池的辐射热	
$QrLRy$	再循环固体颗粒与气体的能量损失	
$QrLCw$	冷却水的能量	
$QrLAc$	暖风器	

能量平衡：

输出能量=输入能量-损失+外来热量

$QrO=QrF-QrL+QrB$

$$QpL=100\times\frac{QrL}{QrF},\% ; \qquad QpB=100\times\frac{QrB}{QrF},\% ;$$

燃料效率（%）=EF（%）=$100\times\dfrac{\text{输出能量}}{\text{输入能量}}=100-QpL+QpB$

图 3-3　ASME 标准的能量平衡

忽略散热后，从空气预热器入口到出口有这样的关系：

1）漏风部分湿空气温度由 $TAEn$ 升高到 $TFgLv$，单位质量空气的焓增由下式计算，即

$$MnCpA（TFgLv-TAEn）=HATFgLv-HAEn$$

由此式可得出 $MnCpA$ 的计算公式为

$$MnCpA = \frac{HATFgLv - HAEn}{TFgLv - TAEn}$$

2）烟气流量增加了，由原来的 $MqFgEn$ 变为 $MqFgLv$，增加量为 $MqAL$（Mq 表示单位发热量所产生的某种组分的质量，Fg 表示 *flue gas*，AL 表示 *air heater leakage*），此过程可以表示为

$$MqAL + MqFgEn = MqFgLv$$

漏风量为

$$MqAL = MqFgLv - MqFgEn$$

3）烟气温度由 $TFgEn$ 下降到 $TFgLv$，一部分热量传给了空气预热器出口的热空

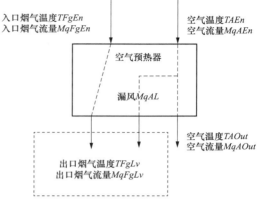

入口烟气温度 $TFgEn$
入口烟气流量 $MqFgEn$

空气温度 $TAEn$
空气流量 $MqAEn$

空气预热器

漏风 $MqAL$

空气温度 $TAOut$
空气流量 $MqAOut$

出口烟气温度 $TFgLv$
出口烟气流量 $MqFgLv$

图 3-4　以空气预热器为中心的能量、物质流平衡

气，另一部分温度下降是因为掺入了由空气侧漏进来的冷风。为把两者的影响区分开，此过程也可以假定是按如下的过程进行的：烟气先是在没有漏风的情况下，由于传热给空气使得温度 $TFgEn$ 下降到了出口温度 $TFgLvCr$，然后再由于掺入冷风，由 $TFgLvCr$ 进一步下降到 $TFgLv$，同时，使漏入的冷风温度由 $TAEn$ 升高到 $TFgLv$。用公式表示为

$$(HATFgLv - HAEn)MqAL = MnCpFg(TFgLvCr - TFgLv)MqFgEn$$

并由此得出 $TFgLvCr$ 的计算公式为

$$TFgLvCr = TFgLv + \frac{MnCpA}{MnCpFg}\left(\frac{MqFgLv}{MqFgEn} - 1\right)(TFgLv - TAEn)$$

式中　　$MnCpA$ ——介于温度 $TAEn$ 与 $TFgLv$ 之间的湿空气平均比热容（mean specific heat of wet air between $TAEn$ and $TFgLv$），Btu/（lb·℉）或 J/（kg·K）；

$MnCpFg$ ——介于温度 $TFgLvCr$ 和 $TFgLv$ 之间的湿烟气的平均比热容（注意不是干烟气），Btu/（lb·℉）或 J/（kg·K）；

$TAEn$ ——进入空气预热器的空气温度（En 表示 *Enter*，A 表示 *Air*），℉ 或 ℃，可以在空气预热器入口的风道上测量得到，如果空气预热器有两个空气进口和一个烟气出口（如三分仓式空气预热器），则 $TAEn$ 应当用两个进口的流量及漏到空气预热器烟气侧的漏风量来加权平均得到，一般情况下可以把漏风温度取空气预热器为进口一次风温度，如果考虑沿程漏风，则需要与空气预热器制造商估计漏风分配系数来计算漏风的平均温度；

$TFglv$ ——空气预热器出口的烟气温度，可以在空气预热器出口用网格法测量得到，℉ 或 ℃；

$MqFgEn$、$MqFgLv$ ——空气预热器进、出口的湿烟气质量，采用对应点的过量空气率来计算得到，lb/Btu 或 kg/J。

利用上式计算修正后的排烟温度还需要注意以下三点：

1）$MnCpFg$ 虽然也是平均比热容，但由于其两个边界温度 $TFgLvCr$ 和 $TFgLv$ 很接近，比如 130℃和 140℃之间，$MnCpFg$ 很接近对应于平均温度、相对于基准温度的瞬态比热容（instantaneous specific heat）。ASME 标准基准温度点为 25℃（77℉），规定此点的焓值为 0，且烟气比热容与温度的线性度较好，所以 ASME 瞬态比热容相当于平均温度 $T_c = 2T - 77$（单位℉）下的比热容。这是一种很方便的处理方法，例如要计算 300℉的瞬时比热容，只要查曲线上 2×300−77=523℉温度对应的平均比热容即可。

2）在求解 $TFgLvCr$ 时，只知道 $TFgLv$，所以事先无法得知这两个温度点的平均温度是多少，导致整个修正计算过程必须进行迭代计算，计算框图如图 3-5 所示。

3）在上述过程中，忽略了烟气中灰粒的影响。实际上，漏风降低排烟温度的同时，也降低了灰粒的温度。因而，如果煤中灰分较大，则灰粒的影响就不可以忽略。这样，在求解 $MnCpFg$ 时，需要把灰的影响也加入其中，处理方法与烟气其他成分一样。

经过这样的计算后，就可以把排烟温度修正到空气预热器无漏风的情况下，此时空气预热器出口烟气流量与空气预热器入口所代表的"锅炉出口"的烟气流量相同，流量测点与温度测点就统一起来了。

当有两台或多台空气预热器，且每台的烟气流量大致相等时，空气和烟气温度均可取平均值，然后计算出一个修正的烟气温度。但是，如果各空气预热器的烟气流量不同，如一次风空气预热器和二次风空气预热

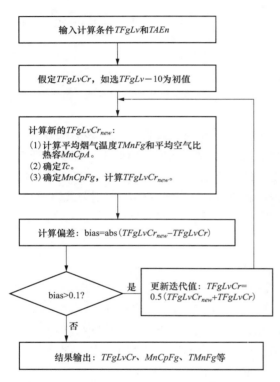

图 3-5　空气预热器出口漏风修正迭代计算

器分别列装时，必须对每一台空气预热器分别计算修正后排烟温度，再由此计算一个按烟气流量加权的平均值用于效率计算。

（3）多空气预热器时平均排烟温度 $TMnFgLvCr$ 的计算。由于排烟温度用于计算与锅炉排烟有关的各项损失（如干烟气损失、燃料中的水分损失等），因此精确地测量排烟温度是非常重要的。根据上文所述内容可知，对于一个大流通截面内的物质流来说，其平均值应当是很多股小气流的质量流量的加权平均值，但是如果测点位于一个速度很均匀的流道上，就可以用算术平均值来计算。因此，可以根据精度要求测量排烟温度的平均值。

1）用网格法测量所有气流的速度及烟气温度，并计算加权平均值。锅炉很小时可以这样进行工作，理论上这是精度最高的方法，但实际上由于流量的不均匀性，欲准确

测量流量并非易事。

2）所有烟气流都不测量速度，网格法只测量温度，取算术平均值作为平均值，即认为所有流场都是匀速的。相对第一种方案，这种方法尽管看似精度较低，但只要测量位置合适，精确度就可以保证。对于装有两台或多台同类型、同尺寸的空气预热器，且每台空气预热器的工作状态相同的机组，如常见的安装两台三分仓空气预热器，两空气预热器烟道的漏风虽有差别；但由于烟气总量很大，可认为它们的烟气流量相等，在各空气预热器出口测量烟气温度并取算术平均值即可。

3）测量一部分烟气流量，其他烟气流量可通过能量平衡关系求出，即总烟气流量由化学计量计算，其他根据总烟气流量与可测烟气流量的差值求出，这种测量方法相当于一部分流量没有通过流速加权平均。典型例子如装备有多台不同类型的空气预热器，且一、二次风空气预热器单独设置，在一、二次风空气预热器的烟气流量不同，一、二次风漏风量差别很大时，必须确定各自空气预热器间的烟气流量分配，以计算加权的排烟温度平均值。

下面着重分析单独安装一次风空气预热器和二次风空气预热器的燃煤粉锅炉机组，并给出一个典型的例子，以说明如何完成两种不同类型空气预热器的计算。该方法是基于测量送至磨煤机的一次风流量和计算通过一次风空气预热器的烟气流量，步骤如下：

1）先测量一次风量、空气预热器漏风率，以一次风空气预热器的热平衡计算出通过一次风空气预热器的烟气量，计算公式为

$$MrFgPrA=MrPrA\frac{HPrAHO-HPrAHEn}{HFgPrAHEn-HFgPrAHLvCr} \tag{3-22}$$

式中　　　$MrFgPrA$ ——一次风空气预热器进口湿烟气的质量流量，lb/h 或 kg/s；

$MrPrA$ ——一次风空气质量流量的测量值（PrA 表示"priary air"，即一次风），可以把各个磨煤机的一次流量加起来，单位为 lb/h 或 kg/s，如果采用了冷风作为调温风，也可以通过热平衡计算出来；

$HPrAHEn$——进入一次风空气预热器的湿空气平均焓值，如果各台磨煤机的一次风风量不同，则应采用加权平均值，而不采用算术平均值，Btu/lb 或 J/kg；

$HPrAHO$ ——空气预热器出口的湿空气平均焓值，也是进入磨煤机的湿空气平均焓值，如果各台磨煤机的一次风风量不同，则应采用加权平均值，而不采用算术平均值，Btu/lb 或 J/kg；

$HFgPrAHEn$、$HFgPrAHLvCr$ ——对应于一次风空气预热器进、出口烟气温度（排除漏风的影响）的湿烟气焓，Btu/lb 或 J/kg。

2）根据理论烟气量与燃料量计算出进入一次风空气预热器的烟气占总烟气的质量

比，即

$$MFrFgPrA = \frac{MrFgPrA}{MqFgLv \cdot MrF \cdot HHVF}$$ (3-23)

式中　$MFrFgPrA$——进入一次风空气预热器的湿烟气量占进入空气预热器的总湿烟气量的质量份额，lb/lb 或 kg/kg；

$MqFgLv$——空气预热器进口总湿烟气量，通过燃料化学平衡计算，见下节单独介绍，lb/Btu；

MrF——燃料质量流量，初始计算时采用估计值或测量值，lb/h 或 kg/s。

3）在 1）和 2）的基础上，通过二次风空气预热器的烟气占总烟气量的比例也就可以计算出来，并进而求出总体的排烟温度为

$$TMnFgLvCr=MFrFgPrA \cdot TFgPrAHLvCr + (1 - MFrFgPrA)TFgSdAHLvCr$$ (3-24)

不同出口处烟气温度显著不同时，应由出口烟气的平均焓来确定平均排烟温度。焓计算式为

$$HMnFgLvCr=MFrFgPrA \cdot HFgPrAHCr + (1 - MFrFgSdA)HFgSdAHLvCr$$ (3-25)

式中　$TFgPrAHLvCr$——一次风空气预热器出口烟温（$PrAH$ 即 primary air heater）；

$TFgSdAHLvCr$——二次风空气预热器出口烟温（$SdAH$ 即 secondary air heater）；

$HMnFgLvCr$——锅炉出口的湿烟气平均焓，Btu/lb 或 J/kg。

（4）进入系统的空气平均温度。为了计算由锅炉入口空气温度和基准温度之差所带入的外来热量，需要确定进入锅炉系统的空气温度 $TMnAEn$（mean entering air temperature），单位为℉或℃。当采用暖风器加热热源来自锅炉系统外时，进入锅炉系统的空气温度为暖风器出口的空气温度；当暖风器中加热空气的热量是由锅炉系统内部提供（锅炉产生的蒸汽）时，进入锅炉系统的空气温度就为暖风器入口的空气温度。装备多台同类型风机如两台送风机时，认为两台送风机的风量相同，可采用两侧空气温度的算术平均值；当有证据表明风量有明显差异时，则需按风量加权平均。如果有多股空气来源且温度不同，则必须确定进入锅炉系统的平均空气温度。确定每股气流的质量份额的一般原则是：所有气流的流量均可测量，或部分气流可测量（ASME 标准中，由能量平衡关系计算出来的值也算作测量值），其余部分可由与总空气流量（化学计量计算）的差值计算。应注意，一部分空气（通常在额定负荷下不多于 2%或 3%）以漏风形式进入锅炉系统，其实际温度无法确定的，通常可以认为是锅炉周围的环境温度。也可由试验各方达成一致，认为漏入空气与某股可测量气流的温度相等。

有多股空气来源的典型机组是采用冷一次风机的煤粉锅炉，或采用环境空气调节磨煤机温度的煤粉锅炉。这时，可以用各股空气的流量来做加权平均，得到加权平均空气温度 $TMnAEn$（weighted mean air temperature entering the unit），计算公式为

$$TMnAEn=MFrAz_1 \cdot TAz_1+MFrAz_2 \cdot TAz_2+\cdots+MFrAz_i \cdot TAz_i（℉或℃）$$ (3-26)

用输入空气平均焓确定入口空气温度更为准确。平均焓由各股空气焓按流量加权平均，即

$$HMnAEn=MFrAz_1 \cdot HAz_1+MFrAz_2 \cdot HAz_2+\cdots+MFrAz_i \cdot HAz_i（Btu/lb 或 kg/J）$$ (3-27)

式中　*HMnAEn*——进入锅炉系统的湿空气平均焓（average enthalpy of wet air entering the boundary），平均空气温度由均焓求得，Btu/lb 或 J/kg；

　　　MFrAz——位置 z 处进入的湿空气量占进入锅炉总空气量的质量流量份额，进入锅炉的总空气量基于空气预热器出口，用空气侧的过量空气率表示，我国标准中为了区分烟气中的过量空气系数，特用"*β*"表示这一数据，lb/lb 或 kg/kg；

　　　TAz——位置 z 处湿空气的温度，℉ 或 ℃；

　　　HAz——对应于温度 *TAz* 的湿空气焓，Btu/lb 或 J/kg。

对采用冷一次风机的煤粉锅炉，一次风质量份额 *MFrPrA* 按式（3-28）计算，二次风质量份额等于（1–*MFrPrA*），即

$$MFrPrA = \frac{MrPrA}{MqAEn \cdot MrF \cdot HHVF} \quad \text{（lb/lb 或 kg/kg）} \tag{3-28}$$

式中　*MqAEn*——进入锅炉系统的总湿空气量，lb/Btu；

　　　MrPrA——去磨煤机的被测一次风流量，lb/h 或 kg/s。

对上述方程，均假设送入磨煤机的调温空气与进入一次风空气预热器的空气温度相同。如果不相同，如装备热一次风风机或排粉风机的机组，磨煤机调温风（*AdA*：temperature adjust air）来自外界环境时，锅炉入口风温就不能完全用风机出口的温度，而应当计及调温风的流量及温度来加权计算，如图 3-6 所示。

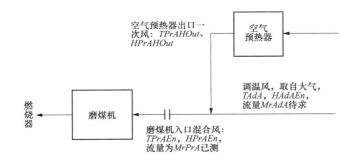

图 3-6　磨煤机调温风取自大气时

根据质量平衡与热平衡原则建立方程组，可导出调温风流量与份额的计算式为

$$MrAdA = \frac{MrPrA(HPrAHOut - HPrAEn)}{HPrAHOut - HAdAEn} \quad \text{（lb/h 或 kg/s）} \tag{3-29}$$

$$MFrAdA = \frac{MrAdA}{MqAEn \cdot MrF \cdot HHVF} \quad \text{（lb/lb 或 kg/kg）} \tag{3-30}$$

式中　*MrAdA*、*MFrAdA*——磨煤机调温风的质量流量及其占总风量份额；

　　　HPrAEn——磨煤机入口混合后一次风温度后的湿空气焓值，Btu/lb 或 J/kg；

　　　HPrAHOut——空气预热器出口一次风温度下的湿空气焓值，Btu/lb 或 J/kg；

$HAdAEn$——调温风的焓，Btu/lb 或 J/kg。

2. 干烟气损失 $QpLDFg$

知道了排烟温度的计算，就可很容易地计算出烟气中的各项损失，其中最主要的损失是干烟气的损失。我国性能试验标准中干烟气损失也是单独计算的，但没有单独列出，而是作为排烟损失 q_2 的一部分。干烟气损失是第一类损失，因此应用式（3-31）来计算，即

$$QpLDFg=100MqDFg \cdot HDFgLvCr（\%）\tag{3-31}$$

式中　$MqDFg$——锅炉出口处基于燃料发热量的干烟气质量，Mq 表示其单位发热量的烟气产物的质量，q 表示热量，而 M 表示 $mass$，质量；

　　　$HDFgLvCr$——对应于离开锅炉系统边界温度的烟气焓，H 表示焓，Cr 表示空气预热器漏风修正 "corrected for leakage"。

干烟气损失 $QpLDFg$ 符号中，Q 表示热量；p 表示 percent，百分数；L 表示 loss，损失；D 表示 Dry，干；Fg 表示 Flue gas。下面的所有损失表示方法都与此类似。

式（3-31）与我国性能试验标准中相应公式的最大差别是没有减号，由于试验基准温度为 25℃，ASME 标准在此温度下的焓定义为 0，因此式（3-31）中可以把基准温度下的烟气焓 $HFgRe$ 省略。下面各损失的处理方法相同。

需要注意的是，使用修正后的排烟温度，烟气流量就必须以空气预热器入口为基准进行计算，即采用空气预热器入口氧量计算烟气量。很多试验既使用修正后的排烟温度，又采用空气预热器出口的氧量计算损失，实际上是多计算了漏风这部分"烟气量"，这样就带来了错误。

3. 因燃料水分引起的各项损失

根据进入和离开锅炉系统的方式不同，因燃料水分引起的损失（Water From Fuel Losses，percent）可分为三种，分别为固体或液体燃料中氢元素燃烧生成水蒸气而造成的损失 $QpLH_2F$、燃料中液态的水产生的损失 $QpLWF$ 及气体燃料中的水蒸气所引起的损失 $QpLWvF$。

（1）燃料中氢元素燃烧生成水蒸气而造成的损失 $QpLH_2F$（第一类损失，单位为%）。这部分水蒸气是氢元素燃烧生成的，并以过热蒸汽的形式排出锅炉边界。在大气中该蒸汽继续降温液化成水，最后变成了温度和大气环境温度相等的水滴。它从锅炉边界带走的热量包含三部分：水蒸气从排烟温度到液化温度降温过程中的显热、液化时放出的汽化潜热、液化后的水继续降温到环境温度放出的显热。由于热力过程与路径无关，所以这三个过程的放热量可以用水蒸气的状态参数（焓）的差值来表示，即

$$QpLH_2F=100MqWH_2F（HStLvCr–HWRe）（\%）\tag{3-32}$$

式中　$HStLvCr$——温度 $TFgLvCr$ 或 $TMnFgLvCr$ 及压力 1psia（约 7kPa）下的水蒸气焓（St 表示 steam，steam 是热力学中水蒸气的专业术语），空气或烟气中的水蒸气分压低时，水蒸气焓变化不大，所以 ASME 标准采用了定压水蒸气焓的拟合值，Btu/lb 或 J/kg；

　　　$HWRe$——基准温度 TRe 下的水焓（W 表示 water），因为液态水很难被压缩，

所以其焓值对压力不敏感，主要是温度的函数，如果温度以℉来表示，焓值单位为 Btu/lb，数值上约等于以温度值减去 32，如果温度以℃来表示，焓值单位为 J/kg，数值上约为温度值乘以 4.1868，这样，25℃（77℉）条件下的水焓值为 104.54kJ/kg 或 45Btu/lb，Btu/lb 或 J/kg；

$MqWH_2F$ ——燃料中氢元素燃烧生成的水的质量流量，需折算到每单位发热量基准（W 表示 water，H_2 表示氢元素，F 表示 Fuel）。

由于本损失中没有采用基于 25℃的焓值（25℃时水的焓值不是零，而是 $HWRe$），所以在式（3-32）中出现了参考温度下水的焓 $HWRe$，应注意它与其他损失的差别。

（2）燃料中的液态水汽化产生损失 $QpLWF$（第一类损失，单位为%）。这部分水的热力过程与氢元素燃烧生成水完全一样，因此其计算方法也一样，即

$$QpLWF=100MqWF（HStLvCr–HWRe）（\%）\tag{3-33}$$

式中 $MqWF$——燃料中水的质量百分比，需折算到单位发热量基准。

（3）气体燃料中的水蒸气引起的损失 $QpLWvF$（第一类损失，单位为%）。这部分水蒸气以过热蒸汽的形式排出锅炉边界后，经历的热力过程与其他水分一样。但它在以水蒸气形式进入锅炉系统时，本身已经包含了汽化潜力这部分热量，所以从锅炉边界带走的净热量仅包含两部分：水蒸气从排烟温度到液化温度的降温过程中的显热损失、液化后的水温度降到环境温度的降温过程中放出的显热，不包含液化时释放出的汽化潜热。

为了与前两种形式的水蒸气区别开来，ASME 标准定义了另一种水蒸气"water vapor"，缩写为 Wv，在基准温度下焓值为 0，其他温度到基准温度下的平均比热容为 $MnCpWv$，由拟合曲线给出。这样，$QpLWvF$ 与干烟气等其他烟气组分具有相同类型的计算公式，即

$$QpLWvF=100MqWvF \cdot HWvLvCr（\%）\tag{3-34}$$

式中 $HWvLvCr$——在温度 $TFgLvCr$ 或 $TMnFgLvCr$ 下的水蒸气"water vapor"的焓，Btu/lb 或 J/kg。

蒸汽焓（HSt）与水蒸气焓（HWv）的区别是：蒸汽焓（HSt）根据 ASME 蒸汽图表得来，以 32℉（0℃）液态水为基准，包括了水的汽化潜热；而 HWv 是以 77℉（25℃）为基准的水蒸气焓（为 0），不包括水的汽化潜热。ASME 标准中"Water vapor"的含义与我国标准中的水蒸气相似，但数值不同。

4. 因空气中水分引起的损失 $QpLWA$（第一类损失）

计算公式为

$$QpLWA=100MFrWDA \cdot MqDA \cdot HWvLvCr（\%）\tag{3-35}$$

式中 $MqDA$——干空气质量，对应于计算干烟气损失所采用的过量空气率，根据燃烧所采用的过量空气系数确定，lb/Btu 或 kg/J；

$MFrWDA$——干空气中水蒸气的质量份额（mass fraction of water vapor in dry air，Fr 即 fraction，ASME 中习惯用该单词表示基于单位质量的比例，如基于

1kg 的燃料所产生的燃烧产物、基于 1kg 的空气所携带的水分等都用 Fr 来标识），我国习惯称空气绝对湿度，lb（水）/lb（干空气）或 kg/kg。

5. 未燃可燃物（unburned Combustibles）造成的损失 $QpLSmUb$

（1）灰渣中未燃碳造成的损失 $QpLUbC$ 是第一类损失，计算公式为

$$QpLUbC = MpUbC \frac{HHVCRs}{HHVF} \quad （\%） \tag{3-36}$$

式中　$MpUbC$——燃料中未燃尽碳的质量分数，%；

　　　　$HHVCRs$——灰渣中碳的发热量（HHV 表示 High Heating Value，高位发热量，C 表示 Carbon，即碳元素，而 Rs 表示 Residue，即灰渣）。

通常认为灰渣中未燃烧碳以不定型碳形式存在，且灰渣中未燃烧氢无足轻重时，$HHVCRs$ 取值为 14500Btu/lb 或 33700kJ/kg，与 ASME PTC 4.1 1964《Steam Generating Units Performance Test Code》中采用的灰渣中碳的高位发热量值相同，与我国标准中（33727kJ/kg）略有差异。单独考虑未燃氢引起的损失（见 $QpLH_2Rs$）时，则 $HHVCRs$ 应采用基于 CO_2 的生成热量，其值为 14100Btu/lb 或 32800kJ/kg。

（2）灰渣中未燃氢引起的损失 $QpLH_2Rs$（第一类损失，%）。一般锅炉中都不存在该项损失，当已确定未燃烧氢存在，且不能通过运行调整来消除的情况下，其计算公式为

$$QpLH_2Rs = \frac{MrRs \cdot MpH_2Rs \cdot HHVH_2}{MrF \cdot HHVF} \quad （\%） \tag{3-37}$$

式中　MpH_2Rs——灰渣中未燃氢的质量加权平均值，%；

　　　　$HHVH_2$——氢气燃烧的高位发热量，取值为 61100Btu/lb 或 142120kJ/kg。

（3）烟气中一氧化碳引起的损失 $QpLCO$（第一类损失，单位为%）。该类损失是不完全燃烧损失类的主要组成部分，锅炉运行不好时存在且不可忽略。目前不少电站追求低厂用电率，容易因给氧量低而产生这类损失，一般可以采用燃烧调整的方式将其消除。

该损失为第一类损失，ASME 标准中给出了基于干烟气测量值（干基）与湿基烟气测量值（湿基）两种算法，分别为

干基　$QpLCO = DVpCO \cdot MoDFg \cdot MwCO \dfrac{HHVCO}{HHVF} = MpDCO \dfrac{HHVCO}{HHVF} \quad （\%）$ 　（3-38）

湿基　$QpLCO = VpCO \cdot MoFg \cdot MwCO \dfrac{HHVCO}{HHVF} = MpCO \dfrac{HHVCO}{HHVF} \quad （\%）$ 　（3-39）

式中　$DVpCO$——干燥基 CO 含量的测量值（D 表示 dry，即干燥基，p 表示 percent，百分比，V 表示 volume，即容积，Vp 即为容积比），可以在空气预热器入口或出口进行测量，为容积百分数。测量时应在抽取烟气的管路上加装冷凝装置，把水 100%冷凝后，可得到干基烟气成分，CO 的仪器测量值一般为 10^{-6}，除以 10000 后即得到百分比的数据；

　　　　$VpCO$——湿基 CO 含量的测量值（quantity of CO measured on a wet basis， percent volume），为容积百分数，采用现场的仪表进行测量的数据，此时烟气温度要高于露点温度；

$MoDFg$、$MoFg$ ——干、湿烟气摩尔数（Mo 表示 mol，即摩尔），单位为 mol/lb 或 mol/kg，其过量空气率的测量值与测量 CO 的位置相同；

$MwCO$——CO 的摩尔数量（Mw 表示 mol weight，即摩尔质量），值为 28.01lb/mol 或 kg/mol；

$HHVCO$——CO 高位发热量，值为 4347Btu/lb 或 10111kJ/kg。

$MqDCO$、$MqCO$ 分别为基于单位热量的 CO 流量，ASME 标准中原没有这两项，为与我国性能试验标准比较后特别增加的。不过，我国性能试验标准取 CO 的反应热为 12636kJ/m^3，除以 CO 的密度（1.25kg/m^3）后换算得到的质量基发热量为 10108kJ/kg，与 ASME 略有差别。

（4）磨煤机排出石子煤引起的损失 $QpLPr$（第二类损失）。石子煤（pulverizer rejects，即制粉系统抛出的杂物）从中速磨煤机一次风入口处的石子煤渣箱排出，其中含有原煤，温度较高，因此石子煤造成的损失由化学损失和显热损失两部分组成。石子煤排放的多少与煤种、磨煤机及运行控制的方式（风煤比）有关，而与燃料量没有直接关系。因此，这类损失是第二类损失，更适合用时间来计量，但需要将其转化为第一类损失。其计算公式为

$$QpLPr=100MqPr（HHVPr+HPr）（\%）\tag{3-40}$$

$$MqPr = \frac{MrPr}{MrF \cdot HHVF}　（lb/Btu 或 kg/kJ）\tag{3-41}$$

式中　$MrPr$——石子煤质量流量测量值（measured mass flow rate of pulverizer rejects），以 lb/h（kg/s 或 t/h）计，试验时可以把单位时间内的石子煤收集起来进行取样和称重；

$HHVPr$——石子煤代表样品实验室分析的高位发热量，Btu/lb 或 J/kg；

HPr——石子煤携带的显热（sensible heat）或焓，ASME 标准规定采用磨煤机出口温度对应的灰焓（the enthalpy of ash）计算，但实际上石子煤渣箱被入口一次风包围，因此本书认为用一次风入口温度应当更为合理，Btu/lb 或 J/kg。

（5）烟气中未燃碳氢物质（unburned hydrocarbons）造成的损失 $QpLUbHc$（第一类损失）。与 CO 类似，在烟气中确定未燃碳氢物质（CH$_4$、C$_n$H$_m$ 等物质的总和）存在，且不能通过运行调整来消除的情况下，可用下面的干基或湿基两种公式进行计算，即

干基：
$$QpLUbHc = DVpHc \cdot MoDFg \cdot MwHc \frac{HHVHc}{HHVF}　（\%）\tag{3-42}$$

湿基：
$$QpLUbHc = VpHc \cdot MoFg \cdot MwHc \frac{HHVHc}{HHVF}　（\%）\tag{3-43}$$

式中　$DVpHc$、$VpHc$——干基、湿基条件下烟气测定的碳氢物质含量，容积百分数（Hc

表示 hydrocarbons，DVp 表示 dry basis，percent volume），测量时数据为 10^{-6}，需除以 10000 后转化为%；

$HHVHc$ ——用于确定全部碳氢容积百分数的参照气体的高位发热量，数值需由根据各种 C_nH_m 的成分加权平均而确定，Btu/lb 或 J/kg。

6. 由灰渣显热引起的损失 $QpLRs$（第一类损失）

由离开锅炉各位置的灰渣，如飞灰、大渣、沉降灰等带走物理显热而产生的损失，这一项损失与我国标准中的 q_6 相似。如果炉底大渣损失单独考虑计算，$QpLRs$ 可不考虑炉底大渣，此时有

$$QpLRs = 100 \sum MqRsz \cdot HRsz \quad （\%） \tag{3-44}$$

式中 $MqRsz$ ——位置 z 处灰渣的质量流量（Rs 表示 Residue，z 表示不同的位置），单位为 lb/Btu 或 kg/J，一般可通过位置 z 处估计的灰渣份额与总灰量的乘积计算而得，但对于 CFB 锅炉，则最好进行实地测量位置 z 处的灰渣份额，情况非常复杂，参见本章第二节；炉膛湿式排渣的锅炉机组，当总渣池损失可测量时，则湿排渣损失（见第 14 项炉渣损失）包括灰渣显热，此处宜忽略不计渣池飞灰的显热损失；当湿渣池的热损失采用估算值时，则渣池出口灰渣显热损失由本段方法确定；

$HRsz$ ——位置 z 处灰渣焓，对炉膛底渣以外的其他灰渣出口位置，可假设灰渣的温度等于烟气温度；对炉膛干除渣，如果没有测量值，则取 2000℉（1100℃），用焓值拟合曲线进行计算；对于湿底渣，推荐采用典型焓 900Btu/lb 或 2095kJ/kg，Btu/lb 或 J/kg。

7. 高温烟气净化设备引起的损失 $QpLAq$

该项指位于锅炉出口和空气预热器烟气进口间的烟气净化装置（Hot air quality control equipment）造成的损失，例如机械式除尘器、高温电除尘器或选择催化还原装置（SCR），计算方法如式（3-45）所示，即

$$QpLAq = 100 \left[MqFgEn（HFgEn-HFgLv）- \right.$$
$$\left.（MqFgLv-MqFgEn）（HAAqLv-HALvCr）\right. （\%） \tag{3-45}$$

式中 $MqFgEn$、$MqFgLv$ ——考虑过量空气的进、出口湿烟气质量，lb/Btu 或 kg/J；

$HFgEn$、$HFgLv$ ——进、出口湿烟气焓，基于进口水分含量和出口灰渣量，Btu/lb 或 J/kg；

$HAAgLv$、$HALvCr$ ——对应于高温烟气净化设备出口烟温和离开锅炉系统边界的平均烟温（排出空气预热器漏风的影响）下的湿空气焓，Btu/lb 或 J/kg。

随着环保要求的提高，大型煤粉锅炉一般都采用选择催化还原装置（SCR）来脱除氮氧化物。通常选择催化还原装置是锅炉供货的一部分，并且氨添加物和稀释空气的影响很小，可以把这些设备视为锅炉系统的一部分，此时不再单独计算高温烟气净化设备引起的损失，但需要在计算锅炉的辐射和对流散热损失时将这些设备的外表面积包含在总换热面积之内。

如果需要分别确定各个高温烟气净化装置的损失，应考虑以下要点：

（1）锅炉表面辐射和对流散热损失不包括高温烟气净化装置的外表面积，需重新考虑总面积。

（2）为了确定高温烟气净化装置的影响（包括漏风影响），应在高温烟气净化装置进口、出口测量 O_2 以计算烟气量，同时测量相同位置的温度，以确定焓值。

（3）一般计算高温烟气净化设备引起的损失包含由漏风引起的干烟气损失、漏风中的水分损失，以及各设备表面辐射和对流散热损失。

我国标准也考虑高温脱硝装置对锅炉效率的影响，只是将此部分作为带入热量计算（反平衡锅炉效率分子上，符号为正），而 ASME 在计算时作为热损失（反平衡锅炉效率分子上，符号为负），下面根据 ASME PTC 4—2013 附录 C 提供的平衡图（见图 3-7）进行推导。

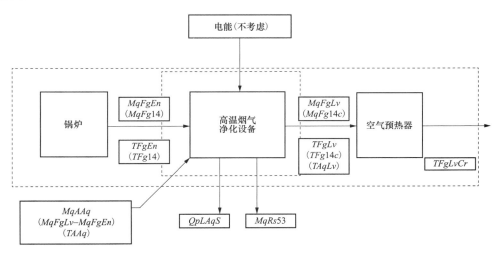

图 3-7　高温烟气净化装置热损失分析

对高温烟气净化系统的边界进行分析，进入系统热量有进口烟气带入热量 $MqFgEnHFgEn$，泄漏空气或喷氨等漏风造成空气带入热量 $MqAAqHAAq$，离开系统的能量为出口烟气带走热量和散热损失。由于烟气成分和焓计算基于烟气入口，因此忽略高温烟气净化系统反应生成物对烟气成分的影响，而将烟气出口烟气成分假设成为与入口一样的烟气成分以及漏风混合而成，即 $MqFgEnHFgLv+MqAAqHAAqLv$。则高温烟气净化装置的散热损失 $QpLAqS$ 计算式为

$$QpLAqS=100\times\left[MqFgEn\left(HFgEn-HFgLv\right)-MqAAq\left(HAAqLv-HAAq\right)\right]$$

$$MqAAq=MqFgLv-MqFgEn$$

对于锅炉系统边界来说，高温烟气净化装置漏风带入系统热量为 $MqAAqHAAq$，离开系统带走热量为 $MqAAqHALvCr$（消除漏风影响后的无漏风温度对应的空气焓），则高温烟气净化装置漏风引起的干烟气和水蒸气热损失（相对于无漏风工况）计算式为

$$QpLAqMqA=100\times MqAAq\left(HAAqLvCr-HAAq\right)$$

则综合高温烟气净化装置的散热损失和漏风引起的损失为

$$QpLAq=QpLAqS+QpLAqMqA$$

$$QpLAq=100\times[MqFgEn（HFgEn-HFgLv）-MqAAq（HAAqLv-HAAq）+$$

$$MqAAq（HAAqLvCr-HAAq）$$

即 $QpLAq=100\times[MqFgEn（HFgEn-HFgLv）-MqAAq（HAAqLv-HAAqLvCr）]$

将 $MqAAq=MqFgLv-MqFgEn$ 代入上式，即与公式（3-45）一致。

对比我国性能试验标准对高温烟气净化装置损失的计算过程，ASME 标准的差别在于以下方面：

（1）ASME 标准中出口湿烟气焓 $HFgLv$ 是基于进口烟气成分和出口烟气温度计算的，而我国标准计算时则需要根据出口烟气成分（主要是 O_2、CO_2、N_2 等，不考虑水分变化）重新计算烟气焓值（加权）。因此我国标准出口烟气焓值实际上是 ASME 标准中进口烟气成分和漏入空气混合后的焓值。

（2）对于漏入空气导致干烟气损失和燃料水分损失等，ASME 标准是对比无此部分漏入空气而计算得来的，主要是为了考虑对空气预热器性能影响的修正。而我国标准在处理时则不单独考虑此部分影响，因为我国标准计算干烟气热损失的边界在空气预热器出口，在对空气预热器出口烟气量进行测量（或者计算）时已经包括了各种漏风引起的排烟损失的增加，所以并不对此项进行单独计算。

8. 因微小漏风引起的损失 $QpLALg$（第一类损失）

该项损失是指确定干烟气质量的位置（常为锅炉出口）与空气预热器烟气入口位置之间的漏风，不包括已单独考虑的高温烟气净化装置的漏风。这些微小漏风主要从很小的孔隙，如穿墙管漏入的，因此 ASME 标准采用单词"infiltration"（从针孔之类很小的孔渗透）来表示这些漏风。因为这部分漏风很小，一般可不予以考虑。如果考虑，则用式（3-46）进行计算，计算方法类似高温烟气净化装置的漏风影响，即

$$QpLALg=100MqALg（HALvCr-HALgEn）（\%） \tag{3-46}$$

式中　$MqLALg$——漏入的湿空气的质量流量（尽管 ASME 标准用"Infiltration"表示这种漏风，但这里仍然用"Lg（leakage）"表示），lb/Btu 或 kg/J；

　　　$HALgEn$——漏入的湿空气的焓，一般情况下，漏风的焓用对应进口空气温度来计算即可，Btu/lb 或 J/kg。

9. 形成 NO_x 而引起的损失 $QpLNOx$（第一类损失）

燃料燃烧中形成 NO_x 的反应是吸热反应，会给锅炉带来热量的损失，但由于 NO_x 的量很小，因此这项损失也通常很小，在 NO_x 生成量为 220×10^{-6}（氧量为 3%）时该项损失为 0.025%。如果未测定 NO_x 的形态，可根据 NO_x 的值估计，否则按如下方法进行计算。

一般情况下，锅炉中的 NO_x 有三种形式，即二氧化氮（NO_2）、一氧化氮（NO）和氧化亚氮 N_2O，统称为氮氧化物。在氧量充足的大气中，这些氮氧化物最终都变成 NO_2，但在锅炉中氧量不足的情况下，很难形成 NO_2，因而烟气中成分最多的是 NO，也有少

量的 N_2O。测量时，仪器一般只把烟气样中的 NO_2 转换成 NO，并以 NO 的形式给出 NO_x 总量读数。下面的方程假设 NO_2 可忽略，并基于 NO 的生产热。对于大多数机组，N_2O 生成量很少可以忽略。如果不忽略 N_2O 而单独测量，则需要分别计算它们的生成热然后再求和。

与 CO 等微量气体类似，ASME 标准给出了干、湿基的计算方法，即

$$干基 \quad QpLNOx = DVpNOx \cdot MoDFg \cdot MwNOx \cdot \frac{HrNOx}{HHVF} = MqDNOx \frac{HrNOx}{HHVF} \quad (\%) \quad (3\text{-}47)$$

$$湿基 \quad QpLNOx = VpNOx \cdot MoFg \cdot MwNOx \cdot \frac{HrNOx}{HHVF} = MqNOx \frac{HrNOx}{HHVF} \quad (\%) \quad (3\text{-}48)$$

式中　$DVpNOx$、$VpNOx$——干基、湿基 NO_x（NO 或 N_2O）的含量，容积百分数，NO_x 通常以 10^{-6} 测定，除以 10000 可转化为百分数；

$MqDNOx$、$MqNOx$——以单位能量表示的干基、湿基 NO_x 含量，lb/Btu 或 kg/J；

$MoDFg$、$MoFg$——干、湿烟气摩尔数，对应于与 NO_x 测量位置相同的过量空气测量值，mol/lb 燃料或 mol/kg；

$HrNOx$——NO_x 生成热，形成 NO 时为 1287Btu/lb（2991kJ/kg），形成 N_2O 时为 810 Btu/lb（1881kJ/kg）；

$MwNOx$——NO 摩尔质量为 30.006，N_2O 为 44.013，lb/lb mol 或 g/mol。

$HrNOx$ 的英文解释是"heat of formation of NO"，符号"r"代表的意思没有在原文中明确指出，可能是单词"rebate"的缩写，表示折扣，即"该反应使燃料热量减少"之意。如果是放热反应，应当用 HHV 来表示，ASME 标准的中译本中把它译为"放热量"也是不对的，应当引起注意。

对比本书、ASME 标准原文及其中译本会发现，NO_x 生成热计算公式与 ASME 公式有所不同，变量含义与数据也不同。区别在于 ASME 中单位是单位摩尔的热值，即形成 NO 时为 38630Btu/lb mol（89850kJ/gm mol），形成 N_2O 时为 35630 tu/lb mol（82880kJ/gm mol），其中 lbmol=453.6mol，gm mol 就是 gram mol，是摩尔（mol）的唯一国际单位（SI）。原标准为了说明相同容积比例下 NO 和 N_2O 反应生成热基本相同，把该符号与摩尔质量相乘后的值作为形成 NO_x 的吸热量，公式理解起来较困难。因此本书把它们变成与计算 CO 等少量气体相同类型的公式，并把热值进行了相应转换，即 NO 生成热为 38630 Btu/lb mol，除以摩尔质量 30.006lb/lbmol，转化为 1287Btu/lb，再按 1Btu/lb=2.3237kJ/kg 转化为 2991kJ/kg；同理 N_2O 生成热也转化为 810Btu/lb（1881kJ/kg）。

10. 表面辐射与对流引起的损失 $QrLSrc$（第二类损失）

表面辐射与对流引起的损失与我国标准 q_5 含义基本相同，用 $QrLSrc$（loss due to surface radiation and convection）表示。

由传热学的原理可知：该项损失与表面温度（TAf）、环境温度及气流速度相关。因此，如果测量这项损失，可以通过测定锅炉表面的平均温度和周围环境温度来间接计算。具体方法是把锅炉的外表面划分成足够多的小块，测定每一小块表面温度、环境温度和

环境空气流速，计算各自的对流与辐射损失，并把这些小块上的该项损失累计起来。小块越多测量结果越准确。但由于锅炉的表面积很大、所分小块很多，工作量很大，因此要根据具体情况进行选择。具体把锅炉分成多少个小块来进行试验主要由试验各方进行确定，但表面温度相差较大的点应分开测量，如汽包间与尾部烟道，至少应各测量一个点。

该损失的计算式为

$$QrLSrc = C_1 \sum (Hcaz + Hraz) Afz(TMnAfz - TMnAz) \quad （\text{Btu/h 或 W}） \quad （3\text{-}49）$$

$$Hcaz = \max \begin{cases} 0.2(TMnAfz - TMnAz)^{1/3} \\ 0.35VAz^{4/5} \end{cases} \quad （3\text{-}50）$$

$$Hraz = 0.847 + 2.367\mathrm{E}^{-3}TDi + 2.94\mathrm{E}^{-6}TDi^2 + 1.37\mathrm{E}^{-9}TDi^3 \quad （3\text{-}51）$$

式中　$Hcaz$ ——某区域 z 的对流换热系数（convection heat transfer coefficient for area z，H 表示 Heat，c 表示 convection，即对流换热，而 a 表示 area），单位为 Btu/（ft^2·h·℉），与面积 z 处的流速有关，如果锅炉房是全封闭的，则这种对流换热将是自然对流，其流速又取决于表面温度与环境温度的差值；

　　　　$Hraz$ ——某区域 z 的辐射传热系数（radiation heat transfer coefficient for area z），Btu/（ft^2·h·℉），与锅炉表面温度与环境温度下的温差有关，其中 $TDi = (TMnAfz - TMnAz)$，为平均温差；该式在常量为美制单位、外界环境温度为 77℉（25℃）、黑度为 0.80 的条件下计算，误差为 ±20%，包括黑度的变化和周围物体（如支撑钢架）的影响；

　　　　Afz ——位置 z 处保温层外护板的平面投影面积（对圆形表面取外表面积），英文为 flat projected surface area of the casing/ lagging over the insulation（circumferential area for circular surfaces）for location z，ft^2，需考虑的散热面积有锅炉本体、系统内的烟风管道、主管道和主要设备，如磨煤机等；对于凸起物如刚性梁，平面投射表面面积仅计及其邻近热表面的平面投射面，高温烟气净化设备（如高温除尘器）的损失可单独考虑；

　　　　$TMnAfz$ ——某区域 z 的表面平均温度（average surface temperature of area z）；

　　　　$TMnAz$ ——在位置 z 处的平均环境空气温度（average ambient air temperature at location z），局部环境温度是指距表面 2~5 英尺的空气温度；

　　　　C_1 ——系数，美制单位取值为 1.0Btu/h，国际单位取值为 0.293W。

式（3-50）中，VAz 为表面附近的空气平均流速（average velocity of air near surface，V 表示 velocity，即速度，而 A 表示 area），一般在距表面 2~5ft 处测量，单位为 ft/s。该式中的常量为美制单位，特征长度（The characteristic length）大约为 1ft，如果采用国际单位，必须先把它们转化为美制单位后再进行计算。

因为该项损失并不大，但全部测试起来却需花费大量精力，所以大部分试验都可以采用完全估计或部分测量的方法。

完全估计时，可以用锅炉机组的实际面积和标准条件为基础来确定该项损失，具体如下：

（1）空气速度 VA（velocity of air）取 1.67ft/s（100ft/min）。

（2）表面与环境温度的差值 TDi，主要部分取 50℉；其他温度较高的部分（如高温旋风分离器等），温差可取得大一些；温度较低的部分（如煤粉管道），可以采用设计温差或更小的温差。

部分测量时，如果环境温度明显低于设计温度，或者部分保温表面温度明显高（低）于要求，可实测环境温度进行温差的计算，或把部分明显高（低）的保温表面单独考虑，进行实测，其他部分仍采用估计值。要注意测点的数目和地点尽可能具有代表性。

只有室内布置的锅炉，才可能进行风速、环境温度等参数的实测。如果锅炉为室外露天布置，风速、环境温度变化非常频繁，实际测量也没有代表性，这时建议估计一个平均值即可。

11. 额外水分引起的损失 $QrLWAd$（第二类损失）

尽管水分增加了锅炉损失，但有部分水分无法与燃料中的可燃成分剥离，所以只要有燃料进入锅炉，就会将水分带入锅炉。这部分水分因与燃料直接相关而称为燃料直接相关水分，或简称燃料水分。有一部分水分则与燃料无直接关系，可以完全分开，但为了某种目的又不得不把它们送入锅炉炉膛烟气侧，包括水与水蒸气，典型例子有雾化和吹灰蒸汽。这部分水分称为额外水分（additional moisture），其引起的损失用式（3-52）计算，即

$$QrLWAd = \sum MrStz(HStLvCr - HWRe) \quad （Btu/h \text{ 或 } W） \tag{3-52}$$

式中　$MrStz$——位置 z 处额外水分的质量流量（mass flow rate of additional moisture at location z），lb/h 或 kg/s；

$HStLvCr$——离开锅炉系统边界的烟气中的水蒸气焓，排除漏风的影响，与温度 $TFgLvCr$ 有关，Btu/lb 或 J/kg。

$HWRe$——基准温度下的水焓，值为 104.54kJ/kg 或 45Btu/lb。

应注意，上煤过程中，为了防尘及煤场中为了防自燃喷入的水分，其损失已经计在燃料水分中。锅炉采用空气作为吹灰介质时，相当于增加了漏风，测定的烟气 O_2 含量已经包含了这部分空气的贡献。以上两种类似损失已经包含在干烟气和空气水分的损失中，故不再计算。

12. 炉内脱硫时脱硫剂煅烧和脱水引起的损失 $QrLClh$（第二类损失）

如果是 CFB 锅炉，大多数采用炉内脱硫，脱硫剂多采用石灰石。脱硫反应中有效成分是 CaO 与 MgO，石灰石的成分为 $CaCO_3$、$MgCO_3$、$Ca(OH)_2$ 和 $Mg(OH)_2$。因此，石灰石进入锅炉后会先吸热，进行煅烧或脱水反应后才能产生 CaO 和 MgO，并带来一部分损失。由于石灰石各种成分脱硫反应的吸热量不同，所以总热量要按各成分的比例加权平均，即

$$QrLClh = \sum MrSbk \cdot MFrClhk \cdot Hrk \quad （Btu/h \text{ 或 } W） \tag{3-53}$$

式中　$MrSbk$——石灰石中各种反应成分的质量流量，Sb 表示 sorbent，k 表示某种成分的序号，单位是每小时的投入量，lb/h 或 kg/s；

189

Hrk ——石灰石中各组成成分的煅烧或脱水反应热，$CaCO_3$ 和 $MgCO_3$ 吸热后，去掉一个 CO_2 分子，称为煅烧反应（calcination reaction）；$Ca(OH)_2$ 和 $Mg(OH)_2$ 吸热后会损失一个 H_2O 分子，称为脱水反应（dehydration reaction）；

$MFrClhk$ ——石灰石中成分 k 煅烧的质量份额，即石灰石中的某种成分变成 CaO 的比例。$CaCO_3$ 的煅烧反应活性较小，煅烧份额小于 1。其他脱硫剂均非常容易完全煅烧分解，份额值为 1。

各成分分解反应的吸热量见表 3-1。

表 3-1 各成分分解反应的吸热量

成分	缩写	吸 热 量	
		Btu/lb	kJ/kg
$CaCO_3$	Cc	766	1782
$MgCO_3$	Mc	652	1517
$Ca(OH)_2$	Ch	636	1480
$Mg(OH)_2$	Cg	625	1455

该损失名称 $QrLClh$ 的英文为 loss due to calcination and dehydration of sorbent，并未有 Clh 的缩影。考虑到石灰石学名为 limestone，而白垩（一种微细的碳酸钙的沉积物形成的矿物，粉笔主要成分）英文为 chalk，因此 $QrLClh$ 中的 Clh 应为 Chalk 和 heat 的缩写。

13. 脱硫剂水分引起的损失 $QrLWSb$（第二类损失）

脱硫剂中水分引起的损失（loss Due to Water in Sorbent）与燃料中水分引起的一样，包括了汽化潜热，因而计算这项损失需要用 $HStLvCr$，即

$$QrLWSb=MrWSb（HStLvCr–HWRe）（Btu/h 或 W） \tag{3-54}$$

14. 炉渣损失

大部分锅炉都采用湿除渣系统，这种锅炉的底部湿渣池用水把锅炉底部密封，使外界的空气不能进入。锅炉中热的炉渣不断掉入渣池中，使渣水蒸发，同时锅炉辐射也可直接传递热量给渣水，使渣水温度升高而蒸发，冲灰水也带走了大量的水，捞渣机捞出渣时也会带走一部分水。因此，渣池必须不断地补充水才能保持正常运行。也有部分是干排渣系统，这种排渣系统的渣掉下后，由冷却空气冷却后掉到干式捞渣机，然后排出锅炉，冷却空气则由负压作用进入炉膛。

对于湿除渣的锅炉来说，ASME 标准认为锅炉炉底产生的损失有两部分：一部分是高温的大渣掉落到捞渣机，由捞渣机的水封水带走的这部分热量称为灰渣显热，由本节计算；另一部分是锅炉燃烧区的高温火焰直接向炉底辐射而被捞渣机的水封水带走的热量，称为湿排渣辐射损失 $QrLRAp$[the loss due to radiation to the wet ash pit，R 即 radiation（辐射），Ap 即 ash pit 的首字母缩写]。ASME PTC4.1—1964《锅炉性能试验规程》给定的是相当复杂的曲线，只适合手算；ASME PTC4—1998/2008/2013《锅炉性能试验规程》则给出了拟合曲线，以便计算机编程。

由于灰渣显热与辐射热损两部分的热量都传递给了捞渣机水封水，所以实测时已将两者合并考虑，通过水封水增加的热量来测量出总热量，而不能再计算该项损失，否则就重复计算了。如果湿排渣辐射损失 $QrLRAp$ 是用曲线估计出来的，则必须计算该项损失。

（1）湿渣池损失的测量。以湿渣池为研究对象，锅炉由湿渣池带走的损失可通过热平衡的方法来测量。其进出的物质流与热流如图 3-8 所示。

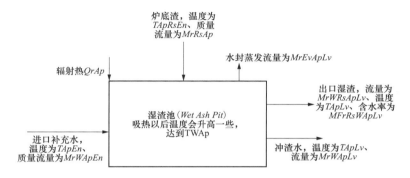

图 3-8　湿渣池为中心的物质与热平衡

进入湿渣池的物质流有两部分，即从锅炉中掉下来的炉渣和湿渣池进口的水，流量分别为 $MrRsApEn$ 和 $MrWApEn$，单位均为 lb/h 或 kg/s。同时，离开湿渣池的物质也有三部分：第一部分为由捞渣机捞出的渣及其中携带的水分；第二部分为由湿渣池排出的冲渣用水；第三部分为蒸发掉且被锅炉负压抽走的水蒸气。各部分对应的流量分别为 $MrWRsApLv$、$MrWApLv$ 和 $MrEvApLv$，单位均为 lb/h 或 kg/s。

试验时，机组稳定运行 1h，测量捞渣机这 1h 内的渣的体积、密度及含水量，同时测量冲渣水的用量，就可以计算出渣的流量和带出的渣水流量。假定测量所得到的湿渣流量为 $MrWRsApLv$，含水量为 $MFrRsWApLv$（单位为 lb（水）/lb（干渣）或 kg/kg），湿渣中带走的水量为 $MrWtWRs$，显然有下列计算过程：

1）排出湿渣中的水为

$$MrWtWRs=MrWRsApLv\frac{MFrRsWApLv}{1+MFrRsWApLv}$$

2）蒸发的水为

$$MrEvApLv=MrWApEn-MrWApLv-MrWtWRs$$

3）排出湿渣中的渣为

$$MrRsInWRs=\frac{MrWRsApLv}{1+MFrRsWApLv}$$

同理，进入湿渣池有两部分热量，一部分由掉到湿渣池的热炉渣以显热的形式带来，另一部分热量是渣水通过炉膛底部排渣口喉部吸收的辐射热。这两部分热量都被湿渣池里的水吸收并以三种形式带走：一部分使补充的水温度升高到 $TWAp$，同时使 $MrEvApLv$ 的流量变成蒸发蒸汽的汽化潜热，还有一部分由出湿渣池的水与灰渣的混合物带出。

很显然，炉膛底部湿渣池总的损失为

$$QrLAp = QrApW + QrApEv + QrRsLv + QrRsWLv \quad （Btu/h 或 W） \qquad (3-55)$$

其中
$$QrApW = MrWApLv（HWApLv - HWApEn）$$

$$QrApEv = MrEvApLv（HStLvCr - HWApEn）$$

$$QrRsLv = \frac{MrWRsApLv \cdot HRsApLv}{1 + MFrRsWApLv}$$

$$QrRsWLv = MrWRsApLv\left(\frac{MFrRsWApLv}{1 + MFrRsWApLv}\right)(HWApLv - HWApEn)$$

式中　$QrLApW$ ——渣池水的热量增量（energy increase in ash pit water），Btu/h 或 W；

$QrApEv$ ——渣池水蒸发引起的损失（loss due to evaporation of pit water），Btu/h 或 W；

$MrEvApLv$ ——蒸发掉的水；

$QrRsLv$ ——渣池出口湿渣流中干渣物理显热（sensible heat in residue of residue and water mixture leaving the ash pit），Btu/h 或 W；

$QrRsWLv$ ——渣池出口湿渣流中水的物理显热（sensible heat in water of residue and water mixture leaving the ash pit），Btu/h 或 W；

$HWApLv$ ——冲渣水温度 $TApLv$ 对应的水焓，Btu/lb 或 J/kg；

$HWApEn$ ——进口补充水温度 $TApEn$ 对应的水焓，Btu/lb 或 J/kg；

$HRsApLv$ ——出口湿渣温度 $TApLv$ 对应的干渣焓，Btu/lb 或 J/kg。

（2）湿渣池损失的估计。湿渣池的热量损失并不大，但是测量很困难，特别是灰渣总量及冲灰水量的测量。实际上，大部分性能试验都不进行测量，而采用估计的方法。由于湿渣池的损失包含辐射与物理显热两部分，所以估计时也需要按两部分进行计算。

ASME 标准推荐的炉底辐射所造成损失 $QrLApR$ 的计算公式为

$$QrLApR = QrAp \cdot ApAf \quad （Btu/lb 或 W） \qquad (3-56)$$

炉渣显热损失则用式（3-57）计算，即

$$QpLApRs = 100MqRsAp \cdot HRsAp \quad （\%） \qquad (3-57)$$

式中　$QrAp$ ——通过炉膛底部排渣口被渣水吸收的当量热流密度（equivalent heat flux），ASME 标准推荐采用 10000Btu/（ft^2·h）（31500W/m^2），基于有限数据得出的，误差为±50%；

$ApAf$ ——炉膛冷灰斗开口的平面投射面积（flat projected area of hopper opening），ft^2 或 m^2；

$QpLApRs$ ——由灰渣显热引起的损失（loss due to sensible heat of residue），计算方法同式（3-44），此处仅指底渣显热，%；

$MqRsAp$ ——底渣的质量流量（Rs 表示 Residue，Ap 表示 Ash Pit，即灰底渣池），lb/Btu 或 kg/J；

$HRsAp$ ——炉底底渣的焓，对于干除渣，如果没有测量值，则取用 2000℉（1100℃），对于湿底渣，推荐采用典型焓 900Btu/lb（2095kJ/kg），Btu/lb 或 J/kg。

15. 再循环物质流所造成的损失 $QrLRy$（第二类损失）

典型的再循环物质流有飞灰再循环（Recycled Residue）及热烟气再循环（Recycled

Gaseous Streams）两种方式。飞灰再循环主要是灰渣可再循环，以利用其中的未燃碳，或者减少脱硫剂的使用量；烟气再循环的典型例子是从空气预热器后抽取烟气进行再循环（通常为引风机烟气再循环），以达到控制 NO_x 等目的。这些再循环物质流离开锅炉、再进入锅炉时的温度不同，会产生损失，因而需要考虑。但同时应当看到，这部分损失本质上是再循环管道的辐射散热损失，如果在 $QrLSrc$ 已经考虑了，这里就不再考虑。

考虑该项损失后，$QrLRy$ 计算公式为

$$QrLRy=QrLRyRs+QrLRyFg（\text{Btu/h 或 W}）\tag{3-58}$$

$$QrLRyRs=MrRyRs（HRyRsLv-HRyRsEn）\tag{3-59}$$

$$QrLRyFg=MrRyFg（HRyFgLv-HRyFgEn）\tag{3-60}$$

式中　　　$QrLRyRs$ ——飞灰再循环引起的损失；

　　　　　$QrLRyFg$ ——烟气再循环引起的损失；

　　　　　$MrRyRs$ ——再循环灰渣质量流量，lb/h 或 kg/s；

$HRyRsEn$、$HRyRsLv$ ——再循环灰渣进、出口焓，Btu/lb 或 J/kg；

$HRyFgEn$、$HRyFgLv$ ——排除漏风影响后，再循环烟气进出系统对应于平均烟气温度的湿烟气焓，Btu/lb 或 J/kg。

16．冷却水损失 $QrLCw$（第二类损失）

使用冷却水的典型设备有水冷门、冷灰（渣）器和锅炉循环泵，如这些冷却水最终没有进入锅炉汽水管道而是外排，则会带走一部分热量造成损失，该类损失称为冷却水的损失（loss from cooling water），用式（3-61）计算，即

$$QrLCw = \sum MrCwz(HWLv - HWEn)（\text{Btu/h 或 W}）\tag{3-61}$$

式中　$MrCwz$ ——位置 z 处的冷却水质量流量；

$HWEn$、$HWLv$——进、出锅炉的冷却水焓。

必须注意，不可重复计算一项损失。如假定计算灰渣的显热是基于进入冷灰器的灰渣温度，则这部分损失已在计算灰渣显热时作了考虑，不再计算与冷灰器相关的损失。但如果灰渣温度是在冷灰器出口测量的，则被冷灰器吸收的热量应计入锅炉的损失，如图3-9所示。

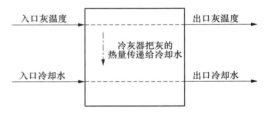

17．内部供给热源的暖风器（internally supplied air preheater coil）损失

大部分的锅炉都使用外部蒸汽（如汽轮机辅助用蒸汽）作为锅炉暖风器（air preheater coil）的汽源，这样可以把不同品质的能源分

图 3-9　冷却水示意图

级利用，有利于节能；个别机组的设计则采用锅炉系统内部的汽源（如前屏入口汽或再热器入口蒸汽）作为暖风器汽源，此时暖风器完全在锅炉系统边界内部，只有暖风器凝结水离开锅炉时会带走一部分热量。因此，该损失为暖风器凝结水焓与锅炉给水焓之差与暖风器凝结水流量的乘积，即

$$QrLAc=MrStAc（HWFW-HWAc）（\text{Btu/h 或 W}）\tag{3-62}$$

式中　　$MrStAc$——暖风器蒸汽流量，St 表示蒸汽 Steam，lb/h 或 kg/s；

$HWFW$，$HWAc$——锅炉给水与暖风器凝结水之间的焓，FW 即 feed water 的缩写，Ac 即 air preheater coil 的缩写，Btu/lb 或 J/kg。

ASME 标准把锅炉进风温度选择在暖风器出口，就把采用辅助用蒸汽供热的暖风器排除在锅炉系统之外，其对节能的影响要划入汽轮机的范畴来考虑。

（三）带入锅炉的外来热量（CREDITS）

与计算各项热损失相同，外来热量计算也分为两类，基本按照与损失相对应的项目顺序进行排列。

1. 进入系统的干空气所携带的外来热量 $QpBDA$（第一类外来热量）

进入系统的干空气所携带的外来热量（credit due to entering dry air，符号中的 B 表示 bring，即随燃料带来之意，下同）与干烟气损失相对应，用式（3-63）计算，即

$$QpBDA = 100MqDA \cdot HDAEn \quad （\%） \tag{3-63}$$

式中　　$MqDA$——锅炉出口过量空气系数对应的干空气流量，单位为 lb/Btu 或 kg/J；

$HDAEn$——进入锅炉的平均空气温度（$TMnAEn$）的干空气焓，该项是所有构成 $MqDA$ 各个空气流的加权平均值，应注意，暖风器的蒸汽来自锅炉时，进入暖风器的空气温度即为进入锅炉的空气温度，Btu/lb 或 J/kg。

2. 空气中水分携带的外来热量 $QpBWA$（第一类外来热量）

空气中水分携带的外来热量（credit due to moisture in entering air）与空气中水分引起的损失相对应，计算式为

$$QpBWA = 100MFrWDA \cdot MqDA \cdot HWvEn \quad （\%） \tag{3-64}$$

式中　　$HWvEn$——进入锅炉的空气平均温度（$TMnAEn$）所对应的水蒸气焓，由于进入时已含汽化潜热，因而用水蒸气 "water vapor" 而不是 "steam" 的焓，Btu/lb 或 J/kg。

ASME 标准中为 $MFrWA$，是基于湿空气的水蒸气质量份额，有误，本书改正为 $MFrWDA$。

3. 燃料显热携带的外来热量 $QpBF$（第一类外来热量）

$$QpBF = \frac{100}{HHVF} HFEn \quad （\%） \tag{3-65}$$

式中　　$HFEn$——进入锅炉的燃料温度所对应的燃料焓（enthalpy of the fuel, enter），$1/HHVF$ 可理解为 MqF，即单位热量对应的燃料量，Btu/lb 或 J/kg。

4. 脱硫反应带入的外来热量 $QpBSlf$（第一类外来热量）

MgO 和 SO_2 的反应速度极低，一般情况下可忽略，脱硫主要是 SO_2 与 CaO 和 O_2 作用生成 $CaSO_4$ 的反应。该反应为放热反应，因此带来一些热量（credit due to sulfation），计算公式为

$$QpBSlf = MFrSc \frac{MpSF}{HHVF} HrSlf \quad （\%） \tag{3-66}$$

式中　$HrSlf$——脱去 1lb 硫时，SO_2、O_2 和 CaO 发生化学反应生成 $CaSO_4$ 放出的热量（符号 Slf 表示 sulfur capture）为 6733Btu/lb（15660kJ/kg）；

　　　$MFrSc$——脱硫效率，英文为 mass fraction of sulfur capture，即脱除的硫占燃料中硫分的份额，lb/lb 或 kg/kg；

　　　$MpSF$——燃料中硫的质量百分数，%。

5. 辅机设备功率的外来热量 $QrBX$（第二类外来热量）

典型的辅机设备包括磨煤机、烟气再循环风机、热一次风风机和锅炉循环水泵等划入锅炉系统内部的辅机，它们消耗的热量都有一部分以散热的形式进入大气，另一部分热量进入锅炉，因此需要考虑其影响。因为数量较多，所以用一个 X 来代替，这些影响的总和就是 $QrBX$（B 表示 bring），英文表述为 credit due to auxiliary equipment power，分为汽动与电动两种。

（1）蒸汽驱动的设备（steam driven equipment）。计算式为

$$QrBX = \frac{MrStX(HStEn - HStLv)EX}{100} \quad (\text{Btu/h 或 W}) \qquad (3\text{-}67)$$

式中　$HStEn$——用于驱动辅机的蒸汽焓，Btu/lb 或 J/kg；

　　　$HStLv$——对应于排汽压力与蒸汽初熵的焓，Btu/lb 或 J/kg；

　　　EX——总驱动效率，百分数，包括汽轮机效率和传动效率（E 表示 efficiency，X 表示某种设备）；

　　　$MrStX$——驱动辅机的蒸汽热量，lb/h 或 kg/s。

（2）电力驱动的设备（electrically driven equipment）。计算式为

$$QrBX = QX \cdot Cl\frac{EX}{100} \quad (\text{Btu/h 或 W}) \qquad (3\text{-}68)$$

式中　QX——输入的驱动能量（energy input to the drives），kWh 或 J；

　　　EX——总驱动效率，百分数，包括电动机效率、电液耦合（electric and hydraulic coupling）效率和传动效率（gear efficiency）；

　　　Cl——系数，412Btu/kWh 或 1J/kWh。

对于送风机、冷一次风机和其他以测量设备出口流体温度为计算基础的所有设备，均不计算外来热量。以风机为例，假定入口温度为 10℃，风机出口的温度为 15℃，则以 15℃为基础进行计算入口风温时，已经包含了风机压升的效果，这样可以精确地测量风机热量的输入，这就是 ASME 标准选用风机出口作为锅炉系统的边界的原因。如果试验以风机入口计算，就要估算输入风机的功耗进入了锅炉的份额及直接散热到了大气的份额，计算过程复杂且结果不准确。

6. 脱硫剂显热带入的外来热量 $QrBSb$（第二类外来热量）

$$QrBSb = MrSb \cdot HSbEn \quad (\text{Btu/h 或 W}) \qquad (3\text{-}69)$$

式中　$MrSb$——脱硫剂质量流量（mass flow rate of sorbent），lb/h 或 kg/s；

　　　$HSbEn$——进入锅炉系统的脱硫剂的焓（En 表示 enter），Btu/lb 或 J/kg。

7. 额外水分携带的外来热量 $QrBWAd$（第二类外来热量）

对应于额外水分带走的损失，计算公式为

$$QrBWAd = \sum MrStz(HStEnz - HWRe) \quad (\text{Btu/h 或 W}) \qquad (3\text{-}70)$$

式中　　$MrStz$——位置 z 处额外水分的质量流量（mass flow rate of additional moisture），lb/h 或 kg/s；

$HStEnz$——进系统的额外水分的焓（enthalpy of additional moisture entering the envelope），Btu/lb 或 J/kg；

$HWRe$——基准温度下的水焓，值为 104.54kJ/kg 或 45Btu/lb。

（四）输出热量 QrO 的计算

锅炉效率计算中所涉及的 16 项损失及 7 项从外界带来的小股热量，其中有 8 项损失、3 项热量为第二类，必须转换为基于燃料输入的能量百分数。在三种转化方法中，第二、三种转化方法都需计算锅炉的输出能量 QrO。

输出能量 QrO 是锅炉中被工质吸收，且没有重新回到锅炉系统边界内的能量，包括供给汽轮机发电的大部分热量及排污等小股热量。由锅炉直接输出的，用于暖风器、吹灰等能量，由于大部分又回到锅炉系统，最后由排烟损失掉，因此这部分不计算入锅炉输出的能量。

输出能量计算公式的一般表达形式为

$$QrO = \sum MrStzLvz(HLvz - HEnz) \quad (\text{Btu/h 或 W}) \qquad (3\text{-}71)$$

式中　　$MrStLvz$——蒸汽离开锅炉系统的流体的质量流量，lb/h 或 kg/s；

$HEnz$、$HLvz$——蒸汽进入、离开锅炉系统的流体的焓，Btu/lb 或 J/kg。

汽水工质进出锅炉的主要位置与路径有：给水→主蒸汽、再热蒸汽入口→再热蒸汽出口、给水→减温水、主蒸汽减温水→主蒸汽、再热蒸汽减温水→再热蒸汽出口、排污、吹灰用汽等。

1. 主蒸汽的输出能量

主蒸汽的输出能量是指加给给水到主蒸汽的过程带出的能量，计算公式为

$$QShSt = (MrShSt - MrSpW)(HShSt - HFdW) + MrSpW(HShSt - HSpW) \quad (\text{Btu/h 或 W})$$
$$(3\text{-}72)$$

式中　　$MrShSt$——过热蒸汽流量（mass rate of superheated steam），lb/h 或 kg/s；

$MrSpW$——过热汽减温水流量（mass rate of spary water），lb/h 或 kg/s；

$HShSt$——过热汽焓（enthalpy of superheated steam），Btu/lb 或 J/kg；

$HFdW$——给水焓（enthalpy of feed water），Btu/lb 或 J/kg；

$HSpW$——减温水焓（enthalpy of spary water），Btu/lb 或 J/kg。

2. 再热蒸汽带走的能量

对带再热循环的锅炉机组，对每一级再热必须在输出能量公式中添加一项。每一级再热计算公式为

$$QRh = MrRhSt(HRhStLv - HRhStEn) + MrSpRhW(HRhStLv - HRhSpW) \quad (\text{Btu/h 或 W}) \quad (3\text{-}73)$$

式中　　　　*MrRhSt* ——再热蒸汽流量（mass rate of reheat steam），lb/h 或 kg/s；

　　　　MrSpRhW ——再热蒸汽减温水流量（mass rate of spary water of reheat steam），lb/h 或 kg/s；

HRhStEn、*HRhStLv* ——再热蒸汽进、出口蒸汽焓（enthalpy of reheat steam，entering/leaving），Btu/lb 或 J/kg；

　　　　HRhSpW ——再热蒸汽减温水的焓，Btu/lb 或 J/kg。

由于再热器压力本身很小，所以绝大多数电站再热器不安装流量计。因此，需要通过汽轮机侧加热器的热平衡来计算，如一级再热蒸汽流量是从主蒸汽流量减去以下各项流量之和再加上再热喷水流量得到的，包括给水加热器的抽汽量、汽轮机轴封漏汽量，以及在主蒸汽离开锅炉边界后、返回再热器前的所有其他抽汽量。

确定给水加热器抽汽量的首选方法是采用能量平衡计算方法，可参见图 2-43。汽轮机轴封漏汽量可根据生产厂家的汽轮机能量平衡或近期汽轮机测试数据估计。无法通过能量平衡计算的抽汽流量必须进行测量，量少的则可估计。

3. 辅助用汽带走的热量

辅助用汽包括离开锅炉系统边界的蒸汽和其他各种用途的蒸汽。辅助蒸汽的能量包含在锅炉的输出能量中，但辅助用汽不包含用于预热锅炉进口空气的蒸汽、雾化蒸汽和吹灰蒸汽。对每一用汽点，应把辅助用汽带走的热量 *QrAxSt* 加入到能量公式中，计算公式为

$$QrAxSt=MrAxSt（HAxSt-HFdW）（Btu/h 或 W）\qquad (3-74)$$

式中　*MrAxSt*、*HAxSt* ——辅助用汽的质量流量和焓；

　　　　HFdW ——省煤器入口的给水焓，Btu/h 或 W。

4. 排污时添加到输出能量中的项目

$$QrBd=MrWBd（HWBd-HFdW）（Btu/h 或 W）\qquad (3-75)$$

式中　*MrWBd*、*HWBd* ——排污放汽点的质量流量和焓。

三、性能试验的调整

我国对于煤的买卖是基于低位发热量基的，所谓的煤耗指标也是基于低位发热量基的煤耗。因此，在我国依照 ASME 标准进行的锅炉效率试验往往以低位发热量为基准。

发热量由高位换到低位，水分的处理方法有如下两种：

（1）第一种与我国性能试验标准类似，所有水都视为以水蒸气的形式进入锅炉和离开锅炉，而没有汽化潜热。这样假设简单可行，计算出的锅炉效率数值高，且符合能耗计算以低位热量统计的要求。但若这样处理，则 ASME 标准就无法再反映水分对于锅炉性能的影响。

（2）第二种方法是折中处理，即发热量换作是低位发热量。但是水分依然与 ASME 标准方法一样，区分不同的来源，把以水的形式进入锅炉及以水蒸气的形式离开锅炉的那一部分水区别开。这样，锅炉效率不但有了 ASME 标准的特点，还可以反映这部分水的汽化潜热对锅炉性能的影响，这对锅炉性能分析很有帮助。但这样计算出来的锅炉效率很低，计算煤耗的原则也不尽相同，低位发热量已经扣除汽化潜热的特点也没有反映

出来，因而值得进一步研究。

第二节　ASME 标准中灰平衡相关的计算

一、需要化验工作

1. 燃料的元素分析与工业分析

与我国的性能试验标准一样，ASME 标准在确定烟气产物的量和成分时，首先要进行的也是燃料的元素分析，这在 ASME 标准中被称为燃料的化学分析（chemical analysis of fueL）。分析得到碳、氢、氮、硫、氧的质量百分数，来计算空气量和燃烧产物。确定入炉煤的焓时还需用到挥发分和固定碳含量两个数据，因而还必须通过工业分析确定入炉煤挥发分、灰分及全水分，以便得到所需的煤质数据。

挥发分和固定碳（常表示为固定碳和挥发分的比值）还可反映煤燃烧的难易程度（一般来说，挥发分相对于固定碳的含量越低，煤越难燃烧），因而通过工业分析数据可以预知评估试验燃料与设计煤种的差别。工业分析相对简单，大部分电站都有工业分析的能力。大量工业分析数据可以代替元素分析来确定灰分、水分和硫分，以便掌握锅炉对煤种的适应规律，同时在试验时把锅炉调整到最佳状态。因此，工业分析对性能试验本身及长期的运行都有非常好的指导意义。

固体燃料的化验也经常采用空气干燥基进行，必须将其换算到入炉煤的基准（收到基）。微量气态元素，如氯，为计算需要，可将其加到氮中。一般氢的化验结果是以干燥基或无水基为准，即不包括燃料水分中的氢，转换时需注意。

气体燃料的分析数据通常基于干燥基，应确定入炉燃料水分含量，并把化学分析所得的热值 $HHVGF$ 调整到入炉基。与固体燃料分析不同的是，气体燃料分析习惯以容积百分数来表示各碳氢化合物和其他组成成分，需要把它们换算为质量百分数，一般遵循下列原则：

$$MpFk = 100 \frac{MvFk}{MwGF} \tag{3-76}$$

$$MwGF = \sum MvFk \tag{3-77}$$

$$MvFk = Mwk \sum \frac{VpGj \times Mokj}{100} \tag{3-78}$$

式中　$MpFk$ ——燃料中组分 k 的质量百分数（mass percentage of constituent k），%；

　　　k ——基于质量表示的燃料成分，涉及的成分包括 C、H_2、N_2、S、O_2、H_2O，对气体燃料，水为蒸汽状态，在所有计算中均用字母缩略词 H_2OF 表示；

　　　MwG ——气体燃料的摩尔质量（molecular weight of the gaseous fuel），为单位摩尔质量为基准的各 $MvFk$ 值之和，lb/mol；

　　　$MvFk$ ——单位容积燃料中组分 k 的质量（mass of constituent k per unit volume of fuel），lb/mo 或 lb/ft^3；

　　j——基于容积或摩尔数表示的燃料组分，如 CH_4、C_2H_6 等；

　　VpGj——容积百分数表示的入炉燃料（as-fired fuel）组分，如 CH_4、C_2H_6 等；

　　Mokj——组分 *j* 中分组分 *k* 的摩尔数，例如天然气中分组分 *j*= C_2H_6 时，当 *k* 表示 C 时，*Mokj* 值为 2，即表示 1mol C_2H_6 中，C 元素的摩尔数为 2mol；

　　Mwk——组分 *k* 的摩尔质量（molecular weight of constituent k），lb/mol 或 kg/mol。

当燃用多种燃料时，燃料成分和高位发热量为基于各种燃料质量流量的加权平均值。

2. 灰渣的化验内容

ASME 中用 residue 表示灰渣，有时也用 refuse 表示。

炉内未投入石灰石等脱硫剂运行时，灰渣是从锅炉中排出的灰渣及未燃燃料，由于燃料中可燃物质氢元素、硫元素非常容易燃烧，所以灰渣中的未燃燃料基本上都是碳元素。灰渣仅需要化验烧失量即可，烧失量即是灰渣中碳元素的含量。

当锅炉加入脱硫剂（如石灰石）运行时，情况要复杂一些。石灰石等并不能直接与 SO_2 发生化学反应，需要先发生煅烧反应，产生碱性氧化物，如 $CaCO_3$ 反应生成 CaO，$MgCO_3$ 反应生成 MgO，同时 CO_2 从含有碳酸盐的化合物中释放出来。碳酸镁 $MgCO_3$（Mc）在常压流化床锅炉的正常工作条件下很容易煅烧，而碳酸钙 $CaCO_3$（Cc）转化为 CaO 和 CO_2 的比例则小于 100%，这样，灰渣中会有一部分未分解的碳酸钙。CaO、MgO 等脱硫剂也不会完全与 SO_2 发生反应，脱硫剂中本身含有惰性物质（例如石英砂），因此脱硫反应后灰渣量增加。增加的成分包括未反应的碳酸钙、已分解为 CaO 但未来得及与 SO_2 进行化学反应的部分、脱硫反应的产物硫酸钙及脱硫剂本身所含的灰分等。

因为灰渣中存在未反应的 $CaCO_3$，而烧失法测量碳含量时会分解为 CaO 和 CO_2，所以若直接用烧失法进行化验，会把 $CaCO_3$ 遇热分解失去的质量也看作是未燃尽碳的含量，这显然是不对的。由此，在烧失法测量的同时，需要先用化学反应（如用硫酸转换）的方法测量灰渣中未参加脱硫反应的 $CaCO_3$ 产生的 CO_2 量，从而得出灰渣中的 $CaCO_3$ 量和碳元素的含量。

化验报告要给出灰渣中的游离碳（*MpCRs*，mass percent of free carbon in residue）和碳酸盐分解形成的二氧化碳的量（*MpCO₂Rs*，mass percent CO_2 from residue）两种指标。大部分报告可能给出的是灰渣中两种碳的总烧失量，用 *MpToCRs*（total carbon in the residue，To 为 total）表示，这样游离碳的计算公式为

$$MpCRs = MpToCRs - MpCO_2Rs （\%） \tag{3-79}$$

需要注意的是，虽然采用这些符号，但是本书中 *MpToCRs* 与 ASME 标准中的含义有所不同：ASME 标准中的 *MpToCRs* 表示飞灰样品中碳元素的总含量，包括游离碳元素质量 *MpCRs* 和二氧化碳中所包含的碳元素的质量（由 $\frac{12.011}{44.0098}MpCO_2Rs$ 计算）之和。因此，标准中给出的游离碳计算式为

$$MpCRs = MpToCRs - \frac{12.011}{44.0098}MpCO_2Rs \tag{3-80}$$

199

对比两者可以看出，按 ASME 标准的做法，如果采用烧失量进行化验，则化验者需要根据 CO_2 的量折算出总含碳量，再把数据给试验者，而试验者还需要根据式（3-80）再折算一次（化验报告给出的是 $MpCO_2Rs$）。与其如此，不如把 CO_2 量与总烧失量直接写入化验报告，更容易理解，也更容易操作。

3. 脱硫剂的化验内容

炉内脱硫常用的石灰石和国外常用作脱硫剂的消石灰 [由 Ca（OH）$_2$ 和 Mg（OH）$_2$ 组成]，其主要成分有水分、碳酸钙（$CaCO_3$, calcium carbonate，代号 Cc）、碳酸镁（$MgCO_3$, magnesium carbonate，代号 Mc）、氢氧化钙 [Ca（OH）$_2$, calcium hydroxide，代号为 Ch]、氢氧化镁 [Mg（OH）$_2$, magnesium hydroxide，代号为 Mh] 和惰性物质等，化验时需要测出这些组分的质量比例。

以上组分质量含量总和为 100%，即

$$MpSbCc+MpSbMc+MpSbCh+MpSbMh+MpSbAsh+MpSbW=100 \tag{3-81}$$

效率试验计算时，每一组分的质量都按式（3-82）换算为基于燃料质量的质量比，即

$$MFrSbk = MFrSb\frac{MpSbk}{100}，\text{ lb/lb 燃料（kg/kg）} \tag{3-82}$$

式中　k——脱硫剂组分，所涉及的反应组分有 $CaCO_3$、$MgCO_3$、Ca（OH）$_2$、Mg（OH）$_2$；

$MpSbk$——组分 k 在脱硫剂中的质量百分数（mass percent of constituent k in the sorbent）。

二、灰渣方面的计算工作

（一）平均含碳量及平均 CO_2 含量

如果灰渣是多个地点收集的（如炉底渣和飞灰），可以先对每份灰渣都计算出游离碳 $MpCRs$ 和碳酸盐碳 $MpCO_2Rs$，然后再加权平均，计算公式为

$$MpCRs = \sum \frac{MpRsz \times MpCRsz}{100} \text{（%）} \tag{3-83}$$

$$MpCO_2Rs = \sum \frac{MpRsz \times MpCO_2Rsz}{100} \text{（%）} \tag{3-84}$$

式中　$MpRsz$——第 z 处灰渣所占总灰渣的质量比，即通常所说的灰渣份额。

此外，也可以先加权平均计算出 $MpToCRs$ 和 $MpCO_2Rs$ 后，再计算 $MpCRs$ 值，即

$$MpToCRs = \sum \frac{MpRsz \times MpToCRsz}{100} \text{（%）} \tag{3-85}$$

$$MpCO_2Rs = \sum \frac{MpRsz \times MpCO_2Rsz}{100} \text{（%）} \tag{3-86}$$

如果测量了未燃氢，则要求以干燥基的形式表示。对采用炉内脱硫的机组，灰渣中的氢极有可能是自氧化钙水合作用产生的水分，因此采用常规的测定自由水分的方法将无法测量该水分。

（二）灰渣总质量

燃料中硫含量决定了每单位质量的燃料所需要脱硫剂的量，因而它们是相对应的关系，需要把燃料中的灰分和脱硫产生的灰渣换算成相对于单位质量燃料产生的灰渣质量，

计算公式为

$$MFrRs = \frac{MpAsF + 100MFrSsb}{100 - MpCRs} \quad (\text{lb/lb 或 kg/kg}) \tag{3-87}$$

其中

$$MFrSsb = MFrSb - MFrCO_2Sb - MFrWSb + MFrSO_3 \tag{3-88}$$

式中　$MFrRs$——每单位质量携带入锅炉的各种灰渣的总质量（mass fraction of residue per mass of coal as fired），这是一种类似于大气绝对湿度的表示方法，lb/lb 或 kg/kg；

　　　$MpAsF$——燃料中的灰分，质量百分数；

　　　$MpCRs$——灰渣中的未燃烧碳（unburned carbon in the residue，percent mass），质量百分数；

　　　$MFrSsb$——对应于单位质量燃料的脱硫灰渣质量份额（mass fraction of spent sorbent per mass of fuel），脱硫灰渣为脱硫剂经释放水分、煅烧以及脱硫反应后的固体灰渣，lb/lb 或 kg/kg；

　　　$MFrSb$——脱硫剂的质量份额，lb/lb 或 kg/kg；

　　$MFrCO_2Sb$——脱硫剂煅烧产生气体的质量份额，lb/lb 或 kg/kg；

　　　$MFrWSb$——脱硫剂产生水分的质量份额，lb/lb 或 kg/kg；

　　　$MFrSO_3$——脱硫过程中生成 SO_3 的质量份额，lb/lb 或 kg/kg。

（三）$MFrSb$、$MFrCO_2Sb$、$MFrWSb$、$MFrSO_3$ 的确定方法

1. 脱硫剂质量份额 $MFrSb$（Mass Fraction of Sorbent）

脱硫剂质量份额主要由燃料中的硫含量决定，计算式为

$$MFrSb = \frac{MrSb}{MrF} \quad (\text{lb/lb 或 kg/kg}) \tag{3-89}$$

式中　$MrSb$——脱硫剂质量流量测量值，lb/h 或 kg/s；

　　　MrF——燃料质量流量，其值可直接取 DCS 的测量值或以效率迭代计算的 MrF 收敛值，ASME 标准推荐采用预先估计再迭代计算所获得的值，lb/h 或 kg/s。

如果锅炉以炉内脱硫的方式运行，则燃烧和效率计算对脱硫剂的质量流量很敏感，因此必须精确确定脱硫剂的质量流量。同时，由于硫含量相对较低，所需的脱硫剂的质量远小于燃料量，因而精确测量脱硫剂的质量流量是可以实现的。

2. 脱硫剂碳酸钙和碳酸镁受热时释放出 CO_2 的份额 $MFrCO_2Sb$

$$MoCO_2Sb = \sum MoFrClhk \frac{MFrSbk}{Mwk} \tag{3-90}$$

$$MFrCO_2Sb = 44.0098 MoCO_2Sb \tag{3-91}$$

式中　　　　　　k——包含碳酸盐的组分，一般为碳酸钙（Cc）和碳酸镁（Mc）；

　　　$MoFrClhk$——组分 k 的煅烧份额，即释放的 CO_2 摩尔数与该组分摩尔数之比；

　　　　　Mwk——组分 k 的摩尔质量，lb/mol 或 kg/mol；

$MoCO_2Sb$、$MFrCO_2Sb$——脱硫剂产生的气体（CO_2）摩尔数和质量份额［mass fraction of gas（CO_2）from sorbent]，此处 44.0098 为 CO_2 的摩尔质量。

在计算损失时，要基于高位发热量来计算脱硫剂碳酸钙和碳酸镁受热时释放出 CO_2 的质量，计算公式为

$$MqCO_2Sb = \frac{MFrCO_2Sb}{HHVF} \tag{3-92}$$

式中　$MqCO_2Sb$——基于燃料输入热量表示的脱硫剂产生 CO_2 的质量 [mass of gas（CO_2）

from sorbent on an input from fuel basis]，单位为 lb/Btu 或 kg/J。

3. 脱硫剂带入的总水分

脱硫剂带入的总水分 $MFrWSb$ 为脱硫剂水分、氢氧化钙和氢氧化镁脱水释放的水分之和，计算公式为

$$MoWSb = \frac{MFrH_2OSb}{18.015} + \sum \frac{MFrSbk}{Mwk} \tag{3-93}$$

$$MFrWsb = 18.0153MoWSb \tag{3-94}$$

式中　　k——含水的组分或可脱水的氢氧化物，主要为氢氧化钙（Ch）和氢氧化镁（Mh）；

$MFrH_2Osb$——脱硫剂中水分的质量份额，lb/lb 或 kg/kg；

$MoWSb$——脱硫剂中水分总摩尔数，mol/lb 或 mol/kg；

$MFrWSb$——脱硫剂总水分的质量份额，lb/lb 或 kg/kg。

与 $MFrCO_2Sb$ 相似，这部分水分在锅炉的烟气中以水蒸气的形式离开锅炉，会带走热量而造成损失，所以需要计算其质量，一般用式（3-95）计算，即

$$MqWSb = \frac{MFrWSb}{HHVF} \tag{3-95}$$

式中　$MqWSb$——基于燃料输入热量的脱硫剂中总水分质量，lb/Btu 或 kg/J。

如果要计算基于时间脱硫剂带入的总水分，公式为

$$MFrWSb = MFrWSb \cdot MrF \quad （lb/h 或 kg/s） \tag{3-96}$$

4. $MFrSO_3$（脱硫反应吸收的 SO_3）确定

脱硫反应在放出 CO_2、水蒸气的同时，也吸收了烟气中的一部分 SO_2 和 O_2，反应生成 $CaSO_4$ 或 $MgSO_4$。由于其中的 CaO 或 MgO 来源于脱硫剂，最后又以生成物 $CaSO_4$ 或 $MgSO_4$ 的形式留在灰渣中，所以脱硫反应后使灰渣增加的只有 SO_3 的质量，用 $MFrSO_3$ 表示，计算公式为

$$MFrSO_3 = 0.025MFrSc.MpSF \tag{3-97}$$

其中，常量 0.025 为 SO_3 的摩尔质量与硫（S）的摩尔质量之比，再除以 100。$MFrSc$ 表示脱硫效率，即被脱除的硫与总硫量之比，它可以通过煤中的硫含量及烟气中 SO_2 的含量来计算获得。

（四）脱硫剂煅烧份额的确定

为了确定脱硫剂的灰渣份额，我们先用到了煅烧份额 $MoFrClhk$（calcination fraction

or calcium carbonate），这里解决 *MoFrClhk* 的确定方法。煅烧是指碳酸盐受热后分解为氧化物和 CO_2 气体的化学反应。ASME 标准中，$CaCO_3$ 的煅烧份额与我国标准中 $CaCO_3$ 的分解率不太一样。以 $CaCO_3$ 作为主要脱硫剂为例，我国标准定义的分解率（%）表示石灰石中分解了的 $CaCO_3$ 占全部 $CaCO_3$ 的质量百分数；ASME 标准煅烧份额则定义为 1mol $CaCO_3$ 分解产生 CO_2 的摩尔数。对 $CaCO_3$ 来说，1mol $CaCO_3$ 完全反应时产生的 CO_2 刚好是 1mol，大部分碳酸盐煅烧时生成 CO_2 都类似，所以 ASME 标准中的煅烧份额乘以 100 就是我国标准中的分解率。

常用作脱硫剂的碳酸盐是 $CaCO_3$ 与 $MgCO_3$。$MgCO_3$ 比 $CaCO_3$ 更容易煅烧，在常压流化床锅炉空气燃烧的通常 CO_2 分压力下和正常运行温度下很容易锻烧分解，几乎没有剩余物，因此其煅烧份额通常认为是 1.0。这样，即使脱硫剂中存在多种成分，也只需考虑 $CaCO_3$ 的煅烧份额即可。

假定伴随单位质量燃料送入锅炉的脱硫剂质量为 *MFrSb*，产生的灰渣总量为 *MFrRs*，则 $CaCO_3$ 的煅烧份额用灰渣中的 CO_2 来确定，原理如下：

（1）灰渣中 $CaCO_3$ 产生的 CO_2 质量为 $MFrRs \cdot MpCO_2Rs$。

（2）假定灰渣中的 $MpCO_2Rs$ 都由 $CaCO_3$ 产生，每个 CO_2 分子都来源于一个 $CaCO_3$ 分子，则由 $MFrRs \cdot MpCO_2Rs$ 可以反算出产生这些 CO_2 的灰渣中 $CaCO_3$ 的质量为 $MFrRs \cdot MpCO_2Rs \dfrac{MwCc}{MwCO_2}$。其中 *MwCc* 为 $CaCO_3$ 的摩尔质量（molecular weight），数值为 $CaCO_3$ 的分子量 100.087；$MwCO_2$ 是 CO_2 摩尔质量，数值为 CO_2 的分子量 44.0089，两者单位均为 lb/mol 或 kg/mol；

（3）由单位质量燃料送入，总的 $CaCO_3$ 的量为 $MFrSb \cdot MpSbCc$（*MpSbCc* 为脱硫剂中 $CaCO_3$ 的含量，Cc 表示英文 calcium carbonate）。这样，利用灰渣中的 CO_2 量就可以测出 $CaCO_3$ 的煅烧份额，即

$$MoFrClhCc = 1 - \frac{MFrRs \cdot MpCO_2Rs \cdot MwCc}{MFrSb \cdot MpSbCc \cdot MwCO_2} \tag{3-98}$$

式中　*MoFrClhCc*——碳酸钙煅烧份额，单位是"mol/mol"而不是%；

　　　$MpCO_2Rs$——灰渣中由碳酸钙产生的 CO_2 的质量百分数；

　　　　MFrSb ——分摊到单位质量燃料的脱硫剂的质量，即由单位质量燃料携带，

　　　　　　　　　进入锅炉的脱硫剂的质量（mass fraction of sorbent）；

　　　MpSbCc——脱硫剂中 $CaCO_3$ 的质量百分数。

需要注意的是，对于脱硫剂中的碱成分［Ca（OH）$_2$ 和 Mg（OH）$_2$］来说，其吸热后产生 CaO/MgO 的过程称为脱水反应，反应放出的是水蒸气而不是 CO_2，且需的温度也比煅烧反应低得多，可以把它们当作煅烧份额为 0。

（五）脱硫效率 *MFrSc* 的测量与计算

得到了煅烧份额后，就可以解决脱硫率的测量与计算方法问题了。脱硫率用 *MFrSc* 表示，意即脱除的硫占单位燃料总硫量的质量比值，单位为 lb/lb，而不是百分比。与我国性能试验标准不同的是，ASME 标准给出了干基、湿基两套计算公式，也就对应有两

种试验方法。

1. 基于 SO_2 和 O_2 为干燥基测量值时的 $MFrSc$

计算公式为

$$MFrSc = \frac{1 - \dfrac{DVpSO_2(MoDPcv + 0.7905MoThA)}{100(1 - DVpO_2 / 20.95)MoSO_2}}{1 + 0.887\dfrac{DVpSO_2 / 100}{1 - DVpO_2 / 20.95}}$$ （3-99）

其中

$$MoDPcv = \frac{MpCb}{1201.1} + \frac{MpSF}{3206.5} + \frac{MpN_2F}{2801.3} + MoCO_2Sb$$ （3-100）

$$MoThA = \frac{1}{0.2095}\left(\frac{MpCb}{1201.1} + \frac{MpH_2F}{403.2} + \frac{MpSF}{3206.5} - \frac{MpO_2F}{3199.9}\right)$$ （3-101）

$$MoSO_2 = \frac{MpSF}{3206.5} \quad \text{（mol/单位质量燃料）}$$ （3-102）

式中　　$MoDPcv$——单位质量的燃料燃烧时，未发生脱硫反应前的干烟气产物摩尔数（此时脱硫率未知，所以不知真实的干烟气产物，用该虚拟数来计算，英文释义为 moles of virtual dry products from the combustion of fuel），单位为 mol/单位质量燃料，包括燃烧产生的 CO_2、SO_2、N_2 及脱硫剂产生的干烟气 CO_2 四部分；此处的 $MoDPcv$ 很像 GB/T 10184—2015 中添加脱硫剂后的理论干烟气量的概念，但 $MoDPcv$ 仅包含了燃料中的氮元素燃烧后产生的氮气，而没有包括大气在燃烧后带入的氮气，且未考虑脱硫吸收减少的 SO_2，两者在数值上差别很大；

$MoThA$——单位质量燃料燃烧时，未发生脱硫反应前所需的理论空气摩尔数（moles of theoretical air required），在燃料中硫全部转化为 SO_2、燃烧的碳只有 Cb（Carbon burned）的条件下计算，单位与 $MoDPcv$ 相同，为 mol/单位质量燃料；$MoThA$ 形式上很像 GB/T 10184—2015 中添加脱硫剂时理论空气量的摩尔表示法，但未考虑固硫反应过程中消耗的 O_2，具体可参见下文有关章节的内容；

$MoSO_2$——单位质量燃料的硫元素（$MpSF$）完全燃烧产生的 SO_2 总量，是二氧化硫排放最大可能量，以摩尔数表示；

$DVpO_2$、$DVpSO_2$ ——烟气中测定的 O_2 和 SO_2 容积百分数（measured O_2 and SO_2 in the flue gas，percent volume），它们必须在同一点测量，且为干燥基。应当注意的是，SO_2 测量常以 10^{-6} 表示，必须将其除以 10 000，转化为百分数才能进行计算。

2. 基于 SO_2 和 O_2 为湿基测量值时的 $MFrSc$

计算公式为

$$MFrSc = \frac{1 - \dfrac{VpSO_2\left[MoWPcv + MoThA(0.7905 + MoWA)\right]}{100\left[1 - (1 + MoWA)VpO_2 / 20.95\right]MoSO_2}}{1 + K\dfrac{VpO_2 / 100}{1 - (1 + MoWA)VpO_2 / 20.95}} \tag{3-103}$$

其中　　$MoWPcv = MoDPcv + \dfrac{MpH_2F}{201.59} + \dfrac{MpWF}{1801.53} + \dfrac{MFrWAdz}{18.0153} + MoWSb \tag{3-104}$

$$MoWA = 1.608MFrWDA$$

$$K = 2.387（0.7905 + MoWA）- 1.0$$

式中　$MoWPcv$ ——湿基烟气产物的摩尔数，除了干烟气产物 $MoDPcv$ 外，还包括烟气水分的摩尔数、脱硫剂水分的摩尔数、额外水分的摩尔数，不包括大气中带来的 N_2 和大气中空气携带的水分，需要读者注意；

　　$MoWA$ ——每摩尔干空气对应的空气中水分摩尔数（WA 即 wet air 的缩写），单位为 mol/mol，由测量所得的空气绝对湿度 $MFrWDA$ 计算，系数 1.608 为干空气的摩尔质量与水蒸气的摩尔质量之比；

VpO_2、$VpSO_2$ ——烟气中测定的 O_2、SO_2 的容积百分数，必须在同一点测量并以湿基表示；

　　K ——试验条件下为常数。

3. 计算方法的来源

ASME 标准中的脱硫效率公式异常复杂，为帮助读者理解，下面以最为复杂的湿基计算公式为例进行推导，如果读者阅读困难，可以跳过本部分。推导过程如下。

假定燃料中的所有硫元素都生成 SO_2，其生产量为 $MoSO_2$，经过脱硫反应后有下列情况：

（1）湿基条件测量得到烟气中的氧气的容积比（湿基氧量）为 VpO_2，根据道尔顿分压原理，该值等于湿烟气中的氧气摩尔数与烟气摩尔数的比例，即

$$VpO_2 = 100\frac{MoO_2}{MoWG}$$

同理对 SO_2 来说有

$$VpSO_2 = 100\frac{(1 - MFrSc)MoSO_2}{MoWG}$$

（2）湿烟气的摩尔数 $MoWG$（moles of wet flue gas）的组成为：燃料及脱硫剂经过燃烧、脱硫反应产生的湿烟气产物、理论空气中的氮气与水蒸气、过量空气之和减去脱除的 SO_2 气体。各个子组分的来源分别如下：

1）湿烟气产物 $MoWPc$，按式（3-104）计算。

2）先不考虑脱硫反应，单位质量燃料中硫分完全燃烧的理论空气量为 $MoThA$，按式（3-101）计算。

3）单位质量燃料中硫分完全燃烧、脱硫反应修正后的理论干空气量，计算公式为

$$MoThACr = MoThA + \frac{MFrSC}{2}\frac{MoSO_2}{0.2095}$$

205

公式中乘以 1/2 的原因是：每脱除一个 SO_2 分子，仅需 1/2 个 O_2 分子就可将其转化为 SO_3，进一步与 CaO 反应生成硫酸钙 $CaSO_4$。

4）理论干空气量带入氮气为 $0.7905MoThACr$，水分为 $MoThACr \cdot MoWA$。

5）由氧量 VpO_2 的定义式可得中间变量 $MoO_2 = \dfrac{VpO_2 \cdot MoWG}{100}$，表示湿烟气中的氧气摩尔含量，并根据它求得过量空气摩尔数为 $\dfrac{MoO_2}{2095}(1+MoWA)$。

6）把这些分项加起来，并整理可得

$$MoWG = MoWPcv + 0.7905MoThACr + MoThACr \cdot MoWA - MFrSc \cdot MoSO_2 + \frac{MoO_2}{2095}(1+MoWA)$$

$$= MoWPcv + (0.7905 + MoWA)\ MoThACr + \frac{MoO_2}{2095}(1+MoWA) - MFrSc \cdot MoSO_2$$

$$= MoWPcv + (0.7905 + MoWA)\left(MoThA + \frac{MFrSc}{2}\frac{MoSO_2}{0.2095}\right) + \frac{MoO_2}{2095}(1+MoWA) - MFrSc \cdot MoSO_2$$

7）把含有 $MFrSc$ 的项目合并得

$$MoWG = MoWPcv + (0.7905 + MoWA)MoThA + \left(\frac{0.7905 + MoWA}{2 \times 0.2095} - 1\right)$$

$$MFrSc \cdot MoSO_2 + \frac{MoO_2}{2095}(1+MoWA)$$

8）令 $K = \dfrac{0.7905 + MoWA}{2 \times 0.2095} - 1 = 2.387(0.7905 + MoWA) - 1.0$，并把中间变量 MoO_2 用可测量 VpO_2 的关系代替，上式继续整理得

$$MoWG = MoWPcv + (0.7905 + MoWA)MoThA + K \cdot MFrSc \cdot MoSO_2 + MoWG\frac{VpO_2}{20.95}(1+MoWA)$$

可求得

$$MoWG = \frac{MoWPcv + (0.7905 + MoWA)MoThA + K \cdot MFrSc \cdot MoSO_2}{1 - \dfrac{VpO_2}{20.95}(1+MoWA)}$$

9）把 $MoWG$ 代入 $VpSO_2$ 的定义式可得

$$VpSO_2 = 100\frac{(1-MFrSc)MoSO_2}{MoWG} = \frac{100 \cdot (1-MFrSc)MoSO_2\left[1 - \dfrac{VpO_2}{20.95}(1+MoWA)\right]}{MoWPc + (0.7905 + MoWA)MoThAc + K \cdot MFrSc \cdot MoSO_2}$$

求解该方程即可得到式（3-103），即

$$MFrSc = \frac{1 - \dfrac{VpSO_2\left[MoWPcv + MoThA(0.7905 + MoWA)\right]}{100\left[1 - (1+MoWA)VpO_2/20.95\right]MoSO_2}}{1 + K\dfrac{VpO_2/100}{1 - (1+MoWA)VpO_2/20.95}}$$

基于干基测量与计算方法的推导过程与此类似，从上面 ASME 标准脱硫效率的推导过

程可以看出，该公式的推导是非常严谨的，脱硫效率应当按式（3-99）或式（3-103）计算。

4. 我国锅炉性能试验标准中的脱硫效率

我国锅炉性能试验标准（GB/T 10184—2015）中脱硫效率的计算公式为

$$\eta_{SO_2} = \frac{V_{SO_2,th} - V_{SO_2}}{V_{SO_2,th}} \times 100 = \left(1 - \frac{32.066}{22.41} \frac{\varphi_{SO_2,fg,d}}{w_{S,ar}} V_{fg,d}\right) \times 100$$

而 ASME 标准的脱硫效率 $MFrSc$ 用烟气量（干基）可表示为

$$MFrSc = 1 - \frac{DVpSO_2}{100} \times \frac{MoDFg}{MoSO_2}$$

式中 $\varphi_{SO_2,fg,d}$ ——干基排放浓度，等同于 ASME 标准中的 $DVpSO_2$；

     $\varphi_{SO_2,fg,d}V_{fg,d}$ ——实测干烟气中 SO_2 的排放量，类似于 ASME 标准中的 $DVpSO_2 \cdot MoDFg$；

     $V_{SO_2,th}$ ——锅炉排烟中 SO_2 的理论计算排放值，类似于 $MoSO_2$；

两者除了符号、常数项和最终单位不一样，其余均相同，我国标准脱硫效率除以 100 就是 ASME 标准的脱硫效率。

CFB 锅炉性能试验标准（DL/T 964—2005）也规定了脱硫效率，只是需要将测量所得 SO_2 和 $V_{SO_2,th}$ 折算成过量空气系数 1.4 条件下的浓度后再进行计算。其计算结果与 GB/T 10184—2015 的脱硝效率计算公式结果偏差很小，详见第二章第三节。

（六）灰渣质量份额的确定

最为精确的方法是测出所有灰渣排出口的灰渣量，但这是不实际的。大多数情况下，只测量一部分容易测量位置的灰渣量，由计算的总灰渣量与被测灰渣量间的差值来计算未测量的灰渣量，或者进行灰渣份额分配估计。

测量位置的灰渣质量份额为

$$MpRsz = 100 \frac{MrRsz}{MFrRs \cdot MrF} \tag{3-105}$$

式中 $MpRsz$ ——位置 z 处排出锅炉系统的灰渣总量百分数；

     $MrRsz$ ——位置 z 处测量的灰渣质量流量值，lb/h 或 kg/s；

     MrF ——燃料质量流量，一般情况下 MrF 是需要求解的量，lb/h 或 kg/s。

最常用的灰渣流量测量方法是测量锅炉机组出口烟气携带的飞灰。该方法的测量结果通常表达为飞灰质量浓度。基于飞灰浓度结果，由式（3-106）计算灰渣的质量流量

$$MrRsz = \frac{MvRs \times MrFg}{C_1 \times DnFg} \quad \text{(lb/h 或 kg/s)} \tag{3-106}$$

式中 $MvRs$ ——网格法等速取样测量得到的飞灰浓度（mass of dust per volume），grains/ft^3 或 g/m^3；

     $MrFg$ ——湿烟气的质量流量（mass flow rate of wet flue gas），lb/h 或 kg/s；

     $DnFg$ ——测量条件下的湿烟气密度（density of wet flue gas），lb/ft^3 或 kg/m^3；

     C_1 ——6957grains/lb（美制单位），1kg/kg（国际单位）。

需要注意的是，等速取样测量飞灰浓度时，也可测出烟气量。但 ASME 标准认为，该测量烟气量的精确度比按化学当量关系计算出的烟气量精确度低。

这样，根据 ASME 标准的习惯，进一步转化为高位发热量基准的排灰渣质量，计算公式为

$$MqRsz = \frac{MpRsz \cdot MFrR}{100HHVF}$$ （3-107）

式中　　$MpRsz$——位置 z 处排出锅炉系统的灰渣质量份额，百分数；

　　　　$MqRsz$——位置 z 处的灰渣质量，lb/Btu 或 kg/J。

（七）燃料中未燃尽碳 $MpUbC$ 和实际燃烧的碳 $MpCb$ 的确定

灰平衡计算另一个任务是计算燃料中实际燃烧的碳 $MpCb$（Carbon Burned），以便于下一步计算空气量。而要想得到 $MpCb$，必须先通过灰渣中未燃尽的碳计算燃料中未燃尽的碳 $MpUbC$（unburned carbon in fuel）的百分数，计算公式为

$$MpUbC = MpCRs \cdot MFrRs$$ （3-108）

燃料中已燃碳的实际百分数是元素分析得到的碳含量与未燃碳含量的差值，即

$$MpCb = MpCF - MpUbC$$ （3-109）

式中　　$MpUbC$——燃料中未燃尽碳的质量百分数，%；

　　　　$MpCb$——实际燃烧的碳的质量百分数，%；

　　　　$MpCF$——燃料中的碳元素的质量比例，%；

　　　　$MFrRs$——单位质量携带入锅炉的各种灰渣的总质量，包括脱硫剂送入的灰渣。

此外，ASME 标准还根据燃料的情况提供了如下两个指标，用以评价燃烧效果的好坏。但是，锅炉效率的确定并不会用到这两个参数。

（1）碳燃尽率 $MpCbo$（Cbo：carbon burnout，%）。指被烧掉的碳量与可利用碳量的比值，用百分数表示，碳燃尽率越高，燃烧效果越好。计算式为

$$MpCbo = 100\frac{MpCb}{MpCF}$$

（2）燃烧效率 ECm（Combustion Efficiency，%）。用 100 减去各种在燃烧过程中因可燃物未燃尽而造成的损失（不包括磨煤机排出石子煤的损失），表示了燃烧的完全性。燃烧效率越高，说明燃烧方面带来的损失越小。计算式为

$$ECm = 100 - QpLUbc - QpLCO - QpLH_2Rs - QpLUbHc$$

（八）燃料中未燃尽氢 $MpUbH_2$ 和实际燃烧的氢 MpH_2b

如果确认存在未燃氢 $MpUbH_2$，则在燃烧与效率计算中必须采用实际燃烧的氢，而不是 MpH_2F，即

$$MpH_2b = MpH_2F - MpUbH_2$$

（九）钙硫摩尔比的计算

在我国的性能试验标准中，钙硫摩尔比 $MoFrCaS$（我国标准中的 $r_{Ca/S}$）是整个脱硫反应的计算中心。而在 ASME 标准中，它仅提供一个参考值，为运行指导意见，其计算公式为

$$MoFrCaS = MFrSb\frac{MwS}{MpSF}\sum\frac{MpCak}{MwCak}$$ （mol/mol） （3-110）

式中 *MpCak*——脱硫剂中含钙组分 *k* 的质量百分数（percent of calcium in sorbent in form of constituent *k*，percent mass）；

$\quad$ *MwCak*——脱硫剂中含钙组分 k 的摩尔质量（molecular weight of calcium compound *k*），lb/mol 或 kg/mol；$CaCO_3$ 的摩尔质量为 100.087，$Ca（OH）_2$ 的摩尔质量为 74.0927；

$\quad$ *MwS*——硫的摩尔质量，其值为 32.064。

三、灰渣与脱硫剂的统一计算

（一）统一计算的原因

到此为止，尽管已经用了两节的内容尽可能地按照计算的顺序来解释 ASME 标准的思路及每一项工作内容，但还是不能非常顺利地完成 ASME 锅炉效率的计算。的确如此，当取得煤与脱硫剂的化验数据并进行计算时就会发现，从灰渣计算开始，整个计算过程就无法顺序展开，具体表现在以下几个方面：

（1）首先可对各排灰口取得的灰渣样进行未燃尽碳、二氧化碳含量的化验。

（2）确定各排灰口的灰渣份额，并以之作为权重对各排灰口所得样品化验结果进行加权平均计算，用于确定实际燃烧碳的份额 *Cb*、碳酸钙的煅烧份额 *MoFrClhk* 及灰渣损失中的物理显热。

（3）各排灰口的灰渣份额可以估计，但是这样误差较大，特别是炉内脱硫的 CFB 锅炉。因此，要确定各排灰口的灰渣份额，往往测量某一个口的排灰量，用差值计算另一些排灰口的灰渣份额。在计算某排灰口的灰渣份额时，需要知道总灰量 *MFrRs*，见式（3-105）。

（4）而计算总灰量 *MFrRS*，则需要先知道灰渣中的未燃尽碳含量 *MpCRs* 和脱硫剂带入锅炉的灰渣质量 *MFrSsb*，见式（3-87）。

（5）确定脱硫灰渣质量份额 *MFrSsb*，需要计算脱硫剂脱水和煅烧反应损失的 CO_2 质量 $MFrCO_2Sb$、脱硫剂水分质量 *MFrWSb* 及脱硫增加的量 $MFrSO_3$，见式（3-88）。

（6）计算 $MFrCO_2Sb$，需知道碳酸钙煅烧份额 *MoFrclhCc*，见式（3-90）；计算 $MFrSO_3$ 则需知道脱硫率 *MFrSc*，见式（3-97）。

（7）用灰渣中的 CO_2 含量可计算碳酸钙的煅烧份额 *MoFrclhCc*，但必须事先知道总灰渣量 *MFrRs*，见式（3-98）。

（8）脱硫率可以通过测量烟气中的 O_2 和 SO_2 来确定，但在计算过程中需知道燃料燃烧及脱硫反应产生的烟气产物，而确定烟气产物时需要确定脱硫反应产生的 CO_2 量 $MoCO_2Sb$（与 $MFrCO_2Sb$ 计算要求类似），见式（3-104）。

（9）确定 $MoCO_2Sb$ 时需已知脱硫率 *MFrSc*。

（10）确定 *MFrSc* 时，需知道总灰量 *MFrRs*、实际燃烧碳 *Cb* 及灰渣中平均产生的 CO_2，以确定烟气量。

（11）计算过程由终点又回到了起点，无法进行下去。

（二）多层嵌套迭代过程求解多个变量

从以上矛盾可以看出，由于脱硫剂的计算与灰渣的计算联系在一起，所以不可能一次性按顺序完成所有计算工作，而必须把它们分成若干个模块进行迭代计算，且为多层嵌套迭代过程。尽管 ASME PTC 4—2013 在其附件中给出了一个统一的计算表格，但其内容让人费解，使用也不方便。因而本书以干基计算为基础，对标准中内容进行了模块的拆分与设计，以帮助读者理解整个过程，并非常适合程序设计，书中第七章给出了相应的示例代码。

1. 模块一：平均灰渣化验结果的计算

该模块较为简单，不用迭代。假定各取样点的灰渣份额已知，用该份额和各灰渣样品的 CO_2 含量与游离碳含量来计算锅炉灰渣平均含碳量和平均 CO_2 含量。

2. 模块二：脱硫率的计算

本模块假定 $MpCb$ 与煅烧份额 $MoFrClhCc$ 已知的情况下，进行脱硫率 $MFrSc$ 的迭代计算，并在迭代计算过程中，完成与 $MFrSc$ 紧密联系的烟气量、脱硫率、脱硫灰渣份额、总灰渣份额等一系列参数的计算，主要步骤如下：

第 1 步：假定一个脱硫率 $MFrSc$。

第 2 步：根据脱硫剂流量与燃料流量计算脱硫剂份额 $MFrSb$。

第 3 步：根据脱硫剂的成分、煅烧份额，计算生成脱硫剂子组分的份额。

第 4 步：根据 $MoFrClhCc$ 确定煅烧反应时产生的 CO_2 量 $MoCO_2Sb$，并进而和假定的 $MFrSc$ 计算出理论空气量 $MoThA$、烟气产物 $MoDPcv$ 等参数。

第 5 步：根据这些参数和实测烟气成分 $DVpO_2$、$DVpSO_2$（VpO_2、$VpSO_2$）计算新的脱硫率，并与假定值比较，直至二者的误差在很小的范围之内。

第 6 步：计算受 $MFrSc$、组成脱硫灰渣的各个来源的影响，如 $MFrSO_3$、$MFrSsb$ 等值。

在该模块中，燃料量当作常数（需要在整个效率试验中迭代计算），而脱硫剂质量流量、燃料的元素分析值及灰渣平均含碳量和平均 CO_2 含量、脱硫剂的分析数据、烟气中的 O_2 与 SO_2 平均值（在相同位置测量）等都是精确测量值。需要注意的是，O_2 与 SO_2 必须基于同一基准，SO_2 测量值的单位必须转换成百分数，与烟气中的 O_2 单位相同。

3. 模块三：煅烧份额的计算

该模块假定 $MpCb$ 已知，主要完成煅烧份额 $MoFrClhCc$ 的迭代计算。计算过程中，要调用模块二中的 $MFrSc$，完成与 $MFrSc$ 紧密联系的烟气量、脱硫率、脱硫灰渣份额、总灰渣份额等一系列参数的计算。主要步骤如下：

第 1 步：假定一个煅烧份额初值 $MoFrClhCc$。

第 2 步：调用模块二进行 $MFrSc$ 的计算。该调用会影响到脱硫灰渣份额 $MFrSsb$ 和总灰渣份额 $MFrRs$ 的变化，从而影响到煅烧份额 $MoFrClhCc$ 的值。

第 3 步：用式（3-98）计算新的煅烧份额 $MoFrClhCc$ 值，并与假定值比较，直至二者的误差在很小的范围之内。

第 4 步：可根据求得的 $MFrSc$ 和 $MoFrClhCc$ 再重新计算一次组成脱硫灰渣的各个部分，如 $MFrSO_3$、$MFrSsb$ 等值，使其保持到最新。

4. 模块四：未燃尽碳的计算

该模块完成未燃尽碳 $MpUbC$ 及 $MpCb$ 的迭代计算，在计算过程中需要调用模块三

来求取煅烧份额 $MoFrClhCc$，进而调用三级迭代模块（模块二）来求取脱硫率 $MFrSc$，完成灰渣与脱硫剂的统一计算。主要步骤如下：

第 1 步：假定一个未燃尽碳初值 $MpUbC$，并据此更新燃尽碳 $MpCb$。

第 2 步：根据 $MpCb$ 调用模块三进行煅烧份额 $MoFrClhCc$ 的计算。该过程又将调用模块二进行 $MFrSc$ 的计算，从而会引起烟气量、$MFrSc$、脱硫反应增加质量 $MFrSO_3$、脱硫灰渣份额 $MFrSsb$ 和总灰渣份额 $MFrRs$ 的变化，从而影响到由式（3-108）确定的未燃尽碳的值。

第 3 步：根据式（3-108）计算新的未燃尽碳初值 $MpUbC$，并与假定值比较，直至两者的误差在很小的范围之内。

5. 模块五：灰渣份额的确定

灰渣量只能基于时间测量，得出如"1h 某排灰口排出的灰量为××t/h"的结果，需要用这个数据除以锅炉所有的排灰量才能得到该灰排口的灰渣份额。如果所有的灰渣口都进行流量测量，则用每个排灰口的排灰量除以总流量即可得到该排灰口的灰渣份额。ASME 标准认为，计算得出的总灰渣量比测试的量更为准确，因而计算时仍采用实测的灰渣份额与计算总灰渣量计算各个排渣口的灰渣量，此时不用该模块。

更多的情况是部分排灰口的排灰量是测量的，其余部分用差额来计算。这时，由于无法得知总灰渣量 $MrRs$，因此该排灰口的灰渣份额也无法直接计算，而必须进行迭代计算。迭代计算的步骤如下：

第 1 步：假定总灰渣量 $MrRs$。

第 2 步：用测量所得的排灰口飞灰流量 $MrRsz$ 计算该排灰口的灰渣份额 $MpRsz$。

第 3 步：待求排灰口的灰渣份额为 100-$\sum MpRsz$。

第 4 步：根据求得的各排灰口的灰渣份额，调用模块四计算未燃尽碳，完成后可以计算出总灰渣份额 $MFrRs$。

第 5 步：用新的总灰渣份额 $MFrRs$ 与燃料量 MrF 相乘可以得到新的总灰渣流量 $MrRs$，并与旧值进行比较，直到误差在很小的范围之内。

需要注意的是，可计算的灰渣份额只能是 1 个，如只有两个排灰口，则至少测量或给定一个排灰口的总灰渣量份额；若有三个排灰口，如飞灰、大渣、沉降灰，则至少给定两个排灰口的总灰渣量份额，另一个可以通过计算得出。

四、根据情况确定不同的计算模型

炉内脱硫是 ASME 标准中最为复杂的一部分。我国性能试验标准中，对于炉内脱硫，一般将其视为一个复杂的特例进行处理，是一种由简入繁的过程。而 ASME 标准则全面考虑了炉内脱硫，而将没有炉内脱硫的情况作为特例，是一个由繁入简的过程。

然而，大部分锅炉是没有炉内脱硫的，所以需要根据具体情况分别进行处理。ASME 标准把效率试验分为三种情况：第一种为完全无灰燃料，如油、气为燃料时；第二种情况是最为常见的煤粉锅炉，由于燃料在炉内的停留时间很少，无法完成炉内脱硫的过程，这类锅炉无炉内脱硫，但有灰渣；第三种情况是流化床锅炉及少数层燃炉，由于燃料在炉内的停留时间很长，往往把石灰石等脱硫剂加入燃料一起送入锅炉进行炉内脱硫。这三种情况需要分别考虑。

（1）第一种情况（低灰燃料）。由于基本不产生灰渣，少了灰平衡，因此锅炉效率试验相对简单。计算过程如下：

1）根据燃料进行燃烧计算，包括理论空气量、过量空气率、理论烟气量及烟气成分的计算，为计算烟气焓作好准备。

2）根据排烟温度、排烟成分等数据计算各项损失与带入的热量，完成效率计算。

3）如果需要，可以根据锅炉的输出来估计燃料量。

（2）第二种情况。使用含灰燃料，但无炉内脱硫，表现在计算公式上是脱硫率 $MFrSc=0$，从而使大部分计算公式得到简化，具体如下：

1）根据飞灰、大渣等情况完成灰渣计算，获得未燃尽碳 $MpUbC$。

2）根据未燃尽碳 $MpUbC$，得到实际燃烧的碳元素含量，并据此完成燃料燃烧，包括理论空气量、过量空气率、理论烟气量及烟气成分的计算，为计算烟气焓做好准备。

3）根据排烟温度、排烟成分等数据计算各项损失与带入的热量，完成效率计算。

4）灰渣份额可能需要迭代计算。

5）如果有需要（如中速磨系统等），可以通过输出热量估计燃料量，并进行迭代，使锅炉正反平衡的结果完全一致。

（3）第三种情况。使用含灰燃料，且采用脱硫剂，此时计算最为复杂，完全按照本章的内容进行处理，计算过程如下：

1）准备燃料成分、添加剂成分、排烟温度、排烟氧量等参数，并假定燃料量。

2）估计飞灰份额或假定飞灰份额（一部分飞灰量由测量得出，而另一部分需要迭代计算）。

3）假定煅烧份额与平均飞灰含碳量两个参数，进行灰平衡与脱硫剂的统一计算，直至未燃碳和煅烧份额收敛在允许范围内。

4）重复2）、3）两步，直至灰渣质量流量收敛在允许的范围内，得出基于目前假定的燃料量下准确的飞灰份额、煅烧份额及平均含碳量。

5）锅炉效率计算。

6）根据锅炉输出热量与锅炉效率进行新的燃料量的计算。

7）根据锅炉效率计算新的燃料量。

8）比较估计的燃料量（输入）与新计算的燃料量，重复 1）～8）步计算，直至收敛。

第三节　ASME 标准中烟气产物成分及生成量的确定

得到灰渣可燃物含量，就可以进一步确定烟气成分及生成量了。与我国锅炉性能试验标准一样，ASME 标准在烟气成分的确定上，也采用基于化学反应的当量关系，思路相类似，需要确定理论空气量、理论烟气量、过量空气系数等。但是由于单位系统不一样及视角不同，在公式的表达上两者还是有很多不同之处。

一、燃烧空气量的测量及确定

（一）干空气的组成

ASME 标准的计算均基于下列空气组成成分：1mol 空气中含有 0.20946mol O_2、0.78102mol N_2、0.00916mol Ar、0.00033mol CO_2（还有其他微量元素），空气的平均摩尔质量为 28.9625。为简化计算，N_2 包含氩和其他微量元素，并被称为大气中的氮气（N_{2a}），其当量摩尔质量为 28.158。由此，空气中容积组成为 20.95%的 O_2 和 79.05%的 N_{2a}，质量组成为 23.14%的 O_2 和 76.86%的 N_{2a}。

（二）空气湿度

空气湿度 $MFrWDA$（moisture in air，lb 水蒸气/lb 干空气）由进口空气的湿球温度和干球温度确定，也可由干球温度和相对湿度及湿度图表确定。测定湿球温度时，由 Carrier 方程［式（3-111）］确定的水蒸气压力进行计算；测定相对湿度时，由式（3-112）确定的水蒸气压力计算，即

$$MFrWDA = 0.622 \frac{PpWvA}{(Pa - PpWvA)} \quad \text{（lb/lb 或 kg/kg）} \tag{3-111}$$

$$PpWvA = PsWvTwb - \frac{(Pa - PsWvTwb)(Tdbz - Twbz)}{2830 - 1.44Twbz} \tag{3-112}$$

$$PpWvA = 0.01RHMz \cdot PsWvTdb \tag{3-113}$$

$$PsWvTz = C_1 + C_2 T + C_3 T^2 + C_4 T^3 + C_5 T^4 + C_6 T^5 \tag{3-114}$$

式中　$PpWvA$ ——空气中的水蒸气分压（partial pressure of water vapor in air），已知湿球和干球温度时由式（3-112）计算，或已知相对湿度和干球温度时由式（3-113）计算，psia；

　　$PsWvTz$ ——在湿球温度（$PsWvTwb$）或干球温度（$PsWvTdb$）下的水蒸气饱和压力［saturation pressure of water vapor at wet-bulb temperature］，单位为 psia，式（3-114）为拟合曲线，在 32～140℉（0～60℃）范围内有效，式中系数分别为：C_1=0.019257、C_2=1.289016×10^{-3}、C_3=1.211220×10^{-5}、C_4=4.534007×10^{-7}、C_5=6.841880×10^{-11}、C_6=2.197092×10^{-11}；

　　　　Pa ——大气气压（barometric pressure），psia；

$Tdbz$、$Twbz$ ——位置 z 处空气的干、湿球温度（temperature of air，dry-bulb/wet-bulb），℉；

　　$RHMz$ ——位置 z 处的相对湿度（relative humidity），%。

ASME 标准中确定空气湿度的方法与我国标准完全相同，只是单位和系数不同。

（三）理论空气量（修正后）

理论空气量定义为使燃料完全燃烧所需的最小空气量，即碳元素（C）生成 CO_2、氢元素（H）生成 H_2O、硫元素（S）生成 SO_2 时所需要的干空气量。在实际燃烧过程中，会生成少量的 CO、氮氧化物（NO_x）及极少量的气态碳氢化合物，通常只有 10^{-6} 数量级，所以对燃烧产物的影响可忽略不计。但如果 CO 和（或）NO_x 的含量大于 0.1%，则需根据化学反应式进行精确测量后，计算到烟气产物中去。

ASME 标准中，烟气产物用质量流量来计算，因而与我国标准中计算公式相似，但

常数不同。在脱硫率的计算过程中，实际上已经用到了理论空气量 $MoThACr$，只是 $MoThACr$ 用摩尔量来表示，而不是质量单位。

ASME 标准中理论空气量为 $MFrThAF$（mass fractrion of theoretical air required），表示完全燃烧所需的干空气量，计算公式为

$$MFrThAF=0.1151MpCF+0.3429MpH_2F+0.0431MpSF-0.0432MpO_2F \quad （lb/lb）（3-115）$$

式（3-115）中，燃料成分 $MpCF$（碳元素）、MpH_2F（氢元素）、$MpSF$（硫元素）和 MpO_2F（氧元素）均为质量百分数，且以收到基为准。

ASME 标准中还习惯用基于单位高位发热量的理论空气量 $MqThAF$，计算公式为

$$MqThAF=\frac{MFrThA}{HHVF} \quad （lb/Btu 或 kg/J） \qquad （3-116）$$

在实际锅炉运行中，真正做到完全燃烧是不可能的，特别是固体燃料。采用炉内脱硫时，还要发生二级化学反应。例如当 CaO 与烟气中的 SO_2 发生反应生成 $CaSO_4$ 时（一种脱硫方法），就需要额外的 1/2 个 O_2 分子。因此，理论空气量必须考虑实际燃烧过程进行修正。

修正的理论空气量 $MFrThACr$ 定义为：燃料燃烧不生成 CO、NO_x 等半成品气态化合物，可维持脱硫二级化学反应，且过量氧量为零的空气量。与理论空气量 $MFrThAF$ 相比，$MFrThACr$ 计算的不同点主要有以下两方面：

（1）用实际燃烧的碳 $MpCb$ 代替元素分析碳元素含量 $MpCF$。

（2）在硫反应所消耗氧量上加上脱硫反应所需要的氧气 $0.5MFrSc·MpSF$。

这样就有

$$MFrThACr=0.1151MpCb+0.3429MpH_2F+0.0431MpSF（1+0.5MFrSc）-$$
$$0.0432MpO_2F （lb/lb） \qquad （3-117）$$

以高位发热基（$HHVF$ base）和摩尔基计算的理论空气量修正公式为

$$MqThACr=\frac{MFrThACr}{HHVF} \quad （lb/Btu 或 kg/J） \qquad （3-118）$$

$$MoThACr=\frac{MFrThACr}{28.9625} \quad （mol/入炉燃料） \qquad （3-119）$$

其中
$$MpCb=MpCF-MpUbC$$

式中　$MFrThACr$、$MqThACr$、$MoThACr$——基于燃料量、燃料发热量和摩尔单位计算的修正后理论空气量；

$MpCb$ ——实际燃烧的碳的质量百分数（carbon burned on a mass percentage basis），由燃料中收到基含碳量减去灰渣中的未燃尽碳含量而得；

$MFrSc$——脱硫率（mass fraction of sulfur capture），只有炉内脱硫时才有这一项，否则取 0，lb/lb。

（四）过量空气率与实际空气量

为保证燃料燃烧的完全，实际燃烧所需的空气量往往大于理论空气量。多余的空气称为过量空气，其与理论空气量的比值以百分数表示就是过量空气率（XpA，excess air）。

计算式为

$$XpA = 100\frac{MFrDA - MFrThACr}{MFrThACr} = 100\frac{MqDA - MqThACr}{MqThACr} \quad （\%） \qquad （3-120）$$

式中 $MFrDA$、$MqDA$——以燃料质量流量基和燃料高位发热量基表示的实际干空气量。

如果知道过量空气率，就很容易计算出实际空气量，因此实际空气量的确定就是测量过量空气率。ASME 标准中习惯使用摩尔流量，因此多余干空气的摩尔流量为 $XpA \cdot MoThACr$ mol/入炉燃料。

1. 测量与计算方法

通过第二章知识可知，对某一给定燃料（煤、油、气等），过量空气率仅与 O_2 有关，而与特定的燃料分析无关。因此，确定烟气中过量空气率的最好方法是测量烟气中 O_2 的容积成分，ASME 标准也是如此。但我国标准中仅考虑干基条件下的过量空气率计算与测量，ASME 标准则给出了干湿基条件下的两种测量与计算方法。

（1）干燥基 O_2 分析。大部分试验烟气氧量的测量采用抽汽测量的方法，把烟气从烟道中抽出来，通过烟气取样预处理系统把烟气水分全部凝结。这时过量空气系数可根据测得的烟气氧量按式（3-12）计算，即

$$XpA = 100\frac{DVpO_2(MoDPc + 0.7905MoThACr)}{MoThACr(20.95 - DVpO_2)} \qquad （3-121）$$

其中 $$MoDPc = \frac{MpCb}{1201.1} + (1 - MFrSc)\frac{MpSF}{3206.5} + \frac{MpN_2F}{2801.34} + MoCO_2Sb \qquad （3-122）$$

式中 $DVpO_2$——干燥基条件下烟气中 O_2 浓度，容积百分数；

$MoDPc$——包括脱硫反应的燃烧干烟气产物的摩尔数，包括碳燃烧生成 CO_2、脱硫反应后实际生成的 SO_2、燃料中的 N_2（不包括空气中的 N_2）及脱硫剂产生的干烟气 CO_2 四部分，计算公式为（3-122），与式（3-100）不同；

$MFrSc$——脱硫率，lb/lb 或 kg/kg；

$MoCO_2Sb$——脱硫剂产生的干烟气 CO_2 的摩尔数，mol/lb 或 mol/kg。

（2）湿基 O_2 分析。此时烟气样品中含有水分，例如采用现场监测仪表（如氧化锆）测量，或带伴热取样抽汽系统测量的 O_2 值，比干基条件下的值要小一些。大量试验结果表明，在湿基条件下，给定燃料产生烟气的水分含量范围内，O_2 与过量空气率的比值基本是不变的，因此仍然可以用 O_2 含量来确定过量空气率，但计算公式不同。ASME 标准给出的计算公式为

$$XpA = 100\frac{VpO_2\left[MoWPc + MpThACr(0.7905 + MoWA)\right]}{MoThACr(20.95 - VpO_2(1 + MoWA))} \qquad （3-123）$$

其中 $$MoWA = 1.608MFrWDA \qquad （3-124）$$

$$MoWPc = MoDPc + \frac{MpH_2F}{201.59} + \frac{MpWF}{1801.53} + \frac{MFrWAdz}{18.0153} + MoWSb$$

式中 VpO_2——湿基条件下烟气中 O_2 的浓度，容积百分比；

$MoWPc$——单位质量燃料燃烧湿烟气产物的摩尔数，由干烟气产物摩尔数 $MoDPc$，以及燃料中燃烧产生的水分、其他额外水分、脱硫产生水分组成，计算

公式为（3-124），与式（3-104）不同；

$MoThACr$ ——基于摩尔单位的修正后理论空气量；

$MoWA$ ——摩尔质量表示的大气绝对湿度，即 1mol 干空气所含水分的摩尔数，由大气的绝对湿度 $MFrWDA$ 转换得来；

$MpWF$ ——燃料中 H_2O 的质量百分数；

$MFrWAdz$ ——分摊到每单位质量燃料基、位置 z 处的额外水分，如雾化蒸汽和吹灰蒸汽等，这些水分往往更容易基于时间测量，如每小时吹入锅炉的质量，需要除以燃料量来折算到单位质量燃料的份额，由于该份额值很小，采用 DCS 上测量的蒸汽量和燃料量已足够精确；如果燃料量是基于计算的效率迭代得到的，采用该计算值会更精确一些；

$MoWSb$ ——脱硫剂带入的全部水分摩尔数。

2. 计算公式的来源

式（3-123）非常复杂，很难理解。以下基于最复杂的湿基测量过量空气率计算公式进行推导。

（1）无 CO、NO_x 时的过量空气系数。

1）假定单位质量的燃料产生的湿烟气中，1 mol 湿烟气有 MoO_2 mol 的氧气，则有

$$VpO_2 = 100 \frac{MoO_2}{MoWG}$$

2）理论干/湿烟气产物的确定。单位质量燃料燃烧、脱硫剂进行煅烧、脱硫反应后产生的干烟气摩尔量为 $MoDPc$，湿烟气产物 $MoWPc$ 为 $MoDPc$ 与水分的和，计算方式见上文。需要注意的是，干湿烟气产物都不包括大气带入的 N_2。

3）理论干空气量的确定。基于实际燃烧碳份额，硫、氢、氮元素完全燃烧，并由脱硫剂煅烧反应修正后的理论空气量为 $MoThACr$（计算方法见上文）。

4）过量空气为 XpA 时的湿烟气量。包括：燃料及脱硫剂燃烧/脱硫产生的湿烟气产物 $MoWPc$、理论空气中氮气（$0.7905MoThACr$）、理论干空气携带的水气（$MoThACr \cdot MoWA$）、过量空气中的量（氧气、氮气及水气），即

$$MoWG = MoWPc + 0.7905MoThACr + MoThACr \cdot MoWA + \frac{XpA \cdot MoThACr(1 + MoWA)}{100}$$

5）过量空气中的氧气 MoO_2。也可以写作

$$MoO_2 = \frac{0.2095XpA \cdot MoThACr}{100}$$

6）把 MoO_2 和 $MoWG$ 的计算式代入氧量的定义式，以消去中间变量 MoO_2，得

$$100\frac{MoO_2}{MoWG} = \frac{0.2095XpA \cdot MoThACr}{MoWPc + 0.7905MoThACr + MoThACr \cdot MoWA + \frac{XpA \cdot MoThACr(1 + MoWA)}{100}}$$

解方程得

$$XpA = 100\frac{VpO_2[MoWPc + (0.7905 + MoWA) \cdot MoThACr]}{MoThACr[20.95 - VpO_2(1 + MoWA)]} \quad (\%)$$

（2）有 CO、NO_x 时的过量空气系数。CO 和 NO_x 的存在会影响 VpO_2 的数值，进而影响 XpA 的数值。一般情况下，它们的含量极少，可以忽略不计，但如果它们的浓度超过 10^{-3}，那就不应忽略了。本节推导有 CO、NO_x 时的过量空气系数，也可直接查阅应用式（3-125）。

先看一下两种产物生成对燃烧过程的影响方式，具体如下：

完全燃烧时有

$$2C + 2O_2 \rightarrow 2CO_2$$

不完全燃烧时有

$$2C + 2O_2 \rightarrow CO + CO_2 + \frac{1}{2}O_2$$

NO_x 的生成过程为

$$N_2 + O_2 \rightarrow NO + \frac{1}{2}N_2 + \frac{1}{2}O_2$$

由以上反应式可以看出：

1）碳元素（C）的反应。假定相同的燃烧输入（2 mol C 原子加 2 mol O_2 分子），当燃烧完全时，生成 2 mol CO_2 分子；有 CO 产生时，生成 2 mol 气体（1mol CO，1mol CO_2），同时还多 0.5 mol O_2 分子。因此，此时测量，O_2 的浓度应当比完全反应大一些。

2）对于 NO_x 的生成来说（此处认为 NO_x 以其最主要的形式 NO 存在），燃烧产物量与燃烧前输入产物量相等，但是与燃烧前相比，每生成 1 mol NO_x 分子，所需的 O_2 分子就少了 0.5 mol，即多耗费了 0.5 mol O_2 分子。

3）综合考虑这两项，与碳元素完全燃烧、没有 NO_x 生成时相比，反应所需要的 O_2 量变为

$$
\begin{aligned}
MoO_{2,\text{withCO\&NO}_x} &= MoO_2 + \frac{MoCO}{2} - \frac{MoNOx}{2} \\
&= \frac{0.2095 XpA \cdot MoThACr}{100} + \frac{MoCO}{2} - \frac{MoNOx}{2}
\end{aligned}
$$

湿烟气产物变为

$$MoWG_{\text{withCO\&NO}_x} = MoWG + \frac{MoCO}{2}$$

不完全燃烧、有 NO_x 时的测量浓度为

$$VpCO = 100 \frac{MoCO}{MoWG_{\text{withCO\&NO}_x}}$$

$$VpNOx = 100 \frac{MoNOx}{MoWG_{\text{withCO\&NO}_x}}$$

$$
\begin{aligned}
VpO_{2,\text{withCO\&NO}_x} &= 100 \frac{MoO_{2,\text{withCO\&NO}_x}}{MoWG_{\text{withCO\&NO}_x}} \\
&= 100 \frac{\dfrac{0.2095 XpA \cdot MoThACr}{100} + \dfrac{MoCO}{2} - \dfrac{MoNOx}{2}}{MoWG_{\text{withCO\&NO}_x}} \\
&= \frac{0.2095 XpA \cdot MoThACr}{MoWG_{\text{withCO\&NO}_x}} + \frac{VpCO}{2} - \frac{VpNOx}{2}
\end{aligned}
$$

完全燃烧，无 NO_x、CO 时的测量浓度为

$$VpO_2 = 100\frac{MoO_2}{MoWG} = \frac{0.2095XpA \cdot MoThACr}{MoWG}$$

把 $VpO_{2,withCO\&NO_x}$ 进一步变换为

$$VpO_{2,withCO\&NO_x} = \frac{0.2095XpA \cdot MoThACr}{MoWG}\frac{MoWG}{MoWG_{withCO\&NO_x}} + \frac{VpCO}{2} - \frac{VpNOx}{2}$$

$$= VpO_2\frac{MoWG}{MoWG_{withCO\&NO_x}} + \frac{VpCO}{2} - \frac{VpNOx}{2}$$

可得出 VpO_2 与 $VpO_{2,withCO\&NO_x}$ 的关系为

$$VpO_2 = \left(VpO_{2,withCO\&NO_x} - \frac{VpCO}{2} + \frac{VpNOx}{2}\right)\frac{MoWG_{withCO\&NO_x}}{MoWG}$$

$$= \left(VpO_{2,withCO\&NO_x} - \frac{VpCO}{2} + \frac{VpNOx}{2}\right)\left(1 - \frac{VpCO}{200}\right)$$

应注意，这里 $MoThACr$、XpA、$MoWG$、MoO_2 都是基于没有 CO 和 NO_x 的条件下计算的，而 $MoO_{2,withCO\&NO_x}$、$MoCO$、$MoNOx$ 都是基于有 CO 和 NO_x 的条件下的中间变量，$VpCO$、$VpNOx$、VpO_2 都是实测值。这样，就可以用下式计算，即

$$XpA = 100\frac{VpO_2[MoWPCr + (0.7905 + MoWA) \cdot MoThACr]}{MoThACr[20.2095 - VpO_2(1 + MoWA)]} \quad (\%)$$

以上为湿基时的算法，干基类似有

$$DVpO_2 = \left(DVpO_{2,withCO\&NO_x} - \frac{DVpCO}{2} + \frac{DVpNOx}{2}\right)\left(1 - \frac{DVpCO}{200}\right)$$

这样，就可得出有 CO、NO_x，且不忽略它们时的过量空气系数的计算方法，即

$$XpA = 100\frac{DVpO_2(MoDPc + 0.7905MoThACr)}{MoThACr(20.95 - DVpO_2)} \quad (3-125)$$

（五）干空气量 $MqDAz$

在位置 z 处之前进入锅炉的干空气量是根据该处确定的过量空气率计算而得到的，计算公式为

$$MqDAz = MqThACr\left(1 + \frac{XpAz}{100}\right) \quad (\text{lb/Btu 或 kg/J}) \quad (3-126)$$

$$MFrDAz = MFrThACr\left(1 + \frac{XpAz}{100}\right) \quad (\text{lb/lb 或 kg/kg}) \quad (3-127)$$

（六）湿空气量 $MqAz$

位置 z 处之前进入锅炉的干空气量与空气水分之和，计算公式为

$$MqAz = (1 + MFrWDA)MqDAz \quad (\text{lb/Btu 或 kg/J}) \quad (3-128)$$

$$MrAz = MqAz \cdot QrF \quad (\text{lb/h 或 kg/s}) \quad (3-129)$$

式中　QrF——燃料输入热量，Btu/h 或 W。

应注意，为确定空气预热器出口的空气质量流量（送往燃烧器），必须从锅炉或省煤器出口的过量空气率中减去估计的锅炉漏风量。

（七）空气的密度 DnA（density of air）

ASME 标准习惯用理想气体状态方程（ideal gas relationship）计算湿空气密度（lb/ft^3 或 kg/m^3），即

$$DnA = \frac{C_1(C_2Pa + pAz)}{Rk(C_3 + TAz)} \quad (3\text{-}130)$$

其中

$$Rk = \frac{R}{Mwk}$$

$$MwA = \frac{1 + MFrWA}{\dfrac{1}{28.963} + \dfrac{MFrWA}{18.015}}$$

式中 Rk——气体 k 的气体常数，单位为 $\dfrac{\text{ft} \cdot \text{lbf}}{\text{lb} \cdot \text{R}} \left(\dfrac{\text{J}}{\text{kg} \cdot \text{K}} \right)$；

R——通用摩尔气体常数，英制单位时为 1545 ft·lbf/（lb·mol·°R），国际单位时值为 8314.5J/（kg·mol·K）；

Mwk——湿空气的摩尔质量，lb/mol 或 kg/mol；

Pa——大气压（barometric pressure），Psia 或 Pa；

Paz—— z 处的空气静压，英寸水柱或 Pa；

Taz—— z 处的空气温度，℉ 或 ℃；

C_1——系数，美制单位时取 5.2023lbf/ft，国际单位时取 1.0J/m^3；

C_2——系数，美制单位时取 27.68inH$_2$O/psia，国际单位时取 1.0Pa/Pa；

C_3——0℃时的绝对温度，美制单位时取 459.7℉，国际单位时取 273.15K。

我国性能试验标准习惯用标准状态下的干空气的密度 1.293 来求解各种条件下的空气密度，本质上没有什么区别。

二、烟气总量、成分及其比例的确定

与我国性能试验标准一样，知道燃料元素分析结果和过量空气率，就可以根据化学反应之间的关系计算出某过量空气系数和烟气量，并且计算各种来源的烟气组成成分所占的份额，为锅炉效率的计算提供服务。

我国试验标准及 ASME 标准前面部分已多次提到，干烟气和湿烟气的含义略有差别。湿烟气实际上就是燃料的总烟气产物，由除去灰分、未燃碳和被脱除硫外的燃料产生的湿烟气，燃烧所需空气，燃烧空气中的水分和额外水分（如雾化蒸汽及脱硫剂带入的水分和气体）几部分组成。把湿烟气中所有水分都排除在外的部分即称为干烟气。把湿烟气与干烟气分开，主要是为了在锅炉效率计算时分清各种来源的各种组分的影响，以进一步改进效果。在我国标准中，绝大多数时候所遇到的烟气都是干烟气，如用 O$_2$ 来测量确定过量空气系数、污染物的排放量等。ASME 标准中也是以干烟气为主，但给出了湿烟气的计算公式。在计算空气预热器漏风、高温烟气净化设备的能量损失和烟气阻力损失修正时，才用到湿烟气量。除此以外，灰渣、未燃碳和脱硫灰渣等固体产物虽然被包裹在烟气中，但不包括在湿烟气质量中，除非在排烟温度修正时灰渣量较大，才考虑飞灰的影响。

1. 燃料产生的湿烟气量 $MqFgF$

ASME 标准中燃料产生的湿烟气量用 $MqFgF$（wet flue gas from fuel）表示。为了适应第一节中锅炉效率计算的要求，$MqFgF$ 用燃料高位发热量基（下同）表示，计算公式为

$$MqFgF = \frac{100 - MpAsF - MpUbC - MFrSc \cdot MpSF}{100HHVF} \quad （\text{lb/Btu 或 kg/J}） \quad （3\text{-}131）$$

式中　$MpAsF$——燃料中的灰分（AsF 表示 ash in fuel），质量百分数；

　　$MpUbC$——未燃碳，质量百分数；

　　$MFrSc$——脱硫率（mass fraction of sulfur capture），lb/lb 或 kg/kg；

　　$MpSF$——燃料中的硫分，质量百分数。

2. 燃料水分带入烟气的水蒸气量 $MqWF$、$MqWvF$

$$MqWF(MqWvF) = \frac{MpWF}{100HHVF} \quad （\text{lb/Btu 或 kg/J}） \quad （3\text{-}132）$$

式中　　$MpWF$——燃料中的水分，质量百分数；

　　$MqWF$、$MqWvF$——固体或液体燃料、气体燃料中水分带入的水分。

一般而言气体燃料中的水蒸气是过热蒸汽，不包含汽化潜热，因而在用反平衡计算损失时，气体燃料的水蒸气（$MqWvF$，Water vapor from fuel）必须单独计及，以把它们与其他来源的液态水区分开来。

3. 燃料中氢燃烧产生的水 $MqWH_2F$

$$MqWH_2F = \frac{8.937MpH_2F}{100HHVF} \quad （\text{lb/Btu 或 kg/J}） \quad （3\text{-}133）$$

4. 脱硫剂产生的气体 $MqCO_2Sb$

$$MqCO_2Sb = \frac{MFrCO_2Sb}{HHVF} \quad （\text{lb/Btu 或 kg/J}） \quad （3\text{-}134）$$

5. 脱硫剂产生的水 $MqWSb$

$$MqWSb = \frac{MFrWSb}{HHVF} \quad （\text{lb/Btu 或 kg/J}） \quad （3\text{-}135）$$

6. 空气中的水分 $MqWAz$

空气中的水分 $MqWAz$（moisture in air）与过量空气率成比例，某处空气中所含的水分通过确定该处过量空气率和空气量后计算得到，即

$$MqWAz = MFrWDA \cdot MqDAz \quad （\text{lb/Btu 或 kg/J}） \quad （3\text{-}136）$$

7. 烟气中的额外水分 $MqWAdz$

烟气中的额外水分 $MqWAdz$ 考虑了以上未计及的、加入烟气中的所有其他水分，其典型来源为雾化蒸汽和吹灰蒸汽。一般可以基于质量流量测定，得出 $MrWAdz$ 为 "××t/h" 的结果，需要把它换算为单位质量燃料的额外水分质量，以用于化学当量计算，换算方法为

$$MFrWAdz = \frac{MrStz}{MrF} \quad （\text{lb/lb 或 kg/kg}） \quad （3\text{-}137）$$

$$MqWdz = \frac{MFrWAdz}{HHVF} \quad （\text{lb/Btu 或 kg/J}） \quad （3\text{-}138）$$

式中　$MrStz$——位置 z 处上游进入锅炉的额外水分测量值之和，lb/h。

在计算烟气质量流量时，炉膛湿渣池蒸发的水分很少，在本计算中忽略不计。

8. 烟气中的总水分 $MqWFgz$

在任一位置 z 处的总水分为下列各项之和，即

$$MqWFgz=MqWF+MqWvF+MqWH_2F+MqWSb+$$
$$MqWAz+MqWAdz \text{（lb/Btu 或 kg/J）} \tag{3-139}$$

9. 湿烟气总质量 $MqFgz$

任一位置 z 处的湿烟气总质量为干空气量、空气中的水分、燃料产生的湿烟气、脱硫剂产生的气体、脱硫剂带入的水分，以及其他额外水分质量之和，即

$$MqFgz=MqDAz+MqWAz+MqFgF+MqCO_2Sb+$$
$$MqWSb+MqWAdz \text{（lb/Btu 或 kg/J）} \tag{3-140}$$

需要注意的是，$MqFgz$ 中并没有出现 $MqWF$、$MqWvF$、$MqWH_2F$ 这三项，原因在于 $MgFgF$ 计算的是燃料中除灰分、未燃碳和脱硫剂固定的硫分之外的所有物质，包括燃料水分、氢元素在内，因此不能再重复计算。

任一位置 z 处湿烟气质量流量由式（3-141）计算，即

$$MrFgz=MqFgz \cdot QrF=MqFgz \cdot MrF \cdot HHVF \text{（lb/h 或 kg/s）} \tag{3-141}$$

10. 干烟气质量 $MqDFgz$

干烟气质量为湿烟气质量与总水分质量之差，即

$$MqDFgz \quad MqFgz-MqWFgz \text{（lb/Btu 或 kg/J）} \tag{3-142}$$

11. 烟气中水分的质量百分数 $MpWFgz$

$$MpWFgz = 100\frac{MqWFgz}{MqFgz} \text{（%）} \tag{3-143}$$

12. 烟气中固体灰渣 $MpRsFgz$

烟气中的固体物质增加了烟气的焓。如果灰渣质量超过 15 lb/MBtu 燃料输入热量，或采用脱硫剂时，烟气中的固体物质应计及，即

$$MpRsFgz = \frac{MpRsz \cdot MFrRs}{MqRsz \cdot HHVF} \text{（%）} \tag{3-144}$$

式中　$MpRsz$——位置 z 处烟气中全部灰渣（固体）的百分数，湿基。

三、烟气组成成分的确定（为计算焓值、密度等做准备）

（一）干基条件下的确定方法

干基条件下，由氧量、元素分析成分等数据测得过量空气率为 XpA 后，即可计算出烟气各组分比例（%），有

$$DVpO_2 = \frac{XpA \cdot MoThACr \cdot 0.2095}{MoDFg} \tag{3-145}$$

$$DVpCO_2 = \frac{\dfrac{MpCb}{12.011}+100MoCO_2Sb}{MoDFg} \tag{3-146}$$

221

$$DVpSO_2 = \frac{\dfrac{MpSF}{32.065}(1 - MFrSc)}{MoDFg} \tag{3-147}$$

$$DVpN_2F = \frac{\dfrac{MpN_2F}{28.0134}}{MoDFg} \tag{3-148}$$

$$DVpN_2a = 100 - DVpO_2 - DVpCO_2 - DVpSO_2 - DVpN_2F \tag{3-149}$$

$$MoDFg = MoDPc + MoThACr\left(0.7905 + \frac{XpA}{100}\right) \tag{3-150}$$

式中　$DVpCO_2$——干烟气中 CO_2 的体积百分数，注意，如果与奥氏分析仪的结果比较，
　　　　　　　则必须加入 $DVpSO_2$；

　　　　$DVpSO_2$——干烟气中 SO_2 的体积百分数；

　　　　$DVpN_2F$——干烟气中来自燃料的 N_2 的体积百分数（该项与空气中带入的大气
　　　　　　　N_2 是分开处理的，注意两者在技术上的差别），因为燃料中 N_2 的含量
　　　　　　　与空气中 N_2 的含量相比是微乎其微的，所以这一项通常可以省略；

　　　　$DVpN_2a$——烟气中大气 N_2 容积百分数；

　　　　$MoDFg$——lb 入炉燃料产生的干烟气的摩尔数。

（二）湿基条件下的确定方法

与干基条件下类似，也需先测得过量空气率 XpA，进而计算烟气各组分比例（%），即

$$VpO_2 = \frac{XpA \cdot MoThACr \cdot 0.2095}{MoFg} \tag{3-151}$$

$$VpCO_2 = \frac{\dfrac{MpCb}{12.011} + 100MoCO_2Sb}{MoFg} \tag{3-152}$$

$$VpSO_2 = \frac{\dfrac{MpSF}{32.065}(1 - MFrSc)}{MoFg} \tag{3-153}$$

$$VpH_2O = \frac{\dfrac{MpH_2F}{2.0159} + \dfrac{MpH_2OF}{18.0153} + \dfrac{MFrWAdz}{0.180153} + 100MoWSb + (100 + XpA)MoThACr \cdot MoWA}{MoFg}$$
$$\tag{3-154}$$

$$VpN_2F = \frac{MpN_2F}{28.0134 \cdot MoFg} \tag{3-155}$$

$$VpN_2a = 100 - VpO_2 - VpCO_2 - VpSO_2 - VpH_2O - VpN_2F \tag{3-156}$$

$$MoFg = MoWPc + MoThACr\left[0.7905 + MoWA + \frac{XpA}{100}(1 + MoWA)\right] \tag{3-157}$$

式中　　　　　　　$MoFg$——单位质量入炉燃料产生的湿烟气摩尔数（mole of
　　　　　　　　　　　wet gas per lb or kg fuel as-fired）；

VpO_2、$VpCO_2$、$VpSO_2$、VpH_2O——湿烟气中 O_2、CO_2、SO_2、H_2O 的体积百分数，%；

VpN_2F、VpN_2a ——湿烟气中燃料 N_2、大气 N_2 的体积百分数，%。

（三）湿烟气的密度

与空气密度［式（3-130）］的确定方法类似，湿烟气的密度 $DnFg$ 由理想气体状态方程计算，公式为

$$DnFgz = \frac{C_1(C_2 \cdot Pa + PFgz)}{Rk(C_3 + TFgz)} \quad (\text{lb/ft}^3 \text{ 或 kg/m}^3) \tag{3-158}$$

式中　Rk ——烟气的理想气体状态常数，通过理想气体的通用摩尔气体常数 R［1545 ft·lbf/（lb·mol·°R），或 8314.5J/（kg·mol·K）］与烟气的摩尔质量计算得到，$Rk=R/MwFg$，$MwFg$ 为湿烟气的摩尔质量，lb/mol 或 kg/mol；

Pa ——大气压力值，psia 或 Pa；

$PFgz$ ——位置 z 处烟气静压，psia 或 Pa；

$TFgz$ ——位置 z 处烟气温度，℉ 或 ℃；

C_1 ——系数，美制单位时取 5.2023lbf/ft，国际单位时取 1.0J/m³；

C_2 ——系数，美制单位时取 27.68inH$_2$O/psia，国际单位时取 1.0Pa/Pa；

C_3 ——0℃时的绝对温度，美制单位时取 459.7℉，国际单位时取 273.15K。

湿烟气的摩尔质量由各烟气成分摩尔质量的体积百分数加权平均计算。当烟气成分已经以湿基计算时，湿烟气的摩尔质量计算较为简单，即

$MwFg=0.31999VpO_2+0.4401VpCO_2+0.64063VpSO_2+$

　　$0.28013VpN_2\text{F}+0.28158VpN_2a+0.18015VpH_2O$（lb/mol 或 kg/mol）　　（3-159）

而当烟气成分已经以干燥基计算时，湿烟气的摩尔质量计算较为复杂，需要先计算出干基水分，即

$$DVpH_2O = 100\frac{MoFg - MoDFg}{MoDFg}$$

进而按式（3-160）计算出干烟气的摩尔质量，即

$MwDFg=0.31999DVpO_2+0.4401DVpCO_2+0.64063DVpSO_2+$

　　$0.28013DVpN_2\text{F}+0.28158DVpN_2a$（lb/mol 或 kg/mol）　　（3-160）

最后再转化为湿烟气的摩尔质量，即

$$MwFg = (MwDFg + 0.18015DVpH_2O)\frac{MoDFg}{MoFg} \quad (\text{lb/mol 或 kg/mol})$$

第四节　ASME 标准中焓值的确定

ASME 标准的一个显著特点是：通过设置一个虚拟的基准温度，试验用此基准温度把进、出系统边界的显热（物质流）分为损失与带入的热量两部分。除了以水的形式进入锅炉、以蒸汽的形式离开锅炉的水蒸气（steam，要注意与另一种水蒸气"water vapor"的区别）外，其他所有物质流的焓值都以 77℉（25℃）为基准，同时煤质化验时初温、最终温度也取该参考温度。这样，就可以很好地把试验基准、化验基准与计算基准统一

起来。

一、单位质量物质的焓与平均比热容

1. 组分稳定的物质的焓值的确定

ASME 标准根据 JANAF/NASA 技术，提供了基准温度 Tp 为 77℉（25℃）条件下，众多物质的焓-温度曲线拟合关联式，可以非常方便地编写计算机程序进行计算，其通用形式为

$$Hk=C_0+C_1TK+C_2TK^2+C_3TK^3+C_4TK^4+C_5TK^5 \tag{3-161}$$

式中　Hk——组分的焓，Btu/lb；

　　　　TK——绝对温度，K。

各种成分相对稳定的气体计算焓值的 5 阶拟合公式系数见表 3-2。

表 3-2　　　　　　　各种成分相对稳定气体计算焓值的 5 阶拟合公式系数

气体	系数	255≤TK≤1000	TK>1000	气体	系数	255≤TK≤1000	TK>1000
O_2	C_0	−0.1189196E+03	−0.1338989E+03	燃料 N_2	C_0	−0.1358927E+03	−0.1136756E+03
	C_1	+0.4229519E+00	+0.4037813E+00		C_1	+0.4729994E+00	+0.3643229E+00
	C_2	−0.1689791E−03	+0.4183627E−04		C_2	−0.9077623E−04	+0.1022894E−03
	C_3	+0.3707174E−06	−0.7385320E−08		C_3	+0.1220262E−06	−0.2678704E−07
	C_4	−0.2743949E−09	+0.9431348E−12		C_4	−0.3839777E−10	+0.3652123E−11
	C_5	+0.7384742E−13	−0.5344839E−16		C_5	−0.3563612E−15	−0.1993357E−15
大气中 N_2	C_0	−0.1347230E+03	−0.1129166E+03	CO_2	C_0	−0.8531619E+02	−0.1327750E+03
	C_1	+0.4687224E+00	+0.3620126E+00		C_1	+0.1951278E+00	+0.3625601E+00
	C_2	−0.8899319E−04	+0.1006234E−03		C_2	+0.3549806E−03	+0.1259048E−03
	C_3	+0.1198239E−06	−0.2635113E−07		C_3	−0.1790011E−06	−0.3357431E−07
	C_4	−0.3771498E−10	+0.3592720E−11		C_4	+0.4068285E−10	+0.4620859E−11
	C_5	−0.3502640E−15	−0.1960935E−15		C_5	+0.1028543E−16	−0.2523802E−15
A_r	C_0	−0.6674373E+02	−0.6674374E+02	SO_2	C_0	−0.6741655E+02	−0.1037132E+03
	C_1	+0.2238471E+00	+0.2238471E+00		C_1	+0.1823844E+00;	+0.2928581E+00
	C_2	+0.0000000E+00	+0.0000000E+00		C_2	+0.1486249E−03	+0.5500845E−04
	C_3	+0.0000000E+00	+0.0000000E+00		C_3	+0.1273719E−07	−0.1495906E−07
	C_4	+0.0000000E+00	+0.0000000E+00		C_4	−0.7371521E−10	+0.2114717E−11
	C_5	+0.0000000E+00	+0.0000000E+00		C_5	+0.2857647E−13	−0.1178996E−15
H_2	C_0	−0.1734027E+04	−0.1529504E+04	CO	C_0	−0.1357404E+03	−0.1215554E+03
	C_1	+0.5222199E+01	+0.5421950E+01		C_1	+0.4737722E+00	+0.3810603E+00
	C_2	+0.3088671E−02	+0.5299891E−03		C_2	−0.1033779E−03	+0.9508019E−04
	C_3	−0.4596273E−05	−0.9905053E−09		C_3	+0.1571692E−06	−0.2464562E−07
	C_4	+0.3326715E−08	−0.9424918E−11		C_4	−0.6486965E−10	+0.3308845E−11
	C_5	−0.8943708E−12	+0.8940907E−15		C_5	+0.6117598E−14	−0.1771265E−15

气体	系数	$255 \leqslant TK \leqslant 1000$	$TK > 1000$	气体	系数	$255 \leqslant TK \leqslant 1000$	$TK > 1000$
H_2S	C_0	−0.1243482E+03	−0.1001462E+03	干空气	C_0	−0.1310658E+03	−0.1177723E+03
	C_1	+0.4127238E+00	+0.2881275E+00		C_1	+0.4581304E+00	+0.3716786E+00
	C_2	−0.2637594E−04	+0.2121929E−03		C_2	−0.1075033E−03	+0.8701906E−04
	C_3	+0.1606824E−06	−0.5382326E−07		C_3	+0.1778848E−06	−0.2196213E−07
	C_4	−0.8345901E−10	+0.7221044E−11		C_4	−0.9248664E−10	+0.2979562E−11
	C_5	−0.1395865E−13	−0.3902708E−15		C_5	+0.16820314E−13	−0.1630831E−15
水蒸气（water vapor）	C_0	−0.2394034E+03	−0.1573460E+03	标准干烟气	C_0	−0.1231899E+03	−0.1180095E+03
	C_1	+0.8274589E+00	+0.5229877E+00		C_1	+0.4065568E+00	+0.3635095E+00
	C_2	−0.1797539E−03	+0.3089591E−03		C_2	+0.5795050E−05	+0.1039228E−03
	C_3	+0.3934614E−06	−0.5974861E−07		C_3	+0.6331121E−07	−0.2721820E−07
	C_4	−0.2415873E−09	+0.6290515E−11		C_4	−0.2924434E−10	+0.3718257E−11
	C_5	+0.6069264E−13	−0.2746500E−15		C_5	+0.2491009E−14	−0.2030596E−15

所谓标准干烟气，是指烟气成分为 15.3% 的 CO_2、3.5% 的 O_2、0.1% 的 SO_2、81.1% 的 N_2（容积百分数）的烟气。因为烟气中 N_2 是主要成分，所以矿物燃料中干烟气的焓变化不大。对煤来说，N_2 约为 80%；对天然气，N_2 比例则约为 88%，其主要区别是 CO_2 和 SO_2，两者具有相似的比热容特性，并与大气中 N_2 区别不大。因此，对典型的碳氢化合物燃料，在不高于 300% 的过量空气率下燃烧时，用上述系数计算足够准确。

ASME 标准还提供了 SiO_2 的基于 77℉（25℃），可应用于 0～2000℉（20～1100℃）的温度范围的焓值计算系数，见表 3-3。

表 3-3　　　　　　　　　　SiO_2 焓值的 5 阶拟合公式系数

系数	$255 \leqslant TK \leqslant 1000$	$TK > 1000$	系数	$255 \leqslant TK \leqslant 1000$	$TK > 1000$
C_0	−0.3230338E+02	+0.1822637E+02	C_3	−0.2598230E−05	−0.1984149E−06
C_1	−0.2431404E+00	+0.3606155E−01	C_4	+0.2054892E−08	+0.4839543E−10
C_2	+0.1787701E−02	+0.4325735E−03	C_5	−0.6366886E−12	−0.4614088E−14

计算混合气体的焓值的各个系数，可用以上气体焓值的系数，由气体混合物组成成分的质量份额 $MFrk$ 加权平均计算得到，即

$$Cf_{i,\mathrm{mix}} = \sum MFr_k Cf_{ik}$$

式中　$Cf_{i,\mathrm{mix}}$——混合气体的第 i 个系数；

$\quad\quad Cf_{ik}$——组分 k 的第 i 个系数。

2. 组分不稳定混合气体物质焓值的确定

与干空气、干烟气这些成分固定的混合气体不同，很多气体成分，如湿空气、人工合成气体等非常规燃料及大多数氧化剂不是空气的燃烧产物，变化范围较宽，由于组分不固定，因此没有固定的系数，计算时可按上述方法动态地计算各个系数。更好的处理方式是，先计算出各个组分所具有的焓值，再按质量比例计算加权平均值。典型的物性

计算方法如下。

（1）湿空气焓是干空气与空气中水蒸气的混合物，因而湿空气焓实际上是干空气的焓与其所携带的水蒸气焓的和，即

$$HA=（1-MFrWA）HDA+MFrWA \cdot HWv（Btu/lb 或 J/kg）\tag{3-162}$$

其中
$$MFrWA = \frac{MFrWDA}{1+MFrWDA}（lb/lb 或 kg/kg）$$

式中　HDA、HA——干、湿空气焓，Btu/lb 或 J/kg；

$\quad\quad\quad HWv$——水蒸气焓，注意是"water vapor"而不是"steam"的焓，Btu/lb 或 J/kg；

$\quad\quad MFrWA$——湿空气中水蒸气的质量份额，lb/lb 或 kg/kg；

$\quad\quad MFrWDA$——干空气中水蒸气的质量份额，即绝对湿度，这是表示空气中水分的标准方法，见式（3-111），lb/lb 或 kg/kg。

（2）湿烟气由燃烧生成的干烟气、水蒸气及携带的固体灰渣组成，因此湿烟气焓综合了所有这些组分的焓，即

$$HFg = (1-MFrWFg)HDFg + MFrWFg \cdot HWv + MFrRsFg \cdot HRs （Btu/lb 或 J/kg）\tag{3-163}$$

式中　$HDFg$、HFg——干、湿烟气焓，Btu/lb 或 J/kg；

$\quad\quad\quad HRs$——灰渣焓，Btu/lb 或 J/kg；

$\quad\quad MFrWFg$——湿烟气中水蒸气的质量份额，lb/lb 或 kg/kg；

$\quad\quad MFrRsFg$——湿烟气中灰渣的质量份额，如果包括脱硫剂在内的灰分少于 15 lb/MBtu 输入，即折算灰分 $10000MpAsF/HHVF<15$ 时，灰渣的物理显热可以忽略，lb/lb 或 kg/kg。

（3）灰渣由多种复杂的成分组成，如果采用脱硫剂，则灰渣中还包含脱硫产物。精确计算灰渣焓的方法是确定或估计灰渣中的主要成分，并采用每一组分的焓值按质量加权平均。但考虑到计算简便性，以及与测量灰渣质量流量的误差相比，灰渣焓计算的误差对能量平衡计算的影响不大，因此，ASME 标准计算灰渣流时，把它们都当作 SiO_2。

（4）煤的焓值基于煤的工业分析成分，是根据 N.Y.Kirov 的关联式，利用原始的比热容方程得到的，基准温度为 77℉（25℃）。其中，固定碳的多项式进行了简化，灰焓仍由 SiO_2 的数据得到，与上文中灰渣焓一致，即

固定碳的焓　$\quad\quad HFc=0.152TF+1.95E^{-4}TF^2-12.86 \tag{3-164}$

一次挥发分焓　$\quad HVm_1=0.38TF+2.25E^{-4}TF^2-30.594 \tag{3-165}$

二次挥发分焓　$\quad HVm_2=0.70TF+1.70E^{-4}TF^2-54.908 \tag{3-166}$

灰渣焓　$\quad\quad\quad HRs=0.17TF+0.8E^{-4}TF^2-13.564 \tag{3-167}$

水焓　$\quad\quad\quad\quad HW=TF-77 \tag{3-168}$

煤的焓为各组成成分质量加权平均值（不能用于结冻煤或温度高于发生煤热解温度煤焓值的计算），其计算公式为

$$HCoaL=MFrFc \cdot HFc+MFrVm_1 \cdot HVm_1+MFrVm_2 \cdot HVm_2+$$
$$MFrWF \cdot HW+MFrAsF \cdot HRs \tag{3-169}$$

其中
$$MFrVm=MFrVm_1+MFrVm_2$$

式中　*MFrFc* ——固定碳含量，lb /lb；

　　　MFrAsF——灰含量，lb /lb；

　　　MFrWF ——水含量，lb /lb；

　　　MFrVm ——挥发分份额，包括一次挥发分 $MFrVm_1$ 和二次挥发分 $MFrVm_2$，lb/lb；

　MFrVmCr ——无灰无水基挥发分的质量含量，判断煤种所用的指标，与我国标准中的 V_{daf} 含义相同，只是 V_{daf} 用百分比表示，lb/lb；

　　　TF ——温度，℉。

对于无烟煤来说，干燥无灰基挥发分 $MFrVmCr \leqslant 0.10$，则只有二次挥发分，即 $MFrVm = MFrVm_2$；对于贫煤及以上煤种，干燥无灰基挥发分 $MFrVmCr > 0.10$，则有一、二次挥发分之分，二次挥发分为 $MFrVm_2 = 0.1(1 - MFrAsF - MFrWF)$，其余为一次挥发分。

3. 一些焓值计算的简化公式

（1）灰渣焓简化公式。温度输入为美制单位℉时，灰渣焓可用式（3-170）计算，即

$$HRs = 0.16TF + 1.09E^{-4}TF^2 - 2.843E^{-8}TF^3 - 12.95 \text{（Btu/lb）} \tag{3-170}$$

（2）水蒸气（water vapor，汽进汽出，下标为 *Wv*）的焓。基于 1psia 压力下，当温度输入为美制单位℉时，水蒸气焓也可用简化式（3-171）计算，在 0~1000℉（-20~540℃）的温度范围内，其结果误差不超过 JANAF 数值的 0.3%。计算式为

$$HWv = 0.4408TF + 2.381E^{-5}TF^2 + 9.638E^{-9}TF^3 - 34.1 \text{（Btu/lb）} \tag{3-171}$$

（3）在 1psia 下的蒸汽焓（steam，水进汽出，下标为 *St*）。在 1psia 下的蒸汽焓是用来确定以液态形式进入锅炉边界和汽态形式随烟气离开锅炉边界的水的焓。焓值按简化式（3-172）计算，在温度 200~1000℉（95~540℃）的范围内可替代 ASME 水蒸气表。计算式为

$$HSt = 0.4329TF + 3.958E^{-5}TF^2 + 1062.2 \text{（Btu/lb）} \tag{3-172}$$

$$HW = TF - 32 \text{（Btu/lb）} \tag{3-173}$$

以上两式中，*HSt*、*HW* 的基准温度均为 32℉（0℃），与 IAPWS–IF97 公式一致，计算值也相差很小。

（4）燃料油的焓为 API 重度的函数，计算公式为

$$HFo = -30.016 - 0.11426API + 0.373T + 0.00143API \cdot T + (0.0002184 + 7E^{-7}API)T^2 \tag{3-174}$$

式中　*HFo* ——燃料油的焓，Btu/lb；

　　　T ——温度，℉；

　　　API——API 重度，°API。

重度与密度类似，表示单位体积的物质所具有的重量，单位是 N/m^3。由于重量为质量与重力加速度 *g* 的乘积，而 *g* 随地区和高度不同而变化，因此重度并不像密度那样稳定，国际标准体系中更习惯用密度。*API* 重度表示油品在 60℉（16℃）条件下的重度，由美国石油学会倡导，在化工界广泛使用，由式 $API = \dfrac{141.5}{Sg} - 131.5$ 计算。*Sg* 为相同温度下燃料油的比重（specific gravities），也称相对密度。固体和液体的比重表示该物质的

密度与在标准大气压下、3.98℃时纯 H_2O 密度（999.972 kg/m³）的比值。因此，比重可以由密度计算而来，燃料油的比重用式 $Sg=Dn/62.4$ 计算（Dn 为密度，英制单位为 lb/ft³）。

在很多书籍中，比重、重度、密度不分。此外，气体的比重是指该气体的密度与标准状况下空气密度的比值，与固体与液体的比重定义略有差别，应引起注意。

（5）天然气的焓。式（3-175）由 JANAF/NASA 对典型天然气燃料分析数据（即 90% 的 CH_4，5% 的 CO_2，5% 的 N_2）得到，适用温度范围为 0～500℉。天然气通常接近基准温度 77℉（25℃），因此，采用该式计算输入焓对效率计算是足够准确的。对以较高温度输入锅炉系统的合成气体燃料，其焓值的计算应基于该气体的实际组成，即

$$HGF = 0.4693T + 0.17523\text{E}^{-3}T^2 + 0.4326\text{E}^{-7}T^3 - 37.2 \text{（Btu/lb）} \tag{3-175}$$

（6）石灰石脱硫剂的焓。基于 JANAF/NASA 的 $CaCO_3$ 数据，并结合水分的修正，在 0～200℉ 温度范围内有效，计算式为

$$HSb = (1 - MFrH_2OSb)HCc + MFrH_2OSb(TF - 77) \text{（Btu/lb）} \tag{3-176}$$

$$HCc = 0.179TF + 0.1128\text{E}^{-3}TF^2 - 14.45 \text{（Btu/lb）} \tag{3-177}$$

式中　$MFrH_2OSb$——脱硫剂中水分含量，lb/lb。

4. 平均比热容的确定方法

确定气体物质焓最简单易行的方法是测量温度和压力，但在一定的压力范围和同时远离物质本身的相变点的温度范围内，焓与温度呈简单的接近线性的函数关系，可当作理想气体对待。固体物质、液体的焓随压力的变化不大。在锅炉微负压运行的条件下，烟气中各组成成分变化范围不大（分压力变化范围更小），可以忽略压力的影响。因此除了水蒸气以外，通常情况下均采用比热容和温差来求取物质流的焓变化，即

$$Hn-Hp=MnCp_k（Tn-Tp） \tag{3-178}$$

式中　$MnCp_k$——Tn、Tp 两温度间的平均比热容(the mean specific heat between Tp and Tn)。

比热容和焓均不是温度的线性函数，但可由以下关系表示，即

$$Hn - Hp = \int_{Tp}^{Tn} Cp_k(T)\mathrm{d}T \tag{3-179}$$

Cp_k 表示物质的瞬态比热容，忽略压力后它就仅是温度的函数，这样便可得到平均比热容的计算公式为

$$MnCp = \frac{H(Tn) - H(Tp)}{Tn - Tp} \tag{3-180}$$

手算时平均比热容值也可以基于温度平均值计算，平均温度为 $TMn=（Tn+Tp）/2$。但应注意，由于比热容通常是非线性的，所以 $MnCp_k$ 不等于 TMn 温度下的比热容，只有在两个温度点范围变化不大的情况下，二者的差别才很小。ASME 标准还提供了曲线图用于手算，可计算空气焓、烟气焓、水蒸气焓和灰渣焓。这些焓值曲线拟合关联式均采用美制单位 Btu/lb，将结果乘以 2326 后可转化为 J/kg。

为了手算方便，ASME 标准提供了干空气、水蒸气、干烟气和灰渣的比热容曲线，如图 3-10～图 3-13 所示。这些曲线给出了对应组分在所求温度与 77°F（25℃）之间的平均比热容，分辨率可达到计算结果与 JANAF/NASA 拟合公式的差别在 0.1Btu/lb 内。对某些需要计算在某一温度下瞬时比热容（在很小温度范围内的近似平均比热容），如计算修正的空气预热器出口烟气温度，可由平均比热容曲线得到瞬时比热容，即按某一温度 $Tc=2T-77$（°F）在曲线上查取对应平均比热容。例如要计算 300°F 的瞬时比热容，只要查曲线上 523°F 温度对应的平均比热容即可。需要注意的是，JANAF/NASA 拟合公式的计算结果为焓，下列曲线是平均比热容，应将平均比热容乘以该温度 T（°F）与 77°F 的差值，计算得到该组分的焓值后，才可以与 JANAF/NASA 拟合公式计算所得的结果进行比较。用比热容计算焓值的公式为

$$Hk = MnCp_k(T-77)\ \text{（Btu/lb）} \tag{3-181}$$

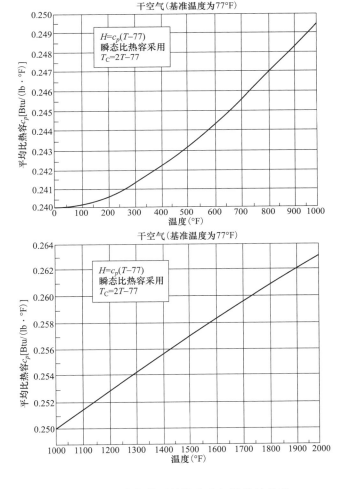

图 3-10　干空气的平均比热容与温度的关系

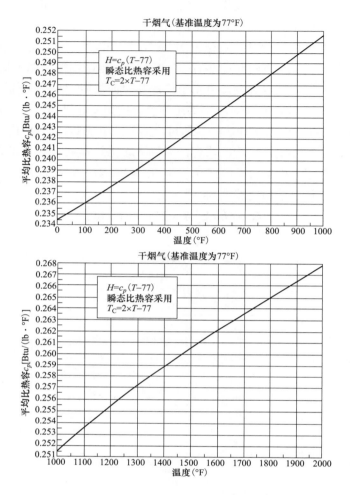

图 3-11　干烟气的平均比热容与温度的关系

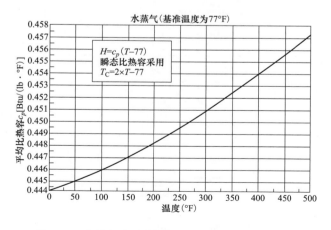

图 3-12　水蒸气的平均比热容与温度的关系（一）

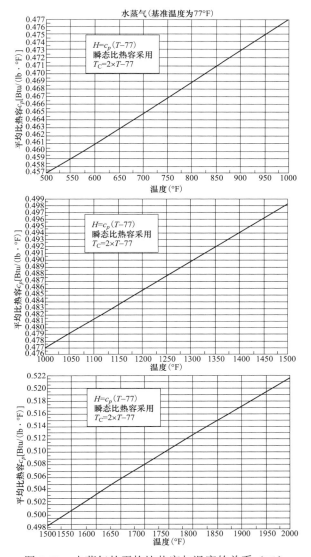

图 3-12　水蒸气的平均比热容与温度的关系（二）

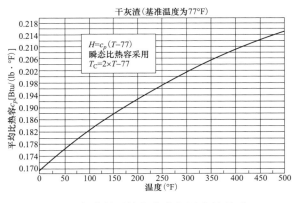

图 3-13　干灰渣的平均比热容与温度的关系（一）

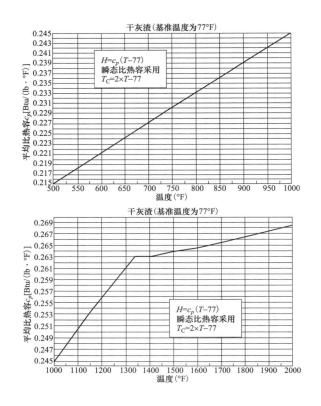

图 3-13　干灰渣的平均比热容与温度的关系（二）

二、单位燃料产生的烟气的焓

本章第一节第三部分中介绍了 ASME 标准中的各组分焓值的确定，但该焓值是基于单位质量，即 1lb 的物质（如 1lb 的 CO_2）的焓。而在锅炉效率试验中，往往要计算基于单位质量燃料的烟气焓（即 $HFr×××$）或基于单位发热量的烟气焓（即 $Hq×××$）。ASME 标准没有给出具体计算方法，这里作一补充。

从以上论述可知，ASME 标准虽然在确定烟气量时，采用了单位质量燃料（或单位发热量）的烟气产物的质量，但在表示烟气组分时却仍使用容积百分比（摩尔比），而没有采用质量百分比。每种组分的焓值计算公式均基于质量，这样就给单位质量燃料产生烟气的焓的计算带来了一些困难，需要把烟气中用容积百分比表示的烟气组分转化为质量百分比，才可以使用第一节中提供的焓值公式进行加权计算。

ASME 标准在这个转化过程中使用的是摩尔质量转化方法。其思路为：先通过化学反应当量关系求出单位质量燃料产生的烟气摩尔质量［式（3-159）或式（3-160）］，然后用烟气中各组分的摩尔比乘以各对应的摩尔质量，再除以烟气的摩尔质量，即得到各组分的质量百分比后，就可以得到单位质量燃料产生的烟气焓值了。计算公式为

$$单位质量燃料产生的干烟气焓\ HFrDFg = \sum \frac{Mwk \cdot Hk(T) \cdot DVpk}{100MwDFg} \tag{3-182}$$

单位质量燃料产生的湿烟气焓 $HFrFg = \sum \dfrac{Mwk \cdot Hk(T) \cdot Vpk}{100MwFg}$ （3-183）

式中　　　Mwk——第 k 种烟气成分的摩尔质量；

　　　　　Hk——单位质量第 k 种烟气成分时所具有的焓值，Btu 或 kJ；

　　Vpk、$DVpk$——第 k 种烟气成分的湿基与干基的体积比，%；

$MwFg$、$MwDFg$——第 k 种烟气成分的摩尔质量。

三、计算示例

为帮助读者理解 ASME 标准与我国性能试验标准的异同，同时指导读者熟悉 ASME 标准的计算，本书以某 330MW 锅炉（未投脱硫剂）的性能试验为例给出示例，如表 3-4 所示。需要注意的是，限于本书篇幅及考虑到实际工作中的简单实用，试验时有多个微小项经过了简化，同时发热量根据用户的要求使用低位发热量，如果实际工作中有其他要求，可根据具体情况增加测试内容。

表 3-4　按 ASME PTC 4—2013 标准锅炉热效率计算示例及其与 GB/T 10184—2015 的差异

项目	符号		单位		锅炉效率计算	
	GB/T 10184—2015	ASME PTC 4—2013	GB/T 10184—2015	ASME PTC 4—2013	GB/T 10184—2015	ASME PTC 4—2013
收到基灰分	$w_{as,ar}$	$MpAsF$	%	%	12.69	12.69
收到基全水分	$w_{m,ar}$	MpH_2OF	%	%	11.2	11.2
收到基挥发分	$w_{v,ar}$	$MpVF$	%	%	27.6	27.6
收到基含碳量	$w_{C,ar}$	$MpCF$	%	%	61.48	61.48
收到基燃尽碳量	$w_{c,b}$	$MpCb$	%	%	61.40	61.40
收到基含氢量	$w_{H,ar}$	MpH_2F	%	%	3.67	3.67
收到基含氧量	$w_{O,ar}$	MpO_2F	%	%	9.36	9.36
收到基含硫量	$w_{S,ar}$	$MpSF$	%	%	0.55	0.55
收到基含氮量	$w_{N,ar}$	MpN_2F	%	%	1.06	1.06
收到基高位发热量	—	$HHVF$	kJ/kg	kJ/kg	24580	24580
收到基低位发热量	$Q_{net,ar}$	$LHVF$	kJ/kg	kJ/kg	23570	23570
理论干空气量	$V_{a,d,th,cr}$	$MFrThACr$	m³/kg（标准状态）	kg/kg	6.1295	—
理论干空气量	—	$MoThACr$	m³/kg	kmol/kg	—	0.274
大气参数						
大气压力	p_{at}	Pa	Pa	Pa	89000	89000
空气相对湿度	$h_{a,re}$	$RHMz$	%	%	32.4	32.4
送风机入口温度	t_a	Ta	℃	℃	0.2	0.2
空气绝对湿度	$h_{a,ab}$	$MFrWDA$	kg/kg	kg/kg	1.41E-03	1.41E-03

续表

项目	符号		单位		锅炉效率计算	
	GB/T 10184—2015	ASME PTC 4—2013	GB/T 10184—2015	ASME PTC 4—2013	GB/T 10184—2015	ASME PTC 4—2013
灰渣分析						
飞灰中含碳量	$w_{c,as}$	$MpCFly$	%	%	0.64	0.64
飞灰质量份额	w_{as}	$MpAsFly$	%	%	90	90
大渣中含碳量	$w_{c,s}$	$MpCSlg$	%	%	0.47	0.47
大渣质量份额	w_s	$MpAsSlg$	%	%	10	10
总灰量	$w_{as,ar}$	$MFrRs$	kg/kg	kg/kg	0.13	0.13
灰渣样本平均含碳量	$w_{c,rs,m}$	$MnMpCRs$	%	%	0.62	0.62
收到基实际燃碳量	$w_{c,b}$	$MpCb$	%	%	61.40	61.40
锅炉运行参数						
燃料流量	$q_{m,f}$	MrF	t/h	t/h	123.4	123.4
一次风量	$q_{m,a,p}$	—	t/h	—	300	—
二次风量	$q_{m,a,s}$	—	t/h	—	1000	—
排烟烟气成分及计算（ASME 项数值基于高位发热量计算）						
单位发热量湿烟气量	—	$MqFgF$	—	kg/MJ	—	3.54E-02
单位发热量空气中带入的水分	—	$MqWA$	—	kg/MJ	—	6.02E-04
单位发热量燃料干空气量	—	$MqDA$	—	kg/MJ	—	4.27E-01
单位发热量燃料中的水分	—	$MqWF$	—	kg/MJ	—	4.54E-03
燃料中氢元素燃料生成的水分	—	$MqWH_2F$	—	kg/MJ	—	1.33E-02
烟气中含氧量/干基	$\varphi_{O2,fg,d}$	$DVpO_2$	%	%	5.23	5.23
烟气中 CO_2 含量/干基	$\varphi_{CO2,fg,d}$	$DVpCO_2$	—	%	14.28	14.28
烟气中 CO 含量/干基	$\varphi_{CO,fg,d}$	$DVpCO$	—	%	0	0
烟气中 SO_2 含量/干基	$\varphi_{SO2,fg,d}$	$DVpSO_2$	—	%	0.05	0.05
燃料源 N_2 含量/干基	$\varphi_{N2,fg,d}$	$DVpN_2F$	—	%	0.11	0.11
空气源 N_2 含量/干基	$\varphi_{N2,fg,d}$	$DVpN_2a$	—	%	80.33	80.33
过量空气系数/空气率	α	XpA	—	%	1.33	32.57
湿烟气质量	—	$MqFg$	—	kg/J	—	4.63E-07
炉膛出口烟气成分及计算（ASME 项数值基于高位发热量计算）						
单位发热量基湿烟气量	—	$MqFgF$	—	kg/MJ	—	3.54E-02

续表

项目	符号		单位		锅炉效率计算	
	GB/T 10184—2015	ASME PTC 4—2013	GB/T 10184—2015	ASME PTC 4—2013	GB/T 10184—2015	ASME PTC 4—2013
空气中带入的水分	—	$MqWA$	—	kg/MJ	—	5.68E-04
燃料干空气量	—	$MqDA$	—	kg/MJ	—	4.04E-01
燃料中的水分	—	$MqWF$	—	kg/MJ	—	4.54E-03
氢元素燃料生成水分	—	$MqWH_2F$	—	kg/MJ	—	1.33E-02
烟气中水分/湿基	—	VpH_2O	—	%	—	7.08
烟气中含氧量/干基	—	$DVpO_2$	—	%	—	4.29
烟气中 CO_2 含量/干基	—	$DVpCO_2$	—	%	—	15.14
烟气中 CO 含量/干基	—	$DVpCO$	—	%	—	0
烟气中 SO_2 含量/干基	—	$DVpSO_2$	—	%	—	0.05
燃料源 N_2 含量/干基	—	$DVpN_2F$	—	%	—	0.11
空气源 N_2 含量/干基	—	$DVpN_2a$	—	%	—	80.41
过量空气系数/空气率	—	XpA	—	%	—	25.21
湿烟气质量	—	$MqFg$	—	kg/J	—	4.39E-07
干烟气损失（基于低位发热量）						
锅炉排烟温度	$t_{\text{fg,AH,lv}}$	$TFgLv$	℃	℃	131.7	131.7
进入锅炉的空气温度	$t_{\text{a,wm}}$	$TAEn$	℃	℃	19.9	19.9
锅炉排烟氧量（干基）	$\varphi_{\text{O2,fg,d}}$	O_2DFgLv	%	%	5.23	5.23
空气预热器入口氧量	—	O_2DAHEn	—	%	—	4.29
干烟气体积	$V_{\text{fg,d,AH,lv}}$	—	m^3/kg（标准状态）	—	7.9869	—
干烟气平均比热容	$c_{\text{p,fg,d}}$	—	kJ/（m^3·K）	—	1.3700	—
修正后锅炉排烟温度	$t_{\text{fg,AH,lv,cr}}$	$TFgLvCr$	—	℃	—	137.6
基于低位发热量的锅炉出口干烟气量	—	$MqDFg$	—	kg/MJ	—	4.40E-01
修正后的干烟气焓	—	$HDFgLvCr$	—	kJ/kg	—	112.3
干烟气热损失	—	$QpLDFg$	—	%	—	4.95
水分引起损失（基于低位发热量）						
水蒸气体积	$V_{\text{wv,fg,AH,lv}}$	—	m^3/kg（标准状态）	—	0.5667	—
水蒸气平均比热容	$c_{\text{p,wv}}$	—	kJ/（m^3·K）	—	1.5152	—
修正后水蒸气焓	—	$HWvLvCr$	—	kJ/kg	—	211.92
（25℃）的水焓	—	$HWvRe$	—	kJ/kg	—	0

项目	符号		单位		锅炉效率计算	
	GB/T 10184—2015	ASME PTC 4—2013	GB/T 10184—2015	ASME PTC 4—2013	GB/T 10184—2015	ASME PTC 4—2013
氢燃烧生成水损失	—	$QpLH_2F$	—	%	—	0.29
燃料水分引起损失	—	$QpLWF$	—	%	—	0.10
空气中水分引起损失	—	$QpLWA$	—	%	—	0.01
排烟损失	q_2	—	%	—	5.34	—
未完全燃烧损失（基于低位发热量）						
灰渣中未燃碳发热量	—	$HHVCRs$	kJ/kg	kJ/kg	33727	33700
未燃尽碳的质量比	—	$MpUbC$	%	%	0.08	0.08
灰渣未完全燃烧损失	q_4	$QpLUbc$	%	%	0.11	0.11
烟气中 CO 的摩尔比	—	$DVpCO$	%	%	0	0
干烟气中的摩尔量	—	$MoDFg$	—	mol/kg	—	0.36
烟气中 CO 引起损失	q_3	$QpLCO$	%	%	0	0
石子煤排量	$q_{m,pr}$	$MrPr$	t/h	t/h	0	0
石子煤引起损失	q_{pr}	$QpLPr$	%	%	0	0
辐射热损失（此处取设计值）						
辐射热损失	q_5	$QpLSrc$	%	%	0.30	0.30
灰渣物理显热损失（基于低位发热量）						
飞灰温度	t_{as}	$TRsz$	℃	℃	131.7	137.5
飞灰焓	—	$HRsz$	—	kJ/kg	—	93.90
大渣温度	t_s	$TRsz$	℃	℃	800	1100
大渣焓	—	$HRsz$	—	kJ/kg	—	1205.21
灰渣物理显热损失	q_6	$QpLPr$	%	%	0.09	0.11
输入热量						
空气预热器入口空气温度	$t_{a,wm}$	$TAEn$	—	℃	19.9	19.8
入口空气比热容	$c_{p,a,wm}$	—	kJ/（m³·K）	—	1.3001	—
进入系统干空气焓	—	$HDAEn$	—	kJ/kg	—	−5.29
干空气带来热量	—	$QpBDA$	—	%	—	−0.22
进入系统空气水分焓	—	$HWvEnAir$	—	kJ/kg	—	−10.42
空气携带水分的比热	$c_{p,wv}$	—	kJ/（m³·K）	—	1.4997	—
空气中水分带入热量	—	$QpBWA$	—	%	—	−6.19E-04

项目	符号		单位		锅炉效率计算	
	GB/T 10184—2015	ASME PTC 4—2013	GB/T 10184—2015	ASME PTC 4—2013	GB/T 10184—2015	ASME PTC 4—2013
燃料的温度	t_f	*TFEn*	℃	℃	0.2	0.2
燃料焓	—	*HFEn*	—	kJ/kg	—	−5.83
燃料比热	c_f	—	kJ/（kg·K）	—	1.3907	—
燃料带入物理显热	—	*QpBF*	—	%	—	-0.10
外来热量	q_{ex}	—	%	—	−0.39	—
未测量损失	—	—	—	%	—	0.10
锅炉效率（基于低位发热量）	η	*EF*	%	%	93.77	93.69

计算说明如下：

（1）为了便于锅炉效率的计算，表 3-4 中做了以下简化：锅炉系统中辅机（磨煤机、炉水循环泵等）功率未计入外来热量；GB/T 10184—2015 和 ASME PTC4—2013 的散热损失均取设计值（0.3%）。

（2）高位发热量和低位发热量。高位发热量是直接试验得到的，而低位发热量是高位发热量计算得到的。由于还没有广泛认可的标准来计算低位发热量，而且在不同参考文献中，用于确定燃烧热的常数和用于确定汽化潜热的温度均不一致，因此 ASME 标准一直以高温发热量作为燃料发热量的基准。而我国锅炉的性能验收试验一般是基于低位发热量的 ASME 标准进行考核，在 ASME PTC 4—1998 及之前的版本中，始终缺乏高、低位发热量之间转换的标准，也给试验结果带来了一定的影响。修订后的 ASME PTC 4—2008/2013 增加了高、低位发热量之间的关系式，基于 ASME 蒸汽表（IAWPS-IF97），在 77℉（25℃）和 1 psia（0.01MPa，在 1 个大气压下燃烧烟气中的水蒸气分压）条件下的汽化潜热推荐值为 1050 Btu/lb（2422 kJ/kg），则高位发热量与低位发热量之间的关系式为

$$LHV = HHV - C_1 \times \frac{8.937 MpH_2F + MpWF}{100}$$

式中　　　　　C_1——1050 Btu/lb 或 2422 kJ/kg；

　　LHV、*HHV*——燃料低位发热量、高位发热量，两者必须在相同基准上，定常压或定常温度，Btu/lb 或 kJ/kg；

MpH$_2$F、*MpWF*——燃料中氢元素、水分的质量百分数，%。

在使用低位发热量基准进行效率计算时，所有基于燃料输入百分比计算的损失和外来热量，均应使用 LHV 代替 HHV 进行计算，或将基于 HHV 计算的结果乘以高位发热量与低位发热量的比例（RHV），即

$$RHV = \frac{HHV}{LHV}$$

（3）水蒸气焓。在使用 ASME 标准基于低位发热量计算时，由于低位发热量的计算

是用燃料的高位发热量扣除由燃料中氢气燃烧形成水以及固体或液体燃料携带水的汽化潜热，因此应将 $QpLH_2F$ 和 $QpLWF$ 中基于高位发热量的能量损失替换为基于低位发热量的能量损失。即用排烟温度下的水蒸气焓（$HWvLvCr$）与基准温度下的水蒸气焓（$HWvRe$）的差值代替排烟温度下的蒸气焓（$HStLvCr$）与基准温度下的水焓（$HWRe$）的差值，不再考虑汽化潜热的能量损失，即

$$QpLH_2F_{LHV}=100MqWH_2F \cdot (HWvLvCr–HWvRe) \cdot RHV（\%）$$
$$QpLWF_{LHV}=100MqWF \cdot (HWvLvCr–HWvRe) \cdot RHV（\%）$$

式中　$MqWH_2F$、$MqWF$——基于高位发热量和单位能量输入的燃料中氢燃烧、燃料中水分产生的水，kg/J。

根据 ASME 标准的规定，除水（HW）外所有参数的焓值都是以参考温度 77℉（25℃）为基准的，因此水蒸气在参考温度的焓值应为零，即 $HWvRe=0$，则上述计算式可简化为

$$QpLH_2F_{LHV}=100MqWH_2F \cdot HWvLvCr \cdot RHV（\%）$$
$$QpLWF_{LHV}=100MqWF \cdot HWvLvCr \cdot RHV（\%）$$

第五节　ASME 标准中效率试验结果修正方法

与 GB/T 10184—2015 类似，ASME 标准的修正主要也指运行条件变化时，空气入口温度、空气预热器入口烟气温度、燃料等变化（不包括机组负荷的变化）后效率的变化。为了减少负荷对锅炉效率的影响，ASME 标准要求目标试验负荷与实际试验负荷的变化不应超过 5%，此时试验测定的效率与修正后的效率之间的差值通常不会超过 2%～3%。

由于 ASME 标准修正项目比我国标准多，且有些项目很细小，因此 ASME 标准的修正方法也比我国性能试验标准的修正方法多。具体有以下三种类型：

（1）小偏差范围内的线性公式法。这种方法基于一定的假设（如某部件传热效率不变等），计算根据被修正量（如排烟温度）随某一条件变化（如进口空气温度）而引起的变化，进而计算对锅炉效率的影响。这种修正方式我国标准也使用，往往修正最主要的变化条件，如环境温度的变化等，并且只有在小偏差的范围内才有效，否则假定条件就不存在，与此对应的修正结果也就难以保证正确。

（2）曲线法。某些因素变化较大，如煤种变化很大时，可能改变了燃烧与各受热面热量分配的比例。这时用第一种修正方法就难以满足修正要求，而需要厂家根据条件的变化进行热力校核计算，从而得出性能曲线。曲线法是最为准确的方法，但需要厂家事先提供修正曲线。

（3）代替法。当某些变量变化（如空气湿度引起的空气成分的变化）很小时，对锅炉的性能仍有影响，但相对较小。此时 ASME 标准认为可以用"代替法"进行修正，即用设计的空气成分代替实测的空气成分，代入损失计算过程即可。

一、排烟温度的修正

排烟温度的变化直接影响到锅炉效率的数值。因此，当试验条件与保证值或设计值存在较大差别时，必须进行排烟温度的修正，这也是锅炉修正中最重要的一环。

（一）无空气预热器的机组

这种机组在我国电力行业中不存在，在工业锅炉中可能有一些，因为这种锅炉的效率低，没有空气加热过程，空气温度发生改变时如不调整，可能会直接影响到锅炉的输出。因此，只能根据生产厂家提供的偏离设计工况的修正曲线对排烟温度进行修正。不影响热力性能的运行工况偏离有燃料偏离设计值、进口空气温度偏差较小等情况。

（二）有烟气-空气换热器式空气预热器的机组

空气预热器是在燃烧前将空气预热的加热器。从这个角度上说，锅炉上的空气预热器有两种：一种空气预热器用尾部烟气加热空气；另一种用蒸汽加热空气，俗称暖风器。

为了提高蒸汽发电效率，现在的汽轮机组多采用回热循环，锅炉的给水温度通常在230～270℃。考虑到换热还需要一个合适的温差，如果没有空气预热器来回收尾部烟气的热量，则锅炉的排烟温度至少要达到250～300℃。因此，配备回热系统汽轮机的锅炉必须设有烟气加热空气的空气预热器。ASME 标准把这种空气预热器称为"烟气-空气换热器式空气预热器"，包括回转式空气预热器及管式空气预热器。

烟气中带有 SO_2 等酸性气体和水蒸气，当空气温度太低时，有可能导致空气预热器进口的金属壁温太低，从而导致烟气中的水蒸气结露并溶解酸性气体，成为稀酸而产生低温腐蚀。为了避免这种情况，往往在空气预热器前（从空气的流程看）安装一个利用蒸汽加热空气的加热器，这就是蒸汽加热空气的预热器。因为蒸汽主要是用来发电的，所以只能用很小一部分蒸汽来加热空气，其出口温度也不高，只有40℃左右，保证烟气加热空气的空气预热器的进口空气温度不产生结露腐蚀即可。因而，这种空气预热器在我国常被称为暖风器，少数地方也称空气加热器。

如果有空气预热器，锅炉就存在一个中间点，即空气预热器前的烟气状态基本不会因为空气温度的变化而发生太大的变化。当锅炉的进口空气温度低时，排烟温度也低；反之，当锅炉进口空气温度升高时，排烟温度也升高。空气预热器前的烟气温度与热风温度基本保持不变，空气预热器的换热效率变化不大，而锅炉效率变化也不大。这样就为进行基于空气预热器排烟温度的修正提供了基础。

对于空气预热器来说，基于中间点修正排烟温度的因素有进口烟气温度、进口空气温度、烟气量与空气量的比值、烟气量与空气量的大小等。当锅炉的漏风条件正常时，锅炉的烟气与空气本身的流量及比值的变化都很小，因此在效率试验时后两项修正一般不进行，而仅对进口空气温度和进口烟气温度进行修正。如果通过空气预热器的烟气/空气量及比值发生很大变化，对锅炉的影响牵涉面很大，则可说明锅炉有了较大的缺陷，应当深究其原因，而不能通过空气预热器后排烟温度的修正来考虑锅炉效率的变化。但是这两项因素的变化对于空气预热器的性能影响很大，因此在做空气预热器的性能考核试验时必须进行修正，具体方法参见本书第五章。

修正后的排烟温度计算公式为

$$TFgLvCrd = TFgLvCr + TDiTAEn + TDiTFgEn \tag{3-184}$$

式中　$TFgLvCrd$ ——修正到设计工况下的排烟温度（exit gas temperature corrected to design conditions），℉或℃；

$TDiTAEn$ ——考虑进口空气温度的温度修正值（temperature correction for entering air temperature），℉或℃；

$TDiTFgEn$ ——考虑进口烟气温度的温度修正值（temperature correction for entering gas temperature），℉或℃。

1. 空气预热器进口空气温度的修正

试验时的进口空气温度（entering air temperature）偏离标准或保证工况时，会直接影响到排烟温度的高低，从而影响到锅炉效率的高低，因而它是锅炉修正中最重要的一环。假定其他条件不变，仅有进口空气温度变化时锅炉排烟温度的修正计算方法为

$$TDiTAEn = \frac{TAEnD(TFgEn - TFgLvCr) + TFgEn(TFgLvCr - TAEn)}{(TFgEn - TAEn)} - TFgLvCr \quad (3\text{-}185)$$

式中 $TAEnD$ ——设计的进口空气温度（design entering air temperature），℉或℃；

$TAEn$ ——进入空气预热器的空气温度（air temperature entering air heater），对于三分仓空气预热器来说，$TAEn$ 是进入空气预热器的一次风、二次风质量流量的加权平均值，℉或℃；

$TFgEn$ ——空气预热器入口烟气温度（gas temperature entering air heater），℉或℃；

$TFgLvCr$ ——空气预热器无漏风时的排烟温度（exit gas temperature corrected for air heater leakage），℉或℃。

我国性能试验标准与 ASME 标准的计算方法是一致的，都是基于空气预热器的传热效率不变，使用空气预热器设计的（保证的）进口空气温度对排烟温度进行修正。在锅炉效率的保证温度为大气环境温度（或风机入口温度）时，应先计算出当前风机温升工况下的设计空气预热器入口温度，可参考第二章第五节的内容。

2. 空气预热器进口烟温的修正

导致空气预热器进口烟温变化的情况包括空气预热器前系统边界内设备（如高温烟气净化设备）漏风严重、省煤器进口给水温度（feed water inlet temperature）明显变化（如切高压加热器运行），或由于试验用燃料与合同燃料显著不同导致进口烟温（entering gas temperature）明显不同等。此时空气预热器进口烟温变化会影响锅炉效率，因而必须对空气预热器进口烟温进行修正。

ASME 标准中，由于进口烟温偏离设计值而导致的出口烟气温度修正，其修正公式与我国性能试验标准不同，其公式为

$$TDiTFgEn = \frac{TEgEnCrD(TFgLvCr - TAEn) + TAEn(TFgEn - TFgLvCr)}{TFgEn - TAEn} - TFgLvCr \quad (3\text{-}186)$$

式中 $TFgEnCrD$ ——修正到设计工况下的进口烟温（entering gas temperature corrected to design conditions），℉或℃。

3. 空气预热器进口烟气质量流量的修正

需要进行空气预热器进口烟气质量修正的情况主要发生在锅炉空气进口与锅炉烟气出口之间的设备不是由锅炉供货商提供，且该设备未按规定工况运行，如高温烟气净化设备的试验漏风量与规定值不同。因此，应考虑采用规定漏风量的空气预热器进口烟

气质量流量，以及效率与运行工况均被修正至保证工况后的烟气质量流量，对空气预热器出口烟气温度进行修正。

对分别装备一次风空气预热器和二次风空气预热器的机组，推荐采用简化算法，即将试验的烟气质量用于修正工况下的一次风空气预热器（正常运行状态下），而不需要对一次风空气预热器进行修正。烟气质量流量的试验值与设计值的差值用于修正二次风空气预热器的出口烟温。由于试验时可能存在煤质变化和其他运行因素变化，试验各方应就确定在修正工况下空气预热器间的烟气量分配份额达成一致。

ASME PTC 4 标准并没有给出具体的空气预热器进口烟气质量流量对排烟温度的修正公式，建议此项修正按照空气预热器供货商提供的修正曲线进行。

4. X 比（X—ratio）修正

X 比的定义是通过空气预热器的空气热容与烟气热容之比，实际运行中，流经空气预热器的空气量和烟气量与设计值不符，会造成排烟温度偏离设计值。排烟温度偏离设计值的原因并非空气预热器传热性能不达标，而是由运行中两种传热流体存在流量差所致，因此需要对排烟温度进行修正。

导致 X 比与设计值不同的最典型原因是旁路进入空气预热器的空气量发生了显著变化，如空气预热器漏风量过大（通常是老机组）和磨煤机调温风量过大。对分别装备一次风和二次风空气预热器的机组，如果试验就是在一次风空气预热器目标出口烟温下进行的，并且由于试验煤种与设计煤种水分差别很小而不需要考虑对磨煤机调温风流量进行修正，则为了简化计算，推荐对一次风空气预热器采用试验的 X 比，而不必进行一次风空气预热器的修正计算。

ASME PTC 4 标准并没有给出具体的 X 比对排烟温度的修正公式，建议此项修正按照空气预热器供货商提供的修正曲线进行。一般来说，由于空气预热器进口烟气质量流量也会影响 X 比，所以两者一般在同一修正曲线图中同时体现，在试验各方协商一致的基础上，可参照厂家修正曲线进行修正。

5. 磨煤机调温风的修正

（1）未装备一次风空气预热器的机组。若空气预热器出口空气温度与试验工况显著不同，会影响到所需的磨煤机调温风量。当正常采用调温风时，应基于修正工况下的能量平衡来计算修正的空气预热器出口风温。修正的调温风量及其相应修正的二次风量应根据修正的空气预热器出口空气温度和试验或设计的磨煤机进口风温来计算，再计算新的 X 比修正值和修正的空气预热器出口烟温。该过程是一反复迭代过程，直至修正后的排烟温度变化在 $0.5\,°F$（$0.3\,°C$）之内。

（2）装备一次风空气预热器的机组。需要进行该项修正时，则宜在进口烟气流量修正与 X 比修正之前进行。当对独立一次风空气预热器的出口烟温控制在某一固定值的机组，通常能直接进行修正（不必采用迭代）。试验各方应就控制的出口烟温值（通常就是试验温度）和设计的磨煤机进口空气温度值达成一致。因为进入磨煤机的一次风量是定值，并且一次风空气预热器进口和出口烟温已知，所以，所需的一次风空气预热器烟气流量可直接计算得到，即

$$MrFg14BCr = MrA11\frac{HA11d - HA8Ad}{HFg14Bd - HFg15Bd} \quad (\text{lb/h 或 kg/s})$$

式中　$MrFg14BCr$ ——一次风空气预热器进口烟气质量流量修正值，lb/h 或 kg/s；

　　　　$MrA11$——进入磨煤机的一次风风量，lb/h 或 kg/s；

　　　　$HA11d$——设计进入磨煤机的空气焓，But/lb 或 J/kg；

　　　　$HA8Ad$ ——设计进入空气预热器的空气焓，But/lb 或 J/kg；

　　　　$HFg14Bd$ ——设计一次风空气预热器的进口烟气焓，But/lb 或 J/kg；

　　　　$HFg15Bd$ ——设计一次风空气预热器的出口烟气焓，But/lb 或 J/kg。

只有当空气预热器的受热面和工作性能能够达到设计出口空气温度时，该能量平衡计算才有效，利用设计条件计算修正的空气预热器出口烟温能对此进行验证。如果修正后的出口烟温高于所要求的排烟温度，则实际的出口空气温度将会低于所要求的磨煤机入口风温。这就证明，该空气预热器不能满足该能量平衡，则必须将修正的过程参数用于空气预热器模型，通过迭代计算得到实际可达到的运行性能。

二、燃料修正

如果试验燃料与设计燃料性质相近，如元素分析与工业分析数据相近，结渣、积灰和燃烧特性相近，则不需要进行额外的修正。但是 ASME 标准也只是对在什么情况下修正进行了指导，而没有给出具体的燃料修正方法。

对燃煤粉的机组或其他需要控制干燥燃料空气温度的机组来说，试验燃料和合同燃料的成分不同时，烟气、一次风量变化较大。通过空气预热器的燃烧空气与调温风量比例变化，会引起空气预热器性能、排烟温度和阻力发生变化。此外，燃煤粉机组通过控制磨煤机进口空气温度来维持设计的磨煤机气/粉出口温度。如果试验中磨煤机进口空气温度与设计煤种偏差较大（煤中水分含量偏差 2 或 3 个百分点以上），则应按设计煤种要求的磨煤机进口风温，并对磨煤机调温风流量和空气预热器性能进行修正。高水分煤一般不需要磨煤机调温风，因此，也就不需要对煤的水分进行修正。试验时可确定一个设计的磨煤机进口风温，或者就水分偏离设计工况协商一个修正磨煤机进口风温的方法。

积渣和积灰特性的差别对锅炉热力性能的影响最大。燃料水分含量差别（±5 个百分点的数量级）和灰分含量差别（±10 个百分点）对锅炉承压受热面出口的烟气温度影响很小，但影响各受热面的吸热。

对一些其他生产过程产生的附加气体燃料或人工合成燃料，成分的差别可影响到烟气的质量流量，但对锅炉承压受热面出口的烟温影响很小。如果修正后的烟气质量流量的差值大于 2% 或 3%，则可影响到吸热。

三、脱硫剂修正

脱硫剂成分和煤的硫含量只有在试验结束之后才能得到。因此，试验中的 Ca/S 摩尔比很可能与试验规定的目标值有所不同。该比值的偏差影响脱硫效果。另外，试验燃料含硫量与标准或合同规定的燃料含硫量，以及脱硫剂成分分析数据的差别，不仅会影响脱硫率，而且会影响到所需脱硫剂的质量流量（Ca/S 摩尔比），进而导致锅炉效率和空气、烟气的质量流量发生变化。

可用代替法进行简单的修正，即采用协商达成的 Ca/S 摩尔比和脱硫率的数值来进行修正的燃烧和效率计算。采用该 Ca/S 摩尔比连同标准或合同规定的燃料分析数据，计算修正的脱硫剂质量，单位为 lb/lb（或 kg/kg）。修正的脱硫剂质量、协商确定的脱硫率、标准或合同脱硫剂分析数据，以及由试验确定的煅烧份额均用来代替试验数据，为效率修正计算提供所需要的输入数据。

确定标准 Ca/S 摩尔比（或基准 Ca/S 摩尔比）和脱硫率的原则为：在效率试验前希望确定脱硫剂用量与机组脱硫特性间的关系。这就要求试验各方事先确定在试验中机组运行的目标 Ca/S 摩尔比。该协商确定的摩尔比数值连同测试的脱硫效果，用于标准或合同规定工况下的修正计算。可能会出现下列情况：试验的目标值与锅炉的实际性能不一致，如燃料含硫量偏离设计工况、实际脱硫剂特性与设计脱硫剂不同、为了达到低于合同规定的二氧化硫排放水平而使用过多的脱硫剂等。在这些情况下，试验各方有必要就 Ca/S 摩尔比和脱硫率协商一致，以用于修正效率。试验中实际采用的与合同规定的脱硫特性和燃料含硫量不同时，可采用试验各方一致同意的修正曲线或修正关系式对试验 Ca/S 摩尔比进行修正。

四、灰渣修正

一般要考虑与灰渣中未燃尽可燃物有关的损失、灰渣的物理显热、锅炉排放灰/渣的份额分配、燃料含灰量、脱硫灰渣量，可采用本部分介绍的修正方法，也可以事先协商确定修正曲线或修正方法。

假定燃料的类型不变（如同一类型烟煤，发热量不同只是因为灰分不同），则锅炉的燃烧情况与发热量成正比。这时，按 ASME 标准规定可由试验中实测的未燃尽碳量乘以保证燃料高位发热量与试验燃料高位发热量的比值作为修正后的未燃尽碳含量，并由此计算燃料带来的灰渣和未燃尽碳损失。这种修正方法很有特色，但是本书认为其适用的范围很小，如果用干燥无灰基挥发分作为修正因子可能会更合理一些。

同一种燃料，其灰渣量的大小基本与燃烧情况关系不大，因而可采用标准/保证条件下的燃料和脱硫剂的数据代替试验中的数据。灰渣份额、灰渣温度的修正处理方法类似，均采用代替法即可。

五、过量空气率

因试验工况的变化而导致的试验与标准或合同规定的过量空气率的微小偏差可用"代替法"修正，把标准值、合同值或其他约定值代入有关的计算式中，即可完成因过量空气率变化而需对损失与外来热量进行的修正计算。如果机组必须在与标准或合同值不同的过量空气率下运行，以满足其他性能参数，如未燃尽碳、污染物排放、蒸汽温度等，则不需要对试验的过量空气率进行修正。

六、其他进入系统的物流

进入系统的其他物流对于锅炉性能的影响很小，使用代替值即可，包括用进风空气中水分的标准值或保证值代替试验值、用燃料温度的标准值或保证值代替试验值、用脱硫剂温度的标准值或保证值代替试验值等。

七、表面辐射和对流散热损失

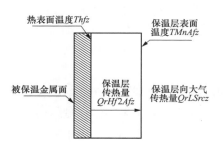

热表面温度 Thfz — 保温层表面温度 TMnAfz

被保温金属面 — 保温层传热量 QrHf2Afz — 保温层向大气传热量 QrLSrcz

图 3-14　金属外表面向保温传热等于保温层向大气环境传热示意图

如果表面辐射和对流热损失是通过测量得到，则根据金属外表面向保温传热量与保温层向大气环境传热量相等的原理，可以将测量结果修正到标准或保证的大气环境条件工况下的值（空气温度和流速），如图 3-14 所示。

对每一测量的面积都需要按如下三步进行修正：

（1）基于测量出来的保温层向大气环境的传热量等参数，求取锅炉绝热保温和护板的传热系数 Hwz。

（2）假设 Hwz 不变，求取保温层在保证环境条件（空气温度及流速）下传递该热量所需的热金属表面温度 TMnAfCrz，也就是保温层里侧的温度。

（3）按修正后的表面温度和标准或保证环境条件，求取修正后的表面辐射对流散热损失 QrLSrCrz。

1. 锅炉绝热保温和护板的传热系数 Hwz（insulation and lagging heat transfer coefficient）的计算

计算公式为

$$Hwz = \frac{QrLSrcz}{Afz(Thfz - TMnAfz)} \quad [\text{Btu}/(\text{ft}^2 \cdot \text{℉}) \text{ 或 } \text{W}/(\text{m}^2 \cdot \text{℃})] \quad (3\text{-}187)$$

式中　Thfz —— 第 z 块锅炉炉壁、烟道、风道、汽水管道等表面外绝热保温与护板上，小面积的热表面温度；

TMnAfz —— 第 z 块小面积附近的环境温度；

Afz —— 第 z 块小面积的面积；

QrLSrcz —— 由第 z 块小面积传给大气环境的热量，由试验条件下测量所得。

2. 修正到保证条件下的保温外表面温度 TMnAfCrz 的计算

当环境温度由试验条件变为设计条件时，金属热表面温度还是 Thfz，而由于环境温度的变化，使得保温外表面温度由 TMnAfz 变为 TMnAfCrz。保温板的传热系数不变，则保温板传热量变为 QrHfToACrfz=Hwz（Thfz−TMnAfCrz），而保温外表面 QrLSrcCrz=Hwz（TMnAfCrz−TMnARe），两者仍保持相等的关系，即满足式（3-188），即

$$Hwz(Thfz - TMnAfCrz) = Hrcaz(TMnAfCrz - TMnARe) \quad (3\text{-}188)$$

其中，Hrcaz 是基于 TMnAfCrz、基准环境空气温度 TMnARe 和基准表面空气流速的辐射传热系数与对流传热系数之和，与修正表面温度、基准环境空气温度和基准流速有关，可按式（3-189）的拟合曲线计算。该式在 130～280℉ 的表面温度范围内成立，误差在 0.5% 内，即

$$Hrcaz = 1.14254 + 0.00593((TMnAfCrz - TMnARe) \quad (3\text{-}189)$$

这样，式（3-188）实际上是一个二次方程，需要进行迭代求解。如果不进行迭代求解，也可以通过下面的经验公式直接求出修正后的表面温度 TMnAfCrz，即

$$TMnAfCrz = \frac{-B + \sqrt{B^2 - 4 \times 0.00593C^2}}{2 \times 0.00593} \quad （℉ 或 ℃） \quad （3-190）$$

$$B=1.14254-2.0 \times 0.00593TMnARe+Hwz$$

$$C=-1.14254TMnARe-Hwz \cdot Thfz+0.00593（TMnARe）^2$$

式中　$TMnARe$——基准环境空气温度，℉。

3. 修正的表面辐射对流散热损失 $QrLSrcCrz$（corrected surface radiation and convection loss）的计算

求解出修正的保温外表面温度 $TMnAfCrz$ 后，可用式 $QrLSrcCrz=Hwz（TMnAfCrz-TMnARe）$ 计算出修正到标准或保证环境条件下的表面辐射对流散热损失。

第六节　ASME 标准中锅炉效率以外的其他性能参数

除了锅炉效率以外，ASME 标准与我国性能试验标准一样，还着重考核下列独立的性能指标，包括尖峰蒸发量、蒸汽温度/控制范围、过量空气率、水/汽压降、空气/烟气压降、漏风、脱硫/固硫、钙硫摩尔比、燃料、空气和烟气流量等。需要注意的是，这些参数一般都是修正后再与标准条件下进行比较。

一、尖峰蒸发量

尖峰蒸发量定义是指在规定压力和温度下，锅炉在某一有限时间内能够产生（包括排污和辅助用蒸汽），且不危害锅炉设备的最大蒸汽质量流量。尖峰蒸发量与我国性能试验标准中的最大连续运行蒸发量（BMCR）有一些区别，应该比最大连续蒸发量大一些，试验时需要明确如下几个条件：

（1）"有限时间"到底是多长，因为这决定了锅炉尖峰蒸发量的大小。

（2）过热蒸汽锅炉的蒸汽压力和温度。

（3）饱和蒸汽锅炉的蒸汽压力。

（4）给水压力和温度。

（5）排污率等。

尖峰蒸发量既可以直接测定，也可以根据给水流量、减温水流量和排污水流量进行计算。

二、蒸汽温度与减温水量

对锅炉来说，任何负荷都要保证有合格的蒸汽温度来保证汽轮机的安全运行，而且该要求远比蒸汽压力的范围窄得多，因而过热蒸汽、再热蒸汽的温度特性很重要。在现代化的大容量锅炉中,过热蒸汽温度一般用减温喷水调节(直流锅炉用燃水比进行调节)，而再热蒸汽温度一般在烟气侧（如调节挡板、摆动火嘴等）进行调节。烟气侧调节不能满足要求时，采用喷水减温调节方式进行调节。

由于过热蒸汽减温水流量、再热蒸汽减温水量都对汽轮机的性能有较大的影响，因此一般需要考核减温水量。减温水量的大小由过热器、再热器出口蒸汽的温度决定，而蒸汽温度又反映了过热器、再热器的吸热量与设计值的相符程度。因此，不能仅根据实际的温度判断蒸汽温度是否满足设计要求，而需要把减温水放在一起综合考核。考核的方法是：根据实际的和设计的过热器及再热器的吸热量，把它们还原到"没有减温水，主蒸汽与再热蒸汽质量流量都没有偏离设计工况"的情况下进行评估，并按如下原则进行减温水与出口温度是否合格的判定：

（1）通过比较过热器/再热器实际吸热量与设计吸热量来评估蒸汽温度。

（2）直流锅炉的主蒸汽温度和过热器减温喷水量与受热面的布置无关，所以没有必要修正。如果主蒸汽温度达不到要求，则肯定有其他限制因素存在。

（3）根据计算的实际喷水量与过热器/再热器设计吸热量的关系评估减温喷水量。

（4）设计带有分隔烟道的机组，需要采用单独的试验和/或修正方法。

锅炉负荷对于减温水影响很大。由于锅炉、汽轮机、发电机系统的匹配问题，即使电负荷运行在设计负荷下，锅炉也不在设计负荷下运行。这时，需要用主蒸汽流量和再热蒸汽流量来修正过热器/再热器的吸热量。具体方法是：用这两个流量乘以主蒸汽流量修正因子（设计主蒸汽流量与试验主蒸汽流量的比值 $MfStCr$，即 main steam flow correct），再把它们折算到设计主蒸汽流量下，以便于与设计条件进行比较。

用主蒸汽流量修正的过热器和再热器吸热量的定义为：将主蒸汽/再热蒸汽的质量流量试验值乘以主蒸汽流量设计值与试验值的比值（$MfStCr$）后，作为主蒸汽流量和再热蒸汽流量计算出来的主蒸汽和再热蒸汽实际吸热量。

1. 非烟气量调节锅炉

（1）主蒸汽流量修正后的过热器吸热量由式（3-191）计算，即

$$QrShCr=MrMStd（HMSt-HStEnS）+MrWDe（HStEnS-HWDe）+$$
$$MrStSHEx（HStSHEx-HStEnS）（\text{Btu/h 或 W}） \tag{3-191}$$

式中　$MrMStd$——设计主蒸汽流量（design main steam flow），lb/h 或 kg/s。

之所以式（3-191）中用 $MrMStd$，而不是上文中的修正因子 $MfStCr$ 的原因是

$$MrMSt×MfMSCr = MrMSt\frac{MrMStd}{MrMSt} = MrMStd \tag{3-192}$$

$MrWDe$——试验工况下的减温水流量（mass flow rate of desuperheating water），测量所得，lb/h 或 kg/s；

$MrStSHEx$——试验工况下的过热器抽汽流量（mass rate of superheater extraction flow for the test conditions），lb/h 或 kg/s；

$HStEnS$——试验工况下的过热器入口饱和蒸汽焓（enthalpy of steam entering superheater for the test conditions），S 表示饱和蒸汽，Btu/lb 或 J/kg；

$HMSt$　——试验工况下的主蒸汽焓（enthalpy of main steam），无论蒸汽源于过热器还是减温水，经过热器后，最终都变成过热汽，Btu/lb 或 J/kg；

$HStSHEx$——试验工况下辅助用汽或抽汽的蒸汽焓（enthalpy of auxiliary or extraction steam），Btu/lb 或 J/kg；

$HWDe$——试验工况下的减温水焓，Btu/lb 或 J/kg。

（2）满足设计主蒸汽流量、锅炉设计上要求的过热器吸热量 $RqQrSh$ 由式（3-193）

计算，即

$$RqQrSh = MrMStd（HStShD - HStShEnCr）+$$
$$MrStSHEx（HStSHEx - HStShEnCr）（Btu/h 或 W）\qquad (3-193)$$

式中　$HStShEnCr$——由过热器出口设计压力和过热器压降修正值计算的饱和蒸汽焓，Btu/lb 或 J/kg；

$HStShD$——设计工况下的过热器出口蒸汽焓，Btu/lb 或 J/kg；

$HStSHEx$——试验工况下辅助用蒸汽或抽汽的蒸汽焓，Btu/lb 或 J/kg。

对比式（3-191），设计工况下吸热量计算公式（3-193）中少了减温水吸热量一项，即 ASME 标准认为过热器在设计工况下没有减温水，这是不对的。设计时，实际锅炉为了有一定的调节与煤种适应能力，过热器受热面必须有一定的裕量，为此就有一定的过热器减温水流量（再热器一般不设计减温水）。因此应当加上一项，即

$$RqQrSh = MrMStd（HStShD - HStShEnCr）+$$
$$MrWDeShD（HStShEnCr - HWDeD）+$$
$$MrStSHExD（HStSHEx - HStShEnCr）（Btu/h 或 W）\qquad (3-194)$$

式中　$MrWDeShD$——设计工况下的过热器减温水流量，lb/h 或 kg/s；

$HWDeD$——设计工况下的过热器减温水焓，Btu/lb 或 J/kg。

（3）同理，考虑设计主蒸汽流量修正的再热器吸热量，由式（3-195）计算，即

$$QrRhCr = MfStCr \cdot MrStRH（HStRhLv - HStRhEn）+$$
$$MrWRH（HStRhLv - HWRhEn）（Btu/h 或 W）\qquad (3-195)$$

式中　$MrWRH$——试验工况下的再热器减温水流量，lb/h 或 kg/s；

$MrStRH$——试验工况下的再热器进口蒸汽流量，不包括再热器减温水流量，lb/h 或 kg/s；

$HStRhLv$——试验工况下的再热器出口蒸汽焓，Btu/lb 或 J/kg；

$HStRhEn$——试验工况下的再热器进口蒸汽焓，Btu/lb 或 J/kg；

$HWRhEn$——试验工况下的再热器减温水焓，Btu/lb 或 J/kg。

（4）对应设计主蒸汽流量所要求的再热器吸热量 $RqQrSh$，由式（3-196）计算，即

$$RqQrSh = MrStRhD（HStRhLvD - HStRhEnD）（Btu/h 或 W）\qquad (3-196)$$

式中　$MrStRhD$——设计工况下的再热器进口蒸汽流量，lb/h 或 kg/s；

$HStRhLvD$、$HStRhEnD$——设计工况下的再热器出口、进口蒸汽焓，Btu/lb 或 J/kg。

根据这些吸热量，就可以计算修正后的过、再热蒸汽温度及减温喷水量考核。当某受热面的修正吸热量大于或等于其设计的吸热量时，则有下列结论：

（1）蒸汽温度设计值可以保证。

（2）过热与再热喷水量基于该受热面吸热超出量，按式（3-197）和式（3-198）计算后进行考核，即

过热器减温喷水量　$MrWShCr = \dfrac{QrShCr - RqQrSh}{HStShEnCr - HWDeD}$（lb/h 或 kg/s）　　(3-197)

再热器喷水量　$MrWRhCr = \dfrac{QrRhCr - RqQrRh}{HStRhLvD - HWRhEnD}$（lb/h 或 kg/s）　　(3-198)

如果某受热面的修正吸热量小于设计的吸热量，则有

（1）修正喷水量小于设计值。

（2）出口蒸汽焓由修正后的受热面吸热量、设计蒸汽流量与抽汽流量，以及设计进口条件计算，计算式见式（3-199）～式（3-201），即

$$HMStCr = HStSHEnCr + \frac{QrShCr - QrAxStCr}{MrMStd} \tag{3-199}$$

$$QrAxStCr = MrStSHExD（HStSHEx - HStSHEnCr） \tag{3-200}$$

$$HStRhOCr = HStRhEnD + \frac{QrRhCr}{MrStRhOd} \tag{3-201}$$

式中　$MrStSHExD$ ——设计工况下的过热器抽汽流量，lb/h 或 kg/s；

　　　$OrAxStCr$ ——辅助或抽取的过热蒸汽的热量（energy in the superheated auxiliary or extraction steam），Btu/h 或 W；

　　　$HStRhOCr$ ——再热蒸汽修正后的出口蒸汽焓，Btu/lb 或 J/kg；

　　　$MrStRhOd$ ——设计条件下的再热出口蒸汽流量，lb/h 或 kg/s。

得到出口蒸汽焓后，即可计算出蒸汽温度与设计值进行比较，确定是否可以达到设计值。

2. 烟气量调节再热蒸汽温的锅炉

对尾部布置分隔烟道的锅炉而言，再热蒸汽温度的调节是通过改变再热器烟道与过热器烟道的烟气流量，从而改变二者的烟气放热量来实现的。如果在试验时对再热蒸汽温度进行深度调节，会对过热侧吸热量造成影响，从而给过、再热蒸汽温度的评价带来一定的困难，所以必须根据具体情况综合评估过热和再热吸热量。

锅炉用烟气挡板在正常调节范围运行，把再热蒸汽温度控制在设计值，而不使用再热蒸汽喷水时，可以把烟气量调节改变后的过热器吸热量差值看作是过热器与再热器之间的能量交换，相当于汽-汽换热器。这种修正方法仅适用于再热器吸热量变化较小的情况，即主蒸汽流量修正的再热器与要求的再热蒸汽吸热量的差值（$QrhCr - RqQrRh$）小于 5% 时。当再热蒸汽调温挡板与设计调节范围相差较远而导致修正再热蒸汽吸热量与要求的再热器蒸汽吸热量的差值大于 5% 时，ASME 标准认为试验的控制方法应当改变为：通过控制再热器出口蒸汽温度和再热器减温水流量，使再热实际吸热量尽可能等同于设计要求值 $RqQrRh$，这时可以不用再修正再热器。但这种状态在现实中是无法实现的，因为 $RqQrRh$ 往往是根据汽水系统运行的要求先确定下来，再进行换热面积的设计的，试验时根本无法得知其到底有多少；而且锅炉设计的再热器受热面偏大，或煤种变化等因素使得再热吸热量升高很多，调节挡板都无法进行调节时，再热器减温水喷得越多，再热蒸汽吸热量越大，无论如何控制都不可能达到 $RqQrRh$ 的目标值。

（1）基于以上条件，修正后的过热器喷水量可由式（3-202）计算，即

$$MrWShCr = \frac{(QrShCr - RqQrSh) + (QrRhCr - RqQrRh)}{HStSHEnCr - HWDeD}（\text{lb/h 或 kg/s}） \tag{3-202}$$

（2）再热器出口蒸汽温度由基于再热蒸汽进口设计参数计算的焓，以及修正的再热与过热吸热量之和，减去要求的过热吸热量所得到的差值来确定，即

$$HStRhLvCr = HStRhEnD + \frac{QrRhCr + (QrShCr - RqQrSh)}{MrStRH} \quad (\text{Btu/lb}) \qquad （3-203）$$

（3）过热蒸汽温度考核原则同上节。根据这些计算结果可知，这种机组的蒸汽温度评价原则如下：

1）如果烟气调节挡板处于能够满足再热器吸热要求的调节范围内，则认为再热侧吸热量是可控的。

2）如果修正后的过热侧吸热量与再热侧吸热量之和，大于要求的过热侧吸热量与再热侧吸热量之和，并且再热侧吸热量可控，则能满足主蒸汽温度和再热蒸汽温度的控制要求。

3. 修正方法的讨论

现实中大部分锅炉都可以满足蒸汽温度调节的要求，所以人们对蒸汽温度、减温水量的修正算法仍较为模糊。ASME 标准中的上述修正模型也是相当粗糙的，至少有下列几个问题没有说清楚：

（1）试验主蒸汽流量 $MrMSt$ 是包含减温水流量的出口流量，还是不包含减温水流量的入口流量，两者的含义不同，如图 3-15 所示。按照计算公式（3-191）分析，$MrMSt$ 应当是包含减温水流量的入口流量，否则就重复计算了过热器减温水（最后也变成主蒸汽的一部分）的吸热量。

（2）式（3-191）计算过程不清晰，两个工况中过热器吸热量有修正，但减温水及抽汽部分没有修正。当然，由于后两个流量远小于主蒸汽流量，一般情况下用该式计算，在数据上可能没有太多差异，但其明显不符合物理意义。

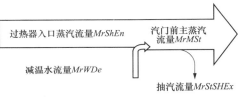

图 3-15　各种蒸汽流量之间的关系

在我国的现代电站锅炉中，这三个流量值都可在设计条件和运行条件下获得。通常情况下主蒸汽流量由调节级后的压力用费留格尔公式计算间接测量，减温水流量用孔板测量。除了吹灰，锅炉侧一般不抽汽，因此过热器入口蒸汽流量是可以测量的。

因为蒸汽温度的修正实质上是针对过、再热器受热面设计的大小进行对比考核，因而可根据以下原则把上述修正方法作如下改进：

以过热蒸汽部分为例，根据能量平衡，在试验工况下，过热器的实际吸热量应当为

$$QrSh=MrShEn（HMSt–HStEnS）+MrWDe（HMSt–HWDe）+$$
$$MrStSHEx（HStSHEx–HStEnS）(\text{Btu/h 或 W}) \qquad （3-204）$$

流量满足

$$MrMSt=MrShEn+MrWDe+MrStSHEx \qquad （3-205）$$

假定由于某种原因，过热器入口的主蒸汽流量变为 $MrShEnD$，且别的条件都相似（烟气温度、换热温差、抽汽流量不变，但烟气量与主蒸汽量成正比例减少），如果锅炉设计是完美的，则此时锅炉应当满足：减温水流量为设计减温水量 $MrWDeD$，抽汽流量为 $MrStSHExD$。但锅炉实际性能并未像设计那样，而是变为了待求值 $MrWDeCr$、$MrStSHExCr$。

这样根据相似条件假定下列情况：

1）吸热量与主蒸汽流量成正比例变化，即

$$QrShCr = QrSh \frac{MrShEn}{MrShEnD}$$

2）过热器主蒸汽流量变化后，所需的减温水量也变化，但它与主蒸汽流量的比例不变（主蒸汽流量大时所用的减温水多，反之亦然），即 $\frac{MrShEnD}{MrWDeCr} = \frac{MrShEn}{MrWDe}$，由此可得

$$MrWDeCr = \frac{MrShEnD \cdot MrWDe}{MrShEn}$$

3）如果抽汽用作吹灰，则 $MrStSHEx$ 为常值；如果抽汽用作雾化，则它与过热器流量也成正比（与燃料量成正比），即 $\frac{MrShEnD}{MrStSHExCr} = \frac{MrShEn}{MrStSHEx}$，并进一步可得

$$MrStSHExCr = \frac{MrShEnD}{MrShEn} MrStSHEx$$

这样，假定主蒸汽流量修正因子使用过热器入口主蒸汽流量，由 $MfStCr = \frac{MrMStd}{MrMStEn}$ 计算，可得出比式（3-191）更为符合物理意义的过热器吸热量的修正方式，即

$$\begin{aligned} QrShCr = &MrMStd(HMSt - HStEnS) + MfStCr \cdot MrWDe(HMSt - HWDe) \\ &+ MfStCr \cdot MrStSHEx(HStSHEx - HStEnS) \end{aligned} \tag{3-206}$$

如果不忽略抽汽，也通过迭代的方法可求解出设计过热器入口为设计主蒸汽流量 $MrShEnD$ 时的减温水流量 $MrWDeCr$ 和过热器入口蒸汽 $MrShEnCr$，从而计算出 $MfStCr$，使用（3-206）进行修正。

不少锅炉运行时，过热器减温水量和再热器减温水量远超设计值，所以应当考虑减温水的修正，此时本书推荐该方法。同理，考虑设计主蒸汽流量修正的再热器吸热量，由式（3-207）计算，即

$$\begin{aligned} QrRhCr = &MfStCr \cdot MrStRH（HStRhLv - HStRhEn）+ \\ &MfStCr \cdot MrWRH（HStRhLv - HWRhEn）（Btu/h 或 W） \end{aligned} \tag{3-207}$$

三、汽水压降

与吸热量一样，锅炉的出力除受锅炉影响之外，还受到汽轮机、发电机等一系列设备的影响，因而必须将试验工况下的阻力修正到设计条件下的值后才可以比较，而不能用直接测量的数据与保证条件进行比较。

1. 测量

对于阻力较大的受热面，如过热器系统、给水系统，可用出入口的压力值相减间接得出。对于再热器系统，由于其阻力很小，要想精确测量，必须用压差测量方法进行测量，即在出、入口各引一根传压管，接到一个差压计的两端后进行测量。

2. 计算

一般情况下，阻力包含了四部分内容，即沿程阻力、局部阻力、加速阻力及出入口高度差引起的阻力。除了高度差引起的阻力以外，其他阻力都与流经受热面的汽水工质的密度成反比，与速度成正比。

各项阻力用我国教科书上习惯的符号表示如下。

总阻力为

$$\Delta p = \Delta p_{\text{line}} + \Delta p_{\text{weight}} + \Delta p_{\text{Local}} + \Delta p_{\text{velocity}} \tag{3-208}$$

同时流速与流量的关系为

$$\omega = \frac{G}{A\rho} \tag{3-209}$$

其中

$$\Delta p_{\text{line}} = l\lambda \frac{1}{2}\rho\omega^2 = l\lambda \frac{1}{2A^2}\frac{G^2}{\rho} \tag{3-210}$$

$$\Delta p_{\text{Local}} = \xi \frac{\rho\omega^2}{2} = \xi \frac{G^2}{2A^2\rho} \tag{3-211}$$

$$\Delta p_{\text{weight}} = \rho g H \tag{3-212}$$

$$\Delta p_{\text{velocity}} = \rho_{\text{Lv}}\omega_{\text{Lv}}^2 - \rho_{\text{En}}\omega_{\text{En}}^2 = \frac{G^2}{2A_{\text{Lv}}^2\rho_{\text{Lv}}} - \frac{G^2}{2A_{\text{En}}^2\rho_{\text{En}}} \tag{3-213}$$

式中　G——质量流量；

　　　A——通流面积；

　　　P——密度；

　　　v——速度；

　　　L——管长；

　　　ξ——局部阻力系数（与管子的布置，如经过几个弯头等有关）；

　　　λ——沿程阻力系数（与管长相关）。

这样，汽水压降就与流量建立了直接的关系。

根据以上公式可知，在试验与设计工况对比下，修正蒸汽/水压力损失也包括这四项，一般计算式［只是采用了 ASME 标准的符号，本质与式（3-208）相同，应注意］　为

$$PDiStCr = (PDiSt - C_1 \cdot Ht \cdot DnSt)\frac{DnSt}{DnStd}\left(\frac{MrStd}{MrSt}\right)^2 + C_1 \cdot Ht \cdot DnStd - VhCr \quad （\text{psi 或 Pa}）$$

$$\tag{3-214}$$

式中　$PDiStCr$——压降修正值（the corrected pressure drop），psi 或 pa；

　　　$PDiSt$——受热面进口、出口的压降测量值（the measured pressure drop），是两点之间总阻力的反映，所以本修正式在第一项扣除高度差后，再用第二项单独进行修正，psi 或 pa；

　　　Ht——测压点间高度差（height between the pressure locations），如果流体向上流动，则 Ht 为正值，否则为负值，ft 或 m；

　　　$DnSt$——试验条件下蒸汽/水的密度（density of the steam/water），lb/ft^3 或 kg/m^3；

　　　$DnStd$——设计条件下蒸汽/水的密度（density of the steam/water at the design conditions），lb/ft^3 或 kg/m^3；

　　　C_1——单位换算系数，对 psi 取 0.00694，对 Pa 取 4.788026E+01；

251

$MrSt$ ——试验条件下蒸汽/水的质量流量（mass flow rates of the steam/water at the test condition），lb/h 或 kg/s；

$MrStd$ ——设计工况下蒸汽/水的质量流量（mass flow rates of the steam/water at the design condition），对给水流量和中间过热器的流量基于修正减温水量计算，lb/h 或 kg/s；

$VhCr$ ——速度头修正值（velocity head correction）。

其中速度头修正值 $VhCr$ 的计算式为

$$VhCr = C_2 \frac{1}{DnSt}\left[\left(\frac{MrStd}{Aid}\right)^{-2} - \left(\frac{MrStd}{Aidd}\right)^{-2} + VhCf\left(\frac{MrStd}{Aidd}\right)^2\right] \quad (\text{psi 或 Pa})$$

式中 $VhCf$ ——变流通截面的阻力损失系数（基于出口处管径），其数值由试验各方根据流体流动的参考手册协商确定；

$Aidd$ ——合同约定的管终点处的截面积，ft^2 或 m^2；

Aid ——安装压力测点处的管截面积，ft^2 或 m^2；

C_2 ——单位换算系数，对 psi 取 8.327E-12，对 Pa 取 5.741E-8。

因为试验工况与基准工况下的流体质量流量和比体积都不同，所以锅炉机组进出口或其中一部分的差压测量值应修正至标准或保证工况。如果静压测点处的横截面积与出口点的横截面积不同，则也应对速度压头进行修正。

3. 空气/烟气测压降

与汽水压降一样，因为试验条件与标准工况下流动流体的质量流量和比体积存在差别，所以应将测量的阻力值修正到标准或保证工况后再进行比较。由于空气/烟气的密度变化很小，所以修正空气阻力或通风损失一般不修正速度变化的损失，而仅修正其他三项损失变化，因而其一般计算式为

$$PDiAFgCr = C_1\left[(PDiAFg - Se)\left(\frac{MrAFgCr}{MrAFg}\right)^2 + Se\right] \quad (3\text{-}215)$$

$$Se = C_2 \frac{2.31Ht(DnAFg - DnA)}{12} \quad (3\text{-}216)$$

式中 $PDiAFgCr$ ——修正的空气阻力或通风损失（corrected air resistance or draft loss），in 水柱 或 Pa；

$PDiAFg$ ——测量的空气阻力或通风损失（mass flow rate of air or flue gas），in 水柱 或 Pa；

$MrAFg$ ——试验条件下的空气或烟气质量流量（corrected mass flow rate of air or flue gas），lb/ 或 kg/s；

$MrAFgCr$ ——修正的空气或烟气质量流量，lb/h 或 kg/s；

Se ——烟囱效应或锅炉空气/烟气侧与外界大气间的静压差，相当于高度差的修正，如果流体向上流动，则为负值；

Ht ——测压点间的高度差（height between die pressure locations），如果流体向上流动，则 Ht 为正值，ft 或 m；

C_1——单位换算系数，对 in 水柱取 1.0，对 Pa 取 248.84；

C_2——单位换算系数，对 in 水柱取 1.0，对 Pa 取 248.84；

$DnAFg$——空气或烟气的密度（density of air or flue gas），对炉膛取 0.0125 lb/ft^3 或 kg/m^3，lb/ft^3 或 kg/m^3；

DnA——压力测点附近的环境空气密度（density of ambient air），lb/ft^3 或 kg/m^3。

确定差压时，要求测量空气和烟气管道内的静压。差压必须由差压测量装置测量，而不是由两个独立的仪表测定后相减。静压测点应在截面上或周围布置多点进行测量，或采用专门设计的探头，并必须保证没有气流冲击，从而使测量误差最小。应专门布置导压管且严格检漏。仪表位置应高于取压点位置，以使凝结水能回流至管道，否则必须采取措施考虑凝结水的排放。此外，还要考虑吹扫的要求，吹扫可保持压力传感管线清洁，如果采用吹扫，应维持较小的稳定流量。

4. 漏风

对于回转式空气预热器来说，由于空气侧压力高、烟气侧压力小，空气侧与烟气侧不能完全密封，因而空气会向烟气侧漏风；对于负压运行的锅炉，炉膛、炉膛出口后任一段烟道都可能存在漏风，这些漏风量的考核均通过比较过量空气率或空气质量流量来确定。

漏风量用过量空气百分数的增加值计算式为

$$MpAhLg = 100(XpAz2 - XpAz1) \quad (\%) \tag{3-217}$$

式中　$MpAhLg$——漏入空气的质量百分数；

$XpAz1$、$XpAz2$——上、下游取样点处过量空气的质量百分数。

上面给出了两点之间漏风量的计算，即某段的进出口烟气含 O_2 量均可测得，例如高温除尘器进出口。应用该式时应当注意以下事项：

（1）对采用间壁式或再生式空气预热器的机组，可以计算得到空气预热器空气出口与烟气侧入口两测点间的漏风。

（2）送至燃烧器（和磨煤机，如果采用）的燃烧空气量，可由空气预热器的能量平衡计算得到，即根据进入空气预热器的烟气流量、测量的空气预热器进出口空气与烟气温度值。

（3）空气预热器空气出口与烟气侧（通常为锅炉或省煤器烟气出口）O_2 测点（过量空气）间的漏风，可由空气预热器入口 O_2 测点处的湿空气流量与空气预热器出口的湿空气流量间的差值计算。

（4）所有的空气流量和烟气流量均按化学当量关系计算。如果采用测量方法确定烟气流量或空气流量的不平衡程度，则应将测量结果的比值用于修正按化学当量关系计算的烟气流量和空气流量。

第七节　试验测量要求

AMSE 标准的测试要求基本与我国性能试验标准类似，本节主要就 ASME 标准与我国标准的不同之处进行描述。

一、测试数据要求

ASME 标准下的锅炉效率试验与 GB/T 10184—2015 中的测试数据大体上是类似的，因此，本部分不作太多赘述，只是把它的要求与我国性能试验标准进行比较，把其中明显的不同之处找出来。

（1）采样与我国性能试验标准基本相同，需要采集的样品有燃料（包括原煤、燃气、燃油、石子煤等）、灰渣（包括飞灰、大渣、沉降灰及其他可能排灰口）、脱硫剂，然后进行相应的化验。

（2）锅炉输出能量。大部分试验需要测量汽水侧出、入锅炉界面的温度、压力、流量；有再热器的锅炉还需要测量汽轮机侧高压加热器的抽汽温度、压力、疏水温度等参数，用于确定再热蒸汽的流量。这些参数都确定后，就可以计算试验条件下锅炉的输出能量，以用于锅炉燃煤量的迭代计算。因为入炉煤、脱硫剂等固体物料的多变性，ASME 标准认为准确测量固体物料的流量是很困难的，而应通过计算锅炉输出热量的方法，即锅炉试验与汽轮机热耗试验同时进行，推荐用汽轮机热耗值来确定锅炉的输出热量。

（3）排烟温度与成分测量。排烟温度和烟气成分应当用网格法进行测量，然后得到平均烟气温度和烟气成分。如果烟气以不同的温度离开锅炉系统边界，如对于装备独立的一次风空气预热器和二次风空气预热器的机组，则需要求加权平均。平均排烟温度需要进行迭代计算，排除漏风的影响。但需要注意的是，修正了排烟温度，也就把烟气成分修正到了锅炉出口，需要用锅炉出口的烟气成分、烟气量，而不是空气预热器出口的烟气成分与烟气量来确定烟气的焓。

（4）平均进口空气温度。如果进入锅炉系统的空气具有不同的温度，如一次风和二次风，则应计算其加权平均空气温度，这与我国性能试验标准是相同的。需要注意的是，在锅炉效率保证温度为大气环境温度（或风机入口温度）时，应先计算出试验工况的风机温升，推出设计的空气预热器入口空气温度，再进行修正计算。

（5）大气压力与大气温度。大气压力与大气温度的测量及计算，主要是为了确定进口空气的成分，因为它不随着温度的变化而变化，因而可以在离试验点较近、方便的地方测量。

（6）空气预热器入口温度与烟气成分。ASME 标准必须进行空气预热器入口温度与烟气成分的测量以计算无漏风排烟温度，这一点与我国标准有明显的不同。

（7）脱硫剂流量。无论 ASME 标准还是我国标准，脱硫剂的流量都需要精确测量。

二、试验测试工作要求

1. 准备工作

试验准备工作的思路与我国标准相类似，其中增加的一些需要预先确定的内容如下：

（1）哪些参数可以估计而不进行测量，以及需要采用的方法及估计值。

（2）用于取样与脱硫剂分析的方法，以及 Ca/S 摩尔比目标值。

（3）各个灰渣采集点灰渣份额的分配，以及灰渣取样和分析方法。

（4）测定烟气温度及氧气含量时是否需要流量加权及其方法。

（5）剔除试验异常值的方法。

（6）为了对比合同规定的条件而需要采用的修正内容、方法和修正曲线。

2. 试验工况点的确定

ASME 标准要求用短期波动与长期波动两套指标来控制试验时期的参数，见表 3-5。在一组完整的试验中，每个运行工况的观察值与所报告的该工况平均值的偏差，都不应超过表 3-5 "长期偏差" 栏中所示的允许值，任一峰值与相邻波谷值之间的偏差不应超过 "短期波动" 栏中所规定的限制值。从表 3-5 可以看出，ASME 标准要求的项目明显比我国性能试验标准要求多，试验条件更为严格。

表 3-5　　　　　　　　　　　运 行 参 数 的 偏 差

参数名及控制量		短期波动（峰谷差）	长期偏差
蒸汽压力	设定值＞500psi	4%（最大 25psi）	3%（最大 40psi）
	设定值＜500psi	20psi	15psi
给水流量（汽包锅炉）		10%	3%
蒸汽流量（汽包锅炉）		4%	3%
锅炉/省煤器出口 O_2 体积百分数	燃油、燃气锅炉	0.4（绝对值）	0.2（绝对值）
	燃煤锅炉	1.0（绝对值）	0.5（绝对值）
蒸汽温度		20℉	10℉
过、再热器减温水		40%喷水量或 2%的主蒸汽流量	不采用
燃料量		10%	不采用
燃料层厚度		2in	1in
脱硫剂/煤比（给料机转速比）		4%	2%
飞灰回送流量		20%	10%
床温（空间平均/每区域）		50℉	25℉
床内/机组固体颗粒存料量	床压	4in 水柱	3in 水柱
	稀相区压降	4in 水柱	3in 水柱
蒸汽流量		4%	3%
烟气出口 SO_2 含量		150×10^{-6}	75×10^{-6}
烟气出口 CO 含量		150×10^{-6}	50×10^{-6}
悬浮段温度		50℉	25℉

3. 试验工况的稳定性

目前性能试验对工况稳定性的要求基本按照 ASME 标准的要求执行，具体可参考我国标准的要求部分。

4. 试验的持续时间

每组试验的持续时间必须足够长，以保证测量数据反映机组的平均效率和平均性能，这包括考虑到由于控制、燃料及机组运行特点造成的被测参数的偏差。试验的持续时间不应少于表 3-6 中规定的时间，与我国标准略有差别。

表 3-6	最短试验时间	h

机组类型	反平衡法（能量平衡）	正平衡法（输入-输出）
燃气、油	2	2
层燃	4	10
煤粉炉	4	8
流化床	4	8

5. 测量频率

因为燃料变化、控制系统调整及其他因素，运行参数的波动是不可避免的。试验中通过多次测量来减少所采集数据的精度误差。除非受测量装置的限制，否则其他数据采集的最长时间间隔应为 15min，最好为 2min 或更短。如果在大于 2min 时间的间隔采集数据，且某些重要参数出现波动，则两次数据采集的间隔时间应缩短到不超过 2min。

最好选用自动数据采集设备，但不可采用死区策略系统（即除非数据的变化超过某一给定的百分比，否则输出的数据值不变，如大部分的 SIS 系统中的历史数据）得来的数据。

其他参数测量和取样频率同我国标准要求，可根据试验具体情况适当增减。

6. 试验结果的重复性

用于确定锅炉性能指标的一次试验可以是一组试验，也可以是一系列多组试验，通常是由多组试验组成。试验间的重复性标准是指两次或多次试验的折算结果（折算到相同基础条件，如不同试验测试的效率必须换算到同一代表煤种分析成分下，并折算到相同的进口空气温度下）均在的精度范围，图 3-16 所示为出不同重复性的若干示例。

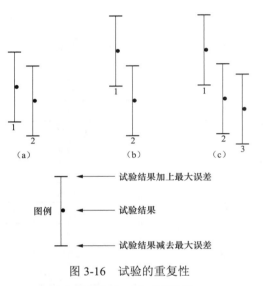

图 3-16 试验的重复性

（a）重复性好；（b）重复性差；

（c）2 和 3 重复性好，1 重复性差

图例：
试验结果加上最大误差
试验结果
试验结果减去最大误差

试验方法的变化（试验变化）或被测对象实际性能的变化（过程变化），都会影响结果的重复性，因而试验方要确保一组内所有试验工况都采用相同的方法。在满足认可标准的每次试验结束时，确认试验数据并计算初步结果，考察该结果是否合理。如果在某次试验或结果计算中发现严重影响试验结果的问题，则视该次试验为无效。如果问题出现在试验开始或结尾，则存在问题的部分无效。无效的试验必须重做，以达到试验目的。

ASME 标准要求进行完整的误差分析来确定重复性。但通过图 3-16 可以看出，重复性好的两组试验结果很接近。因而，国内大多数试验的重复性要求两组试验的结果小于一个较小的值，如 0.5% 即可。本书的重点不在于此，读者可参考 ASME 标准中译本。

7. 试验系统的检查

必须考虑影响测量的外界因素，对试验测量系统进行必需的检查，例如漏入烟气分析仪中的空气会稀释烟气样品。为此，必须在试验前找出所有的漏风点，并修理完善。对那些被估计而不是被测量的参数，其估计值和偏差极限值应由试验各方协商达成一致。

8. 预备试验

为了确定锅炉以及整座电站是否具备实施试验的合适条件，需确定当时所燃燃料的合适燃烧工况及采用的燃烧率，并确认可达到规定的运行工况及稳定性。也可进行少量调整，让参与试验的员工熟悉规定的装备、试验仪表和试验步骤等目的，可以进行预备试验。

在预备试验之后，只要所有试验条件均满足，且参与试验的各方均同意，就可宣布试验正式开始，预备性试验也可以作为正式试验。

9. 性能曲线

单次锅炉性能试验中是不可能精确得到锅炉性能参数的，因而一般可通过在不同锅炉输出下进行的多组试验结果，绘制出试验参数与锅炉输出的关联曲线，这些曲线对评估机组的性能是非常有价值的。如果有足够的试验点来绘制特性曲线，则可从曲线上直接读出对应于中间输出的性能。

三、测量仪表的要求

1. 仪表的精度要求

基准精度是指仪表出厂时按生产商规定进行调整后，在未进行校准的情况下可能产生的偏差。当仪表被调整到参照标准时，该偏差减小。因此，偏差为所采用的参照标准的精度再加上其他偏差影响值。这些影响值包括环境对仪器的影响，以及测量介质的不均匀性导致的偏差。因此，所有仪表均必须检验，以确认其规格是否符合要求、安装是否合理、是否达到设计指标，以及能否在预计检测参数范围内正常工作。

应采用足够精确的仪表来测量关键参数，以确保试验精度。关键参数的测量仪器应按相关国家标准或其他公认的国际标准进行校准。参与检测的所有测量仪表至少已进行了零点校准（置零或将其量程调节到各自的范围）。校验时均应在至少三个不同点处进行，试验时必须在校验范围之内。

锅炉侧 DCS 现场仪表是基于可靠性、易操作性和易维护来设计的，用这些仪表测量得到的测量值可能会降低试验精度，因而，能不用则尽可能不用这些数据。对于关键参数，如排烟温度、排烟氧量等，则不能使用 DCS 数据。

2. 烟气分析的仪表

优先采用精度合格的连续电子分析仪。虽然允许使用手工仪器（如奥氏分析仪），但操作技巧、化学剂的纯度和其他与手工仪器有关的因素将可能导致产生较大偏差，因此并不推荐使用。

燃料变化、控制系统调整及其他因素，均会造成烟气成分的变化。因此，推荐在整个试验过程中连续监测烟气成分，代表性网格点上烟气成分的连续分析结果将能最真实地反映平均烟气成分，多点取样将抵消分层的影响，并获得具有代表性的样品。

（1）O_2。用于测量烟气含氧量的几种方法包括顺磁氧量计、电化学氧电池、燃料电池和氧化锆氧量计等。当采用电化学电池时，需谨慎确保其他气体不产生干扰。例如，为防止 CO_2 对 O_2 测量造成干扰，标定气体中可配入与实际烟气中浓度大致相等的干扰气体。

（2）CO。最普通的一氧化碳分析方法是非色散红外线法。该方法的主要缺点是 CO、CO_2 与 H_2O 具有相似的红外线波长吸收范围。为了 CO 读数精确，烟气样品必须干燥，分析仪必须补偿 CO_2 的干扰，采用较精确的仪器测定 CO_2，然后再对 CO 进行补偿。20×10^{-6} 以下的 CO 尝试可忽略热损失。

（3）SO_2。SO_2 分析方法一般有脉冲荧光法和紫外线法两种。SO_2 化学性质非常活泼，取样分析系统只能采用玻璃、不锈钢或聚四氟乙烯，并对采样管路进行加热，确保 SO_2 没有被冷凝的水溶解。

（4）NO_x。化学发光分析仪是首选的分析方法。这类分析仪的检测原理为：首先在热交换器中将 NO_2 转化为 NO，然后在反应容器将 NO 与臭氧（O_3）掺混并生成 NO_2。该反应过程会发光，检测发光程度来确定 NO_2 的浓度。即使 NO_2 仅占 NO_x 排放的很少一部分（通常低于 5%），但还是将 NO_x 记录为 NO_2，对锅炉效率的影响可以忽略。

（5）碳氢化合物总量。碳氢化合物总量测量首选基于火焰电离探测原理的仪器（FID）。采用甲烷或丙烷作为参照标准气体，结果 THC 值记录为 $THC \times 10^{-6}$ 甲烷，或 $THC \times 10^{-6}$ 丙烷。

3. 温度测量

测量温度的仪表一般为热电偶（TCs）、电阻温度测量装置（RTDs）、温度表或水银温度计。这些装置可直接读数，或者输出一个信号，通过手持显示仪器或数据记录仪读取。必须保证测量装置在每个测点处停留足够长的时间，待示数不再变化时进行读数，以保证其在测量环境中达到热平衡。

4. 流量测量仪表

烟气侧流量测量点必须与温度或氧量测点相对应，测量探头有若干种，如标准毕托管、S 形毕托管、三孔探头、五孔探头、涡流式质量流量探头和其他类型。最好选择可反映测量平面上流体流动方向的探头。

汽水侧测量最好选择 ASME 喷嘴，本书第四章对 ASME 喷嘴略有介绍，更多内容最好与汽轮机专业相关人员达成共识。

四、 关键参数的测量

ASME 标准对于温度、烟气成分这些关键参数的测量要求与测量方法基本与我国性能试验标准相类似，但在细节上仍存在不少的差别，有的甚至是整体思路上的差别，需要引起注意。在 ASME PTC 4.4 2008《余热锅炉性能试验规程》中有更集中的体现，请参阅第四章相关内容。

（一）网格法测量烟气温度及烟气成分

测量截面的位置要保证烟气流速、温度和成分分布均匀，一般应远离管道的转弯、有阻碍物或变径处，尤其是在流动扰动段，如弯管或管道交叉处。在流动烟气的横截面上，由于燃料和送风的微小变化，这种成分不均匀性或分层随时间而变化。为了补偿分层流动的影响，取样横截面上的烟气参数的时空平均值，在该取样横截面上必须用网格法来反复多次测量，并采用复杂的计算方法提高试验精度。如果流动分层严重，则应采用质量流量加权法来减少平均温度的潜在误差。

测量烟气温度时要注意，为了防止烟气热电偶温度与其周围表面温度相差太大，产生辐射而带来误差，测量位置与低温受热面需要有一定的距离，或采用高速抽气热电偶来减小该误差。对烟气温度来说，必须单独读取每一个热电偶的读数，而不应将若干热电偶组合在一起，给出一个输出值。

测量烟气成分时要注意，烟气成分与温度测量必须在相同的测点上进行。为将不确定度减至最小，宜将若干单个取样点汇合成为一组合烟气样品，每一取样器的烟气取样速率必须相同，并在试验期间连续采样分析。当测点数量不是很大以减少试验中横截面逐点测量的次数时，也可采用独立测点取样分析。在试验前和整个试验期间，必须检查系统是否漏气。

对于 CO、NO_x、SO_2 和总碳氢化合物（THC）来说，不需要很多网格点，一个就已足够。这些烟气样品需采用伴热取样管线，过多的取样点是不实际的。应当注意，如果颗粒过滤器中存在 CaO，则样品过滤会导致 SO_2 检测偏差，CaO 与 SO_2 反应，造成 SO_2 减少。在这种情况下，应频繁清扫过滤器。

尽管测量的网格点数越多误差越小，但考虑到相应工作量的增加，ASME 标准并未盲目过多追求测点数的增加，关键看是否满足精度要求，能够满足精度要求即可。与我国性能试验标准一样，ASME 标准中每个网格的面积不应大于 $9ft^2$，这与我国 $1m^2$ 一个测点的要求相近，但 ASME 标准规定最少 4 个测点，最多 36 个测点；测点数多于 35 时，单个网格的面积可大于 $9ft^2$，这与我国性能试验标准有显著的不同。

1. 矩形截面管道网格法划分

将矩形管道分成面积相等的网格，以每个网格的中心为测点，每个网格的面积不大于 $9ft^2$，最多 36 个测点即可。管道横截面上的高度与宽度方向上至少有两个测点，即至少有 4 个测点。测量截面尽可能远离流场分层处，如果无法避免，则要在最大梯度方向上增加测点和精度，如图 3-17 所示。

相等面积的网格形状应是下述中的一种：

（1）网格与管道截面几何相似，即矩形高宽比等于管道高宽比，见图 3-17（a）。这是首选方法，因为它往往可以在最小工作量的情况下保证精度。

（2）任意矩形，见图 3-17（b），必须比图 3-17（a）更接近正方形，尽管理论上可以比图 3-17（a）有更高的精度，但增加了工作量。

（3）正方形，见图 3-17（c）。如果网格不是正方形，其长边应平行于管道横截面的长边。如果实际测点多于推荐值，则增加额外测点时可不考虑高宽比。

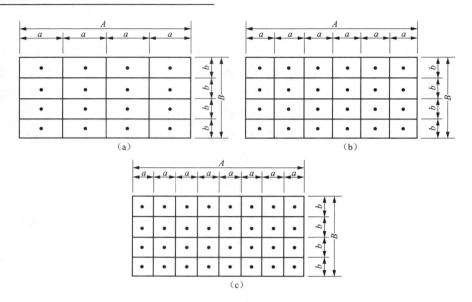

图 3-17　矩形管道的取样网格

（a）网格形状与管道截面相同 $\left(\dfrac{A}{B}=\dfrac{a}{b}\right)$；（b）更接近正方形网格 $\left(\dfrac{A}{B}>\dfrac{a}{b},\ a>b\right)$；

（c）正方形网格（$a=b$）

2. 圆形截面网格法划分

圆形管道网格法划分与我国标准基本相同，只是均分成面积等于或小于 9ft^2 的网格。管道截面上应有 4～36 个测点。试验各方可协商确定，将横截面分成 4、6 或 8 个扇形区域。

（二）数据处理方法

1. 异常数据剔除

确定某一测量平均值的第一步，是剔除异常数据点或异常值。异常值的起因包括读数或记录时的人为误差，以及电子干扰等因素引起的仪表误差。大多数异常值比较明显，但 ASME 标准推荐采用根据工程判断和/或试验各方预先达成协议的方式来剔除异常值，不能用统计方法剔除异常值，并建议试验工程师和试验各方共同分析产生异常值的原因，与我国标准有明显差异。

2. 计算平均值的方法

计算平均值需要考虑时间与空间两个因素。不随空间变化的参数（如蒸汽温度或压力）在稳定的性能试验期间，其值仅随时间并基于某一定值上下波动，把这一段时间的读数进行平均就得到该定值。但是效率试验中大部分检测的参数，不仅必须考虑时间，还要考虑空间变化的影响，利用网格法布置的热电偶来测量空气预热器出口烟气温度就是一个典型的例子。既随时间也随空间变化的参数的平均值求法，不同于仅随时间变化的参数。

（1）空间均匀分布参数的平均值。不随空间变化的参数的平均值是将一段时间的读数进行平均得到的。对那些在空间上（或内）视为定值的参数（如给水温度或压力），或在

空间某一固定点的参数值（如在热电偶网格上某一点的排烟温度），其平均值计算公式为

$$X_{AVG} = \frac{1}{n}(x_1 + x_2 + x_3 + \cdots + x_n) = \frac{1}{n}\sum_{i=1}^{n}x_i \qquad (3-218)$$

式中　X_{AVG}——被测参数的算术平均值；

　　　x_i——某时刻在任意点上第 i 次所测得的参数；

　　　n——测点 i 的测量次数。

（2）总体数据的处理。通常在试验过程中，数据采集系统要定期将被测参数的平均值打印出来（并保存在电子存储器中），这称为总体数据。假设一次试验共计进行了 m 组测量，每组测量包括 n 个读数，第 k 组的平均值为 X_{AVGk}，则此类参数的总体平均值的计算公式为

$$X_{AVG} = \frac{1}{m}\sum_{k=1}^{m}X_{AVGk} \qquad (3-219)$$

（3）空间不均匀参数的平均值。随空间变化的参数的平均值确定，首先计算一个测量网格中每个点的全部数据的平均值，然后确定网格中所有点的平均值。

（三）流速加权

1. 加权因子

评价锅炉效率所需的许多参数值均是由测量某一横截面上若干点的参数值并取其平均值所确定的，如测量烟气温度和烟气氧量。在某些情况下，还需要测量横截面上的空气或烟气流速，因此参数平均值可以是流量/流速加权的结果。流量加权是以速度分布积分形式定义的。确定完每一网格点处的平均值后，如果采用加权平均值方法，则应给每一个网格点的时均值乘上一个加权因子，计算公式为

$$X_{iw} = F_i X_i \qquad (3-220)$$

式中　X_i——测点 i 处参数的算术平均值，如果该参数是温度，则必须是绝对温度；

　　　X_{iw}——测点 i 处参数的加权平均值，w 表示 weighted，加权之意；

　　　F_i——测点 i 处的加权因子。

尽管理论上正确的加权方法是将基于当地的质量流量加权因子（加权因子为密度与流速的乘积）应用于检测的温度，将基于流速的加权因子（加权因子为流速）应用于烟气中氧浓度测量。但 ASME 标准推荐，在两种情况下仅采用流速加权，从而使试验程序尽可能简单实用。即应用网格法测量温度与烟气成分时，采用速度为加权因子就已足够了（质量流量加权的简化），其计算公式为

$$F_i = \frac{V_i}{\overline{V}} \qquad (3-221)$$

其中

$$\overline{V} = \frac{1}{n}\sum_{i=1}^{n}V_i$$

式中　V_i——测量横截面上测点 i 处的法向速度；

　　　$\overline{V}$——测量横截面上的速度平均值；

　　　n——测量横截面上的测点数。

　　如果试验准备采用加权法，可在正式试验前对原始"流速"数据（一般是速度压头、间距和偏离角）进行处理，整理得到垂直于横截面的流速，计算（空间和时间）平均流速，进一步得到加权因子 F_i；也可以通过测量各网格点温度的方法间接得到近似的流速加权因子。

　　2. 流速权的来源

　　（1）横截面逐点流速测量。横截面逐点流速测量是在与流动方向垂直的平面直接测量各网格点的速度分量。试验需测量速度动压、静压和温度，还需测量速度矢量角。采用这种方法需要注意的是：流量测点与温度或氧量测点必须在同一位置。测量探头有若干种类型，但必须能感应速度动压及表示偏转和偏角的压差。

　　沿横截面逐点测量也有两种方法：一种方法是事先对所有的网格点进行测量，确定速度场；另一种方法是与温度、烟气成分（氧量）同点同时测量。第一种方法除了确定流速的误差外，还会由于正式试验的流速场与在试验前初步的横截面逐点测量的流速场不完全相同而产生误差；第二种方法三个变量同时测量所造成的误差是最小的，但增加了工作与仪器的复杂程度，所需的时间一般很长。以 600MW 机组为例，横截面上逐点测量一次可能需要 6h 以上，致使在每一网格点上重复测量的次数很少，因此，某种程度上增大了随机误差和工况不稳定带来的误差。同时，烟气温度高、流速低、引起的动压很小，测量结果与测速仪器是否完全正确对气流非常敏感，采用这种方法测量的人为误差也较大。

　　采用数据采集系统可方便地进行多组试验，本质上是一种同时进行流速、温度和氧量的横截面逐点测量方法，误差很小，但缺点是准备时间很长。

　　（2）采用绝对温度的比值来近似得到流速加权。假定检测截面的静压都相等、流动偏转角度不大，则此时各网格点处的绝对压力相等，即 $p_1=p_2=\cdots=p_i=p$；在每一个测点处，都有 $p_iv_i=RT_i$（其中 v_i 为该点的比体积，T_i 为该点烟气的绝对温度）。由此可知，测量处烟气比体积与绝对温度成正比。假定每个网格点的流量一定，则比体积与流动速度呈线性关系，因而它与温度也呈正比。这样就可以用各网格点处得到的温度检测数据来近似计算流速加权因子，即

$$F_i = \frac{V_i}{V} = \frac{T_i + 459.7}{T + 459.7} \tag{3-222}$$

　　这种方法适合测量频度小的试验，一次试验只作一个工况时，温度点可以和烟气成分同时测量，测量结束后就可以求出各点的速度权，从而确定是否应当采用加权平均进行计算。

　　3. 应用加权的条件

　　根据横截面上逐点测量的温度与烟气成分就可确定烟气分层是否存在、其大小是否对测量精度有影响，方法是：假定其存在流速分层，采用温度点计算速度权，再计算流量加权平均值与无加权平均值之间的差值，通过这些差值确定是否有流量分层，是否该采用加权，即

$$\Delta T = \text{abs}(\overline{T}_{\text{FW}} - \overline{T}_{\text{UW}}) \tag{3-223}$$

$$\Delta O_2 = \text{abs}(\overline{O_{2,\text{FW}}} - \overline{O_{2,\text{UW}}}) \tag{3-224}$$

式中　abs——取绝对值，下标"FW"表示使用加权因子的计算结果，"UW"表示算术平均的计算结果。

确定是否采用加权的判定规则如下：

（1）如果 ΔT 小于 3℉ 并且/或者 ΔO_2 小于 0.2%，则不宜采用流速加权。

（2）如果 ΔT 大于 3℉ 或者 ΔO_2 大于 0.2%，则需要进行三次或更多次的完整横截面逐点检测来确定流速分布，否则不采用流速加权。

（3）三次或以上测量结果中，ΔO_2 都大于 0.2%，应考虑氧量的流速加权。

（4）三次或以上测量结果中，ΔT 都大于 3℉，应考虑温度的流速加权。

两组试验测定的 ΔT 和 ΔO_2 的值必须是可重复的。如果任何一次横截面逐点测量得到的 ΔT 或 ΔO_2 值超过所有横截面测量平均值的 33%，则最可能的原因是存在流速异常值，必须剔除该次横截面上测量所得的数据，否则采用流量加权也不能明显提高精度，也可不采用流量加权。

在多组试验期间，应找一个代表点，该点的流速值近似等于平均值，温度和氧量也近似等于平均值。在该点处最好安装一个流速探头，全横截面逐点测量时读取一个数据，该点也读取一个数据（包括流速、温度和氧量），用它来监视工况的稳定性，以确保整个试验工况保持稳定。

4. 加权的意义

理论上最理想的情况是在横截面网格的所有点上同时测量烟气流速、氧气、压力和温度，将质量流量加权因子应用于温度测量，将流速加权因子应用于烟气成分的测量，从而减少性能试验结果的误差。但实际上，流量加权也可能增加误差，特别是在流速不与温度和氧量数据同时检测、流速检测数据不准确、逐点检测数据花费时间很长而得到的数据很少的条件下，很难说加权一定比不加权好。因而，ASME 标准并不强烈推荐采用流量或流速加权，而是尽可能通过测量位置使其本身均匀。如果试验各方感觉有需要，也仅采用流速加权，但要注意试验程序尽可能简单、实用。只有在流速加权还有明显大的偏差时，ASME 标准才推荐采用流量加权，这时应当以质量流量来加权温度检测值（加权因子为密度与流速的乘积），用体积流量来加权氧量检测值（加权因子为流速）。

5. 烟气分析方法的干基与湿基

计算时，干基与湿基的计算公式差别很大，因此试验时一定要注意是干基工况还是湿基工况。进行烟气分析的设备通常由样品采集与传输系统和烟气分析仪两部分组成。样品采集与传输系统由多取样头网格、取样管线、烟气混合设备、过滤器、凝结器或气体干燥器和气泵等组成。这样，抽出的烟气样品进入烟气分析仪之前，要从抽取的样品中除去水分，这类分析基于干燥基。无除湿机构或用 DCS 测量系统所得的数据多称为就地分析，是基于湿基的。

测量频率不高的情况下往往采用简单的逐点网格测量装置，即由一根铁管（一般为 $\varphi 8$）和一些胶管等组成。铁管散热很好，试验抽取的样品量很小，虽没有除湿装置，但到达烟气分析仪入口时，基本冷却到了环境温度，烟气样品中大部分水蒸气已经凝结，因此可视为干基处理。

（四）各种流量值的确定

1. 空气和烟气流量的确定

烟气与空气的流量是效率试验的重要参数，可以直接测量，也可以用化学当量的方法进行计算。

直接测量空气和烟气流量的方法很多，如文丘里管、机翼和热平衡等。也可以采用更复杂的横截面逐点测量方法，如利用高斯（Gauss）或切比雪夫（Tchebychef）测点分布法测量后，由流速、流体密度和管道横截面积计算。但由于管道内存在障碍物或尺寸不准确，管道面积难以准确确定，如果流体流向与测量平面不垂直，则采用标准毕托管或 S 形毕托管检测的流量误差会偏大，流速测量探头与测量平面的角度更难以确定。这些因素造成空气和烟气流量的测量存在显著的误差。而在锅炉效率试验中，锅炉效率、总输出能量、单位质量燃料的烟气质量、燃料发热量都可以精确地确定。因而，ASME 标准与我国性能试验标准一样，认为确定空气或烟气总质量流量最精确的方法是化学反应的当量关系。正因为这样，对于多股分支流，如空气、灰渣等，ASME 标准规定如下：

（1）总烟气量或空气量采用化学当量关系的方法进行确定。

（2）直接测量的流量仅用来确定流经锅炉系统边界的各股分支流的比例，即使所有的分支流均可测量，也只由测量的质量流量值计算每股流的质量流量份额，而如果需要确定每股分支流的质量流量，必须由该股流的质量流量份额与总质量流量的乘积确定。

（3）一般情况下，仅测量那些易测量的小分支流量，未测分支的流量可通过差值计算。

2. 蒸汽和水的温度与流量

当需要确定机组输出能量或采用迭代法进行锅炉效率试验时，都需要获得蒸汽与水的温度和流量，可以采用直接测量或是热平衡计算的方法得到这些参数。

大多数情况下，这些蒸汽和水的通流面积远小于烟气侧，因此流经管内的蒸汽和水流的温度分布通常接近均匀，可用经过校准和检验的流量元件进行测量。蒸汽不像烟气侧那样负压运行，而是承受高温高压，就目前国内的电站锅炉来说，DCS 上使用的仪表往往都能满足精度要求。但也有例外，在减温器前后的管道内，由于喷水会引起不均匀，不能在这些地方安装测速元件，而是需要有一定的距离。

蒸汽和水的流量测量一次元件最好采用满足测量要求的一次元件，如 ASME 喉部取压喷嘴（参见 ASME PTC 6《蒸汽轮机》所述）。对于大型机组，最好采用 ASME PTC 6 喷嘴，因为被测流体的雷诺数可能很高，可能超出了一般仪器的精度范围（如孔板，其线性度不够，如果需将流量系数外推至标定范围很高的雷诺数条件下，精度就会下降），除非在被测的雷诺数范围内对流量测量元件进行标定。

可采用能量平衡计算来确定过热器减温水流量，但再热减温喷水流量应直接测量。因为再热蒸汽比热容小，对于减温水量过于敏感，用热平衡计算减温水量会难以在达到系统平衡的条件下进行。只有在再热减温喷水流量很低、孔板或喷嘴的差压处于系统可测量的下限时，或没有精确测量喷水流量的测量装置和传感器时，才能勉强采用能量平衡法计算。

对于流量来说，还应当注意：用热平衡计算流量时（如给水加热器的再热抽汽及过热器减温喷水流量等），ASME 标准推荐采用 1997 版 ASME 蒸汽表由温度和压力确定焓，但如果基于 IAPWS-IF97，精度会更高。

ASME PTC 6 喷嘴的价格很高，因而国内 DCS 中根据汽轮机第一级压力，由费留格尔公式来计算（软测量）主蒸汽流量。尽管有一些误差，但若使用恰当，其计算精度高于给煤机测量煤量，因此可以优先采用。使用恰当的条件是：DCS 中使用该公式的过程中没有发生错误、汽轮机也没有发生积盐、主蒸汽压力与第一级后没有加入新的阻力点等，需要汽轮机相关专业确保满足这些条件。

3. 液体燃料的流量与温度

液体燃料的温度可以直接采用固定式的温度测量元件测定，测点应布置在燃料进入系统的进口处，流量测点附近。如果燃料由外界热源加热，则应在该加热器后测量进口温度。如果燃料直接由被测试系统自身的热源加热，则应在加热器前测量温度。

燃料的质量流量可由流量测量装置、称重容器或油箱得到。如果采用油箱液位变化来确定流量，则需要精确地确定其密度。计算流量时，需考虑并测量油箱与油枪间的燃料循环量，燃料管道上的分支管应堵塞，或者安装双重阀门。

4. 气体燃料的流量与温度

气体燃料的温度可以直接采用固定式的温度测量元件测定，测量要求与液体燃料相同。

锅炉试验时所需测量的气体燃料体积相对很大，要求采用专门的孔板、流量喷嘴或涡轮流量计进行测量，也可以直接采取符合标准的 DCS 中数据，也可通过并列接入的手持仪表或数据记录仪读取。需注意的是：测量气体流量时，必须准确测量温度和绝对压力，只要有很小的变化，就会对气体密度的计算产生显著的影响，从而影响到流量的结果。气体的可压缩因子对气体的密度有重要的影响。

5. 固体燃料与脱硫剂温度与流量测量

因为固体物料的多变性，准确测量固体物料的流量是很困难的，所以一般采用计算值为准。但有些小流量的项目必须采用精确测量值，如脱硫剂。可用于测量固体流量的方法有很多，如固体质量计量给料机、容积式给料机、等速固体颗粒取样、称重容器/计时称重、冲板式流量计等。为保证这些方法的测量精度，要求基于某一基准，定期进行标定，如称重式给煤机的链码标定与实物标定。容积式给料机的流量只能估计，估计时需要假设给料机每转排出的物料容积以及物料的密度；由于转子内空间可能未充满，密度也会随物料颗粒粒度分布与其他因素发生变化，并且所有这些参数都可能随时间变化，因而估计流量的精度难以保证。

固体物料流的温度通常也难以测量，所以大部分时间都采用指定值（如飞灰、大渣的温度），影响很小的温度值可采用测量值，如燃料温度，测量时温度探针需插入物料流中。具体情况与要求如下：

（1）燃料。把可靠耐用的温度测量元件插至固体燃料流中，并应尽可能靠近一次风与煤粉混合点的上游处。

（2）脱硫剂。把可靠耐用的温度测量元件插至固体脱硫剂流中，并应尽可能靠近输送风与脱硫剂或煤粉/脱硫剂混合点的上游处。

（3）灰渣。烟气携带的灰渣（飞灰）温度可认为等于取样点的烟气温度（空气预热器的排灰采用排除漏风影响的空气预热器入口烟气温度）；流化床燃烧室的底渣一般可取床温值（采用冷渣器且将热量返回系统的场合例外，此时应测量冷渣器的出口渣温）。

（4）炉底灰渣温度可以采用本章第一节中指定值，如果需要测量灰渣温度（如火床炉的炉底灰渣），应将耐用可靠的温度测量元件插入到灰渣流中，并尽可能地靠近灰渣排出口。

多股固体物料流的平均温度应为质量加权值。

6. 灰渣流量及份额

灰渣总质量流量计算值要比直接测量值精确得多，因此要采用计算值。但是，计算的灰渣量只有一个总量，而灰渣的出口不止一个，各灰渣口的温度相差很大，因此必须确定从每一出口排出的灰渣量占总灰渣量的百分数，即灰渣份额，用灰渣份额来进行加权计算灰渣带走的显热。

确定灰渣份额的方法如下：

（1）纯测量法。在每一出口测量排出灰渣的质量流量，用该流量值除以计算总灰渣量即为该灰渣口的份额。

（2）测量计算相结合法。在某一出口或多个出口测量灰渣量（常为排渣量最大的出口），然后根据差值计算其他出口的灰渣质量，计算方法见第三章第二节。如果未测出口多于一个，则应估计这些出口间的灰渣分配比例。

（3）纯估计法。根据燃料性质、锅炉性质及燃烧方式来估计每一出口的灰渣百分比。

实测灰渣时要分情况：由灰斗或炉排以干态排出的灰渣质量流量，可由称重箱或定时称重法来确定，如旋转排料机的转数、绞龙速度、冲击式固体流量计等；水冲灰系统排出灰渣的质量流量的确定要比干态灰渣的测量更困难，必须将全部排渣收集到渣仓或渣车内，自然脱去水分，整体称重后再与毛重比较。因为在计算中系统排出的灰渣被考虑为干态，所以必须测定灰渣样品的水分，再去修正湿态下测量的质量流量。

尽管 ASME 标准要求对灰渣的流量进行测量，但必须转化为灰渣份额，不能直接进行加权平均。

（五）大气参数的测量

（1）大气压的测量。首选采用气压计测出测量点的大气压力，也可以采用最近的气象站报道结果，不能采用海平面值进行修正的方法。如果采用气象站报道结果，需记录气象站与试验现场的海拔，如果存在高度的差别则进行修正。

（2）湿度的测量。湿度的确定方法与我国标准完全一致，即要测定干球温度和湿球温度，或干球温度和相对湿度。

（六）固体燃料和脱硫剂取样

1. 取样方式

ASME 标准中性能试验的取样方法与我国性能试验的方法与要求基本相同，只是在具体的操作理念上有一些细微的思路差别。ASME 标准的采样要求与思路如下：

（1）从固体颗粒物流中采样，并要尽可能靠近锅炉，以确保具有代表性。

（2）如不能在紧邻锅炉处采样，则必须考虑采样时间与该物料进入或离开锅炉之间产生的时滞，保证所采集的时滞样品代表进入或离开锅炉的实际时间与试验同期。

（3）飞灰、大渣取样与我国标准完全相同。

（4）多数情况下脱硫剂的成分是均匀的，脱硫剂可以在局部取样。

（5）平行物料流，如输煤皮带和给煤机，因为流量、原煤颗粒粒度、化学成分等均可能不同，各给煤皮带间就可能存在差别。必须从每一平行输煤皮带上采集煤样并混合。如果各平行皮带的输煤量不相等，则需要采用流量加权的方法来确定每条输煤皮带的取样量，最后混合得到整合样品。在整个试验过程中，每条输煤皮带的流量均必须连续。

从以上要求可以看出，ASME 标准与我国标准基本相同，只是在取样方法上，ASME 标准首推"停止皮带"取样方法，将物料输送带暂停下来，从与流动垂直方向上沿整个截面截切取得物料。截切的宽度不应小于最大固体颗粒尺寸的 3 倍，并认为此时偏差为零。实际中暂停输送带取样是不现实的，因此宜采用全截断取样（将物料流导流出一部分的取样方法）或者部分截断取样（采用取样器从流动物料中部分截断取样），这两种方法与我国性能试验标准的要求也是相同的。

燃料油和天然气具有比较稳定、一致的成分，因此只需要较少量的样品。如果燃料性质因外界而发生变化，例如燃料来源改变，则要采用较严格的取样程序，以保证样品具有代表性。

在实施性能试验前，试验各方必须对取样点进行检查，确认取样方法，保证取样探头可用。要特别注意样品可能不具有代表性的地方。从流动的物流中获取煤或其他固体物料样品，在收集过程中会导致多于一种的颗粒粒径分布。

2. 采样的时间间隔

一般情况下，样品应以相同的、非随机的时间间隔采得，该要求与我国性能试验标准也是相同的。但当已知采样顺序对于化验值有影响时，ASME 标准认为应当由现场工作人员根据情况掌握，采用不规则的时间间隔。每个样品的质量应相同，采集所有煤样品的持续时间必须等于一组试验测试的时间。

3. 样品数量

除了与我国性能试验要求相似的部分以外，ASME 标准更强调工作人员根据被取样实际的具体情况而进行针对性、有区别的工作。可以根据历史数据库及取样对象的特点，对不同的样品（如煤、脱硫剂、灰渣）可选择不同的取样法，只要样品可以代表物料流的实际组成即可。

（1）对于煤、石灰石等流动物流，可取样地点是煤仓、料仓或灰斗上游处，以及接近锅炉系统的给煤机、给料机（下游处）。上游处采样偏差大，可作为备用方法，但不能用于验收试验。

（2）烟气中飞灰样品应采用等速取样的方法，该样品量通常非常小，但它是横跨烟道横截面按规则逐点取得的，因此该样品数量虽小，但仍然具有代表性。

（3）脱硫剂样品采量可大可小，由于其化学组成不大可能随着取样量的多少或脱硫剂批次的改变而改变，因此试验中少量样品能代表入炉的全部脱硫剂。

（4）对于煤来说，实际的样品大小必须考虑若干因素，包括颗粒粒度分布、化学成分变化、给料方式、流量和取样数量。一般情况下，样品量越大，精度就越高，同时工作量也增加。一般对于人工取样，收集的样品质量一般为 2～8lb；对于自动取样设备，能采集更大的样品量，然后缩分到实验室化验要求。

（5）最小样品数。推荐在每次试验的开始和结束时均采集一个样品，以及试验中每小时采集一个样品，因此在一个 4h 的试验中应当至少进行 5 次样品采集。采集的个体样品数取决于平行物料流的数目，如有 5 个平行物料流，就需要至少采集 20 个个体样品。如果希望提高燃料特性的检测精度，则可以超过推荐的最小样品数。

4. 样品中间处理过程

必须制定样品的中间处理工作程序，并谨慎实施，以确保获得有代表性的样品，并防止取样设备和存储器的污染。在室外取样时，必须保证在采集期间不受外界环境影响。采用气密、不腐蚀存储器，以防止样品在分析前发生成分变化。由于可能存在水分损失，所以在分析水分含量之前，样品不能暴露于空气中。样品必须贴上说明标签，并表示其对试验的重要性。标签应至少包括日期、时间、取样点和取样方法。

各个取样点所取的多个样品可以单独分析，也可以把它们组合或部分组合后进行化验分析。如果单独分析，每个小样品称为子样。每个子样的结果需要用质量流量加权平均来计算总体样品的成分。

5. 使用历史数据

利用历史数据来分析个体样品，是减少试验费用的有效方法。煤的成分可组合成主要成分（如碳、氢和氮）和可变成分（如水分、灰分，可能还有硫分），前者的精度指标取自有效的历史数据，后者的精度指标则基于为特定试验所做的个体分析。转化的方法是收到基百分数含量乘以系数 $\dfrac{100}{100 - MpH_2OF_i - MpAsF_i}$，将历史分析数据转换为干燥无灰基（daf）表示的分析数据，其中 MpH_2OF_i 为历史样品子样 i 的水分含量，$MpAsF_i$ 为历史样品子样 i 的灰分含量。

对于含碳量，转化量为

$$MpCF_{\mathrm{daf},i} = MpCF_i \frac{100}{100 - MpH_2OF_i - MpAsF_i}$$

式中　$MpCF_{\mathrm{daf},I}$ ——干燥无灰基燃料含碳量，%；

　　$MpCF_i$ ——样品 i 的收到基碳含量，%；

　　MpH_2OF_i ——历史样品子样 i 的水分含量，%；

　　$MpAsF_i$ ——历史样品子样 i 的灰分含量，%。

发热量、氢、氮、硫和氧的转换方程与此类似。

这种替代方案的重要前提是，用于历史数据和试验数据的主要成分均来自相同对象的统计样本。例如由于煤通常露天存储，入炉煤的水分与收到煤相比具有较大的可变化性。这样，对可变成分水分来说，历史数据与试验数据源于相同样本的前提就不满足了，但水分的变化并不影响主要成分干燥无灰基的组成成分,所以干燥无灰基成分是可用的。当试验中脱硫是重要内容时, 硫的含量应包括在可变成分中, 且变化通常相对较大。所谓来自相同对象的统计样本, 是指历史数据尽可能满足以下标准:

（1）历史的和试验的煤（脱硫剂）来自相同的煤矿/矿层。

（2）对煤（脱硫剂）, 历史数据是个体样品子样的分析结果（未混合）。

（3）历史样品的量与试验期间采集样品的量相同。如果历史样品是在不同的位置取得的, 则有可能引入附加的偏差。

这种替代方案不适用于灰渣样品。灰渣成分受锅炉运行工况的影响, 因此无法保证历史和试验数据来自相同的统计样本。

（七）电功率的测量

高精度的电功率由采用两相电功率法或三相电功率法测量得到。但若采用功率测量来确定辅机功率消耗, 则需要较繁琐的程序。最好的方法是测量每一相电路中的电流和电压, 把每一相的电功率加起来以确定总功率消耗。对于锅炉效率来说, 由于电功率只占输入量很小的份额, 所以并不需要高精度电功率测量。只需测量单项电流和电压, 并假定辅机的负载平衡, 就可足够精确。

（八）燃料、脱硫剂和灰渣化验分析

1. 固体燃料

尽管性能试验仅要求化验分析固体燃料的元素分析、工业分析和高位发热量, 但固体燃料性质的确定, 如灰熔融温度、可磨性、灰的化学成分分析和燃料颗粒粒度, 对试验用燃料与规定燃料等价程度的判定是很重要的, 这些性质也可用于其他试验目的, 因此最好进行全面的化验。

确定脱硫率至少需要脱硫剂的元素分析（钙、镁、水分、惰性元素）, 有时可能需要确定固体脱硫剂的其他性质, 如脱硫剂的颗粒粒度。

2. 液体燃料

对燃烧液体燃料的锅炉, 确定效率至少需要燃料的元素分析和高位发热量, 有时可能需要确定液体燃料的其他性质, 如 API 重度和密度。

3. 气体燃料

对燃烧气体燃料的锅炉, 确定效率至少需要燃料成分的容积含量。

4. 灰渣

ASME 标准推荐使用热量法化验颗粒状灰渣样品, 以确定含碳量; 并根据 ASTM D 6316 来确定灰渣中的 CO_2 含量, 以便确定灰渣中游离碳的含量。ASME 标准不推荐采用烧失法来确定未燃可燃物损失, 因为在燃烧过程中可能发生若干化学反应, 这些反应会减小或增加样品的质量, 且无热值。

对于极其难以燃尽的无烟煤来说, 灰渣中可能会有不可忽略的氢, 此时应当把含碳量与含氢量分开化验。燃料中的氢极易挥发, 在正常燃烧过程中, 灰渣中几乎不存在 H_2, 试验测定的含氢量为 0.1%或更小的数量级。在燃烧计算与效率计算中, 这个数量级的含氢量可以忽略。

第八节　ASME 标准与我国标准的比较

一、ASME 标准的改动

在内容上，ASME PTC 4-2013/2008 与 ASME PTC 4-1998 没有太大的区别，只是作了很小的增减，并对一些论题进行了说明，主要内容有如下四点：

（1）在本书的第二章第四节中，全面讨论了试验时无法切除暖风器的几种处理方法。在 ASME PTC 4-1998 没有明确的说明，在 ASME PTC 4-2013/2008 则已有了非常明确的说明：如果用锅炉抽汽的暖风器，则把它划分在系统内，进行损失计算；采用外来蒸汽，如汽轮机抽汽的暖风器，把锅炉进风温度选择在暖风器后，这部分损失由汽轮机考虑，与本书推荐方法完全相同。

（2）在测量网格与结果计算方法中，去掉了三中间点法和多中间点法，使计算过程更为简化。

（3）ASME PTC 4-1998 及以前各版标准中，没有关于低位发热量的词汇；但由于除 ASME 标准以外，其他大部分标准都以低位发热量为基准，所以 ASME PTC 4-2013/2008 增加了关于低位发热量作为热量输入基准的说明与处理原则。

（4）更新了参考的规程和标准，如增加了 1997 版 ASME 蒸汽表，基于 IAPWS-IF97，目前精度更高；更新了测量灰渣中总含碳量和碳酸盐二氧化碳的标准，由 ASTM D 6316 替代 ASTM D 1756。

二、ASME 标准与我国标准的对比

1. 相同点

（1）系统边界相同。ASME 标准与我国标准（以下简称两者）都将送风机、一次风机和引风机划分在锅炉边界之外，以空气预热器入口作为空气侧的入口，以空气预热器出口作为烟气侧的出口；将利用锅炉自身抽汽的暖风器划分在系统内，将利用外来汽源的暖风器划在系统外；将磨煤机、炉水循环泵、冷渣器、再循环风机等辅助设备划归系统范围内，并计算其功率消耗带入的外来热量。

（2）锅炉效率的定义相同。两者锅炉效率的定义均为输出热量与燃料发热量之比，即推荐燃料效率，而非以输入热量为基准的锅炉热效率（或毛效率）。对大型电站锅炉，两者都推荐采用反平衡法（或能量平衡法）计算锅炉效率。

（3）试验基准温度相同。ASME 标准把试验基准温度也规定为 77℉（25℃），所有进出锅炉系统的物质流（除水焓 HW），如空气、燃料和脱硫剂，均根据基准温度来计算显热损失和外来热量，同时固体燃料化验热量的最终温度也为 77℉（25℃），这样就实现了热值计算与燃料化验基准温度的一致性。我国标准也指定 25℃作为基准温度来计算平均比热容和焓值。尽管 ASME 标准规定该温度下物质的焓为 0，从而在计算公式中省去了基准温度的焓值项；而我国标准中该温度下的平均比热容并不为 0，两者在表达式上也有所差异，但相同温差的焓值计算结果差异很小。

（4）烟气温度及烟气成分测量方法相同。两者对烟气成分和烟气温度的测量均要求

网格法、连续测量，均删除了奥式烟气分析仪等手动分析方法；对于流动明显分层的情况推荐使用速度加权的方法。

（5）物料的取样方法和原则相同。两者对固体物流（固体燃料、脱硫剂）均可以采用全截断取样和部分截断取样方法，且要求取样位置靠近锅炉，对于平行物流要求分别进行取样、化验或质量流量加权混合后化验；气体和液体物流的取样方法完全相同。

（6）液体燃料、气体燃料及脱硫剂流量的测量方法基本相同，且均可以采用 DCS 测量装置的测量结果。

（7）灰渣份额的确定方法相同。两者均推荐采用试验的方法来确定灰渣份额，且灰渣总量采用计算值而非测量值。剩余一个排渣（灰）口的份额，可以利用计算总灰（渣）量和已测灰（渣）量的差值来计算。

（8）大气温度和湿度的测量方法完全一致。

（9）试验条件的要求基本相同。两者均对试验期间主要参数的波动范围作了严格限制，以保证试验结果的有效。

（10）确定烟气量的方法相同。两者均推荐根据燃料的化学反应当量关系计算烟气量，即根据燃料的元素分析、工业分析，计算理论空气量、理论烟气量，利用烟气中成分计算过量空气率（过量空气系数），从而计算实际烟气量作为热损失中的烟气流量。

（11）灰渣中未燃碳的化验要求相同。灰渣中的未燃尽碳是指游离的碳，但采用石灰石脱硫或灰分中含有大量碳酸盐时，灰渣中不仅存在游离碳，还有以碳酸盐形式存在的碳，在高温下碳酸盐分解释放出 CO_2。两者均规定测量灰渣中碳的标准方法是首先测定总含碳量，再测定灰渣中的 CO_2 含量，然后将总含碳量修正到游离碳量，即为灰渣未燃碳量。

2. 差异点

（1）固体燃料流量的测量。我国标准认为在试验前对测量装置进行校准或标定后，可以采用 DCS 测量装置测量的燃料量。ASME 标准认为 DCS 的计量或皮带称重无法满足计算精度，不建议采用 DCS 测量装置测量的燃料量，规定锅炉效率计算中使用的燃料量通过输出能量与能量平衡反复迭代计算直至锅炉效率收敛在允许值的燃料量。大多数情况下，DCS 对主蒸汽流量、减温水流量的测量精度都不高，导致输出热量的测量也不是很准确；而汽轮机性能试验所得热耗率是个精确量。为此可要求锅炉、汽轮机同时进行性能试验，以精确地计算锅炉输出热量。

（2）燃料发热量基准不同。ASME 标准习惯采用高位热值作为输入热量，我国标准则习惯采用低位发热量作为输入热量。采用高位发热量时汽化潜热在锅炉中释放不出来，必须区分不同来源的水分，哪些是由水变成汽的，哪些是直接以蒸汽形式进入锅炉系统的，然后分别计算它们带走的损失。由于汽化潜热数值很大，所以这种计算方法可以非常敏感地反映水分对锅炉效率的影响。采用低位发热量时，所有来源的水蒸气都当作饱和蒸汽只计其物理显热，而水蒸气比热与烟气其他成分相差很小，就会造成水分的多少与锅炉效率基本无关的假象（实际燃料中水分会使低位发热量降低，对锅炉效率有很大影响）。

燃料发热量基准的不同，还造成锅炉效率在数值上明显的不同。高位热量基的锅炉效率值远低于低位发热量计算的锅炉效率值，一般烟煤锅炉低位基效率值在 92%～93% 左右，高位发热量基效率值多在 89%左右，褐煤锅炉的效率值则相差更多。但由于燃料购买时以低位发热量计算，所以采用低位热值计算锅炉效率可以与燃料的购买相关联，便于电站进行指标的管理。

（3）水蒸气焓。ASME 标准为了区分不同水分对损失的影响，把水进汽出的蒸汽焓（Steam）定义为 HSt，把汽进汽出的水蒸气焓定义为 HWv。蒸汽焓 HSt 根据 ASME 蒸汽图表得来，以 32℉（0℃）液态水为基准，包括了水的汽化潜热；而 HWv 是以 77℉（25℃）为基准的水蒸气焓（为 0），不包括水的汽化潜热。ASME 标准中 HWv 的含义与我国标准中的水蒸气相似，但数值不同。

在使用 ASME 标准基于低位发热量计算时，由于低位发热量的计算是用燃料的高位发热量扣除由燃料中氢气燃烧形成水及固体或液体燃料携带水的汽化潜热，所以应将 $QpLH_2F$ 和 $QpLWF$ 中基于高位发热量的能量损失替换为基于低位发热量的能量损失。即用排烟温度下的水蒸气焓（$HWvLvCr$，$HWvRe$ 在 25℃为 0）的差值代替排烟温度下的蒸汽焓（$HStLvCr$）与基准温度下的水焓（$HWRe$）的差值，不再考虑汽化潜热的能量损失，即基于低位发热量时，$QpLH_2F$、$QpLWF$、$QpLWvF$、$QpLWA$ 都是以 $HWvLvCr$ 计算焓值，而脱硫剂水分引起的损失仍然用 $HStLvCr$、$HWRe$ 的差值计算。

（4）过量空气系数（过量空气率）。ASME 标准中使用过量空气率来表示多余空气量与理论空气量的比值（百分数），分为干基和湿基两种情况；而我国标准使用过量空气系数来表示实际空气量与理论空气量的比值（无量纲），仅为干基。忽略不同标准对烟气成分的计算误差，对于干基一般存在 $XpA=100$（$\alpha-1$）。在煤质分析的脱硫效率已知的情况下，ASME 标准中过量空气率仅通过测量烟气中 O_2 的体积百分数就可确定；但我国标准除了测量 O_2 之外，还要求测量除 N_2 之外的所有烟气成分的体积百分数，计算和测量起来很复杂。

（5）烟气量、空气量的计算单位。我国锅炉性能试验标准的烟气量计算是单位质量燃料对应烟气的体积流量（m^3/kg 燃料，标况下），则计算烟气的焓是基于烟气中各组分体积分数加权平均计算的体积比热容 [kJ/（$m^3 \cdot K$）]，因而可以直接使用各组分体积分数（实测或计算值）和比热容公式，不需要再进行质量份额或摩尔质量的转换。

（6）脱硫效率（脱硫率）。ASME 标准和我国标准对脱硫效率的定义均为随燃料送入锅炉、但没有以二氧化硫形式排放的硫占总硫量的份额。对比两者的计算公式发现，除了符号、常数项和最终单位不一样，其余均相同，我国标准脱硫效率除以 100 就是 ASME 标准的脱硫率。

（7）未燃碳的计算。若灰渣比例为实际测量，两者计算结果是一致的。参考第二章第四节的灰平衡试验，并假定只有炉渣和飞灰两部分组成，且无脱硫剂。已知飞灰含碳量为 $w_{c,as}$（%），炉渣含碳量为 $w_{c,s}$（%），试验期间测量的底渣灰流量（包括未燃碳）为 $q_{rs,s}$、飞灰流量为 $q_{rs,as}$，计算总灰流量为 q_{rs}，燃料质量流量为 $q_{m,f}$。

根据我国标准规定，计算炉渣、飞灰份额分别为

炉渣份额（不包括未燃碳） $w_s = \dfrac{q_{rs,s}}{q_{rs,GB}}(100 - w_{c,s})$

飞灰份额（不包括未燃碳） $w_{as} = \dfrac{q_{rs,as}}{q_{rs,GB}}(100 - w_{c,as})$

总灰量（纯灰，不包括未燃碳） $q_{rs,GB} = \dfrac{q_{m,f} w_{ar}}{100}$

则基于总灰量的灰渣平均含碳量 $w_{c,rs,m}$（%）为

$$w_{c,rs,m} = \frac{w_s w_{c,s}}{100 - w_{c,s}} + \frac{w_{as} w_{c,as}}{100 - w_{c,as}}$$

$$= \frac{q_{rs,s}}{q_{rs,GB}}(100 - w_{c,s})\frac{w_{c,s}}{100 - w_{c,s}} + \frac{q_{rs,as}}{q_{rs,GB}}(100 - w_{c,as})\frac{w_{c,as}}{100 - w_{c,as}}$$

$$= \frac{1}{q_{rs,GB}}(q_{rs,s} w_{c,s} + q_{rs,as} w_{c,as})$$

则基于单位燃料的未燃碳量 $w_{c,ub}$（%）为

$$w_{c,ub} = \frac{w_{ar}}{100} w_{c,rs,m} = \frac{w_{ar}}{100}\frac{q_{rs,s} w_{c,s} + q_{rs,as} w_{c,as}}{\dfrac{q_{m,f} w_{ar}}{100}}$$

$$= \frac{q_{rs,s} w_{c,s} + q_{rs,as} w_{c,as}}{q_{m,f}}$$

同样的条件下，根据 ASME 标准规定，计算炉渣、飞灰份额分别为

炉渣份额（包括未燃碳） $MpRsAp = \dfrac{q_{rs,s}}{q_{rs,ASME}} \times 100$

飞灰份额（包括未燃碳） $MpRsAs = \dfrac{q_{rs,as}}{q_{rs,ASME}} \times 100$

总灰量（包括未燃碳） $q_{rs,ASME} = MFrRs \times q_{m,f}$

则基于总灰量的灰渣平均含碳量 $MpCRs$（%）为

$$MpCRs = \sum \frac{MpRsz \cdot MpCRsz}{100}$$

$$= \frac{MpRsAp \cdot w_{c,s} + MpRsAs \cdot w_{c,as}}{100}$$

$$= \frac{1}{q_{rs,ASME}}(q_{rs,s} w_{c,s} + q_{rs,as} w_{c,as})$$

则基于单位燃料的未燃碳量 $MpUbc$（%）为

$$MpUbc = MpCRs \times MFrRs$$

$$= \frac{q_{rs,s} w_{c,s} + q_{rs,as} w_{c,as}}{q_{m,f}}$$

对比 $MpUbc$ 和 $w_{c,ub}$ 的计算公式，可知两者是一致的，即在灰、渣比进行实测时，ASME 标准和我国标准中基于单位燃料的未燃碳量的计算结果是相同的。

当灰渣比例采用设计值时，ASME 标准和我国标准计算的未燃碳量不完全一致，原因是两者对灰渣比的理解不同：我国标准中灰、渣比所指的"灰渣"不包含实际灰渣中的可燃物，即纯灰分产生的灰渣；而 ASME 标准中灰、渣比所指的"灰渣"包含实际灰渣中的可燃物。因此尽管采用同一灰渣比数据，但所指的意义不同，相同的数值代入两个不同的计算公式，计算结果也不完全相同。

（8）不确定度分析。不确定度分析是定量表达试验结果精确度的一种方法。不确定度分析是估计一组测量或试验结果误差极限的最好方法，试验结果的不确定度是试验质量的一个衡量指标，试验完成后进行的不确定度分析能帮助试验工程师确定那些对试验误差影响最大的参数和测量。因此 ASME 标准将不确定度分析单独列出，并用于评估各组试验间的重复性（见图 3-16）。但不确定度仅用于判断性能试验的水平，而不是用来评价锅炉的性能，为了实用和易操作，我国标准在修订时删除了 1988 年版本中不确定度分析的相关内容，保留了两次平行试验允许偏差的要求，以控制多组试验的重复性。

3. ASME 标准与我国标准中损失与外来热量的对比（见表 3-7）

表 3-7　　　　　　　　　　　ASME 标准与我国标准的对比

序号	项目	ASME PTC4—2013	GB/T 10184—2015
1	排烟热损失 q_2	ASME 标准中详细分为干烟气热损失 $QpLDFg$、燃料中氢燃烧产生水蒸气的损失 $QpLH_2F$、燃料中水分产生水的损失 $QpLWF$ 和 $QpLWvF$、空气中水分引起的损失 $QpLWA$、脱硫剂水分引起的损失 $QrLWSb$、额外水分引起的损失 $QrLWAd$	我国标准中的排烟热损失 q_2 包括干烟气带走热量 $Q_{2,fg}$ 和水蒸气带走热量 $Q_{2,wv}$，从计算项目上看，$Q_{2,wv}$ 包括了 ASME 标准中罗列的各项水分损失
2		ASME 标准的计算边界为锅炉出口即空气预热器进口，计算焓值使用的是无漏风的排烟温度，干烟气量为空气预热器进口的计算烟气量	我国标准的计算边界为空气预热器出口，计算焓值使用的是实测排烟温度，干烟气量为空气预热器出口的计算烟气量
3		ASME 标准中无漏风的排烟温度根据能量平衡和物质平衡［见式(3-74)］计算，需要同时测量空气预热器进、出口烟气成分和烟气温度	我国标准只需要测量空气预热器出口烟气成分和温度，若进行锅炉效率修正还需要测量空气预热器进口烟气温度
4	气体未完全燃烧热损失 q_3	我国标准中 q_3 包括烟气中 CO、H_2、CH_4 及 C_mH_n 烷烃等气体未完全燃烧的损失，计算方法为各自的体积量乘以气体完全燃烧发热量。与之相对应的，ASEM 标准详细分为一氧化碳引起的损失 $QpLCO$、未燃氢引起的损失 $QpLH_2Rs$，以及未燃碳氢物质引起的损失 $QpLUbHc$，它们都属于未燃可燃物造成的损失 $QpLSmUb$ 的一部分，它们的计算方法与我国标准是相同的，只是在气体料发热量的数值上有微小差别
5	固体未完全燃烧热损失 q_4	我国标准中 q_4 为灰、渣中未燃碳造成的热损失，计算方法为灰渣量、灰渣平均含碳量和碳的发热量的乘积。ASEM 标准中此项为 $QpLUbc$，其计算方法与我国标准是相同的，碳的发热量 ASME 标准取 33700kJ/kg，我国标准取 33727 kJ/kg，两者偏差也不大
6	散热损失 q_5（辐射与对流热损失）	ASME 标准规定表面辐射与对流引起的损失 $QrLSrc$ 由测定锅炉表面的平均温度和周围环境温度来间接计算，需要在足够多的位置测量表面温度、环境温度和环境空气流速来确定具有代表性的平均值	我国标准规定了 3 种方法来计算散热损失 q_5（见第二章第三节），其中方法 2 为根据锅炉负荷、实测表面与环境温差和表面风速，结合相关图表查取，该方法与 ASME 标准中正常测量时的计算方法是相似的

序号	项目	ASME PTC4—2013	GB/T 10184—2015
7	散热损失 q_5（辐射与对流热损失）	ASME 标准计算的 $QrLSrc$ 为第二类热损失还需要除以（燃料量×燃料发热量）以转化为百分数，由于不同负荷的表面辐射对流散热量变化不大，而燃料量是与机组负荷正相关的，则辐射散热损失（百分数）随负荷的升高而降低	ASME 标准和我国标准对于散热损失的计算从本质上是一致的，只是计算公式不同
8	灰渣显热的计算 q_6（湿渣池）	由渣池水的能力增量、渣池水蒸发引起的损失和渣池出口渣、水混合物的显热之和计算，或估算湿渣池辐射损失 $QrLAp$ 与灰渣显热损失 $QpLRs$ 之和计算。计算 $QpLRs$ 时，若湿排渣温度没有测量值，可取用 900Btu/lb（2095kJ/kg）	当不易直接测量炉渣温度时，水冷固态排渣炉可取 800℃，液态排渣锅炉可取灰流动温度再加 100℃，同时冷渣水所带走的热量不再计及
9	灰渣显热的计算 q_6（干排渣）	计算 $QpLRs$ 时，若炉膛干排渣温度没有测量值，则灰渣温度可取 2000℉（1100℃）	空冷固态排渣炉需实测排渣温度。当不易直接测量炉渣温度时，火床炉排渣温度可取 600℃
10	灰渣显热计算 q_6（冷渣器）	如果灰渣显热是基于进入冷灰器的灰渣温度，则不存在与冷灰器有关的损失；但是如果灰渣温度是在冷灰器出口测量的，则被冷灰器吸收的热量应计入锅炉的损失	冷渣器划归系统内时，CFB 的炉渣温度取冷渣器出口温度。若冷渣水热量未被利用或冷渣器划归系统外，则炉渣温度取冷渣器进口温度。若冷渣器流化风返回系统内，冷却水未被机组利用时，则采用冷渣器出口渣温，但需要增加冷却水未利用损失的热量 Q_{SC}
11	灰渣显热计算 q_6（飞灰）	ASME 标准中计算飞灰焓值的温度为无漏风修正后烟气温度	我国标准中计算飞灰焓值的温度为实测空气预热器出口烟气温度
12	脱硫热损失 $q_{7,des}$	投入脱硫剂的锅炉，包括脱硫剂煅烧、脱水的吸热反应和固硫的放热反应，ASME 标准分别划分为脱硫剂固硫反应带入的外来热量 $QpBSlf$ 和脱硫剂煅烧和脱水引起的损失 $QrLClh$；我国标准则将两者都作为脱硫热损失 $Q_{7,des}$ 处理，且是煅烧反应吸热项符号为正，固硫反应放热项符号为负。由于热效率计算公式中将损失项均为负号，外来热量为正号，则 ASME 标准方式计算脱硫剂对锅炉效率的影响（除脱硫剂带入水分外）为 $-QrLClh+QpBSlf$，而我国标准为 $-Q_{7,des}$，即煅烧反应的符号为负，固硫反应的符号为正，可见两者从对系统能量输出和输入上计算是一致的。两者的微小差别在于 ASME 标准在计算 $QrLClh$ 时考虑了 $MgCO_3$、$Ca(OH)_2$ 和 $Mg(OH)_2$ 存在时的煅烧反应的吸热量，而我国标准未考虑此种情况
13	排出石子煤引起的损失	ASME 标准中此项损失为 $QpLpr$，需要测量计量石子煤质量流量、石子煤的高位发热量，以及以磨煤机出口温度对应的灰焓计算的石子煤携带的显热	我国标准中此项损失为 Q_{pr}，需要测量计量石子煤质量流量，石子煤的低位发热量，并不考虑石子煤携带的显热
14	冷却水热损失	ASME 标准此项为 $QrLCw$，我国标准中此项为 Q_{cw}，两者计算方法相同，均由冷却水出口与进口焓值之差乘以冷却水流量计算	
15	形成 NO_x 而引起的损失 $QpLNOx$	ASME 标准中因燃料燃烧中形成 NO_x 过程中吸收热量而引起的损失为 $QpLNO_x$，这项损失一般很小，NO_x 生成量为 $220×10^{-6}$（氧量为 3%）时该项损失为 0.025%	考虑到目前大型电站锅炉均安装有 SCR 或 SNCR 脱硝装置，空气预热器入口 NO_x 的体积分数一般小于 $200×10^{-6}$，因此我国标准没有考虑这部分热量损失
16	因漏风而引起的损失	ASME 标准中此项为 $QpLALg$，计算锅炉出口与空气预热器烟气入口位置之间的漏风引起的损失	这部分漏风很小，一般可不予以考虑。我国标准无此项
17	再循环物质流造成的损失	ASME 标准中此项分为 $QrLRyRs$ 和 $QrLRyFg$ 分别计算，飞灰或烟气再循环物流离开锅炉、再进入锅炉时产生损失	我国标准无此项
18	内部供计热源暖风器损失	ASME 标准中此项为 $QrLAc$。针对采用锅炉系统内部的汽源作为暖风器汽源，只有暖风器凝结水离开锅炉时带走一部分热量，该损失为暖风器凝结水焓与锅炉给水焓之差与暖风器凝结水流量的乘积	我国标准中把从锅炉系统边界内抽出的离开锅炉系统边界作为其他用途的辅助蒸汽带走的热量归入 $Q_{st,aux}$ 计算，是输出热量一部分

序号	项目	ASME PTC4—2013	GB/T 10184—2015
19	高温烟气净化装置的影响	ASME 标准此项作为损失 $QpLAq$ 来处理，其值为进口热量与出口热量之差	我国标准为外来热量 $Q_{fg,DEN}$ 处理，其值为出口热量与进口热量之差，从对效率影响的计算式上看基本是一致的
20		ASME 标准中出口湿烟气焓 $HFgLv$ 是基于进口烟气成分和出口烟气温度计算的	我国标准计算时则需要根据出口烟气成分（主要是 O_2、CO_2、N_2 等，不考虑水分变化）重新计算烟气焓值，因此我国标准出口烟气焓值实际上是 ASME 标准中进口烟气成分和漏入空气混合后的焓值。
21		对于漏入空气导致的干烟气损失和燃料水分损失等，ASME 标准是对比无此部分漏入空气而计算得来的，主要是为了考虑对空气预热器性能影响的修正	我国计算干烟气热损失的边界为空气预热器出口，在对空气预热器出口烟气量进行测量（或者计算）时已经包括了各种漏风引起的排烟损失的增加，所以并不对此项进行单独计算
22	干空气携带的外来热量	ASME 标准中此项为 $QpBDA$，干空气量根据烟气成分和煤质计算，由于空气预热器的漏风部分并不进入炉膛参与燃烧，不会对氧量产生影响，因此干空气量为空气预热器漏风后的干空气量（和其他空气量），不包括空气预热器漏风至烟气侧的空气量	我国标准中此项为 $Q_{a,d}$，干空气量是进入锅炉系统边界的实测空气量，由一、二次风量等各支流空气量分别计算，包括漏入烟气侧的空气量
23		确定干空气加权温度时推荐使用各支流质量流量与计算空气量之比来确定，一次风份额由进入磨煤机的一次风量计算，漏风计入二次风通过差值计算	确定干空气加权温度时推荐使用各支流实测的质量流量来确定，一、二次风量的计算相互独立，干排渣等漏风一般不予计算
24	空气中水分携带的热量	ASME 标准此项为 $QpBWA$，我国标准中此项为 Q_{cw}，两者计算方法相同，均由计算实际空气量、空气绝对湿度（含湿量），以及空气温度对应的水蒸气焓（或比热容）计算	
25	系统内辅助设备带入的热量	ASME 标准此项为 $QrBX$，包括电力驱动设备带入热量和蒸汽驱动设备带入的热量。其中电力驱动设备带入热量与我国计算方式相同	我国标准此项为 Q_{aux}，均包括磨煤机、烟气再循环风机、炉水泵等系统边界内设备带入的热量。由辅助设备消耗的功率和驱动效率计算，无蒸汽驱动设备带入的热量
26	燃料显热带入的热量	ASME 标准中此项为 $QpBF$，我国标准中此项为 Q_f，两者计算方法相同，分别由燃料焓值或燃料温度与基准温度之差乘以平均比热容计算	
27	脱硫剂显热带入的热量	ASME 标准中此项为 $QpBSb$，我国标准中此项为 Q_{des}，两者计算方法相同，分别由脱硫剂焓值或脱硫剂温度与基准温度之差乘以平均比热容，以及燃料质量流量计算	
28	额外水分带入的热量	ASME 标准中此项为 $QpBWAd$，我国标准中此项为 $Q_{st,at}$，两者计算方法相同，均由额外水分出口焓值与进口焓值之差乘以额外水分的质量流量计算	
29	未测量热损失	国内在使用 ASME 标准时，往往把反平衡试验中那些不能分类和难以测量的热损失合成一个未测量损失，作为厂家的保留裕度，并非特指某项热损失，也不固定	我国标准没有此项

第四章

余热锅炉性能试验标准

ASME PTC 4.4《燃气轮机的余热回收蒸汽发生器（HRSG："Gas Turbine Heat Recovery Steam Generators"）》，即通常所说的余热锅炉，形成于 1973 年，最初是作为锅炉性能试验标准 PTC 4.1—1967 的第 10 个附件发布的。1977 年 ASME 委员会认为其地位应当超过一个附件，因此把它单独拿出来形成一个标准，并冠名为 PTC 4.4。1980、1981 年 PTC 4.4 分别被 ASME 委员会和美国国家标准局批准生效，成为美国国家标准，即 ASME PTC4.4—1981，对余热锅炉的性能试验起了指导性的作用。

在最近 20 年内，联合循环机组发生了非常大的发展，逐渐形成了以 GE 公司、西门子公司与日本三菱公司三家公司鼎立的局面，而余热锅炉的地位逐渐下降，成为燃气轮机的一个辅机，补燃与旁路烟道等词汇逐渐淡出这一领域。在 2008 年 4 月 25 日，ASME 委员会又发布了一个新的版本，对 1981 年的版本进行了较大的修改，称为 ASME PTC 4.4—2008，在内容上有了较大幅度的调整，在试验方法上大为简化，同时独立性增加，把其他锅炉性能试验标准、燃气轮机性能试验标准 ASME PTC 22 中的一些内容加入，使其更加系统、全面，并增加了可读性，但在学术上则大为删减，减去了很多读者接触不到的东西。

由于两个版本并不是完全、简单的升级关系，所以本书在介绍余热锅炉时，将结合两个版本进行介绍，不单纯以 2008 版为主。对于无补燃的烟道式余热锅炉，我国有自己的性能标准 GB10863—1989《烟道式余热锅炉热工试验方法》，后于 2011 年升级，对试验过程进行了一些细化，不过其试验方法与计算方法与 GB10184—1988《电站锅炉性能试验标准》基本相似，因此本章不再对其进行描述。

第一节 余热锅炉简介

一、大型多压余热锅炉

2005 年前后，我国利用"西气东输"天然气工程建设了一大批燃气蒸汽联合循环机组，包括北京第三热电站、北京太阳宫热电站、上海漕泾电站、江苏戚墅堰电站、张家港电站、望亭电站、广东惠州电站、深圳前湾电站、深圳东部电站、浙江余姚电站、杭州半山电站等，总容量约 12000MW，成为我国电力企业中不可忽略的发电力量之一。这批机组很有特点，或者是一燃气轮机、一锅炉、一汽轮机一发电机的同轴配置（350MW

级），或者是两燃气轮机、两余热炉、两汽轮机、三发电机的多轴配置（700MW 级），余热锅炉均为三压、无补燃无旁路、正压余热锅炉，由国内锅炉厂代理生产。因而本节所介绍内容以这些机组所配为蓝本。

同轴配置机组以北京第三热电站 1 号机组为例，由三菱重工 / 东方汽轮机厂联合制造，容量为 350MW，燃气轮机（包括压气机）、蒸汽轮机、发电机安装在同一根轴上。余热锅炉为三压、一次再热、无补燃、卧式、自然循环余热锅炉，炉顶封闭，采用全钢构架与炉壳自支撑型，高、中、低三个压力级的自然循环相对独立，各有一个汽包布置于炉顶钢架上，过热蒸汽与再热蒸汽采用喷水调温，如图 4-1 所示。

以北京第三热电站的机组为例，锅炉参数如表 4-1 所示（设计工况为：环境温度 12℃、相对湿度 58%、大气压力 1010.7hPa）。

多轴配置机组以北京太阳宫燃气热电有限公司的热电机组为例，哈尔滨动力设备有限公司/美国 GE 公司生产，两台燃气轮机各带一台余热锅炉和一台燃气轮发电机，两台余热锅炉产生的蒸汽合并后，驱动一台蒸汽轮发电机组。全厂联合循环机组在性能保证工况下的发电出力为 706.12MW，单台燃气轮机的额定发电出力为 241MW，汽轮机额定发电出力为 300MW。余热锅炉与单轴配置机组很相似，只是在低压汽包安装一个除氧头用于除氧，单轴配置机组的除氧由汽轮机凝汽器上的除氧头完成，同时两台锅炉蒸汽合并后才进入汽轮机，热力系统如图 4-2 所示。

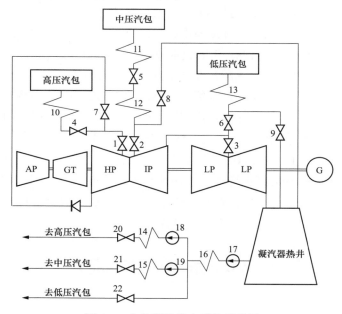

图 4-1　余热锅炉汽水系统示意图

1—高压主蒸汽门；2—中压主蒸汽门；3—低压主蒸汽门；4—高压电动主蒸汽门；5—中压电动主蒸汽门；
6—低压电动主蒸汽门；7—高压旁路门；8—中压旁路门；9—低压旁路门；10—高压过热器；
11—中压过热器；12—再热器；13—低压过热器；14—高压省煤器　15—中压省煤器；
16—低压省煤器；17—凝泵；18—高压给水泵；19—中压给水泵；
20—高压给水调节门；21—中压给水调节门；22—低压给水调节门

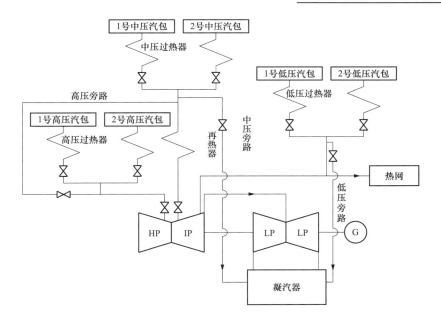

图 4-2　多轴联合循环机组余热锅炉热力系统

表 4-1　　　　　　　　　　　　余 热 锅 炉 参 数

锅炉工况			单位	100%	75%	50%	30%
过热蒸汽	高压	流量	t/h	287.4	221.3	172.5	111
		出口压力	MPa	10.67	8.14	6.31	5.49
		出口温度	℃	540	512.4	496.8	408.6
	中压	流量	t/h	38.2	36.2	29.6	37.8
		出口压力	MPa	3.73	2.89	2.24	1.63
		出口温度	℃	274.8	263.8	252.8	245.5
	低压	流量	t/h	48.2	42.56	31.9	32.2
		出口压力	MPa	0.49	0.434	0.416	0.416
		出口温度	℃	261	251	240	231
再热蒸汽		出口流量	t/h	313.8	248	194.3	142.9
		进口流量（混合前）	t/h	275.6	211.8	164.7	105.1
		进口压力（混合前）	MPa	3.71	2.87	2.22	1.59
再热蒸汽		出口压力	MPa	3.51	2.71	2.1	1.51
		进口温度（混合前）	℃	393.2	372.9	360.9	293.7
		出口温度	℃	568	530.4	510.7	412.1

二、补燃

所谓补燃，是指当燃气轮机出口烟气进入余热锅炉时，并不能满足余热锅炉产汽的需求，需要在烟道中补充燃烧一部分燃料，进一步提升烟温后，才进入余热锅炉进行加热蒸汽的联合循环机组布置方式。

大型联合循环机组之所以有高达 60% 的整体效率，主要是因为蒸汽循环前叠加了燃气轮机的循环。虽然汽轮机的体积远大于燃气轮机，但在燃气蒸汽联合循环中，无论是功率输出还是效率，燃气轮机都占主要位置，通常燃气轮机的功率与汽轮机的功率比约为 2:1，效率比也要大于 1，与常规锅炉和回热蒸汽朗肯循环方式不同。此外，由于联合循环中燃气轮机在很小燃烧室内完成大量的燃气燃烧，因而无论是燃气还是空气，都需要相对较低的温度和较高压力条件下送入（温度过高会增加高压功耗），所以空气一般没有预热器。汽轮机也一般没有抽汽回热，单独的蒸汽循环效率远低于联合循环效率，也比常规蒸汽回热循环效率低。

补燃加入后，补燃的燃料产生的能量只进行了汽轮机的循环，所以会明显降低机组效率。设有补燃的三压余热锅炉系统见图 4-3。

现代大型联合循环机组中很少有补燃的设计。一般只有在设备厂家系列产品难以满足用户蒸汽的特殊需求，且用户也愿意承担由此而带来的效率下降时才会有补燃的设计。在 ASME PTC 4.4—1981 的时代，燃气比较便宜，补燃还是比较重要的；2008 版就不再重点介绍，但是在公式计算中还包含了一些补燃的相关内容，是为了兼容的目的。

三、小型余热锅炉

ASME PTC 4.4—1981 中给出了 20 世纪 80 年代小型余热锅炉的设计条件可供参考：环境温度 59°F（15℃）、外壳保温表面温度 134°F（57℃）、过热器出口温度 825°F（440℃）、过热器出口压力 600Psig（4.1MPa）、给水温度 240°F（115℃），使用 2 号燃料油（低位发热量 18688 Btu/lb），这种情况下锅炉的主要参数如表 4-2 所示。

四、ASME PTC4.4 的特点

因为余热锅炉是利用燃气轮机的废热，所以与 ASME PTC 4—1998 相比，PTC 4.4 标准中处处体现节能的思想，在每一处计算模型都更为细致、精确，但也有以下几方面的差别：

（1）由于余热锅炉辅机很少，所以 ASME PTC 4.4 不考虑辅机的效率问题。

（2）与 ASME PTC-4—1998（2008）系列不同的是，ASME PTC 4.4 版本与我国性能试验标准类似，燃料发热量采用低位发热量。

（3）ASME PTC 4.4—2008 编写专家与其他版本不同，很多方面的思路同源，但不完全一致。很明显的例子是符号的用法完全不同，给读者的阅读与理解带来了极大的困难。

（4）ASME PTC 4.4—1981 版本规定的性能试验目的包括：特定运行条件下的锅炉热效率或焓降效率、容量及其他运行特性，如蒸汽温度及其控制范围、入口烟气温度及流量、烟气侧压降、汽水侧压降、旁路挡板的泄漏率等。考核目的主要有：检查它们与保证值的差别、比较不同的运行模式的经济性、决定某一个部分的性能、燃烧不同燃料的性能，以及设备改变时的影响等，其中最主要的考核目标是锅炉的效率（热效率或焓降效率）。

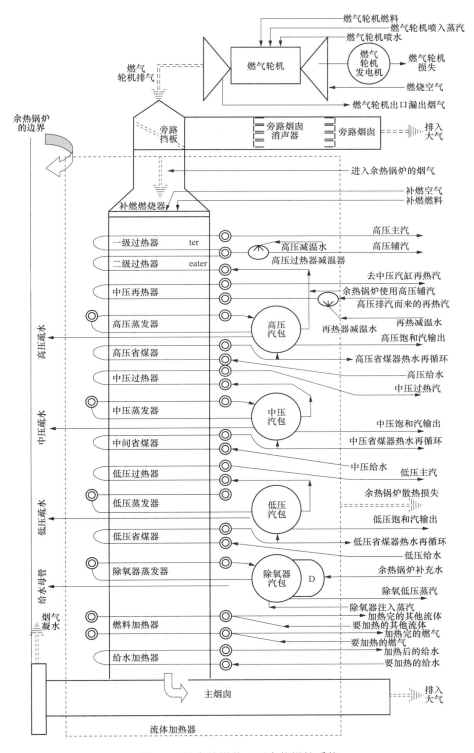

图 4-3 设有补燃的三压余热锅炉系统

表 4-2　　　ASME PTC 4.4—1981 中给出的余热锅炉设计条件及主要参数

过热蒸汽流量	t/h	84	106	156	228	405	579
省煤器出口温度	℃	249	249	243	238	232	232
HRSG 烟气流量	t/h	757	760	764	771	783	794
补燃燃料输入能量最大比例	%	0	6	18	36	70	100
高温过热器入口烟气温度	℃	496	600	796	1065	1493	1806
蒸发器入口烟气温度	℃	446	538	709	926	1299	1545
省煤器入口烟气温度	℃	272	323	403	493	576	563
烟囱入口烟气温度	℃	211	246	298	353	348	241
HRSG 排烟分析							
氧气质量含量比	%	16.00	15.00	13.00	10.00	5.00	0.00
二氧化碳质量含量比	%	5.89	6.81	8.65	11.42	16.01	20.62
氮气质量含量比	%	71.81	71.66	71.34	70.87	70.11	69.32
水蒸气质量含量比	%	5.04	5.27	5.74	6.44	7.61	8.78
二氧化硫质量含量比	%	0.01	0.01	0.02	0.02	0.03	0.04
惰性物质质量含量比	%	1.25	1.25	1.25	1.25	1.24	1.24

（5）ASME PTC4.4—2008 中取消了效率，使得它与 1981 年版的标准有很大的差别。但 ASME PTC4.4—2008 更注重于方便、准确地确定烟气流量，烟气流量确定下来后，效率只需要再计算一下，本质没有改变。

五、余热锅炉烟气侧的阻力

因为烟气侧的阻力直接关系到燃气轮机的做功能力和效率，所以余热锅炉烟气侧阻力是非常重要的指标，远比燃煤锅炉重要。ASME PTC 4.4—1981 与 ASME PTC 4.4—2008 两个版本中都有大篇内容介绍余热锅炉烟气侧阻力特性的修正，除符号不同导致公式的外貌不同外，实际内容与第三章 ASME PTC 4—1998 标准介绍的内容完全相同，请读者参考相关章节内容。

第二节　烟气流量的计算

对于 ASME PTC4.4—2008 来说，最重要的工作是确定余热锅炉的容量，即确定烟气的流量。对于 ASME PTC4.4—1981 版来说，因为计算效率用到烟气流量，所以烟气的流量也非常重要。但两者处理烟气流量的态度有明显的差异：1981 年版本主张该流量通过测量得到，也可通过燃气轮机的热平衡计算得到，优先推荐热平衡计算所得的结果。由于基于燃气轮机热平衡的计算模型在 ASME PTC 22—1979 版本中，所以 1981 版本用了很大篇幅介绍烟气流量测量的方法。 2008 版本则把该部分测量内容完全取消，把基于燃气轮机热平衡方法简要纳入标准中，并增加了余热锅炉热平衡计算烟气量的方法，如果两种方法同时采用，可以根据两种方法的精度来加权平均计算最终的烟气流量。

一、燃气轮机热平衡方法

燃气轮机热平衡方法可以用来确定燃气轮机排烟流量（如果排烟温度可测）和排烟温度（如果排烟流量可测，或由余热锅炉热平衡计算）。

燃气轮机的工作模式如图 4-4 所示，从大气中抽取空气，进入压气机压缩，然后高温、高压的空气进入燃烧器与燃料混合燃烧，燃烧后产生的高温、高压烟气进入燃气轮机，推动燃气轮机做功，并把烟气排入烟囱或进入余热锅炉。

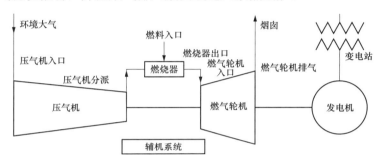

图 4-4 燃气轮机的工作

通过燃气轮机的物质流如图 4-5 所示。其中进入系统的能量物质有燃料、雾化蒸汽或喷水、燃烧用的湿空气和平衡用的过量空气，而输出的物质有排烟气及中间的燃气轮机漏气。因此，热平衡就是燃料的热量、空气及喷水所带热量与离开系统的排烟物理显热、漏气所带走的热量、轴功和各项热损失的平衡。热损失是燃料燃烧热的很小一部分，包括驱动辅助设备所需能量。

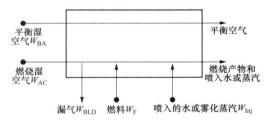

图 4-5 通过燃气轮机的物质平衡

燃气轮机的燃料、漏气、喷入的蒸汽量、燃料的热量及输出的功率都可以测量。在燃气轮机排烟可以测量的情况下，就可根据排烟物理显热、燃气轮机燃料燃烧放热被转化为轴做的功和排烟物理显热，以及各种热损失之间的热平衡，来计算烟气的流量。计算过程如下：

（1）对燃料进行取样与化验，进而取得燃料的成分，计算其燃烧产物，并据此计算烟气的焓。

（2）大气参数。用干、湿球温度与大气压力，或干球温度与相对湿度确定进入燃气轮机空气的组成成分与焓；根据空气组分与漏出空气的温度来计算漏出空气的焓；根据空气组分与排烟温度来计算平衡空气的焓。

（3）通过燃料的成分与燃烧化学反应方程，来计算单位质量燃料燃烧生成烟气的成分、摩尔质量流量的变化，并确定燃烧需要空气的量。与普通锅炉类似，通过燃气轮机的空气不仅有燃烧空气，还有平衡空气（相当于普通锅炉的过量空气，但作用不同，过量空气主要用来使燃料燃尽，而平衡空气主要用来平衡燃气轮机的转动、减少振动、保持进入燃气轮机的烟气温度等）。燃气轮机的排烟为平衡空气与燃料燃烧产物的混合体，即燃烧空气与燃料完全燃烧产生燃烧产物，而平衡空气仅是湿空气。把可根据湿空气的组分和排烟温度来确定离开燃气轮机的平衡空气的焓，利用烟气的组成成分与排烟温度来计算排烟的焓。

（4）根据燃料的发热量及比热容、空气带入的热量、喷入水分的焓及燃料的流量计算输入热量。要注意的是由于化工行业中气体与燃料油燃烧发热量的参考温度是 60℉（15.56℃），所以根据汽水状态、压力、温度来计算喷入水或蒸汽的焓，需减去 1087.73Btu/lb 的汽化潜热，并继续调整到参考温度 60℉下的值。

（5）确定燃气轮机的各项热损失（排烟损失、润滑油系统的热损失、燃气轮机冷却系统的热损失、辐射散热损失、漏出空气或漏出烟气损失）；漏出空气损失由漏气量与漏气温度、湿空气组分等参数确定。

（6）发电所带走的功由发电量乘以 3412140Btu（h·MW），转化为 Btu 单位。

（7）根据"输入能量=输出能量"，建立能量平衡方程，即

$$
\begin{aligned}
(W_{BA} + W_{BLD} &+ W_{AC}) \times h_{AIn} + W_{Inj} \times h_{Inj} + W_{GTF} \times h_{GTF,net} \\
&= Q_{HL} + W_{BLD}h_{BLD} + (W_{AC} + W_{Inj} + W_{GTF}) \times h_{G,Out} + W_{BA} \times h_{A,Out} + Q_{GT}
\end{aligned}
\tag{4-1}
$$

式中 W_{BA}——平衡湿空气的质量流量；

$\quad W_{BLD}$——漏入空气的质量流量；

$\quad W_{AC}$——燃烧湿空气的质量流量，可以根据燃料的成分确定；

$\quad h_{AIn}$——入口湿空气的焓，由空气组分、空气温度确定；

$\quad W_{Inj}$——喷入的雾化蒸汽的质量流量，测量可得；

$\quad h_{Inj}$——喷入的雾化蒸汽的焓，由蒸汽温度、压力确定；

$\quad W_{GAF}$——燃气轮机燃料的质量流量，测量可得；

$\quad h_{GTF,net}$——入口燃料所具有的热值，包括低位发热量及物理显热；

$\quad Q_{HL}$——表面辐射及对流热损失；

$\quad h_{BLD}$——漏出湿空气的焓，由空气组分、漏出空气温度确定；

$\quad h_{G,Out}$——燃气轮机排烟的焓，由燃烧产物烟气组分与排烟温度确定；

$\quad h_{A,Out}$——随燃气轮机排烟一起排出的平衡空气的焓，由湿空气组分与排烟温度确定；

$\quad Q_{GT}$——燃气轮机发电带走的能量。

式（4-1）中仅 W_{BA} 不可知，可以变换为：

$$
W_{BA} = \frac{(W_{BLD} + W_{AC})h_{AIn} + W_{Inj}h_{Inj} + W_{GTF}H_{GTF,net} - Q_{GT} - Q_{HL} - W_{BLD}h_{BLD} - (W_{AC} + W_{Inj} + W_{GTF})h_{G,Out}}{-(h_{AIn} - h_{A,Out})}
$$

$$\tag{4-2}$$

燃气轮机热损失分为固定损失与可变损失两种，固定损失有冷却油损失及其他不变

的损失，可变损失包括发电机的效率，可由发电机效率曲线估计。因为各种热损失均是燃烧热很小的一部分，因此燃气轮机制造厂家的曲线值可用来作为各种热损失的确定依据，但为了保证试验精度，从厂家曲线估计的热损失值不应超过燃烧热的2%。

确定燃料的损失，就可以通过式（4-2）得出平衡湿空气的流量，进而可求出通过燃气轮机的烟气流量（等于得到的平衡空气的流量、燃烧空气的流量与喷入水及燃料的流量之和）。

二、余热锅炉热平衡方法

与燃气轮机热平衡方法一样，以余热锅炉热平衡为研究对象，可建立基于余热锅炉热平衡的方程，即

$$Q_{G,IN} + Q_{DB} + Q_{AA} + Q_{AS} + Q_{WF,IN} = Q_{HRSG,OUT} + Q_{WF,OUT} + Q_{HL} \tag{4-3}$$

$$Q_{GT,IN} = W_{BA} \times h_{A,IN} + W_{G,IN} \times h_{G,IN}$$

$$Q_{DB,IN} = W_{DB} \times HVF_{NET}$$

$$Q_{AA} = W_{AA} \times h_{AA}$$

$$Q_{AS} = W_{AS} \times h_{AS}$$

$$Q_{HRSG,OUT} = (W_{G,IN} + W_{BA} + W_{DB} + W_{AA} + W_{AS}) \times h_{HRSG,OUT}$$

式中　$Q_{GT,IN}$——燃气轮机排气带入余热锅炉的热量，由燃气排烟（包括燃煤产物、平衡空气、喷入的水蒸气等）的焓计算；

　　　$Q_{DB,IN}$——补燃燃烧器（Duct Burner）带入余热锅炉燃料的热量，由单位燃料的发热量与燃料的流量计算而得；

　　　Q_{AA}——补燃燃烧器调节风（Adjust Air）带入余热锅炉的热量；

　　　Q_{AS}——雾化蒸汽（Atomizing Stream）带入余热锅炉的热量；

　　　$Q_{WF,IN}$——给水带入的热量；

　　$Q_{HRSG,OUT}$——余热锅炉排烟烟气带走的热量；

　　　$Q_{WF,OUT}$——蒸汽带走的热量，它与 $Q_{WF,IN}$ 的差值即为 $Q_{WF,NET}$；

　　　Q_{HL}——散热损失掉的热量。

这样，考虑各部分热量的来源，式（4-3）变为

$$\begin{aligned}&W_{BA} \times h_{A,IN} + W_{G,IN} \times h_{G,IN} + W_{DB} \times HVF_{NET} + W_{AA} \times h_{AA} + W_{AS} \times h_{AS}\\&= Q_{WF,NET} + Q_{HL} + (W_{G,IN} + W_{BA} + W_{DB} + W_{AA} + W_{AS}) \times h_{HRSG,OUT}\end{aligned} \tag{4-4}$$

式中　$W_{G,IN}$、$h_{G,IN}$——燃气轮机排气带入余热锅炉的质量流量和焓，流量可由燃气轮机热平衡计算或测量得到；

　　　W_{BA}、h_{Ain}——烟道补燃燃烧器燃烧所需要的风量（相当于一次风）和焓，风量可根据燃料的成分和化学反应当量关系计算，焓可以根据空气组分与进口温度计算；

　　　W_{AA}、h_{AA}——补燃燃烧器调节风（相当于二次风）的质量流量和焓，二次风可以测量，如未测量则为未知数；

W_{DB}、HVF_{NET}——补燃燃烧器投入燃料的质量流量和低位发热量（Net Heating Value of Fuel），质量流量可以测量，低位发热量可以通过化验或根据成分计算得到；

W_{AS}、h_{AS}——补燃燃烧器雾化气/汽的质量流量和焓，均可测量；

$Q_{WF,NET}$——汽水工质输出的净热量，由汽轮机侧的参数计算而得；

$h_{HRSG,OUT}$——余热锅炉排烟带走的热量，排烟量由燃气轮机排气 $W_{G,IN}$ 和补燃燃烧器带入的三部分组成；

Q_{HL}——余热锅炉的散热损失。

从式（4-4）可知，对于有补燃的余热锅炉来说，难以测量的空气主要有两部分，即燃气轮机排气带入的平衡空气质量流量 $W_{BA,GT}$（包含在 $W_{G,IN}$ 中）和补燃燃烧器调节风质量流量 W_{AA}。如果已经通过燃气轮机的热平衡计算得到了 $W_{G,IN}$，则可以通过式（4-4）得到精确的 W_{AA}，从而得到余热锅炉的烟气流量、燃气轮机的烟气流量和补燃燃烧器的调节风流量三个值；相反，如果 W_{AA} 可以测量，也可以得到余热锅炉的烟气流量、燃气轮机的烟气流量。如果不想将余热锅炉的调节风量 W_{AA} 和 $W_{BA,GT}$ 分清楚，也可将两者合并统称为平衡空气。以补燃燃烧器和燃气轮机排气充分混合后的排烟点为边界，通过余热锅炉的热平衡计算，得出余热锅炉的烟气量，计算公式为

$$W_{BA} = \frac{W_{GTFg}h_{GTFg} + W_{DBFg}h_{DBFg} - Q_{WF,NET} - Q_{HL} - (W_{GTFg} + W_{DBFg})h_{HRSG,OUT}}{h_{A,OUT} - h_{A,En}} \qquad (4-5)$$

式中　　W_{BA}——进入余热锅炉的平衡空气，为 $W_{AA} + W_{BA,GT}$；

W_{GTFg}、h_{GTFg}——燃气轮机排气中燃烧产物的质量流量和在混合点的焓；

W_{DBFg}、h_{DBFg}——补燃燃烧器进入余热锅炉燃烧产物的质量流量和在混合点的焓；

$h_{A,En}$——平衡空气 W_{BA} 在混合点的焓；

$h_{A,OUT}$——平衡空气 W_{BA} 在余热锅炉排烟温度下的焓；

$h_{HRSG,OUT}$——燃烧产物在余热锅炉排烟温度下的焓，组分可以按两部分燃烧产物加权平均计算，也可以分开计算；

$Q_{WF,net}$——水侧吸收总量；

Q_{HL}——余热锅炉外表面辐射与对流侧损失的热量，根据曲线估计或实测。

对于无补燃的余热锅炉来说，燃气轮机来的排气即为余热锅炉的烟气，平衡空气即为燃气轮机的平衡空气与漏出空气的值，式（4-5）则变得更为简单，即

$$W_{BA} = \frac{W_{GTFg}h_{GTFg} - Q_{WF,NET} - Q_{HL} - W_{GTFg}h_{HRSG,OUT}}{h_{A,OUT} - h_{A,En}} \qquad (4-6)$$

从上述计算过程可知，余热锅炉的热平衡相对燃气轮机热平衡简单一些，但同样需要以下准备工作：

（1）燃料的组成与发热量。

（2）需要确定余热锅炉的散热损失。

（3）参考温度是 60℉（15.56℃）。

（4）燃料的流量。

（5）必须知道燃料的成分，进一步计算其燃烧产物，并据此计算烟气的焓。

（6）喷入蒸汽/水的参数（温度、压力、流量）及喷入时的状态（水还是汽）。

（7）混合点及排烟处的烟气温度。

（8）通过燃料的成分与燃烧化学反应方程计算烟气的成分、摩尔质量流量的变化，并确定燃烧空气的量。

（9）大气湿度，来计算空气组分、焓。

（10）汽水系统带走的净热量。

燃烧产物的流量计算还与密度相关，具体计算过程参见式（4-16）。

三、余热锅炉烟道散热损失的确定

1. 估算方法

对于带基本负荷、无补燃的余热锅炉，ASME PTC4.4—2008 关于余热锅炉的烟道散热损失与我国性能试验标准类似，可以由燃气轮机排入余热锅炉的烟气流量来确定。散热损失的相对量（%）计算公式为

$$Q_{HL} = 1.24 - 1.66 \times 10^{-3} \left(\frac{Q_{G,IN}}{10^6} \right) + 8.83 \times 10^{-7} \left(\frac{Q_{G,IN}}{10^6} \right)^2 - 1.38 \times 10^{-10} \left(\frac{Q_{G,IN}}{10^6} \right)^3 \qquad （4-7a）$$

绝对量（Btu/h）计算公式为

$$Q_{HL} = Q_{HL\%} \times 100 \times (Q_{G,IN} - Q_{G,OUT}) \qquad （4-7b）$$

对于有补燃的余热锅炉来说，由于补燃量很小，对于余热锅炉的影响也很小，所以上述方程仍可用，并且只计燃气轮机来的热量就可以了。使用范围为燃气轮机排烟带来的热量介于 100～1500MBtu/h 之间，如果超出这个范围，则需要进行测量。

ASME PTC 4.4—1981 版中对流换热和表面辐射换热造成的热损失估算时采用 ASME PTC 4.1—1964 中的方法确定，如图 4-6 和图 4-7 所示。需特别注意的是，该曲线是基于满负荷运行的锅炉，且炉膛散热面积较大，然而通常余热锅炉不具备这两个条件。余热锅炉每单位输入热量的辐射对流热损失面积比全负荷锅炉的要小，因此曲线热损失值与几个大型锅炉实际试验测量值比较发现，曲线值通常更大一些。

2. 测量方法

当表面辐射超出公式（4-7a）和式（4-7b）范围之外时，就需要测量了。ASME PTC4.4—1981 给出了两种获取热量损失和计算热损失方法，如下所示：

（1）建立热损失边界条件。必须建立热量损失的热边界条件，包括余热锅炉热量输入平面和烟气离开时出口之间的平面投影面。

（2）采用热传导方法测量。这种方法可以通过在每 100ft^2 保温层内外各安装一个热电偶，测量得到保温层的温度梯度，并通过保温层绝热材料热导率和厚度，可计算出通过每 100ft^2 保温层的热量，这些热量通过保温层外表面的辐射和对流作用交换到环境大气中。通过这种方法测出的表面热损失除以余热锅炉输入热量，就可得出余热锅炉的辐

射热损失和对流换热热损失。

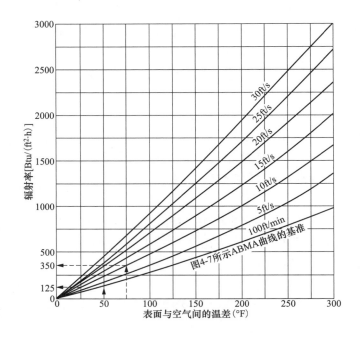

图 4-6　ASME PTC 4.1—1968 中辐射率的确定

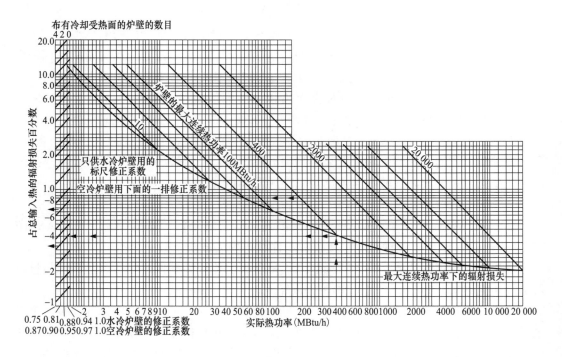

图 4-7　ASME PTC 4.1—1968 辐射损失的确定

（3）采用测量表面和环境空气温度、速度的方法。这种方法是通过测量绝缘层材料表面温度、环境温度及保温层附近的速度，来计算保温层外表面向大气的辐射传热系数及对流换热系数，然后计算散热损失量。ASME PTC 4.4—1981 规定，绝缘层材料表面温度应通过一个接触式高温计测量。如果在烟气流体通道没有横向的温度梯度，则在余热锅炉 1/3 高度，每一侧沿平行气流流动的方向，从热量输入测量平面到热量输出测量平面，需布置至少 10 个表面接触式温度计。如果在气流通道截面有温度梯度，测点数将增加一倍，测点高度在 1/3 高度和 2/3 高度。在当前条件允许的情况下，采用点温仪测量更为方便。

环境空气温度测量方法与其他锅炉性能试验的测量方法相同，是锅炉性能试验中必测的量，不局限用于散热损失的测量。

保温层附近的空气流速，先用烟气示踪或漂带的方法确定通过余热锅炉外表面的空气流向，然后用量程合适的商业风速仪测量流速。

每个测量单元的辐射与换热系数可用图 4-8 和图 4-9 所示的曲线来确定，表 4-3 所示为各种材料的辐射系数。当并列的两个测量单元内，速度和表面温度测量值与平均值的偏差在 10ft/min 和 10℉之内时，可用这两个参数的总平均值乘以总面积得到总散热损失；否则，需要根据各测量单元面积进行加权平均，来确定总面积。

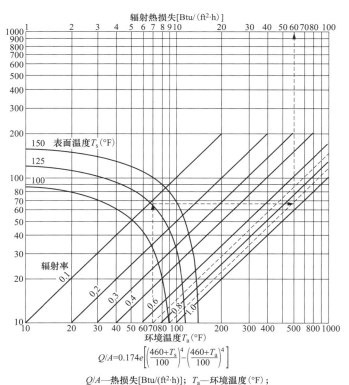

$$Q/A = 0.174e\left[\left(\frac{460+T_s}{100}\right)^4 - \left(\frac{460+T_a}{100}\right)^4\right]$$

Q/A—热损失[Btu/(ft²·h)]；T_a—环境温度（℉）；
e—辐射率；T_s—表面温度（℉）

图 4-8　辐射换热系数

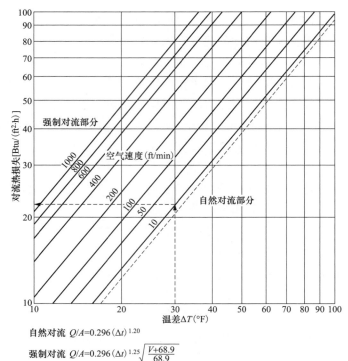

自然对流 $Q/A = 0.296(\Delta t)^{1.20}$

强制对流 $Q/A = 0.296(\Delta t)^{1.25}\sqrt{\dfrac{V+68.9}{68.9}}$

Q/A——热损失[Btu/(ft²·h)]；
Δt——受热面外表面温度与环境空气的温度差（°F）

图 4-9　对流换热系数

表 4-3　　　　　　　　　　　各种材料的辐射系数

材料	表面温度（°F）	法向总辐射系数 e	材料	表面温度（°F）	法向总辐射系数 e
铝			铅		
高度抛光表面	440～1070	0.039～0.057	纯铅	260～440	0.06～0.08
抛光表面	100～1000	0.04～0.06	氧化处理完灰色表面	75	0.28
粗糙表面	78	0.055～0.070	在 390°F 温度下氧化处理	390	0.63
在 1110°F 氧化处理	390～1110	0.11～0.19	镁		
屋面		0.216	抛光	100～1000	0.07～0.22
氧化铝	530～1520	0.63～0.26	铜镍合金		
箔片	212	0.087	用研磨剂洗过	75	0.17
铋	175	0.34	反复加热后	450～1610	0.46～0.65
黄铜			镍及其合金		
高度抛光表面	497～710	0.03～0.04	电解镍，抛光	74	0.05
抛光表面	100	0.05	电渡镍，不抛光	68	0.11
压延表面，自然色	72	0.06	镍丝	368～1844	0.10～0.19
压延表面，有铜绿	72	0.20	在 1110°F 氧化处理	390～1110	0.37～0.48

续表

材料	表面温度（°F）	法向总辐射系数 e	材料	表面温度（°F）	法向总辐射系数 e
在 1110°F 氧化处理	390～1110	0.61～0.59	氧化物	1200～2290	0.59～0.86
钝化板	120～660	0.22	镍铜合金，抛光	212	0.06
铬	100～1000	0.08～0.26	镍银合金，抛光	212	0.14
抛光表面	100～500	0.06～0.08	铜镍锌合金，灰色氧化物	70	0.26
抛光表面	日光下	0.50	明亮的镍铬丝	120～1830	0.65～0.79
铜			有氧化的镍铬丝	120～930	0.95～0.98
电解铜，抛光	176	0.02	镍铬合金		0.36～0.97
商业铜板，抛光	66	0.030	铂		
1110°F 热处理	390～1110	0.57～0.57	抛光	440～2960	0.05～0.17
表面有厚氧化皮	77	0.78	纯银，抛光	440～1160	0.02～0.03
氧化亚铜	1470～2010	0.66～0.54	不锈钢		
铜硅锰合金，钝化	200	0.11	干净的 316 型	75	0.28
黄金			316 型，反复加热	450～1600	0.57～0.66
高度抛光表面	440～1160	0.02～0.40	304、980°F 热处理 4h	420～980	0.62～0.73
抛光表面	100	0.06	310	420～980	0.90～0.97
钢铁			锡，明亮表面	76	0.04～0.06
纯铁，抛光	350～1800	0.05～0.37	钨		
精炼铁，抛光	100～480	0.28	钨丝	100～1000	0.03～0.08
铸铁，抛光		0.21	钨丝	2000～5000	0.19～0.34
光滑的氧化表面	260～980	0.78～0.82	锌		
严重氧化的铁	100～480	0.95	纯锌，抛光	440～620	0.05
钢，抛光	100～1000	0.07～0.14	镀锌铁，明亮表面	82	0.23
钢，抛光	日光下	0.045	镀锌表面，有灰色氧化物	75	0.28
压延薄钢片	70	0.657	镀锌铁，表面脏	2500	0.90
粗糙表面钢板	100～700	0.94～0.97	镀锌铁，表面脏	Solar	0.90
光滑铁皮表面	1650～1900	0.55～0.60	镀锌铁	日光下	0.54
生锈钢板	67	0.69			
氧化处理的钢	100～1000	0.79～0.79			

四、流量的迭代计算

通过上述介绍可知，如果余热锅炉的散热损失根据实测数据得到，或是根据 ASME PTC4.1—1964、ASME PTC4—1998 中给定的曲线，则可以直接用式（4-6）或式（4-5）计算出解析解，则不用迭代。但如果使用式（4-7）计算，由于余热锅炉的散热损失是负荷 $Q_{GT,IN}$ 的函数，用式（4-6）计算时，式右边的 Q_{HL} 中有未知变量，且它是式左边 W_{BA} 的函数，因而必须进行迭代计算，框图如 4-10 所示。

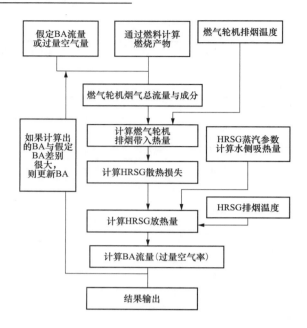

图 4-10　基于 HRSG 热平衡的迭代计算

　　还有一种方法，也不区分燃烧空气和平衡空气，而把它理解为整体有未知量的燃料与未知量空气进行反应，生成的烟气由过量空气率来确定烟气总量，并进而计算燃气轮机排烟焓、余热锅炉排烟焓，以及与此相关的烟气放热量，并与蒸汽放热量进行比较。在 ASME PTC 4.4—1981 版中并没有基于余热锅炉的热平衡计算方法，这种算法是锅炉厂根据该原理开发的，得到了广泛的应用，因而读者目前接触到的算法基本与这种算法相同，其原理与图 4-10 完全相同，只是形式上有差异。

五、湿空气组分计算

　　ASME PTC 4.4 中干空气成分考虑得更为详细，它采用了 NASA 标准中的数据，即干空气的组分为：

氮	78.0840%
氧	20.9476%
氩	0.9365%
二氧化碳	0.0319%
共计	100.000%

　　湿空气由干空气和水蒸气组成，因而必须考虑烟气中的水分，这与其他性能试验的考虑一致。但是 PTC 4.4 提供了更为细致的计算方法，甚至包含了空气温度下降到冰点以下温度区域的计算方法。

　　（1）如果用干湿球温度的方法来测量，水蒸气饱和分压力（绝对）由式（4-8）计算得到，即

$$ln(p_v) = C_1 T_R^{-1} + C_2 + C_3 T_R + C_4 T_R^2 + C_5 T_R^3 + + C_6 T_R^4 + C_7 ln(T_R) \tag{4-8}$$

式中的系数值见表 4-4。

表 4-4 式（4-8）中的系数值

系数	$-148℉≤T_{wb}≤32℉$	$32℉≤T_{wb}≤392℉$	系数	$-148℉≤T_{wb}≤32℉$	$32℉≤T_{wb}≤392℉$
C_1	−1.0214165E+4	−1.0440397E+4	C_5	−3.5575832E-10	−2.4780681E-3
C_2	−4.8932428	−11.294650	C_6	−9.0344688E-14	0
C_3	−5.3765794E-3	−2.7022355E-2	C_7	4.1635019	6.5459673
C_4	−1.9202377E-7	−1.2890360E-5			

绝对温度计算公式为

$$T_R = T_{wb} + 459.67$$

式中 T_{wb}——湿球温度，℉。

（2）饱和压力 p_v 下的空气绝对湿度为

$$HR_{SAT} = \frac{0.62198(1.0039 p_v)}{p_{ATM} - 1.0039 p_v} \tag{4-9}$$

式中 p_{ATM}——大气压力，psia。

进而计算未饱和时的绝对湿度为

$$HR = \frac{(1093 - 0.556 \times T_{wb}) \times HR_{SAT} - 0.240 \times (T_{db} - T_{wb})}{1093 + 0.44 T_{db} - T_{wb}} \tag{4-10}$$

求得干空气的实际质量份额为

$$WF_{DA} = \frac{18.01528}{28.9651785 HR + 18.01528} \tag{4-11}$$

（3）如果测量的是干球温度与相对湿度（H_{REL}），则水蒸气在湿空气中的分压力 p_v 由干球温度代入进行计算。

水蒸气的实际分压力为

$$p_W = p_v \times H_{REL}/100 \tag{4-12}$$

计算干空气的体积份额 WF_{DA} 为

$$WF_{DA} = (p_{ATM} - p_W)/p_{ATM} \tag{4-13}$$

此时，空气的绝对湿度可由式（4-14）计算，即

$$HR = (1/WF_{DA} - 1) \times 18.01528/28.96518 \tag{4-14}$$

（4）当求出水蒸气、干空气的体积比（摩尔比）时，可计算出空气中各种组分的摩尔比、摩尔流量及质量比（见表 4-5）。

表 4-5 空气中各组分的摩尔比、摩尔流量及质量比

组分	体积比（摩尔比）	摩尔流量	质量比
氮气	$MF_{N_2} = WF_{DA} \cdot 0.780840$	$WM_{N_2} = MF_{N_2} \cdot W_A/MW_{AVG}$	$WF_{N_2} = MF_{N_2} \cdot 28.01348/MW_{AVG}$
氧气	$MF_{O_2} = WF_{DA} \cdot 0.209476$	$WM_{O_2} = MF_{O_2} \cdot W_A/MW_{AVG}$	$WM_{O_2} = MF_{O_2} \cdot 31.9088/MW_{AVG}$
氩气	$MF_{AR} = WF_{DA} \cdot 0.009365$	$WM_{AR} = MF_{AR} \cdot W_A/MW_{AVG}$	$WM_{AR} = MF_{AR} \cdot 39.948/MW_{AVG}$
二氧化碳	$MF_{N_2} = WF_{DA} \cdot 0.000319$	$WM_{CO_2} = MF_{O_2} \cdot W_A/MW_{AVG}$	$WM_{CO_2} = MF_{O_2} \cdot 44.0098/MW_{AVG}$

组分	体积比（摩尔比）	摩尔流量	质量比
水蒸气	$MF_{H_2O}=1-WF_{DA}$	$WM_{H_2O}=MF_{H_2O} \cdot W_A/MW_{AVG}$	$WM_{H_2O}=MF_{H_2O} \cdot 18.01528/MW_{AVG}$
二氧化硫	$MF_{SO_2}=0.0$	$WM_{SO_2}=MF_{SO_2} \cdot W_A/MW_{AVG}$	$WM_{SO_2}=MF_{SO_2} \cdot 64.0648/MW_{AVG}$

各个变量的含义及其间的关系如下：

（1）第二列中摩尔比表示一个样品中湿空气各组分的摩尔数占总摩尔含量的比值，在计算上等于各组分上的体积比或分压力的比值，用 MF（molar fraction）表示，MF_{H_2O} 相当于我国标准体系里的 γ_{H_2O}。这一列计算式中的数字为干空气的质量份额。

（2）第三列的摩尔流量表示一个质量流量为 W_A（相当于 ASME PTC 4—1998 中的 "MrWA"，即 "*Mass Ratio of Wet Air*"）的湿空气中，各组分的摩尔流量。其中，MW_{AVG} 为湿空气的平均摩尔质量，除以 W_A 可得出湿空气的总摩尔量，再乘以各组分占湿空气的摩尔比，可得到该组分的摩尔流量。MW 表示 "Molar weight"，MW_{AVG} 的计算公式为

$$MW_{AVG} = MF_{N_2} \cdot 28.01348 + MF_{O_2} \cdot 31.9088 + MF_{AR} \cdot 39.948$$
$$+MF_{CO_2} \cdot 44.0098 + MF_{H_2O} \cdot 18.01528 + MF_{SO_2} \cdot 64.0648 \tag{4-15}$$

（3）质量比。分母 MW_{AVG} 表示湿空气的平均摩尔质量，各组分的体积份额乘以其摩尔质量后，再除以空气的摩尔质量即得到该组分的质量比。有了质量比，就可直接利用基于质量的焓值计算结果，进行加权平均计算。这一部分在 ASME PTC 4—1998 中用到，参见第三章第三节。

六、燃烧产物的确定（燃烧前后气体的摩尔质量的变化）

在测得燃料流量、燃料压缩性及摩尔组分后，可按如下过程确定燃烧产物：

（1）化验燃料的各成分的摩尔比（也就是体积比），并加权计算平均摩尔质量，即

$$MW_{FG}=\sum \left[MF_i \times MW_i\right] \tag{4-16}$$

（2）由质量流量 W_{FG} 计算摩尔流量 WM_{FG}，即

$$WM_{FG}=W_{FG}/MW_{FG} \tag{4-17}$$

如果是标准状态（Stand condition）下的体积流量，则用式（4-18）计算摩尔流量，即

$$WM_{FG} = \frac{V_{FG} \times 60}{279.67 \times Z} \tag{4-18}$$

Z 表示燃气的可压缩性，表示在不同的压力下其密度的变化规律，在燃气轮机的计算中，由于燃气压力很高，可能会达到几兆帕，因而不能视为理想气体。而在余热锅炉中，烟气的压力已降到了几千帕（表压），则完全可以当作理想气体处理，这时其密度与绝对压力成正比。

需要注意的是，ASME PTC 4.4 中的标准状态（Stand condition）与我国的标准状态（Normal Condition）不同，指 60℉、绝对压力为 14.686psi（1atm）条件下的状态。

（3）计算各个可燃组分燃烧后，空气中氧气的摩尔变化值。需要注意的是，根据燃烧反应进行摩尔量变化，应当减去氧元素本身的量。

对于气体燃料来说，一般进行组分分析，把燃气分为 CH_4、C_2H_6 等组分，其热值由各化合物按体积比加权平均而得到，燃气中碳（C）、氢（H）、硫（S）等可燃元素也可以按化合物体积比加权整理为 $C_xH_yS_z$ 后，进而通过燃烧化学当量关系确定烟气各组分体积和烟气的总体积。其化学反应式为

$$C_xH_yS_z+（x+0.25y+z）O_2=xCO_2+0.5yH_2O+zSO_2 \qquad （4-19）$$

烟气由燃气燃烧产物与过量空气系数共同组成，组分是氧气（O_2）、氮气（N_2）、二氧化碳（CO_2）、水蒸气（H_2O）和极少量二氧化硫（SO_2）。

$1m^3$ 燃气燃烧时理论空气量、理论烟气量分别为

$$\begin{cases} V^0 = \dfrac{x+0.25y+z}{0.21} \\ V_G^0 = x+0.5y+z \end{cases} \qquad （4-20）$$

过量空气系数为 α 时，实际燃烧烟气量为

$$V_G^\alpha = V_G^0 + 0.21(\alpha-1)V^0 + 0.79\alpha V^0 + 1.16\alpha V^0 d_k \qquad （4-21）$$

式（4-21）中右边第二项为烟气中氧气体积，第三项为氮气体积，最后一项为燃烧空气带入水分变成水蒸气后的体积。如果把式（4-20）中的关系代入式（4-21），可以得到各组分体积，进而求解各组分的摩尔比，即

$$\begin{cases} V_{RO_2}^\alpha = x+z \\ V_{O_2}^\alpha = (\alpha-1)(x+0.25y+z) \\ V_{N_2}^\alpha = 0.79\alpha V^0 \\ V_{H_2O}^\alpha = 1.61\alpha V^0 d_k + 0.5y \end{cases} \qquad （4-22）$$

对于液体燃料来说，一般进行的化验为元素分析，给出与固体燃料一样的各可燃元素碳、氢、硫元素的质量含量，把它们换算成摩尔量，从而计算燃烧空气 O_2 的摩尔变化。计算式为

$$\Delta WM_{O_2} = \left(\frac{WF_O}{31.9988} - \frac{WF_C}{12.011} - \frac{WF_H}{4.03176} - \frac{WF_S}{32.066} \right) W_{FO} \qquad （4-23）$$

（4）计算燃烧所需的湿空气的质量流量为

$$W_{AC} = \frac{\Delta WM_{O_2} \times 28.9651785}{0.209476}(1+HR) \qquad （4-24）$$

应注意，原标准中少了括号中的"1+"，是有错误的。

七、燃料的发热量和焓

ASME PTC-4.4—1981 中没有计算燃烧的部分，因而没有涉及燃料的发热量，而把这部分内容放到了 ASME PTC 22 中。为了提供更多的流量计算方法，ASME-PTC 4.4—2008 版把燃气轮机热平衡的主要内容从 PTC 22 中拿了过来，成为一个较为完整的标准。燃油的发热量一般采用化验得出，而燃气的发热量一般通过组分的发热量按质量比例加权平均计算得出（我国标准按体积比加权，本质上一样，但数值上有明显差别）。

如果采用化验的方法得到高位发热量，对于气体燃料来说，热值测量本身就是在恒压条件下测量，可用公式 $LHV=HHV-9348H$ 直接转化为低位发热量；对于液体燃料来说，

测量在恒定容积确定，高位发热量和低位发热量转化时必须考虑摩尔量变化的影响，转化公式变为 LHV（恒压）=HHV（恒容）-9210H。式中的 H 为燃料中氢元素质量含量。

如果知道燃气的成分体积比，则不用化验热值，按质量组成成分加权平均得到的发热量精度更高，各组分的发热量如表 4-6 所示。表中的发热量基于 14psia、60℉。

表 4-6　　　　　　　　　　　各种燃气的低位发热量

组分（中）	组分（英）	符号	分子量	低位发热量（Btu/lb）
甲烷	Methance	CH_4	16.04276	21503
乙烷	Ethane	C_2H_6	30.06964	20432
乙烯	Ethene	C_2H_4	28.05376	20278
丙烷	Propane	C_3H_8	44.09652	19923
丙烯	Propene	C_3H_6	42.08064	19678
异丁烷	Iso Butane	C_4H_{10}	58.1234	19587
正丁烷	Normal Butane	C_4H_{10}	58.1234	19659
丁烯	Butene	C_4H_8	56.10752	19450
异戊烷	Iso Pentane	C_5H_{12}	72.15026	19456
正戊烷	Normal Pentane	C_5H_{12}	72.15028	19498
戊烯	Pentene（avg）	C_5H_{10}	70.1344	19328
己烷	Hexane（avg）	C_6H_{14}	86.17716	19353
氮气	Nitrogen	N_2	28.01348	0
一氧化碳	Carban Monoxide	CO	28.0104	4342
二氧化碳	Carban Dioxide	CO_2	44.0098	0
水蒸气	Water	H_2O	18.01528	0
硫化氢	Hydrogen Sulfide	H_2S	34.08188	6534
氢气	Hydrogen	H_2	2.01588	51566
氦气	Helium	He	4.9988	0
氧气	Oxygen	O_2	31.9988	0
氩气	Argen	Ar	39.948	0

如果试验时没有天然气的成分，用标准天然气进行估算：以甲烷体积含量为 92%、乙烷含量为 6% 的标准天然气为例，在 100psia、124℉ 条件下，甲烷比热容为 0.5556，体积含量为 92%，质量含量为 86%；乙烷体积含量为 6%，质量含量为 14%，比热容为 0.4633。这样复合气体的比热容为 0.86×0.5556+0.14×0.4633，与甲烷比热容的比值为 0.9767。

在此区域，甲烷比热容 ［Btu/(lb•℉)］ 计算式为

$$c_p = 0.503081 + 4.34348e^{-4}t_{AVG} \qquad (4-25)$$

乘以 0.9767 比值，可得复合气体的比热容 ［Btu/(lb•℉)］ 为

$$c_p = 0.491 + \frac{t_{AVG}}{2360} \tag{4-26}$$

由此可得基于 60℉ 的焓值计算公式为

$$h = C_p(t-60) = \left(0.491 + \frac{t+60}{2}\frac{1}{2360}\right)(t-60) \tag{4-27}$$

进而简化为

$$h = \frac{t^2}{4720} + 0.491t - 30.2 \tag{4-28}$$

对于燃料油来说，成分变化不像天然气那样多，可用式（4-19）拟合公式进行估算。ASME PTC4—1998 也采用该公式，参见第三章第一节式（3-90），即

$$C_p = \frac{0.338 + 0.00045T_{AVG}}{\sqrt{SG}} \tag{4-29}$$

式中　SG——比重（specific gravities 的编写），lb/lb。

常见的油品比重如下：

油品	SG
1 号燃料油	0.8251
2 号燃料油	0.8654
6 号燃料油	0.9861

这样根据比热容就可以计算单位质量的焓（Btu/lb）为

$$h = C_p(t-60) = \left(0.417 + 0.000484\frac{t+60}{2}\right)(t-60) \tag{4-30}$$

进而简化为

$$h = \frac{t^2}{4132} + 0.417t - 25.9 \tag{4-31}$$

另一种方法是根据燃料的 API 重度来进行估算，即

$$h = -30.016 - 0.11426API + 0.373t + 1.43e^{-3}API \cdot t$$
$$+ (2.184e^{-4} + 7e^{-7}API)t \tag{4-32}$$

API 重度是燃油密度的一种量度，各种油品的 API 重度值见表 4-7。

表 4-7　　　　　　　　20℉ 条件下燃油的 API 重度和焓值

油品	API 重度	焓	
		E1	E2
1 号燃料油	—		—
2 号燃料油	33	55.4	59.9
6 号燃料油	12.6		55.4

八、ASME PTC 4.4—2008 标准中烟气焓的计算

无论是什么样的燃料，燃烧的产物都是 CO_2、H_2O 和 SO_2，只是各组分的比例不同。

它们与未参与燃烧的空气成分一同组成实际烟气，故实际烟气的成分还增加了来自于空气的 N_2、O_2 及 Ar 等。

ASME PTC 4.4—1981 以表格的方式给出了各种组成成分基于绝对零点温度，以华氏温度为变量的各种组成成分的绝对焓。为了提高计算机计算的方便性，ASME PTC 4.4—2008 将其拟合成公式，提供了基于绝对温度下焓（Btu/lb）的拟合公式，计算式为

$$h = -A_1 \frac{1}{T_R} + A_2 \ln(T_R) + A_3 T_R + A_4 T_R^2 + A_5 T_R^3 + A_6 T_R^4 + A_7 T_R^5 - A_8 \quad (4-33)$$

公式中各系数值见表 4-8。

表 4-8　　　　　　　　　　　　　　　式（4-33）中的各个系数

烟气成分		A_1	A_2	A_3	$A_4 \times 10^5$	$A_5 \times 10^9$	$A_6 \times 10^{14}$	$A_7 \times 10^{19}$	A_8
$T_R \leqslant 1800^\circ R$	N_2	5076.90344	−48.72474552	0.431208942	−16.79893331	100.9860003	−2925.146767	34031.29176	−123.5670205
	O_2	−688.073538	54.14599817	0.069447256	7.402341031	−4.364913417	−538.2934954	12285.5047	406.9617332
	CO_2	7227.711078	−50.87920389	0.239235281	3.1383945949	−0.987579956	−148.749738	2449.873977	−199.50475
	H_2O	−14100.39482	114.2053432	0.102713623	22.11623913	−83.27114025	2341.441933	−28077.80325	844.3000544
	Ar	0	0	0.124279476	0	0	0	0	64.58431507
	SO_2	−5333.964877	50.72160967	−0.73060273	18.98189113	−80.07268636	1921.86454	−19897.19608	330.8196608
$T_R > 1800^\circ R$	N_2	134989.0343	−285.7350587	0.43008964	−1.209016552	1.088015054	−5.844054022	14.34281709	−1809.588277
	O_2	−208707.2821	261.9417179	0.112934906	2.185673559	−1.397060777	5.463669086	−9.687873053	2037.040157
	CO_2	17207.41433	−145.2915082	0.374147054	−0.115607258	0.022579091	−0.365792061	5.44194572	−758.4598037
	H_2O	369646.9091	−478.7281864	0.512156854	7.018191588	−7.753574689	44.54356391	−101.277945	−3313.267173
	Ar	3.238297928	−0.005362306	0.124282926	−5.51268E−05	6.16422E−05	−0.000387631	0.001021528	64.54706733
	SO_2	−11325.49719	−46.04550381	0.236090695	−0.172156415	0.180366793	−0.724777306	1.723497991	−151.4826348

烟气产物焓由这些成分的焓按质量流量加权平均计算得

$$h_G = WF_{N_2} \cdot h_{N_2} + WF_{O_2} \cdot h_{O_2} + WF_{CO_2} \cdot h_{CO_2} + WF_{H_2O} \cdot h_{H_2O} + WF_{Ar} \cdot h_{Ar} + WF_{SO_2} \cdot h_{SO_2} \quad (4-34)$$

对于烟气而言，需要先根据式（4-22）求得各组分的摩尔比，然后按表 4-5 转化为质量比，用式（4-34）计算。

九、ASME PTC 4.4—1981 中的烟气组分与焓的计算方法

ASME PTC 4.4—1981 按表 4-9 所示方法来计算烟气组分和烟气焓，虽看起来有一些复杂，但是本质上与前面介绍的相同，只是符号有所不同。如果读者遇到老版本的算例，可供参考。

表 4-9　　　　　　　　ASMEPTC 4.4—1981 中的确定烟气组分与烟气焓的步骤

公式	说明
$w_{dA} = 1.0$	干空气的质量流量，是计算基准之一
$w_{FG} = (w_{dA} + w_{mA}) \times F_{GA}$	燃气轮机燃料的质量流量，F_{GA} 为燃气轮机燃料和入口空气质量流量
$W_f = (w_{dA} + w_{mA} + w_{mfe} + w_{FG}) \times F_{SG}$	辅助燃料的质量流量，F_{SG} 为辅助燃料与排气质量比率
$w_T = w_{dA} + w_{mA} + w_{mfe} + w_{FG} + w_f$	废气混合物的总质量流量

公式	说　明
$wA = w_{dA}/w_T$	干空气成分的质量流量
$w_m = (w_{dA} + w_{mfe})/w_T$	环境空气中的水分含量可以环境温度和相对湿度利用温湿图来确定。如果利用蒸发冷却器，则由其产生水分除外。w_{mfe} 为喷入水和蒸汽、雾化蒸汽和来自蒸汽冷却器的水分
$w_F = (w_{fG} + w_f)/w_T$	总体燃料的质量流量
$w_C = w_F \times P_C/100\%$	w_C 为燃料中碳的质量流量，P_C 为燃料中碳的质量含量
$w_C = w_F \times P_D/100\%$	燃料中二氧化碳的质量流量，P_D 为燃料中二氧化碳质量含量
$w_H = w_F \times P_H/100\%$	燃料中氢的质量流量，P_H 为燃料中氢的质量含量
$w_M = w_F \times P_M/100\%$	燃料中水分流量，P_M 为燃料中一氧化碳质量含量
$w_N = w_F \times P_N/100\%$	氮在燃料中的质量流量，P_N 为燃料中氮的质量含量
$w_O = w_F \times P_O/100\%$	氧在燃料中的质量流量，P_O 为燃料中氧的质量含量
$w_S = w_F \times P_S/100\%$	硫在燃料中的质量流量，P_S 为燃料中硫的质量含量
$w_U = w_F \times P_U/100\%$	燃料中二氧化硫的质量流量，P_U 为燃料中二氧化硫的质量含量
$h_A = w_A \times h_{lA}$	干空气成分的焓值，其中 h_{lA} 为干空气的理想气体焓
$h_C = w_C \times h_{lC}$	碳成分的焓值，h_{lC} 为碳的焓增
$h_D = w_D \times h_{lD}$	二氧化碳的焓值，h_{lD} 为二氧化碳的理想气体焓
$h_H = w_H \times h_{lH}$	氢成分的焓值，h_{lH} 为氢的理想气体焓
$h_m = w_m \times h_{lm}$	水分焓值，h_{lm} 为水分的理想气体焓
$h_M = w_M \times h_{lM}$	一氧化碳成分的焓值，h_{lM} 为一氧化碳的理想气体焓
$h_N = w_A \times h_{lN}$	氮元素成分的焓值
$h_O = w_O \times h_{lO}$	氧成分的焓值
$h_S = w_S \times h_{lS}$	硫成分的焓值
$h_U = w_U \times h_{lU}$	二氧化硫成分的焓值

烟气总焓为各部分之和，即

$$h_G = h_A + h_D + h_H + h_m + h_M + h_N + h_O + h_S + h_U \tag{4-35}$$

十、温度的测量

余热锅炉入口的烟气温度和流量都必须采用网格法测定，流量测量与温度测量要求同点测量，两者布点要求相同，参见本章第三节。

第三节　烟气流量的测量

一、测量准则

与常规锅炉一样，流量测量的难点在于很难找到一个烟气流动均匀且与流动方向和烟道平行的地方来测试，也不可能人造一个这样的地方去测量，而必须在非均匀流场条件下进行测量。最实际可行的，也是经常唯一可以的方法是横截面网格法测量速度。该方法在烟囱中插入探头，可以测量许多点的速度。烟气流量是垂直于烟囱横截面各单元流速的积分，如图 4-11 所示。该方法适合计算整个横截面积的平均速度，平均速度仅代表垂直于断面部分的速度。

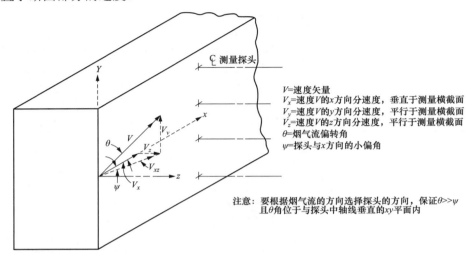

图 4-11　烟道内的速度测量示意图

二、测量横截面的选择

最佳测量横截面处要求内部应没有阻碍物、任何弯曲、支流或变截面，测量位置前至少有 8 个当量直径的直管段，下游至少有 2 个当量直径（当量直径等于 4 个水力半径之和）的直管段。动压（速度）越高则测量误差会越小，为了减少因波动而造成的平均观察误差，至少 75%的网格点应处在动压大于或等于 1.0inH$_2$O。

测量横截面内有下列情况时不可使用；测量面上游一个当量直径距离的烟道内有障碍物；横截面内有回流或测量面位于收缩断面或有流动分层。

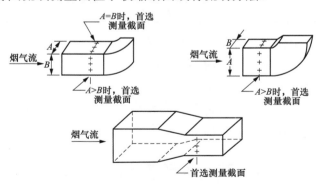

图 4-12　矩形管道的首选测量截面

通常，测量横截面应设在速度尽量大的位置。ASME 标准要求使用可以测量出烟气流动方向的探头，因此应该注意，确保对准角度位于探针所在的平面内，并与探针垂直。

如图 4-12 所示，下列为一些选择测量横截面的建议：

（1）渐缩段。应在面积渐变的出口平面进行速度测量。因为断面面积减少，导致流动方向更加一致，速度更高。需注意的是必须避免流动分离。

（2）扩散段。因为有回流的危险，所以应尽力避免在这些区域测量。

（3）弯管。当烟道有一个直角断面时，取样孔应位于长边上，向短边方向伸入，分若干网格点测量。

（4）当探头延烟道方形截面伸入（拉出）测量时，各个取样点应成一条直线，并与拐弯烟道曲线半径的切线相垂直，且必须位于弯管的上游。

（5）内部检查和横截面内的测量。应当事先在预测好的测量平面内对烟道进行内部检查，保证没有障碍物影响测量。

三、网格点的规定

ASME PTC 4.4—1981 要求与 ASME PTC 4—1998 类似，对于矩形烟道，测量面内应基于四个等分原则进行网格划分；而对于圆形烟道，应该基于四个相隔 45°划分网格来测量，如图 4-13 所示。

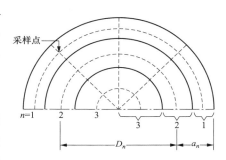

图 4-13　圆形测量截面的测量点

1. 圆形烟道

ASME PTC 4.4 要求至少有 8 条同样距离的径向穿越线，两个相邻采样点径向至少 0.5in，测点数应大于 24 个或每 $2in^2$ 不少于 1 个。例如图 4-13 所示，设 D 为烟道内径，l 为烟道被分成的环数，n 环数的顺序，则相应同心圆的直径为

$$D_n = D\sqrt{1 - \frac{2n-1}{2l}} \qquad (4\text{-}36)$$

同心环离烟道壁面的距离为

$$a_n = \frac{D}{2}\left[1 - \sqrt{1 - \frac{2n-1}{2l}}\right] \qquad (4\text{-}37)$$

（1）如果 $D \leqslant 7.8\text{ft}$，则至少设 24 个测点，每条线上至少 3 个测点，$l=24/8=3$，则每一个同心环距离烟道壁面的距离为

$$a_n = \frac{D}{2}\left[1 - \sqrt{1 - \frac{2n-1}{6}}\right] \qquad (4\text{-}38)$$

各点位置为：

$n=1$ 时，$a_1=0.34D$；

$n=2$ 时，$a_2=1.14D$；

$n=3$ 时，$a_3=2.31D$。

（2）如果 $D>7.8$，假定 $D=12\text{ft}$，烟道的通流面积等于 113.1ft^2，以推荐值每 2ft^2 一个测点计算，则测点数应大于或等于 $\frac{113.1\text{ft}^2}{2\text{ft}^2/\text{点}} = 56.55$。如取 8 条线，每线 7 个点时共 56 个点，每线 8 个点时测点总数则为 64 个；取 9 条线，每线 6 个点时有 54 个点，每线 7 个点时有 63 个点；而取 10 条线时，测点总数为 60，每线 6 个点，此时每点代表面积为

$\dfrac{113.1\text{ft}^2}{60\text{点}}=1.86\text{ ft}^2$。综上所述取 10 条线，可计算出各点位置为：

$n=1$ 时，$a_1=0.26\text{ft}$；$n=2$ 时，$a_2=0.80\text{ft}$；

$n=3$ 时，$a_3=1.42\text{ft}$；$n=4$ 时，$a_4=2.13\text{ft}$；

$n=5$ 时，$a_5=3.00\text{ft}$；$n=6$ 时，$a_6=4.27\text{ft}$。

2. 矩形烟道

采样点必须在每个小单元的矩心，基础单元的长度方向必须与烟道的方向一致。测点数应该大于 24 个或每 2ft^2 不少于 1 个，还要满足外形参数 $S\left(S=\dfrac{\text{单元面的外表参数}}{\text{烟道断面的外表参数}}\right)$ 必须界于 2/3 和 4/3 之间。

例如图 4-14 所示的烟道，烟道断面长度 X 为 8ft，烟道断面的宽度 Y 为 4ft，需确定点数，步骤如下：

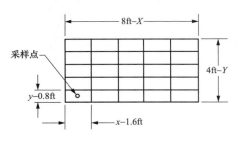

图 4-14　矩形测量截面的测量点

（1）假定 x 为单元面的长度，y 为单元的宽度，$S=\dfrac{x/y}{X/Y}$。

（2）由于至少需要 24 个测点，所以每单元面积为 $8\times4/24=1.33$（ft^2）。

（3）$S_{\text{烟道}}=X/Y=2$，$S_{\text{单元}}=x/y$，则外形参数 $S=\dfrac{x/y}{2}$，其上下限为：$2/3<S<4/3$，可得

$$4/3<S_{\text{单元}}=x/y<8/3。$$

（4）下限 4/3 为 1.33，上限 8/3 为 2.67，这样最佳的 $\dfrac{x}{y}=1.33+\left(\dfrac{2.67-1.33}{2}\right)=2.0$，由此可以得出最理想测点数为 24。

（5）根据 $x/y=2.0$ 及 24 个点的要求，取 $5\times5=25$ 个点均布。

3. ASME PTC4.4—2008 的布点要求

由于流量测量要求与温度同点，所以该流量点同样适合温度测量的布点方式。ASME PTC4.4—2008 仅要求温度测量，没有要求进行烟气流量测量。由于温度场比流量场更容易达到平衡，所以而 ASME PTC4.4—2008 标准在布点时放低了要求，认为在圆形烟道布 12～36 个点即可满足要求，且推荐取 12 个点；在矩形烟道布 18～36 个点即可满足要求，且推荐取 18 个点。

四、测量仪器与测量方法

（一）仪器的选择

当烟气流向与探头全压口的偏转角小于 5° 时，至少 75% 速度测量结果是有用的，因而可以用毕托管测量速度；但是当偏转角大于 5° 时，应当使用"有方向探针"（下文简称为"定向探针"）。

用来测量流速的探针（毕托管和定向探针）必须不破坏流场，也要有一定的强度，可以固定，在烟气流中不摆动。无论何时，探针被横插入横向流动的流体中，刚强支撑和充足的硬度能够限制垂直下垂不超过基础单元面积的 12.5%。定向探针要能够同时测

量动压、流动的方向和流动偏传角。

（二）一次测量仪器的校验

按照标准形状及尺寸制造的毕托管可以不用进行校核，但其他探针都要进行校核。探针校核应该在至少 8 个等分的点，在应用的雷诺数范围内进行校核。校核可以在风洞中进行，也可以用 ASME 自由蒸汽喷嘴进行校核，ASME 推荐自由喷嘴方法。

采用自由喷嘴方法检验时，喷嘴形状必须是如图 4-15 所示的一种。校验时把标准的毕托管与待校核探针同时沿烟流动轴线对称固定,两者也可以轮流占用相同点进行测量,如图 4-16 所示。在第一种条件下必须注意保持流动条件随时间不变；第二种条件下要求流动蒸汽的全部障碍物不超过 5%。

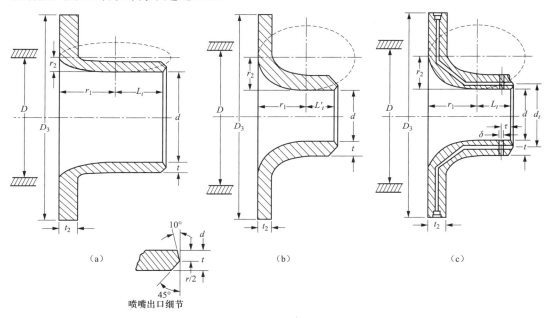

图 4-15　ASME 喷嘴

（a）高β数喷嘴（$\beta \geqslant 0.45$）；（b）低β数喷嘴（$\beta \leqslant 0.5$）；（c）喉部有取压管的低β数喷嘴

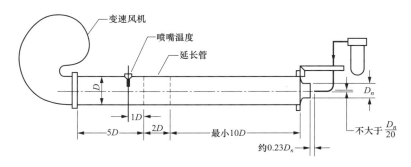

图 4-16　矩形测量截面的测量点

风洞试验方法则是用标准的毕托管作为校准参考探针，风洞的流动条件必须足够一致，使得风洞可同时插入探针和毕托管。两个探针的阻碍不超过风洞断面的 5%。两种探针阻碍的差异不超过 25%。

探针系数为

$$k = \sqrt{\frac{\text{参考探针的动压}}{\text{被校准探针的动压}}}$$ （4-39）

不同雷诺数下探针有不同的系数 k 值，如图 4-17 所示，校验必须考虑记录校验时雷诺数的大小，雷诺数为横坐标，探针参数 k 为雷诺数对应的纵坐标值。

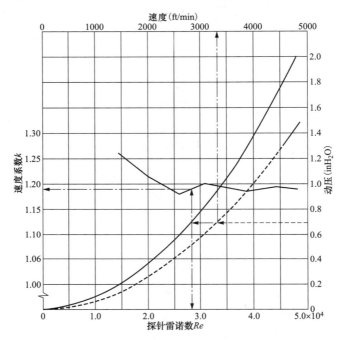

图 4-17 速度探针的速度系数校验曲线校验曲线基于 70℉、29.92inHg 的大气压力条件

探针的雷诺数表达方式为

$$Re = \frac{vD\rho}{\mu}$$

$$v = \frac{1096.84}{60}\sqrt{\frac{\Delta p}{\rho}}$$

式中 Re——探针雷诺数；

v ——速度；

D ——探针前缘宽度；

ρ ——校准介质密度；

μ ——校准介质的绝对黏度；

Δp——校准探针测量的动压。

联系上述两方程得出

$$Re = 18.28\sqrt{\rho\Delta p}\,\frac{D}{\mu}$$ （4-40）

这里需要注意的是，式（4-40）中提供的校验参数与校验介质没有关系。探针被校验后必须小心存放与使用，否则一个较大的摩擦或刮痕都可能会改变其校准。

（三）速度的测量

1. 静压的获得

当探针的全压口与流动速度一致时，可以对压力读数，可测出全压及静压。两者之差是动压。静压与全压都可通过压力计测得。毕托管的静压可以直接测量，而定向探针静压必须进行转化计算得到，即

$$p_S = p_T - kp'_v \text{ 或 } p_S = kp'_s \tag{4-41}$$

式中　p_S、p_T——静压和全压；

　　　k——探针系数；

　　　p'_v——当探针与速度建立关系时，为指定的速度压力；

　　　p'_s——为指定静压，当探针与速度有关。

2. 密度的获得

（1）烟气密度首先要获得烟气的平均摩尔质量，由烟气各组分密度按质量比例加权平均求得。这些成分通常有二氧化碳、氧气、氮气，所有组成成分都基于干基体积比来确定。体积比乘以分子质量就可以得出质量比，所有质量比之和就等于干烟气摩尔质量。某烟气的密度确定如表4–10所示。

表 4-10　　　　　　　　　　　　某烟气的密度确定

烟气成分	体积比（%）	摩尔质量	摩尔质量比例
CO_2	13.5	44.01/100	5.94
O_2	5.2	32.00/100	1.66
N_2	81.3	28.02/100	22.76
平均摩尔质量			30.36

干烟气密度可以通过烟气摩尔质量比烟气在额定环境下所占的体积得出。在 32°F 和 29.92inHg 压力的标准状态下（Normal State），1mol 的干烟气质量为 30.36lb，体积为 359.05ft³，可得出密度为

$$\rho_{32°F,28.82in\cdot Hg} = \frac{30.36lb}{359.05ft^3} = 0.0846\frac{lb}{ft^3} \tag{4-42}$$

在任何其他温度和压力的密度值由 $\rho_{32°F,28.82in\cdot Hg}$ 乘以绝对压力校正因子 $\dfrac{p_{in}Hg}{29.92inHg}$ 和温度校正因子 $\dfrac{32°F + 459.76°F}{T + 459.76°F}$ 计算，这些过程即为理想气体状态方程的应用，只是使用的是英制单位。

（2）烟气中水分可以通过燃料分析、大气湿度、过量空气系数计算。当烟气中水分含量确定时，乘以系数 $\left(1 - \dfrac{H_2O}{100}\right)$，可将干烟气基准中氮气、二氧化碳和氧气的含量调

整到湿烟气基准，进而获得湿烟气的组分与密度。

例如假设烟气含有 8.8% 的水蒸气，则系数 $\left(1-\dfrac{H_2O}{100}\right)=0.912$。此时某湿烟气密度 ρ_{wg} 的确定过程如表 4-11 所示。

表 4-11   某湿烟气密度的确定过程

烟气成分	体积比（%）	摩尔质量	摩尔质量比例
CO_2	13.5×0.912=12.3	44.01/100	5.41
O_2	5.2×0.912=4.7	32.00/100	1.50
N_2	81.3×0.912=74.2	28.02/100	20.78
H_2O	8.8	18.00/100	1.58
平均摩尔质量			29.27

则标准状态下的密度为

$$\rho_{wg,st}=\frac{29.27\text{lbm}}{359.05\text{ft}^3}=0.0815\frac{\text{lbm}}{\text{ft}^3} \tag{4-43}$$

这样，在其他状态下，湿烟气的密度就可以由标准状态下的密度乘以温度修正因子和压力修正因子得到。

3. 湿烟气黏度

烟气混合物的各成分黏度可以通过式（4-44）计算，即

$$\mu_m=\frac{\sum y/\mu_i\sqrt{MW_i}}{\sum y_i\sqrt{MW_i}} \tag{4-44}$$

式中 μ_m——烟气的混合黏度，lb/（ft·s）；

y_i——烟气成分的摩尔百分比，%；

MW_i——烟气成分的摩尔质量，lb/mol；

μ_i——各烟气成分的黏度，lb（ft·s）。

各烟气成分的黏度可按表 4-12 进行差值计算或从图 4-18 中获取。

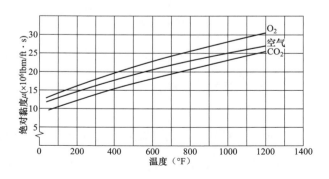

图 4-18 烟气各成分的黏度曲线（一）

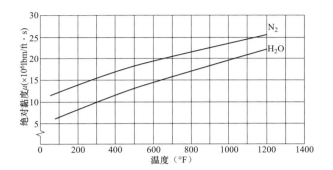

图 4-18 烟气各成分的黏度曲线（二）

表 4-12				烟气各成分的黏度						$[lb/(ft \cdot s)]$	
气体	温度（℃）	黏度	气体	温度（℃）	黏度	气体	温度（℃）	黏度	气体	温度（℃）	黏度
空气	−194.2	55.1	空气	537	368.6	CO₂	20	149.9	O₂	127.7	256.8
	−183.1	62.7		565	375		30	153		227	301.7
	−104	113		620	391.6		32	155		283	323.3
	−69.4	133.3		638	401.4		35	156		402	369.3
	−31.6	153.9		750	426.3		40	157		496	401.3
	0	170.8		810	441.9		99.1	186.1		608	437
	18	182.7		923	464.3		104	188.9		690	461.2
	40	190.4	CO₂	−97.8	89.6		182.4	222.1		829	501.2
	54	195.8		−78.2	97.2		235	241.5	N₂	−21.5	156.3
	74	210.2		−60	106.1		302	268.2		10.9	170.7
	229	263.8		−40.2	115.5		490	330		27.4	178.1
	334	312.3		−21	126		685	380		127.2	219.1
	357	317.5		−19.4	129.4		850	435.8		226.7	255.9
	409	341.3		0	139		1052	478.6		299	279.7
	466	350.1		15	145.7	O₂	0	189		490	337.4
	481	358.3		19	148		19.1	201.8		825	419.2

4. 烟气速度计算

（1）毕托管测量。当动压测量用毕托管来完成时，则平均动压可按式（4-45）计算，即

$$p_{v(avg)} = \left[\frac{1}{N} \sum_{i=1}^{N} \sqrt{p_{vi}} \right]^2 \qquad (4\text{-}45)$$

式中　$p_{v(avg)}$——动压平均值，inH_2O；

　　　　N——总测点数；

　　　　p_{vi}——某测点的动压，inH_2O。

平均烟气速度可以通过式（4-46）计算，即

$$V_{avg} = 1096.84 \sqrt{\frac{p_{v(avg)}}{\rho_{wg}}} \qquad (4\text{-}46)$$

式中 ρ_{wg}——测量横截面烟气混合物密度。

（2）定向探针。由于不同雷诺数下的探针速度系数 k 是不同的，所以当动压头采用该探针进行测量时，平均压头必须考虑动偏转角和探针速度系数 k 随雷诺数变化的因素，必须保证测量时的雷诺数与标定时的雷诺数相等。

1）偏转角可以按照图 4-19 进行测量。

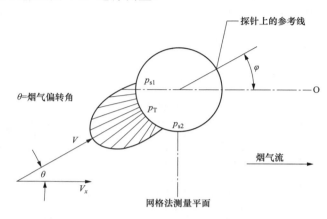

图 4-19　定向测量偏转角的计算

$p_{s1}=p_{s2}$，探针滞止时；$\theta=\varphi$，烟气流动偏转角，探针必须转动到这个角度才可以获得滞止压力；$p_v=p_T-p_{s1}$，测量动压

2）应用的探针速度系数 k 应该从校准曲线进行选择，如图 4-17 所示。曲线是探针平均雷诺数的函数曲线。

雷诺数计算公式为

$$N_{Re(avg)}=18.28\sqrt{p_{V(avg)}\rho_{wg}}\frac{D}{\mu_m} \tag{4-47}$$

式中 $N_{Re(avg)}$——在试验条件下探针平均雷诺数，无量纲数；

ρ_{wg}——测试平面平均烟气密度；

D——探针直径；

μ_m——烟气混合物黏度。

平均动压头计算公式为

$$p_{v(avg)}=\left[\frac{1}{N}\sum_{i=1}^{N}\sqrt{p_{vi}}\right]^2$$

式中 p_{vi}——指定动压头值（偏转角在这一步中不要求计算）。

如果系数 k 已知，就可以用平均偏转角来校正动压头，计算式为

$$p'_{v(avg)}=\left[\frac{1}{N}\sum_{i=1}^{N}\sqrt{p_{vi}}\cos\theta_i\right]^2,\ \text{inH}_2\text{O} \tag{4-48}$$

式中 p_{vi}——每一测点的速度压头；

θ_i——每一测点的偏转角。

平均速度可以按式（4-49）计算，即

$$V_{\mathrm{avg}} = 1096.84 \sqrt{\frac{kp'_{v(\mathrm{avg})}}{\rho_{\mathrm{wg}}}} \qquad （4\text{-}49）$$

式中　V_{avg}——气流的平均速度;

　　　　k——探针速度系数, 无量纲参数;

　　$p'_{v(\mathrm{avg})}$——偏航的平均动压头;

　　　ρ_{wg}——测量平面的气流密度。

由于事先不知道测量值会用到何种的雷诺数, 且确定雷诺数与系数 k 都要用到密度, 因而必须进行迭代计算确定, 计算步骤如下:

1) 假定系数 k。

2) 求速度。

3) 求 Re 数。

4) 根据 Re 数选择系数 k 的修正。

5) 比较 k 的偏差, 如偏差还大, 则继续进行迭代计算, 直到偏差合格。

系数 k 确定后, 就可完成所有计算工作。整体气体体积流量按式 $Q=AV_{\mathrm{avg}}$ 计算得出, 整体质量流量按式 $M=AV_{\mathrm{avg}}\rho_{\mathrm{wg}}=Q\rho_{\mathrm{wg}}$ 计算得出。其中 Q 为试验条件下的体积流量, A 为测量横截面面积, V_{avg} 为平均流速, M 为质量流量, ρ_{wg} 为测量平面的气流密度。

（四）燃气轮机入口蜗壳测量流量的方法

因为燃气轮机的排烟来源于燃料与进入燃气轮机的空气量, 所以也可以测量燃气轮机压气机的入口空气量来确定排烟流量, 排烟量等于入口空气流量、燃料流量和喷入水或蒸汽流量的和。

五、排烟温度的确定

排烟温度可以直接在具体部位进行网格法测量, 并进而计算出流量。但如果流量可以测量, 则通过排烟焓值也可确定排烟温度, 互为验证。测量温度确定流量的方法更为准确。

第四节　锅炉效率的测量方法

ASME PTC 4.4—2008 取消了这一部分, 本节为 ASME PTC 4.4—1981 中的内容。

与常规锅炉不同, 余热锅炉有三种测量效率的方法, 包括两种测量热效率（efficiency）和一种测量焓降效率（effectiveness）的方法。前两种方法与常规锅炉一样, 第三种方法通过比较烟气的实际焓降与最大理论焓降 [maximum theoretically possible （MTP） enthalpy drop] 来得到, 这种方法很特别, 是本节重点介绍的方法。

一、ASME PTC 4.4—1981 中锅炉正反平衡效率

ASME PTC 4.4—1981 中定义余热锅炉效率为毛效率, 因而正平衡效率（输入-输出效率）是输出热量与输入热量的比值, 计算式为式（4-49）。其中输出热量为余热锅炉工质、蒸汽或水吸收的热量, 无补燃时输入热量为燃气轮机排气的物理显热, 有补燃时还

包括补燃燃料发热量和随燃料、氧化剂带入热量（heat credits）。即

$$\eta_{sg} = \frac{输出热量}{输入热量} \times 100\% \qquad (4\text{-}50)$$

与常规锅炉的试验方法有所不同的是，在实际工作中必须根据图 4-10 计算出烟气的流量和输出热量，因此烟气流量计算完成后式（4-50）中的输入热量也就计算完成了，其精度与反平衡方法是一致的。也就是说，完成图 4-10 的计算过程后，式（4-50）可以同时计算出来，因而工作中严格的效率试验往往是正平衡方法。

如果不想进行图 4-10 所示的迭代计算，也可以用反平衡的方法进行计算。反平衡效率方法定义余热锅炉效率为 100% 减去各损失百分量，计算式为式（4-51）。其热损失百分量的分子为各损失热量的和，分母为输入热量，与式（4-50）中的输入热量相同。损失 L 包括余热锅炉出口烟气的焓值和散热损失等项目，即

$$\eta_{SG} = \left(1 - \frac{L}{Q_{GT,IN} + Q_{DB} + Q_{AA} + Q_{AS}}\right) \times 100\% \qquad (4\text{-}51)$$

式中　　$Q_{G,IN}$ ——GT 排气带入余热锅炉的热量，燃气排烟（包括燃煤产物、平衡空气、喷入的水蒸气等）的焓；

$\quad\quad\quad Q_{DB}$ ——补燃燃烧器（DB 表示 Duct Burner）带入余热锅炉的燃料的热量，由单位燃料的热值与燃料的流量乘积计算得到，在 ASME PTC 4.4—1981 中用 $W_{SF} \times h_{SF}$ 表示；

$\quad Q_{AA}$、Q_{AS} ——补燃燃烧器调节风与雾化蒸汽带入余热锅炉的热量，在 ASME PTC 4.4—1981 中用符号 B 表示；

$\quad\quad\quad\quad L$ ——余热锅炉的各种热损失，主要包括烟气带走的热量 $Q_{G,OUT}$ 和散热损失掉的热量 Q_{HL}，ASME PTC 4.4—1981 中还包括循环冷却水和密封水造成锅炉的损失、混合冷却剂热损失等，需要根据具体情况确定。

按式（4-50）直接计算时，往往需要用到烟气流量。常规锅炉的锅炉效率对于排烟流量非常敏感，而余热锅炉排烟流量测量的准确性对效率准确性的影响很小。因为热损失中最主要的排烟损失绝对量与烟气流量成正比（分子最大项），同时随燃气轮机排气带入的物理显热也与烟气流量成正比（分母），因此按式（4-51）计算的结果精度往往比常规锅炉的精度高。

但按式（4-51）计算往往不容易得到余热锅炉真实的结果，原因包括：①式（4-51）的表达方法实际是 ASME PTC 4 中的毛效率表达方法，而不是燃料效率的表达方式。②式（4-51）中计算排烟损失 L 所用的 t_0 应当用设计条件下的 t_0。因为余热锅炉与常规锅炉的特性不同。常规锅炉中最后一级受热面是空气预热器，当空气温度降低时，排烟温度也降低，从而保持两者温差的相对稳定和关联度，可以修正后再比较。而余热锅炉最后一级受热面是省煤器，没有空气预热器，其排烟温度与空气的环境温度没有关系，而与省煤器的最低温度有关。省煤器为了防止低温腐蚀往往需要设计热水再循环控制排烟温度，因此用与省煤器温度相关的排烟温度减去与之完全无关的大气环境温度，所计算

出的结果很容易出现较大偏差，除非恰巧试验时环境温度与设计环境温度相差不多时才可以得到看上去合理的结果。

ASME PTC4.4—1981 给出了详细的输入热量与输出热量方法，但是用 ASME PTC4.4—2008 给出的基于燃气轮机热平衡或余热锅炉热平衡的方法，来确定余热锅炉的输入热量更为简单。因此，本书推荐使用 ASME PTC 4.4—2008 的方法，请参见本章第二节内容。同时，输出热量最好由汽轮机性能试验得到热耗值来计算最为精确。

在效率试验中最关键的数据包括燃气轮机排烟温度、余热锅炉排烟温度、旁路排烟量、燃料流量及其低位发热量，其中燃气轮机排烟温度、余热锅炉排烟温度需要在烟气截面上以网格法测量。

二、焓降法测量效率

正因为烟气流量对余热锅炉效率影响不大，所以 ASME PTC4.4—1981 提供了一种利用焓降法测量效率测定效率性能的方法。该方法是余热锅炉性能试验特有的方法，定义为实际焓降与最大理论焓降的比值，还专门用名词"effectiveness"来标识，以与传统方法测量的效率"efficiency"进行区别。该方法一般用来对整个锅炉或锅炉部分设备进行评估。例如某锅炉是在多个压力下运行，则将对每个压力下的运行水平进行评估。具体计算式为

$$EF = \frac{\text{实际焓降}}{MTF} \times 100\% \tag{4-52}$$

式中　　EF ——焓降效率；

　　　　MTF ——最大理论焓降。

焓降法效率首先需要通过绘制余热锅炉沿烟气流程的烟气和工质温度分布曲线，来寻找二者的最小温度差点。蒸发器最小温差点如图 4-20 所示，省煤器最小温差点如图 4-21 所示。对于无补燃余热锅炉，通常最小温差点在蒸发器；而有补燃锅炉负荷超过 30% 时，最小温差点通常在省煤器出口。如果最小温差点位置不确定，则对蒸发器和省煤器的最小温差点都需要进行计算。

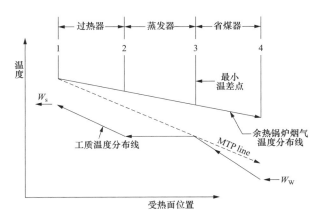

图 4-20　最小温差点在蒸发器出口（烟气）

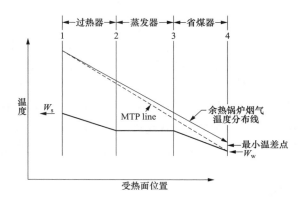

图 4-21　最小温差点在省煤器出口（烟气侧）

最小温差点在蒸发器时，焓降效率计算式为

$$EF = \frac{(h_{G1} - h_{G4}) \times W_{s1}(h_{s1} - h_{w2})}{(h_{G1} - H_{GS3}) \times [W_{s1}(h_{s1} - h_{s2}) + W_{w3}(h_{w2} - h_{w4})]} \times 100\% \qquad (4\text{-}53)$$

当 $W_{s1} = W_{s3}$ 时，该表达式简化为

$$EF = \frac{(h_{G1} - h_{G4})(h_{s1} - h_{w2})}{(h_{G1} - H_{GS3})(h_{s1} - h_{w4})]} \times 100\% \qquad (4\text{-}54)$$

最小温差点在省煤器时，焓降效率计算式为

$$EF = \frac{h_{G1} - h_{G4}}{h_{G1} - H_{Gw4}} \times 100\% \qquad (4\text{-}55)$$

式中　W_{s1}——蒸汽流量，W_{s3} 为水流量；

　　　h_{G1}——入口温度 t_{G1} 下烟气焓；

　　　h_{G4}——出口温度 t_{G4} 下的烟气焓；

　　　h_{Gs3}——汽包内饱和温度 t_{s2} 下的烟气焓；

　　　h_{Gw4}——出口温度 t_{s1} 下的烟气焓；

　　　h_{s1}——出口温度 t_{s1} 下的过热蒸汽焓；

　　　h_{w2}——饱和温度 t_{s2} 下的水焓；

　　　h_{w4}——入口温度 t_{s2} 下的水焓。

　　由于在计算过程中省略了烟气的流量信息，因而与其他方法相比，焓降法效率的精度是最高的，如图 4-22 所示。但由于它只能反应传热的效果，无法全面反映能量关系，所以实际应用中，合同一般采用热效率作为考核值，绝大多数试验采用的是反平衡法热效率。

三、锅炉效率计算及修正示例

（一）修正方法及曲线

　　燃气轮机性能与排气条件随着周围环境的改变而发生改变，完全在设计环境条件下进行余热锅炉性能测试不现实，这就造成了实测效率与设计条件的偏差。由于余热锅炉没有空气预热器（预热器在燃机侧），也无法进行燃烧调整，只能被动地接受燃气轮机的排气，因而性能试验标准中无法给出标准的修正方法，只能根据厂家准备的和完成的性能曲线进行校正。这些性能校正曲线的定义是在锅炉设计时，根据各参数的变化值进行热力计算而得到，最终变成燃气轮机排气流量、温度、锅炉排烟焓、水侧温度、压力等变量的函数。

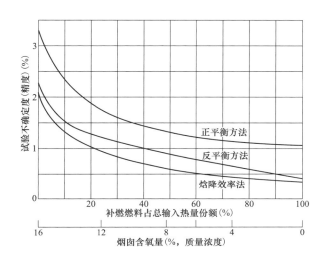

图 4-22　三种试验方法不确定度

以北京某燃气-蒸汽联合循环电站的余热锅炉为例，厂家给出了效率修正因素表、计算公式［见式（4-56）］及修正曲线（见图 4-23～图 4-31）所示。计算式为

$$\eta_{HRSG（Corrected）}=\eta_{HRSG（Calcu）}+\eta_{WG}+\eta_{TG}+\eta_{HG}+\eta_{CRT}+\eta_{HSP}+\eta_{ROP}+\eta_{LSP}+\eta_{CT}+\eta_{PIT} \quad （4\text{-}56）$$

式中　$\eta_{HRSG（Calcu.）}$——没有修正时的计算余热锅炉效率，%；

η_{WG}——燃气轮机排烟流量改变的效率修正量，修正基准为 2409.1 t/h；

η_{TG}——燃气轮机排烟气温度改变的效率修正量，修正基准为 587℃；

η_{HG}——燃气轮机排烟气 H_2O 含量改变的效率修正量，修正基准值为 5.2%（质量）；

η_{HSP}——高压主蒸汽压力改变的效率修正量，修正基准值为 10.87MPa；

η_{LIP}——低压主蒸汽压力改变的效率修正量，修正基准值为 0.491MPa；

η_{ROP}——再热蒸汽出口压力改变的效率修正量，修正基准值为 3.51MPa；

η_{CRT}——再热蒸汽入口温度改变的效率修正量，修正基准值为 393.2℃；

η_{PIT}——低温省煤器进口温度改变的效率修正量，修正基准值为 55.7℃；

η_{CT}——凝结水温度改变的效率修正量，修正基准值为 32.7℃。

各变量修正曲线见图 4-23～图 4-31。

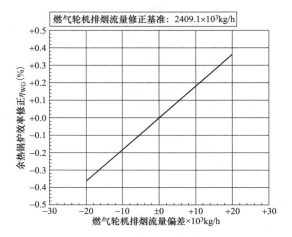

图 4-23 燃气轮机排汽流量对余热锅炉效率的修正

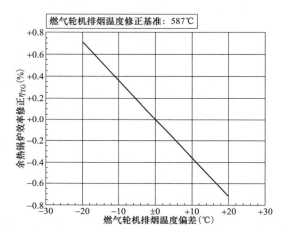

图 4-24 燃气轮机排汽温度对余热锅炉效率的修正

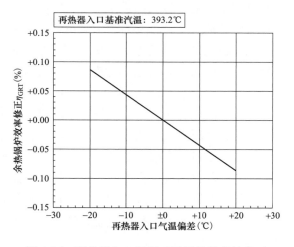

图 4-25 再热器入口温度对于锅炉效率的修正

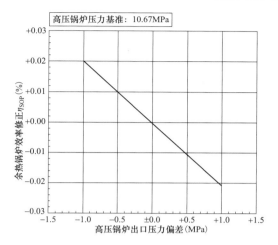

图 4-26　高压主蒸汽压力对于锅炉效率的修正

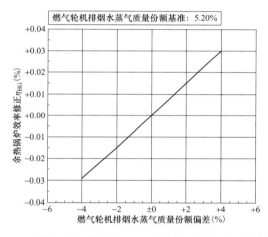

图 4-27　燃气轮机排烟中 H_2O 的比例对锅炉效率的修正

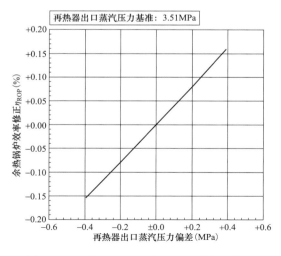

图 4-28　再热器出口压力对锅炉效率的修正

315

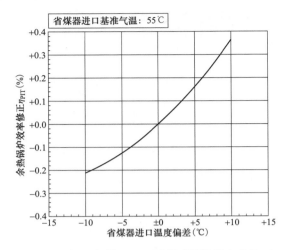

图 4-29　低温省煤器入口温度对锅炉效率的修正

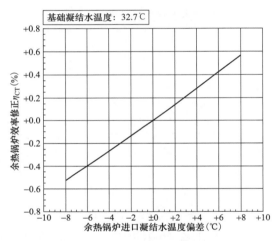

图 4-30　余热锅炉入口凝水温度对锅炉效率的修正

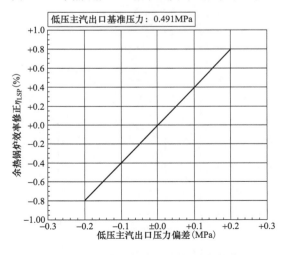

图 4-31　低压主汽压力对锅炉效率的修正

（二）计算及修正实例

1. 试验时采集的燃气化验成分（见表 4-13）

表 4-13　　　　　　　　　试验时的燃料油的 API 焓值

项目		工况		
负荷	%	100		平均值
时间	—	15:40	17:00	
氧	O₂	0	0	0
氮	N₂	0.239	0.263	0.251
二氧化碳	CO₂	2.469	2.442	2.456
甲烷	CH₄	95.212	95.244	95.228
乙烷	C₂H₆	1.72	1.705	1.713
丙烷	C₃H₈	0.249	0.245	0.247
丁烷*	C₄H₁₀	0.079	0.074	0.077
戊烷*	C₅H₁₂	0.032	0.028	0.030

* 燃气成分中这两项分别为有正、异两类，但燃烧结果一致，所以该试验把它们一致对待。

2. 效率计算

计算基于燃气轮机的热平衡，由图 4-10 所示的迭代算法确定烟气流量，并采用反平衡法计算效率。结果如表 4-14～表 4-17 所示。

表 4-14　　　　　　　根据燃气成分测量燃烧产物计算

序号	项　　　目	单位	数据
1	燃烧 1mol 燃气所需氧气量	mol	1.984
2	1mol 燃气燃烧产物	mol	$7.464N_2+1.023CO_2+1.971H_2O$
3	平均燃气轮机排气温度	℃	588.3667
4	平均环境温度	℃	9.21
5	大气压力	kPa	1002.9
6	相对湿度	%	26.63
7	排烟温度	℃	88.26
8	燃料量（实测，标准状态）	m³	77105

表 4-15　　　　　　　　　水 侧 吸 热 量 计 算

序号	项　　　目	单位	数据
1	高压蒸汽压力	MPa	10.67
2	高压过热蒸汽出口温度	℃	539.56
3	高压减温水流量	t/h	0
4	高压排汽压力	MPa	3.692

序号	项 目	单位	数据
5	高压排汽温度	℃	394.4
6	再热器出口压力	MPa	3.489
7	再热器出口温度	℃	566.98
8	再热蒸汽减温水流量	t/h	3
9	低压过热器出口压力	MPa	0.391
10	低压过热器出口温度	℃	262.39
11	高压给水流量	t/h	297.249
12	高压给水温度	℃	155
13	高压给水压力	MPa	11.4
14	中压给水流量	t/h	40.06
15	中压给水温度	℃	154.3
16	中压给水压力	MPa	7.87
17	低压给水流量	t/h	40.446
18	低压给水温度	℃	152.8
19	低压省煤器入口压力	MPa	2.949
20	低压省煤器入口温度	t/h	36
21	余热锅炉凝结水加热器入口温度	℃	53.87
22	高压蒸汽出口焓	kJ/kg	3468.74
23	再热蒸汽出口焓	kJ/kg	3603.63
24	再热蒸汽入口焓	kJ/kg	3206.62
25	低压蒸汽出口焓	kJ/kg	2990.27
26	凝结水焓	kJ/kg	153.46
27	汽水质吸热量（该量为定值，供下一步使用）	kJ/h	1361929513

表 4-16　　　　　　　　进行烟气侧放热的迭代计算并求出锅炉效率

序号	项 目	单位	数据
1	烟气中含氧量（先假定后校核）	%	12.91
2	根据氧量及化学反应关系计算烟气中 H_2O 质量比	%	4.94
3	根据氧量及化学反应关系计算烟气中 CO_2 质量比	%	6.25
4	根据氧量及化学反应关系计算烟气中 N_2 质量比	%	76.46
5	根据氧量及化学反应关系计算烟气中 O_2 质量比	%	12.76
6	根据氧量及化学反应关系计算烟气总重	t/h	2479.08
7	计算余热锅炉烟气侧放热量（如与上一次计算值相比大于收敛条件，改变氧量重新计算）	kJ/h	1567981272
8	余热锅炉效率	%	86.9893

表 4-17 根据效率修正曲线修正锅炉效率

序号	项目	单位	数据
1	余热锅炉烟气量偏差	%	2.91
2	余热锅炉烟气量修正	%	0.04
3	余热锅炉进口烟气温度偏差	℃	1.3667
4	余热锅炉进口烟气温度修正	%	-0.05
5	余热锅炉烟气水分含量偏差	%	-0.26
6	余热锅炉烟气水分含量修正	%	-0.0025
7	余热锅炉主蒸汽压力偏差	MPa	0
8	余热锅炉主蒸汽压力修正	%	0
9	余热锅炉再热蒸汽出口压力偏差	MPa	-0.021
10	余热锅炉再热蒸汽出口压力修正	%	-0.01
11	余热锅炉低压主蒸汽压力偏差	MPa	-0.1
12	余热锅炉低压主蒸汽压力修正	%	-0.4
13	余热锅炉凝结水温偏差	℃	3.3
14	余热锅炉凝结水温修正	%	0.23
15	余热锅炉凝结水加热器入口温度偏差	℃	-1.13
16	余热锅炉凝结水加热器入口温度修正	%	-0.03
17	修正后余热锅炉效率	%	86.769

第五节 试 验 测 试

无补燃余热锅炉需要准确测定以下数据：燃气轮机排烟温度和排烟焓；余热锅炉出口烟气温度和焓值；余热锅炉出口水蒸气流量和焓值；余热锅炉入口水流量和焓值；烟气和工质的压力。有补燃的余热锅炉除上述所需数据以外，还需要获得燃料流量和燃料低位发热量。

两个版本的 ASME 标准对试验稳定条件的要求不同，如表 4-18 所示。

表 4-18 余热锅炉性能试验稳定条件

变 量	运行中偏离平均值运行范围	
	1981 版	2008 版
省煤器水流量	2%	2%
汽包压力	—	2%或 10Psi
省煤器循环水量	3%	3%
减温水量	4%	主蒸汽流量的 0.5%
燃气轮机燃料量	2%	2%
下降管水量	4%	—
补充燃料流量	2%	—

续表

变　量	运行中偏离平均值运行范围	
	1981 版	2008 版
燃气轮机电力输出	2%	2%
余热锅炉的进气温度	10°F	10°F
排烟温度	10°F	—
省煤器进水温度	10°F	10°F
过热器出口汽温	10°F	5°F
环境温度	5°F	—
大气压力	1%	—
蒸汽压力	2%	—
空气流量	2%	—
余热锅炉烟气流量	2%	—
燃气锅炉排烟流量	2%	—

　　除此之外，ASME PTC 4.4—1981 和 ASME PTC 4.4—2008 在测试方面的原理与要求基本上等同于 GB/T 10184—2015 及 ASME PTC 4—2013。如测试仪器、试验稳定条件、预备性试验、网格法测量等内容，仅有少量的差别，本文不再赘述，请读者参考第二章和第三章的相关内容。

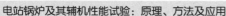

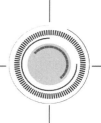

第五章

空气预热器性能试验标准

空气预热器是利用尾部烟道烟气的余热来加热空气的热交换设备，从汽轮机组开始有回热的年代起，就成为电站锅炉一个不可缺少、高度集成的重要组成部分。由于回热后的给水温度已提高得较多（例如亚临界压力锅炉，给水温度就可高达 250～290℃），省煤器出口烟气温度还高达300℃以上，空气预热器的使用把排烟温度降低到120℃左右或更低（受制于烟气中含硫量的大小），空气通过空气预热器加热后，燃料燃烧初始温度、炉膛内烟气温度显著提高，可使燃料迅速着火，炉内和辐射换热强化，燃料燃尽程度增加。同时，使锅炉效率多个方面得到显著提高。

锅炉空气预热器分为管式空气预热器和回转式空气预热器两种主要类型。管式空气预热器是表面式加热器。根据管子的形式，又分为卧管和立管两类。卧式管式空气预热器中，空气走管内，烟气横向冲刷受热面，与烟气对受热面的加热与过热器、省煤器类似，只是进、出口联箱很大，成为管板和连通罩。这种结构便于吹灰，尤其是风压头较大时可降低漏风率，因此在 CFB 锅炉中使用较多。在中小型煤粉锅炉中，通常采用立管管式空气预热器，即管箱式结构：箱为空气通道，空气在箱中水平迂回地向上流动；管为烟气通道，自上而下贯穿空气箱，烟气沿竖直方向由上向下流动，以避免烟气中的灰粒沉积。管式空气预热器内空气和烟气完全隔绝，正常情况下没有漏风，但表面换热器换热能力小、体积庞大，需要很大的布置空间；且膨胀时容易造成焊缝开裂，故障情况下漏风反而更大，因此在早期的小机组普遍采用，在 300MW 及以上机组则很少有采用。另一种是回转式空气预热器，传热面密度高，结构紧凑，占地面积不到管式空气预热器的一半，是现代电站锅炉空气预热器的主流形式。但它在运行中不能完全把烟气与空气分隔开来，只要烟气与空气的压力存在差别，就会不可避免地产生漏风，且流道狭小，容易堵塞，对空气预热器和风机等相关辅机产生影响，需要精心维护，维持性能。

我国没有专门考核空气预热器的性能试验标准，但 GB/T 10184—1988 中的一个附件介绍了空气预热器漏风的计算方法；GB/T 10184—2015 中相关部分依然是较为简单。ASME 关于空气预热器性能的考核有专门的 ASME PTC 4.3《Air Heaters》作为 ASME PTC 4 的附件，最早发布于 1968 年，一直持续到 2017 年才发布最新版。本书编撰的过程中，笔者正在参加我国电力行业标准《空气预热器性能试验》的编写和 ASME PTC 4.3—2017 的翻译工作，本章内容也可以作为相关标准的解释与培训教程。

ASME PTC 4.3 中理论与原理阐述较为详细。本章主要针对回转式空气预热器，以 ASME PTC 4.3—2017 为基础，并且结合我国行业标准编写过程中发展的新技术进行编写，以帮助读者深入全面地理解空气预热器性能试验的相关内容。

考虑到本书主要读者是我国电力工作者，本章在符号使用上主要采用了与 GB/T 10184—2015 基本兼容的表示方法，同时给出了 ASME 对应的符号。读者如果需要使用 ASME 标准，把公式中相应的符号改变即可。

第一节　空气预热器漏风试验要求及计算方法

一、空气预热器的结构、漏风产生的原因及影响因素

1. 空气预热器的结构

当前最主流的是三分仓回转式空气预热器，典型结构如图 5-1 所示，由圆筒形的转子和固定的圆筒形外壳、烟风道，以及传动装置所组成。圆筒形外壳和烟风道均不转动，内部的圆筒形转子是转动的，转子中规则地紧密排列着传热元件（受热面）—蓄热板。蓄热板由波形板和定位板组成，间隔排列放在仓格内。

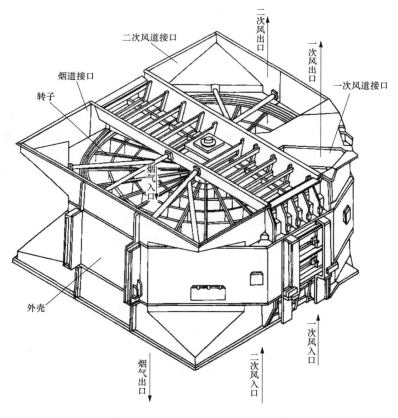

图 5-1　三分仓空气预热器

空气预热器的工作原理是：转子由电动机通过传动装置带动缓慢旋转（0.75～1.5r/min），

受热面交替地经过烟气和空气通道。当受热面转到烟气流通区时，烟气自上而下流过受热面，热量由烟气传给受热面金属，并被金属积蓄起来，其温度升高。然后受热面转到空气流通区时，受热面金属就将蓄积的热量传递给自下而上流过的空气，温度降低。从转子的角度来看，转子每转动一周，就完成一个热交换过程。从空气预热器整体来看，通过转子的连续旋转，热烟气将热量传给冷空气的流程是连续的。由于空气预热器工作于烟气温度最低的区域，所以回收了烟气的热量，这样就完成了烟气与空气换热的目的。

常用分仓方式有二分仓、三分仓和四分仓三种方式，各种分仓布置的空气预热器一般具有如下特点：

（1）二分仓空气预热器。圆筒形外壳的顶部和底部上下对应地分隔成烟气流通区、空气流通区和密封区（过渡区）三部分；烟气流通区与烟道相连，空气流通区与二次风的风道相连，二次风与烟气通过两个密封区相接触。

（2）三分仓空气预热器。圆筒形外壳的顶部和底部上下对应地分隔成烟气流通区、二次风空气流通区、密封区（过渡区）、一次风空气流通区及密封区（过渡区）五部分；烟气流通区和烟道相连，空气流通区分别与一、二次风的风道相连，一次风、二次风分别通过一个密封区与烟气相接触。

（3）四分仓空气预热器。圆筒形外壳的顶部和底部上下对应地分隔成烟气流通区、二次风空气流通区、密封区（过渡区）、一次风空气流通区、密封区（过渡区）、二次风空气流通区、密封区（过渡区）七部分，使烟气流通区与烟道相连，空气流通区与风道相连，一次风通过两个密封区与二次风相通，二次风通过两个密封区与烟气相通。

2．漏风产生的原因

空气预热器漏风的产生主是由于自身结构。如图 5-1 所示，由于空气预热器的转子需要转动，因而空气预热器就如同宾馆的旋转门，只要是旋转，动静之间就必须有间隙，这些间隙就构成了烟气与空气之间的流道。为了防止漏风，回转式空气预热器在轴向、环向和径向三个维度安装有密封装置，如图 5-2 所示，可大为减少间隙，但不能完全把烟气与空气分隔开。当空气侧压力大于烟气侧压力时，空气将从转动部分和固定部分之空隙漏入烟气侧，这部分漏风称为直接漏风。

此外，由于空气预热器的转子相继通过烟风道，就像一个活动的车厢，交替通过空气预热器烟气通道和烟气通道时，仓内的烟气和空气来不及完全排空，就会把一部分空气带入烟气中去，同时也把一部分烟气带入空气。这种漏风是由于转子的旋转而产生的，是空气预热器固有漏风，称为携带漏风。

需要注意的是，携带漏风把空气带入烟气时，也把烟气带入空气，这就是一、二次风带灰的原因。也就是说，携带漏风只是把空气和烟气进行了交换混合，并不增加空气或烟气的体积。但是携带漏风加大了空气预热器出口烟气中的氧量，通过烟气出口氧量来测量空气预热器的漏风假定了携带漏风是单向增加了烟气的体积，所以从理论上说，这种方法所测量的漏风率是偏大的。

3．漏风量的大小

直接漏风与漏风的面积、密封的数量、密封两侧的流体压力差及所漏空气的密度等

因素相关，按式（5-1）计算，即

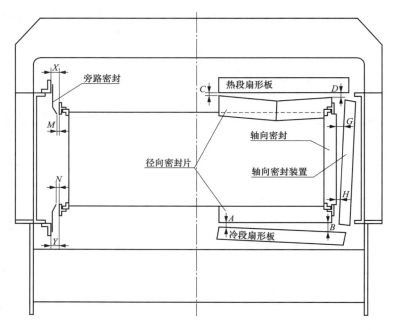

图 5-2　空气预热器的三维密封

$$q_{\mathrm{m,lg,dp}} = \frac{k}{\sqrt{Z}} A_f \sqrt{\rho_{\mathrm{a,lg}} \Delta P_{\mathrm{a,fg}}} \qquad (5\text{-}1)$$

式中　$q_{\mathrm{m,lg,dp}}$——空气预热器直接漏风量在 ASME PTC 4.3 中 $q_{\mathrm{m,lg}}$ 用 *MrAL*（mass flow rate of air leakage）表示，kg/s；

$\Delta p_{\mathrm{a,fg}}$——空气预热器烟气侧与空气侧间的压力差，在 ASME PTC 4.3 中用 *PD*（pressure difference）表示，Pa；

$\rho_{\mathrm{a,lg}}$——漏入空气的密度，在 ASME PTC 4.3 用 *DnA*（density of air）表示，kg/m³；

k——漏风通过密封后狭小空间产生速度的系数，无量纲；

A_f——空气预热器密封的漏风面积，m²；

Z——空气预热器密封的数目，通常认为空气预热器的密封把空气预热器空气侧与烟气侧的压力差 $\Delta p_{\mathrm{a,fg}}$ 分成 Z 等份，这样每一个等份的压力为 $\Delta p_{\mathrm{a,fg}}/Z$。

　　两种工作条件下相比时，通流面积可认为不变，也可以忽略密封数量，用 K 表示整体密封的系数与通流面积的乘积，写作式（5-2），即

$$q_{\mathrm{m,lg,dp}} = K \sqrt{\rho_{\mathrm{a,lg}} \Delta p_{\mathrm{a,fg}}} \qquad (5\text{-}2)$$

携带漏风量与空气预热器的容积、转速等因素相关，按式（5-3）计算，即

$$q_{\mathrm{m,lg,cr}} = n \rho_{\mathrm{a,lg}} V_{\mathrm{R}} \qquad (5\text{-}3)$$

式中　$q_{\mathrm{m,lg,cr}}$——空气预热器携带漏风量，kg/s；

V_R——空气预热器转子通过空气的部分的体积，m^3。

V_n——根据空气预热器转子的结构计算，通常情况下可用式（5-4）计算，即

$$V_R = \pi(r_R^2 - r_F^2 - \sum A_i)h_R f_A \tag{5-4}$$

式中　r_R——空气预热器转子内半径，m；

$\quad\quad r_F$——空气预热器转子中心筒的外半径，m；

$\quad\quad h_R$——空气预热器转子高度，m；

$\quad\sum A_i$——空气预热器转子中换热元件占通流部分的面积总和，m；

$\quad\quad f_A$——空气通流面积所占总通流面积的比例。

空气预热器整体漏风为直接漏风量与携带漏风量之和，即

$$q_{m,lg} = q_{m,lg,dp} + q_{m,lg,cr} \tag{5-5}$$

式中　$q_{m,lg}$——空气预热器整体漏风量，kg/s。

从式（5-3）可以看出，只要空气预热器工作，携带漏风就不可避免，且总体上与转速成正比。现代空气预热器高度 2～3m，一般转速都在 1r/min 以下，经过空气预热器的烟气流速约为 10m/s 左右，且空气预热器空气通流面积总体上很小，与烟气量相比，携带漏风一般不超过 1%。回转式空气预热器的主要漏风是直接漏风，总体上取决于空气预热器空气侧与烟气侧的压差，这是研究空气预热器性能的重要假定之一。

4. 理论空气预热器与假想漏风位置

空气预热器是回收烟气余热的元件，如果加热后的热风最后又漏到了烟气中，那么加热过程就做了无用功。因此，最好的空气预热器是把所有热量都回到燃烧空气，由燃烧空气带回炉膛，这种没有漏风的空气预热器可称为理想空气预热器。理想空气预热器是研究空气预热器性能的第二个重要假定，其出口的烟气温度称为排除空气预热器漏风的排烟温度（也称无漏风排烟温度），在前文锅炉效率试验标准中广泛应用。

排除空气预热器漏风的排烟温度是根据实际空气预热器的排烟温度和漏风量根据热平衡计算出来的，因而要确定漏风位置才能确定漏风的温度。此外，由于漏风主要取决于空气预热器空气侧与烟气侧的压差，确定在不同压差下的漏风量时，也需要知道漏风的具体位置。实际的漏风是在空气预热器的各个位置发生的，但在工程实践中假定所有漏风都是从某一位置漏进去的以满足上述两个需求，这个假定的漏风位置称为假想漏风位置。

苏联技术流派认为空气预热器的假想漏风位置大约在空气预热器的中部，而以美国为首的西方技术流派认为空气预热器的假想漏风位置在空气预热器的底部冷端。由于我国当前装备主要技术源已经由苏联转变为西方，因而也普遍认为假想漏风位置在底部冷端。其理由如下：

（1）从实际的漏风情况来看。

1）为节省元件质量，空气预热器采用逆流布置，烟气自上而下逐渐放热降温，空气自下而上吸热升温。同时转子太过于沉重，回转式空气预热器转子的支撑端在底部，空气预热器运行时整体上向上膨胀。因此 ASME 制定 PTC 4.3—1968 时，认为空气预热

器膨胀后上密封会变好，而下密封没有变化；同时空气预热器冷端的压力差明显大于空气预热器出口的压力差，因而漏风主要是下部的径向密封。

2）随着技术的发展，空气预热器越来越大，热态下的空气预热器上端烟气、空气的温度都高，下端的烟气、空气温度低，上端膨胀量大而下端膨胀量小；同时烟道中部热负荷高，两边热负荷底，中间膨胀多，两边膨胀少。因此大型的空气预热器热态时不仅仅是沿轴向向上膨胀，还向横向发生不同程度的膨胀，总体呈"蘑菇状"变形，如图5-3所示。这种蘑菇状变形大大增加了空气预热器密封的难度。

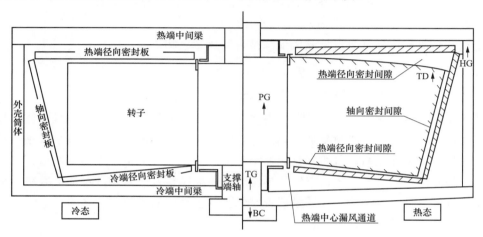

图 5-3　空气预热器的蘑菇状热变形

PG—中心筒膨胀；TG—支承端轴膨胀；BC—冷端中间梁下弯；

HG—外壳膨胀；TD—转子下弯变形

针对空气预热器的工作特点，人们开发了多种多样、复杂的密封技术，如多密封（通过增加空气预热器转子的仓格或增加密封片数），柔性密封（如刷式密封，运行中与转子仓格接触），接触式密封（如利用特殊耐磨材料制成的密封片，运行中与转子仓格接触），动态跟踪密封（运行过程中调整密封片与仓格间的距离）等技术，使得当前空气预热器的漏风比十年前普遍减少一半以上，取得了长足的进步。但是考虑到空气预热器回收热风的功能和密封的难度、成本，现实中大部分密封技术优先设置在空气预热器的上部，上端密封非常好，而下端密封则差很多。

在这种情况下，最新的 ASME PTC4.3—2017 中还是把假想位置确定为空气预热器下端，即空气预热器的漏风主要是冷端密封进入的，漏入的都是冷风，故压力差取冷端压差。

（2）从漏风温度的取值来看。直观来看，空气预热器不同位置的漏风温度是不同的，因此影响到无漏网排烟温度的计算。但是考虑到空气预热器换热过程，除了冷端入口处的漏风外，其他大部分位置的漏风会再进入空气预热器返回冷端，其所吸收的热量会在稍低一点的位置（具有一定的温差）与烟气一起加热空气传回到空气中，对空气预热器排烟温度的影响与在冷端漏风的影响相似，如图5-4所示。

可见如果只考虑高温漏风的热量，把假想漏风位置确定为空气预热器冷端比空气预热器中部更符合实际情况。

（3）从压力修改的目标性来看。如果空气预热器空气侧压力与烟气侧压力之差与设计的情况有明显差异，则空气预热器的漏风量会有相应的变化。把空气预热器的空、烟侧压力差的影响排除所求得的空气预热器漏风称为空气预热器漏风的压力修正。运行过程上，空气预热器热端的烟气压力和空气压力基本上取决于锅炉的负荷，可以认为空气与烟气间的压差是固定的（不同的运行策略阶影响除外）。而空气预热器冷端的压力差则由于空气预热器

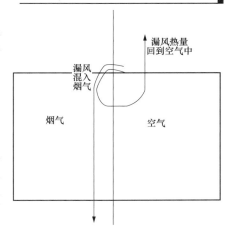

图 5-4　高温漏风质量与热量流向示意

阻力的变化会出现经常性的变化，是衡量空气预热器性能变化的主要因素之一。因而用空气预热器冷端的空气、烟气压力差来进行压力修正计算更符合空气预热器性能考核的初衷。此处温度低、易测量，也方便进行更加准确的压力修正。

（4）从治理的历史来看。近十几年来我国空气预热器密封技术得到了充足的发展，漏风率已经从十年前的 8%～10% 下降到目前的 3%～5%。漏风治理工作主要发生在热端的径向密封，因而从这个角度来看，实际上漏风中漏风量大的部位是空气预热器上端。换言之，在当前条件下，原来漏风量大的上部已经完成治理，剩下更多是下端的漏风，即假定空气预热器漏风主要发生在下部，比以前的任何时候都更接近实际情况。

综上所述，为了更方便地考虑空气预热器性能的测试、测量等工作，本书中假想空气预热器漏风位置为空气预热器冷端，即假定所有的漏风都是直接从空气预热器空气侧直接进入烟气侧，漏风量的大小与锅炉效率无关，仅对风机的功耗有影响。这是空气预热器性能研究的第三个重点假定。

二、漏风率的定义

1. 空气预热器整体漏风率

漏风率定义为由空气侧漏入烟气侧的空气质量占空气预热器入口的烟气质量百分比。漏入的空气量是空气预热器出口湿烟气量与入口湿烟气量之差，因此漏风率的计算式为

$$\eta_{\mathrm{lg}} = \frac{q_{\mathrm{m,lg}}}{q_{\mathrm{m,fg,en}}} \times 100 = \frac{q_{\mathrm{m,fg,lv}} - q_{\mathrm{m,fg,en}}}{q_{\mathrm{m,fg,en}}} \times 100 \tag{5-6}$$

式中　η_{lg}——空气预热器整体漏风率，在 ASME PTC 4.3 中用 *MpAl*（mass percent of air leakage）表示，%；

　　$q_{\mathrm{m,lg}}$——空气预热器的整体漏风量，kg/s；

　　$q_{\mathrm{m,fg,en}}$——空气预热器进口总湿烟气质量流量，在 ASME PTC4.3 中先把 $q_{\mathrm{m,fg,en}}$ 除以热量后，变为 *MqFg14*（the wet gas weight entering air heater at HHVF basis）表示，kg/s；

$q_{m,fg,lv}$ ——空气预热器出口总湿烟气质量流量，在 ASME PTC4.3 中先把 $q_{m,fg,lv}$ 除以热量后，变为 $MqFg15$（the wet gas weight leaving air heater at HHVF basis）表示，kg/s。

由于 ASME PTC 4.3 中，分子分母都有 $HHVF$（High heat value of fuel）作为分母，所以两者是等价的。实际上在 ASME PTC 4 中，烟气流量还有两种表示方法，如 $MqFg14$ 可以用 $MpFg14$ 和 $MFrFg14$ 表示，$q_{m,fg,en}$ 与 $MFrFg14$ 完全等价。

2. 漏风分布

对多分仓空气预热器而言，由于一次风压高于二次风压力，二次风压力又高于烟气压力，所以空气预热器漏风各处位置有所不同。因而需要考虑一次风、二次风等不同压力介质的漏风在总漏风中的占比情况，称为漏风分布（是指漏风量的分布，并不是指漏风位置的分布）。

因为三分仓空气预热器一次风/烟气侧和空气预热器前后烟道存在烟气压力，所以一次风会向二次风侧和/或烟气侧两个方向漏风。一次风的漏风率为

$$\eta_{pa,lg} = \frac{q_{m,pa,lg}}{q_{m,pa,en}} \times 100 = \frac{q_{m,pf,lg} + q_{m,ps,lg}}{q_{m,pa,en}} \times 100 \tag{5-7}$$

式中　$\eta_{pa,lg}$ ——空气预热器一次风漏风率，%；

　　　$q_{m,pg,lg}$ ——空气预热器空气侧向烟气侧的漏风总量，kg/s；

　　　$q_{m,pa,en}$ ——空气预热器进口一次风总量，kg/s；

　　　$q_{m,pf,lg}$ ——空气预热器进口一次风向烟气侧出口的漏风量，kg/s；

　　　$q_{m,ps,lg}$ ——空气预热器进口一次风向二次风进口的漏风量，ASME PTC 4.3—2017 中用 $MrPAlSA$ 表示，kg/s。

以空气预热器整体漏风率为基础，由高压位置 x 处向低压位置 y 处的漏风量/率分布因子按式（5-8）计算，即

$$\gamma_{lg,xy} = \frac{q_{m,lg,xy}}{q_{m,lg}} = \frac{h_{lg,xy}}{h_{lg}} \tag{5-8}$$

式中　$\gamma_{lg,xy}$ ——空气预热器不同位置间由高压处向低压处漏风量与总漏风量份额，无量纲数，下标 x、y 表示高压和低压两个位置；

　$q_{m,lg,xy}$、$h_{lg,xy}$ ——空气预热器不同位置间由高压处向低压处漏风量与总漏风量和漏风率。

忽略携带漏风的影响，根据直接漏风压差与漏风量的规律式（5-1），三分仓空气预热器一次风向二次风侧和烟气侧流风，以及二次风向烟气侧流风，其漏风分布因子可由式（5-9）～式（5-11）进行计算，即

$$\gamma_{lg,pf} = \frac{\sqrt{\Delta P_{pf}}}{\sqrt{\Delta P_{pf}} + \sqrt{\Delta P_{sf}}} \tag{5-9}$$

$$\gamma_{lg,ps} = \frac{\sqrt{\Delta P_{ps}}}{\sqrt{\Delta P_{pf}} + \sqrt{\Delta P_{sf}}} \tag{5-10}$$

$$\gamma_{\mathrm{lg,sf}} = \frac{\sqrt{\Delta P_{\mathrm{sf}}}}{\sqrt{\Delta P_{\mathrm{pf}}} + \sqrt{\Delta P_{\mathrm{sf}}}} \tag{5-11}$$

四分仓空气预热器一次风向二次风侧，以及二次风向烟气侧流风，其漏风分布因子可由式（5-12）～式（5-14）进行计算，即

$$\gamma_{\mathrm{lg,ps}} = \sqrt{\Delta P_{\mathrm{ps}}} / \sqrt{\Delta P_{\mathrm{sf}}} \tag{5-12}$$

$$\gamma_{\mathrm{lg,sa}} = 1 \tag{5-13}$$

$$\gamma_{\mathrm{lg,pf}} = 0 \tag{5-14}$$

式中　$\gamma_{\mathrm{lg,pf}}$、$\gamma_{\mathrm{lg,sa}}$、$\gamma_{\mathrm{lg,ps}}$ ——空气预热器一次风向烟气侧、二次风向烟气侧及一次风向二次风漏风份额，无量纲数，ASME PTC 4.3—2017 中，$\gamma_{\mathrm{lg,pf}}$ 用 $MpPAlFg$ 表示，$\gamma_{\mathrm{lg,sa}}$ 用 $1\text{-}MpPAlFg$ 表示；

ΔP_{pf}、ΔP_{sf}、ΔP_{ps} ——空气预热器一次风与烟气侧、二次风与烟气侧及一二次风间的压差，ASME PTC 4.3—2017 中，ΔP_{pf} 用 $PDiA8Fg15P$ 表示，ΔP_{sf} 用 $PDiA8Fg15S$ 表示，Pa。

ΔP_{pf}、ΔP_{sf}、ΔP_{ps} 由式（5-15）～式（5-17）计算，计算时压力基准应与漏风率的基准一致。如计算时采用测试压力，则漏风率也采用实测漏风率，所得的漏风分布因子为实际工作条件下的分布因子；计算时如采用设计压力，则漏风率也采用设计漏风率，所得的漏风分布因子为设计条件下的分布因子。即

$$\Delta P_{\mathrm{sf}} = p_{\mathrm{sa,en}} - p_{\mathrm{fg,lv}} \tag{5-15}$$

$$\Delta P_{\mathrm{ps}} = p_{\mathrm{pa,en}} - p_{\mathrm{sa,en}} \tag{5-16}$$

$$\Delta P_{\mathrm{pf}} = p_{\mathrm{pa,en}} - p_{\mathrm{fg,lv}} \tag{5-17}$$

综上所述，准确地了解漏风的分布是正确理解空气预热器漏风修正的基础。

三、漏风率测量与计算方法

1. 利用直接测量方法

根据漏风的定义，可通过测量进入、离开空气预热器的烟气量，来计算出漏风率。通过第三章和第四章的介绍可知，可以通过测量速度头和烟气成分的方法直接测烟气量（测量烟气成分用来确定密度），具体方法请参见该两章的内容。

但是这种方法的误差很大，原因如下：

（1）空气预热器出、入口处的烟气速度都很小，大约在 10m/s 的水平，且温度高，测量时产生的动压很小，但是波动很大，即使用小量程高灵敏度的微压计也难以测量准确。

（2）出、入口烟道往往存在变径拐弯等导致流场不均的特殊情况，且温度变化也很大，致使测量误差很大。

（3）烟道中实际烟气的流向（偏航角与俯仰角）不容易找到，加大了测量误差。

因为这些原因，ASME 标准和我国标准均认为直接测量的方法不适用于性能考核试验。ASME PTC 4.3—2017 中也要求要测量各个空气预热器的入口烟气流量，仅用

于计算各空气预热器的烟气分配。各空气预热器烟气流量份额流量 $\gamma_{\text{fg,en},i}$ 按式（5-18）或式（5-19）进行计算，即

$$\gamma_{\text{fg,en},i} = \frac{q_{\text{m,fg,en,ms},i}}{\sum q_{\text{m,fg,en,ms},i}} \qquad （5-18）$$

$$\gamma_{\text{fg,en},i} = \frac{v_{\text{m,fg,en,ms},i}}{\sum v_{\text{m,fg,en,ms},i}} \qquad （5-19）$$

式中　　$q_{\text{m,fg,en,ms},i}$——第 i 台空气预热器入口实测烟气流量，kg/s；

$\quad\quad v_{\text{m,fg,en,ms},i}$——第 i 台空气预热器入口实测烟气流速，m/s。

2. 利用计算来确定烟气量

目前根据化学反应当量计算的烟气量是确定烟气量最准确的方法。对于相同配置的空气预热器来说，以目前大部分锅炉所配的两台三分仓空气预热器、两个烟道为例，ASME PTC 4 明确认为两个烟道的烟气量相同；ASME PTC 4.3—2017 则认为烟气量基本可以相等，除非发现它们不相等。这就为通过计算的方法来确定烟气量提供了基础。

测量出某台空气预热器进出口烟气流量分布系数后，空气预热器进出口流量 $q_{\text{m,fg,en},i}$、$q_{\text{m,fg,en},i}$ 可由式（5-20）和式（5-21）来计算

$$q_{\text{m,fg,en},i} = \gamma_{\text{fg,en},i} q_{\text{m,f}} V_{\text{fg,en},i} \rho_{\text{fg,en},i} \qquad （5-20）$$

$$q_{\text{m,fg,lv},i} = \gamma_{\text{fg,en},i} q_{\text{m,f}} V_{\text{fg,lv},i} \rho_{\text{fg,lv},i} \qquad （5-21）$$

式中　　$q_{\text{m,fg,en},i}$——第 i 台空气预热器进口总烟气量，kg/s；

$\quad\quad q_{\text{m,f}}$——锅炉入炉燃料量，kg/s；

$\quad\quad \gamma_{\text{fg,en},i}$——第 i 台空气预热器入口的烟气份额，无量纲数；

$V_{\text{fg,en},i}$、$V_{\text{fg,lv},i}$——单位燃料在第 i 台空气预热器进、出口过量湿烟气量，m³/s；

$\rho_{\text{fg,en},i}$、$\rho_{\text{fg,lv},i}$——第 i 台空气预热器进、出口湿烟气密度，kg/m³。

可得空气预热器漏风率计算式为

$$\eta_{\text{lg},i} = \frac{V_{\text{fg,lv},i} \rho_{\text{fg,lv},i} - V_{\text{fg,en},i} \rho_{\text{fg,en},i}}{V_{\text{fg,en},i} \rho_{\text{fg,en},i}} \times 100 \qquad （5-22）$$

这样，通过煤种的特性和化学反应当量关系就可得到 $V_{\text{fg,en},i}$、$\rho_{\text{fg,en},i}$（两者积相当于 ASME PTC 4.3—2017 中的 *MFrFg14*）、$V_{\text{fg,lv},i}$、$\rho_{\text{fg,lv},i}$（两者积相当于 ASME PTC 4.3—2017 中的 *MFrFg15*）。

需要采集的数据如下：

（1）燃料的组成成分，结合灰渣中的可燃物含量来计算燃料燃烧产生的烟气产物。

（2）大气压力、温度及湿度等参数，用于确定由燃料燃烧空气带入烟气的水分等。

（3）飞灰、大渣中的可燃物含量及排放份额，确定燃料实际燃烧的份额。

（4）空气预热器前、后的氧气含量百分比。

具体可参见第二章我国性能试验的方法，也可以采用 ASME PTC 4 提供的方法（第三章第一、二节），本章不再赘述。

四、常规试验中漏风率的测量

日常监视中按照式（5-6）中的方法测定空气预热器漏风率过于复杂，GB/T 10184 —1988 曾提出式（5-23）和式（5-24）计算空气预热器漏风率，即

$$\eta_{\mathrm{lg}} = \frac{\alpha_{\mathrm{fg,ah,lv}} - \alpha_{\mathrm{fg,ah,en}}}{\alpha_{\mathrm{fg,ah,en}}} \times 90 \tag{5-23}$$

或

$$\eta_{\mathrm{lg}} = \frac{\varphi_{\mathrm{CO_2,fg,d,en}} - \varphi_{\mathrm{CO_2,fg,d,lv}}}{\varphi_{\mathrm{CO_2,fg,d,en}}} \times 90 = \frac{\varphi_{\mathrm{O_2,fg,d,lv}} - \varphi_{\mathrm{O_2,fg,d,en}}}{21 - \varphi_{\mathrm{O_2,fg,d,en}}} \times 90 \tag{5-24}$$

使用上述公式只要测量空气预热器出入口烟气中的干基 O_2 浓度或干基 CO_2 浓度，即可方便地计算出漏风率，为国内、外广泛使用。但该方法的问题是系数 90 的含义一直不明确。如空气预热器厂家豪顿华公司在其技术手册中认为 90 是干基转化为湿基的结果。

ASME PTC 4.3 2017 对该系数给出了明确的含义，即

$$90 = \frac{1 - k_{\mathrm{fg,en}}}{1 - k_{\mathrm{a,en}}} \times \frac{\rho_{\mathrm{a,en}}}{\rho_{\mathrm{fg,en}}} \tag{5-25}$$

式中　$k_{\mathrm{fg,en}}$、$k_{\mathrm{a,en}}$ —— 空气预热器进、出口湿烟气和湿空气的摩尔比。

过量空气系数通常由式（5-26）计算（参见第二章），即

$$\alpha_{\mathrm{cr}} = \frac{21}{21 - \varphi_{\mathrm{O_2,fg,d}}} \tag{5-26}$$

式（5-26）代入式（5-23）可知，因为每个 C 原子与 S 原子燃烧时都生成一个 RO_2，所以 $\varphi_{\mathrm{CO_2,fg,d}} = 21 - \varphi_{\mathrm{O_2,fg,d}}$，则可知式（5-23）与式（5-24）是完全等价的三种表达方式，有兴趣的读者可以自行推导。

ASME PTC 4.3—2017 中还给出了利用湿基 CO_2 成分计算的一种方法为

$$\eta_{\mathrm{lg}} = 97.5 \frac{\varphi_{\mathrm{CO_2,fg,w,en}} - \varphi_{\mathrm{CO_2,fg,w,lv}}}{\varphi_{\mathrm{CO_2,fg,w,en}}} = 97.5 \frac{\varphi_{\mathrm{O_2,fg,w,lv}} - \varphi_{\mathrm{O_2,fg,w,en}}}{21 - \varphi_{\mathrm{O_2,fg,w,en}}} \tag{5-27}$$

其中系数 97.5 是式（5-26）中干烟气与干空气密度的比值，在 90.5%～100%区间，变化范围较大。ASME PTC 4.3—1968 认为其误差范围在±1%左右，因而在性能考核试验时不可以采用它们来计算。主要误差来源于干烟气与湿烟气中所包含的水蒸气没有统一的规律性，因此并不能保证该公式有统一的误差规律。本书建议大家使用空气预热器的定义式来测试与计算空气预热器的漏风，但在日常检视中可以采用式（5-24）或式（5-27）工作。特别是在线检视时，由于氧化锆氧量计测量结果为湿基氧量，应用式（5-27）非常方便，可以节省 DL/T 904—2015 中复杂的干湿基氧量转化过程。

五、漏风率的修正

空气预热器漏风最主要的原因是由于一次风、二次风侧的烟气压力远大于烟气侧压力所致的直接漏风。如果空气预热器运行的条件发生严重改变，则必须对空气预热器的漏风率加以修正。

1. 两分仓空气预热器的漏风率修正

ASME PTC 4.3 —1968 提出了空气预热器漏风修正的方法，计算式为式（5-28），可

看作是式（5-2）在两种不同条件下应用的对比。即

$$\eta_{\mathrm{lg,cr}} = \eta_{\mathrm{lg,ms}} \frac{q_{\mathrm{m,fg,en,ms}}}{q_{\mathrm{m,fg,en,ds}}} \sqrt{\frac{\Delta P_{\mathrm{sf,ds}}}{\Delta P_{\mathrm{sf,ms}}} \times \frac{T_{\mathrm{a,en,ms}}}{T_{\mathrm{a,en,ds}}}} \tag{5-28}$$

式中　　$\eta_{\mathrm{lg,cr}}$、$\eta_{\mathrm{lg,ms}}$——空气预热器漏风率修正值和实测值，%；

$\Delta P_{\mathrm{sf,ds}}$、$\Delta P_{\mathrm{sf,ms}}$——设计和实测的空气预热器进口二次风仓空气进口压力与烟气通道出口负压的差值，Pa；

$T_{\mathrm{a,en,ms}}$、$T_{\mathrm{a,en,ds}}$——实测和设计的空气预热器进口二次风冷风温度，由用摄氏度表示的温度加 273.15 转换常数计算，如入口实测温度为 $t_{\mathrm{a,en,ms}}$，则有 $T_{\mathrm{a,en,ms}} = t_{\mathrm{a,en,ms}} + 273.15$，K；

$q_{\mathrm{m,fg,en,ms}}$、$q_{\mathrm{m,fg,en,ds}}$——实测和设计的空气预热器进口湿烟气流量，kg/s。

对比式（5-2）可知：

（1）式（5-28）中空气预热器进口湿烟气流量的变化比 $\dfrac{q_{\mathrm{m,fg,en,ms}}}{q_{\mathrm{m,fg,en,ds}}}$ 称为流量修正。表示了运行工况和试验工况条件下，用式（5-6）计算空气预热器漏风率时所用分母的不同，主要取决于锅炉的负荷。由于直接漏风量取决于 $\Delta P_{\mathrm{sf,ms}}$ 和密封条件，而这两个量与负荷的变化没有太多关系，但是 $q_{\mathrm{m,fg,en,ms}}$ 几乎与负荷成正比关系，因而流量修正还是很大的。换言之，考核试验时机组的负荷甚至汽轮机的热耗率水平都会引起烟气流量的变化，从而影响到烟气流量的大小，必须经过修正才会得到正确的结果。

（2）式（5-28）中的 $\dfrac{\Delta P_{\mathrm{sf,ds}}}{\Delta P_{\mathrm{sf,ms}}}$ 称为压力修正，与前文中所假定的假想漏风率有很大关系，当前的假想漏风点为空气预热器冷端进口，所以其值为空气预热器进口二次风仓空气进口压力与烟气通道出口负压的差值。

（3）式（5-28）中的 $\dfrac{T_{\mathrm{a,en,ms}}}{T_{\mathrm{a,en,ds}}}$ 实际上代表不同漏风的密度修正，因为温度与密度成反比，又是直接测量值，因而工程中很多地方都喜欢用温度比来代替密度的比。

2. 四分仓空气预热器漏风率修正

四分仓空气预热器的一次风仓被二次风仓包围，一次风漏到两侧的二次风仓后成为二次风的一部分，然后通过与空气预热器密封以同样的速度从两个方向进入烟气仓，其漏风率的修正计算公式相同。

3. 三分仓空气预热器的漏风率修正

三分仓空气预热器一次风与烟气侧的差压，与二次风与烟气侧的差压不同，因此式（5-28）的漏风率修正需要确定该如何取压力差之比 $\Delta P_{\mathrm{sf,ds}} / \Delta P_{\mathrm{sf,ms}}$ 的计算方法。

2010 年以前，包括豪顿华公司在内的外企，应用式（5-28）时都是先根据式（5-29）把一次风与烟气压差和二次风烟气压差平均后再代入式（2-28）计算，对比式（5-2）可见式（5-29）的物理意义是明显不对的，即

$$\begin{cases} \eta_{\mathrm{lg,cr}} = \eta_{\mathrm{lg,ms}} \dfrac{q_{\mathrm{m,fg,en,ms}}}{q_{\mathrm{m,fg,en,ds}}} \sqrt{\dfrac{\Delta P_{\mathrm{af,ds}}}{\Delta P_{\mathrm{af,ms}}} \times \dfrac{T_{\mathrm{a,en,ms}}}{T_{\mathrm{a,en,ds}}}} \\[2mm] \Delta P_{\mathrm{af,ms}} = \dfrac{\Delta P_{\mathrm{sf,ms}} + \Delta P_{\mathrm{pf,ms}}}{2} \\[2mm] \Delta P_{\mathrm{af,ds}} = \dfrac{\Delta P_{\mathrm{sf,ds}} + \Delta P_{\mathrm{pf,ds}}}{2} \end{cases} \qquad (5\text{-}29)$$

2010 年《电站锅炉性能试验原理方法及计算》中，采用了式（5-30）进行计算，即

$$\eta_{\mathrm{lg,cr}} = \frac{\eta_{\mathrm{lg,ms}}}{2} \frac{q_{\mathrm{m,fg,en,ms}}}{q_{\mathrm{m,fg,en,d}}} \sqrt{\frac{\Delta P_{\mathrm{pf,d}}}{\Delta P_{\mathrm{pf,ms}}} \frac{T_{\mathrm{pa,en,ms}}}{T_{\mathrm{pa,en,ds}}}} + \sqrt{\frac{\Delta P_{\mathrm{sf,ds}}}{\Delta P_{\mathrm{sf,ms}}} \frac{T_{\mathrm{sa,en,ms}}}{T_{\mathrm{sa,en,ds}}}} \qquad (5\text{-}30)$$

式（5-30）表示先按一次风侧的压差先修正一遍漏风率，再按二次风侧的压力差修正一遍漏网率，然后取两者的平均值，物理意义与式（5-2）完全一致。因此在制定 DL/T 1616—2016《火力发电机组性能试验导则》时，式（5-30）作为参考性资料写入标准的附录。

应用式（5-30）时还存在一些小问题，就是先按一次风侧的压差修正一遍漏风率，漏风率应当是一次风向烟气的漏风率；而再按二次风侧的压力差修正一遍漏风率时，漏风率应当是二次风向烟气侧的漏风率。由于一、二次风漏风各占一边，笔者在 2010 年时并没有找到如何分拆的方法，只把它们平均分配，即取 0.5 的漏风分布值。

ASME 显然也注意到了这一问题，ASME PTC 4.3—2017 给出了式（5-31）修正公式为

$$\eta_{\mathrm{lg,cr}} = \frac{q_{\mathrm{m,fg,en,ms}}}{q_{\mathrm{m,fg,en,d}}} \eta_{\mathrm{lg,pf}} \sqrt{\frac{\Delta P_{\mathrm{pf,d}}}{\Delta P_{\mathrm{pf,ms}}} \frac{T_{\mathrm{pa,en,ms}}}{T_{\mathrm{pa,en,ds}}}} + h_{\mathrm{lg,sf}} \sqrt{\frac{\Delta P_{\mathrm{sf,ds}}}{\Delta P_{\mathrm{sf,ms}}} \frac{T_{\mathrm{sa,en,ms}}}{T_{\mathrm{sa,en,ds}}}} \qquad (5\text{-}31)$$

式中　$\eta_{\mathrm{lg,pf}}$ 和 $\eta_{\mathrm{lg,sf}}$——一、二次风向烟气侧的漏风率，两者之和为整体漏风率。

式（5-31）没有任何不妥的地方，但是其中的一、二次风向烟气侧的漏风率必须由厂家提供。行业内普遍的做法如果测试结果满足厂家保证值要求，试验各方一般就不再进行修正。如果修正，一般是漏风率偏大时为了排除对厂家的不利因素才进行修正，换言之，修正计算一般是有利于厂家的。为了使修正结果更加有利于自己，厂家在提一、二次风向烟气侧的漏风率时，会倾向于把一次风向烟气侧的漏风率取大一些，所以式（5-31）不容易做到公平。

有鉴于此，本书推荐采用根据一、二次风设计压力差来分配两者的漏风量，用不依赖厂家的式（5-32）进行修正计算，符合原理、工作方便、又不依赖厂家。笔者主编的我国电力行业性能标准也拟采用这一思路，即

$$\eta_{\mathrm{lg,cr}} = \eta_{\mathrm{lg,ms}} \frac{q_{\mathrm{m,fg,en,ms}}}{q_{\mathrm{m,fg,en,d}}} \left(\gamma_{\mathrm{lg,pf}} \sqrt{\frac{\Delta P_{\mathrm{pf,d}}}{\Delta P_{\mathrm{pf,ms}}} \frac{T_{\mathrm{pa,en,ms}}}{T_{\mathrm{pa,en,ds}}}} + \gamma_{\mathrm{lg,sf}} \sqrt{\frac{\Delta P_{\mathrm{sf,ds}}}{\Delta P_{\mathrm{sf,ms}}} \frac{T_{\mathrm{sa,en,ms}}}{T_{\mathrm{sa,en,ds}}}} \right) \qquad (5\text{-}32)$$

假定某空气预热器设计条件下一次风压力与烟气压力差为 9kPa，二次风压力与烟气压力差为 9kPa，可计算得到一次风漏风因子、二次风漏风因子为 0.6 和 0.4。当一次风压力与烟气压力差上升为 13kPa、二次风压力与烟气压力差上升为 5.5kPa 时，几种不同漏风修正方式的计算结果如表 5-1 所示。

表 5-1 几种漏风修正方式的计算结果示例

项目	二次风压力差 （kPa）	一次风压力差 （kPa）	平均压力差 p_{af} （kPa）	漏风率 （%）
设计值	4	9	6.5	10
平均值预测结果	5.5	13	9.25	11.93
式（5-30）预测结果	5.5	13	—	11.87
式（5-31）预测结果	5.5	13	—	11.84

第二节　空气预热器的热力性能试验要求及计算方法

因为空气预热器是一个换热器，所以必须考核其热力性能。空气预热器的热力性能一般以保证出口热风温度、排烟温度为标准，但是这些性能实际上仅是满足锅炉运行的性能，也是空气预热器性能的宏观体现。要分析空气预热器本身的设计是否合理，以及工作环境变化后会有哪些变化，需要用更多的方法来分析。因此，ASME 在 1968 年发布的标准中，增加了空气预热器热力性能方面的考查方法，但在入口烟气流量修正和 X_r 修正方面还需要依赖厂家的曲线。可惜的是该方法并没有在我国标准 GB 10184 中采用，读者对本节的内容因此会比较陌生，需要特别注意。

空气预热器的热力性能与通过空气预热器的烟气、空气流量直接相关，因此本节中需要先讨论流量份额分配，然后再确定温度等参数。

一、空气预热器烟气、空气流量份额的确定

（一）烟气流量和份额

尽管直接测量烟气流量是不准确的，但是各空气预热器的烟气流量测量精度是一致的。因此所测量的烟气流量之间的比例是可用的，多台空气预热器的烟气流量份额流量 $\gamma_{fg,en,i}$ 可以事先通过烟气实测的方法找出来，由式（5-33）或式（5-34）计算，即

$$\gamma_{fg,en,i} = \frac{q_{m,fg,en,ms,i}}{\sum q_{m,fg,en,ms,i}} \tag{5-33}$$

$$\gamma_{fg,en,i} = \frac{v_{m,fg,en,ms,i}}{\sum v_{m,fg,en,ms,i}} \tag{5-34}$$

式中　$q_{m,fg,en,ms,i}$——第 i 台空气预热器入口实测烟气流量，kg/s；

$v_{m,fg,en,ms,i}$——第 i 台空气预热器入口实测烟气流速，m/s。

实际试验时，需要用煤质特性的方法按式（5-35）计算出锅炉总烟气量（由单位燃料燃烧时所产生的烟气量和燃料量的乘积确定），然后根据各空气预热器进口烟气流量分配份额，就可以按式（5-36）得到各空气预热器的实际进口烟气量。即

$$q_{m,fg,en} = q_{m,f} \sum \gamma_{fg,en,i} V_{fg,en,i} \rho_{fg,en,i} \tag{5-35}$$

$$q_{m,fg,en,i} = \gamma_{fg,en,i} q_{m,fg,en} \tag{5-36}$$

式中　$q_{m,fg,en}$——空气预热器进口总烟气量，kg/s；

$q_{m,fg,en,i}$——第 i 台空气预热器入口实测烟气流量，kg/s。

（二）空气流量和份额

1. 两分仓空气预热器空气流量

知道即烟气流量后，两分仓空气预热器出口热风风量可根据烟气放热量和热平衡按式（5-37）计算，即

$$q_{m,ha,i} = \frac{Q_{fg,i}}{H_{a,lv,i} - H_{a,en,i}} \qquad (5\text{-}37)$$

$$Q_{fg,i} = q_{m,fg,en,i} - (H_{fg,en,i} - H_{fg,lv,nl,i}) \qquad (5\text{-}38)$$

式中　$Q_{fg,I}$——第 i 台空气预热器放热量，ASME PTC 4.3—2017 中用 $QFgn$ 表示，kJ/kg；

$q_{m,ha,i}$——第 i 台空气预热器离开空气预热器的热风风量，ASME PTC 4.3—2017 中用 $QA9n$ 表示，kJ/kg；

$H_{fg,en,i}$——空气预热器入口过量空气系数条件下的烟气焓，ASME PTC 4.3—2017 中用 $HFg14$ 表示，kJ/kg；

$H_{fg,lv,nl,i}$——空气预热器出口过量空气系数无漏风温度条件下的焓，ASME PTC 4.3—2017 中用 $HFg15Nl$ 表示，kJ/kg；

$H_{a,en,i}$——空气预热器入口空气焓，ASME PTC 4.3—2017 中用 $HA8$ 表示，kJ/kg；

$H_{a,lv,i}$——空气预热器出口空气焓，ASME PTC 4.3—2017 中用 $HA9$ 表示，kJ/kg；

2. 多分仓空气预热器空气流量

多分仓空气预热器根据热平衡计算一、二次风出口流量时，还需要测定一次风流量、二次风流量中的一个值，再计算另一个。通过整个空气预热器的二次风中有一部分风是来源于一次风的漏风，如图 5-5 所示，所以有

$$q_{m,pa,lv,i} = q_{m,pa,en,i} - q_{m,ps,lv,i} \qquad (5\text{-}39)$$

$$q_{m,sa,lv,i} = q_{m,sa,en,i} + q_{m,ps,lv,i} \qquad (5\text{-}40)$$

以测量一次风出口流量为例，根据热平衡二次风流量计算过程为式（5-41）～式（5-43），即

$$q_{m,sa,lv,i} = q_{m,lg,ps,i} + \frac{Q_{sa,i} - q_{m,lg,ps,i}(H_{sa,lv,i} - H_{pa,en,i})}{H_{sa,lv,i} - H_{sa,en,i}}$$
$$(5\text{-}41)$$

$$Q_{sa,i} = Q_{fg,i} - q_{m,pa,lv,i}(H_{pa,lv,i} - H_{pa,en,i}) \qquad (5\text{-}42)$$

$$q_{m,lg,ps,i} = \gamma_{lg,ps,i} \cdot q_{m,lg,i} \qquad (5\text{-}43)$$

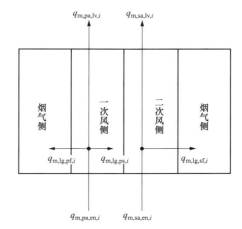

图 5-5　三分仓空气预热器漏风分布及一、二次风进出口风量关系

式中　$q_{m,ha,i}$——离开空气预热器的热风风量，kg/s；

$q_{m,pa,lv,i}$、$q_{m,sa,lv,i}$——第 i 台空气预热器离开空气预热器的一次风、二次风风量，一次风流量为实测，二次风流量为计算值，kg/s；

$q_{\mathrm{m,lg,ps},i}$ ——第 i 台空气预热器一次风漏到二次风侧的一次风风量由实测的漏风量和式（5-9）～式（5-12）计算的一、二次风漏风分布因子计算得到，kg/s；

$H_{\mathrm{sa,en},i}$、$H_{\mathrm{sg,lv,nl},i}$ ——单位燃料产生烟气在空气预热器进、出过量空气和温度条件下的比焓，kJ/kg；

$H_{\mathrm{pa,en},i}$、$H_{\mathrm{pa,lv},i}$ ——空气预热器入、出口口空气比焓，kJ/kg。

得到空气预热器出口的一次风、二次风测量空气流量后，可按式（5-44）和式（5-45）计算出口空气流量份额，即

$$\gamma_{\mathrm{pa,lv},i} = \frac{q_{\mathrm{m,pa,lv},i}}{q_{\mathrm{m,sa,lv},i} + q_{\mathrm{m,pa,lv},i}} \tag{5-44}$$

$$\gamma_{\mathrm{sa,lv},i} = \frac{q_{\mathrm{m,sa,lv},i}}{q_{\mathrm{m,sa,lv},i} + q_{\mathrm{m,pa,lv},i}} \tag{5-45}$$

可按式（5-46）～式（5-47）计算入口处进入空气预热器并通过空气预热器加热的一、二次风空气流量份额，即

$$\gamma_{\mathrm{pa,en},i} = \frac{q_{\mathrm{m,pa,lv},i} + q_{\mathrm{m,lg,ps},i}}{q_{\mathrm{m,sa,lv},i} + q_{\mathrm{m,pa,lv},i}} \tag{5-46}$$

$$\gamma_{\mathrm{sa,en},i} = \frac{q_{\mathrm{m,sa,lv},i} - q_{\mathrm{m,lg,ps},i}}{q_{\mathrm{m,sa,lv},i} + q_{\mathrm{m,pa,lv},i}} \tag{5-47}$$

式中 $\gamma_{\mathrm{pa,en},i}$、$\gamma_{\mathrm{sa,en},i}$ ——空气预热器一、二次风入口流量所占份额；

$\gamma_{\mathrm{pa,lv},i}$、$\gamma_{\mathrm{sa,lv},i}$ ——空气预热器一、二次风出口流量所占份额。

但是空气预热器出口一、二次风处于高温高压环境，测量困难，容易伤人，因此实际工作中也可在入口测量一次风、二次风测量空气流量。此时需要测量空气预热器的漏风，然后可按式（5-48）和式（5-49）计算出口空气流量份额，即

$$\gamma_{\mathrm{sa,lv},i} = \frac{q_{\mathrm{m,sa,en},i} + q_{\mathrm{m,lg,ps},i} - q_{\mathrm{m,lg,sf},i}}{q_{\mathrm{m,sa,en},i} + q_{\mathrm{m,pa,en},i} - q_{\mathrm{m,lg},i}} \tag{5-48}$$

$$\gamma_{\mathrm{pa,lv},i} = \frac{q_{\mathrm{m,pa,en},i} - q_{\mathrm{m,lg,ps},i} - q_{\mathrm{m,lg,pf},i}}{q_{\mathrm{m,sa,en},i} + q_{\mathrm{m,pa,en},i} - q_{\mathrm{m,lg},i}} \tag{5-49}$$

$$\gamma_{\mathrm{pa,en},i} = \frac{q_{\mathrm{m,pa,en},i} - q_{\mathrm{m,lg,pf},i}}{q_{\mathrm{m,sa,en},i} + q_{\mathrm{m,pa,en},i} - q_{\mathrm{m,lg},i}} \tag{5-50}$$

$$\gamma_{\mathrm{sa,en},i} = \frac{q_{\mathrm{m,sa,en},i} - q_{\mathrm{m,lg,sf},i}}{q_{\mathrm{m,sa,en},i} + q_{\mathrm{m,pa,en},i} - q_{\mathrm{m,lg},i}} \tag{5-51}$$

$$q_{\mathrm{m,lg,pf},i} = \gamma_{\mathrm{lg,pf},i} q_{\mathrm{m,lg},i} \tag{5-52}$$

$$q_{\mathrm{m,lg,sf},i} = \gamma_{\mathrm{lg,sf},i} q_{\mathrm{m,lg},i} \tag{5-53}$$

式中 $q_{\mathrm{m,fg,ms},i}$ ——第 i 台空气预热器入口实测烟气流量，kg/s；

$q_{m,lg,pf,i}$ ——第 i 台空气预热器一次风入口向烟气出口侧的漏风量，kg/s；

$q_{m,lg,sf,i}$ ——第 i 台空气预热器二次风入口向烟气出口侧的漏风量，kg/s；

二、温度

1. 空气预热器进、出口空气和漏风的平均温度

得到通过空气预热器的烟气、空气的具体比例，就可以确定空气预热器进、出口空气的温度，分别为：

（1）空气预热器平均漏风温度由一次风漏风因子和二次风漏风因子加权平均计算，即

$$t_{a,lg,i} = \gamma_{lg,pf,i} t_{pa,en,i} + \gamma_{lg,sa,i} t_{sa,en,i} \tag{5-54}$$

（2）进入空气预热器的平均温度，由多分仓空气预热器出口平均温度按各仓的流量比例一次风因子和二次风因子加权平均计算，即

$$t_{a,en,i} = \gamma_{pa,en,i} t_{pa,en,i} + \gamma_{sa,en,i} t_{sa,en,i} \tag{5-55}$$

（3）离开空气多分仓空气预热器出口平均温度按各仓的流量比例进行加权平均计算，如三分仓空气预热器为

$$t_{a,lv,i} = t_{pa,lv,i} \gamma_{pa,lv,i} + t_{sa,lv,i} \gamma_{sa,lv,i} \tag{5-56}$$

式中　$t_{a,lv,i}$ ——空气预热器入口温度；

$t_{pa,lv,i}$、$t_{sa,lv,i}$ ——空气预热器一、二次风入口温度。

2. 空气预热器出口排除漏风烟气温度

排除漏风出口烟气温度就是理想空气预热器的出口烟气温度，也即 ASME PTC 4—1998 第二节中的漏风修正温度 $TFgLvCr$。理想空气预热器的漏风主要为冷端漏风，漏风的温度为冷空气的温度。因此，排除漏风出口烟气温度就是在直接测量的空气预热器出口温度的基础上减去漏入冷风带来的影响，由热平衡原理按式（5-57）计算，即

$$t_{fg,lv,nl} = t_{fg,lv} + \frac{h_{lg}}{100} \frac{c_{a,p}}{c_{p,fg}} (t_{fg,lv} - t_{a,lg}) \tag{5-57}$$

式中　$t_{fg,lv,nl}$ ——空气预热器排除漏风出口烟气温度，ASME 标准中的符号为 $TFg15Nl$，℃；

$t_{fg,lv}$ ——实测空气预热器排除漏风出口烟气温度，ASME 标准中的符号为 $TFg15$，℃；

$c_{a,p}$ ——空气预热器入口空气在 25℃～$t_{fg,lv}$ 间的平均定压比热容，ASME 标准中的符号为 $CpMnA$，kJ/kg·℃；

$c_{p,fg}$ ——空气预热器出口烟气气在 $t_{fg,lv,nl}$～$t_{fg,lv}$ 间的平均定压比热容，ASME 标准中的符号为 $CpFg$，是该温度下的瞬态比热容，参见第四章中 $ASME\ PTC\ 4—1998$ 的相关内容，kJ/kg·℃；

$t_{a,lg}$ ——空气预热器漏风温度，ASME 标准中的符号为 $TALn$，℃。

由于 $t_{fg,lv,nl}$ 和 $t_{fg,lv}$ 不能先确定，因而计算 $c_{p,fg}$ 需要进行迭代计算。为简化计算过程，也可用式（5-58）计算出口烟气无漏风条件下的焓值，再用焓值查得出口温度，即

$$H_{fg,lv,nl} = H_{fg,lv} + \frac{h_{lg}}{100} [H_a(t_{fg,lv}) - H_a(t_{a,lg})] \tag{5-58}$$

三、空气预热器出口烟气温度的修正

（一）基本参数

1. 烟气侧效率

烟气侧效率表示空气预热器后烟气实际降低温度与最大可降温度的百分比，计算式为

$$\eta_{fg} = \frac{t_{fg,en,i} - t_{fg,lv,nl,i}}{t_{fg,en,i} - t_{a,en,i}} \times 100 \tag{5-59}$$

式中　η_{fg}——空气预热器烟气侧效率，在 ASME PTC 4.3—2017 中用 *EffFg* 表示；

　　$t_{fg,en,i}$——测量的空气预热器的入口烟气温度，从效率的角度来说，如果传热充分，应当把该温度尽可能降低，因此该温度表示可降的温度，℃；

　　$t_{fg,lv,nl,i}$——通过测量所得的空气预热器出口温度与漏风率，计算无漏风空气预热器的出口烟气温度，即 ASME PTC 4—1998 中的修正后排烟温度。从效率的角度来看，这是实际通过空气预热器后降低的温度，℃。

　　$t_{a,en,i}$——测量的空气预热器的入口空气温度，从传热效率的角度来说，该温度是 *TFg14* 能降低的最低温度，也是应降到的温度，因而 $t_{fg,en,i} - t_{a,en,i}$ 就是传热效率的分母，℃。

之所以不用 $t_{fg,lv}$ 代替，是因为漏风温度很低，很小的漏风会使温度 $t_{f,lv}$ 降低，使单位质量的烟气所带热量稀释。这部分热量没有通过空气预热器的换热元件传到空气中，因此不能用 $t_{fg,lv}$ 表征空气预热器的传热效率。

2. 空气侧效率

空气侧效率表示空气预热器后空气实际提升温度与烟气最大可降温度的百分比，计算式为

$$\eta_a = \frac{t_{a,lv,i} - t_{a,en,i}}{t_{fg,en,i} - t_{a,en,i}} \times 100 \tag{5-60}$$

式中　η_{fg}——空气预热器空气侧效率，在 ASME PTC 4.3—2017 中用 *EffA* 表示。

空气侧效率只是一个概念，计算中并不使用。

3. 热容量比值（X_r 读为 "*X* 比"）

X_r 定义为通过空气预热器的空气热容量对通过空气预热器的烟气热容量的比值。热容量是质量流量与比热容的乘积，包含了传热工质的量及工质的换热能力两方面信息，因而 X_r 实际上可很好地表征整个空气预热器的工作条件。但是空气的流量 $q_{m,a,lv}$ 与烟气的流量 $q_{m,fg,lv}$ 很难测量，用它们计算得到的结果误差很大，因此根据热平衡原理把它们转化为温度，计算式为

$$X_r = \frac{q_{m,a,lv} c_{p,a}}{q_{m,fg,lv} c_{p,fg}} = \frac{t_{fg,en} - t_{fg,lv,nl}}{t_{a,lv} - t_{a,en}}$$

（二）空气预热器出口烟气温度的修正

根据上文所述，空气预热器的整体性能体现为进/出口烟气流量、进/出口烟气温度、进/出口空气流量、进/出口空气温度，漏风率这四对半、9 个参数（流量、温度、漏风）

匹配工作的结果。当这些参数的匹配性改变后，空气预热器的热力整体性能将出现很大的偏差，如漏风量增加，则会导致排烟温度的降低；而空气温度升高，则会导致出口烟气温度的升高；入口烟气温度、入口烟气流量同时改变，也会改变空气预热器的性能。因此，要探究空气预热器的详细热力性能，必须对相关参数进行修正。

考虑漏风、入口空气温度、入口烟气流量、入口烟温、X_R、空气流量等参数的改变造成的影响后，空气预热器出口温度的修正结果为

$$t_{\mathrm{fg,lv,nl,cr}} = t_{\mathrm{fg,lv,nl}} + \Delta t_{\mathrm{cr,a,en}} + \Delta t_{\mathrm{cr,fg,en}} + \Delta t_{\mathrm{cr,fg,qm}} + \Delta t_{\mathrm{cr,x}} \tag{5-61}$$

式中　$t_{\mathrm{fg,lv,nl,cr}}$——修正到设计工况下的排烟温度，℃；

$t_{\mathrm{fg,lv,nl}}$——考虑空气预热器漏风修正的排烟温度，℃；

$\Delta t_{\mathrm{cr,a,en}}$——考虑进口空气温度的温度修正值，℃；

$\Delta t_{\mathrm{cr,fg,en}}$——考虑进口烟温的温度修正值，℃；

$\Delta t_{\mathrm{cr,fg,qm}}$——考虑进口烟气流量的温度修正值，℃。

入口空气温度变化引起的修正按式（5-62）计算，即

$$\Delta t_{\mathrm{cr,a,en}} = \frac{t_{\mathrm{a,en,ds}}(t_{\mathrm{fg,en}} - t_{\mathrm{fg,lv,nl}}) + t_{\mathrm{fg,en}}(t_{\mathrm{fg,lv,nl}} - t_{\mathrm{a,en}})}{t_{\mathrm{fg,en}} - t_{\mathrm{a,en}}} - t_{\mathrm{fg,lv,nl}} \tag{5-62}$$

入口烟气温度变化引起的修正按式（5-63）计算，即

$$\Delta t_{\mathrm{cr,fg,en}} = \frac{t_{\mathrm{a,en}}(t_{\mathrm{fg,en}} - t_{\mathrm{fg,lv,nl}}) + t_{\mathrm{fg,en,ds}}(t_{\mathrm{fg,lv,nl}} - t_{\mathrm{a,en}})}{t_{\mathrm{fg,en}} - t_{\mathrm{a,en}}} - t_{\mathrm{fg,lv,nl}} \tag{5-63}$$

入口烟气流量变化引起的修正按式（5-64）～式（5-66）计算，即

$$\Delta t_{\mathrm{cr,fg,qm}} = t_{\mathrm{fg,lv,qm,ds}} - t_{\mathrm{fg,lv,nl}} \tag{5-64}$$

$$t_{\mathrm{fg,lv,qm,ds}} = t_{\mathrm{fg,en}} - \frac{\eta_{\mathrm{fg}}}{100} \frac{(t_{\mathrm{fg,en}} - t_{\mathrm{a,en,mn}})}{f_{\mathrm{qm}}} \tag{5-65}$$

$$f_{\mathrm{qm}} = \frac{t_{\mathrm{fg,en}} - t_{\mathrm{fg,lv,nl}}}{t_{\mathrm{fg,en}} - t_{\mathrm{fg,lv,qm,ds}}} \tag{5-66}$$

式中　$t_{\mathrm{fg,lv,qm,ds}}$——修正到设计入口烟气流量条件下的烟气出口温度，在 ASME PTC 4.3—2017 以前，需要根据厂家的曲线来查询入口烟气流量变化后 $t_{\mathrm{fg,lv,qm,ds}}$ 的值。

ASME PTC 4.3 中提出了不依赖厂家曲线的修正方法，但是给出的计算方法存在很严重的编辑错误，无法使用。本书针对 ASME PTC 4.3—2017 提供的思路，结合传热学的原理进行了近一年的研究，找出了不依赖厂家的正确的计算方法，可以计算出 $t_{\mathrm{fg,lv,qm,ds}}$ 的值，并且拟写入笔者主编的电站锅炉性能试验电力行业标准中去，以帮助读者在工作中应用，具体见下一节中的介绍。

比热容变化引起的修正按式（5-67）～式（5-69）计算，即

$$\Delta t_{\mathrm{cr,fg,xr}} = t_{\mathrm{fg,lv,xr,d}} - t_{\mathrm{fg,lv,nl}} \tag{5-67}$$

$$t_{\mathrm{fg,lv,xr,ds}} = t_{\mathrm{fg,en}} - \frac{\eta_{\mathrm{fg}}}{100} \frac{(t_{\mathrm{fg,en}} - t_{\mathrm{a,en}})}{f_{\mathrm{xr}}} \tag{5-68}$$

$$f_{xr} = \frac{t_{fg,en} - t_{fg,lv,nl}}{t_{fg,en} - t_{fg,lv,xr,ds}} \tag{5-69}$$

式中　　$t_{fg,lv,xr,ds}$——修正到设计 X_r 条件下烟气出口温度，与入口流量修正相似，可根据下一节中不依赖厂家的修正计算方法得到。

上述四个修正中应当注意以下方面：

（1）三分仓空气预热器的空气流量是指空气预热器出口的一次风和二次风流量之和，进口空气温度是进入一次风空气预热器和二次风空气预热器的质量流量加权的空气平均温度。

（2）进口空气温度修正和进口烟气温度修正是基于烟气侧效率不变和热平衡改变的条件下进行修正的。第二章第四节推导了无漏风排烟温度变化的来源，如果修正前后漏风率不变，则公式依然是成立的，有兴趣的读者可以自行推导。

（3）由于空气预热器是典型的对流换热器，换热的主要方式是烟气与空气的冲刷，所以当烟气、空气的流量改变时，烟气侧传热效率就会发生改变，需要考虑换热系统的修正而不仅仅是热平衡，体现为入口烟气流量改变和 X_R 改变的修正。

入口烟气量改变往往是炉膛出口到空气预热器之间设备的漏风增加引起的。例如很多国外的锅炉装有高温烟气净化设备（高温电除尘），其漏风往往较大，使得烟气温度降低，汽水侧吸热不足，必须加大烟气量。加大烟气量后，空气预热器的整个参数也会发生改变，换热效率随之改变。

X_r 改变的修正实际上包含了烟气质量流量与空气质量流量两部分的信息，其改变往往是由烟气侧流量和空气侧流量中的一个发生变化引起的，使空气预热器的烟气侧或空气侧的换热效率、携带能量的能力改变，导致空气预热器的性能改变。

X_r 的变化又分如下几种情况：

（1）入口烟气流量改变，空气流量不发生改变，X_r 改变。即入口流量改变，由于修正顺序是先修正入口流量改变，这种情况下可以不修正 X_r 的改变。

（2）入口烟气流量不改变，空气流量发生改变，X_r 改变。这种情况典型的是煤质发生变化时，磨煤机的调温风发生改变和制粉系统漏风的情况。煤质改变使得空气预热器的风量发生了改变。这时，由于入口烟气质量流量没有发生变化，因而修正时入口烟气质量流量改变不用修正，只修正 X_r 即可。此时，X_r 修正的本质是修正空气侧由于流量改变而导致的换热能力与携带能力的改变。很多老机组由于设备维护变差，炉膛、烟道、制粉系统漏风量很大，导致空气预热器的通风量比设计值小很多，X_r 也发生了改变，空气预热器的空气侧换热、携带能力不足，导致空气预热器的出口烟气温度升高。X_r 修正的本质是修正空气侧由于流量改变而导致的换热能力与携带能力的改变。

（3）入口烟气流量、空气流量都发生改变，但 X_r 不变。典型的是锅炉变工况运行，烟气量与空气量的改变基本成正比，因而不会改变 X_r，其性能是各种工况的性能，不用修正到设计工况。

（4）入口烟气流量、空气流量都发生改变，X_r 改变。第一、第二种情况影响到锅炉效率时，就会同时使烟气量增加，空气量减少，同时修正入口烟气量与 X_r。

综上所述，X_r 的修正本质应当是对应某一烟气流量不变条件下，改变的空气流量的修正。但烟气流量的改变、X_r 改变的修正必须由厂家重新进行热力计算后提供曲线，而各种空气预热器厂家有不同的理解，试验方与业主们必须清楚各种修正曲线的真正含义。

严格来说，如果使用空气预热器厂家的空气预热器热力计算曲线，空气预热器工作条件改变后重新进行热力计算即可，本质是就是 X_r 改变的修正。但是空气预热器的传热板型、材质不断创新，对用户而言，传统教科书上的方法不完全适用也太复杂，厂家修正方法也不可能对用户透明，因此需要研究一种较为简便而不依赖厂家的方法。

第三节　空气预热器传热条件变化后的修正确定方法

传热条件变化主要指烟气流量与空气流量之比发生变化时，如空气预热器漏风或炉底漏风等造成的空气流量增加，而烟气量并没有明显改变的情况。此时空气预热器的传热过程发生了变化，空气预热器出口烟气温度和空气温度均会发生改变，需要修正计算。本章知识基本对应于 ASME PTC 4.3 中的附录 C，该附录中理论思路虽然是正确的，但结果却存在明显的编辑错误，导致该附录的计算公式大部分不可用，需读者注意。本节根据 ASME PTC 4.3 附录 C 中的思路对修正方法进行了深入的研究，修正了其中的错误环节，可以保证使用时的正确性。

一、理论模型

从空气预热器烟气降低温度放热角度看，其放热量为

$$Q = q_{fg,m} c_{p,fg} (t_{fg,en} - t_{fg,lv,nl}) \tag{5-70}$$

从空气预热器高温热源向低温空气传热的角度看，其传热量为

$$Q = A \cdot k \cdot \Delta t_{lgmen} \tag{5-71}$$

式中　A——传热面积，m^2；

　　　Q——实际空气预热器的传热量，kJ/s；

　　　k——实际传热系数，可以用运行数据计算，kJ/（s·m^2·℃）；

　Δt_{lgmen}——对数温差（Logarithmic-mean overall temperature difference），℃；

　$c_{p,fg}$——烟气平均比热容，kJ/（m^3·℃）。

对数温差由空气预热器进出口烟气温度与空气温度的差值按式（5-72）计算，即

$$\Delta t_{lgmen} = \frac{\Delta t_{lrg} - \Delta t_{sml}}{\ln \dfrac{\Delta t_{lrg}}{\Delta t_{sml}}} \tag{5-72}$$

式中　Δt_{lrg}——空气预热器传热过程中的较大温差，℃；

　　　Δt_{sml}——空气预热器传热过程中的较小温差，℃。

空气预热器为逆流布置，因此较大温差为空气预热器出口，由空气预热器出口烟气温度与进口空气温度相减得到；较小温差位于空气预热器入口，由空气预热器进口烟气温度与出口热空气温度相减得到。即

$$\Delta t_{\text{lrg}} = t_{\text{fg,lv,nl}} - t_{\text{a,en}} \tag{5-73}$$

$$\Delta t_{\text{sml}} = t_{\text{fg,en}} - t_{\text{a,lv}} \tag{5-74}$$

把式（5-72）～（5-74）代入式（5-71），并与式（5-70）相等消去热量 Q，进一步整理可得

$$q_{\text{fg,m}} c_{\text{P,fg}}(t_{\text{fg,en}} - t_{\text{fg,lv,nl}}) = A \cdot k \cdot \frac{(t_{\text{fg,en}} - t_{\text{a,lv}}) - (t_{\text{fg,lv,nl}} - t_{\text{a,en}})}{\ln \dfrac{t_{\text{fg,en}} - t_{\text{a,lv}}}{t_{\text{fg,lv,nl}} - t_{\text{a,en}}}} \tag{5-75}$$

$$\ln \frac{t_{\text{fg,en}} - t_{\text{a,lv}}}{t_{\text{fg,lv,nl}} - t_{\text{a,en}}} = A \cdot k \cdot \frac{(t_{\text{fg,en}} - t_{\text{a,lv}}) - (t_{\text{fg,lv,nl}} - t_{\text{a,en}})}{q_{\text{fg,m}} c_{\text{p,fg}}(t_{\text{fg,en}} - t_{\text{fg,lv,nl}})} \tag{5-76}$$

进一步化简为

$$\ln \frac{t_{\text{tg,en}} - t_{\text{a,lv}}}{t_{\text{tg,lv,nl}} - t_{\text{a,en}}} = \frac{Ak}{q_{\text{fg,m}} c_{\text{p,fg}}} \left(1 - \frac{t_{\text{a,lv}} - t_{\text{a,en}}}{t_{\text{fg,en}} - t_{\text{fg,lv,nl}}} \right) \tag{5-77}$$

式中　　$t_{\text{a,en}}$——空气进口温度，℃；

　　　　$t_{\text{fg,en}}$——烟气进口温度，℃；

　　　　$q_{\text{fg,m}}$——烟气进口流量，kg/s；

　　　　$q_{\text{a,m}}$——空气出口流量，kg/s；

　　　　$c_{\text{p,fg}}$——烟气定压比热容，kJ/（m³·℃）；

　　　　$c_{\text{p,a}}$——空气定压比热容，kJ/（m³·℃）；

　　　　$t_{\text{a,lv}}$——空气出口温度，℃；

　　　　$t_{\text{fg,lv,nl}}$——无漏风条件下烟气出口温度，℃。

式（5-76）中 $\dfrac{t_{\text{a,lv}} - t_{\text{a,en}}}{t_{\text{fg,en}} - t_{\text{fg,lv,nl}}}$ 正好是 X_{r} 的倒数，是烟气热容量与空气热容量的比，为方便计算，可定义为

$$V = \frac{(t_{\text{a,lv}} - t_{\text{a,en}})}{(t_{\text{fg,en}} - t_{\text{fg,lv,nl}})} = \frac{q_{\text{fg,m}} \times c_{\text{p,fg}}}{q_{\text{a,m}} \times c_{\text{p,a}}} = \frac{1}{X_{\text{r}}} \tag{5-78}$$

式中　　X_{r}——烟气热容量与空气热容量的比。

式（5-78）可写为

$$\ln \frac{t_{\text{fg,en}} - t_{\text{a,lv}}}{t_{\text{fg,lv,nl}} - t_{\text{a,en}}} = \frac{A(1-V) \cdot k}{q_{\text{fg,m}} c_{\text{p,fg}}} \tag{5-79}$$

式（5-79）中等号左边还需要尽可能用 V 来表示，通过数学运算可得

$$\frac{t_{\text{fg,en}} - t_{\text{a,lv}}}{t_{\text{fg,lv,nl}} - t_{\text{a,en}}} = \frac{(t_{\text{fg,en}} - t_{\text{a,en}})(1-V)}{t_{\text{fg,lv,nl}} - t_{\text{a,en}}} + V \tag{5-80}$$

式（5-80）等号右边的分子部分 $t_{\text{fg,en}} - t_{\text{a,en}}$ 表示空气预热器最大可降烟气温差，分母部分 $t_{\text{fg,lv,nl}} - t_{\text{a,en}}$ 表示空气预热器传热后的剩余温差，两者的商正好与空气预热器的烟气侧效率相关，通过数学变换有

$$\frac{t_{\text{fg,en}} - t_{\text{a,en}}}{t_{\text{fg,lv,nl}} - t_{\text{a,en}}} = \frac{1}{\dfrac{t_{\text{fg,lv,nl}} - t_{\text{a,en}}}{t_{\text{fg,en}} - t_{\text{a,en}}}} = \frac{1}{\dfrac{t_{\text{fg,en}} - t_{\text{fg,en}} + t_{\text{fg,lv,nl}} - t_{\text{a,en}}}{t_{\text{fg,en}} - t_{\text{a,en}}}} = \frac{100}{100 - h_{\text{fg}}} \tag{5-81}$$

可定义中间变量 D 为

$$D = \frac{(t_{\text{fg,en}} - t_{\text{a,en}})(1 - V)}{t_{\text{fg,lv,nl}} - t_{\text{a,en}}} = \frac{100}{100 - h_{\text{fg}}}(1 - V) \tag{5-82}$$

这样就出现了上文中烟气侧效率 h_{fg}。把 D、V 等中间变量代入式（5-79），变为

$$\ln(D + V) = \frac{Ak}{q_{\text{fg,m}} c_{\text{p,fg}}}(1 - V) \tag{5-83}$$

令 $K = Ak$，把式（5-83）符号右边与传热系数无关的变量写作 U，即

$$U = \frac{1 - V}{q_{\text{fg,m}} \times c_{\text{p,fg}}} \tag{5-84}$$

式中　　$q_{\text{fg,m}}$——传热条件变化前的烟气流量，kg/s;

　　　　$c_{\text{p,fg}}$——传热条件变化前的烟气定压比热容，kJ/（m³·℃）。

最终式（5-78）变为

$$\ln(D + V) = UK \text{ 或 } e^{UK} = D + V \tag{5-85}$$

这样，基于温差的传热方程就变成基于传热效率（用中间变量 D 来表示）、X_{r}（用其倒数 V 来表示）的比传热系数 K 的关系式，即

$$K = \frac{\ln(V + D)}{U} \tag{5-86}$$

式（5-86）中的 K 是空气预热器的整体传热系数，实际中的传热系数是由式（5-87）以倒数形式进行线性相加的规律，由烟气侧传热系数和空气侧传热系数合成的。继续按此规律把整体传热系数 K 分拆为烟气侧的传热系数 K_{fg} 和空气侧的传热系数 K_{a}，即

$$\frac{1}{K} = \frac{1}{K_{\text{fg}}} + \frac{1}{K_{\text{a}}} \tag{5-87}$$

空气预热器两侧的均为气体冲刷固体的方式进行对流传热，两者的速度温度区间和特性都相近，因而两者对总传热系数的贡献主要与两侧的烟气流量相关。因此可以按通过的烟气、空气质量流量加权平均进行分拆，这是该修正方法中最为重要的假定。即 K_{fg} 和空气侧的传热系数 K_{a} 分别为

$$\frac{1}{K_{\text{fg}}} = \frac{1}{K}\frac{q_{\text{m,a}}}{q_{\text{m,a}} + q_{\text{m,fg}}} \qquad \frac{1}{K_{\text{a}}} = \frac{1}{K}\frac{q_{\text{m,fg}}}{q_{\text{m,a}} + q_{\text{m,fg}}} \tag{5-88}$$

即

$$K_{\text{fg}} = \frac{K(q_{\text{m,a}} + q_{\text{m,fg}})}{q_{\text{m,a}}} \tag{5-89}$$

$$K_{\text{a}} = \frac{K(q_{\text{m,a}} + q_{\text{m,fg}})}{q_{\text{m,fg}}} \tag{5-90}$$

式中　$q_{m,a}$——传热条件变化前的空气流量，kg/s；

　　　　$q_{m,fg}$——传热条件变化前的烟气流量，kg/s。

分拆后的 K_{fg} 和 K_a 则可根据各自的流量和温度区间单独修正后，再按式（5-87）合成总的传热系数，即可得到传热条件变化后的传热量。

无论是烟气侧还是空气侧，空气预热器的对流传热系数 K 为

$$K = kA = C\frac{\lambda}{\delta}Re^x Pr^y A = AC\frac{\lambda}{\delta}\left(\frac{\rho v d}{\mu}\right)^x \left(\frac{c_p \mu}{\lambda}\right)^y \tag{5-91}$$

式中　C——系数，与布置方式有关；

　　　v——流体的流速，m/s；

　　　ρ——流体的密度，kg/m³；

　　　μ——流体的黏度，Pa·s；

　　　δ——金属壁厚，m；

　　　d——特征长度，例如流体流过圆形管道，则 d 为管道直径，m；

　x、y——传热系数计算对应于雷诺数和普朗特数的指数，根据传热学原理，管式空气预热器 x 可取 0.60～0.65，y 可取 0.34，回转式空气预热器，x 可取 0.80，y 取 0.40；

　　　c_p——烟气或空气的平均比热容，与其绝对温度成正比，kJ/（m³·℃）。

ASME PTC4.3—2017 附录 C 中的系数 x，y，基于管式空气预热器，且定性温度为管壁温度时选取，概念有些偏差。本书的定性温度改为烟气、空气均值，与我国技术体系保持一致。

流量 q_a 和 q_{fg} 发生变化后，烟气和空气两侧的流速、平均温度等参数也随之发生变化，并引起相关物性参数 c_p 和 μ 的变化，从而影响到传热系数的变化。流速的变化正好反应到流量（ρv）的变化，其中 c_p 与温度的变化成正比，而黏度 μ、导热系数 δ 变化很小可以忽略，因而可从流量和 c_p 两个变量来修正传热系数。

如果变化后的各参数用下标 P 来表示，则有

$$\frac{K_{a,P}}{K_a} = \frac{C\frac{\lambda}{\delta}Re_{a,P}^x Pr_{a,P}^y}{C\frac{\lambda}{\delta}Re_a^x Pr_a^y} = \left(\frac{q_{a,m,P}}{q_{a,m}}\right)^x \times \left(\frac{T_{a,P}}{T_a}\right)^y \tag{5-92}$$

$$\frac{K_{fg,P}}{K_{fg}} = \frac{C\frac{\lambda}{\delta}Re_{fg,P}^x Pr_{fg,P}^y}{C\frac{\lambda}{\delta}Re_{fg}^x Pr_{fg}^y} = \left(\frac{q_{fg,m,P}}{q_{fg,m}}\right)^x \times \left(\frac{T_{fg,P}}{T_{fg}}\right)^y \tag{5-93}$$

定义下列参数为

$$R_{fg} = \frac{q_{fg,m,P}}{q_{fg,m}} \qquad R_a = \frac{q_{a,m,P}}{q_{a,m}} \qquad f_{t,fg} = \frac{T_{fg,P}}{T_{fg}} \qquad f_{t,a} = \frac{T_{a,P}}{T_a} \tag{5-94}$$

式中　R_{fg}——传热条件变化前后的烟气流量比，无量纲；

R_a——传热条件变化前后的空气流量比，无量纲；

$f_{t,fg}$——传热条件变化前后的烟气比热容比，无量纲；

$f_{t,a}$——传热条件变化前后的空气比热容比，无量纲。

即

$$K_{a,P} = K_a \times R_a{}^x \times f_{t,a}{}^y \quad K_{fg,P} = K_{fg} \times R_{fg}{}^x \times f_{t,fg}{}^y \tag{5-95}$$

代入式（5-87）中并化简得

$$K_p = \cfrac{1}{\cfrac{1}{K_{fg,p}} + \cfrac{1}{K_{a,p}}} = \frac{(R_a R_{fg})^x (f_{t,a} f_{t,fg})^y (q_{m,a} + q_{m,fg})}{q_{m,a} R_a{}^x f_{t,a}{}^y + q_{m,fg} R_{fg}{}^x f_{t,fg}{}^y} \times K \tag{5-96}$$

按式（5-78）和式（5-84）重新计算当前条件下 V_p、U_p，即

$$V_p = \frac{t_{a,lv,p} - t_{a,en}}{t_{fg,en} - t_{fg,lv,nl,p}} \quad U_p = \frac{\left(1 - V_p\right)}{q_{fg,m,p} \times c_{p,fg,p}} \tag{5-97}$$

代入式（5-85）可计算当前条件下传热条件空气预热器出口烟气温度为

$$t_{fg,lv,nl,p} = t_{a,en} + (1 - V_p)\left(\frac{t_{fg,en} - t_{a,en}}{e^{U_p K} - V_p}\right) \tag{5-98}$$

利用热平衡计算出空气预热器出口温度为

$$t_{a,lv,P} = (t_{fg,en,P} - t_{fg,lv,P}) \times V_P + t_{a,en,P} \tag{5-99}$$

二、空气预热器清洁情况的修正

修正的过程中还可以考虑空气预热器换热元件的清洁情况。

设计条件下的换热情况按式（5-100）计算，即

$$Q_X = A k_X f \Delta t_{lgmen,X} \tag{5-100}$$

当空气预热器清洁状态变差时，其换热情况按式（5-101）计算，即

$$Q_T = A k_T \Delta t_{lgmen,T} \tag{5-101}$$

因此，可定义空气预热器的清洁因子为

$$f = \frac{k_T}{k_X} \tag{5-102}$$

式中　k_T——实际传热系数，可以用运行数据计算，$kJ/(s \cdot m^2 \cdot \text{℃})$；

$\quad k_X$——设计传热系数（也是试验时期望的设计传热系数），可以由设备提供商（vendor）的设计标准工况数据计算，$kJ/(s \cdot m^2 \cdot \text{℃})$；

$\quad f$——清洁因子，是实际传热系数与设计传热系数的比值，其值小于 1。

空气预热器换热面的清洁因子可事先通过试验测定，试验要在与设计条件相同的进口烟气条件（烟气温度、烟气流量）和进口空气条件下（空气温度、空气流量和漏风率）进行。通过式（5-100）～式（5-102）可知，如果空气预热器在清洁状态试验，则必须得到与设计条件下完全相同的传热系数、出口烟气温度、出口空气温度和相同的换热量，即 $Q_T = Q_X$。当试验在受热面粘污后的条件下进行时，传热系数 k 下降，导致传热温压也

有所变化（也是传热系数 k 变化引起的），使最终的 $Q_T < Q_X$ 。 考虑到传热温压的变化也是传热系数变化引起的，则在实际工作中排除传热温压的作用后（即 $\Delta t_{\text{lgmen,T}} = \Delta t_{\text{lgmen,X}}$ ），清洁因子可由试验所得的传热量变化测出， 即

$$f = \frac{Q_T}{Q_X} = \frac{t_{\text{fg,en}} - t_{\text{fg,lv,nl,t}}}{t_{\text{fg,en}} - t_{\text{fg,lv,nl,x}}} \tag{5-103}$$

如果试验测出清洁因子后，式（5-86）测量的整体空气预热器传热系数可以为

$$K = \frac{\ln(V + D)}{Uf} \tag{5-104}$$

最后的传热修正计算式（5-98）变为

$$t_{\text{fg,lv,nl,p}} = t_{\text{a,en}} + (1 - V_{\text{p}}) \left(\frac{t_{\text{fg,en}} - t_{\text{a,en}}}{e^{U_{\text{p}} K f} - V_{\text{p}}} \right) \tag{5-105}$$

三、应用方法

1. 具体步骤

（1）先按现有条件计算 U、K、D、V 等参数。

（2）改变条件的工况（如入口烟气流量改变、空气流量，或两者同时改变且 X_r 也变化等）用 P 来表示，可先改变烟气出口温度 $t_{\text{fg,lv,nl,p}}$ （如在当前的烟气出口温度加减 10℃），根据热平衡计算出口空气温度 $t_{\text{a,lv,p}}$ 为

$$t_{\text{a,lv,p}} = t_{\text{a,en}} + \frac{(t_{\text{fg,en}} - t_{\text{fg,lv,nl,p}}) q_{\text{fg,m,p}} c_{\text{p,fg,p}}}{q_{\text{a,m,p}} c_{\text{p,a,p}}} \tag{5-106}$$

该式是式（5-70）的等价形式。

（3）按新条件计算流量与温度之比 R_{fg}、R_{a}、$f_{\text{t.fg}}$、 $f_{\text{t.a}}$ 和 V_{p}、U_{p}，最后计算新条件下的 K_{p}。

（4）按式（5-98）更新当前条件下传热条件空气预热器出口烟气温度 $t_{\text{fg,lv,nl,p}}$，该式是式（5-85）的等价形式。

（5）按式（5-99）更新当前条件下空气预热器出口空气温度 $t_{\text{a,lv,p}}$。

（6）判定是否符合预期，如果新计算的空气预热器出口烟温与先前假定的空气预热器出口烟温之间的差满足要求（如满足 $|t_{\text{fg,lv,nl,p}} - t_{\text{fg,lv,nl}}| < 1$）则可取两次计算的平均值作为空气预热器出口烟温和出口空气温度；如果不满足计算要求，用计算所得的空气预热器出口空气温度 $t_{\text{a,lv,p}}$ 和先前假定的空气预热器出口空气温度取平均值，代替先前假定值，重复以上过程，直至满足条件。

2. X_r 改变示例（磨煤机调温风量修正）

调温风量的变化一般不会影响空气预热器入口烟气流量的变化，但它可以通过空气预热器的空气量（另一部分进入旁路作为调温风）影响 X_r，使空气预热器的排烟温度和空气出口热风温度变化。

由于空气预热器出口空气温度影响所需的磨煤机调温风量为：出口空气温度越高，调温风量需求越大，会导致空气预热器一次风量减少，出口温度升高，排烟温度升高；反之，则调温风量减少后，通过空气预热器的二次风量增加，空气预热器出口排烟温度下降，出口空气温度也下降，因此调温风量及其对空气预热器换热性能需要迭代计算。

迭代的过程如下：

（1）假定一个调温风量，把实测空气预热器出口烟气温度、空气出口温度作为空气预热器调温风量修正后出口温度（排烟温度初值）。

（2）根据调温风量、磨煤机入口风量，通过热平衡的方法计算通过空气预热器的一次风量。

（3）根据总风量计算通过空气预热器的二次风量。

（4）计算 X_r 比，按上文中的方法，通过迭代计算得到出口烟气温度及空气预热器出口空气温度。

当这些迭代计算收敛时，计算出这台空气预热器由调温风引起的 X_r 变化，并进而导致空气预热器进行的热力性能的变化（以磨煤机入口风温为标志，把一次风修正某一调温风量下，计算空气预热器可能的排烟温度及出口热风温度）。

第四节　阻力特性的修正算法

对空气预热器来说，另外一个重要的性能是其阻力特性。因为其涉及三大风机的耗电量，该阻力可以由空气预热器前后的烟道风道进行差压测量获得，同时利用测量温度与烟气流量进行修正。与锅炉的阻力不同，空气预热器由于其高度差有限，修正时仅考虑温度（密度）与流量的修正就足够精确。

根据流量、密度等因素对阻力的贡献（参考 ASME 标准的相关章节），用流量代替速度，用温度代替密度修正，空气预热器工况发生变化时的阻力修正为

烟气侧：
$$\Delta P_{a.cr} = \Delta P_a \left(\frac{q_{a.d}}{q_a} \right)^x \frac{t_{a.en.d} + t_{a.lv.d} + 546.30}{t_{a.en} + t_{a.lv} + 546.30} \qquad (5\text{-}107)$$

空气侧：
$$\Delta P_{fg.cr} = \Delta P_{fg} \left(\frac{q_{fg.d}}{q_{fg}} \right)^x \frac{t_{fg.en.d} + t_{fg.lv.nl} + 546.30}{t_{fg.en} + t_{fg.lv.nl} + 546.30} \qquad (5\text{-}108)$$

根据 ASME 的评估，对空气预热器而言，x 取 1.8 左右的修正就足够精确了。

空气预热器厂家的阻力修正更为精细，一般还会考虑不同温度下流体黏度变化的修正，某专业空气预热器公司的阻力修正公式为

$$\Delta P_R = \Delta P_T \frac{\rho_T}{\rho_D} \left(\frac{\mu_T}{\mu_D} \right)^\beta \left(\frac{M_D}{M_T} \right)^{2+\beta} \qquad (5\text{-}109)$$

式中　μ——平均温度下的黏度；

　　　ρ——平均温度下的流体密度；

β ——换热元件的摩擦系数；

M ——烟气流量。

下标 T 与 D 分别代表试验与设计条件。

对其典型的换热元件，$\beta \approx -0.32$，所以上述方程变为

$$\Delta P_R = \Delta P_T \frac{\rho_T}{\rho_D}\left(\frac{\mu_T}{\mu_D}\right)^{-0.32}\left(\frac{M_D}{M_T}\right)^{1.68} \tag{5-110}$$

试验中可以根据实际情况选择合适的阻力修正模型，依据不依赖厂家的原则，建议选择通用的修正模型。

第六章

电站锅炉其他辅机的性能试验简介

电站锅炉辅机的运行状态影响着锅炉的安全、经济和环保运行。辅机若不能满足设计能力，将影响主机的带负荷能力；同时辅机电耗为厂用电的主要来源，辅机的经济优化运行也将影响机组的能耗指标；除尘、脱硫、脱硝等环保设备影响着机组的污染物排放。本章主要介绍风机、磨煤机、除尘器、脱硫及脱硝系统的性能试验。

第一节　通风机性能试验

一、风机的类型及特点

风机是用于输送气体的机械，从能量观点看，它是把电动机的机械能转变为气体能量的一种机械，而风机是对气体压缩和气体输送机械的简称。

按工作原理的不同，风机主要分为叶片式与容积式两种类型。叶片式风机通过叶轮旋转将能量传递给气体，包括轴流风机、离心风机等；容积式风机通过工作室容积周期性改变将能量传递给气体，如罗茨风机等。

按出口压力（表压）的不同，风机分为通风机（出口压力不超过 30kPa 或压缩比小于 1.3）、送风机（出口压力大于 30kPa 但不超过 200kPa 或压缩比大于 1.3 但不超过 3）和压缩机（出口压力大于 200kPa 或压缩比大于 3）。

电站锅炉风机一般属于通风机范畴，常见煤粉锅炉的一次风机、二次风机（也称送风机，是基于功能而分的，与上文送风机有所不同）和引风机多为轴流式通风机，CFB锅炉的一次风机和二次风机多为离心式通风机，本节所讨论的风机均限于通风机的范围。

1. 离心风机

离心风机是利用旋转的叶轮带动气体共同旋转，主要借离心力的作用使气体的压力能和动能得到提高，气体沿轴向进入叶轮，转 90°后径向流出叶轮。离心风机结构如图6-1 所示，一般由叶轮、轴、蜗壳、扩压器（出口）、入口集流器、进气箱（进口）等组成，按照进口型式分为单吸式（一侧进风）和双吸式（两侧对称进风），见图 6-1（a）和图 6-1（b）。

（1）叶轮。叶轮是用来对气体做功并提高能量的部件，常见的叶轮由叶片、前盘、后盘和轮毂组成。叶轮旋转时，流体一方面和叶轮一起做旋转运动，同时又在叶轮流道中沿叶片向外流动。因此流体在叶轮内的运动是一种牵连运动和相对运动的合成运动，一般用速度三角形或速度图来表示。根据叶片出口方向和叶轮旋转方向之间的关系（叶片出口安装角）可分为后向式、径向式、前向式三种，见图 6-2。其中，后向叶轮的叶片弯曲方向与叶轮旋转方向相反，$\beta_{2A}<90°$；径向叶轮的叶片出口为径向，$\beta_{2A}=90°$；前向叶轮的叶片弯曲方向与叶轮旋转方向一致，$\beta_{2A}>90°$。三种叶轮型式对比如下：

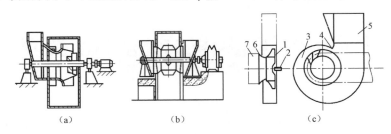

图 6-1　离心风机结构示意图

（a）单吸式；（b）双吸式；（c）结构示意

1—叶轮；2—轴；3—蜗壳；4—蜗舌；5—扩压器；6—入口集流器；7—进气箱

1）从能量转化观点看。前向式动压头所占比例比后向式大，而工程实际中所希望的是高的静压头以克服管路系统的阻力，而不希望有高的动压头。因此，要求叶轮出口的动压头要在叶轮后的导叶或蜗壳中部分地转化为静压头。而这种能量转化总是伴随着损失，速度越高，转化损失越大，因此前向式能量损失比后向式大。

2）从结构尺寸的角度看。在流量、转速一定时，要达到相同的理论能头，则前向式叶轮的尺寸小，后向式叶轮大，而径向式叶轮居中。

3）从功率特性（效率）观点看，前向式叶轮的曲率大，因它迫使流体沿着旋转方向抛出，使流体的运动方向变化较大，流动损失较大；后向式叶片曲率较小，损失小，效率高；而径向式居中。

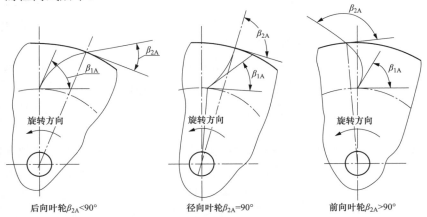

图 6-2　后向叶轮、径向叶轮和前向叶轮

通过以上分析可以得出如下结论：

①为了提高风机的效率和降低噪声，工程上对离心式风机多采用后向式叶轮，其叶

片出口安装角为 40°～90°，高效风机一般在 30°～60° 之间。我国自行设计制造的后向式翼型离心式风机，效率已高达 90% 以上，因此目前电站锅炉离心风机多为后向式叶轮。

②为了提高压头、流量，缩小尺寸，减轻质量，工程上对小型通风机也可采用前向式叶轮。我国也制造出了效率较高的前向式风机，如用于火力发电站排粉用前向式风机的效率高达 81.2% 左右。

③由于径向式叶轮防磨、防积垢性能好，所以可作为引风机、排尘风机和耐磨高温风机等使用。

（2）集流器。集流器装置在叶轮前，它使入口转向气流能均匀地充满叶轮的入口截面，高效风机常多采用弧形或锥弧形等缩放体集流器，与双曲线轮盘进口配合，使气流进入叶轮的阻力损失最小。

（3）进气箱（入口）。在大型或双吸的离心风机上，气流一般通过进气箱进入集流器和叶轮。一方面，当进风口需要转变时，安装进气箱能改善进气口流动状况，减少因气流不均匀进入叶轮而产生的流动损失；另一方面，安装进气箱可使轴承装在风机的机壳外，便于安装和维修。进气箱的几何形状和尺寸对气流进入风机后的流动状态影响极大，进气箱的结构不合理，造成的损失可达风机全压的 15%～20%。

（4）蜗壳。风机性能的好坏、效率的高低主要取决于叶轮，但蜗壳的形状和大小、吸气口的形状等，也会对其有影响。蜗壳的作用是收集从叶轮中甩出的气体，使它流向排气口，并在这个流动的过程中使气体从叶轮处获得的动压能一部分转化为静压能，形成一定的风压。蜗壳的外形一般为对数螺旋线或阿基米德螺旋线型，效率最高。

（5）蜗舌。蜗壳出口处有舌状结构称作蜗舌。蜗舌可以防止气体在机壳内循环流动，提高风机效率。蜗舌一般分为平舌、浅舌、深舌，蜗舌附近流动相当复杂，其形状及与叶轮圆周的间隙，对风机性能，尤其是效率和噪声影响很大。

（6）扩压器（风机出口）。扩压器是将流出蜗壳的气流部分动能转换为压力能，降低气流出口速度。由于气流旋转惯性的作用，气流在蜗壳出口处朝叶轮旋转方向一边偏斜，扩压器一般做成向叶轮一边扩大，减小冲击能量损失，其扩散角通常为 6°～8°。为了使气流顺利输送，叶轮旋转方向必须与扩压器出口方向一致，见图 6-3。

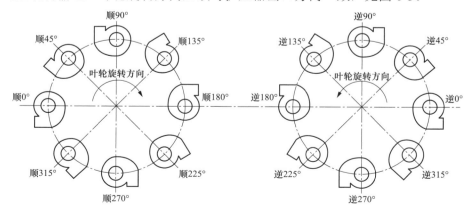

图 6-3　离心风机的出口方向

（7）轴及传动组。风机的输入轴通过联轴器和电动机输出轴相连，传动组为转动部分提供支撑和润滑，顺利高效地进行动力传动。

（8）入口调节挡板。离心风机一般通过改变入口调节挡板的开度或变频器频率进行出力调节，需要注意调节挡板叶片的转动方向（从关到开）应与叶轮的旋转方向保持一致。

2. 轴流风机

轴流风机是利用气流进入叶轮时在动叶上产生升力的反作用力使进口气流转化为螺旋状沿轴向运动，经出口导叶将圆周运动分量完全转换成轴向运动。同时进风口处由于压差的作用，气体不断被吸入。轴流风机由进气箱、叶轮、导叶和扩压器等组成，见图6-4。

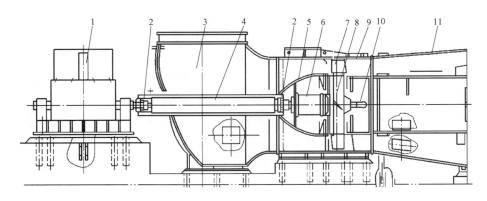

图6-4　轴流风机结构图示意图

1—电动机；2—联轴器；3—进气箱；4—传动轴；5—整流罩；6—液压缸；7—叶片；

8—轮毂；9—出口导叶；10—动叶调节伺服机构；11—扩压器

（1）叶轮。叶轮是用来对流体做功提高流体能量的部件，是轴流风机的最重要的部件之一。轴流风机的叶轮由叶片和轮毂组成。叶片截面的几何形状对风机的运行特性有很大的影响，一般为机翼形。为使沿叶片长度不同半径处产生的全压相同，叶片需做成扭曲形状，而且叶片的宽度和厚度沿径向减小，这样既可以减少叶片所产生的离心力，又可以保证叶片的结构强度。轮毂内设有叶片的固定和调节装置等复杂结构，一般采用球形轮毂。轴流风机根据压头有一级和双级叶轮两种，一般一次风机和引风机采用双级动叶可调轴流风机，送风机采用单级动叶可调轴流风机。

（2）导叶。轴流风机的导叶包括动叶片进口前导叶和出口导叶，因为导叶是静止的，所以也称为静叶轮，导叶的叶片也称为静叶片。前导叶有固定式和可调式两种，其作用是使进入风机前的气流发生偏转，由轴向运动转为旋转运动，前导叶做成安装角可调，可提高轴流风机变工况运行的经济性。在动叶可调的轴流风机中，一般只安装出口导叶，出口导叶可采用机翼型，也可采用等厚的圆弧板型，做成扭曲形状。导叶叶片的数目不能与动叶片的数目相同，否则会增加气流冲击而产生共振的可能性。

（3）进气箱。类似于离心风机，发电站应用的大型轴流风机一般都为非自由进气方式，需在气流进入叶轮之前设置进气箱。进气箱入口面积一般约为叶轮进口面积的两倍左右，气流在进气箱内均匀地加速，目的是在叶轮入口获得均匀分布的流速和压力，使气流能均匀地进入叶轮，并使阻力损失最小。

（4）整流罩。整流罩安装在叶轮或进口导叶前，使进气条件更为完善，降低风机的噪声。整流罩的好坏对风机的性能影响很大，一般将其设计成半圆或半椭圆形，也可与尾部扩压器内筒一起设计成流线形。

（5）扩压器。扩压器是将从出口导叶流出的流体小部分动能转化为压力能，以提高风机的流动效率的部件，由外筒和芯筒组成。一般采用结构工艺简单的外扩压扩压器，具有等直径的内芯与扩散形的外筒，适用于排气管直径大于风机外径的场合。

（6）液压缸及动叶伺服机构。液压缸通过执行机构给液压缸输入轴一个逆时针或顺时针的输入信号，通过伺服机构阀门的开和关、油的进出，实现缸体的直线运动。缸体带动推力盘，由此带动风机轮毂内的旋转机构带动叶片运动，实现叶片角度的开大和关小，从而改变风机的出力，满足负荷变化的需求。液压伺服阀系统是一个力放大的系统，液压缸克服阻力，完成推动叶片转动的力很大，可以达到 2.5MPa，需要配套的液压油站。

3. 风机的性能参数

（1）风机流量。风机流量是表征风机所输送气体数量多少的性能参数，如无特别指明，一般指单位时间内流过风机入口的气体体积，标准单位为 m^3/s。

与标准状态（即绝对压力为 101.325kPa，温度为 0℃时，干空气的密度为 1.293kg/m^3；对于相对湿度为 50%的湿空气，密度为 1.285kg/m^3）不同的是，风机制造厂或性能试验定义的标准空气通常是绝对压力 105Pa、温度 16℃、相对湿度 65%的大气，其密度为 1.2kg/m^3。

在电站锅炉运行过程中，年代较早的机组一般在风机入口布置风量测量装置，而目前多在空气预热器出口布置二次风量测点，在磨煤机入口布置一次混合风测点，而且多使用质量流量（t/h）或标准体积流量（流化床锅炉多用 m^3/h）表达，根据参考温度和压力进行密度修正，以保证监视的空气质量流量是真实的。改变测点位置的原因是在空气预热器出口要能体现锅炉需求的目的。

（2）风机压力。风机出口气流全压与进口气流全压之差称为风机压力，风机所产生的风压与风机结构形式有关，一般离心风机的风机压力（全压升）比轴流风机要高，但风量相对较少。气流在某一点或某一截面上的全压等于该点截面上的静压与动压之和，全压需专门测量。静压关系到风机克服管网阻力的能力，若风机出口静压小于管道压力，则风机无法克服管网阻力，导致风机流量和风机压力不匹配，可能出现失速或喘振现场，影响风机的安全运行。一般 DCS 画面监控的压力多为静压。

（3）功率。单位时间内所消耗的能量称为功率，单位为瓦（W）。由于在风机由电动机电能转化为机械能过程中存在着不同程度的能力损耗，所以风机功率有多个表达方式。风机有效功率是指单位时间内流经风机的流通得到的机械能，也称叶轮功率，符号为 P_u。

（4）效率。风机在工作过程中，存在着机械损伤、流动损伤和容积损伤，效率反映了风机能量转化过程中各级功率（能量）之间的转化率，是衡量风机能效的重要参数。

（5）风机性能曲线。在风机的结构形式确定之后，风机的性能参数一般表示为风机流量为横坐标、其他性能参数（压力、效率和功率）为纵坐标的关系曲线，即全压（或比功）性能曲线、效率性能曲线和轴功率性能曲线。其中前两者是最主要的，典型的离心风机和轴流风机的曲线如图 6-5 所示。

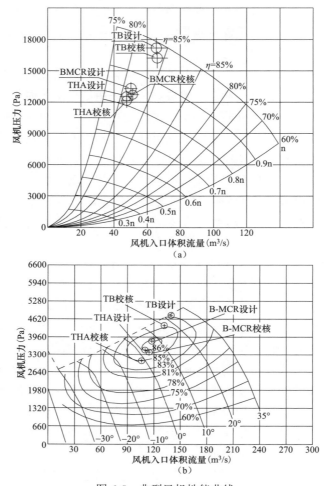

图 6-5　典型风机性能曲线

（a）离心风机；（b）轴流风机

　　同一台风机在一定的转速下，当风量和风压改变时，其效率也随之改变，但其中必有一个最高效率点，最高效率时的风量和风压称为最佳工况。对于离心风机而言，效率随着压力和风量变化较快，低负荷时效率较低；对于轴流风机而言，效率曲线为椭圆形，从而使它得以在低负荷时也有较高的效率。但轴流风机性能曲线有一个马鞍形的区域，在该区段运行有时会出现风机的流量、压头和功率的大幅度脉动等不正常工况，一般称为"喘振"，这一不稳定工况区称为喘振区。实际上，喘振仅仅是不稳定工况区内可能遇到的现象，而在该区域内必然要出现不正常的空气动力工况则是旋转脱流或称旋转失速。因此风机在管道系统中工作时，参数应尽可能等于或接近最佳工况时的风量和风压，以使其保持较高的效率和运行的经济性。

　　（6）TB 工况和考核工况。TB（test block）工况也称风机选型工况，我国电站风机的选型参数均是按锅炉最大连续出力工况（BMCR）所需的风（烟）量和风（烟）系统计算阻力加上一定的裕量确定的。BMCR 和 THA 工况分别是锅炉最大连续出力工况和额定出力工况时的风机工况点，风机效率最高点在 BMCR 工况，以上两个工况均是风机考核点。有时为了满足低负荷的经济性和安全运行，也可考察 50%负荷及以下工况风机的运行特性。

二、风机性能试验的原理

1. 伯努利方程

对于在重力作用下不可压缩理想流体的定常一维绝能流，由于没有损失，与外界又没有能量变换，所以流体的温度和热力学能不变。则在重力作用下不可压缩理想流体定常一维绝能流的能量方程，即伯努利方程为

$$\frac{v^2}{2} + gz + \frac{p}{\rho} = 常数 \tag{6-1}$$

式中　v——流速，m/s；

　　　g——重力加速度，m/s；

　　　z——高度，对于风机而言，一般可忽略，m；

　　　p——压力，Pa；

　　　ρ——密度，kg/m^3。

该方程表明，不可压缩理想流体在重力场中做定常流动时，沿流线单位质量流体的动能、位势能和压强势能之和等于常数。是风机性能测试的基础。

2. 风机性能试验标准

我国风机现行性能试验标准为 DL/T 469—2004《电站锅炉风机现场性能试验》和 GB/T 10178—2006《工业通风机 现场性能试验》，两者在内容上几乎完全相同，都是参照国际标准 ISO 5802—2001《Industrial Fans Performance Testing In Situ》进行修订的。电站锅炉风机现场试验分为 P、O 两大类：P 类试验是风机特性试验，目的是验证技术协议中保证的风机气动性能，必须严格按照标准进行规范试验；O 类试验是运行特性试验，目的是测量风机在工作管路系统中的运行参数，作为评价风机与锅炉风（烟）系统的匹配性、风机运行的安全经济性及其改进的依据。对于 O 类试验，如因现场测试条件不能完全满足规范试验要求，经试验各方协商一致，可适当降低对测试截面和仪表的要求（会降低测试精度），但需增加在风机试验时对锅炉运行的一些要求，以及同时记录和测试有关运行参数。该标准适用于电站锅炉的送风机（或二次风机）、引风机、一次风机、排粉风机、烟气再循环风机、制粉系统密封风机等。

电站锅炉典型风机及其进出口管道如图 6-6 所示。

（1）风机进口面积 A_1。通常指机壳进口平面的总面积，风机进口平面应取气体输送装置上游末端的界面，一般在进气箱前，本书特指图 6-6 中平面 1 所示的位置。

（2）风机出口面积 A_2。通常指机壳出口平面的总面积，未扣除机壳内的整流罩、叶轮或其他障碍物，应取气体输送装置下游末端的界面，一般在扩压器后，本书特指图 6-6 中平面 2 所示的位置。

（3）风道界面面积 A_x。一般当风机进口平面和出口平面不满足流量测量要求时，需要在足够长的管道上（如图 6-6 中 4 或 8 的管道）单独选取的截面 x 处管道的截面积。

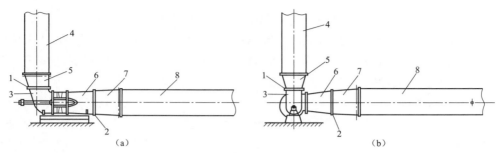

图 6-6 风机及其进出口管道

（a）轴流式风机；（b）离心式风机

1—进口平面；2—出口平面；3—进风箱；4—进气管道；5、7—过渡段；6—扩压器；8—出口管道

根据《火力发电厂烟风煤粉管道设计技术规程》以及实际运行的数据，对于电站锅炉的风机基本满足基准马赫数小于 0.15（相当于标准空气中 60m/s），则可认为马赫系数为 1，因此本书部分公式省去了马赫数和马赫系数相关部分，在计算时需要注意。

3. 风机压力

风机压力是指单位体积的气体流经风机时所获得机械能的大小，常用 p_{F} 表示，等于风机出口滞止压力与进口滞止压力之差，即

$$p_{\mathrm{V}} = p_{\mathrm{sg2}} - p_{\mathrm{sg1}} \tag{6-2}$$

$$p_{\mathrm{sg}} = p_{\mathrm{e}} + p_{\mathrm{a}} + p_{\mathrm{d}} \tag{6-3}$$

式中　p_{F}——风机压力，Pa；

p_{sg2}、p_{sg1}——风机进、出口滞止压力，滞止压力为假设流动气体通过等熵过程停止下来，在气体中某点测量得到的绝对压力，在实际过程中无法测量，通过计算获得［当马赫数小于 0.2 时（相当于标准空气中的 70m/s）］，Pa；

p_{e}、p_{a}——静压（表压）和大气压力，一般实际测量，Pa；

p_{d}——动压，测量或计算得到，Pa。

对流量测量截面，可以用毕托管等动压测速管直接测量动压，即

$$p_{\mathrm{d}} = \left(\frac{\sum_{i=1}^{n} \sqrt{p_{\mathrm{d}i}}}{n} \right) \tag{6-4}$$

式中　$p_{\mathrm{d}i}$——流量测量截面上各个网格点的时间积分平均动压，测量值，Pa；

n——流量测量截面的网格点数量；

p_{d}——流量测量截面的平均动压，计算值，Pa。

对于非流量测量截面（不满足流量测量要求时）的动压，可计算得到，即

$$p_{\mathrm{dx}} = \rho_x \frac{v_x^2}{2} = \frac{1}{2\rho_x} \left(\frac{q_{\mathrm{m}}}{A_x} \right) \tag{6-5}$$

其中

$$q_{\mathrm{m}} = Av\rho \tag{6-6}$$

$$v = K \sqrt{\frac{2p_{\mathrm{d}}}{\rho}} \tag{6-7}$$

式中　p_{dx}——某截面上的平均动压，当该截面动压值未测量时，根据已测量截面的流量
　　　　　　计算，Pa；

　　　q_m——截面平均质量流量，除有漏风外，风机风道系统内所有截面的质量流量是
　　　　　　相等的，即测量截面、进口截面和出口截面的质量流量相同，kg/s；

　　　A——流量测量截面的面积，m^2；

　　　v——测量截面的平均速度，由测量的平均动压计算；

　　　K——测速管的流速系数；

　　　ρ——流量测量截面处的介质密度，kg/m^3。

4. 流体的温度与密度

介质温度分为测量温度、滞止温度和静态温度。其中测量温度 t 是用测量元件实测的流体温度，一般是流动介质的温度。滞止温度是在无外加热量或能量的情况下，理想气体的流动等熵至静止时的绝对温度，由于试验测量的温度都是流动介质的温度，所以需要计算滞止温度；以风机为界限，风机上游段各截面的滞止温度均等于试验环境中大气的绝对温度（风机上游使用辅助通风时除外）；风机出口滞止温度和下游段风道内的滞止温度等于风机的温升加上进口滞止温度，该温升取决于叶轮功率 P_r、质量流量 q_m 和等压比热容 c_p。即

$$\theta_{sg1}=\theta_a=t_a+273.15$$
$$\theta_{sg2}=\theta_{sg1}+\frac{P_r}{q_m c_p}$$

静态温度 θ 是测量元件按照流体速度移动时测量得到的温度，由于实际测量过程中热电偶一般不跟随介质流动，所以由滞止温度、流速 v、定压比热容计算，即

$$\theta=\theta_{sg}-\frac{v^2}{2c_p}$$

一次风机、送风机等以空气为流体的密度由式（6-8）计算，即

$$\rho_x=\frac{P_x}{R_w \theta_x} \tag{6-8}$$

其中
$$p_x=p_{ex}+p_a \tag{6-9}$$

$$R_w=\frac{287}{1-0.378 p_v / p_a} \tag{6-10}$$

式中　p_x——任一截面的平均静压（绝对压力），等于测量的平均静压（表压）p_{ex} 加上
　　　　　　大气压力 p_a，Pa；

　　　θ_x——气流的静态温度，℃；

　　　R_w——湿空气的气体常数，J/（kg·K）；

　　　p_v——空气中的水蒸气分压，参考第二章湿度的计算。

我国风机试验标准还给出了引风机、再循环风机等以烟气为流体的密度计算公式，也可以参照本书第三章由湿烟气中各成分加权计算，两者在本质上是一致的。需要注意的是该部分内容并不在 ISO 5802 标准里做规定。风机试验标准中烟气密度的计算公式如下。

单位质量燃料干烟气体积（标准状态下，m^3/kg）和质量（kg/kg）分别为

$$V_{dg} = 0.01866(w_{C,ar} + 0.375w_{S,ar}) + 0.008w_{N,ar} + (\alpha - 0.21)V_d^0$$

$$m_{dg} = 0.0367(w_{C,ar} + 0.375w_{S,ar}) + 0.9879\alpha V_d^0 + 0.01w_{N,ar} + 0.3(\alpha - 1)$$

单位质量燃料水蒸气体积（标准状态下，m^3/kg）和质量（kg/kg）分别为

$$V_{H_2O} = 1.24\left[\frac{9H_{ar} + M_{ar}}{100} + 1.293\alpha V_d^0\left(\frac{d}{1000}\right)\right]$$

$$m_{H_2O} = 0.01(9w_{H,ar} + w_{m,ar} + 0.129\alpha V_d^0 d)$$

总烟气的体积（m^3/kg）和质量（kg/kg）为

$$V_g = V_{dg} + V_{H_2O}$$

$$m_g = m_{dg} + m_{H_2O}$$

则干烟气的密度（kg/m^3）为

$$\rho_{dg} = \frac{m_{dg}}{V_{dg}} \text{ 或 } \rho_{dg} = 1.446 - 0.059\alpha$$

湿烟气的密度（kg/m^3）为

$$\rho_g = \frac{m_g}{V_g}$$

式中　　V_d^0——理论干空气量，m^3/kg；

α——过量空气系数；

d——空气绝对湿度，g/kg。

5. 风机比功

风机比功定义为单位质量的气体流经风机所获得机械能的大小，即

$$Y = \frac{p_F}{\rho} \tag{6-11}$$

如果将风机内工质视为不可压缩流体，忽略进、出口截面的势能变化，则有

$$p_F = p_2 - p_1 + \frac{p_2 v_2^2}{2} - \frac{p_1 v_1^2}{2} \tag{6-12}$$

实际上风机内的工作介质很接近于理想气体的等熵压缩过程，而非定容压缩过程。理想气体在等熵压缩过程中，pv^k为常数，则考虑压缩性修正后有

$$Y = \frac{k_p p_F}{\rho_1} \tag{6-13}$$

其中

$$k_p = \left(\frac{k}{k-1}\right)\left[\left(1 + \frac{p_F}{p_1}\right)^{\frac{k-1}{k}} - 1\right]\left(\frac{p_1}{p_F}\right) \tag{6-14}$$

式中　　Y——风机比功，J/kg；

k_p——压缩性修正系数，根据热力学原理推导；

k——等熵过程指数，对于空气和烟气，一般可取 1.4。

对于k_p的计算不同于原标准中的公式

$$k_{\mathrm{p}} = \frac{(k-1)\rho_{\mathrm{sg1}} \log_{10} \gamma_{\mathrm{Fp}}}{k q_{\mathrm{m}} p_{\mathrm{F}} \log_{10}\left[1 + \dfrac{(k-1)\rho_{\mathrm{sg1}} P_{\mathrm{r}}(\gamma_{\mathrm{Fp}}-1)}{k q_{\mathrm{m}} p_{\mathrm{F}}}\right]}$$

本书并不推荐用该公式计算，该公式计算需要知道叶轮功率 P_{r}，而 P_{r} 一般无法直接测量，多通过经验系数估算，从而给风机实际功率的计算带来误差。

6. 风机功率

风机公称输出功率即空气功率是指风机单位质量功与质量流量的乘积，或进口容积流量、压缩性修正系数和风机压力的乘积，即

$$p_{\mathrm{u}} = q_{\mathrm{m}} y_{\mathrm{F}} = q_{\mathrm{vsg1}} p_{\mathrm{F}} k_{\mathrm{p}} \tag{6-15}$$

其中

$$y_{\mathrm{F}} = \frac{p_2 - p_1}{\rho_{\mathrm{m}}} + \frac{v_2^2}{2} - \frac{v_1^2}{2} \tag{6-16}$$

$$q_{\mathrm{vsg1}} = \frac{q_{\mathrm{m}}}{\rho_{\mathrm{sg1}}} \tag{6-17}$$

$$\rho_{\mathrm{m}} = \frac{\rho_1 + \rho_2}{2} \tag{6-18}$$

式中　P_{u}——空气功率，W；

　　y_{F}——风机单位质量功，J/kg。

7. 风机效率

风机的各种效率由空气功率与供给风机的各种功率计算得出。

（1）叶轮效率 η_{r} 等于风机空气功率 P_{u} 与叶轮功率 P_{r} 之比，即

$$\eta_{\mathrm{r}} = \frac{P_{\mathrm{u}}}{P_{\mathrm{r}}} \tag{6-19}$$

（2）风机轴效率 η_{a}（全压效率）等于风机空气功率 P_{u} 与风机轴功率 P_{a} 之比，即

$$\eta_{\mathrm{a}} = \frac{P_{\mathrm{u}}}{P_{\mathrm{a}}} \tag{6-20}$$

（3）风机电动机轴效率 η_{o} 等于风机空气功率 P_{u} 与电动机输出功率 P_{o} 之比，即

$$\eta_{\mathrm{m}} = \frac{P_{\mathrm{u}}}{P_{\mathrm{o}}} \tag{6-21}$$

（4）总效率 η_{e}（设备效率）等于风机空气功率 P_{u} 与电动机输入功率 P_{e} 之比，即

$$\eta_{\mathrm{e}} = \frac{P_{\mathrm{u}}}{P_{\mathrm{e}}} \tag{6-22}$$

8. 修正到设计工况

《电站锅炉风机现场性能试验》在修订时，将 1992 年版中的性能换算章节删除，新版（2004 年）没有风机不同运行工况的换算关系式，原因尚不清楚。经过查阅《电站风机改造与可靠性分析》（刘家钰编）和 GB/T 1236—2000《工业通风机用标准化风道进行性能试验》等资料，对性能换算有以下公式，即

$$\frac{q_{\mathrm{Vsg1Gu}}}{q_{\mathrm{Vsg1Te}}}=\frac{n_{\mathrm{Gu}}}{n_{\mathrm{Te}}}\left[\frac{D_{\mathrm{rGu}}}{D_{\mathrm{rTe}}}\right]^{3}\left[\frac{k_{\mathrm{pGu}}}{k_{\mathrm{pTe}}}\right]^{q}$$

$$\frac{P_{\mathrm{F,Gu}}}{P_{\mathrm{F,Te}}}=\left[\frac{n_{\mathrm{Gu}}}{n_{\mathrm{Te}}}\right]^{2}\left[\frac{D_{\mathrm{rGu}}}{D_{\mathrm{rTe}}}\right]^{2}\left[\frac{\rho_{\mathrm{sg1Gu}}}{\rho_{\mathrm{sg1Te}}}\right]\left[\frac{k_{\mathrm{pGu}}}{k_{\mathrm{pTe}}}\right]^{-1}$$

$$\frac{P_{\mathrm{r,Gu}}}{P_{\mathrm{r,Te}}}=\left[\frac{n_{\mathrm{Gu}}}{n_{\mathrm{Te}}}\right]^{3}\left[\frac{D_{\mathrm{rGu}}}{D_{\mathrm{rTe}}}\right]^{5}\left[\frac{\rho_{\mathrm{sg1Gu}}}{\rho_{\mathrm{sg1Te}}}\right]\left[\frac{k_{\mathrm{pGu}}}{k_{\mathrm{pTe}}}\right]^{q}$$

上述公式中，下标 Te 适用于试验测量值和试验结果，下标 Gu 适用于合同操作条件和保证性能；q 是可由一种类型向另一类型变化的指数，其值取 0～0.5。为确定压比的范围和在最佳效率点两边通风机的特性范围，推荐一种典型试验（这可能在模型试验上），在上述范围 q 可以视为不变，没有过分增大性能预测的不可靠性。与《电站风机改造与可靠性分析》对比，上述公式中 q 为零时两者是一致的。应用这些换算规则需要买方和制造厂商议决定。

三、试验测量内容及测点布置

1. 风机压力的测量

（1）要确定风机的压力，应在风机的进口和/或出口侧尽可能靠近风机的平面上测定静压，以保证按照摩擦系数数据计算测量平面与风机之间的管道压力损失时，不会过多地增加确定风机压力的误差。

（2）一般在测量截面的各面上至少布置 1 个测点来测量静压，圆形管道相互垂直布置 2 条直径［见图 6-7（a）］，矩形管道布置在每侧的中心位置上［见图 6-7（b）］，可以同时测量（壁测孔），也可以单独测量（毕托静压管）。

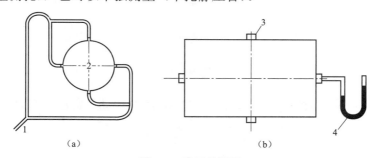

图 6-7　静压的测量

（a）圆形管道；（b）矩形管道

1—至压力计；2—圆形风道；3—最少 4 个测孔，相隔 90°，并位于每一侧壁的中心；

4—需测量各孔的静压

（3）在开始观测之前，应对测量截面的压力进行调查，以确定读数的一致性。对下述四种情况应加以识别：

1）在安装的四个管壁测孔中，任意两孔的测量压差小于四孔压力算术平均值的 5% 时，则应用一集管将它们互联起来，这样测量到的压力即为平均表压。

2）当四个管壁测孔之间任意两孔的测量压差大于 5%，但又小于 10%四孔压力值的算术平均值时，则这些管壁测孔应由毕托静压管取代。毕托静压管应放到风管中网格法布置的测点上。若这四个读数中的任何一个与它们的算术平均值之差小于 10%，则可取其平均值。

3）当四个毕托静压管读数中的任何一个与它们的算术平均值之差大于 10%，但又小于 15%算术平均值时，则应进行逐点测量。此时取所有读数的平均值。

4）当逐点测量读数和它们的算术平均值之间的差值大于 15%平均值时，则可认为压力测量平面不适合现场测试。

（4）当压力测量平面的位置邻近风机进口或出口的风室内时，静压可以使用壁测孔或者利用适当安装的毕托静压管将静压传递给压力计来测量。

（5）当选用毕托静压管时，在圆形管道的合理压力测量平面上，应至少选四个测点。这些测点应等距对称地布置在轴线周围，位于距管壁约 1/8 管道直径处。或者在矩形管道上，距每边中心的距离为 1/8 管道宽度处。在稳定流动条件下，静压应分别在每一测点读取数值，并计算其平均值。

（6）注意所有管子和接头应无堵塞和泄漏现象。在进行任何系列测量之前，应对四测孔在测量最大流量下的压力逐个进行测量。若四个测量读数值中的任意一个超出范围，相当于风机额定压力的 5%时，则应对测孔接头及压力计的连接进行检查，查看有无故障。如果没有发现问题，则应检查气流的流动是否均匀。

（7）若选作流量测量用的测量截面靠近风机，则该截面可用作压力测量截面。用作压力测量的其他测量截面距风机进口的距离不应小于 $1.5D_e$。（水力直径等于 4 倍截面积除以周长），距风机出口的距离不应小于 $5D_e$。压力测量平面应选在任何弯管、扩散管或者其他障碍物下游方至少 $5D_e$ 处，因为这些因素易引起气流分离或者妨碍压力分布的均匀性。若只检查流动条件的稳定性，则这一距离可以短一些。

（8）对于双吸式引风机，应在两侧进气箱上同时测量，再计算平均值。

2. 风机流量的测量

（1）实际气体管道某一截面的流量可由两种方法测定：一种是测量该截面各个点的速度，再计算出平均速度（以下称为速度场法）；另外一种是测量由标准差压装置（孔板、文丘里管、喷嘴）所产生的压力差。采用速度场法必须先进行预备性试验以确定试验条件（测点读数的数量和观测时间），测量的时间较长且需精确处理。采用标准差压装置容易获得具有良好重复性的流量的时间平均值，使用该方法对风道有一定的直线长度的要求，且只用于圆截面风道。因此本书以速度场法为主进行介绍。

（2）测量截面的选择。流量测量截面的选择应使流体无漩涡、流线接近平行，且尽量垂直于测量截面。若不能满足上述条件，应由各方协商同意，在测量截面的上游增设防涡流装置。该装置的安装位置应保证通过测量截面的气流无漩涡轴向流动，且不能影响风机进、出口气流的流动条件，也允许在限定长度的风管内采用内衬以改善测量截面的形状。必须对断面的速度分布进行判断，当75%以上的动压测量值大于最大测量值的1/10 时，分布的均匀性才合乎要求，见图 6-8。

（3）为排除由弯头、突然的扩张或收缩、障碍物或风机自身所引起的流动干扰，流量测量面应位于直管段，气流基本上是轴向、对称的，且无涡流或逆流。

（4）流量测量面宜选择在风管截面不变的直线段，且不存在改变测量面气流的障碍物时，该直线段长度至少应为风管水力直径 D_e 的两倍。当流量测量面选在风机进气侧时，至少宜距风机进口 $1.5D_e$ 处；或当流量测量面选在风机排气侧时，至少宜距风机出口 $5D_e$ 处。

（5）采用速度场法测定流量时，在整个测量过程中应保持流量恒定。为此应采取必要的措施，以保持下列因素在整个测量过程中尽可能不变，包括速度探头或风道的阻力，风机的转速，以及系统内流体的压力和温度等。

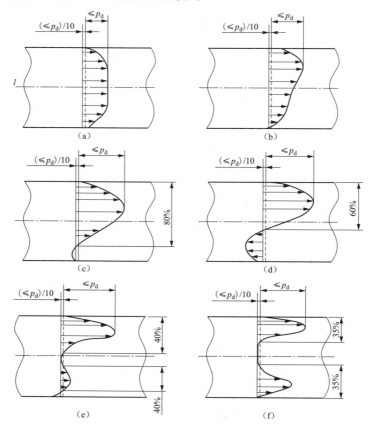

图 6-8　流量测量段面典型的动压分布

（a）理想的 p_d 分布；（b）好的 p_d 分布；（c）良好的 p_d 分布；（d）～（f）不得采用的 p_d 分布；

（6）当在现场逐点测试动压（或速度）时，即使总流量和系统阻力保持不变，仍看到某点的读数有些波动。为了减小湍流的干扰，每一测点测取平均读数的时间不能少于15s。这样完整的测试过程要重复进行一次或多次，直到两次成功试验的计算结果相差不超过 2% 为止。然后选择这两次测试结果的平均值作为正确的测试值。

（7）根据测量截面全部测点测量的动压值，计算出该截面的平均动压，然后计算出截面的平均速度（或者直接计算截面所有测点速度的算术平均值，两者是一致的）；则该截面的质量流量等于截面的平均速度、截面的面积和截面流体密度三者的乘积。

（8）测点布置。

1）圆形截面。对于圆形截面，其平均直径应等于测量截面上至少 3 条直径测量值的算术平均值，这些直径相互间的夹角应大致相等。测量截面风道内尺寸的测量误差不应超过 0.25%。如果相邻两个直径的差大于 1%，则测量直径的数目应加倍。测试点不得少于 24 点。测试点应至少分布在 3 条直径上，且各半径上分布不得少于 3 个测试点。按规定用切贝切夫法（Log-Tchebycheff）和线性法（Log-Linear）两种方法之一确定测试点，见图 6-9。

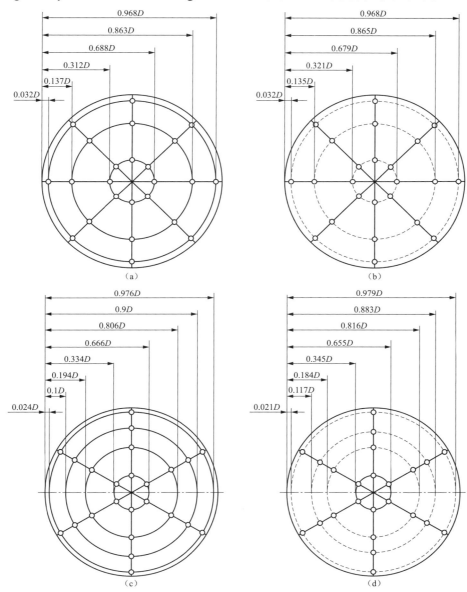

图 6-9　圆形截面速度测点布置图

（a）切贝切夫法（4 条直径，每条 6 点）；（b）线性法（4 条直径，每条 6 点）；

（c）切贝切夫法（3 条直径，每条 8 点）；（d）线性法（3 条直径，每条 8 点）

当测点数目与图 6-9 不同时，可按表 6-1 查取测点位置。

表 6-1　　　　　　　　　　　　　圆形截面上的测点位置

每条半径测点数		切贝切夫法			线性法		
		3	4	5	3	4	5
从管内壁算起的相对距离	r_1/D	0.032	0.024	0.019	0.032	0.021	0.019
	r_2/D	0.137	0.100	0.076	0.135	0.117	0.077
	r_3/D	0.312	0.194	0.155	0.321	0.184	0.153
	r_4/D		0.334	0.215		0.345	0.217
	r_5/D			0.357			0.361
	r_6/D	0.688	0.666	0.643	0.679	0.655	0.639
	r_7/D	0.863	0.806	0.785	0.865	0.816	0.783
	r_8/D	0.968	0.900	0.845	0.968	0.883	0.847
	r_9/D		0.976	0.924		0.979	0.923
	r_{10}/D			0.981			0.981

2）环形截面。若采用速度场法测量轴流风机上游段的环形截面的流量，则必须满足下列条件：

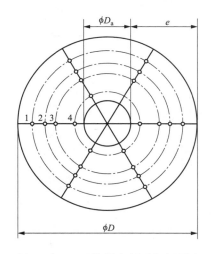

图 6-10　环形截面速度测点布置图
（3 条直径，每条直径 4 个测点）

①半径数不应少于 6 条，且半径之间的间隔相等。

②按线性法规则沿半径设置测试点，每条半径上不少于 4 个，其测点位置根据直径比 D_a/D 确定（见表 6-2）。对于中间值，测试点的位置通过该表数据的线性内插来确定。

③平均速度通过计算该截面所有测点速度的算术平均值确定，流量等于截面平均速度乘以截面积。

④为确定截面积，内径 D_a 及环厚度的测量误差一般为 0.25%。

⑤为了减少偏心误差，环厚度应至少在 4 个等夹角间距的半径上测量，并取其平均值。如两个径向尺寸差超过 1%，则所测得的尺寸数目应加倍。

内径由测量内筒的外圆周长计算得到。图 6-10 所示环形截面总面积为 $4\pi（D_a+e）e$，当划分为 4 个等面积圆环时，每个圆环的截面积为 $\pi（D_a+e）e$，测点位置见表 6-2。

3）矩形截面。在直的矩形截面风管中，截面的高度和宽度应按图 6-11 所示的方向测量。如果两个相邻高度和相邻宽度的差大于 1%，则沿该方向的测量点数应加倍。横线（平行于小边）的数目和每条横线上的测点数不少于 5 个。如果矩形截面的纵横比（宽高比）与 1 相差其远，建议将横线的数目再增加。截面的平均高度等于所测量各个高度的算术平均值，截面的平均宽度等于所测量各个长度的算术平均值，截面面积等于平均高度与平均宽度的乘积，计算截面面积所需风管尺寸的测量精度不小于 0.25%。

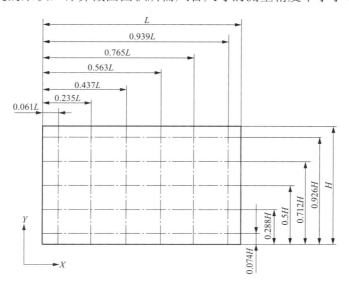

图 6-11　矩形截面速度测点布置图

（6 条横线，每条横线 5 个测点）

当测点数目与图 6-11 相同时，按表 6-2 查取。

表 6-2　　　　　　　　　　　矩形截面的测点位置（切贝切夫法）

测点数	x/L 或 y/H		
	5	6	7
1	0.074	0.061	0.053
2	0.288	0.235	0.203
3	0.500	0.437	0.366
4	0.721	0.563	0.500
5	0.926	0.765	0.634
6		0.939	0.797
7			0.947

4）其他形状的截面。临时的改动（如加设低阻力内衬）可用于保证矩形截面和圆形截面有适当的试验长度。当不能进行临时改动时，要确定通过管道的或规则的、无凹陷横截面的直管段的容积流量，最为方便的是采用修改的在矩形横截面使用的切贝切夫网格法。

非矩形风管横截面若要采用修正的切贝切夫测量法，必须对每条测量线上测量的平均速度按其长度比例进行加权。此外，对于两个靠近管壁区域测量线的位置也要进行调整，以达到最高测量精度，还应考虑管道摩擦及壁面形状的影响。

3. 功率的确定

为精确获得供给风机的功率，应取足够数量测试结果的平均值。风机驱动轴功率一般由两种方法确定：一种是用扭矩仪直接测算，另一种是由输入到电动机端子的电功率推算得出。风机运行中使用扭矩仪进行直接测量是不易实现的，为此多采用损耗分析法计算功率。

（1）扭矩仪直接测量风机轴功率。风机轴上的扭矩可采用安装在风机与驱动它的传动系统或电动机之间的扭矩仪来测量。风机的轴功率等于所测得的扭矩乘以经仔细测量得到的转速。如果测量转速的误差为 0.5%，扭矩仪的精度应高于所测得扭矩值的 1.5%，方可使确定的功率精度达到 2%。

（2）损耗分析法计算电动机输出功率。驱动电动机的轴功率等于在电动机端子处测得的输入电功率乘以用损失分析法估算的电动机效率。三相感应电动机的损失主要有恒定损失、负载损失和附加负载损失。为此在每一试验点应测量电压、电流、转速，以及交流电动机的输入电功率和异步电动机的转差率，还要在电动机未与风机连接时测量电动机的空载损失。电动机的损失可用热量法进行测量，具体可参考 GB/T 5321—2005《量热法测定电机的损耗和效率》。三相交流电动机和直流电动机的损失估算是不同的，直流电动机损耗或电动机效率参考 GB/T 1311—2008《直流电机试验方法》。

（3）使用电动机制造商的性能数据。在不能采用损失分析法时，经双方商定，允许采用电动机制造厂提供的电动机性能数据，该数据可以从与现场试验所用电动机相同的电动机的性能数据中得到。制造厂所提供的数据可被认为足以由测量电动机输入电量值来确定电动机的输出功率。试验期间电动机的功率应与性能试验时所用的电动机功率一致。电压应保持稳定，且它的平均值不应超过性能试验所用电压的 2%。

电动机所提供的有用功率与电动机的输入功率相对应。有用功率可由有用功率作为输入功率的函数表、效率表或效率和功率因数表中得出。一般电动机功率使用电能表测量，可以使用效率表计算输出功率，即

$$P_o = \eta_{mot} P_e \tag{6-23}$$

当电动机功率未进行测量时，可以使用现场试验中所测得的电压和线电流值，以及制造厂提供的功率因数表计算，即

对于三相电动机 $\qquad P_e = \sqrt{3} UI \cos\varphi \tag{6-24}$

对于单相电动机 $\qquad P_e = UI \cos\varphi \tag{6-25}$

式中 $\quad \eta_{mot}$——根据制造商提供的效率表查取的电动机效率；

$\quad \cos\varphi$——根据制造商提供的功率因数表查取的功率因数；

$\quad U、I$——现场试验中所测得的电压和线电流值，对于三相电动机，则表示每相所测值的平均值。

（4）各种功率之间换算。

　　1）电动机输入功率 P_e。P_e 为输出到驱动装置输入端的功率，在电动机驱动的情况下，它是输入到电动机端子上的电功率，可按式（6-24）测量和计算；在其他情况下，输入功率应在有关各方协商一致的情况下，按燃料、蒸汽、压缩空气等的消耗量来确定。

　　2）电动机输出功率 P_o。考虑驱动装置损失后，P_o 等于电动机输入电功率乘以损失分析法估算或制造商提供的电动机效率，按式（6-23）计算。

　　3）风机轴输入功率 P_a。P_a 为由驱动装置输出到风机轴的机械功，可以用扭矩仪测量、计算，也可以由公式计算，即 $P_a=\eta_{tr}P_o$（η_{tr} 为传动效率）。传动效率与传动装置的结构形式、运行工况有关，可采用近似取值的方法。在风机与驱动装置直联时，η_{tr} 取 1；联轴器连接传动时，η_{tr} 取 0.98。对于液力耦合器传动，传动效率与传动转速比有关。

　　4）风机叶轮功率 P_a。P_a 包括机械损失、流动损失、容积损失和对流体做功的空气功率 P_u，一般无法直接测量，多为计算或估算。

四、试验测量仪器

　　1. 压力测量仪表

　　（1）气压计。在试验区域内的大气压力测量误差应不超过 ±0.3%。对直接读取汞柱型压力计，在读取数值时应读到最靠近的 100Pa 或者最靠近的 1mm 汞柱的地方。可以使用无液气压计或者压力传感型气压计，它们的校准精度应在 ±200Pa 以内，而且在试验时要对此校准进行检查。

　　对气压计应进行校准，并按 GB/T 1236—2000 中的规定对读数进行修正。气压计最好放在试验间内，如果要放在现场的其他部位，当高度差超过 10m 时，应进行修正。

　　（2）压力表。试验用压力计通常为垂直或斜管液柱式压力计，但也可用有同样精度和校验要求的带指针或记录仪的压力传感器（如电子微压计）。测量压差的压力表在进行任何校验修正后（包括与校验温度的温差），在稳压条件下仍会有一定的误差，其最大误差不能超过有效压力的 1%或者 1.5Pa。

　　（3）相关检查。液柱式压力计应在试验现场进行检查；对斜管式压力计应经常检查其水平状况，如被扰乱，应再次检查校准。在不影响仪表的情况下，应在读数的前后，对压力计的零读数进行检查。同时应确保通向其他仪表的所有管路和连接无阻塞或者无泄漏。

　　2. 气流速度的测量

　　（1）毕托静压管。使用 GB/T 1236 规定的毕托管可不经过初校，共推荐 4 种型式，见图 6-12。为将测量截面速度梯度所引起的流量测量误差控制在可忽略的限度内，一般要求毕托静压管管头直径和风管直径之比不得超过 0.02，滞止压力孔的直径不小于 1mm。

　　使用毕托静压管时应注意以下事项：

　　1）制造的毕托静压管应符合所规定的尺寸规范。

　　2）毕托静压管头部轴线与风管轴线的夹角应在 ±5° 以内，毕托静压管应配各适当对准支撑装置。

　　3）测量时毕托静压管应固定不动。

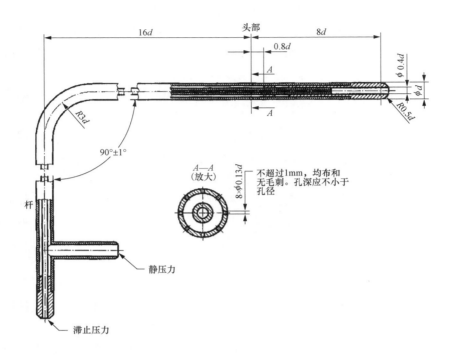

（a）

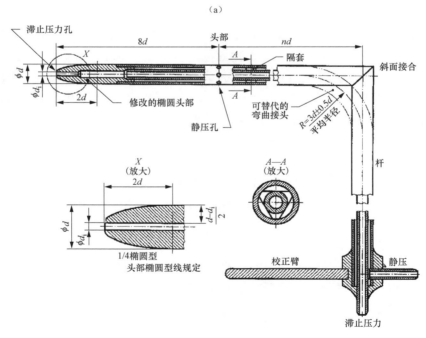

（b）

图 6-12　毕托静压管（一）

（a）AMCA 型毕托管；（b）带有改进的椭圆头部的 NPL 型毕托管

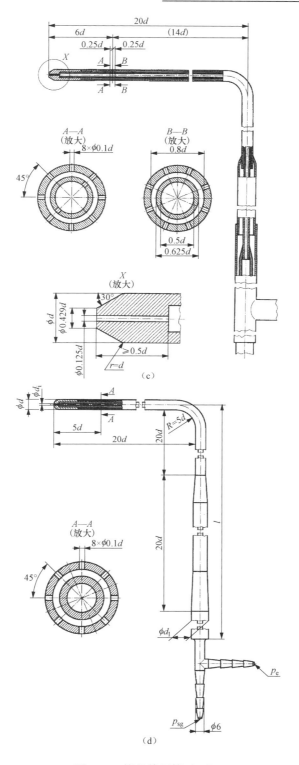

图 6-12　毕托静压管（二）

（c）CETIAT 型毕托管；（d）DLR 型毕托管

4）毕托静压管轴线与管壁之间的距离应大于毕托静压管头部直径。

5）与毕托静压管头部直径相应的现场雷诺数应大于 500，这意味着在大气压力和温度下，当地气流速度 v 不应小于 7.5/d，d 为毕托静压管管头直径（mm）。

6）各测点气流方向与风管轴线的夹角一般不应大于 10°，但个别点的这一角度可以达到 15°。这一夹角可用以下任一方法测量：①带 3 孔的圆柱式探头和至少两个压力计。②带指针的风标。③带有径向叶片和有旋转速度测量的压力计。

7）测点的标记装置应置放在测量截面的下游段，其总堵塞面积不应大于测量截面面积的 2.5%。

8）速度探头必须固定，使振动越小越好。

9）差压测量的下限取决于测量所要求的精度及所选用微压计的精度。一般当截面任意测点的差压小于 10Pa 时，不推荐使用毕托静压管。

10）当马赫数超过 0.2（相当于标准空气中的 70m/s）时，应将考虑了压缩性效应的修正系数列入速度的计算公式。

（2）转叶式风速计。转叶式风速计只有在测量平面上任意点的速度没有明显的脉动情况下方可使用。其使用条件如下：

1）仪表状况良好，试验前后应经各方公认的权威机构校验合格。

2）风速计的轴线应尽可能与风管的轴线平行。当测量误差必须保持在 1%以内时，气流方向与风速计轴线夹角在任意一测试点上均不得超过 5°。

3）仪表的直径应小于测量截面最小直径的 1/10。

4）当存在不正常的速度分布时，应考虑采用更小直径的风速计，并增加测量点数。

5）仪表中心距管壁的距离不得小于仪表直径的 3/4。

6）仪表支架应有足够的刚度以防振动，但对气流的干扰应尽可能小。

7）由于测量的精度在很大程度上取决于读数值和气流的均匀性，故最小读数值应至少是风速计开始旋转时速度的 3 倍。

（3）其他仪表。如果因速度过低，使用毕托静压管或转叶式风速仪不能提供良好精度，建议可采用其他测量仪表（如文丘里管、摆叶风速计、热线风速仪等）。应注意的是，规定的校准涉及全套仪表，包括探头、连接管、指针等。

3. 温度与湿度

（1）温度计。校准修正后的温度测量用仪表的精度应为 ±1.0℃，校正试验读数应在最靠近 0.5℃ 的地方读取，温度计有热电偶、热电阻等，具体可参考本书第二章内容。

（2）温度计位置。应将一个或多个测量元件放在适当的截面上进行测量，多个测量元件在截面上的位置应在一条垂直于管道中心线的直径上的不同高度处，且与直径的中心对称。对测量元件应进行屏蔽，以防止热源表面的辐射影响。若不能满足上述条件，则可将测量元件安放在风管内的水平直径上，距离管壁至少 100mm 或者 1/3 风管直径处，取两者数值较小的一处。

（3）流速对温度的影响。实际测量过程中管网中的温度计显示的是气流滞止温度与静温度之间的中间温度，但更接近于滞止温度。若气流速度等于 25m/s，则滞止温度与静温度之差为 0.31℃；若等于 35m/s，则两者之差为 0.61℃；若等于 50m/s，则为 1.24℃。

若测量是在气流速度小于 25m/s 的测试段读取的，则测得的温度与滞止温度和静温度等同，一般风机均运行在此范围内。因此测量风机进口上游或者试验风管上游的滞止温度时，应选择气流速度小于 25m/s 的试验段，或者在进口风室测定。

（4）湿度。可使用干球与湿球温度计或干球温度、相对湿度计测量空气的绝对湿度，测量装置精度要达到±2%。测量时要对仪表进行屏蔽，以防止热表面的辐射影响。湿球温度计应放置在速度至少为 3m/s 的气流中，套筒应保持干净，与湿球体保持良好接触，并且用纯净水保湿。

4. 转速的测定

（1）风机的轴速度。在每一测试点的试验周期内，应对风机的轴速度进行定期测量，以确保在每一试验周期内的平均转速误差不超过±0.5%，所使用的任何装置都不应明显影响试验风机的转速或其性能。

（2）数字式计数器。测量转数用的数字式计数器在测量时间间隔内，计量到的脉冲数不应小于 1000。计时装置应自动由计数的开始和结束所控制，而且其误差不应超过计算脉冲总数所需时间的 0.25%。

（3）直接显示的机械式或电子转数表。转数表不应有滑移现象，而且使用前后应校准。这类仪表刻度盘的最小分度，不应大于测量转数的 0.25%。

（4）频闪测速仪。除采用一个已知其频率或测量误差在±0.25%的频率源进行过检查外，频闪测速仪应在使用前后对照标准转速进行校准。

（5）频率表。当风机由同步或异步电动机直接驱动，用测量供电频率和对异步电动机用计算滑差频率来测量转速时，频率表的误差不应超过 0.5%，允许使用更小误差的数字仪表。用来指示滑差频率的仪表应直接计数，且其误差不超过轴速度±0.25%的仪表。

5. 扭矩仪

一般要求扭矩仪的精度应高于所测得扭矩值的 1.5%。校准可采用仪表静校的数据，该数据与转速无关。在这种情况下，试验应在和校验相同的条件下进行。在某些情况下，仪表应在试验的前、后，立刻由双方认可的权威机构在现场试验期间所遇到的条件下进行校准，而不必对仪表状况进行任何调整。

校准应在负载递增和递减两个方向进行试验。加载时，测量扭矩应注意读数期间负载不能减小；减载时，应采用类似的预防措施。如果加载与减载的扭矩差大于 1.5%，则扭矩仪失灵；相反，应采用加载和减载的平均值。若两个测量值相差不大于 1.5%，试验前、后所测得两条校准线的平均值应作为计算的校准曲线。

6. 电流、电压及功率表

功率、电压及电流应用有校准曲线进行修正过的 0.5 级或不需修正的 0.2 级仪表进行测量。测量仪表的选择应使其读数值大于全刻度读数的 1/2。为将误差减至最小，测量仪表所用的电流互感器和电压互感器的选择，应尽可能使它们在接近其额定负荷下工作。这些仪表总是尽可能靠近电动机端子连接，以防电缆中的压降影响到测量精度。

7. 烟气分析仪

在进行引风机等以烟气为流体的风机性能试验时，需要测量烟气成分以确定烟气密度，同时根据烟气成分和煤质计算，辅助检查测量流量是否正常。

五、现场试验的一般程序

1. 确定风机性能试验的目的及类型

（1）首先确定风机性能试验的目的，以确定是 O 类还是 P 类试验。

（2）一般风机有一定的设计裕量，假设烟风道的实际阻力可能与设计不完全一致，风机设计 BMCR/THA 工况的运行参数与实际不一定相同，各方应协商确定试验工况。

（3）若进行风机特性试验，一般至少在 50%、75%、100%三个负荷工况进行测量。

2. 试验方案的制定

试验方应根据现场风机的特点和试验测孔的布置制定适合该项目的试验方案。试验方案应经试验单位、设备制造商和电站讨论、审批，然后才能生效执行。

3. 试验前准备工作

（1）确认风机及辅助设备的所有部件完好，必要时应消除所发现的缺陷（如进口集流器与叶轮的间隙过大）；检查烟、风道的严密性和调节装置（导向装置或挡板）的状态。应实地检查调节装置全开的可能性，实际开度与指示值是否一致。导向装置叶片固定是否可靠和一致，导向叶片旋转方向是否正确，即在不全开时流过导向装置的气流方向应与转子旋转方向一致。

（2）选定流量测量面和风机进、出口静压测量面的位置。对 O 类试验，必要时可以考虑临时或永久地改变管道的布置，以提高测试的准确性。装设并校验必需的监测仪表，测定各测量面的截面积。

（3）准备试验仪器。目前风机性能试验所需仪器一般有电子微压计、测速管、大气压力表、秒表、转速表、温湿度计、热电偶温度计、烟气分析仪（对于引风机试验）等。所用仪器必须在检定（校准）有效期内。

（4）试验之前，应检查风机的机械运转是否正常，风机进、出口平面至流量、静压测量面之间的烟、风道是否有明显的内、外漏气现象。风机进、出口之间不得存在未规定的气体循环。

（5）在验收试验开始之前，供货方有权检查风机工作状态是否良好，并进行必要的调整。为保证试验操作人员安全和设备免受损坏而采取的措施不应对试验风机的性能有任何影响。

（6）对试验人员进行交底和安全培训，做好安全防护工作。

（7）被试验的风机在工况调整完毕后，宜在手动控制方式下运行，并维持动叶或入口调门开度（或频率）和风机的参数（电流、进口及出口压力等）不变。

（8）试验开始前，锅炉及其烟气系统的环保设备，运行持续时间大于 72h，每种工况试验的持续时间约 4h，测试开始前锅炉主要运行参数至少稳定 30min，试验期间主要锅炉主要运行参数允许波动范围和锅炉性能试验的要求相同。

4. 风机试验的测量项目

试验期间，主要的测量项目如下：

（1）转速。

（2）风机进口平面静压和温度。

（3）风机出口平面静压和温度。

（4）风机测量截面的静压、温度、动压。

（5）电动机输入功率或风机轴功率。

（6）大气温度、湿度。

（7）烟气成分及水分（针对引风机试验）。

（8）其他约定的测量项目。

完整的测试过程要重复进行一次或多次，直到两次成功试验的计算结果相差不超过2%。同时应每30min记录一次风机的动叶、入口调门或其他控制装置的位置，锅炉运行参数，测试风机的电流、压力、轴承温度、振动等相关运行数据。每次改变工况后应至少稳定30min，待风机及主机参数稳定后才能开始测试。

5. 试验组织与分工

（1）电站厂方负责整个试验的指挥与协调，做好试验负荷申请、煤质调度、工作票（证）、安全措施、事故预案等工作，为试验安全、有序、顺利地开展做好准备。

（2）电站方在试验前应对锅炉、风机等设备与运行状况（包括主要的DCS参数与测点）进行检查，使其处于良好的状态，以使试验结果准确并能充分反映出锅炉、风机的正常特性。

（3）电站方在试验前搭建测量所需脚手架，提供测试所需爬梯、现场测试电源、现场照明等，以满足试验所需的现场测试条件。

（4）试验方总体上负责试验技术，现场测试器材、仪表、人员配备，试验方在试验前做好所需的相关电子表格、纸质记录表格，提供测点采集清单。

（5）试验期间，电站方主要负责机组运行条件的提供、运行工况的维持与调整试验，发电站方提供协助开关室参数的记录，原煤、灰渣部分样品的取样。

（6）试验方负责试验数据的处理、计算、分析，煤质元素分析，编写试验报告、技术报告及相关的解释说明。

（7）设备制造商应在试验前对设备运行参数进行合理调整以满足试验要求，试验开始前有权对试验工况进行确认，全程参与整个试验过程。

6. 试验注意事项

（1）试验开始后，不允许进行可能影响试验结果的风机调整。任何再调整和重新试验均应得到试验各方的同意。如必须对风机进行调整，则应取消已进行的试验，并重新开始试验。

（2）试验开始前，对锅炉、脱硝的烟气侧预先完成正常的吹灰，对脱硫除雾器预先完成正常的清洗。试验期间，锅炉不吹灰、不排污、磨煤机不启停（或切换）、脱硫浆液循环泵不启停（或切换），不进行任何干扰工况的操作。

（3）试验期间，风机及其相关系统的自动投退，必须得到试验各方同意。

（4）试验人员不得触动运行设备，尽量远离旋转设备，记录时应注意避免无意触动控制开关或按钮。

（5）试验期间，风机所在的厂用 6kV/10kV 段，不应进行大功率辅机的启停操作。

（6）当系统内有并联运行的风机时，在试验期间，被试验的风机应在手动控制方式下运行，而系统中其余的风机按习惯跟踪负荷变化。被试验风机在调节挡板和动叶位置不变的情况下定速运行。

（7）系统应在保持气体流量和其他运行条件不变的情况下运行。如锅炉负荷应稳定，试验期间不能进行吹灰操作。若必须进行吹灰，则吹灰器应在整个风机试验期间内均投运。

（8）试验期间，机组发生异常情况，应立即停止试验，按运行操作规程处理。

六、试验结果及分析

本部分以某 350MW 煤粉锅炉引风机改造后的性能试验为例进行计算，并对试验结果进行分析，以供参考。试验分别在 350MW（100%THA）、264MW（75%THA）、175MW（50%THA）3 个负荷工况下测量引风机的流量、全压升、功率等参数，见表 6-3。

表 6-3　　　　　　　　　某 350MW 机组引风机性能试验数据汇总

名称	单位	350MW		264MW		175MW	
		A 引风机	B 引风机	A 引风机	B 引风机	A 引风机	B 引风机
锅炉额定蒸发量	t/h	1175		1176		1177	
机组电负荷	MW	350		264		175	
锅炉蒸发量	t/h	1167.4		846.7		560.5	
风机电流	A	267.7	272.6	174.9	179.4	145.5	153.8
动叶开度	%	67	65	44	48	40	37
大气压力	Pa	100900	100900	100100	100100	100100	100100
大气温度	℃	27.5	27.5	30.1	30.1	27.7	27.7
大气相对湿度	%	73.8	73.8	69.4	69.4	79.8	79.8
风机进口静压	Pa	−3698	−3720	−2480	−2487	−1675	−1713
风机进口温度	℃	105.40	101.70	109.00	110.30	123.77	121.50
风机出口静压	Pa	3000	3075	2055	2095	1247	1247
风机出口温度	℃	112.80	111.70	117.20	116.70	130.60	128.30
流量测量截面静压	Pa	−3698	−3720	−2480	−2487	−1675	−1713
流量测量截面温度	℃	105.40	101.70	109.00	110.30	123.77	121.50
流量测量截面标准状态下密度	kg/m³	1.3296	1.3296	1.3286	1.3286	1.3232	1.3232
流量测量截面实际状态下密度	kg/m³	0.9202	0.9291	0.9148	0.9116	0.8844	0.8891
流量测量截面风速	m/s	27.90	28.08	22.71	23.21	18.26	19.39

名称	单位	350MW		264MW		175MW	
		A 引风机	B 引风机	A 引风机	B 引风机	A 引风机	B 引风机
流量测量截面动压	Pa	358.26	366.25	235.99	245.63	147.39	167.16
流量测量面面积	m^2	8.38	8.38	8.38	8.38	8.38	8.38
流量测量面体积流量	m^3/s	233.70	235.16	190.24	194.42	152.90	162.40
风机进口空气流速	m/s	27.90	28.08	22.71	23.21	18.26	19.39
风机进口动压	Pa	358.26	366.25	235.99	245.63	147.39	167.16
风机进口全压	Pa	−3339.74	−3353.75	−2244.01	−2241.37	−1527.61	−1545.84
风机出口静压	Pa	3000	3075	2055	2095	1247	1247
风机出口温度	℃	112.80	111.70	117.20	116.70	130.60	128.30
风机出口介质密度	kg/m^3	0.9648	0.9682	0.9372	0.9387	0.8952	0.9004
风机出口面积	m^2	6.8715	6.8715	6.8715	6.8715	6.8715	6.8715
风机出口空气流速	m/s	32.44	32.84	27.02	27.48	21.98	23.34
风机出口动压	Pa	507.63	522.08	342.20	354.34	216.29	245.22
风机出口全压	Pa	3507.63	3597.08	2397.20	2449.34	1463.29	1492.22
风机全压	Pa	6847.36	6950.83	4641.20	4690.71	2990.90	3038.06
风机静压	Pa	6339.74	6428.75	4299.01	4336.37	2774.61	2792.84
风机进口体积流量	m^3/s	233.70	235.16	190.24	194.42	152.90	162.40
风机质量流量	kg/s	215.05	218.48	174.02	177.23	135.22	144.39
风机出入口平均密度	kg/m^3	0.9425	0.9487	0.9260	0.9252	0.8898	0.8947
电动机输入功率	kW	2185.75	2299.31	1414.10	1414.10	956.57	1018.00
电动机负荷系数	—	0.5907	0.6214	0.3822	0.3822	0.2585	0.2751
电动机效率 （含机械传递效率）	%	93.8	93.7	92.8	92.7	91.9	91.9
风机轴功率	kW	2049.47	2154.80	1312.58	1311.25	879.31	935.56
风机进口绝对压力	Pa	97202.00	97180.00	97620.00	97613.00	98425.00	98387.00
压缩修正系数	—	0.9754	0.9751	0.9832	0.9830	0.9892	0.9890
风机比功	J/kg	7236.69	7276.22	4981.44	5049.05	3343.20	3376.87
风机有效功率	kW	1560.90	1593.78	868.10	896.49	452.36	487.95
风机设备效率	%	71.41	69.32	61.39	63.40	47.29	47.93
风机全压效率	%	76.16	73.96	66.14	68.37	51.45	52.16
修正到设计状态							
风机设计转速	r/min	990	990	990	990	990	990
风机设计进口密度	kg/m^3	0.8599	0.8599	0.8599	0.8599	0.8599	0.8599
风机体积流量	m^3/s	250.09	254.08	202.38	206.11	157.25	167.92
风机全压	Pa	6398.53	6433.16	4362.77	4424.64	2908.12	2938.20

名称	单位	350MW		264MW		175MW	
		A 引风机	B 引风机	A 引风机	B 引风机	A 引风机	B 引风机
风机静压	Pa	5924.18	5949.97	4041.11	4090.40	2697.81	2701.05
风机轴功率	kW	1915.13	1994.32	1233.84	1236.88	854.97	904.81
压缩性修正系数	—	0.9770	0.9769	0.9842	0.9840	0.9895	0.9894
风机比功	J/kg	7269.73	7308.13	4993.41	5063.08	3346.32	3380.55
风机全压效率	%	81.63	80.06	70.43	72.55	52.93	53.95

试验结论如下：

（1）在 THA 工况修正到设计状态下两台风机全压效率分别为 81.63%、80.06%，低于性能保证值 88.18%。

（2）在 50%THA 工况修正到设计状态下两台风机全压效率分别为 52.93%、53.95%，已经严重偏离风机高效运行区间。

（3）从 THA 工况热态试验结果看，两台引风机流量（250.09、254.08 m³/s）略大于对应工况设计值（241 m³/s），全压升（6398.53、6433.16Pa）低于设计值（7959Pa）。

（4）将 THA 工况实测流量、全压升修正到 BMCR 工况设计状态后（平均）253.7m³/s、6499.7Pa，与 TB 点引风机设计参数（316m³/s、9980Pa）相比，流量裕量为 19.7%（满足大于或等于 10%要求），全压裕量为 34.9%（满足大于或等于 15%要求）。因此目前所选引风机的出力是可以满足机组带满负荷要求的。

第二节 制粉系统性能试验

制粉系统是锅炉系统中最重要的辅助系统，其性能直接决定锅炉的运行状态，因此制粉系统性能试验非常重要。甲方与设备厂家合同规定往往仅限于磨煤机出力、磨煤机单耗的项目，但仅是确定制粉系统性能的最低要求。如果想要充分了解制粉系统的特点并进行优化调整，还需要进行分离器特性试验、出力特性、加载压力特性等一系列试验。

一、制粉系统介绍

（一）制粉系统简介

制粉系统的任务是将原煤进行磨碎、干燥，成为具有一定细度和水分的煤粉，并把锅炉燃烧所需要的煤粉送入炉内进行燃烧。制粉系统按工作原理可分为直吹式制粉系统和中间储仓式制粉系统。

（1）直吹式制粉系统。磨煤机磨制的煤粉全部送入炉膛燃烧，制粉量随锅炉负荷变化而变化。磨煤机干燥剂既是输粉介质，又是进入炉膛的一次风；一般配用中速或高速磨煤机，也可配用双进双出钢球磨煤机。

（2）中间储仓式制粉系统。磨煤机的制粉量不需要与锅炉燃煤量一致，磨煤机运行方式在锅炉运行过程中有一定的独立性，并可以经常在经济负荷下运行，最适合配用调节性能较差的单进单出钢球磨煤机。与直吹式相比，增加了细粉分离器、煤粉仓及给粉机。

制粉系统包括磨煤机及辅助系统、给煤机、煤粉分配器及输粉管道（调节缩孔）、密封风系统、消防蒸汽惰化系统、阀门挡板（冷风调门、热风调门、关断门、出口气动门）等。

其中磨煤机按照转速分为以下三种：

（1）低速磨煤机转速为 15～25r/min，典型代表为钢球磨煤机等。

（2）中速磨煤机转速为 50～300r/min，典型代表为 HP 磨煤机、MPS 磨煤机、ZGM 磨煤机等。

（3）高速磨煤机：转速为 750～1500r/min，典型代表为风扇磨煤机等。

（二）磨煤机出力

1. 磨煤机出力的分类

按磨煤机功能分类，磨煤机出力包括碾磨出力、通风出力和干燥出力三种，最终出力取决于三者中最小者。

（1）磨煤机的碾磨出力。由煤的可磨性和煤粉细度所决定的磨煤机的出力，除煤的可磨性和煤粉细度外还取决于原煤的粒度、磨煤机的种类和尺寸。

（2）磨煤机的通风出力。由磨煤机的通风条件所决定的磨煤机出力，磨煤机的通风量不足时变现为磨煤机的堵塞。

（3）磨煤机的干燥出力。由磨煤机的干燥能力所决定的磨煤机出力，干燥能力不足，煤粉会达不到所需要的温度和水分，引起结露并对燃烧造成影响。

2. 碾磨出力的区分

在考察磨煤机的碾磨出力时，常用的磨煤机出力名词有磨煤机的基本出力（或称铭牌出力）、磨煤机的最大出力、磨煤机的保证出力。

（1）磨煤机的基本出力（或称铭牌出力）是指磨煤机在特定的煤质条件和煤粉细度下的出力，通常在磨煤机性能系列参数表中给出。我国和德国的特定煤质分别如下：

1）我国：哈氏可磨度 HGI=50，水分 M_t=10%，煤粉细度 R_{90}=20%，灰分 A_{ar}≤20%。

2）德国（Babcock）：哈氏可磨度 HGI=80，水分 M_t=4%，煤粉细度 R_{90}=16%，灰分 A_{ar}≤20%

（2）磨煤机的最大出力（最大出力）是指磨煤机在锅炉设计煤质条件和锅炉设计煤粉细度下的最大计算出力（研磨件为新状态下）。该出力是通过给定的公式、图表计算或试磨试验（褐煤）得到的。

（3）磨煤机的保证出力是考虑碾磨件磨损至中后期出力降低后的计算出力，等于设计出力乘以磨损系数（一般取 0.95）。

（4）磨煤机的计算出力（额定出力）是 BMCR 工况下设计煤种燃料量除以设计磨煤机台数时的出力，用来校核磨煤机的出力裕量，一般不小于 110%。

二、试验标准

我国磨煤机、给煤机等制粉系统设备合同考核标准均为国内标准，主要参照标准为 DL/T467—2004《电站磨煤机及制粉系统性能试验》和 DL/T 1616—2016《火力发电机组性能试验导则》。

美国的制粉系统性能试验标准为 ASME PTC 4.2《Coal Pulverizers Performance Test

Codes》，于 1969 年以 ASME PTC 4.1 补充件（supplement）的形式发布，并在 2016 年进行了更新。

目前我国制粉系统性能试验标准中并没有对磨煤机的出力修正进行明确规定，在各方协商一致的前提下，也可以参照 DL/T5145—2012《火力发电厂制粉系统设计计算技术规定》中第四章磨煤机性能参数计算的相关内容进行修正。

三、试验内容及方法

（一）磨煤机出力试验

1. 出力特性试验

（1）正常磨煤机以磨煤机带额定出力和最大出力为主要考核工况。磨煤机出力如果不能平滑地由 0 到最大出力过渡，还要增加磨煤机最小出力试验。

（2）出力试验中保持合适的风煤比，在不同出力下（直至磨煤机的最大出力）测定制粉系统运行各参数，为合理运行方式提供依据。

（3）额定出力工况。磨煤机按风煤比曲线逐渐升出力到额定出力，稳定运行 1～2h，进行煤粉取样及细度测量，当细度达到设计要求时，持续 2h。试验期间磨煤机不堵煤、通风量合理、振动正常、出口温度能够保证、石子煤排放正常。

（4）磨煤机在额定出力稳定运行 1～2h，按风煤比曲线逐渐增加试验磨煤机的负荷至设计最大出力。在增大出力的过程中观察磨煤机通风量、磨煤机阻力、磨煤机振动、出入口风温及中速磨煤机石子煤的变化情况，若发现磨煤机有堵煤倾向，则不能再增加磨煤机出力。调整磨煤机稳定后，在该出力稳定运行 1h 后，进行煤粉取样及细度测量，并进行磨煤机最大出力测试试验，测试试验持续 2h。

（5）试验以磨煤机不堵煤或中速磨煤机石子煤排放正常时，磨煤机达到的最大出力且能稳定运行为最大出力工况进行测试试验。

（6）试验期间如果磨煤机石子煤排量大于磨煤机额定出力的 0.05% 或石子煤发热量超过 6.27MJ/kg，磨煤机已属于非正常运行工况，则该试验结果的有效性由业主方、供货方和第三方试验单位讨论确定。

（7）在保证磨煤机不出现振动且该层火焰火检正常的情况下，按风煤比曲线逐步减少磨煤机的出力，并在每个负荷下稳定一定的时间，直到磨煤机出现异常征兆。磨煤机最小出力试验进行时，需要设专人到就地观测磨煤机的振动情况，以保证试验过程中磨煤机不会损坏。最小出力取上一个稳定负荷下的出力。

（8）试验过程中要记录锅炉与磨煤机整体运行参数，如机组负荷、磨煤机出力、磨煤机各测点的温度、风压、风量（热风、温风及冷热烟气量）、挡板开度、再循环风量及三次风量（对中间储仓式制粉系统）、密封风量（对直吹式制粉系统）、煤粉细度及煤粉均匀性系数、磨煤机压差和分离器压差、磨煤机电流、制粉系统总电耗、石子煤量（对中速磨煤机）、电功率等值，每 10min 记录 1 次。

（9）原煤取样 30min/次，对中间储仓式制粉系统，每 30min 煤粉取样 1 次，缩分后对煤质进行工业分析和可磨性系数测定，内容应包含水分、灰分和可磨性系数。

（10）输粉管道上进行取煤粉样应采用多点等速取样，每点取样时间应相等，每点取样时间长短根据每台磨煤机的一次风管数和每根管内取样点数的多少确定。

（11）中速磨煤机试验前应清空石子煤箱，对试验期间石子煤进行称重、取样，每个试验工况 1 次。

（12）煤粉细度一般通过筛分确定。对于一般的烟煤来说，R_{90} 应维持在 0.5 倍的干燥无灰基挥发分百分比（即 $0.5V_{daf}$）左右。

（13）煤粉均匀指数反映煤粉粒度分布的重要指标，通过 R_{200}、R_{90} 的数值研究与煤种的匹配及煤粉均匀性，计算式为

$$n = \frac{\lg\ln\left(\dfrac{100}{R_{200}}\right) - \lg\ln\left(\dfrac{100}{R_{90}}\right)}{\lg 200 - \lg 90} \qquad (6\text{-}26)$$

式中　R_{200}、R_{90}——煤粉细度，表示粒径大于 200μm 和 90μm 的煤粉所占的份额；

　　　n　——煤粉均匀指数，该指数越大，煤粉中过粗和过细的颗粒都越少，煤粉颗粒粒度分布越均匀。

2. 磨煤机出力的修正

本部分内容并不在 DL/T467—2004《电站磨煤机及制粉系统性能试验》的规定之中，试验前各方应协商确定磨煤机出力的修正方法。本部分内容来自 DL/T 5145—2012 中第四章磨煤机性能参数计算部分。

（1）钢球磨煤机出力修正较为复杂，主要包括可磨性修改、原煤粒度修正、原煤水分修正、通风量修正、煤粉细度修正等内容，修正系数计算式为

$$B_{M} = 0.11 D^{2.4} L n^{0.8} k_{ap} k_{jd} \varphi^{0.6} k_{gr} k_{V} \left(\ln \frac{100}{R_{90}} \right)^{-\frac{1}{2}} \qquad (6\text{-}27)$$

其中

$$\varphi = \frac{G_{b}}{\rho_{b} V}$$

$$k_{gr} = K_{VT1} \frac{S_{1} S_{2}}{S_{g}}$$

$$S_{g} = 0.79216 + 0.30949\left(\frac{R_{5}}{20}\right) + 0.1250\left(\frac{R_{5}}{20}\right)^{2} + 0.02396\left(\frac{R_{5}}{20}\right)^{3} + 0.00131\left(\frac{R_{5}}{20}\right)^{4}$$

$$k_{v} = 0.059929 + 2.0295x - 1.4835x^{2} + 0.43819x^{2} - 0.039649x^{4}$$

$$x = Q_{V} / Q_{v,opt}$$

$$Q_{v,opt} = \frac{38}{n\sqrt{D}} V \left(1000\sqrt[3]{K_{VT1}} + 36 R_{90} \sqrt{K_{VT1}} \sqrt[3]{\varphi}\right) \left(\frac{101.3}{p}\right)^{0.5}$$

式中　B_{M}——磨煤机碾磨出力，t/h；

　　D、L——磨煤机筒体的内径和长度，m；

　　　V——磨煤机容积，m^{3}；

　　　n——磨煤机筒体的工作转速，r/min；

　　k_{ap}——护甲形状系数，对波形装甲和梯形装甲取 1.0，对齿形装甲取 1.1；

R_{90} ——粗粉分离器后的煤粉在筛孔为 90μm 筛子上的剩余量占总筛分量的百分比，%；

k_{jd} ——护甲和钢球磨损导致的出力降低修正系数，一般取 0.9；

φ ——钢球装载系数；

G_b ——钢球装载量，t；

ρ_b ——钢球堆积密度，取 4.9t/m³；

k_{gr} ——工作燃料可磨性修正系数；

K_{VTI} ——煤的可磨性指数，$K_{VTI}=0.0149HGI+0.32$，HGI 为哈氏可磨度；

S_1 ——工作燃料水分对可磨性的修正系数；

S_2 ——原煤质量换算系数；

S_g ——进入磨煤机的原煤粒度修正系数；

R_5 ——筛孔为 5mm×5mm 筛子上的剩余量；

k_v ——滚筒内实际通风量对磨煤机出力的影响系数；

x ——磨煤机实际通风量与最佳通风量之比；

Q_v ——磨煤机实际通风量；

$Q_{v,opt}$ ——磨煤机最佳通风量；

p ——当地大气压力，kPa。

S_1、S_2 直接计算时很复杂，假设煤粉水分等于煤的空气干燥基水分，S_1、S_2 与收到基水分的关系可由图 6-13 确定。

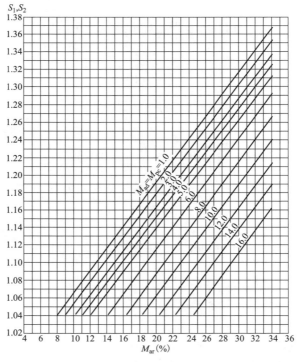

图 6-13　用原煤水分和空气干燥基水分修正钢球磨煤机出力

进行磨煤机出力修正时，需要按原设计条件的数据计算出原来的 B_M^D （或厂家已提供），然后按当前试验条件计算出试验条件下 B_M^T ，则出力修正式为

$$B_C = \frac{B_M^D}{B_M^T} B_T \qquad (6\text{-}28)$$

（2）轮式（MPS、ZGM）中速磨煤机出力修正相对比较简单，按式（6-29）进行，即

$$B_M = B_{M0} f_H f_R f_M f_A \qquad (6\text{-}29)$$

其中

$$f_H = \left(\frac{HGI}{50}\right)^{0.57}$$

$$f_R = \left(\frac{R_{90}}{50}\right)^{0.29}$$

$$f_M = \begin{cases} 1.0 + (10 - M_t) \times 0.0114 & M_t > 10\% \\ 1.0 & M_t \leqslant 10\% \end{cases}$$

$$f_A = \begin{cases} 1.0 + (20 - A_{ar}) \times 0.005 & A_{ar} > 20\% \\ 1.0 & A_{ar} \leqslant 20\% \end{cases}$$

式中　B_{M0}——磨煤机的基本出力，是磨煤机在特定煤质下的出力，t/h；

B_M——磨煤机的计算碾磨出力，t/h；

f_H——可磨性系数修正系数；

f_R——煤粉细度修正系数；

f_M——原煤水分修正系数；

f_A——原煤灰分修正系数；

HGI——煤的哈氏可磨性指数；

R_{90}——磨煤机出口煤粉在筛孔为 90μm 筛子上的剩余量占总筛分量的百分比，%；

M_t——煤的收到基水分，即全水分，%；

A_{ar}——煤的收到基灰分，%。

（3）盘式（RP、HP）中速磨煤机出力修正也按式（6-29）进行，不同的是各系数的计算方法略有差别。

1）可磨性系数修正系数计算公式为

$$f_H = \left(\frac{HGI}{55}\right)^{0.85}$$

2）煤粉细度修正系数计算公式为

$$f_R = \left(\frac{R_{90}}{23}\right)^{0.35}$$

3）水分修正系数计算公式为

低热值煤
$$f_M = \begin{cases} 1.0 + (12 - M_t) \times 0.0125 & M_t > 12\% \\ 1.0 & M_t \leqslant 12\% \end{cases}$$

高热值煤
$$f_M = \begin{cases} 1.0 + (8 - M_t) \times 0.0125 & M_t > 8\% \\ 1.0 & M_t \leqslant 8\% \end{cases}$$

4）灰分修正系数计算公式没有变化。

（4）轮式磨煤机（MPS-HP-Ⅱ型）出力修正也按式（6-29）进行，不同的是各系数的计算方法略有差别。

1）灰分修正系数计算公式为

$$f_A = \begin{cases} 1.0 + (20 - A_{ar}) \times 0.005 & A_{ar} > 40\% \\ 1.0 + (20 - A_{ar}) \times 0.005 & 20\% \leqslant A_{ar} \leqslant 40\% \\ 1.0 & A_{ar} \leqslant 20\% \end{cases}$$

2）可磨性系数、煤粉细度和水分修正系数见表 6-4。

表 6-4 轮式磨煤机（MPS-HP-Ⅱ型）出力修正系数

HGI	30	31	32	33	34	35	36	37	38	39
f_H	0.4700	0.4841	0.4981	0.5119	0.5256	0.5391	0.5526	0.5658	0.5790	0.5919
HGI	40	41	42	43	44	45	46	47	48	49
f_H	0.6048	0.6174	0.6300	0.6424	0.6547	0.6668	0.6788	0.6906	0.7023	0.7130
HGI	50	51	52	53	54	55	56	57	58	59
f_H	0.7252	0.7364	0.7476	0.7585	0.7693	0.7799	0.7905	0.8009	0.8112	0.8212
HGI	60	61	62	63	64	65	66	67	68	69
f_H	0.8312	0.8410	0.8507	0.8602	0.8696	0.8788	0.8879	0.8968	0.9056	0.9142
HGI	70	71	72	73	74	75	76	77	78	79
f_H	0.9228	0.9311	0.9394	0.9474	0.9554	0.9631	0.9708	0.9783	0.9857	0.9929
HGI	80	81	82	83	84	85	86	87	88	89
f_H	1.0000	1.0085	1.0170	1.0270	1.0370	1.0465	1.0560	1.0655	1.0750	1.0900
HGI	90	91	92	93	94	95	96			
f_H	1.1040	1.1070	1.1100	1.1200	1.1300	1.1375	1.1450			
R_{90}	1	2	3	4	5	6	8	10	11	12
f_R	0.5138	0.5682	0.6185	0.6650	0.7079	0.7473	0.8167	0.8750	0.8994	0.9238
R_{90}	13	14	15	16	17	18	19	20	21	22
f_R	0.9444	0.9649	0.9825	1.0000	1.0154	1.0307	1.0448	1.0588	1.0724	1.0860

续表

R_{90}	23	24	25	26	27	28	29	30	31	32
f_R	1.0999	1.1139	1.1292	1.1444	1.1617	1.1790	1.1993	1.2195	1.2436	1.2676
R_{90}	33	34	35	36	37	38	39	40	41	42
f_R	1.2963	1.3250	1.3592	1.3934	1.4340	1.4745	1.5223	1.5700	1.6258	1.6816
R_{90}	43	44	45	46	47	48	49	50		
f_R	1.7463	1.8110	1.8855	1.9600	2.0451	2.1302	2.2268	2.3233		
M_t	0	1	2	3	4	5	6	7	8	9
f_M	1.0000	1.0000	1.0000	1.0000	0.9990	0.9934	0.9882	0.9829	0.9773	0.9714
M_t	10	11	12	13	14	15	16	17	18	19
f_M	0.9650	0.9582	0.9510	0.9431	0.9349	0.9264	0.9176	0.9086	0.8995	0.8903
M_t	20	21	22	23	24	25	26	27	28	29
f_M	0.8812	0.8721	0.8631	0.8544	0.8458	0.8376	0.8296	0.8219	0.8145	0.8076
M_t	30	31	32	33	34	35	36	37	38	39
f_M	0.8010	0.7947	0.7888	0.7833	0.7782	0.7735	0.7691	0.7652	0.7615	0.7583

（5）双进双出磨煤机试验的修正需要参考厂家试验曲线。

（二）磨煤机单耗试验

（1）磨煤机单耗试验应与磨煤机出力试验同时进行。

（2）磨煤机功率应使用精度为 0.2% 的功率表计量。

（3）试验时数据记录间隔。各测点的温度、风压、风量、挡板开度、电流、电功率等 10min 记录 1 次。

（三）钢球磨煤机的辅助试验

（1）最佳钢球磨煤机装载量试验。先不加煤，测量不同钢球装载量下的磨煤机电流或功率，作为求得钢球补加量的依据。加煤后再在不同钢球装载量下进行磨煤机的出力（指最大出力）、电流、功率、煤粉细度及煤粉均匀性系数的测定，以求得在该煤种下最佳钢球装载量的数值。

（2）钢球磨煤机粗粉分离器性能试验。保持磨煤机出力和通风量不变（为最佳钢球装载量下最大出力的 80% 左右及相应的通风量），在分离器折向门挡板不同开度下测定煤粉细度、分离器阻力、分离器效率、循环倍率、煤粉细度调节系数、煤粉均匀性系数、磨煤机电耗等，用来判断分离器工作正常与否的依据。该试验也可作为煤粉细度的调节手段。

（四）其他辅助性试验

（1）一次风量调平试验。在冷态下调节一次风管上的节流缩孔或阻力元件，以使各一次风管最大风量相对值不大于±5%。在冷态调平（调试期间）的基础上，进行热态的检查、校正，必要时重新调整。

（2）分离器特性试验。保持磨煤机出力（额定出力）和通风量不变，在 3 个不同分离器转速（或挡板开度）下对出口粉管分别进行取样，并测定煤粉细度，同时记录制粉系统的运行参数。选择一台磨煤机摸索规律，根据设计煤粉细度，确定合理的分离器转速（或挡板开度）。

（3）中速磨煤机加载压力特性试验。保持磨煤机出力和通风量不变，在不同加载压力下测定系统各运行参数，以求得满足磨煤出力所需的较合适的加载压力。不同加载压力下制粉系统电耗的比较条件是煤粉细度相同，煤粉细度不同时需换算至同一煤粉细度下再进行比较。

（4）通风量特性试验。磨煤机给煤量不变，适当改变通风量试验，测定系统各运行参数，以确定合理的风煤比，同时确定磨煤机最小风量。

（5）风扇磨煤机纯空气通风特性试验。在不同的通风量下测定磨煤机的入口、出口及分离器出口压力、磨煤机功率，由此计算在不同的通风量下磨煤机的提升压头、通风效率和分离器阻力。不同通风量下磨煤机提升压头的比较应在同一温度和大气压力下进行。

（6）双进双出磨煤机单侧运行特性试验。停止一侧给煤机的给煤量，保持通风量在满负荷下运行，将另一侧给煤量加大以保持煤位，分别测定两端煤粉细度，两端或总的通风量，出力，磨煤机入口温度、压力，两端出口的温度、压力，两端分离器出口温度、压力，磨煤机和一次风机的功率。

四、试验测点布置及测量方法

（一）试验测点布置图

根据制粉系统的不同类型，试验测点布置见图 6-14～图 6-18。

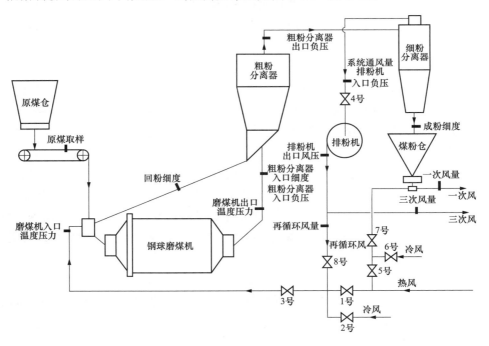

图 6-14　钢球磨煤机中间储仓式制粉系统试验测点布置

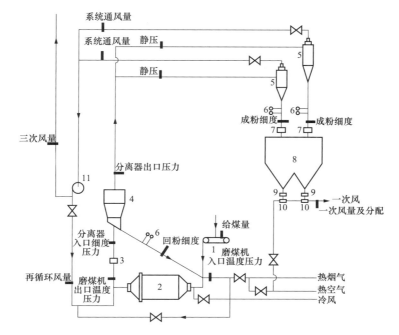

图 6-15　中储式钢球磨煤机炉烟干燥、热风送粉制粉系统试验测点布置

1—给煤机；2—磨煤机；3—木块分离器；4—粗粉分离器；5—细粉分离器；6—锁气器；

7—木屑分离器；8—煤粉仓；9—给粉机；10—风粉混合器；11—排粉风机

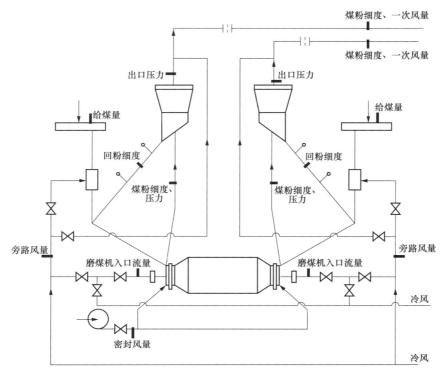

图 6-16　双进双出钢球磨煤机直吹式制粉系统试验测点布置图

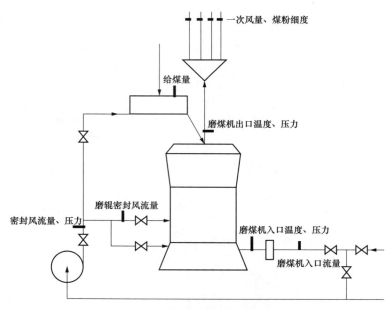

图 6-17　中速磨煤机直吹式制粉系统试验测点布置

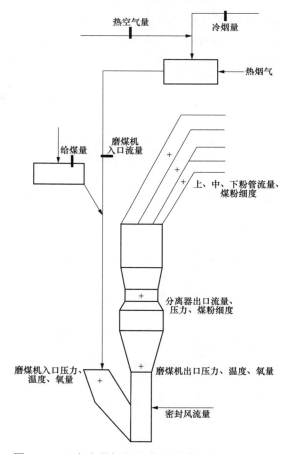

图 6-18　风扇磨煤机直吹式制粉系统试验测点布置

（二）试验测量原理

1. 磨煤机出力的测量

磨煤机的原煤量根据给煤机的给煤量求得，可采用以下方法。

（1）煤流断面测量法。煤流断面测量的给煤量由式（6-30）求得，即

$$B_M = A v_{gm} \rho_b \qquad (6-30)$$

式中　B_M——磨煤机的原煤量；

$\quad\ A$——给煤机中煤流断面面积；

$\quad\ v_{gm}$——给煤机中煤流速度，可用测量刮板速度、皮带速度或直接测量煤流速度（振动给煤机）的方法求得；

$\quad\ \rho_b$——煤的堆积密度，测量方法为将煤从 0.6m 的高空中自由落入内边长 585mm、体积为 $0.2m^3$ 的正方体容器内，勿敲打容器与捣实，煤样装至顶面高出 100mm，用硬直板将高出部分刮去，然后称其质量再算得单位体积煤的质量。

（2）直接称重法。在煤流断面难以测量时，应以实际质量计算给煤量；对于其他形式的给煤机（圆盘式、振动式），在条件许可的情况下应该用直接称量方法求取给煤机特性曲线，即在落煤管上开设旁路或插板，定时放出原煤后称量求得。

（3）对称重式给煤机的煤量一般用砝码进行校验，这与 GB/T 10184—2015 中规定测量燃料量的方法是一致的。

2. 气流密度的计算

（1）空气气流的密度。气流密度 ρ 根据气流的温度和静压（表压）计算，即

$$\rho = \rho^\theta \frac{273(p_a + p_e)}{101325} \qquad (6-31)$$

$$\rho^\theta = \frac{1 + 0.001d}{\dfrac{1}{1.293} + \dfrac{0.001d}{0.804}}$$

式中　ρ^θ——湿空气标准状态下气流密度，根据含湿量计算，该公式与 GB/T 10184—2015 的计算方法是一样的，只是该公式中湿度单位为 g/kg（干空气），标准状态下 [101325Pa，0℃（273K）] 干空气的密度为 $1.293kg/m^3$，kg/m^3；

$\quad\ p_a$——当地大气压力，Pa；

$\quad\ p_e$——管道内静压（表压），Pa；

$\quad\ d$——干空气含湿量，g/kg。

（2）乏气气流的密度。用热空气干燥（或用热风、冷风、再循环风干燥）时，对于制粉系统乏气，标准状态下气流密度为

$$\rho_v^\theta = \frac{g_1(1 + f_{le}) + \Delta M}{\dfrac{g_1(1 + f_{le})}{1.293} + \dfrac{\Delta M}{0.804}} \qquad (6-32)$$

$$\Delta M = \frac{M_{ar} - M_{pc}}{100 - M_{pc}}$$

式中　ρ_v^θ——空气干燥时制粉系统乏气在标准状态下的气流密度，kg/m³；

　　　　g_1——入口干燥剂量，kg/kg；

　　　　f_{le}——制粉系统漏风率，制粉系统漏风占磨煤机入口干燥剂的份额；对钢球磨煤机中储式制粉系统，取 0.3～0.4（小磨煤机取上限）；对风扇磨煤机直吹式系统，取 0.2～0.3（小磨煤机取上限）；对正压直吹式系统，如无数据可取 5%；

　　　　ΔM——原煤蒸发水分，kg/kg；

　　M_{ar}、M_{pc}——原煤收到基水分、煤粉水分，%。

（3）中储式制粉系统的再循环风的密度可按乏气风的密度对待。

（4）当用炉烟干燥时（风扇磨煤机的三介质和二介质干燥系统，以及中储式炉烟干燥系统），磨煤机入口和出口烟气的密度（标准状态下）也可以根据气体分析所得到的成分进行计算，即

$$\rho_g^\theta = 0.0143\varphi_{O_2,fg} + 0.0198\varphi_{CO_2,fg} + 0.0080\varphi_{H_2O,fg} + 0.0293\varphi_{SO_2,fg} + 0.0125\varphi_{N_2,fg} \tag{6-33}$$

式中　$\varphi_{O_2,fg}$、$\varphi_{CO_2,fg}$、$\varphi_{H_2O,fg}$、$\varphi_{SO_2,fg}$、$\varphi_{N_2,fg}$——烟气中各相应气体成分的体积百分率，%。

（5）干烟气的密度也可按下述经验公式进行计算，即

$$\rho_{dg}^\theta = 1.446 - 0.059\alpha \tag{6-34}$$

$$\alpha = \frac{21}{21 - \varphi_{O_2}}\left(1 - \frac{q_4}{100}\right)$$

式中　ρ_{dg}^θ——干烟气在标准状态下的密度，kg/m³；

　　　　α——过量空气系数，根据烟气中的含氧量计算；

　　　　q_4——灰渣未完全燃烧热损失，根据运行资料得到，%。

湿烟气的密度根据干烟气的密度代替 1.293 代入式（6-31）计算。

3. 风量的测量

（1）风量测量与测速管。制粉系统风量测量原理和本章第一节风机性能试验中流场测量法的测量原理是一样的，即通过测速管测量气流的平均动压计算气流速度和流量，即

$$v = K\sqrt{\frac{2p_d}{\rho}} \tag{6-35}$$

式中　p_d——非标准测速管测得的动压，Pa。

进行风量测量时，除了第一节提到的 AMCA 型、NPL 型、CETIAT 型标准测速管，《电站磨煤机及制粉系统性能试验》还推荐了普朗特管也是标准测速管，以及 BS-III 型笛形管、BS-I 型靠背管、弯头式靠背管等非标准测速管。当采用标准毕托管（AMCA 型、NPL 型、CETIAT 型、普朗特管）时，测速管的速度系数 $k \approx 1$；当采用非标准测速管时，速度系数用标准毕托管标定得到，即

$$K = \sqrt{\frac{2p_{d,pit}}{\rho}} \tag{6-36}$$

式中　$p_{d,pit}$——标准毕托管测得的动压，Pa。

普朗特管、BS-Ⅲ型笛形管、BS-Ⅰ型靠背管、弯头式靠背管结构见图 6-19。

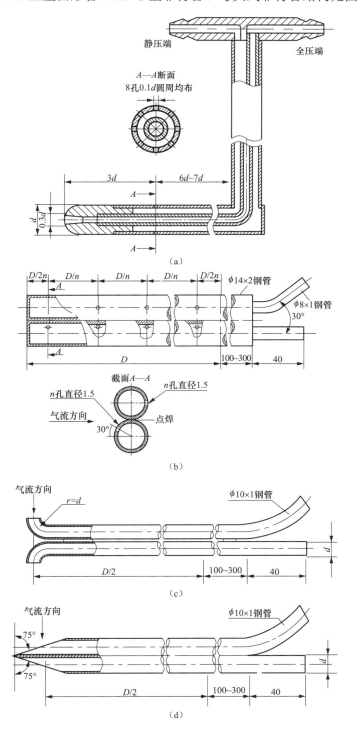

图 6-19　普朗特管及非标准测速管

（a）普朗特管；（b）BS-Ⅲ型笛形管；（c）弯头式靠背管；（d）BS-Ⅰ型靠背管

（2）纯空气气流流量测量。测量清洁气流和含尘浓度小于 0.05kg/kg 的气流流量可以使用标准毕托管，也可使用非标准毕托管，无论何种毕托管必须经过风洞标定并有合格证书。测速管斜对着气流时，将产生测量误差，测量时要求测速管头偏离气流流向不大于 3°。

（3）气体的压缩性对动压测量的影响。对于空气（k=1.4），一般流速为 60m/s 时，压缩性能的影响约为 1%，需要考虑修正系数，即

$$\varepsilon = \left(\dfrac{\Delta p}{\dfrac{1}{2}\rho v^2} \right)^{-0.5} = \left(1 + \dfrac{1}{4}Ma^2 + \dfrac{2-k}{24}Ma^4 \right)^{-0.5} \tag{6-37}$$

其中

$$Ma = \dfrac{v}{c}$$

$$c^2 = k\dfrac{p}{\rho}$$

式中　k——等熵指数，对于空气取 1.4；

　　　Ma——马赫数，为流速与声速之比；

　　　c——声速。

（4）圆形截面测孔的布置。对于圆形截面，《电站磨煤机及制粉系统性能试验》和《电站锅炉风机现场性能试验》对测孔的布置原则相同，只是名称不同，即前者的"对数-契比雪夫法"对应后者的"切贝切夫法"（都是基于等面积原理），前者的"对数-线性法"对应后者的"线性法"，测孔位置可参考表 6-1。

在测孔数量上，《电站磨煤机及制粉系统性能试验》并没有要求至少 24 个点，而是根据管道走向可以适当调整。当风量测点上游直段 $L \geq 10D$（D 为被测管道当量直径），下游直段级 $L \geq 3D$，且其中无风门挡板等局部阻力的情况下，可以只开设一个测孔，而且可以采用事先经过标定的代表点的测量方法。如不满足上述直段条件，需开设 2~3 个测孔。

在同一个测孔（点）测量动压时，应进行插入和抽出两次测量，两次测量的动压波动不应超过 2%。两次测量的动压进行算术平均后作为该点动压，否则该点应重新进行测量。截面平均流速等于各点流速的算术平均值。

（5）矩形截面测孔的布置。对于矩形截面，《电站磨煤机及制粉系统性能试验》和《电站锅炉风机现场性能试验》对测孔的布置原则有一定差别，其中前者的"对数-契比雪夫法"与后者的"切贝切夫法"（都是基于等面积原理）是一致的，均要求平行于小边的横线数目和每条横线上的测点数目均不少于 5 个，此时截面平均流速等于各点流速的算术平均值。

对于矩形截面，《电站磨煤机及制粉系统性能试验》还提出了可以按对数-线性法确定测点，测量点限制为 26 个，测点位置见图 6-20。

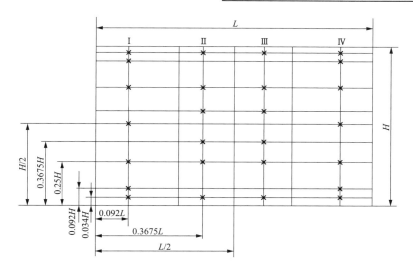

图 6-20　按对数-线性法确定矩形截面上的测点位置（26 个测点）

截面的平均流速等于各点流速 v_i 的加权平均值，即

$$v = \frac{\sum\limits_{i=0}^{n} k_i v_i}{\sum\limits_{i=0}^{n} k_i} \qquad (6\text{-}38)$$

其中　k_i——流速加权系数，见表 6-5，对于该标准 26 个测点时，$\sum\limits_{i=0}^{n} k_i = 96$。

表 6-5　　　　　　　　按图 6-20 布置测点时的流速加权系数（26 个测点）

h/H	l/L			
	a	b	c	d
	0.092	0.3675	0.6325	0.908
0.034	2	3	3	2
0.092	2			2
0.250	5	3	3	5
0.3675		6	6	
0.500	6			6
0.6325		6	6	
0.750	5	3	3	5
0.908	2			2
0.966	2	3	3	2

4. 含尘气流的测量

（1）测量含尘浓度大于 0.1kg/kg 的气流流量时，可以用 BS-I 型靠背式测速管，但其速度系数 k 需事先在纯空气下在被测管道内进行标定。

（2）在用 BS-I 型靠背式测速管进行含尘气流流量测量时，煤粉浓度对流量测量的影响可以忽略不计。即利用 BS-I 型靠背式测速管所测定的压差及它的流量系数进行流速计算，其气流密度仍按纯气体的密度进行计算。

（3）测量含尘气流流量时，还可以采用标准毕托管进行测量。为了防止煤粉对静压和动压孔的堵塞，可以采用带吹扫空气的装置，吹扫和测量间隔进行。气流速度的计算仍按式（6-35）计算，但是气流密度按式（6-39）进行计算，即

$$\rho = \frac{\mu + \mu\left(1 + \dfrac{\Delta M}{100}\right)\dfrac{\Delta M}{100} + 1}{\dfrac{273 + t_2}{273} \times \dfrac{101.3}{p_a + p_p}\left[\dfrac{\mu\left(1 + \dfrac{\Delta M}{100}\right)\dfrac{\Delta M}{100}}{0.804} + \dfrac{1}{1.285}\right] + \mu V_C} \qquad (6\text{-}39)$$

$$\Delta M = \frac{M_{ar} - M_{pc}}{100 - M_{pc}}$$

其中　ρ ——含粉气流密度，kg/m³；

　　　M ——含粉气流煤粉浓度，kg/kg；

　　ΔM ——磨煤机内原煤蒸发水分，按公式（6-42）求取；

　　　M_{ar} ——原煤收到基水分，kg/kg；

　　　M_{pc} ——煤粉水分，kg/kg；

　　　P_a ——大气压力，Pa；

　　　P_p ——气流静压，Pa；

　　　V_C ——每千克煤粉的体积，0.001m³/kg。

采用逐步逼近法计算密度。即先假定 μ，待求出浓度进而求出流量后，根据煤粉取样得出的煤粉可以计算出浓度，再与假定的浓度进行比较，要求两者之间相差小于 5%。

5. 风压的测量

风压测量是为了计算设备或管道的阻力，两点之间的流动阻力计算式为

$$\Delta p = \Delta p_p + \Delta p_d + 9.8\Delta h\rho \qquad (6\text{-}40)$$

式中　Δp ——流动阻力，Pa；

　　Δp_p ——被测两点间的流体静压差，可以在壁面开孔测量或毕托管静压孔测量，Pa；

　　Δp_d ——被测两点间的流体动压差，可以测量或根据流体的速度计算，见式（6-5），Pa；

　　Δh ——被测两点间的流体高度差，m；

　　　ρ ——流体的密度，kg/m³。

其中静压、动压的测量可参考本章第一节风机性能试验的测量要求。

6. 煤粉取样及筛分

（1）煤粉等速取样装置。类似于第二章第六节的飞灰等速取样，煤粉取样时要想获得代表性的煤粉应该采用等速取样，不等速取样时将会引起煤粉浓度的误差。常见的等

速煤粉取样系统见图 6-21，配套的煤粉取样枪有平头式和弯头式两种。平头式煤粉等速取样管多用于直吹式制粉系统的一次风煤粉管道上，它可以与密封管座相配进行煤粉取样；弯头式煤粉等速取样管多用于中储式制粉系统的磨煤机出口的煤粉管道上进行煤粉取样。

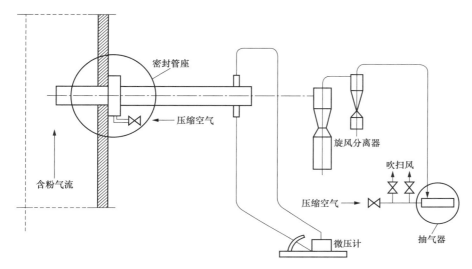

图 6-21　煤粉等速取样系统示意图

（2）煤粉等速取样方法。

1）取样点的划分按风量测量的方法进行。取样测点上游侧距局部阻力件（弯头、收缩管、扩散管、挡板等）直管段长度应不小于 10 倍的当量直径，下游侧直管段长度应不小于 3 倍的当量直径。在满足上述要求时，同一圆周截面上开孔数为 2 个（互成 90°）。如满足不了上述要求，则同一圆周截面上开孔数应为 3 个（互成 120°）。

2）在截面的每一个拟定点上取样的时间必须相等，每点上取样的时间应使总截面取样量不少于 150g，以减少取样误差。

3）取样管入口处的速度和取样点处主气流的速度偏差不应超过 ±10%。按此要求，当气流速度为 20～30m/s 时，取样管内外静压差的波动不应大于 50～100Pa。

4）取样之前应将取样管内煤粉清除干净，取样结束，取样管抽出管道后仍应抽吸一段时间，以将管内煤粉样全部吸入样品罐内。

5）每一测孔取样后都应该用吹扫风对取样管的静压孔进行吹扫，并确认静压孔气流通畅。

6）若取样测孔设在一次风管分叉后，则必须对各根粉管进行取样，将各管煤粉样细度按煤粉量加权平均值作为该管的煤粉细度值。

（3）煤粉水分的分析及煤粉的筛分。

1）分析煤粉水分用的煤粉样品在取出后应立即装入容器内密封保存。

2）煤粉筛分应使用经过国家计量检验部门检验过的标准筛，我国多采用 90μm 和 200μm 的筛网，分别对应煤粉细度的 R_{90} 和 R_{200}。

3）煤粉筛分时可以使用手动筛分，或使用振动筛、气流筛等。筛分时间应足够，对于气流筛，使用 90μm 筛网筛分时间至少 5min，使用 200μm 筛网筛分时间至少 3min。

7. 原煤取样

（1）原煤取样应在流动的煤流中取样，以具有代表性，方法可参考第二章第六节部分。

（2）原煤取样后无需进行破碎和筛分，必须密封保存，做好标记。

（3）根据试验需要，原煤应进行工业分析、元素分析、粒度分析和可磨性分析等。

（4）每一工况的取样次数不应小于 3 次，各次样品混合后再进行各项分析。

8. 功率测量

磨煤机电动机的功率测量可参考本章第一节风机电动机功率的测量，原理相同。

五、试验流程及方法

1. 试验前应具备的条件

（1）锅炉燃用设计煤种或事先商定的试验煤种。

（2）确认锅炉各主、辅机运转正常。

（3）制粉系统各挡板动作灵活、可靠，仪表及运行监视设备完好、指示正确。

（4）制粉系统中的漏气、漏粉现象已消除。

（5）分离器转速、挡板开度、锥体可灵活调整，并且已调整到规定位置。

（6）试验前应进行制粉系统调整试验，根据试验结果确定最佳制粉系统控制数据。

（7）试验前，应对给煤机进行标定，带电子皮带秤的给煤机称重精度应达到 0.5%，其他给煤机按容重法校验。

（8）试验前要求将试验磨煤机的石子煤清理干净（石子煤箱清空）。

（9）试验磨煤机运行持续时间大于 6h，并且该磨煤机保持试验负荷稳定时间大于 2h。

（10）磨煤机功率应使用精度为 0.2% 的功率表或 0.5% 的电能表及秒表计量。

（11）试验期间锅炉有一定的负荷，保证磨煤机出力可以在一定范围内调整。

（12）应对试验期间所取煤样进行常规分析，并增加煤的可磨性系数分析，以对制粉系统性能进行全面分析。

（13）试验结果应对偏离设计或保证条件的有关因素进行修正。修正可以采用标准中给出的有关计算方法，也可采用供货商提供的修正曲线。修正曲线应在设备投运前提出，有关各方对其公正性和准确性进行判断并协商同意后才能采用。以修正后的结果作为最终结果，与设计值或保证值比较，以判断是否符合要求。

2. 试验前的准备

（1）电流表、电压表、功率表、微压计、风压表、热电偶、温度计、流量测量装置和取样装置等测试仪器，都要按照要求事先经过校验和标定，使测量数据正确无误。

（2）检查各测点的安装位置、方法是否正确，不得有堵塞和泄漏现象。

（3）中速磨煤机的磨辊、钢球、上下环、叶片、内衬等研磨层金属表面的磨损量应是轻微的，否则应测量密封尺寸或更换新品。低速钢球磨煤机的钢球装载量已经过称量。

（4）磨煤机本体、排粉机、一次风机、给煤机、锁气器、风门挡板、除石子煤装置等的缺陷已消除，都能正常运行。

3．试验实施

（1）磨煤机带 80%额定出力，维持其相应风量稳定运行 0.5h 后，进行辅助性试验，测取磨煤机出口煤粉细度及相应的磨煤机电功率。数据综合比较后，将磨煤机分离器折向挡板放置最佳位置。

（2）逐渐增加磨煤机出力至额定负荷，稳定运行 2h，进行磨煤机额定出力试验。

1）首先排空石子煤箱。

2）开始试验数据的记录及测量。每隔 10min 记录：磨煤机的电流、电功率；磨煤机出入口的温度、压力、风量、出入口差压、冷热风挡板开度、给煤机煤量。

3）每隔 30min 进行原煤取样。

4）磨煤机稳定期间进行煤粉取样。

5）试验结束后进行石子煤排放量的称重测量，并对石子煤进行取样化验。

（3）以上试验完成后，在保持机组负荷稳定的情况下，逐渐增加试验磨煤机的负荷至设计最大出力，进行最大出力试验。在增大出力过程中应密切注意磨煤机电流、阻力、风量及石子煤排量等运行参数，若发现磨煤机有堵煤倾向（电流持续升高，接近额定值或出口温度快速下降或煤层厚度持续升高无法稳定）或石子煤量超出厂家设计范围时已属非正常工况，磨煤机出力不能再增加时，或磨煤机电动机电流超出范围后，及时停止试验。最终以磨煤机不堵煤或石子煤排放正常来确定磨煤机的最大出力。

（4）在此最大出力工况下，稳定运行 1h 后，开始磨煤机最大出力试验及相应单耗试验，试验持续时间 2h。试验参数记录及取样同额定负荷的磨煤机单耗试验。

（5）预备性试验后，如果该运行工况正常，记录、资料、取样完备，那么该次试验可转为正式试验。反之，待消除运行不正常因素后，再做一次方可开始正式试验。

（6）试验原始记录的整理

1）每个测量点的数据记录表上，应写明试验名称、编号、磨煤机出力、锅炉负荷、试验日期、试验起讫时间、记录及测量人员姓名、试验负责人及校核人员姓名。

2）记录人员应把每段时间的数据予以加权平均，并说明所记录数据是否具有代表性的意见。煤、煤粉和石子煤的取样经过缩分，按要求质量及试验目的的取样，并送化验室进行相关项目的化验、分析。

3）各试验工况的原始记录，须整理编号并妥善保管，待进一步汇总。

（7）根据试验结果编写试验报告。

六、危险点分析及预控措施

（1）制粉系统性能试验中的危险点大部分条款与常规燃煤机组性能试验危险点相类似，可以参照相差条款。

（2）热态试验时取样装置喷出的一次风煤粉混合物伤人。

（3）对于直吹式制粉系统，在进行原煤及煤粉取样时，由于给煤机密封风压力高导致原煤泄漏；又由于煤粉管道内压力高于环境压力，导致取煤粉样时煤粉外泄，导致对环境的污染。在取样时应采取密封措施，封住取样器具与取样孔之间的缝隙，防止或减小原煤、煤粉外泄。对有条件采用压缩空气密封装置的煤粉取样，尽量利用压缩空气对煤粉取样孔进行密封。

（4）在制粉系统调整试验时，应合理使用测试用消耗材料，试验结束后应清理干净现场，回收可利用的测试材料。对于不能再次使用的试验材料，应收集并放到指定的垃圾箱内，减少对环境的污染。

（5）原煤、煤粉等取样样品，经过缩分后多余的样品应分类回收，放入相应的场地，不能随意丢弃。

（6）在煤粉细度筛分过程中应该注意吸尘器内滤尘袋的完好情况，气流筛负压明显降低时，应及时检查吸尘器内滤尘袋的完好情况。按煤粉积存情况及时更换滤尘袋，防止滤尘袋内固体颗粒物过多，导致滤尘袋破损使煤粉排入试验环境中，造成对环境、试验人员健康的危害。

（7）磨煤机保证出力试验时机组负荷最好在 90%左右，此时热一次风温度和风压都满足要求，不会和其余磨煤机出力偏差太大，也减轻了可能堵磨造成的超温超压风险。

（8）磨煤机保证出力试验时，必须派人就地观察磨煤机运行状态（石子煤量、煤层厚度等），同时密切监视电流等运行参数。

第三节　除尘器性能试验

除尘器类别较多，如电除尘器、袋式除尘器、电袋复合式除尘器、半干法脱硫除尘器及湿式电除尘器等，是电站锅炉种类较为复杂的环保附属设备。除尘器性能试验大体上是相同的，主要测试项目有除尘器出、入口烟气中固体颗粒物浓度，出、入口烟气温度和烟气量，除尘效率，含湿量，本体漏风，本体阻力，出口烟尘浓度，以及个别除尘器整流变压器电源的电耗。针对特殊类型的电除尘有一些特殊的项目，如湿式电除尘器，还需要测试其水耗；针对部分除尘器还需要测试烟气中 SO_3 等其他气态污染物的去除率等。

一、试验条件

（1）新建、除尘器进行改造后都需要进行除尘器性能的测试，以确定效果。

（2）除尘器性能试验可与锅炉性能试验同时进行，对锅炉的要求与热效率试验的要求相同，但是锅炉负荷波动最好小于±5%，两侧引风机调节烟气量应基本平衡，锅炉不应吹灰。

（3）测试时锅炉应按照规定的负荷，除尘器设备运行在最佳状态，本体振打系统、喷吹系统、干除灰系统、加热系统投入正常。

（4）电除尘自身运行满足下列要求。

1）试验期间电场全部投入以及电源控制调整至最佳状态。

2）有滤袋的电除尘喷吹系统正常。

3）试验期间干除灰系统输送正常，除尘器灰斗无积灰。

（5）应对偏离设计或保证条件的因素进行修正，以修正后的结果作为最终结果，厂家提供的修正曲线必须事先提出，并经第三方认可。

二、试验标准

（1）GB/T 5468《锅炉烟尘测试方法》。

（2）GB/T 6719《袋式除尘器技术要求》。

（3）GB 13223《火电厂大气污染物排放标准》。

（4）GB/T 13931《电除尘器性能测试方法》。

（5）GB/T 16157《固定污染源排气中颗粒物测定与气态污染物采样方法》。

三、试验仪器

（1）氧量测试。可以分析烟气中氧量、CO 和 SO_2、NO_x 成分的烟气分析仪。

（2）烟温测试。可以测量烟气温度的热电偶、热电阻、数字温度表。

（3）可以测量环境温度的温度计。

（4）烟气含湿量。干湿球温度计。

（5）大气压力测试。绝对压力表。

（6）烟尘采样测试。自动烟尘采样仪。

（7）气体流速流量测试。毕托管、电子微压计或自动烟尘采样仪表。

（8）滤筒重量测试。万分之一精度电子天平。

四、试验方法

1. 除尘器效率试验方法

（1）在除尘器前、后烟道上，按标准采用等截面法设置取样点，按预测流速法或动压、静压平衡法采用相应的仪器同时进行等速采集灰样，用所采集的除尘器前、后灰样质量计算除尘器效率。计算公式为

$$\eta = \frac{C_{in} - C_{out}(1 + \Delta\alpha)}{C_{in}} \times 100 \tag{6-41}$$

式中　η ——除尘器除尘效率，%；

C_{in} ——进口烟气含尘浓度（标准状态下干燥烟气），mg/m^3；

C_{out} ——出口烟气含尘浓度（标准状态下干燥烟气），mg/m^3；

$\Delta\alpha$ ——除尘器漏风率，%。

（2）烟气含尘浓度采用滤筒（滤膜）法测量。用滤筒来过滤、捕集按一定速度、一定时间抽取来的烟气中的灰粒，然后用高精度的天平称出所捕集的灰尘，进而计算出烟气中的固体颗粒物浓度。滤筒捕集效率要达到 99.9%以上，烟气温度低于 300℃时，选用玻璃纤维滤筒，高于 300℃时选用刚玉滤筒。即

$$C = \frac{G_2 - G_1}{V_S^{ND}} \times 100 \tag{6-42}$$

式中　C ——烟尘浓度；

G_2 ——采样后滤筒（滤膜）质量；

G_1 ——采样前滤筒（滤膜）质量；

V_S^{ND} ——标准状态下采样烟气体积，m^3。

采样位置应选在气流平稳的直管段中，远离弯头、变径管等其他干扰源，下游方向

大于 6 倍当量直径，上游方向大于 3 倍当量直径。当垂直管段有限不能满足上述要求时，可根据实际情况选取相对比较适宜的管段作为采样位置。采样孔的大小应足以把最大的采样装置插入烟道，可以密封固定，采样点数应根据烟道截面的大小和形状来确定。

（3）采用自动烟尘采样仪抽取烟尘时会自动完成抽取烟气量的测量。

2. 除尘器漏风率试验方法

（1）在除尘器进、出口测点处烟道断面，同时测试烟气动压，求出进、出口两端烟气流量，求得除尘器漏风率，即

$$\Delta \alpha = \frac{q_{vout} - q_{vin}}{q_{vin}} \times 100 \qquad (6\text{-}43)$$

式中　$\Delta \alpha$——除尘器漏风率，%；

$\quad q_{vout}$——除尘器出口标准状况烟气量，m^3/h；

$\quad q_{vin}$——除尘器进口标准状况烟气量，m^3/h。

（2）进行除尘器效率试验的同时，在除尘器进、出口测点处烟道断面，用烟气分析仪测量出烟气的干基氧量，用大气压力表测量大气压力，用干湿度计或干湿球温度计测量烟气含湿量，测试烟气动压、静压，然后计算除尘器处理烟气量。计算方法参见 GB 13931《电除尘器性能测试方法》中的相关规定。

3. 除尘器阻力测试方法

（1）进行除尘器效率试验的同时，在除尘器进、出口烟道测点处用靠背式管、电子微压计或其他测压设备测量烟道内烟气动压、静压，以计算本体阻力。测试位置应尽可能接近除尘器进口、出口，可选择在距电除尘器进、出口 1 倍当量直径的平直管段上。如客观条件不允许，也可采用效率测孔测试，但测试数据中需扣除部分烟道的压力降。在除尘器进、出口两侧测试断面同时测试各点全压，并测出大气和通过除尘器气体的密度，然后按式（6-44）计算，即

$$\Delta p = \overline{p}_{IN} - \overline{p}_{OUT} + p_H \qquad (6\text{-}44)$$
$$p_H = (\rho_a - \rho) gH$$

式中　ΔP——阻力，Pa；

$\quad \overline{p}_{OUT}$——进口断面全压平均值，Pa；

$\quad \overline{p}_{IN}$——出口断面全压平均值，Pa；

$\quad P_H$——高温气体浮力的校正值，Pa；

$\quad \rho_a$——大气密度，kg/m^3；

$\quad \rho$——通过除尘器气体的密度，kg/m^3；

$\quad g$——重力加速度，m/s^2；

$\quad H$——出入口测试位置的垂直高度差，m。

（2）毕托管。必须在标准风洞中进行校正，测得其校正系数方可用于测试，标准型毕托管要求其校正系数为 1±0.01，靠背型毕托管要求其校正系数为 0.84±0.01。电子微压计其精度应不低于 1%，测试时如微压计读数跳动较大，读数时取其平均值。

4. 试验数据记录要求

（1）试验期间同时记录锅炉主要表盘参数及除尘器整流变压器一次电压、一次电流

及二次电压、二次电流等参数，每 30min 记录一次。

（2）试验进行二次平行试验，试验数据偏差小于或等于 5%。

（3）湿式电除尘器的测试应按照 ISO 12141《固定资源排放物-低浓度颗粒物质的质量浓度测定-手工重量分析法》相关要求进行测试，脱硫吸收塔顶部的湿式电除尘器测试根据现场的试验条件进行相关项目测试。半干法脱硫系统的预除尘器及二级除尘器测试内容与常规除尘器测试内容基本相同。低温及低低温电除尘器增加测试省煤器阻力及温降，可选项目测试对 SO_3 去除率。

（4）对于采用高效电源、旋转电极、烟气聚集器、烟气调质等电除尘器按照常规测试项目进行。

（5）排烟温度可在靠近烟道中心用热电偶或电阻温度计测量，示值误差应不大于±3℃。

五、流程

（1）准备工作、现场确认、试验组织、试验报告、结果一致性要求、质量表格等与常规锅炉热效率试验要求相同。

（2）除尘器性能试验可与锅炉效率试验同时进行，也可以单独进行。

（3）测试时浓度越稀，越需要采样时间长，以保证采样的准确性和代表性。

六、危险点分析及预控措施

（1）除尘器性能试验中的危险点大部分条款与常规燃煤机组锅炉性能试验危险点相类似，可以参照相关条款。

（2）进行烟气采样时，烟气中含有固体颗粒物，直接排放会污染环境。因此对取出的烟气样品应采取过滤措施，以避免烟气中的灰尘损害仪器及污染环境。

（3）在除尘器试验时，应合理使用测试用胶管，试验结束后应清理干净现场，回收可利用的测试用胶管，以节约材料。对于不能再次使用的胶管，应收集并放到指定的垃圾箱内，减少对环境的污染。

（4）当试验需要使用防护用品时（如手套、口罩、防护镜等）应合理佩戴，对于能够重复使用的防护用品，在防护用品失效前应尽量重复利用，以节约防护用品，并降低对环境的污染。对于报废的防护用品，应该按照垃圾分类要求，放入相应的垃圾箱内。

七、表格

除尘器性能试验记录见表 6-6。

表 6-6　　　　　　　　　　　　　除尘器试验记录表格

机组电负荷		MW	工况 1	工况 2
电场运行参数	一电场一、二次电压/电流	V/A　kV/A		
	二电场一、二次电压/电流	V/A　kV/A		
	三电场一、二次电压/电流	V/A　kV/A		
	四电场一、二次电压/电流	V/A　kV/A		
	五电场一、二次电压/电流	V/A　kV/A		
	六电场一、二次电压/电流	V/A　kV/A		

		工况 1	工况 2
机组电负荷	MW		
大气压力	kPa		
烟气温度	℃		
烟气量	m³/h		
除尘器入口/全炉烟气量	m³/h		
电场内烟速	m/s		
烟气中水蒸气百分体积	%		
标准干烟气量	m³/h		
除尘器出、入口标准状态烟气量	m³/h		
除尘器本体漏风率	%		
出、入口烟尘浓度	g/m³		
出、入口粉尘量	kg/h		
除尘效率	%		
烟气静压/动压	Pa		
烟气全压	Pa		
除尘器本体阻力	Pa		

第四节 脱硫装置性能试验

一、概述

锅炉中脱硫装置是所有辅助系统中最为复杂的，按工艺分为石灰石/石膏湿法脱硫、海水脱硫、氨法脱硫、循环流化床半干法脱硫等，其相同部分主要有脱硫系统烟气量、原（净）烟气 SO_2 浓度及脱硫效率、原（净）烟气固体颗粒物浓度、烟气-烟气加热器 GGH（gas gas heater）、原（净）烟气入口温度、净烟气烟囱入口温度、除雾器出口处烟气携带的液滴含量、GGH 泄漏率（如有 GGH）、工艺水耗量、压力损失、电耗等内容。

除共同测试内容外各工艺还需根据自身特点进行下列相关内容的分析：

（1）石灰石（石灰）-石膏湿法脱硫工艺需要测量石膏品质和石灰、石灰石（粉）耗量和品质。

（2）海水脱硫工艺需测量原海水水质和排放海水水质，内容包括 pH 值、温度、DO、COD、碱度、重金属成分、悬浮物等。排放水质还需测量 SO_3^{2-} 氧化率。

（3）氨法脱硫工艺还需要测量净烟气 NH_3、硫铵排放浓度、氨回收利用率、氨耗量、副产物硫酸铵纯度和浆液中氯根。

（4）循环流化床半干法脱硫是最为复杂的工艺，还需测量下列参数。

1）脱硫除尘岛入口原烟气固体颗粒物浓度、吸收塔出口烟气固体颗粒物浓度、预除尘器及二级除尘器出入口烟气固体颗粒物浓度及除尘器除尘效率。

2）脱硫除尘岛的吸收塔漏风率。

3）脱硫除尘岛的除尘器漏风率。

4）脱硫除尘岛的烟道系统漏风率。

5）脱硫除尘岛脱硫反应塔压力损失。

6）脱硫除尘岛除尘器压力损失。

7）脱硫除尘岛烟道系统压力损失。

8）脱硫系统钙硫摩尔比 Ca/S。

9）脱硫除尘岛系统电耗。

10）脱硫灰成分分析。

11）吸收剂石灰品质测试。

编写试验大纲时需要事先对脱硫系统进行充分的了解，以选择正确的方法来完成试验项目。

二、试验条件

（1）锅炉主辅机运行正常，脱硫装置运行正常。试验前必须由业主和承包商共同确认试验条件，并签署试验条件确认单，以确保对试验条件的认可，双方对在认可的试验条件和测试方法下的测试结果不再持异议。

（2）锅炉燃用煤种应接近设计煤种，可保证脱硫系统入口烟气中的 SO_2 浓度与设计值偏差在一定的合理范围内，以确保性能试验测试数据在三方确认的性能修正曲线的合理修正范围内。

（3）试验期间，锅炉保持额定负荷工况稳定运行，试验负荷与额定负荷原则上偏差在±5%以内。试验期间机组平均负荷与满负荷存在偏差时，采用三方确认的性能修正曲线对相关性能参数修正至设计状态下。

（4）试运期间除尘器运行正常，电场全部投入，运行参数调整至最佳状态，达到设计除尘效率。

（5）除灰输送系统运行正常，灰斗无积灰。

（6）脱硫系统按设计要求投运浆液循环泵，保证 pH 值维持在设计值，液位控制正常。

（7）浆液的颗粒度、还原剂纯度、浆液浓度符合脱硫系统的设计要求。

（8）验收前脱硫系统 FGD 主要参数应达到稳定，如吸收塔 pH 值、石膏浆液密度等。

（9）脱硫系统 DCS 上所有主要监测仪表应能显示正常，试验前热控仪表进行有关检查和标定工作。

（10）试验时应准备 220V 临时电源供试验仪器使用。

（11）对测点位置安装测试平台及护栏，符合仪器放置及测试人员安全要求。

三、试验标准

（1）石灰石-石膏湿法烟气脱硫工艺按 GB/T 21508《燃煤烟气脱硫设备性能测试方法》和 DL/T 998《石灰石-石膏法湿法烟气脱硫装置性能验收试验规范》进行。

（2）氨法脱硫工艺参考 GB/T 21508、DL/T 1150、HJ 2001《火电厂烟气脱硫工程技术规范氨法》和 HJ 533《环境空气和废气 氨的测定 纳氏试剂分光光度法》进行。

（3）烟气循环流化床半干法脱硫工艺参考 GB/T 21508—2008《燃煤烟气脱硫设备性能测试方法》和 HJ 178《烟气循环流化床法烟气脱硫工程通用技术规范》。

（4）GB 13223《火电厂大气污染物排放标准》。

（5）HJ/T 27《固定污染源排气中氯化氢的测定》。

（6）HJ/T 67《大气固定污染源氟化氢的测定》。

（7）HJ/T 75《火电厂烟气排放连续监测技术规范》。

（8）HJ/T 76《固定污染源排放烟气连续监测系统技术要求及检测方法》。

（9）HJ/T 179《火电厂烟气脱硫工程技术规范石灰石/石灰-石膏法》。

（10）DL/T 5196《火力发电厂烟气脱硫设计技术规程》。

（11）DL/T 986《湿法烟气脱硫工艺性能检测技术规范》。

（12）DL/T 997《火电厂石灰石-石膏湿法脱硫废水水质控制指标》。

（13）DL/T 1150《火电厂烟气脱硫装置验收技术规范》。

四、试验仪器

（1）电子微压计。

（2）毕托管、微压计。

（3）用于测量低浓度气体（SO_2、HF、HCL、SO_3）的分析仪器。

（4）用于测量 O_2 和 SO_2 的烟气分析仪（带伴热）。

（5）固体颗粒物自动采样仪。

（6）流量计。

（7）液滴采样器、采样泵。

（8）煤质化验分析。

五、试验方法

1. 石灰石-石膏湿法脱硫工艺试验方法

（1）烟气流量测试。用标定过的毕托管和热电偶在脱硫系统入口烟道上布置的性能测试断面上按照网格法测量各点的烟气流速、压力、温度和氧量，同时测试烟气含湿量，计算出烟气流量并折算至相同的状态，比较 DCS 采集烟气流量，根据测量结果更正 DCS 的流量系数。

（2）原（净）烟气中的 SO_2、O_2 浓度测试。用 SO_2 标准气体和 O_2 标准气体分别对测试仪器和烟气排放连续监测系统（Continuous Emission Monitoring System，CEMS）进行标定，然后在脱硫系统入口和出口烟道的性能测试断面上按照网格法测量各点的 SO_2 和 O_2 浓度，试验结果取平均值。试验同时修正脱硫系统进出口运行仪表的测量数据。

（3）脱硫效率测试。试验期间由 DCS 采集净烟气、原烟气中 SO_2 和 O_2 的浓度，对试验过程中的值进行平均并用比对系数修正后计算脱硫效率平均值。计算式为

$$\eta_{SO_2} = \frac{C_{SO_2}^{IN} - C_{SO_2}^{OUT}}{C_{SO_2}^{IN}} \times 100 \qquad \eta_{SO_2} = \frac{C_{SO_2}^{IN} - C_{SO_2}^{OUT}}{C_{SO_2}^{IN}} \times 100 \qquad (6\text{-}45)$$

式中　η_{SO_2}——脱硫效率，%；

$C_{SO_2}^{IN}$——折算至标准状态、干基、6%O_2下的原烟气中 SO_2 浓度；

$C_{SO_2}^{OUT}$——折算至标准状态、干基、6%O_2下的净烟气中 SO_2 浓度。

（4）原（净）烟气中的固体颗粒物浓度测试。在脱硫系统进、出口烟道性能测试断面上采用等速取样装置按照网格法测量，取样过程中记录取样烟气体积、烟气温度、压力和大气压力、固体颗粒物取样滤筒空重和取样后的实重，所用滤筒测量前、后均在 105℃下烘干 1h 以上，利用测试数据计算烟气中固体颗粒物浓度。

（5）脱硫系统 FGD 出、入口烟道烟气温度测试。分别在脱硫系统入口和出口烟道性能测试断面上，用热电偶按照网格法测试脱硫系统入口原烟气温度、烟囱入口净烟气温度，取各测量点的平均值。

（6）烟气脱硫岛系统最大压降测试。在脱硫系统各阻力段用电子微压计采集和记录烟道断面上的烟气压力数据，同时测量各点的标高和大气压，计算出烟气脱硫系统压降。

（7）除雾器后液滴含量测试。根据 GB/T 21508—2008《燃煤烟气脱硫设备性能测试方法》附录 D 规定要求的液滴采样器在除雾器出口的净烟气烟道上按照网格法进行等速取样，通过重量法测试采样前后采样器中获取的液滴重量，并用 EDTA 法分析采样器中捕集的液滴中镁离子浓度，同时提取吸收塔浆液分析其中的镁离子浓度，最终通过镁离子修正来确定除雾器后液滴含量。除雾器液滴浓度先通过式（6-46）得出标准水滴质量浓度，进而用式（6-47）计算出液滴浓度，即

$$\rho_d = \frac{\rho_1^{Mg^{2+}} m_c}{\rho_2^{Mg^{2+}} V_g} \times 100\% \tag{6-46}$$

$$\rho = \rho_d \frac{100}{100 - C_x} \tag{6-47}$$

式中　ρ_d——标准状态烟气中纯水水滴的质量浓度，mg/m^3；

$\rho_1^{Mg^{2+}}$——冷凝液中 Mg^{2+} 的质量浓度，mg/g；

$\rho_2^{Mg^{2+}}$——吸收塔浆液滤液中 Mg^{2+} 的质量浓度，mg/L；

m_c——冷凝液的质量，mg；

V_g——采集烟气的标准体积，m^3；

ρ——标准状态烟气中浆液液滴的质量浓度，mg/m^3；

C_x——吸收塔浆液含固量，%。

（8）GGH 漏风率测试。在 GGH 原烟气侧入口、净烟气侧入口和净烟气侧出口三处烟道性能试验测量断面上，用标定过的烟气分析仪同步测试烟道断面上的 SO_2 平均浓度，利用三处测试的 SO_2 平均值计算 GGH 的泄漏率。

（9）石膏质量测试。每天在脱水真空皮带机末端取样，进行化学分析，分析内容包括 $CaSO_4 \cdot 2H_2O$、$CaSO_3 \cdot 1/2H_2O$、$CaCO_3$ 及 Cl^-、Mg^{2+}、F^-、残余含水量等项目。

（10）石灰石耗量。用测量原、净烟气中的 SO_2、O_2 浓度、烟气量和石膏成分分析结果，按式（6-48）计算出钙硫摩尔比，进一步用式（6-49）计算出石灰石耗量，即

$$S_t = 1 + \frac{\dfrac{X_{CaCO_3}}{100.09}}{\dfrac{X_{CaSO_4 \cdot 2H_2O}}{172.18} + \dfrac{X_{CaSO_4 \cdot 0.5H_2O}}{129.15}} \tag{6-48}$$

$$m_{CaCO_3} = S_t \frac{V_{RG}(C_{SO_2,R} - C_{SO_2,C})}{10^6} \frac{100.09}{64.06} \frac{1}{F_R} \tag{6-49}$$

式中　　S_t ——Ca/S 摩尔比；

X_{CaCO_3} ——石膏中 $CaCO_3$ 的含量，%；

$X_{CaSO_4 \cdot 2H_2O}$ ——石膏中 $CaSO_4 \cdot 2H_2O$ 的含量，%；

$X_{CaSO_4 \cdot 0.5H_2O}$ ——石膏中 $CaSO_3 \cdot 1/2H_2O$ 的含量，%；

m_{CaCO_3} ——石灰石耗量，kg/h；

V_{RG} ——原烟气体积流量（标准状态干烟气，6%O_2），m^3/h；

$C_{SO_2,R}$、$C_{SO_2,C}$ ——原烟气、净烟气中 SO_2 浓度（标准状态干烟气，6%O_2），mg/m^3；

F_R ——石灰石纯度，取测试期间化验结果均值。

（11）工艺水耗量。试验前采用工艺水箱液位来校核工艺水流量表，然后采用 DCS 进行长时间的连续采集，同时采集烟气体积流量等数据，对测试期间的数据进行平均计算工艺水耗量。

（12）脱硫岛电耗。在脱硫 6kV 馈线处的电能表处进行抄表记录，由 DCS 采集脱硫系统输入电功率和烟气量等有关数据，对测试期间的系统电耗数据进行平均计算。

（13）净烟气中的 SO_3、HF、HCL 浓度。用标准气体分别对测试仪器和在线运行仪表进行标定，然后在吸收塔系统出口烟道测量。

（14）对现场测试期间所用石灰石样品进行取样，在实验室分析石灰石成分。

（15）对现场测试期间锅炉入炉煤样品进行取样，在实验室进行工业和元素分析。

（16）对脱硫废水处理系统的排水进行取样，进行脱硫废水的成分分析。

（17）脱硫对吸收塔浆液进行取样，按 DL/T 998—2016《石灰石-石膏湿法烟气脱硫装置性能验收试验规范》进行石膏浆液成分分析。

2. 海水脱硫工艺

（1）按相同方法测量与石灰石-石膏湿法脱硫工艺相同的项目，如脱硫系统烟气量，原、净烟气 SO_2 浓度，脱硫效率，原、净烟气固体颗粒物浓度，原烟气温度，以及除雾器出口处烟气携带的液滴含量等。

（2）原海水水质测试。在整个试验期间对原海水多次进行取样，用化学分析的方法测试原海水的温度、pH 值、COD、DO、重金属成分，以及碱度（以 CaO 计）等指标。

（3）排放海水水质测试。在性能考核试验期间分别对海水恢复系统排水水质进行取样，用化学分析的方法测试排放海水的温度、pH 值、COD、DO、重金属成分，以及碱度（以 CaO 计）等指标。

3. 氨法脱硫工艺

（1）按相同方法测量与石灰石-石膏湿法脱硫工艺相同的项目，如脱硫系统烟气量，原、净烟气 SO_2 浓度，脱硫效率，原、净烟气固体颗粒物浓度，原烟气温度，以及除雾器出口处烟气携带的液滴含量等。

（2）在性能考核试验期间，在脱硫后净烟气烟道的性能测试断面，按照网格法对烟气进行等速采样，抽取的烟气经烟气冷却器分离装置，然后通过化学吸收装置。采样过程记录烟气体积、温度、压力等参数，试验后分析冷却分离装置和化学吸收装置的氨离子。通过计算得到烟气中逃逸的 NH_3 和硫铵排放浓度。

（3）采集脱硫后净烟气和脱硫前原烟气中 SO_2 和 O_2 的浓度，求得平均值。取液氨或氨水进行纯度或浓度分析，取成品硫酸铵样品进行纯度分析，由氨的利用率和 SO_2 脱除量计算液氨或氨水的总耗量。

（4）对脱硫副产物硫酸铵进行取样，在实验室采用化学方法对副产物硫酸铵纯度和氯根测试。

（5）取一定量的浆液，稀释充分溶解可溶性固态物质后，参考相关水汽检测标准，进行氯离子化学分析。

4. 循环流化床半干法脱硫工艺

（1）按相同方法测量与石灰石-石膏湿法脱硫工艺相同的项目，如脱硫系统烟气量，原、净烟气 SO_2 浓度，脱硫效率，原、净烟气固体颗粒物浓度，原烟气温度，以及除雾器出口处烟气携带的液滴含量等。

（2）在脱硫除尘岛入口、吸收塔出口和除尘器出口烟道的性能测试断面上，按照网格法对烟气中的烟尘浓度进行等速取样，利用称重法获得各测量断面上的烟尘浓度平均值，计算布袋除尘器的除尘效率。

（3）在脱硫除尘岛吸收塔的进、出口烟道性能测试断面上按照网格法测量各断面上的烟气平均氧量，按照进、出口测试的氧量浓度计算吸收塔的漏风率。

（4）在脱硫除尘岛布袋预除尘或二级除尘器的进、出口烟道性能测试断面上按照网格法测量各断面上的烟气平均氧量，按照进、出口测试的氧量浓度计算布袋除尘器的漏风率。

（5）在脱硫除尘岛进、出口烟道性能测试断面上按照网格法测量各断面上的烟气平均氧量，按照进、出口测试的氧量浓度计算脱硫除尘岛的总漏风率，扣除上述吸收塔和布袋除尘器的漏风率获得烟道系统的漏风率。

（6）在脱硫除尘岛脱硫反应塔的进、出口烟道性能测试断面上用电子微压计采集和记录烟道断面上的烟气压力数据，同时测量各点的标高和大气压，计算出脱硫除尘岛的压力损失。

（7）在脱硫除尘岛除尘器的进、出口烟道性能测试断面上用电子微压计采集和记录烟道断面上的烟气压力数据，同时测量各点的标高和大气压，计算出脱硫除尘岛布袋除尘器的压力损失。

（8）在脱硫除尘岛的进、出口烟道性能测试断面上用电子微压计采集和记录烟道断面上的烟气压力数据，同时测量各点的标高和大气压，计算出脱硫除尘岛的总压力损失，并扣减去已测的脱硫除尘岛和脱硫除尘岛布袋的压力损失，即得到脱硫除尘岛烟道系统的压力损失。

（9）对试验期间取的脱硫灰样按比例掺混，在实验室采用 X 射线衍射法进行化学成分分析，由此计算出钙硫摩尔比。

（10）对脱硫灰进行多次取样，最终按比例掺混，在实验室采用 X 射线衍射法进行化学成分分析。

5. 其他脱硫工艺

（1）电石湿法脱硫、炉内喷钙的脱硫装置应根据具体工艺增加相关试验内容等。

（2）对于脱硫吸收塔与湿式电除尘器一体的脱硫系统，应增加湿式电除尘器部分电耗、阻力等测试。

（3）带有旁路的脱硫系统应进行脱硫装置出口及烟囱入口混合烟道的 SO_2 浓度的测试。

六、流程

（1）根据脱硫系统的工艺特点设计相应的测试内容，选择相应的测试方法，编制试验大纲。

（2）按试验要求在有关位置安装测点，测点位置选取符合国家有关测试标准的要求，双方对测点位置及数量确认。

（3）标定二氧化硫、氧、固体颗粒物的脱硫设备的运行监测仪表，用试验仪器校核运行中的在线监测仪表如 SO_2、O_2 和烟气流量。

（4）根据试验大纲进行相应的试验项目。

（5）由试验单位编写试验报告。

七、试验表格

石膏法脱硫试验典型化验科目见表 6-7，石膏法脱硫典型参数记录见表 6-8。

表 6-7　　　　　　　　　　石膏法脱硫试验典型化验科目

检测项目	单位	样 品 名 称				
		1 号吸收塔浆液 2015 年 2 月 10 日	1 号吸收塔液滴 2015 年 2 月 10 日	石灰石样品	石灰石浆液	1 号吸收塔石膏样品
Cl^-	mg/L	7456.96	—			
Mg^{2+}	mg/L	3407.65	0.084	—	—	—
$CaSO_3 \cdot 1/2H_2O$	%	0.097	—			0.082
$CaSO_4 \cdot 2H_2O$	%	94.13	—	—	—	92.46
$CaCO_3$	%	0.32		92.57		0.24
$MgCO_3$	%	—		0.67		
酸不溶物	%	1.96		4.68	—	1.77
SiO_2	%			3.72		
Al_2O_3	%			1.60		
Fe_2O_3	%			0.56		
细度（325 目筛余）	%	—	—	—	9.60	—
H_2O^-	%	—	—	—		13.42

表 6-8　　　　　　　　　　石膏法脱硫试验典型参数记录表格

序号	项　　　目	单位	数值
1	脱硫系统烟气流量（标准状态，干基，6%O$_2$）	m^3/h	477347
2	脱硫入口含湿量	%	6.9
3	脱硫出口含湿量	%	11.4
4	脱硫系统原烟气温度	℃	124.8
5	脱硫系统净烟气温度	℃	46.9
6	原烟气烟尘浓度（标准状态，干基，6%O$_2$）	mg/m^3	25.0
7	净烟气固体颗粒物浓度（标准状态，干基，6%O$_2$）	mg/m^3	18.0
8	原烟气 SO$_2$ 浓度（标准状态，干基，6%O$_2$）	mg/m^3	4392
9	净烟气 SO$_2$ 浓度（标准状态，干基，6%O$_2$）	mg/m^3	88.1
10	脱硫系统脱硫效率	%	98.0
11	脱硫系统阻力	Pa	1820
12	脱硫系统电耗	kWh/h	1084.6
13	脱硫系统水耗	t/h	18.0
14	脱硫系统石灰石耗量	t/h	3.29
15	脱硫系统除雾器后雾滴含量	mg/m^3	46.8
16	脱硝系统 SCR 出口 NO$_x$ 浓度（标准状态，干基，6%O$_2$）	mg/m^3	95.6
17	氨逃逸（标准状态，干基，6%O$_2$）	10^{-6}	5.71

第五节　脱硝装置性能试验

根据工艺的不同，脱硝装置主要分为选择性非催化还原脱硝装置（SNCR）、选择性催化还原脱硝装置（SCR），以及 SNCR+ SCR 三种方式，SCR 系统为主流系统。

试验时应根据具体采用的脱硝工艺、现场测试条件等选择相关测试项目。以典型的 SCR 工艺试验项目为例，测试内容包括脱硝效率、氨逃逸浓度、氨氮摩尔比、还原剂消耗量、电消耗量、烟气流量、SO$_2$/SO$_3$ 转化率、烟气系统阻力、烟气温降等。SNCR 工艺则没有烟气流量、SO$_2$/SO$_3$ 转化率、烟气系统阻力、烟气温降等考核内容。

SCR 工艺性能优化时一般需要测量反应器第一层催化剂上方烟气流场分布、催化剂活性、脱硝入口固体颗粒物浓度、蒸汽消耗量、压缩空气耗量、水消耗量（尿素法）、保温设备表面温度、烟气系统漏风率等参数。

一、试验条件

（1）脱硝性能试验期间锅炉燃用设计煤种或相近煤种。

（2）烟风系统无较大泄漏，各个辅机运行正常，可以和锅炉效率考核试验同时进行。

（3）锅炉炉底渣输送系统运行正常，无积灰。

（4）脱硝系统主要设备应稳定运行，如 SCR 液氨存储系统、SCR 反应系统、吹灰系统、干除灰系统等。

（5）脱硝系统 DCS 上所有主要监测仪表（CEMS）应能显示正常，试验前热控仪表进行有关检查和标定工作。

（6）当还原剂采用液氨、尿素或氨水时，应符合相关要求，氨水浓度宜为 15％～30％。

（7）脱硝性能试验前，电站或承包方应对脱硝装置进行喷氨优化调整试验，以便取得较佳的试验工况条件。

（8）脱硝装置应运行稳定，试验期间不得进行较大的干扰运行工况操作。

（9）脱硝自动控制系统投运可靠，DCS 各参数显示正常。

（10）脱硝装置运行工况及设备状态经过试验三方（业主、承包方、试验单位）确认能够进行性能考核试验。

（11）对于性能验收试验，应在机组 100％、75％、50％的额定负荷工况下进行。

（12）承包方在试验前提供相关性能参数修正曲线，并经试验三方（业主、承包商及试验单位）签字确认。

（13）性能考核试验期间须对主机及脱硝装置的主要运行参数进行记录，作为试验工况的参考，每 15～30min 一次。

（14）试验时测点位置应准备 220V 临时电源供试验仪器现场测试使用。

二、试验标准

（1）GB13223《火电厂大气污染物排放标准》。

（2）GB/T 14669《空气质量氨的测定离子选择电极法》。

（3）GB/T 16157《固定污染源排气中颗粒物测定与气态污染物采样方法》。

（4）DL/T 260《燃煤电厂烟气脱硝装置性能验收试验规范》。

（5）HJ 533《环境空气和废气 氨的测定 纳氏试剂分光光度法》。

（6）HJ 534《环境空气 氨的测定 次氯酸钠-水杨酸分光光度法》。

三、试验仪器

（1）用于测量低浓度气体（NO_x、SO_2、HF、HCl、SO_3）的分析仪器。

（2）烟气测试仪，测量氧量和入口浓度。

（3）热电偶与电子温度计。

（4）微压计。

（5）自动烟尘采样仪。

（6）万分之一精度的分析天平。

四、试验方法

（1）测点布置。烟气成分取样测点（或测量截面）应布置于 SCR 反应器入口烟道和出口烟道上，静压测点（或测量截面）应尽量布置于靠近 SCR 进/出口烟道与锅炉的连接处，测点的数量应能满足 GB/T 16157 的要求。

（2）脱硝效率。采用网格法同步测量 SCR 反应器进、出口截面的 NO 与 O_2 分布，根据进、出口测量截面的 NO 平均值计算 NO_x 排放浓度及脱硝效率，试验数据与原有设计偏差时并根据相关修正曲线来修正，即

$$\eta_{NO_x} = \frac{C_{NO_x}^{IN} - C_{NO_x}^{OUT}}{C_{NO_x}^{IN}} \times 100 \tag{6-50}$$

式中　η_{NO_x}——脱硝效率，%；

　　　$C_{NO_x}^{IN}$——折算至标准状态、6%O_2下的入口烟气中NO_x浓度；

　　　$C_{NO_x}^{OUT}$——折算至标准状态、6%O_2下的出口烟气中NO_x浓度。

（3）氨逃逸浓度。在脱硝效率满足性能考核要求的前提下，与脱硝效率同步在SCR反应器出口截面，通过多点采集反应器出口烟气中的NH_3样，进而得出烟气中的逃逸氨浓度，并根据相关修正曲线进行修正。

（4）SO_2/SO_3转化率。在SCR进、出口多点取样测试SCR入口烟气中的SO_2浓度，通过仪器测试或湿化学方法多点采集反应器出口烟气中的SO_3样，进而计算出SO_2/SO_3转化率，试验数据与原有设计偏差时应根据相关修正曲线进行修正，即

$$X = \frac{M_{SO_2}}{M_{SO_3}} \times \frac{C_{SO_3}^{OUT} - C_{SO_3}^{IN}}{C_{SO_2}^{IN}} \times 100 \tag{6-51}$$

式中　X——烟气脱硝系统SO_2/SO_3转化率，%；

　　　M_{SO_2}——SO_2的摩尔质量，g/mol；

　　　M_{SO_3}——SO_3的摩尔质量，g/mol；

　　　$C_{SO_3}^{OUT}$——折算至标准状态、6%O_2下的SCR反应器出口烟气中SO_3浓度，mg/m^3；

　　　$C_{SO_3}^{IN}$——折算至标准状态、6%O_2下的SCR反应器入口烟气中SO_3浓度，mg/m^3；

　　　$C_{SO_2}^{IN}$——折算至标准状态、6%O_2下的SCR反应器入口烟气中SO_2浓度，mg/m^3。

（5）氨氮摩尔比和氨耗量。根据脱硝效率和氨逃逸浓度，用式（6-52）计算实际工况氨氮摩尔比，然后根据式（6-53）计算实际氨耗量，即

$$n = \frac{M_{NO_2}}{M_{NH_3}} \times \frac{C_{slipNH_3}}{C_{NO_x}} + \frac{\eta_{NO_x}}{100} \tag{6-52}$$

$$G_{NH_3} = Q \times \frac{C_{NO_x}}{M_{NO_2}} \times n \times M_{NH_3} \times 10^{-6} \tag{6-53}$$

式中　n——氨氮摩尔比（NH_3/NO_x）；

　　　M_{NO_2}——NO_2的摩尔质量，g/mol；

　　　M_{NH_3}——NH_3的摩尔质量，g/mol；

　　C_{slipNH_3}——折算到标准状态、干基、6%O_2下的氨逃逸浓度，mg/m^3；

　　　η_{NO_x}——脱硝效率，%；

　　　C_{NO_x}——折算到标准状态、干基、6%O_2下的SCR反应器入口烟气中NO_x浓度，mg/m^3；

　　　G_{NH_3}——还原剂耗量，kg/h；

　　　Q——折算到标准状态、干基、6%O_2下的SCR反应器入口烟气流量，m^3/h。

（6）烟气流量的标定、烟气系统阻力、烟气温降、脱硝入口固体颗粒物浓度、电消

耗量、水消耗量等其他辅助量的测量方法与脱硫系统相同。

（7）采用 SNCR 或 SCR+SNCR 工艺脱硝装置应根据具体工艺增加相关试验内容：停运及投入尿素溶液锅炉排放的 NO_x 测试，进行相应脱硝效率计算，同时进行除盐水耗量、锅炉热效率测试。

五、试验流程

（1）按试验要求在有关位置安装测点，测点位置和数量选取符合国家有关测试标准的要求。

（2）标定 NO_x、O_2、NH_3、固体颗粒物的脱硫设备的运行监测仪表。

（3）测试单位试验仪器的标定。

（4）测试单位试验仪器的安装。

（5）用试验仪器校核运行中的在线监测仪表如 NO_x、O_2 和烟气流量。

（6）对测点位置安装测试平台及护栏，符合仪器放置及测试人员安全要求。

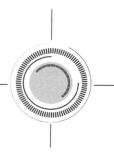

第七章

性能试验程序的编制

前面几章中介绍了各种锅炉、各种标准下的性能试验的主要算法、试验过程中所需要注意的要求及如何使用这些数据。这些算法中，较为简单的往往较为粗糙（如我国性能试验标准 GB/T 10184—1988），无法进行细致与全面的分析；较为复杂的又需要很强的计算能力与数学理解能力。特别是计算能力，正是锅炉专业人员最为缺少的。因此，本章向大家介绍性能试验电算化的编程技术，大家可以结合前面几章的内容，特别是计算框图进行学习，以更好地理解标准的算法，并且有一定的计算能力，把它们用起来。

计算机编程与开发必然涉及编程语言与技术。因此，为了让读者更好地理解，本章分三节，第一节简单介绍计算机编程语言、技术的发展，为读者提供一个蓝图；第二节分别就我国性能试验标准与 ASME PTC 4-1998 两个标准的计算程序进行介绍，向读者展示较为精确的计算模型与面向对象的计算机编程技术思路。

考虑到本章内容对于本书读者来说可能是全新的，所涉及计算机技术的面很广、思路、技术很多，所以并不要求全面理解和掌握。但如果读者能够把第二节的第一部分与第一章进行对比，第二节的第二部分与第三章进行对比，将对理解这两章的内容有非常好的作用。

第一节　计算机编程语言的发展

计算机语言的发展是一个不断演化的过程，其根本的推动力就是开发软件对研究对象的抽象机组有越来越高的要求，以及对程序设计思想有更好的支持。具体来说，就是把机器能够理解的语言提升到也能够很好地模仿人类思考问题的形式。计算机语言的演化从最开始的机器语言到汇编语言到各种结构化高级语言，最后到支持面向对象技术的面向对象语言。

一、计算机语言的发展历史

（一）机组语言

20 世纪 40 年代计算机刚刚问世时，程序员必须手动控制计算机。由于电子计算机所使用的是由"0"和"1"组成的二进制数，所以此时人们只能用计算机的语言，即写出一串串由"0"和"1"组成的指令序列交由计算机执行，这就是机器语言。

阅读、理解与使用机器语言是十分辛苦的，需要高度的智慧与耐心，特别是在程序有错需要修改时，现代人几乎不可想象。由于每台计算机的指令系统往往各不相同，所以在一台计算机上执行的程序，要想在另一台计算机上执行，必须另编程序，造成了重复工作。但机器语言也不是全无缺点，由于使用的是针对特定型号计算机的语言，故而运算效率是所有语言中最高的。

（二）汇编语言

为了减轻使用机器语言编程的难度，人们进行了一种有益的改进：用一些简洁的英文字母、符号串来替代一个特定指令的二进制串，如用"ADD"代表加法，"MOV"代表数位移动等。这样一来，人们很容易读懂并理解程序在干什么，纠错及维护都变得方便了，这种程序设计语言就称为汇编语言，即第二代计算机语言。计算机是不认识这些符号的，这就需要一个专门的程序，专门负责将这些符号翻译成二进制数的机器语言，这种翻译程序被称为汇编程序。

汇编语言的实质与机器语言是相同的，都是直接对硬件操作，只是指令采用了英文缩写的标识符，更容易识别和记忆。用汇编语言所能完成的操作不是一般高级语言所能实现的，源程序经汇编生成的可执行文件不仅比较小，而且执行速度很快。特别是在工作相对简单，主要用来直接操作机器动作时，如机器手的控制、家用电器的控制等方面，有其他高级语言所不及的特长，因而至今仍是一种常用而强有力的软件开发工具。由于汇编语言等价于机器语言，所以它也十分依赖于机器硬件，移植性不好，只能针对计算机特定硬件编制程序。

（三）高级语言

从最初与计算机交流的辛苦经历中，人们意识到应该设计一种接近于数学语言或人的自然语言，同时又不依赖于计算机硬件，编出的程序能在所有机器上通用。经过努力，1954 年，第一个完全脱离机器硬件的高级语言——FORTRAN 问世。40 多年来，共有几百种高级语言出现，地位升升降降，很多语言曾经十分辉煌，后来却变得无足轻重；有的语言一诞生就呈献出重要意义，影响较大。至现在为止，使用较普遍的有 BASIC、C、C++、JAVA 等。

高级语言的发展也经历了下列三个阶段：

（1）早期语言。

（2）结构化程序设计语言。

（3）面向对象的编程语言。

基本与之对应，计算机应用系统也经历了下列三个阶段：

（1）单一、较小的应用程序。

（2）C/S 应用程序。

（3）B/S 应用程序。

1. 早期语言

早期语言也称第一代语言，主要实现了用接近于数学语言或人的自然语言，去掉了与具体操作有关但与完成工作无关的细节，例如使用堆栈、寄存器等，从而超越了计算机硬件，大大简化了程序中的指令，编出的程序能在大部分机器上通用。同时由于省略了很多细节，编程者也就不需要有太多的计算机硬件知识，使计算机使用的门槛大为降低，各行各业的人都可能通过简单的学习就可以自行编制应用程序。

早期语言的种类很多，非常接近于各自的专业语言，典型的如 Fortran、COBOL、Lisp 等，Fortran 语言主要用于数学计算，至今也是这一领域的王者；COBOL 于 1960 年正式发布，是一种面向数据处理、面向文件、面向过程（POL）的高级编程语言，适合于商业及数据处理的类似英语的程序设计语言。这种语言可使商业数据处理过程精确表达，在财会工作、统计报表、计划编制、情报检索、人事管理等数据管理及商业数据处理领域，都有着广泛的应用，目前世界上仍有 70% 的数据和 90% 的 ATM 事务处理是用 COBOL 语言处理的。而 Lisp 则在自动化、人工智能方面有得天独厚的优势。

因为高级语言离人的思维很近，离计算机思维很远所以，其编制的程序不能直接被计算机识别，必须经过转换，变为机器可识别的代码才能被执行。转换方式有两种，即解释和编译。解释型语言在运行时依赖于一个叫做解释器的程序，高级语言写一句程序，解释器就执行一句，因而很慢，相当于做口译。而编译型语言通过编译程序一下子把所有高级语言的程序都译成机器语言，并且进行了优化，所以执行很快，效率很高，相当于笔译，而且还是意译。

2. 结构化编程

早期的计算机运行速度慢，存储器容量非常小，人们设计程序时首先考虑的问题是如何减少存储器开销，硬件的限制不容许人们考虑如何组织数据与逻辑；同时由于解决的问题简单，程序本身短小，逻辑简单，也无需人们考虑程序设计方法问题，在设计的过程中，处处体现程序员个人的高超技巧。随着计算机硬件技术的飞速发展，解决问题的难度越来越大，程序的大小和逻辑控制难度以几何基数递增，程序设计的主要目的由如何提高硬件效率变为软件如何易于理解与维护，运行的效率主要留给了硬件升级。

20 世纪 60 年代中后期，软件越来越多，规模越来越大，而软件的生产基本上还是各自为战，缺乏科学规范的系统规划与测试、评估标准，其恶果是大批耗费巨资建立起来的软件系统，由于含有错误而无法使用，甚至带来巨大损失。软件给人的感觉是越来越不可靠，以致几乎没有不出错的软件，这就是著名的"软件危机"。人们认识到：大型程序的编制不同于写小程序，它应该是一项创新的技术，应该像处理工程一样处理软件研制的全过程。程序的设计应易于保证正确性，也便于验证正确性。1969 年，提出了结构化程序设计方法；1970 年，第一个结构化程序设计语言——Pascal 语言出现，标志着结构化程序设计时期的开始。

结构化程序设计方法的核心是模块化，主张使用顺序、选择、循环三种基本结构来嵌套连接成具有复杂层次的"结构化程序"，严格控制 GOTO 语句的使用。用这样的方法编出的程序在结构上具有以下效果：

（1）根据"自顶而下，逐步求精"原则，把大程序划分为很多相对独立的子模块。

（2）总程序及各子模块都以控制结构为单位，只有一个入口和一个出口，因此模块相对较小，每个模块都能独立地理解。

（3）能够以控制结构为单位，从上到下顺序阅读程序文本。

（4）由于程序的静态描述与执行时的控制流程相对应，所以能够方便正确地理解程序的动作。

结构化的要点是："自顶而下，逐步求精"的设计思想，"独立功能，单出、入口"的模块仅用 3 种（顺序、分支、循环）基本控制结构的编码原则。自顶而下的出发点是从问题的总体目标开始，抽象低层的细节，先专心构造高层的结构，然后再逐层分解和细化。这使设计者能把握主题，高屋建瓴，避免一开始就陷入复杂的细节中，使复杂的设计过程变得简单明了，过程的结果也容易做到正确可靠。独立功能，单出、入口的模块结构减少了模块的相互联系，使模块可作为插件或积木使用，降低程序的复杂性，提高可靠性。程序编写时，所有模块的功能通过相应的子程序（函数或过程）的代码来实现。程序的主体是子程序层次库，它与功能模块的抽象层次相对应，编码原则使得程序流程简洁、清晰，增强可读性。

划分模块不能随心所欲地把整个程序简单地分解成一个个程序段，而必须按照一定的方法进行。模块的根本特征是"相对独立，功能单一"，一个好的模块必须具有高度的独立性和相对较强的功能。模块的好坏，通常用"耦合度"和"内聚度"两个指标从不同侧面加以度量。所谓耦合度，是指模块之间相互依赖性大小的度量，耦合度越小，模块的相对独立性越大。所谓内聚度，是指模块内各成分之间相互依赖性大小的度量，内聚度越大，模块各成分之间联系越紧密，其功能越强。因此模块划分应当做到"耦合度尽量小，内聚度尽量大"。

很明显，无论是早期语言，还是这种结构化语言，编程都是面向一个事件的，即从头到尾，一步一步该如何走好。结构化语言更提供了规范，修了道路，让人更为通畅地朝一个方向前进，对于把编写程序由个人手工技能向工业化流程的迈进，作出了巨大贡献。

3. 面向对象的编程

面向对象的编程方法（OOP）源于 20 世纪 70 年代中后期，在 20 世纪 80 年代逐步代替了传统的结构化方法，成为最重要的方法，被广泛应用于各个领域。

对象是数据及对这些数据施加的操作结合在一起所构成的独立实体的总称，数据被称为属性，而操作称为方法。对象一般用类（class）来描述，每个对象既可能是一个类，也可能是一个类的两个实例。两个类之间的交互称为通过方法调用。举例来说，人可以是一个类，有的属性可以是性别、脸、鼻子等，方法可以是洗脸、揉鼻子等，则张三就是一个实例，李四也是一个实例，通过方法调用可以让张三揉自己的鼻子，也可以揉李四的鼻子，也可以去砍柴（柴可以是另一个类的实例）。这样，程序各部分的相互作用就非常简单明了了。

面向对象编程有 3 个重要特性：封装性、继承性和多态性。

封装性是指对象是数据和处理该数据的方法所构成的整体，外界只能看到其外部特性（如上例中，只能看到每个"人"的实例及其所具有的工作能力等），其内特性（比如女孩子的年龄等）对外可以不可见。对象的封装性使得信息具有隐蔽性，它减少了程序成分间的相互依赖，降低了程序的复杂性，提高了程序的可靠性和数据的安全性。

继承性（Inheritance）反映的是类与类之间的不同抽象级别，根据继承与被继承的关系，被继承类，也就是基类也称为父类，衍生类也称为子类。正如"继承"这个词给我们的字面提示一样，子类从父类那里获得所有的属性和方法，并且可以对这些获得的属性和方法加以改造，使之具有自己的特点。例如对于上例中的"人"，我们可以再加上一个一个新的属性，变成"男人"类，它同时是属于"人"这个类，但有不同的特点。继承性使得相似的对象可以共享程序代码和数据，是程序可重用性的关键。

多态性是指在形式上表现为一个方法根据传递给它的参数的不同，可以调用不同的方法体，实现不同的操作。将多态性映射到现实世界中，则表现为同一个事物随着环境的不同，可以有不同的表现形态及不同的和其他事物通信的方式。多态性使程序员能在一个类等级中使用相同函数的多个版本，程序员可以集中精力开发可重用的类和方向，而不必过分担心名字的冲突问题。

由上可见，面向对象的编程是以"对象"为中心进行分析和设计，紧抓"模型化世界"的对象，使这些对象形成了解决目标问题的基本构件，即解决从"用什么做"到"要做什么"。使软件具有良好的体系结构、便于软件构件化、软件复用和良好的扩展性和维护性，抽象程度高，因而具有较高的生产效率。目前，面向对象程序设计语言以 Java、C++为代表。

二、网络化编程与数据的集中

1. 早期小应用程序

由于计算机软硬件技术的落后，早期的小应用程序多为工具类的程序，例如字处理器、某计算程序等，这类程序有的做得很好，例如 office 软件，至目前已经非常功能强大，但其典型特点是数据没有集中，处理的结果以文件的形式保存。这样，即使是非常强大的工具软件，由于数据组织方面的弱势，应用范围也相对有限，往往只是少数人的游戏（office 除外）。

2. C/S 应用程序系统

随着计算软、硬件技术的发展，特别是网络的飞速发展，为企业的数据集中管理提供了方便。这时的程序普遍应用的是客户机/服务器网即 Client/Server 模式，往往由一台或多台性能较高的计算机担任服务器，和众多性能一般的计算机提供客户机。运行器上运行服务器程序，客户机上运行客户机软件，客户机软件通过网络登录到服务器软件上，并通过服务器软件在网络上获得其他想要的资源（如访问一个数据库），并把运行结果返回给客户机上运行的客户软件。这种软件系统的特点如下：

（1）可以充分利用两端硬件环境的优势，将任务合理分配到 Client 端和 Server 端来实现，很多工作可以在客户端处理后再提交给服务器，扩展了系统的功能，同时又降低了系统的通信开销，客户端响应速度快。

（2）客户端需要安装专用的客户端软件。首先涉及安装的工作量，其次任何一台电脑出问题，如病毒、硬件损坏，都需要进行安装或维护。而且系统软件升级时，每一台客户机需要重新安装，其维护和升级成本非常高。

（3）对于操作系统的范围会有限制，编制出通用的客户机系统需要很高水平的程序员，因而大多数小型的 C/S 系统只能适应 Windows 系统。

（4）数据的储存管理功能较为透明，数据库往往由一个程序独享。与数据库交互的每一个步骤如建立连接、存取数据等都需要客户机程序自己设计，编程者需要有很大的自由度，但同时效率低、程序安全性低、代码难以维护，投资、维护成本、升级的成本很高，维护任务量大。

编写 C/S 程序有非常方便的编程语言 Delphi 和 Visual Basic，这些语言被称为快速开发（RAD）工具。通过编程语言提供的集成开发环境，开发者可以在很短的时间内开发出一个客户机程序。因此，即使到目前，还有大量 Client/Server 形式的应用软件系统运行。但由于服务器连接个数和数据通信量的限制，这种软件只适于在用户数目不多的局域网内使用，例如大部分国产财务软件产品。

3．B/S 软件系统的优势

C/S 软件系统的专网特性决定了其软件系统不可能做得很大。这种情况下，随着 Internet 技术的兴起，出现了 B/S 程序。这种程序从本质上说与 C/S 程序没有太大不同，但是其服务器程序被统一运行在 Web 服务器框架内，客户端则统一运行于浏览器内，因而又是一种全新的软件系统构造技术。其特点如下：

（1）由于 Web 服务器和浏览器程序基于互联网，互联网已经遍布全球，所以这种基于互联网的软件可以轻易扩展应用空间，即使是跨国企业也不成问题。客户端发生的所有单据可以直接进入中央数据库，这就非常方便地达到数据集中存放的目的，解决了服务器、应用程序系统最需要解决的问题。

（2）服务升级、维护成本小。在 C/S 软件系统内，即使一个很小的改动也必须对每一个使用节点进行程序安装。而 B/S 结构的软件不同，所有应用都集中于服务器上，服务器上的程序改动后，所有的客户机重新登录后就立即更新。

（3）有利于分工与专业化。B/S 软件开发者主要关注应用程序逻辑实现，网络安全、速度、数据库的连接等都有专门的软件做好，因而非常有利于软件专业化。

由此可见 B/S 软件相比 C/S 软件有无法比拟的优势，国外大型企业应用软件几乎全部是 B/S 结构的。B/S 软件编程的开路先锋是 Java，近年来微软公司的.Net 技术则后来居上，大有赶超 Java 的趋势。

第二节　通用化的性能试验计算机程序示例

上节介绍了当前计算机编程的一些思路与脉络，本节将以 Java 语言为基础，用具体代码的形式，介绍我国性能试验标准与 ASME PTC4-1998 标准关于热效率的实现，供读者加深面向对象的程序设计思路，以及对标准中算法的理解。

Java 代码在编写时有一套自己的格式，如缩格、分行，以求达到最为清晰的目的。但是由于篇幅的限制，本书在编写时会尽可能地压缩它们，例如把多个较短的语句写在一起以显得紧凑，这会牺牲一定的可读性，请读者见谅。

一、我国性能试验标准热效率计算

（一）总体思路

我国性能试验标准热效率计算程序段之内，规划为下列三个层次的模块：

（1）基础特性类。主要处理比热容、密度，分别由 Cp 类和 Density 两个类实现，放在 Cp.java 和 Density.java 两个文件中（Java 要求类名与文件名相同，且大小写敏感）。

（2）与试验相关的几个类，如煤类（Coal）、湿空气类（WetAir）、烟气类（Gas）和灰渣类（Ash）类，处理它们的成分、焓值计算等功能。

（3）试验类（GB 10184），完成效率试验的计算。

每次试验都要测量排烟的温度、烟气成分特性，把它们放在烟气类对象中，而烟气又是由燃料（coal）的湿空气燃烧与漏入湿空气（WetAir）对象组成的，因而 GB 10184 类中包含一个 coal 和一个 air，并用它们构造烟气 gas，以便计算排烟的焓。

coal 由试验取样化验数据构造，air 由测得的大气压力、干球温度和相对湿度或湿球温度构造。试验时测量的另一组重要对象是大渣与灰渣的可燃物含量，为了进行这样的处理与计算，GB 10184 对象中还包含了一个 Ash 类的数组，共成分由化验可得的数据构造。

具体的实现请参见以下代码，本书将以注释的方式在关键点上为读者指导。与 C++一样，Java 的注释用"//"或"/*　*/"作为标记。

Java 语言的简单语法请读者自行学习。

（二）基础特性类

1. 比热容 Cp.java

尽管 GB 10184—1988 提供了计算公式，但是其应用范围较窄，且与手算难以进行数据统一，因此本书采用与手算完全一致的插值计算方法，用一个内部函数 interplate 完成插值计算。代码如下：

```
package com.ncepri.thermal;  //Java用包来区分不同的包，例如本行表示程序放在
                     com/ncepri/thermal目录下，即为com/ncepri/thermal包。
```

```
/**
    <p>Title: 烟气比定压热容 </p>
  * <p>Description: 封装烟气的性质</p>
  <p>Copyright: 华北电科院 2004</p>
  * <p>Company: 华北电力科学研究院</p>
  * @author:赵振宁
  * @version 1.0
*/
```

Java 语言用 /**　*/来标计，并用 Html 语言编写的注释，可由 javaDoc 程序生成帮助文档，如本段注释直接生成类似的文件：
烟气比定压热容
说明:封装烟气的性质
版权:华北电科院 2004
……
这样编写文档就非常方便。

```
public class Cp
{
    private static double interplate(double[] a, double t){
        int min_t = (int)(Math.floor(t/100));
        if (min_t==a.length-1) return a[a.length-2];
        return a[min_t]+(a[min_t+1]-a[min_t])*(t/100-min_t);
    };
    private static final double[]
 H2o={1.4943 ,1.5052,1.5223,1.5424,1.5654,1.5897,1.6148 ,1.6412
```

```
            ,1.6680 ,1.6956,1.7229,1.7501,1.7769,1.8028,1.8280,1.8527,1
.8761 ,1.8996
            ,1.9213,1.9423,1.9628 ,1.9825,2.0009 ,2.0189 ,2.0364,2.0528 };
    private static final double[]
CpO2={1.3059,1.3176,1.3352,1.3561,1.3775,1.3980,1.4168,1.4344
            ,1.4499,1.4645,1.4775,1.4893,1.5005,1.5106,1.5202,1.5294,1
.5378,1.5462,
            1.5541,1.5617 ,1.5692,1.5759 ,1.5830 ,1.5897,1.5964 ,1.602
7 };
    private static final double[]
CpCO2={1.5998 ,1.7002 ,1.7873 ,1.8627 ,1.9297 ,1.9887 ,2.0411 ,
            2.0884 ,2.1311 ,2.1692,2.2035,2.2349 ,2.2638 ,2.2898,2.313
6,2.3354,2.3555,
            2.3743 ,2.3915 ,2.4074 ,2.4221 ,2.4359 ,2.4484 ,2.4602,2.4
710 ,2.4811 };
    private static final double[]
CpN2={1.2946 ,1.2958,1.2996,1.3067,1.3163,1.3276,1.3402,
            1.3536,1.3670,1.3795,1.3917,1.4034,1.4134,1.4252,1.4348,1.
4440,1.4528
            ,1.4612,1.4687,1.4759,1.4825,1.4893,1.4951,1.5010,1.5064,1
.5114 };
    private static final double[]
CpFA={0.7955,0.8374,0.8667,0.8918,0.9211,0.9240 ,0.9504,
            0.9630 ,0.9797 ,1.0048,1.0258,1.0509,1.0969 ,1.1304 ,1.18
49,1.2228
            ,1.2979,1.3398,1.3816,1.4235  };
    static public double O2(double t)    {    return interplate(CpO2,t); }   /*
氧气的比热容 */
    static public double N2(double t) {    return interplate(CpN2,t);  } /**
氮气的比热容*/
    static public double CO(double t)  { /** CO的比热容*/
        if(t<500)   return
1.29929-8.66407*1e-7*t+2.27936*1e-7*t*t-1.04629*1e-10*t*t*t;
        return 0;
    }
    static public double CO2(double t)    { return interplate(CpCO2,t);  } /*
CO2的比热容    */
    static public double H2O(double t)      { return interplate(H2o,t); }    /*
H2O的比热容*/
    static public double DryAir(double t) { return 0.79*N2(t)+0.21*O2(t); }
/*干空气的比热容 */
    static public double Ash(double t)    {return interplate(CpFA,t);  }/*
飞灰比热容*/
    static public double coal(Coal c,double t) { /*燃料的比热容，GB 10184-1988:
p63-64,附录D*/
        double Cp_r_r = 0.84+37.68*1e-6*(13+c.getV())*(130+t);     //煤的可
        燃物质比热容
        double Cp_h   = Ash(t);        //灰的比热容
        double Ash_r  = 100*c.getA()/(100-c.getM());
        double Cp_r_g = 0.01*(Cp_h*Ash_r+Cp_r_r*(100-Ash_r));
        double Cp_r   = Cp_r_g*(100-c.getM())/100+4.1868*c.getM()/100;
        return Cp_r;
    }
}
```

2. 密度 Density.java

```
package com.ncepri.thermal;
public final class Density implements Serializable{
    //本类仅是把常量放在一起，成为类的变量，且用final标记不准修改。
    final static double    O2=1.42985;    public static double O2(){return
Density.O2;}
    final static double    N2=1.2505;     public static double N2(){return
Density.N2;}
    final static double    CO2=1.9768;    public static double CO2(){return
Density.CO2;}
    final static double    SO2=2.9263;    public static double SO2(){return
Density.SO2;}
    final static double    NO=1.3402;     public static double NO(){return
Density.NO;}
    final static double    N2O=1.9780;    public static double N2O(){return
Density.N2O;}
    final static double    H2O=0.804;     public static double H2O(){return
Density.H2O;}
}
```

（三）试验相关测量单元类

1. 煤的特性

```
Coal.java
package com.ncepri.thermal;

public class Coal implements Serializable,
Cloneable{
  public  double  c;
  public  double  h;
  public  double  o;
  public  double  n;
  public  double  s;
  public  double  q;
  public  double  a;
  public  double  m;
  public  double  mad;
  public  double  v;
  public  double  fc;
  public  String  name;
  public  String  base="收到基
";
  public double cUb;
```

Serializable 和 Cloneable 为实现的两个接口，第一个表示该类数据可以存取，后一个表示该类数据可以克隆。

定义类的变量成员，一般情况下为了防止直接访问类的成员，定义为 private 属性，然后定义一个获取函数和设置参数，以变量 c 为例，通常的设置惯例如下。

类在开始定义：

```
        public  double  c;
```

然后定义：

```
        public          void          setC(double
c){this.c=c; }
        public double getC(){return c; }
```

为节省篇幅，这里用 public 属性代替，可按这种方式引用（下同）：

```
Coal coal =new Coal();
coal.c=56;   等价于    coal.setC(56);
```

定义成员变量时尽可能使用大家明白的语言，如变量 report 表示结果报告的变量，它用了一个叫 SimpleReport 的对象。

```
 public boolean CheckQdw(){  //使用门捷列夫公式检查低位发热量的发热量，检查前把它
换算成收到基。
     Coal tc = this.ChangeBase(this.base, "收到基");
     double  QdwFromElements=339*tc.c+1030*tc.h+109*tc.s-109*tc.o;
```

```
    if(Math.abs((tc.q-tc.getQdwFromElements()))>=800)
            return false;
    return true;
 }
//结果打印，需要事先手工设计好每个表格的名称、符号、单位等。
   public void report(){}

 public Coal ChangeBase(String base) {
     double mcs2a = 1;     //转换系数。
     Coal newc = (Coal)this.clone();  //克隆一个新对象，修改后输出。
     if(base.equals(desBase)) return newc;  //如果基准就是自己的基准，则克隆
的对象不作任何修改返回。
     //根据不同的基准计算修改系数，并修改相应参数。
     if(base.equals("空气干燥基"))  mcs2a = (100-m)/(100-mad);
     if(base.equals("干燥基"))  mcs2a = (100-m)/100;
     if(base.equals("干燥无灰基"))  mcs2a = (100-m-a)/100;
     newc.a = mcs2a*mca2d*a;
     newc.c = mcs2a*mca2d*c;
     设置其他的参数……
     newc.v = mcs2a*mca2d*v;
     newc.base="收到基";
     return newc;
 }

 public Object clone(){try{ return (Coal)super.clone();}catch(Exception
e){ }return null; }
 public boolean check(){ return c+h+o+n+s+a+m-100<0.0001; };

 //理论干空气量、干烟气量、三原子气体量。
     public double getDryAirVolume()  {return (0.01866*(c-cUb)+0.0556*h+
0.007*s-0.007*o)/0.21; }
     public double getDryGasVolume(){return getRO2Volume()+getN2Volume();}
     public double getRO2Volume(){return 0.01866*(c-cUb+0.375*s); }
     public double getCO2Volume(){return 0.01866*(c-cUb); }
     public double getSO2Volume(){return 0.01866*0.375*s; }
     public double getN2Volume(){return 0.79*getDryAirVolume()+0.008*n; };
     public       double     getH2oVolume(){return       1.24*(9*h      +
m)/100+0.0161*getDryGasVolume();}
     public            double                   getH2oVolumeFromAir(){return
0.0161*getDryGasVolume();}
     public setUnCombC(Ash[] ash){
        cUb=0;
        for(int i=0;i<ash.length;i++) cUb=cUb+ash[i].C*ash[i].fraction;
     }
 }
```

2. 煤中的灰类 Ash.java

```
package com.ncepri.thermal;
import java.io.Serializable;
public class Ash implements Serializable,Cloneable
{
    //灰渣类的四个成员变量分别为名称、含碳量、份额和温度，每一个灰渣对象（实例），如飞灰、
大渣，都具有这四个属性。
```

```
String name;   //名称用于报表输出及修正时的标志，如修正计算需根据名称修改温度。
    public C, fraction, T;
    //由灰渣本身所代表的 Q4 及 Q6 热量绝对值，与煤种无关因此在本类中实现。同时，由于本方
法操作的不是一个灰渣样本，而是一组灰渣样本的数据，因而用一个 static，把它定义为类的方法。
    public static getQ4(Ash[] ash, double A){
        double Q4=0;
        for(int i=0;i<ash.length();i++)
            Q4=Q4+337.27*ash[i].C*ash[i].fraction*/(100- ash[i].C)
        return Q4/A;
    }
     public static getQ6(Ash[] ash, double A,double airT){
        double Q6=0;
        for(int i=0;i<ash.length();i++)
            Q6=Q6+Cp.Ash(ash[i].T)*( ash[i].T-airT)*ash[i].fraction*/(100-
ash[i].C);
        return Q6/A;
    }
}
```

3. 湿空气类 WetAir.java

```
package com.ncepri.thermal;
import java.io.Serializable;
public class WetAir implements Serializable,Cloneable
{
      //设置表征湿空气特性最重要的三个参数，压力P、温度T与绝对湿度absoluteHumidity。
    private double P;   public void setP(double p){P=p;}   public double
getP(){return P;}
    private double T;   public void setT(double t){T=t;}    public double
getT(){return T;}
    private double absoluteHumidity=0.01; //默认值为0.1，get函数与set函数略……

    //湿度也可以由相对温度计算，如果设置相对温度，应当把相对温度转化为绝对温度。
    private double relevativeHumidity;
    public void setRelevativeHumidity(double rh)         {
        relevativeHumidity=rh;
        if((T>50)&& (T<0) ) return -1;  //超出范围，则返回"—1"。
        double ps = 611.7927+42.7809*T+1.6883*T*T+0.012079*T*T*T
+6.1637*1e-4*T*T *T*T;
        return 0.622*rh*ps/(p*100-rh*ps);
     }

     public double Cp(double t){
        double uDriedAir = Cp.DryAir(t);
        double massWater= 1.2982 *absoluteHumidity;  /* 1Nm³→kg */
        return uDriedAir + massWater*Cp.H2O(t);
    }

    /**求空气密度函数，单位：kg/m³    */
    public double getDensity(){  return 1.2928/(T+273.15)*273.15; }

    // 构造函数。
    public WetAir(){ }
```

```
        //要依据大气压力（Pa）、温度T（℃）和绝对湿度absoluteHumidity（kg/kg）构造WetAir
对象。
        public WetAir(double P,double T, double absoluteHumidity)
        {
            super();
            this.P = P;
            this.T = T;
            this.absoluteHumidity = absoluteHumidity;
        }
        //要依据大气压力（Pa）、温度T（℃）和相对湿度relvHumidity（kg/kg）构造WetAir
对象。
        public WetAir(double P,double T,double relvHumidity,Object fake)
        {
            ……;   //输入其他参数。
            setRelevativeHumidity(relvHumidity);     //把相对湿度转化为绝对湿度。
        }
}
```

4. 燃烧生成的烟气 Gas.java

```
package com.ncepri.thermal;
import java.io.Serializable;
public class Gas implements Serializable,Cloneable
{
    //由于烟气是由温空气与燃料燃烧而来的,所以需要定义两个变量Coal和Air,以包含这些信息。
        private Coal coal;   public void setCoal(Coal c){coal = c;  }  public
Coal getCoal(){return coal; }
        private WetAir air;  public void setAir(WetAir a){air = a; }   public
WetAir getAir(){return air; }
    //插值计算的工具函数,为节省篇辐,这里只保留函数头,把实现部分略去了。
        private static double interplate(double[] a, double t){ ……};  public
Object clone()    {……}
    //定义烟气其他重要参数,如过量空气系数及温度,它们与先前的 coal、air共同决定了烟气
的所有特性。
        private double T;    public void setT(double t){ T = t; }   public double
getT(){ return T; }
        private double excessAir;    //过量空气系数,它虽很重要,但是是计算而来的中
间变量。
    //烟气各组分,它们的get函数省略了,需要注意的是它们的设置函数,氧量一变,马上需要更
新过量空气系数。
        private double rH2O, rRO2, O2Dry , NoxDry, SO2Dry;
        public void setO2Wet(double o){ excessAir =
this.getExcessAirByO2Wet(o); }
        public void setO2Dry(double o){ O2Dry=o;excessAir =
this.getExcessAirByO2Dry(o); }

    /**用干基氧量、湿基氧量获得过量空气系数。        */
        public double getExcessAirByO2Dry(double O2Dry)    { return
21.0/(21-O2Dry);    }
        public double getExcessAirByO2Wet(double O2Wet)
        {
            double tmp1=O2Wet*(coal.getDryGasVolume() -
coal.getDryAirVolume()
                            +coal.getH2oVolume())/coal.getDryAirVolume();
```

```
            return
(tmp1+21)/(21-O2Wet*(1+1.60332*air.getAbsoluteHumidity())));
        }
    //计算烟气重量。
        public double getWeight(double O2Wet) {   return
this.getVolume()*this.getDesity();   }

    // 构造函数，通过Coal、WetAir对象和烟气温度、过量空气系数四个量构造一种烟气。
        public Gas(Coal coal,WetAir air,double T,double O2)
        {   super();      this.coal = coal;     this.air= air;    this.T= T;
            this.setO2Dry(O2);
            this.rH2o = getH2oVolume() / getVolume();
            this.rRo2 = getRo2Volume() / getVolume();
        }
    // 获得N₂、O₂、理论烟气体积等函数，可以从其名字得知其含义。
        public double getN2Volume(){   return coal.getN2Volume()+
                        (excessAir-1)*0.79*coal.getDryAirVolume();    }
        public double getO2Volume(){   return
(excessAir-1)*0.21*coal.getDryAirVolume();    }
        public double getDryAirVolume(){   return
getCoal().getDryAirVolume();    }
        public double getRo2Volume(){   return coal.getRO2Volume();   }
        public double getH2oVolume(){   return H2oFromCoal() +
H2oFromAir();   }
        public double H2oFromCoal() {   return coal.getH2oVolume();   }
        public double H2oFromAir() { return 1.6*excessAir*
                    getDryAirVolume()*air.getAbsoluteHumidity();   }
        public double getVolume(){   return getDryGasVolume()+(excessAir-1)*
                        getDryAirVolume()+getH2oVolume();   }
    // 通过焓值(kJ/kg)求烟气温度（℃），是个迭代计算的过程。
        public double getT(double enthalpy)
        {
            double Ty=1000.0, double hy;
            do {
                hy=getEnthalpy(Ty);
                Ty=Ty*enthalpy/hy;
            }while(Math.abs(enthalpy-hy)>=1.0) ;
            return(Ty);
        }

    // 通过温度（℃）求烟气的焓，[kJ/（kg·℃）]
        public double getEnthalpy() { return getEnthalpy(t); }
        public double getEnthalpy(t) { return (getCp(t)*getVolume()); }

    // 按各组分加权来求烟气密度与比热容
     public double getDesity(){
            return
(  coal.getCO2Volume()*Density.CO2+coal.getSO2Volume()*Density.SO2+

getH2oVolume()*Density.H2O+getN2Volume()*Density.N2+

getO2Volume()*Density.O2   )/this.getVolume() ;
        }
        public double getCp(double t)
        {
```

```
                return (getH2oVolume()*Cp.H2O(t)+getRo2Volume()*Cp.CO2(t)
                        +getN2Volume()*Cp.N2(t)+getO2Volume()*Cp.O2(t)    )/
                        this.getVolume();
        }
    }
```

（四）试验 GB10184.java

```
package com.ncepri.boiler.test.GB;
import com.ncepri.thermal.*;
import java.io.Serializable;
public class GB10184 implements Cloneable,Serializable
{
    //试验最重要的子对象及其getter和setter。
        private Coal coal;    public void setCoal(Coal c){ coal = c; }  public
Coal getCoal(){return coal;}
        private WetAir air;   public void setAir(WetAir a){ air = a; }  public
WetAir getAir(){return air;}
        private Gas gas;        public void setGas(Gas g){ gas = g; }    public Gas
getGas(){return gas;}
        public Ash[] ash = new Ash[2];    ash[0].name="飞灰";    ash[1].name="大渣";
    //试验测得参数:排烟温度（℃）,烟气成分,飞灰、大渣含碳量,经济负荷与实际负荷。
        public double gasT,gasO,COppm,CH4ppm,H2ppm,CmHnppm ,flyingAshC, slagC,
De, D;
    //大气参数:压力、温度、绝对、相对湿度。
        public double airP,airT,airAbsHumidity,airRelativeHumidity;
    // 如果是中速磨煤机系统,还须设置石子煤量（kg/s）及发热量（kJ/kg）,以及机组燃煤量B
（kg/s）。
        public double[] millReject, millRejectQ;;
    //燃料的发热量、成分、燃料温度及基准。
        public Q,A,W,C,H,O,N,S,coalT; String coalBase="收到基";
    //计算用的中间变量。
        public double q1,q2,q3,q4,q5,q6,Q2,Q3,Q4,Q6;

    // 构造函数。
    public GB10184( ){}//空构造函数。
    public GB10184(double gasT, double gasO, double CO, …, double B, double[]
millReject,
                double[] millRejectQ)//用于中速磨媒机系统计算锅炉效率,特征是有石
子煤millReject。
    {
      this.gasT = gasT;
      …,
      this.B = B;
      this.millReject = millReject;
      this.millRejectQ = millRejectQ;
    }
    //构造函数,用于钢球磨煤机系统计算锅炉效率，无石子煤。
    public GB10184(double gasT, double gasO, double CO, …, double D) {
        this.gasT = gasT;
        this.COppm = CO;  //ppm->%
        …,
    }
```

```
// 锅炉效率计算，结果输出单位为%。
public void calc()
{
    // 先计算未燃尽碳。
    coal.setUmCombC(ash);
    //输入总热量，由燃料发热量及其自带显热组成。
    Q1 = coal.getQ() + Cp.coal(coal,coalT)*(coalT-airT);
    // 排烟损失。
    Q2 = gas.getEnthalpy()-gas.getEnthalpy(airT);
    //化学未完全燃烧损失//ppm->%
    Q3= (126.36*COppm+358.18*CH4ppm+107.98*H2ppm+590.79*CmHnppm)*
gas.getVolume();
    //机械未完全燃烧损失，根据GB 10184—1988 计算。
    Q4 = Ash.getQ4(ash,coal);    //Ash直接用类名调用其静态(static)函数。
    if (millReject!=null)
        for(int i=0;i<millReject.length;i++)
            Q4 += millReject[i]*millRejectQ[i]/B;
    //散热损失，根据GB 10184—1988 计算。
    q5 = 5.82*Math.pow(De,-0.38)*De/D;
    //物理显热损失，根据GB 10184—1988 计算。
    Q6 = Ash.getQ6(ash,air.getT());
    //计算结果转化为百分比。
    q2 = Q2*100/Q1;
    q3 = Q3*100/Q1;
    q4 = Q4*100/Q1;
    q6 = Q6*100/Q1;
    q1  =  100.0-q2-q3-q4-q5- q6;
}
// 用设计进风温度airTemDesign对进风温度修正，gasTemIn为空气预热器入口烟气温度。
public GB10184 CorrectByAirTempture(double airTemDesign,double gasTemIn)
throws Exception{
    GB10184 test = (GB10184)this.clone();
    double newGasT = (airTemDesign*(gasTemIn -
gasT)+gasTemIn*(gasT-airT))/(gasTemIn-airT);
    test.airT = airTemDesign;
    test.gasT = newGasT;
    test.refresh();    //把飞灰的温度改过来，使其等于修正后的温度。
    test.calc();
    return test;
}
}
```

通过查看 GB 10184 类可以看出，有了面向对象的技术，使得计算机程序实现的思路很接近人类的正常思路，简洁明快。具体方法就是给程序输入一些试验数据，程序自己构造对象，按 Q2~Q6 来调用计算方法即可。同时，修正计算也只需短短几个对象操作即可完成，比结构化编程更有利于实现模块化。

二、ASME 试验部分

（一）思路

与我国性能试验标准热效率计算程序类似，ASME PTC4-1998 的效率试验也规划为下列三个层次的模块：

（1）基础特性类。主要处理比热容，由 ASMEH 类实现。

（2）与试验相关的测试单元的几个类，如煤类（ASMECoal）、湿空气类（ASMEWetAir）、烟气类（ASMEGas）、脱剂类（ASMESobernt）和灰渣类（ASMEResidue）类，处理它们的成分、焓值计算、灰渣份额确定、平均飞灰含碳量、脱硫剂煅煤份额等需要迭代计算的功能。

（3）试验类（ASMEPTC41998），完成效率试验的计算与修正。

（二）基础类

ASME基础类只有求ASME焓的程序，但是其值为1kg烟气中各种成分的焓，该类实现第三章第一节的内容，并给出了各种单位系统下的函数形式。

由于其实现方式一样，受篇幅限制，本节只给出一种灰焓的示例函数，其他成分的焓只保留函数头。

```java
package com.ncepri.boiler.test.ASME;
import com.ncepri.thermal.*;
public class ASMEH //5.19.10
{
        //Enthalpy of  ASH
        static public double HAshTCToBtuPerlbm(double t){
            double tk = TCtoTK(t);
            if(tk<=1000)
                return HbtuPerlbm (AshC225K1000K, tk)
            else
                return HBtuPerlbm(UpAshC1000K, tk);
        }
        static public double HAshTFToBtuPerlbm(double t){
            double tk = TFtoTK(t);
            if(tk<=1000)
                return HBtuPerlbm(AshC225K1000K, tk)
             else
                return HBtuPerlbm(UpAshC1000K, tk);
        }
        static public double HAshTCToKJPerKg(double t)      {
            double tk = TCtoTK(t);
            if(tk<=1000)
                return HKJPerKg(AshC225K1000K, tk)
            else
                return HKJPerKg(UpAshC1000K, tk);
        }
        static public double HAshTFToKJPerKg(double t)      {
            double tk = TFtoTK(t);
            if(tk<=1000)
                return HKJPerKg(AshC225K1000K, tk)
            else
                return HKJPerKg(UpAshC1000K, tk);
        }

        //空气焓。
        static public double HAirTCToBtuPerlbm(double t){……}
        static public double HAirTFToBtuPerlbm(double t) {……}
```

```
        static public double HAirTCToKJPerKg(double t) {……}
        static public double HAirTFToKJPerKg(double t) {……}

        //水蒸气的焓，包含汽化潜热的焓。
        static public double HStTFToBtuPerlbm(double t) {……}
        static public double HStTCToBtuPerlbm(double t) {……}
        static public double HStTCToKJPerKg(double t) {……}
        static public double HStTFToKJPerKg(double t) {……}
        //水焓。
        static public double HWTFToBtuPerlbm(double t) {……}
        static public double HWTCToBtuPerlbm(double t) {……}
        static public double HWTCToKJPerKg(double t) {……}
        static public double HWTFToKJPerKg(double t) {……}

        //水蒸气焓，不包含汽化潜热，用于计算进入锅炉燃烧的水蒸气。
        static public double HWvTCToBtuPerlbm(double t) {……}
        static public double HWvTFToBtuPerlbm(double t) {……}
        static public double HWvTCToKJPerKg(double t) {……}
        static public double HWvTFToKJPerKg(double t) {……}
        //单位转化功能。
        static public double TFtoTK(double f)      { return (f+459.7)/1.8;}
        static public double TCtoTF(double c)      { return
1.8*(c+273.15)-459.7;      }
        static private double TCtoTK(double c) {return (c+273.15);}
        //各系数表。
        static private double HBtuPerlbm(double[] c,double tk )
              { return
(c[0]+c[1]*tk+c[2]*tk*tk+c[3]*tk*tk*tk+c[4]*tk*tk*tk*tk+c[5]*tk*tk*tk*tk*
tk);}
        static private double HKJPerKg(double[] c,double tk )
              { return HBtuPerlbm(c,tk)*1.05506/0.45359237;      }
        static private double[] DryAirC225K1000K = {-0.1310658e+3,
+0.4581304e+00,-0.1075033e-03,
                        +0.1778848e-06, -0.9248664e-10, +0.16820314e-13
                                                                };
        static private double[] UpDryAirC1000K = {-0.1177723E+03,
+0.3716786E+00,
                        +0.8701906E-04, -0.2196213E-07, +0.2979562E-11,
-0.1630831E-15  };
        static private double[] SteamC225K1000K = {-0.2394034E+03,
0.8274589E+00,
                     -0.1797539E-03, +0.3934614E-06, -0.2415873E-09,
+0.6069264E-13   };
        static private double[] UpSteamC1000K = {-0.1573460E+03,
-0.5229877E+00, +0.3089591E-03,
                        -0.5974861E-07, +0.6290515E-11,  -0.2746500E-15  };
        static  private  double[]  DryGasC225K1000K  = {-0.1231899E+03,
0.4065568E+00,
        +0.5795050E-05, +0.6331121E-07,-0.2924434E-10, +0.2491009E-14    };
        static private double[] UpDryGasC1000K =
 {-0.1180095E+03,0.3635095E+00,
                              +0.1039228E-03,-0.2721820E-07,
                     +0.3718257E-11,-0.2030596E-15  };
        static private double[] AshC225K1000K = {-0.3230338E+02,
-0.2431404E+00,
```

```
                                    +0.1787701E-02, -0.2598230E-05, +0.2054892E-08,
                                                            -0.6366886E-12  };
        static private double[] UpAshC1000K = {+0.1822637E+02,
+0.3606155E-01,
                                    +0.4325735E-03, -0.1984149E-06, +0.4839543E-10,
                                                            -0.4614088E-14  };
        static private double[] O2C225K1000K =
{-0.1189196E+03,0.4229519E+00,
                                    -0.1689791E-03, +0.3707174E-06, -0.2743949E-09,
                                                            +0.7384742E-13  };
        static private double[] UpO2C1000K = {-0.1338989E+03,
+0.4037813E+00,
                                    +0.4183627E-04, -0.7385320E-08, +0.9431348E-12,
                                                            -0.5344839E-16  };
        static private double[] N2C225K1000K = {-0.1358927E+03,
+0.4729994E+00,
                                    -0.9077623E-04, +0.1220262E-06, -0.3839777E-10,
                                                            -0.3563612E-15  };
        static private double[] UpN2C1000K = {-0.1136756E+03, +0.3643229E+00,
                                    +0.1022894E-03, -0.2678704E-07, +0.3652123E-11,
                                                            -0.1993357E-15  };
        static private double[] N2SteamC225K1000K = {-0.1347230E+03,
+0.4687224E+00,
                                    -0.8899319E-04, +0.1198239E-06, -0.3771498E-10,
                                                            -0.3502640E-15  };
        static private double[] UpN2SteamC1000K = {-0.1129166E+03,
+0.3620126E+00,
                                    +0.1006234E-03, -0.2635113E-07, +0.3592720E-11,
                                                            -0.1960935E-15  };
        static private double[] CO2C225K1000K = {-0.8531619E+02,
+0.1951278E+00,
                                    +0.3549806E-03, -0.1790011E-06, +0.4068285E-10,
                                                            +0.1028543E-16  };
        static private double[] UpCO2C1000K = {-0.1327750E+03,
+0.3625601E+00,
                     +0.1259048E-03, -0.3357431E-07,+0.4620859E-11, -0.2523802E-15  };
        static private double[] ArC225K1000K = {-0.6674373E+02,
+0.2238471E+00,
                                    +0.0000000E+00, +0.0000000E+00, +0.0000000E+00,
                                                            +0.0000000E+00  };
        static private double[] UpArC1000K = {-0.6674374E+02, +0.2238471E+00,
+0.0000000E+00,
                                    +0.0000000E+00, +0.0000000E+00, +0.0000000E+00  };
        static private double[] SO2C225K1000K = {-0.6741655E+02,
+0.1823844E+00,
                                    +0.1486249E-03, +0.1273719E-07, -0.7371521E-10,
                                                            +0.2857647E-13  };
        static private double[] UpSO2C1000K = {-0.1037132E+03,
+0.2928581E+00,
                                    +0.5500845E-04, -0.1495906E-07, +0.2114717E-11,
                                                            -0.1178996E-15  };
        static private double[] COC225K1000K = {-0.1357404E+03,
+0.4737722E+00,
                                    -0.1033779E-03, +0.1571692E-06, -0.6486965E-10,
                                                            +0.6117598E-14  };
```

```
        static private double[] UpCOC1000K = {-0.1215554E+03 +0.3810603E+00,
                    +0.9508019E-04, -0.2464562E-07, +0.3308845E-11,
                                        -0.1771265E-15   };
        static private double[] H2C225K1000K = {-0.1734027E+04,
+0.5222199E+01,
                    +0.3088671E-02, -0.4596273E-05, +0.3326715E-08,
                                        -0.8943708E-12   };
        static private double[] UpH2C1000K = {-0.1529504E+04, +0.5421950E+01,
                    +0.5299891E-03, -0.9905053E-09, -0.9424918E-11,
                                        +0.8940907E-15   };
        static private double[] H2SC225K1000K =
{-0.1243482E+03 ,+0.4127238E+00
                                                    -0.2637594E-04,
                    +0.1606824E-06,-0.8345901E-10,-0.1395865E-13   };
        static private double[] UpH2SC1000K = { -0.1001462E+03,
+0.2881275E+00,
                                        +0.2121929E-03, -0.5382326E-07,
                            +0.7221044E-11,-0.3902708E-15   };
}
```

（三）试验相关成分类

1. 煤类 ASMECoal.java

```
package com.ncepri.boiler.test.ASME;
import com.ncepri.boiler.*;
public class ASMECoal implements Serializable,Cloneable{
    //定义成员变量煤的成分与发热量，其中成员变量为 MpCb，表示燃烧的煤，都用 ASME 标准符号
表示。
        public double MpCF, MpH2F, MpSF, MpN2F, MpO2F, MpH2OF, MpAsF, MpCb, HHVF;
    // 计算已燃碳占燃料的量。
        public void calcMpCb(ASMEResidue[] r){ MpCb = MpCF - r[0].getMnMpUbC();}

    //计算碳燃尽率。
        public double calcMpCbo(){ return MpCb/MpCF*100;   }
    //构造函授，把煤的成分输入即可，实现略。
        public ASMECoal(double MpCF, double MpH2F,…, double MpAsF, double
HHVF;){ 略           }
    //求理论空气量，有下列三种不同的实现方法，供程序不同要求调用:
        （1）用 Fr 作为标志的表示以单位质量燃料为基准，单位为 kg/kg。
        （2）用 q 作为标记的表示以高位热量为基准，单位为 kg/kJ。
        （3）以 Mo 作为标记的表示以 1mol 燃料为基准，单位为 kg/mol。

    //完全燃烧时用此函数（如油、气燃料）。
    public double getMFrThA(){
        return MpCF*0.1151+MpH2F*0.3430 + MpSF*0.0431 -MpO2F*0.0432;
    }
        public double getMqThA() { return getMFrThA()/HHVF;   }
    //未完全燃烧时用此函数。
        public double getMoThACr(){return getMFrThACr(MFrSc)/28.963;}
        public double getMqThACr(){return getMFrThACr(MFrSc)/HHVF;}
        public double getMFrThACr() {
            return MpCb*0.1151+MpH2F*0.3430 + MpSF*0.0431 -MpO2F*0.0432;
        }
    //有脱硫，未完全燃烧时用此函数。
```

```
    public double getMFrThACr(double MFrSc){
            return MpCb*0.1151+MpH2F*0.3430 + MpSF*0.0431*(1+0.5*MFrSc) -
                                                        MpO2F*0.0432;
        }
        public double getMqThACr(double MFrSc) { return getMFrThACr(MFrSc)/
HHVF;   }
        public double getMoThACr(double MFrSc) { return getMFrThACr(MFrSc)/
28.963;  }
    //把定容低位热量转化为定压低位热量。
        public double getHHVFFromHHVFcv(double HHVFcv)  {  return HHVFcv+2.6*
MpH2F; }
    // 煤的焓，单位为 kJ/kg。
        public double getH(double tc){
            double tf = 1.8*tc+32;
            double MFrVm2,MFrVm1=0;
            double HFc  = 0.152*tf+1.95E-4*tf*tf-12.860; //固定碳的焓。
            double HVm1 = 0.38*tf+2.25E-4*tf*tf-30.594;//一类挥发分的焓。
            double HVm2 = 0.70*tf+1.70E-4*tf*tf-54.908;//二类挥发分的焓。
            double HRs  = 0.17*tf+0.80E-4*tf*tf-13.564;//灰渣的焓。
            double HW   = tf-77;//煤中水焓。
            double MFrVm = coal.getV()/100;
            double MFrVmCr = MFrVm/(1-MpAsF/100-MpH2OF/100);//挥发分的量。
            if(MFrVmCr<=0.1)
                    MFrVm2 = MFrVm;//无烟煤时一类挥发分为 0。
            else
                    MFrVm2 = 0.1*(1-MpAsF/100-MpH2OF/100);//二类挥发分。
            MFrVm1 = MFrVm-MFrVm2;
            return                        (coal.getFC()*HFc/100+MFrVm1*HVm1+
MFrVm2*HVm2+MpH2OF*HW/100
                        +MpAsF*HRs/100)*1.05506/0.45359237;

        }
}
```

2. ASMEWetAir.java

与 GB 10184 中的 WetAir 相类似，但是增加了干湿球温度计算湿度的公式。

```
package com.ncepri.boiler.test.ASME;
import java.io.*;
import java.lang.Math;
public class ASMEWetAir implements Serializable,Cloneable{
    private double RHMz;
    private double Pa;  public void setPa(double p){Pa=p;} public double
getPa(){return Pa;}
    private double Ta;  public void setTa(double t){Ta=t;} public double
getTa(){return Ta;}
    private double MFrWA=0.01;  public void setMFrWA(double ah){MFrWA=ah; }
    public double getMFrWA(){return MFrWA; }

    /**  构造函数         */
    public ASMEWetAir()   {         }
    public ASMEWetAir(double Pa,double Ta,double MFrWA,Object fake)
{         }
    public ASMEWetAir(double Pa,double Ta,double RHMz)  { MFrWA =
getMFrWDA(RHMz,Ta); }
```

```
        public ASMEWetAir(double Pa,double Ta,double Tdb,double Twb)
                { MFrWA = getMFrWDAByTWbTdb(Twb,Tdb); }

    //通过相对温度与干球温度求湿空气湿度。
    public double getMFrWDA(double RHMz,double Tdb)  {
         double PsWvTdb = getPsWvT(Tdb);
         double PpWvA = 0.01*RHMz*PsWvTdb;
         return 0.622*PpWvA/(Pa-PpWvA);
    }

    // 通过干、湿球温度求湿空气湿度。
       public double getMFrWDAByTWbTdb(double Twb,double Tdb) {
         double PsWvTdb = getPsWvT(Tdb);
         double PsWvTwb = getPsWvT(Twb);
         double PpWvA = PsWvTwb-(Pa-PsWvTwb)*(Tdb-Twb)/(2830-1.44*Twb);
         return 0.622*PpWvA/(Pa-PpWvA);
    }
    //求得水蒸气在某一温度下的饱和压力(T的单位为℃)。
    double getPsWvT(double T){
            double TF = ASMEH.TCtoTF(T);
            if(TF>140||TF<32) return -1;
            return  0.019257+1.289016E-3*TF+1.1211220E-5*TF*TF+
4.534007E-7*TF*TF*TF
            +6.841880E-11*TF*TF*TF*TF+2.917092E-11*TF*TF*TF*TF*TF;
        }
    // 每千克燃料所需的空气中水蒸气的mol数,单位为mol/kg。
    public double getMoWA() {return 1.608*MFrWA;}
    //空气的密度,由空气及其携带的水分加权平均。
    public double DnA(double Pz)   {
         double MwA = (1+MFrWA)/(1/28.963+MFrWA/18.015);
            double Rk  = 8314.5/MwA;
            return 1.0*(Pa+Pz)/(273.2+Ta)/Rk;
    }
    //空气的焓,由空气及其携带的水分加权平均。
    public double getH(double t)   {
         double HAirDry = ASMEH.HAirTCToKJPerKg(t);
           double HWv  = ASMEH.HWvTCToKJPerKg(t);
         return (HAirDry+MFrWA*HWv)/(1+MFrWA);
    }
    //  由焓值求温度,实现略。
    public double getT(double enthalpy)     {……  }
}
```

3. 烟气对象 ASMEGas.java

```
package com.ncepri.boiler.test.ASME;
import java.io.Serializable;
public class ASMEGas implements Serializable,Cloneable {
    //定义构成烟气的几个基础对象来源及其存取函数。
     private ASMECoal   coal;  public void setCoal(ASMECoal c){coal = c;}
     private ASMEWetAir  air;  public void setAir(ASMEWetAir a){air = a;}
     private ASMESorbent  Sb;  public void setSorbent(ASMESorbent s){Sb =s;}
    //带入烟气中的其他蒸汽源,如吹灰蒸汽等,单位为t/h,需要输入。
     private double[] MrWAdz;     public void setMrWAdz(double[] wadz){MrWAdz
```

```
= wadz; }
    //湿烟气成分容积比例（%）：含氧量、CO2含量等,测量或计算得出。
      public double VpO2,VpCO2,VpCO,VpNOx,VpSO2,VpN2F,VpN2a,VpH2O;
    //干基烟气成分, 容积比例（%）,测量或是计算得出。
      public double DVpO2,DVpCO2,DVpCO,DvpNOx,DVpSO2,DVpN2F,DVpN2a,DVpH2O;
    //计算理论空气量,湿烟气量、湿烟气的密度,湿烟气量摩尔量、干烟气的摩尔量,过量空气系数。
      public double MqThACr,MqFg,DnFg, MoFg, MoDFg, XpA;
    //计算所得的燃料转化为湿烟气的质量、脱硫剂产生的CO2、脱硫剂中带入的水分、空气中带入水
分等。
      public double MqFgF, MqCO2Sb,MqWSb,MqWA,MqDA,MqWF,MqWvF,MqWH2F,MqWFg;

    // 每千克燃料产生湿烟气在t温度下的焓值, 由干湿烟气加权平均, 单位为kJ/kg。
      public double getHWet(double t){
              double dryGasHKJperKg = getHDry(t),
waterInGasKJperKg=ASMEH.HWvTCToKJPerKg(t);
              double hWetGas =
MqWFg*waterInGasKJperKg+this.getMqDFg()*dryGasHKJperKg;
             return hWetGas/MqFg;
          }
    //每千克燃料产生干烟气在t温度下的焓值, 由质量流量加权平均, 单位为kJ/kg(燃料)。
       public double getHDry(double t){
             return  (44.01*this.DVpCO2*ASMEH.HCO2TCToKJPerKg(t)
                 + 28.158*this.DVpN2a*ASMEH.HN2SteamTCToKJPerKg(t)
                 + 28.013*this.DVpN2F*ASMEH.HN2TCToKJPerKg(t)
                 + 32.00*this.DVpO2*ASMEH.HO2TCToKJPerKg(t)
                 + 64.064*this.DVpSO2*ASMEH.HSO2TCToKJPerKg(t)
                 + 28.01*this.DVpCO*ASMEH.HCOTCToKJPerKg(t) )/getMwDFg();
          }
   //求湿烟气的摩尔质量, 单位为kg/mol。
       public double getMwDFg(){
             return (4401*DVpCO2+ 2815.8*DVpN2a+2801.3*DVpN2F+
                           3200*DVpO2+6406.4*DVpSO2+2801*DVpCO )/100;
          }
    //由焓值求温度, 是个迭代过程, 实现略。
       public double getT (double enthalpy)   {…… 略    }
    //获取其他水分的总量。
       public double getMFrWAd(double MrF){
           double MFrWad =0;
           if(MrWAdz!=null)
               for(int i=0;i<MrWAdz.length;i++)
                       MFrWad+=MrWAdz[i]/MrF;
           return MFrWad;
          }
       public double getMrFg(double MrF){   return MqFg*MrF*coal.HHVF;   }//
湿烟气量, kg/s。
       public double getMFrFg(){               return MqFg*coal.HHVF;    }   //
湿烟气量, kg/kg。
       public double getMqDFg(){               return MqFg-MqWFg;   }//干烟气量,
高位发热量基, kg/J。
       public double getMpWFg(){               return MqWFg/MqFg;   }  //烟气中
的水分质量比, %。
    //干基烟气成分分析计算,整个烟气ASMEGas类的核心,调用本方法后,就可以计算焓等变量。
       public void calcXpADry(double MrF)  {
           double MoThACr = coal.getMoThACr(Sb.MFrSc);
           double MoDPc=coal.MpCb/1201+(1-Sb.MFrSc)*coal.MpSF/3206.4
```

```
                                    +coal.MpN2F/2801.3+Sb.MoCO2Sb;
            double
MoWPC=MoDPc+coal.MpH2F/201.6+coal.MpH2OF/1801.5+getMFrWAd(MrF)/18.015;
            XpA = 100*(DVpO2*(MoDPc+MoThACr*0.7905)/(MoThACr*(20.95-DVpO2)));
            MqThACr=coal.getMqThACr(Sb.MFrSc);
            MqWF= coal.MpH2OF/100/coal.HHVF;
            MqWH2F=8.937*coal.MpH2F/100/coal.HHVF;
            MqCO2Sb=Sb.MFrCO2Sb/coal.HHVF;
            MqWSb=Sb.MFrWSb/coal.HHVF;
            MqWA=air.getMFrWA()*MqDA/100;
            MqDA= (100+XpA)*coal.getMqThACr(Sb.MFrSc)/100;
            MqFgF=
(100-coal.MpAsF-coal.MpCF+coal.MpCb-Sb.MFrSc*coal.MpSF)/100/coal.HHVF;
            MqWFg=MqWF+MqWvF+MqWH2F+MqWSb+MqWA;
            MqFg=MqFgF+MqDA+MqWA+MqCO2Sb+MqWSb+MqWvF;
               MoFg = MoWPC+MoThACr*(0.7905+ air.getMoWA()+XpA*(1+
air.getMoWA())/100);
             MoDFg = MoDPc+MoThACr*(0.7905+XpA/100);
            VpO2= XpA*MoThACr*0.2095/MoFg;
            DVpO2= XpA*MoThACr*0.2095/MoDFg;
            VpCO2= (coal.MpCb/12.01+100*Sb.MoCO2Sb)/MoFg;
            DVpCO2= (coal.MpCb/12.01+100*Sb.MoCO2Sb)/MoDFg;
            VpSO2=coal.MpSF/32.064*(1-Sb.MFrSc)/MoFg;
            DVpSO2=coal.MpSF/32.064*(1-Sb.MFrSc)/MoDFg;
            VpN2F = coal.MpN2F/28.013/MoFg;
            DVpN2F = coal.MpN2F/28.013/MoDFg;
            VpN2a= 100-VpO2-VpCO2-VpSO2-VpH2O-VpN2F;
            DVpN2a= 100-DVpO2-DVpCO2-DVpSO2-DVpN2F;
            VpH2O= (Sb.MoWSb*100+ coal.MpH2F/2.016+ coal.MpH2OF/18.015+
                getMFrWAd(MrF)/18.015+
(100+XpA)*MoThACr*air.getMoWA())/MoFg;
            DVpH2O=100*(MoFg-MoDFg)/MoDFg;
    }
    //湿基氧量分析，作用与calcXpADry一样，但是用湿基烟气初始成分进行计算。
    public void calcXpAWet(double MrF)
    {
        double MoWA    = air.getMoWA();
        double MoThACr = coal.getMoThACr(Sb.MFrSc);
        double MoDPc=coal.MpCb/1201+(1-Sb.MFrSc)*coal.MpSF/3206.4
                    +coal.MpN2F/2801.3+Sb.MoCO2Sb;
        double
MoWPc=MoDPc+coal.MpH2F/201.6+coal.MpH2OF/1801.5+getMFrWAd(MrF)/18.015;
        XpA = 100*(VpO2*(MoWPc+MoThACr*(0.7905+MoWA))
                    /(MoThACr*(20.95-VpO2*(1+MoWA))));
        MqThACr=coal.getMqThACr(Sb.MFrSc);
        MqWF= coal.MpH2OF/100/coal.HHVF;
        MqWH2F=8.937*coal.MpH2F/100/coal.HHVF;
        MqCO2Sb=Sb.MFrCO2Sb/coal.HHVF;
        MqWSb=Sb.MFrWSb/coal.HHVF;
        MqWA=air.getMFrWA()*MqDA/100;
        MqDA= (100+XpA)*coal.getMqThACr(Sb.MFrSc)/100;
        MqFgF=
```

```
100-coal.MpAsF-coal.MpCF+coal.MpCb-Sb.MFrSc*coal.MpSF)/100/coal.HHVF;
        MqWFg=MqWF+MqWvF+MqWH2F+MqWSb+MqWA;
        MqFg=MqFgF+MqDA+MqWA+MqCO2Sb+MqWSb+MqWvF;
          MoFg = MoWPc+MoThACr*(0.7905+MoWA+XpA*(1+MoWA)/100);  //
        MoDFg = MoDPc+MoThACr*(0.7905+XpA/100);       //5
        VpO2= XpA*MoThACr*0.2095/MoFg; //
        DVpO2= XpA*MoThACr*0.2095/MoDFg; //
        VpCO2= (coal.MpCb/12.01+100*Sb.MoCO2Sb)/MoFg; //
        DVpCO2= (coal.MpCb/12.01+100*Sb.MoCO2Sb)/MoDFg; //
        VpSO2=coal.MpSF/32.064*(1-Sb.MFrSc)/MoFg;  //
        DVpSO2=coal.MpSF/32.064*(1-Sb.MFrSc)/MoDFg; //
        VpN2F = coal.MpN2F/28.013/MoFg;      //
        DVpN2F = coal.MpN2F/28.013/MoDFg;    //
        VpN2a= 100-VpO2-VpCO2-VpSO2-VpH2O-VpN2F; //
        DVpN2a= 100-DVpO2-DVpCO2-DVpSO2-DVpN2F; //
        VpH2O= (Sb.MoWSb*100+coal.MpH2F/2.016+ coal.MpH2OF/18.015+
getMFrWAd(MrF)/18.015+
                      (100+XpA)*MoThACr*air.getMoWA())/ MoFg;  //
         DVpH2O=100*(MoFg-MoDFg)/MoDFg;
    }
 / //排烟温度漏网修正计算。
    public double getTFgLvCr(double TFgLv,double TAEn,double O2En){
        double TFgLvCr = TFgLv+10;  //给修正后的排烟温度赋一个初值。
        double dT =10;
        double HATFgLv = air.getH(TFgLv);
        double HAEn   = air.getH(TAEn);
        double MnCpA  = (HATFgLv - HAEn)/(TFgLv-TAEn);
        ASMEGas gasEn = (ASMEGas)this.clone();      //克隆一个烟气对象,这样其煤
种等子对象都一样。
        gasEn.DVpO2=O2En;                           //但是氧量不一样,赋入空气预
热器入口的氧量值。
        gasEn.calcXpADry();                         //再计算烟气成分,烟气对象成
分等参数就变了。
        do{
            double MqFgEn = gasEn.MqFg;
            double MqFgLv = MqFg;
            //输入温度变为F,求取湿烟气温度在TFFgLv~ TFFgLvCr之间的平均比热容,它是
              瞬时比热容。
            double TFFgLv = 1.8*TFgLv+32;
            double TFFgLvCr = 1.8*TFgLvCr+32;
            double TMnFg = (TFFgLv+TFFgLvCr)/2;
            double TMnFgCF = 2*TMnFg-77;
            double TMnFgCC = (TMnFgCF+459.7)/1.8-273.15;
            double HMnFg = getHWet(TMnFgCC);
            double MnCpFg  = HMnFg/(TMnFgCC-25);
            //计算修正后的排烟温度,并与旧值比较,看有多少差值。
            double TFgLvCrNew = TFgLv +
MnCpA/MnCpFg*(MqFgLv/MqFgEn-1)*(TFgLv-TAEn);
                dT = Math.abs(TFgLvCr-TFgLvCrNew);
                TFgLvCr = (TFgLvCr+TFgLvCrNew)/2;
        }while(dT>0.1);
        return TFgLvCr;
    }
  }
```

4. 脱硫剂对象 ASMESorbent.java

```java
package com.jane.boiler.test.ASME;
public class ASMESorbent implements Serializable,Cloneable{
        public boolean trueObject=true;  //炉内是否有脱硫的标志,如果没有脱硫,
则该值为 false。
//脱硫剂成分,包括CaCO3、MgCO3 、Ca(HO)2、Mg(HO)2、灰分与水分,质量百分比(%),来源:
化验。
    public double CaCO3, MgCO3, CaO2H2, MgO2H2, Ash, Moist;
 //每千克燃料所用脱硫剂及各成分的质量份额,单位为 kg/kg。
    public double MFrSb, MFrCcSb, MFrMcSb, MFrChSb, MFrMhSb, MFrWSb, MFrSsb;
 //每千克燃料所用脱硫剂产生的 CO2 质量等(各基准),其中脱硫剂产生水分包括脱硫剂本身的水分
   与 Ca(HO)2 和 Mg(HO)2 脱硫产生的水分。
    public double MFrCO2Sb, MoCO2Sb, MqCO2Sb,  MqWSb,  MoWSb, MoFrCaS;
 //两个重要计算值,CaCO3 的煅烧份额和脱硫率(%),其中脱硫指炉内脱硫,脱硫系统在炉外时值
为 0。
    public double MoFrClhCc , MFrSc=0;
   //构造函数,第一个把脱硫剂的成分输入对象,另一个构造一个假对象,用于无脱硫时。
    public ASMESorbent(double CaCO3, double MgCO3, double CaO2H2,… , double
Moist ) { }
    public ASMESorbent(Object ob) {              this.MFrCO2Sb=0;         ,
trueObject = false; }
 // 一些关于成员变量的方法。
    public double getMFrSb(){  return MFrSb;  }
    public double getMqCO2Sb(double HHVF) { return MFrCO2Sb/HHVF; }//脱硫剂
煅烧产生的 CO2。
    public double getMqWSb(double MrF,double HHVF) { return MFrWSb/HHVF;  }
    public double getMFrWSb(){ return MFrWSb;  }
    public double getMoFrCaS()   {return  MoFrCaS }//钙硫摩尔比。
    public double getMFrSsb()  { return MFrSsb;  }//燃料质量流量,kg/s。


 //用干基烟气成分等参数进行脱硫率的计算,本程序段假定 Cb 已知情况下的脱硫率及脱硫剂燃煤
份额的计算,并据此计算类变量 MFrSsb 等。
  public double getMFrScDry(ASMEGas gas,ASMEResidue[] rs,double MrSb,double
  MrF, double MoFrClhCc)
  {
      MFrSc=0.95;   //给定一个煅烧份额的初值。
      ASMECoal c=gas.getCoal();
      if(c.MpCb==0) return -1;   //如果 MpCb 是 0,说明其初值还没有给出。
      MFrSb = MrSb/MrF;    //
      MFrCcSb =MFrSb* CaCO3/100;//
      MFrMcSb =MFrSb* MgCO3/100;//
      MFrChSb =MFrSb* CaO2H2/100;//
      MFrMhSb =MFrSb* MgO2H2/100;//
      MFrWSb = MFrSb* Moist/100;//
      MFrSsb = MFrSb* Ash/100;  //
      double e=0.001;
      do{
          double MoSO2 =c.MpSF/3206.4;
          double MoThaPc =c.getMoThA();

          MoCO2Sb=MFrCcSb*MoFrClhCc/100.089+MFrMcSb/84.3+MFrChSb/74.096+M
          FrMhSb/58.32;    double MoDPc = c.MpCb/1201+c.MpSF/3206.4+c.MpN2F/
          2801.3+MoCO2Sb;
```

```
MFrScNew=(1-gas.DVpSO2*(MoDPc+MoThaPc*0.7905)/100/(1-gas.DVpO2/20.95)/MoSO2) /
                       (1-0.887*gas.DVpO2/20.95/(1-gas.DVpO2/20.95));
            e=Math.abs(MFrScNew - MFrSc);
            MFrSc=0.5*( MFrScNew + MFrScNew);
        }while(e>0.001);
        double MFrSO3 =0.025*MFrSc*c.MpSF;
        MFrSsb = MFrSb - MFrCO2Sb -MFrWSb + MFrSO3;
        MFrCO2Sb= 44.01*MoCO2Sb;
        MoWSb = MFrWSb/18.015 + MFrChSb/74.83 + MFrMhSb/58.32; //每千克燃料
产生总水分摩尔量。
        MFrWSb = 18.015*MoWSb; //每千克燃料产生总水分总质量。
        MoFrCaS=MFrSb* 32.064*(CaCO3*MFrSb/100.089+CaO2H2/74.096)/MpSF;
    return MFrSc;
}

//假定 Cb 已知进行煅烧份额的计算，本函数通过调用 getMFrScDry 函数，把脱硫率的计算嵌入。
public double getMoFrClhCc (ASMEGas gas,ASMEResidue[] rs,double MrSb,double MrF)
{
    double MoFrClhCc=0.95;    //给定一个煅烧份额的初值。
    double e=0.001;
    do{
            getMFrScDry(gas, rs, MrSb, MrF,double MoFrClhCc);
            MFrRs=(c.MpAsF+100getMFrSsb())/(100-MnMpUbC);//
            double MpCO2Rs = ASMEResidue.getMnMpCO2Rs(rs);
            MoFrClhCcNew =(1- MFrRs* MpCO2Rs *100/44.01/MFrSb/ CaCO3);// 式
(3-115)。
            e=Math.abs(MoFrClhCcNew-MoFrClhCc);
            MoFrClhCc=0.5*(MoFrClhCcNew+MoFrClhCc);
        }while(e>0.001);
        return MoFrClhCc;
}

///用湿基烟气成分等参数进行脱硫率的计算，原理、目的和方法与干基一样。
public double getMFrScWet(ASMEGas gas,ASMEResidue[] rs,double MrSb,double
MrF)
{
    MoFrClhCc=0.95;
    ASMECoal c=gas.getCoal();
    ASMEWetAir a=gas.getAir();
    if(c.MpCb==0) return -1;    //如果 MpCb 是 0,说明其初值还没有给出。
    MFrSb = MrSb/MrF;    //
    MFrCcSb =MFrSb* CaCO3/100;//
    MFrMcSb =MFrSb* MgCO3/100;//
    MFrChSb =MFrSb* CaO2H2/100;//
     MFrMhSb =MFrSb* MgO2H2/100;//
     MFrWSb = MFrSb* Moist/100;//
     double e=0.001;
     do{
         double MoSO2 =c.MpSF/3206.4;
         //每千克燃料的脱硫剂产生总水分摩尔量。
         MoWSb = MFrWSb/18.015 + MFrChSb/74.83 +MFrMhSb/58.32; //
             //空气湿度摩尔表示法，mol 水分/mol 干空气。
         double MoWA = 1.608*a.getMFrWA();         //
         double K = 2.387*(0.7905+MoWA)-1.0; //
```

```
                //理论干空气量的摩尔数。
                double                                        MoThaPc
=(c.MpCb/1201+c.MpH2F/403.2+c.MpSF/3206.4-c.MpO2F/3200)/0.2095;
                //理论干烟气量的摩尔数
                MoCO2Sb                                              =
MFrCcSb*MoFrClhCc/100.089+MFrMcSb/84.3+MFrChSb/74.1+MFrMhSb/58.32;
                double MoDPc = c.MpCb/1201+c.MpSF/3206.4+c.MpN2F/2801.3+MoCO2Sb;
//5.9-12
                //理论湿烟气量的摩尔数
                double                                 MoWPc          =
MoDPc+c.MpH2F/201.6+c.MpH2OF/1802+gas.getMFrWAd()/18.02+MoWSb;
                MFrSc
=(1-gas.VpSO2*(MoWPc+MoThaPc*(0.79+MoWA))/100*(1-(1+MoWA)*gas.VpO2/21))
                  / (1+K*MoSO2/100/(1-(1+MoWA)*gas.VpO2/21));
                double                                      MoFrClhCcNew
=(1-ASMEResidue.getMnMpCO2Rs(rs)/44.01*100.089/MFrSb);
                e=Math.abs(MoFrClhCcNew-MoFrClhCc);
                MoFrClhCc=0.5*(MoFrClhCcNew+MoFrClhCc);
            }while(e>0.001);
            double MFrSO3 =0.025*MFrSc*c.MpSF;
            MFrSsb = MFrSb - MFrCO2Sb -MFrWSb + MFrSO3;
            MFrCO2Sb= 44.01*MoCO2Sb;            //5.9-4
            MoWSb = MFrWSb/18.015 + MFrChSb/74.83 + MFrMhSb/58.32; //每千克燃料产
生总水分摩尔量。
            MFrWSb = 18.015*MoWSb; //每千克燃料产生总水分总质量。
            MoFrCaS＝MFrSb* 32.064*(CaCO3*MFrSb/100.089+CaO2H2/74.096)/MpSF;
            return MFrSc;
    }
    //1kg 脱硫剂的焓值计算。
    public double getH(double tc)  {
        double tf = 1.8*tc-32;
        double HCc  = 0.179*tf+0.1128E-3*tf*tf-14.45; //式 5.19-25
        double HW  =  tf-77;
        return ((1-this.MFrWSb)*HCc+MFrWSb*HW)*1.05506/0.45359237;
    }
}
```

5. 灰分对象 ASMEResidue.java

没有炉内脱硫时，仅有燃料带入的灰分及未燃碳，但在加入石灰石以后，变为下列四部分：

（1）煤中的灰。

（2）脱硫剂石灰石中的灰。

（3）煤中未燃烧的碳。

（4）石灰石中未完全分解的碳酸钙。

这样就使得问题较为复杂。在该类中含有两方面的内容：一方面内容是每一份样本中的数据，如含碳量等，第一个样本就构造一个实例，因而把它当作实例的变量；另一方面是所有样品这些参数的平均，如平均飞灰含碳量等，则属于所有样本都有的数据，因此，它属于 ASMEResidue 类的数据， 用 static 类把它们定义为类属变量。

```
package com.jane.boiler.test.ASME;
```

```
import com.jane.boiler.*;
public class ASMEResidue  {
    static public enum NameValue{ flyingAsh,slag,falloutAsh,otherAsh;};
    //每一份样本的名称，如飞灰还是大渣，用以区分。
    public NameValue name;
```
//每一份灰渣中都有这六个关键的参数，其中化验可以得出的是包括 CO_2 在内的总的含总碳 MpToCRs、灰渣中 CO_2 中的含碳量 MpCO2Rs，测量可得的参数是温度 T 及部分该处灰渣的流量 MrRs，待求量为每一份灰样的份额 MpRs 和未燃烧碳含量 MpCRs。某一位置灰渣流的流量如果测量的话，则输入值，否则为 0。如果只有一个不为 0，则需要通过计算得出每一出灰口的灰渣份额 MpRs。
```
    public double MpCRs, MpToCRs ,MpCO2Rs, MpRs, T, MrRs;
```

// 以下参数是全炉灰渣的总体特性，包括单位质量燃料中的灰分总质量 MFrRs(kg/kg) 和平均飞灰含碳量及平均未燃尽碳含量，都是类属变量。
```
    static public double MFrRs,MnMpCRs,MnMpUbC;

    //将某处（如飞灰）的灰渣样本折算到高位发热量基上，单位为 kg/J。
    public double getMqRs(ASMECoal c,ASMESorbent Sb){
        if(!Sb.trueObject)
            return MpRs*c.MpAsF/100/c.HHVF;  //如果无脱硫，则直接返回输入的
MpCRs。
        return MpRs*MFrRs/100/c.HHVF;           //否则，返回计算值。
    }
    //未燃尽 C 的计算，一般化验可得总含碳量，也可能是未燃尽碳。如果给出的是总含碳量，用本式
计算。
    public double getMpCRs(){
        if(MpCO2Rs!=0)
            MpCRs = MpToCRs-12.01/44.01*MpCO2Rs;
        return MpCRs;
    }
    public double getH(){  return ASMEH.HAshTCToKJPerKg(T);    }
```

//灰渣份额分为可全测、部分测及估计三种，以下程序段确定灰渣份额如何工作。
```
    static public final int TEST=100,ESTIMATE=101,CALC=102;
    static int MpRsWork(ASMEResidue[] rs){
        int hasRatioNum=0;
        for(int i=0;i<rs.length;i++){
            if(rs[i].MrRs>0)
                hasRatioNum++;
        }
        if(rs.length-hasRatioNum>1)
            return ESTIMATE;
        else if(rs.length-hasRatioNum==0) {
            double SmMrRs=0;
            //先把存在数据里的总灰量与需要计算的灰分样序号找出来，保存在 X 中。
            for(int i=0;i<rs.length;i++){
                SmMrRs+=rs[i].MrRs;
                if(rs[i].MrRs==0) X=i;
            }
            //如果所有灰渣口都有流量测量，则用它们除以总流量得到灰渣份额。
            for(int i=0;i<rs.length;i++)
                rs[i].MpCRs=rs[i].MrRs/SmMrRs*100;
            return TEST;
        }
        return CALC;
    }
}
```

```
//获取包含燃料中的灰与脱硫灰渣的总质量换算成基于燃料的灰渣质量。
 static public double getMFrRs(ASMECoal c,ASMESorbent Sb){  return MFrRs;
           }
//计算灰分中平均含碳量。
 static public double getMnMpCRs(ASMEResidue[] ashz )
{
     double MpCRs=0;
     for(int i=0;i<ashz.length;i++)
         MpCRs += ashz[i].getMpCRs()*ashz[i].MpRs/100;
     return MpCRs;
  }
```

//计算灰分中平均 CO_2 含量。

```
 static public double getMnMpCO2Rs(ASMEResidue[] ashz )
  {
     double MpCO2Rs=0;
     for(int i=0;i<ashz.length;i++)
         MpCO2Rs += ashz[i].MpCO2Rs*ashz[i].MpRs/100;
     return MpCO2Rs;
   }

//计算、处理飞灰份额。
   static  public  void  calcMpRs(ASMEGas  gas,ASMEResidue[]  rs,double
MrSb,double MrF )
  {
     int X=0;
     double e=0, SmMrRs=0;
     //先把存在数据里的总灰量与需要计算的灰分样序号找出来，保存在 X 中。
     for(int i=0;i<rs.length;i++){
          SmMrRs+=rs[i].MrRs;
          if(rs[i].MrRs==0) X=i;
       }
     //如果所有灰渣口都有流量测量，则用它们除以总流量得到灰渣份额。
      if(ASMEResidue.MpRsWork(rs)!=ASMEResidue.TEST){
          for(int i=0;i<rs.length;i++)
              rs[i].MpCRs=rs[i].MrRs/SmMrRs*100;
              return;
      }
     //如果上述两种情况都不是，则是部分测量飞灰，按以下步骤进行飞灰份额的计算。
        //1）先按照预先估计的灰量份额计算出未燃尽碳，并给待求灰样的份额赋初值。
     double Ubc=ASMEResidue.getMnMpUbCDry(gas, rs, MrSb, MrF);
     rs[X].MrRs=SmMrRs-MFrRs*MrF;
        //2）用新计算的总灰流量结果更新每个煤样的份额，并计算新的灰渣流量。计算差值，
           直到计算出新灰量的差值与旧灰量差值小于 0.1%为止。在计算过程中，调用了飞灰对
           象的 getMnMpUbCDry 方法，该方法又会调用 ASMESorbent 对象的 getMoFrClhCc
           方法，这样就完成了煅烧份额、平均飞灰含碳量及飞灰份额的三重嵌套迭代。
     do{
          for(int i=0;i<rs.length;i++)
              rs[i].MpCRs=rs[i].MrRs/SmMrRs*100;
          Ubc=ASMEResidue.getMnMpUbCDry(gas, rs, MrSb, MrF);
          double SmMrRsNew=MFrRs*MrF;
          e=Math.abs(SmMrRsNew/SmMrRs-1)*100;
          SmMrRs=SmMrRsNew;
     }while(e>0.1);
  }
```

//计算一系列灰分样品总的未燃碳占燃料的量，单位为%，这是本类中最重要的方法之一。使用时必须先对 gas 的 VpO2/VpSO2 等先行赋值。该方法又会调用 ASMESorbent 对象的 getMFrScDry 方法，这样就完成了煅烧份额和平均飞灰含碳量的二重嵌套迭代。

```java
static public double getMnMpUbCDry(ASMEGas gas,ASMEResidue[] rs,double MrSb,double MrF ){
    ASMESorbent sb = gas.getSorbent();
    ASMECoal   c = gas.getCoal();
    if(!sb.trueObject) {
        double MpCRs=getMnMpCRs(rs);
        c.MpCb=c.MpCF-MpCRs*c.MpAsF/(100-MpCRs);
        MFrRs=(c.MpAsF+c.MpCF-c.MpCb)/100;
        return getMnMpCRs(rs)*c.MpAsF;
    }
    double e=0;
    double MnMpUbC=2;
    do{
        c.MpCb=c.MpCF-MnMpUbC*MFrRs;
        sb. getMoFrClhCc (gas, rs, MrSb, MrF);
        MFrRs=(c.MpAsF+100*sb.getMFrSsb())/(100-MnMpUbC);
        double MnMpUbCNew = getMnMpCRs(rs)*MFrRs;
        e=Math.abs( MnMpUbCNew-MnMpUbC);
        MnMpUbC=0.5*(MnMpUbC+MnMpUbCNew);
    }while(e>0.001);
    return MnMpUbC ;
}
```

//计算一系列灰分样品总的未燃碳占燃料的量，单位为%，与 getMnMpUbCDry 的作用相同。只是本方法采用湿基的成分进行计算，使用时必须先对 gas 的 VpO2/VpSO2 等先行赋值。

```java
static public double getMnMpUbCWet(ASMEGas gas,ASMEResidue[] rs,double MrSb,double MrF ){
    ASMESorbent sb = gas.getSorbent();
    ASMECoal   c = gas.getCoal();
    if(!sb.trueObject) {
        double MpCRs=getMnMpCRs(rs);
        c.MpCb=c.MpCF-MpCRs*c.MpAsF/(100-MpCRs);
        return getMnMpCRs(rs)*c.MpAsF;
    }
    double e=0;
    MFrRs=c.MpAsF;
    do{
        c.MpCb=c.MpCF-MnMpUbC*MFrRs;
        sb.getMFrScWet(gas, rs, MrSb, MrF);
        double MnMpUbCNew = getMnMpCRs(rs)*sb.getMFrSb();
        e=Math.abs( MnMpUbCNew-MnMpUbC);
        MnMpUbC=0.5*(MnMpUbC+MnMpUbCNew);
        MFrRs=(c.MpAsF+100*sb.getMFrSsb())/(100-MnMpUbC);
    }while(e>0.001);
    return MnMpUbC ;
}
}
```

（四）试验对象

```java
package com.jane.boiler.test.ASME;
```

```java
public class ASMEPTC41998 implements Cloneable,Serializable
{   //试验的名称需要输入，作为标识用。
        public String   name;
    //设置试验中的燃料煤对象 ASMECoal，它可以在外部构造后，以简化一次输入太多数据。
        private ASMECoal coal;
        public void setCoal(Coal c){this.coal= new ASMECoal(c);}
        public void setCoal(ASMECoal c){this.coal=c;}
        public ASMECoal getCoal(){return this.coal;}
    //飞灰、大渣等一组灰渣样本对象，与 coal 一样，可以在外部构造后再输入本类。
        public ASMEResidue[] residues;
  //燃烧湿空气，需要输入，包括大气压力、相对湿度、干球温度或干湿球温度。
        public ASMEWetAir    air;
    //炉内脱硫剂，如果没有脱硫剂，使用 null 作为参数的构造函数，否则必须输入相关的成分等参数。
        public ASMESorbent   sorbent;
  //炉内脱硫剂质量流量（t/h），与燃料流量（t/h），如果没有脱硫剂，MrSb 可不用输入。
        public double MrSb=0,MrF;
  //带入烟气中的其他水分，如吹灰蒸汽等（t/h）。
        public double[] MrWAdz;
    //烟气温度、成分等试验数据。
        public double TFgLv,TAEn,O2FgLv,COFgLv,NoxFgLv,SO2FgLv,O2AirHeaterIn;
    //烟气对象把它们都包容了。
        private ASMEGas  gas = new ASMEGas();

    //以下部分为计算的中间变量。
        public double TFgLvCr;           //修正后的排烟温度。
        public double MqFgLv ;           //高位热量基烟气离开锅炉带走的能量，计算值。
        public double HFgLvCr ;          //排烟焓，Enthalpy of dry flue gas leaving,
                                         //   excluding leakage (J/kg)。
        public double QpLDFgCr;          // 修正后的排烟热量占高位发热量的比例,计算值,%。
        public double HStLvCr ;          // 燃料水分引起损失 Enthalpy of steam, at
                                         //   corrected exit gas temperature(J/kg)。
        final public double HWRe=ASMEH.HWTCToKJPerKg(25);
                                         //参考温度下水焓 (J/kg)。
        public double QpLH2F ;           //   H2燃烧水损失，计算值，%。
        public double QpLWF  ;           // 燃料中水分损失。
        public double MqWvF  ;           // 气体燃料中的水蒸气或其他水蒸气，如雾化蒸汽与
                                         //   吹灰蒸汽引起的损失，合并在本节中考虑。
        public double HWvLvCr  ;         // 水蒸气在修正后的排烟温度下的焓，以 25℃饱和蒸
汽为基准，kJ/kg。
        public double QpLWvF ;           //空气中绝对湿度 Mass fraction of moisture in
dry air, mass H2O/mass dry air.
        public double QpLWA;             //空气中水分引起的损失。
        final public double HHVCRs = 33700;
                                         //higher heating value of carbon in residue。
        public double MpUbC ;                    //未燃烬碳的质量比，%, Mass percent
of Uncombused carbon。
        public double QpLUbc ;                       //灰渣中含碳量导致的未完全燃烧损失。
        public double QpLH2Rs ;                      //灰渣中未燃烧氢的损失。
        double MrRs;                                 // 每小时产生的灰渣总质量，t/h。
        double MpH2Rs;                               // 灰渣中 H 元素的含量（%），需要输入。
        final public double HHVH2=142120;           //氢元素高位发热量，定值。
        public double DVpCO ;            // 烟气中 CO 的损失 percent CO in
flue gas ,dry basis。
        public double MoDFg ;            // 每千克燃料产生干烟气中的摩尔量，
```

```java
                                         mol Dry flue gas per mass fuel;
    final public double MwCO=28.01;      //CO 的摩尔量，molecular weight of
                                           carbon monoxide, 28.01 lb/mol.
    public double QpLCO ;                // 一氧化碳的未燃尽损失。
    public double[] MrPr;                //石子煤排量， Mass flow rate of
                                           pulverizer rejects (kg/s).
    public double[] TPr;                 //石子煤温度, Tempeture of pulverizer
                                           rejects.
    public double[] HHVPr;               // 石子煤高位发热量，higher heater
                                           value of pulverizer rejects.
    public double QpLPr;                 //磨煤机石子煤引起的损失。
    public double HPr ;                  // 石子煤的物理显热，Enthalpy of pulverizer
rejects。
    public double MqPr;                  // 石子煤的质量比，高位发热量基。
    public double VpHC=0;                //烟气中未燃碳氢化合物损失 percent HC in flue
gas ,wet basis。
    public double HHVHC, MwHC;           // 碳氢化合物的高位发热量和质量流量，根据化合物
                                           的情况输入。
    public double QpLUbHc                ;// 碳氢化合物损失的计算。
    public double ApAf = 0;              //冷灰斗的面积，m² ，需要输入。
    public double QpLRs;                 //灰渣显热引起的损失，%。
    final double HrNOx=89850;            //形成 NO 的放热量，kJ/kg。
    public double QpLNOx ;               // 形成 NOx 引起的损失。
    public double QpLSrc=0.3;            //表面辐射与对流热损失，估计值。
    public double QpLClh ;               // 脱硫剂煅烧和脱水引起的损失。
    public double QpLWSb ;               // 脱硫剂水分引起的损失。
    final public double QrAp=31.500;             //炉向底渣池辐射率，kW，(kJ/s)。//
    public  double QpLAp ;               // 湿渣池的损失。
//以下部分为输入热量。
    public  double  HDAEn ;              // 进入系统的干空气焓。
    public  double  QpBDA;               // 进入系统的干空气带入热量。
    public  double  HWvEnAir ;           //空气中水蒸气带入热量。
    public  double  QpBWA;               // 进入系统空气中水分带入的热量。
    public  double  TFEn;                //燃料的温度，℃
    public  double  HFEn;                // 燃料的焓。
    public  double  QpBF;                // 燃料带入的热量。
    public  double  QpBSlf;              //脱硫反应带入的热量。
    final public double HrSlf=15660;             // 脱硫反应生成热，定值。
    public  double  TSbEn;               // 脱硫剂的温度。
    public  double  HSbEn;               // 脱硫剂进入锅炉的焓。
    public  double  QpBSb;               // 脱硫剂带入锅炉的热量。
    public  double  TMnStvEn;            // 额外水分平均进入锅炉的蒸汽温度。
    public  double  HWvEnAd ;            // 额外水分平均进入锅炉的蒸汽温度下的水蒸气焓。
    public  double  QpBWvAd  ;           // 额外水分带入的热量。
    public  double  EFF;                 // 锅炉效率，%。

 public ASMEPTC41998Standard( ){}        //空构造函数。

 public double calcEF(double MrF)
 {
     double HHVF = coal.HHVF;
     //(1) 干烟气损失。
     TFgLvCr   = gas.getTFgLvCr(TFgLv, this.TAEn, this.O2AirHeaterIn);
     MqDFgLv = gas.getMqDFg();
     ASMEGas gasAhEn = (ASMEGas)gas.clone();
```

```
      gasAhEn.DVpO2=this.O2AirHeaterIn;
      HFgLvCr  = gasAhEn.getH(TFgLvCr);    //Enthalpy of dry flue gas leaving,
excluding leakage (J/kg)
      QpLDFgCr  = 100*MqDFgLv*HFgLvCr;
      //(2) 燃料水分引起损失。
      HStLvCr = ASMEH.HStTCToKJPerKg(TFgLvCr);       //水蒸气(Steam)的焓(J/kg)。
      QpLH2F = 100*gas.MqWH2F*(HStLvCr-HWRe);        //H2 燃烧水损失。
      QpLWF  = 100*gas.MqWF*(HStLvCr-HWRe);          //燃料中水分损失。
      QpLWvF = 100*ASMEH.HWvTCToKJPerKg(TFgLvCr)*gas.MqWvF; //气体水蒸气引起
                                                            的损失。
      //(3) 空气中水分引起的损失。
      QpLWA  = 100* air.getMFrWA()*gas.MqDA*HWvLvCr;
      //(4) 未完全燃烧损失
      QpLUbc = (coal.MpCF - coal.MpCb)*HHVCRs/HHVF;
                                          //灰渣中未燃碳造成的损失。
      QpLH2Rs = MrRs*MpH2Rs*HHVH2/MrF/HHVF;      //灰渣中未燃烧氢的损失。
      QpLCO = gas.DVpCO*gas.MoDFg*MwCO*10111/HHVF;//烟气中CO的损失。
      QpLUbHc = DVpCO*MoDFg*MwCO*HHVHC/HHVF;      //烟气中未燃碳氢化合物损失。
      //(5) 磨煤机石子煤引起的损失。
      QpLPr=0;
      if(MrPr!=null)
          for(int i=0;i<MrPr.length;i++){
              HPr = coal.getH(TPr[i]);          //Enthalpy of pulverizer
                                                  rejects
              MqPr= MrPr[i]/HHVF;                    //5.14-12
              QpLPr += 100*MqPr*(HHVPr[i]+HPr)/MrF;  //5.14-11
          }
//      (6) 湿渣池引起的损失有两部分:一部分为灰渣带入水中引起的损失 QpLRs,由本处考虑;
          另一部分为由炉膛向底部的辐射放热损失,由下文(11)项考虑。
      QpLRs=0;
      for(int i=0;i<residues.length;i++){
          QpLRs += 100*residues[i].MpCRs/HHVF*residues[i].getH();
      }
      //(7) 高温烟气净化设备,如循环流床旋风分离器的损失,一般没有,省略。
      //(8) NOx 生成热造成的损失。
      QpLNOx = gas.DVpNOx*gas.MoDFg*HrNOx/HHVF;  //形成 NO 的放热量,kJ/kg。
      //(9) 表面辐射与对流热损失,一般合同规定为 0.3,估计值。
      QpLSrc=0.3;//ASME 标准有更为复杂的计算方法。
      //(10) 脱硫剂煅烧和脱水引起的损失。
      if(sorbent.trueObject){

QpLClh=(sorbent.MFrCcSb*1782*sorbent.MoFrClhCc+sorbent.MFrChSb*1480+
                    sorbent.MFrMcSb*1517+sorbent.MFrMhSb*1455);
          QpLWSb = sorbent.MqWSb*(HStLvCr-HWRe);//脱硫剂水分引起的损失。
      }
      //(11) 锅炉向湿渣池的辐射放热损失。
      QpLAp = 3.6*100*QrAp*ApAf/MrF/HHVF;  //MrF 单位为 t/h,除 3.6 为 kg/s。
//    (12) 再循环物质引起的损失,很少有,故省略。
//    (13) 冷却水引起的损失,典型的冷却水如锅炉循环泵的冷却水,省略。
//以下部分为输入热量。
      //(1) 进入系统的干空气热量。
      HDAEn = ASMEH.HAirTCToKJPerKg(this.TAEn);
      QpBDA=100*gas.MqDA*HDAEn;
      //(2) 进入系统空气中水分带入的热量。
      MFrWA = gas.MqWA;
```

```
      HWvEnAir = ASMEH.HWvTCToKJPerKg(this.TAEn);
      QpBWA=100*gas.MqDA*HWvEnAir*MFrWDA;
   //（3） 燃料带入的热量。
      HFEn=coal.getH(TFEn);
      QpBF=100*HFEn/HHVF;
   //（4） 脱硫反应带入的热量。
```

```
if(sorbent.trueObject){  QpBSlf=sorbent.MFrSc*coal.MpSF/HHVF*HrSlf;  }
```
　　//（5） 辅机带入的热量，典型的辅机如风机、磨煤机等，省略。如计算需遵循：如果空气温度取自送风机入口，需要计算其输入热量；如果取自空气预热器入口，则不计。
　　//（6） 脱硫剂带入的热量。
```
      QpBSb=100*MrSb*sorbent.getH(TSbEn)/HHVF/MrF;
```
　　//（7）额外水分带入的热量、气体燃料中的水蒸气，或雾化蒸汽与吹灰蒸汽引起的损失。
```
      QpBWvAd  = 100*MqWvF*(ASMEH.HStTCToKJPerKg(TMnStvEn)-HWRe);  //
```

//锅炉效率即为损失与带入热量的集成。
```
      EFF=100+QpBWvAd+QpBSb+QpBXE+QpBXSt+QpBSlf+QpBF+QpBWA+QpBDA
         -QpLDFgCr -QpLH2F-QpLWA-QpLUbc-QpLH2Rs-QpLCO -QpLPr- QpLUbHc
         -QpLRs-QpLAq-QpLALg-QpLNOx-QpLSrc-QpLClh-QpLWSb-QpCw
         -QpLAc-QpLAp-QpLRyFg;
      return EFF;
   }
```
//　获取锅炉输出的方法，需要用户根据自身锅炉的情况进行灵活实现，如果采用燃料迭代则必须实现本方法，本书省略。
```
         public double getOrO(){ ……  }
```
//锅炉燃料量的迭代计算。
```
      public void calcMrF()
      {
         //准备工作，为ASMEGas对象gas设置燃料、脱硫剂、测量的烟气成分等。
         gas.setCoal(coal);
         gas.setAir(air);
         gas.setSorbent(sorbent);
         gas.setMrWAdz(MrWAdz);
         gas.DVpO2  = this.O2FgLv;
         gas.DVpSO2 = this.SO2FgLv;
         gas.DVpCO  = this.COFgLv;
         gas.DVpNOx = this.NOxFgLv;

         //准备工作，计算锅炉的有效率输出。
         double QrO=this.getOrO();
         double e=0;
         do{
            ASMEResidue.calcMpRs(this.gas, this.residues, MrSb, MrF); //
灰渣平衡计算。
            gas.calcXpADry();//烟气成分计算。
            EFF=this.calcEF(MrF); //锅炉效率计算。
            double MrFNew=100*QrO/gas.getCoal().HHVF/EFF;  //根据锅炉效率
计算新的燃煤量。
            e=Math.abs(1-MrFNew/MrF)*100;//计算差值。
            MrF=0.5*(MrFNew+MrF);//二分法为锅炉燃料量赋新值。
         }while(e>0.2);//如果二者差值大于0.2%，则重新计算。
      }

   /**
    * 进风温度的修正，与GB 10184—1988完全相同。
```

```
 * @param airTemDesign 保证进风温度。
 * @param gasTemIn 空气预热器入口烟气温度，如果为双级交错布置，取低温空气预热器入口
温度。
 * @return 修正后的计算。
 * @throws Exception 如果不支持 CLONE 操作，将抛出异常。
 */
 public  ASMEPTC41998  CorrectByAirTempture(double  airTemDesign,  double
gasTemIn) throws Exception{
    ASMEPTC41998  test= (ASMEPTC41998)this.clone();
    double newGasT = (airTemDesign*(gasTemIn - TFgLv)+gasTemIn*(TFgLv-TAEn))/
(gasTemIn- TAEn);
    test.TAEn = airTemDesign;
    test.TFgLv = newGasT;
    for(int i=0;i<test.residues.length;i++)
        if(test.residues[i].name.equals(ASMEResidue.NameValue.flyingAsh))
                    test.residues[i].T=newGasT;
    test.calc();
    return test;
  }
 //空气预热器进口烟气温度修正，与出口烟气温度修正类似。
 public  ASMEPTC41998  CorrectByGasTempture(double  gasTemDesign,  double
gasTemIn) throws Exception{
    ASMEPTC41998  test= (ASMEPTC41998)this.clone();
    double  newGasT = (gasTemDesign*( TFgLv  -TAEn)+TAEn*( gasTemIn-
TFgLv))/(gasTemIn-TAEn);
    test.TAEn = airTemDesign;
    test.TFgLv = newGasT;
    for(int i=0;i<test.residues.length;i++)

if(test.residues[i].name.equals(ASMEResidue.NameValue.flyingAsh))
                    test.residues[i].T=newGasT;
    test.calc();
    return test;
  }
}
```

（五）试验对象的使用示例

```
public class SomeBoilerTest extends ASMEPTC41998{
    public SomeBoilerTest ( ){}
  //准备最主要的参数，如Coal、Sorbent、Air、灰分、烟气成分等。
    public void calcPrepare()
    {
        coal= new ASMECoal(18, 10.1,…, 21569.53);   //燃料。
        sorbent = new ASMESorbent(null );           //脱硫剂。
        air =new ASMEWetAir(87300,20.00,50.33);     //空气(大气压、干球温度、相
对湿度)。
        residues = new ASMEResidue[2]; //求灰渣中相关参数,包括灰渣的份额、含碳量
及CO₂含量。
          //灰渣数据初始化。
        ASMEResidue FlyingAsh = new ASMEResidue();
        ASMEResidue Slag    = new ASMEResidue();
        FlyingAsh.MpCRs = 1.48;
        Slag.name=ASMEResidue.NameValue.slag;
```

```
            Slag.MpCRs      = 0.70;
            FlyingAsh.MpCO2Rs = 0;
            Slag.MpCO2Rs     = 0;
            FlyingAsh.MpRs    = 90;
            Slag.MpRs        = 10;
            FlyingAsh.name=ASMEResidue.NameValue.flyingAsh;
            residues[0]=FlyingAsh;
            residues[1] = Slag;
            FlyingAsh.T=TFgLv;
            Slag.T=1100;

            //烟气成分输入。
            this.O2FgLv=(4.45+4.26)/2;
            this.O2AirHeaterIn=(3.43+3.33)/2;
            this.COFgLv=(23)/2/10000;
            TFgLv = (125.24+119.99)/2;
            TAEn =27.08;
            TFEn=TAEn;
    }
    static public void main(String[] a)throws Exception{
        SomeBoilerTest asm= new SomeBoilerTest ();//新建一个试验对象。
        asm.setName("某炉性能效率试验计算"); //设置一个名称。
        asm.calcPrepare();  //准备工作，输入测试参数。
        calcEF(120);  //随便给一个燃料量的初值，进行锅炉效率计算，并计算出燃料量。
        asm.Report();  //把结果以表格的方式打印出来，请读者自己实现。
//用设计进口温度修正，非常简单明了。
        SomeBoilerTest asmM =
(SomeBoilerTest)asm.CorrectByAirTempture(24.00,345.00);
        asmM.name="某锅炉性能效率试验空气温度修正后计算";//设置一个名称。
        asmM.Report();//把修正后的结果以表格的方式打印出来。
    }
}
```

附录 A　比热容的一致性

英制单位气体真实的焓见表 A-1。

表 A-1　　　　　　　　　　　　　　英制单位的气体真实的焓　　　　　　　　　　　　　　Btu/lb

温度（℉）	碳	氢	硫	干空气	水蒸气	氧	氮	二氧化碳	一氧化碳	二氧化硫
-60	1.32	893.97	14.47	95.51	177.72	87.48	100.23	63.97	100.45	50.94
-40	4.72	936.12	16.05	100.29	186.09	91.59	104.95	67.88	105.12	53.78
-20	8.15	978.58	17.66	105.07	194.52	95.73	109.69	71.83	109.84	56.66
0	11.61	1021.31	19.29	109.85	203.01	99.91	114.46	75.81	114.57	59.56
20	15.13	1046.33	20.94	114.63	211.56	104.12	119.25	79.84	119.34	62.46
40	18.7	1107.59	22.62	119.41	220.17	108.36	124.06	83.89	124.13	65.45
60	22.33	1151.08	24.32	124.19	228.83	112.63	128.89	87.99	128.94	68.43
80	26.03	1194.8	26.05	128.98	237.54	116.93	133.74	92.12	133.78	71.44
100	29.8	1238.75	27.8	133.77	246.29	121.25	138.6	96.3	138.64	74.48
120	33.64	1282.9	29.58	138.56	255.1	125.6	143.48	100.51	143.51	77.54
140	37.56	1327.27	31.39	143.36	263.94	129.97	148.37	104.75	148.4	80.63
160	41.56	1371.83	33.23	148.17	272.83	134.37	153.28	109.04	153.32	83.75
180	45.63	1416.6	35.09	152.98	281.77	138.79	158.2	113.36	158.24	86.89
200	49.78	1461.56	36.98	157.79	290.74	143.23	163.13	117.73	163.19	90.05
220	54.02	1506.71	38.9	162.61	299.75	147.69	168.08	122.12	168.15	93.24
240	58.34	1552.04	40.85	167.44	308.8	152.17	173.04	126.56	173.13	96.45
260	62.74	1597.57	42.83	172.28	317.89	156.67	178.01	131.03	178.12	99.69
280	67.22	1643.28	44.83	177.12	327.02	161.18	183	135.54	183.13	102.95
300	71.79	1689.18	46.87	181.97	336.19	165.72	188	140.09	188.15	106.24
320	76.44	1735.25	48.93	186.83	345.39	170.28	193	144.67	193.19	109.54
340	81.17	1781.51	51.01	191.7	354.63	174.85	198.03	149.29	198.24	112.87
360	85.98	1827.96	53.13	196.58	363.9	179.44	203.06	153.94	203.3	116.22
380	90.88	1874.58	55.27	201.46	373.21	184.05	208.1	158.63	208.38	119.6
400	95.86	1921.38	57.44	206.36	382.56	188.68	213.15	163.35	213.47	122.99
420	100.93	1968.36	59.63	211.26	391.94	193.32	218.22	168.11	218.57	126.41
440	106.07	2015.52	61.85	216.18	401.35	197.97	223.3	172.9	223.69	129.85
460	111.3	2062.87	64.09	221.11	410.8	202.66	228.38	177.73	228.82	133.31
480	116.6	2110.39	66.36	226.04	420.29	207.35	233.48	182.58	233.96	136.79
500	121.99	2158.1	68.66	230.99	429.81	212.06	238.59	187.48	239.11	140.29
520	127.45	2205.98	70.98	235.95	439.36	216.78	243.71	192.4	244.28	143.8
540	133	2254.05	73.32	240.92	448.94	221.51	248.84	197.36	249.46	147.34

续表

温度（℉）	碳	氢	硫	干空气	水蒸气	氧	氮	二氧化碳	一氧化碳	二氧化硫
560	138.62	2302.3	75.69	245.9	458.56	226.27	253.98	202.35	254.65	150.9
580	144.31	2350.73	78.08	250.89	468.22	231.03	259.13	207.37	259.86	154.48
600	150.09	2399.35	80.5	255.9	477.9	235.81	264.29	212.42	265.07	158.08
620	155.93	2448.15	82.93	260.91	487.62	240.61	269.46	217.5	270.3	165.69
640	161.85	2497.13	85.39	265.94	497.37	245.42	274.64	222.61	275.54	165.33
660	167.85	2546.3	87.87	270.98	507.16	250.24	279.83	227.76	280.79	168.98
680	173.91	2595.66	90.38	276.03	516.98	255.08	285.04	232.93	286.05	172.65
700	180.05	2645.2	92.9	281.1	526.83	259.93	290.25	238.13	291.33	176.33
720	186.26	2694.93	95.45	286.17	536.71	264.79	295.47	243.36	296.61	180.04
740	192.53	2744.85	98.01	291.26	546.63	269.67	300.7	240.62	301.91	183.76
760	198.88	2794.96	100.6	296.36	556.58	274.56	305.95	253.91	307.22	183.49
780	205.29	2845.26	103.2	301.48	566.56	279.46	311.2	259.2	312.54	191.24
800	211.77	2895.75	108.83	306.6	576.58	284.38	316.47	264.56	317.87	195.01
820	218.31	2946.44	108.47	311.74	586.62	289.31	321.74	269.93	323.21	198.8
840	224.92	2997.32	111.13	316.89	586.7	294.25	327.02	275.33	328.57	202.6
860	231.59	3048.39	113.81	322.05	606.82	299.2	332.32	280.75	333.94	206.41
880	238.32	3099.66	116.5	327.23	616.96	304.16	337.62	286.2	339.31	210.24
900	245.12	3151.12	119.22	332.42	627.14	309.14	342.94	291.67	344.7	214.08
920	251.97	3202.79	121.95	337.62	637.35	314.13	348.26	297.16	350.1	217.94
940	258.88	3254.65	124.69	342.83	647.59	319.13	353.6	302.69	355.51	221.81
960	265.85	3306.72	127.45	348.06	657.87	324.14	358.94	308.23	360.93	225.7
980	272.88	3358.98	130.23	353.3	668.18	329.16	364.3	313.8	366.36	229.59
1000	279.96	3411.44	133.02	358.55	678.52	334.19	369.67	319.39	371.81	233.51
1020	287.1	3464.11	135.83	363.81	680.89	339.23	375.04	325.01	377.26	237.43
1040	294.29	3516.99	138.65	369.09	699.29	344.29	380.43	330.64	382.73	241.37
1060	301.53	3570.07	141.48	374.37	709.73	349.35	385.83	336.3	388.2	245.31
1080	308.82	3623.35	144.33	379.67	720.2	354.43	391.23	341.98	393.69	249.27
1100	316.36	3676.85	147.19	384.98	730.7	359.51	396.65	347.68	399.19	253.24
1120	323.56	3730.55	150.06	390.31	741.24	364.61	402.08	353.4	404.7	257.23
1140	331	3784.47	152.95	395.64	751.8	369.71	407.52	358.15	410.22	261.22
1160	338.48	3838.59	155.84	400.99	762.4	374.83	412.97	364.91	415.75	265.22
1180	346.01	3892.93	158.73	406.35	773.04	379.95	418.43	370.69	421.29	269.24
1200	353.59	3947.48	161.66	411.71	783.7	385.09	423.9	376.49	426.84	273.26
1220	361.21	4002.25	164.59	417.1	794.4	390.23	429.38	382.31	432.41	277.3
1240	368.87	4057.23	167.53	422.49	805.12	395.38	423.87	388.15	437.98	281.34
1260	376.57	4112.43	170.47	427.89	815.89	400.55	440.37	394	443.57	285.39
1280	384.31	4167.85	173.42	433.3	826.68	405.72	445.88	399.88	449.16	289.46

温度（℉）	碳	氢	硫	干空气	水蒸气	氧	氮	二氧化碳	一氧化碳	二氧化硫
1300	392.05	4223.49	176.39	438.73	837.51	410.9	451.4	405.77	454.77	293.53
1320	399.91	4279.35	179.36	444.16	848.37	416.09	456.94	411.67	460.38	297.6
1340	407.76	4335.43	182.34	449.61	859.26	421.29	462.48	417.59	466.01	301.69
1360	415.65	4391.74	185.32	455.07	870.18	426.49	468.04	423.53	471.65	305.78
1386	423.57	4448.27	188.31	460.53	881.14	431.71	473.6	429.49	477.3	309.89
1400	431.52	4505.03	191.31	466.01	892.13	436.93	479.18	435.45	482.96	314
1420	439.51	4562.01	194.31	471.5	903.15	442.16	484.76	441.44	488.3	318.11
1440	447.53	4619.22	197.32	476.99	914.2	447.4	490.36	447.43	494.31	322.23
1460	455.57	4676.67	200.33	482.5	925.29	452.64	495.97	453.44	500	326.36
1480	463.65	4734.34	203.35	488.01	936.41	457.9	501.58	459.47	505.7	330.5
1500	471.75	4792.25	206.37	493.54	947.56	463.16	507.21	465.5	511.41	334.64
1520	479.88	4850.39	209.39	499.07	958.74	468.43	512.85	471.55	517.13	338.78
1540	488.03	4908.76	212.42	504.62	969.96	473.7	518.5	477.61	522.87	342.93
1560	496.21	4967.37	215.45	510.17	981.21	478.98	524.16	483.68	528.61	347.09
1580	504.4	5026.22	218.48	515.73	992.49	484.27	529.84	489.77	534.36	351.25
1600	512.62	5085.3	221.52	521.3	1003.8	489.57	535.52	495.86	540.13	355.41
1620	520.86	5144.63	224.55	526.88	1015.15	494.87	541.21	501.97	545.9	359.58
1640	529.12	5204.19	227.59	532.46	1026.53	500.18	546.92	508.08	551.69	363.75
1660	537.4	5264	230.62	538.06	1037.95	505.5	552.63	514.2	557.48	367.92
1680	545.69	5324.05	233.66	543.66	1049.39	510.82	558.36	520.34	563.29	372.1
1700	553.99	5384.35	236.69	549.27	1060.87	516.15	564.1	526.48	569.11	376.28
1720	562.32	5444.89	239.73	544.89	1072.38	521.48	569.85	532.63	574.93	380.46
1740	570.65	5505.68	242.76	560.51	1083.93	526.82	575.61	538.78	580.77	384.65
1760	579	5566.72	245.79	566.15	1095.51	532.17	581.38	544.95	586.62	388.84
1780	587.35	5628	248.82	571.79	1107.12	537.52	587.16	551.12	592.48	393.03
1800	595.72	5689.54	251.84	577.43	1119.76	542.88	592.95	557.3	598.34	397.22
1820	604.09	5751.33	254.87	583.09	1130.44	548.24	598.76	563.48	604.22	401.41
1840	612.47	5813.38	257.88	588.75	1142.15	553.61	604.57	569.67	610.11	405.6
1860	620.87	5875.68	260.9	594.42	1153.89	558.98	610.4	575.87	616.01	409.79
1880	629.25	5938.23	263.91	600.09	1165.66	564.36	616.24	582.07	621.92	413.98
1900	637.65	6001.05	266.91	605.77	1177.47	569.74	622.08	588.27	627.84	418.17
1920	646.04	6064.12	269.91	611.46	1189.31	575.13	627.95	594.45	633.77	422.37
1940	654.44	6127.45	272.9	617.15	1201.19	580.52	633.82	600.69	639.71	426.56
1960	662.85	6191.04	275.89	622.85	1213.09	585.91	639.7	606.91	645.66	430.75
1980	671.24	6254.9	278.87	628.56	1225.04	591.31	645.59	613.12	651.62	434.93
2000	679.63	6319.02	281.84	634.27	1237.01	596.72	651.5	619.34	657.59	439.12
2020	688.03	6383.4	284.81	639.99	1249.02	602.12	657.42	625.57	663.57	443.31

温度（℉）	碳	氢	硫	干空气	水蒸气	氧	氮	二氧化碳	一氧化碳	二氧化硫
2040	696.41	6448.05	287.76	645.71	1261.06	607.54	663.35	631.79	669.56	447.49
2060	704.79	6512.97	290.71	651.44	1273.13	612.95	669.29	638.01	675.56	451.67
2080	713.17	6578.15	293.65	657.17	1285.24	618.37	675.24	644.24	681.58	455.85
2100	721.53	6643.61	296.58	662.91	1297.38	623.79	681.2	650.47	687.6	460.02
2120	729.09	6709.34	299.5	668.66	1309.55	629.22	687.17	656.69	693.63	464.19
2140	738.23	6775.34	302.4	674.41	1321.76	634.65	693.16	662.92	699.67	468.36
2160	746.57	6841.62	305.3	680.17	1334	640.08	699.16	669.14	705.72	472.52
2180	754.89	6908.17	308.19	685.53	1346.27	645.52	705.17	675.36	711.79	476.68
2200	763.19	6974.99	311.06	691.7	1358.58	650.95	711.19	681.58	717.86	480.84
2220	771.48	7042.1	313.92	697.47	1370.92	656.39	717.22	687.8	723.94	484.99
2240	779.76	7109.48	316.77	703.25	1383.29	661.84	723.27	694.02	730.03	489.13
2260	788.01	7177.14	319.61	709.03	1395.7	667.28	729.32	700.23	736.14	493.27
2280	796.25	7245.09	322.43	714.82	1408.14	672.73	735.39	706.44	742.25	497.41
2300	804.47	7313.32	325.24	720.62	1420.61	678.18	741.47	712.64	748.37	501.53
2320	812.66	7381.83	328.03	726.42	1433.12	683.63	747.56	718.84	754.51	505.65
2340	820.84	7450.63	330.81	732.22	1445.66	689.09	753.66	725.04	760.65	509.77
2360	828.99	7519.72	333.58	738.03	1458.24	694.54	759.78	731.23	766.8	513.88
2380	837.11	7589.09	336.32	743.85	1470.85	700.00	765.91	737.42	772.96	517.98
2400	845.21	7658.75	339.05	749.67	1483.49	705.46	772.04	743.59	779.14	522.07
2420	853.28	7728.7	341.77	755.5	1496.17	710.92	778.2	749.77	785.32	526.16
2440	861.33	7789.95	344.47	761.33	1508.88	716.38	784.36	755.93	791.51	530.24
2460	869.34	7869.49	347.15	767.18	1521.62	721.84	790.53	762.09	797.72	534.3
2480	877.32	7940.32	349.81	773.02	1534.4	727.3	796.72	768.24	803.93	538.37
2500	885.27	8011.45	352.44	778.87	1547.21	732.77	802.92	774.38	810.15	542.42
2520	893.19	8082.88	355.07	784.73	1560.05	738.23	809.13	780.52	816.39	546.46
2540	901.07	8154.6	357.68	790.6	1572.93	743.7	815.35	786.64	822.63	550.49
2560	908.92	8226.62	360.26	796.47	1585.85	749.16	821.59	792.76	828.88	554.52
2580	916.76	8298.95	362.83	802.35	1598.79	754.63	827.84	798.86	835.15	558.53
2600	924.5	8371.58	365.37	808.24	1611.77	760.09	834.09	804.96	841.42	562.53
2620	932.24	8444.51	367.89	814.13	1624.79	765.56	840.37	811.04	847.7	566.73
2640	939.93	8517.74	370.39	820.03	1637.84	771.02	846.65	817.12	854	570.51
2660	947.58	8591.28	372.87	825.94	1650.92	776.49	852.95	823.18	860.3	574.48
2680	955.19	8665.13	375.33	831.86	1664.04	781.96	859.26	829.23	866.61	578.44
2700	962.76	8739.29	377.76	837.79	1677.19	787.42	865.38	835.27	872.93	582.38
2720	970.28	8813.76	380.17	843.72	1690.38	792.88	871.51	841.29	879.27	586.32
2740	977.75	8888.54	382.55	849.66	1703.39	798.35	878.26	847.31	885.61	590.24
2760	985.18	8963.63	384.91	855.62	1716.85	803.81	884.61	853.3	891.96	594.15

续表

温度（℉）	碳	氢	硫	干空气	水蒸气	氧	氮	二氧化碳	一氧化碳	二氧化硫
2780	992.55	9039.03	387.25	861.38	1730.14	809.27	890.99	859.29	898.32	598.05
2800	999.88	9114.75	389.56	867.35	1743.46	814.73	897.37	865.26	904.69	601.93
2820	1007.16	9190.79	391.84	873.33	1756.81	820.19	903.76	871.21	911.07	605.8
2840	1014.38	9267.15	394.1	879.32	1770.2	825.65	910.17	877.15	917.47	609.66
2860	1021.55	9343.82	396.33	885.33	1783.63	831.1	916.39	883.08	923.87	613.5
2880	1028.67	9420.81	398.34	891.34	1797.09	836.56	923.03	888.99	930.28	617.33
2900	1035.73	9498.13	400.72	897.37	1810.38	842.01	929.47	894.88	936.7	621.14
2920	1042.74	9575.77	402.86	903.61	1824.11	847.46	935.93	900.75	943.13	624.94
2940	1049.68	9653.73	404.59	909.66	1837.67	852.91	942.4	906.61	949.37	628.72
2960	1056.57	9732.02	407.08	915.73	1851.27	858.36	948.89	912.45	956.02	632.49
2980	1063.39	9810.63	409.14	921.81	1864.9	863.8	955.38	918.27	962.48	636.24
3000	1070.16	9889.58	411.17	927.5	1878.57	869.24	961.89	924.07	968.95	639.58
3020	1076.86	9968.85	413.17	934.01	1892.27	874.68	968.41	929.86	975.43	643.7
3040	1083.5	10048.45	415.14	940.14	1906	880.12	974.95	935.62	981.92	647.4
3060	1090.07	10128.38	417.09	946.28	1919.77	885.35	981.3	941.36	988.42	651.08
3080	1096.57	10208.65	418.59	952.43	1933.38	890.98	988.06	947.09	994.93	654.75
3100	1103.01	10289.25	420.87	958.61	1947.42	896.41	994.63	952.79	1001.45	658.4
3120	1109.38	10370.19	422.71	964.8	1961.29	901.83	1001.22	958.47	1007.97	662.03
3140	1115.68	10451.47	424.33	971.01	1975.2	907.25	1007.82	964.13	1014.31	665.65
3160	1121.91	10533.08	426.3	977.24	1989.14	912.67	1014.43	969.77	1021.06	669.24
3180	1128.06	10615.04	428.05	983.49	2003.12	918.09	1021.05	975.39	1027.62	672.82
3200	1134.14	10697.33	429.76	989.76	2017.13	923.3	1027.69	980.98	1034.18	676.38
3220	1140.15	10779.57	431.43	996.05	2031.18	928.9	1034.34	986.35	1040.76	679.92
3240	1146.08	10862.95	433.07	1002.37	2045.26	934.3	1041.01	992.1	1047.35	683.44
3260	1151.93	10946.27	434.67	1008.7	2059.38	939.7	1047.69	997.62	1053.94	686.93
3280	1157.71	11029.94	436.24	1015.06	2073.33	945.09	1054.38	1003.12	1060.55	690.41
3300	1163.41	11113.96	437.77	1021.45	2087.72	950.48	1061.08	1008.39	1067.16	693.87
3320	1169.02	11198.33	439.26	1027.86	2101.54	955.87	1067.8	1014.04	1073.79	697.31
3340	1174.55	11283.04	440.72	1034.3	2116.2	961.25	1074.33	1019.46	1080.42	700.72
3360	1180	11368.11	442.14	1040.76	2130.49	966.62	1081.27	1024.85	1087.07	704.12
3380	1185.37	11453.53	443.52	1047.25	2144.82	971.99	1088.03	1030.22	1093.72	707.49
3400	1190.65	11539.31	444.86	1053.78	2159.18	977.36	1094.8	1035.36	1100.38	710.84
3420	1195.84	11625.44	446.16	1060.33	2173.38	982.72	1101.38	1040.88	1107.06	714.17
3440	1200.55	11711.93	447.42	1066.51	2188.01	988.07	1108.38	1046.16	1113.74	717.48
3460	1205.56	11798.77	448.65	1073.33	2202.48	993.42	1115.19	1051.42	1120.43	720.76
3480	1210.89	11885.57	449.83	1080.17	2216.98	998.76	1122.02	1056.65	1127.13	724.02
3500	1215.79	11973.54	450.97	1086.86	2231.52	1004.1	1128.85	1061.85	1133.84	727.26

温度（℉）	碳	氢	硫	干空气	水蒸气	氧	氮	二氧化碳	一氧化碳	二氧化硫
3520	1220.46	12061.46	452.07	1093.38	2246.09	1009.43	1135.7	1067.02	1140.56	730.47
3540	1225.11	12149.75	453.12	1100.33	2260.7	1014.76	1142.37	1072.16	1147.29	733.66
3560	1229.66	12238.41	454.14	1107.12	2275.35	1020.08	1149.45	1077.27	1154.03	736.82
3580	1234.12	12327.42	455.11	1113.55	2290.03	1025.39	1156.34	1082.35	1160.78	739.97
3600	1238.48	12416.81	456.04	1120.82	2304.74	1030.7	1163.24	1087.4	1167.34	743.08
3620	1242.74	12506.36	456.52	1127.74	2319.49	1036	1170.16	1092.42	1174.31	746.17
3640	1246.9	12596.68	457.76	1134.69	2334.28	1041.29	1177.09	1097.4	1181.09	749.24
3660	1250.96	12687.18	458.56	1141.69	2349.1	1046.58	1184.04	1102.36	1187.87	752.27
3680	1254.92	12778.04	459.31	1148.73	2363.56	1051.86	1191	1107.27	1194.67	755.29
3700	1258.77	12869.28	460.01	1155.82	2378.85	1057.13	1197.97	1112.16	1201.48	758.27
3720	1262.32	12960.9	460.67	1162.96	2393.78	1062.4	1204.96	1117.01	1208.29	761.23
3740	1266.16	13052.86	461.28	1170.15	2408.74	1067.66	1211.96	1121.83	1215.12	764.17
3760	1269.7	13145.25	461.84	1177.39	2423.74	1072.91	1218.98	1126.61	1221.95	767.07
3780	1273.13	13238	462.36	1184.68	2438.77	1078.15	1226	1131.36	1228.6	769.95
3800	1276.45	13331.12	462.83	1192.02	2453.84	1083.39	1233.05	1136.08	1235.65	772.8
3820	1279.66	13424.63	463.25	1199.42	2468.95	1088.62	1240.1	1140.75	1242.51	775.62
3840	1282.75	13518.51	463.63	1206.88	2484.09	1093.84	1247.17	1145.39	1249.39	778.42
3860	1285.74	13612.79	463.95	1214.39	2499.27	1099.05	1254.26	1150	1256.27	781.18
3880	1288.61	13707.44	464.22	1221.96	2514.48	1104.26	1261.36	1154.56	1263.16	783.92
3900	1291.36	13802.49	464.45	1229.6	2529.73	1109.45	1268.47	1159.09	1270.06	786.63
3920	1294	13897.92	464.62	1237.3	2545.02	1114.64	1275.6	1163.39	1276.97	789.3
3940	1296.52	13993.74	464.74	1245.06	2560.34	1119.82	1282.74	1168.04	1283.89	791.95
3960	1298.92	14089.95	464.81	1252.89	2575.69	1124.99	1289.69	1172.45	1290.82	794.57
3980	1301.2	14186.35	464.83	1260.79	2591.09	1130.15	1297.06	1176.83	1297.75	797.16
4000	1303.37	14283.34	464.8	1268.76	2606.31	1135.3	1304.24	1181.16	1304.7	799.71

为了方便读者使用，本书特将表 A-1 中的数据单位转化成表 A-2 中所示的国际标准单位下的数据。

表 A-2　　　　　　　　　　**国际单位制的气体真实焓**　　　　　　　　　　kJ/kg

温度（℃）	碳	氢	硫	干空气	水蒸气	氧	氮	二氧化碳	一氧化碳	二氧化硫
−51.11	3.07	2077.32	33.62	221.94	412.97	203.28	232.90	148.65	233.42	118.37
−40.00	10.97	2175.26	37.30	233.04	432.42	212.83	243.87	157.73	244.27	124.97
−28.89	18.94	2273.93	41.04	244.15	452.01	222.45	254.89	166.91	255.24	131.66
−17.78	26.98	2373.22	44.82	255.26	471.73	232.16	265.97	176.16	266.23	138.40
−6.67	35.16	2431.36	48.66	266.37	491.60	241.94	277.10	185.52	277.31	145.14
4.44	43.45	2573.71	52.56	277.47	511.61	251.80	288.28	194.94	288.44	152.09

续表

温度（℃）	碳	氢	硫	干空气	水蒸气	氧	氮	二氧化碳	一氧化碳	二氧化硫
15.56	51.89	2674.76	56.51	288.58	531.73	261.72	299.50	204.46	299.62	159.01
26.67	60.49	2776.36	60.53	299.71	551.97	271.71	310.77	214.06	310.86	166.01
37.78	69.25	2878.48	64.60	310.84	572.30	281.75	322.06	223.77	322.16	173.07
48.89	78.17	2981.07	68.74	321.97	592.78	291.86	333.40	233.56	333.47	180.18
60.00	87.28	3084.18	72.94	333.13	613.32	302.01	344.77	243.41	344.84	187.36
71.11	96.57	3187.72	77.22	344.30	633.98	312.24	356.18	253.38	356.27	194.61
82.22	106.03	3291.75	81.54	355.48	654.75	322.51	367.61	263.41	367.70	201.91
93.33	115.67	3396.23	85.93	366.66	675.59	332.82	379.07	273.57	379.20	209.25
104.44	125.53	3501.14	90.39	377.86	696.53	343.19	390.57	283.77	390.73	216.66
115.56	135.56	3606.48	94.92	389.08	717.56	353.60	402.09	294.09	402.30	224.12
126.67	145.79	3712.27	99.52	400.33	738.68	364.05	413.64	304.47	413.90	231.65
137.78	156.20	3818.49	104.17	411.57	759.90	374.53	425.24	314.95	425.54	239.22
148.89	166.82	3925.15	108.91	422.84	781.20	385.08	436.86	325.53	437.20	246.87
160.00	177.62	4032.20	113.70	434.14	802.58	395.68	448.47	336.17	448.92	254.54
171.11	188.61	4139.69	118.53	445.45	824.05	406.30	460.16	346.91	460.65	262.28
182.22	199.79	4247.63	123.46	456.79	845.59	416.96	471.85	357.71	472.41	270.06
193.33	211.18	4355.96	128.43	468.13	867.23	427.68	483.56	368.61	484.21	277.91
204.44	222.75	4464.71	133.47	479.52	888.95	438.44	495.30	379.58	496.04	285.79
215.56	234.53	4573.88	138.56	490.90	910.75	449.22	507.08	390.64	507.89	293.74
226.67	246.47	4683.46	143.72	502.34	932.62	460.02	518.88	401.77	519.79	301.73
237.78	258.63	4793.49	148.93	513.79	954.58	470.92	530.69	412.99	531.71	309.77
248.89	270.94	4903.91	154.20	525.25	976.63	481.82	542.54	424.26	543.65	317.86
260.00	283.47	5014.78	159.55	536.75	998.75	492.76	554.41	435.65	555.62	325.99
271.11	296.16	5126.04	164.94	548.28	1020.94	503.73	566.31	447.08	567.63	334.15
282.22	309.05	5237.74	170.37	559.83	1043.20	514.72	578.23	458.61	579.67	342.37
293.33	322.11	5349.85	175.88	571.40	1065.56	525.78	590.17	470.20	591.73	350.65
304.44	335.33	5462.39	181.43	582.99	1088.00	536.84	602.14	481.87	603.84	358.97
315.56	348.76	5575.37	187.06	594.63	1110.50	547.95	614.13	493.60	615.94	367.33
326.67	362.33	5688.77	192.70	606.28	1133.08	559.11	626.14	505.40	628.10	385.01
337.78	376.09	5802.58	198.42	617.96	1155.74	570.28	638.18	517.28	640.27	384.18
348.89	390.03	5916.84	204.18	629.68	1178.49	581.48	650.24	529.25	652.47	392.66
360.00	404.11	6031.54	210.02	641.41	1201.31	592.73	662.35	541.26	664.69	401.19
371.11	418.38	6146.65	215.87	653.19	1224.19	604.00	674.45	553.34	676.96	409.74
382.22	432.81	6262.21	221.80	664.97	1247.15	615.29	686.58	565.50	689.23	418.36
393.33	447.38	6378.21	227.75	676.80	1270.20	626.63	698.74	559.13	701.55	427.00
404.44	462.14	6494.65	233.76	688.65	1293.32	638.00	710.94	590.01	713.89	426.38
415.56	477.03	6611.53	239.81	700.55	1316.52	649.38	723.14	602.30	726.25	444.38

温度（℃）	碳	氢	硫	干空气	水蒸气	氧	氮	二氧化碳	一氧化碳	二氧化硫
426.67	492.09	6728.85	252.89	712.45	1339.80	660.81	735.38	614.76	738.63	453.14
437.78	507.29	6846.64	252.05	724.39	1363.13	672.27	747.63	627.24	751.04	461.95
448.89	522.65	6964.87	258.23	736.36	1363.31	683.75	759.90	639.78	763.50	470.78
460.00	538.15	7083.54	264.46	748.35	1410.07	695.25	772.21	652.38	775.98	479.63
471.11	553.78	7202.68	270.71	760.38	1433.63	706.78	784.53	665.04	788.45	488.53
482.22	569.59	7322.26	277.03	772.44	1457.29	718.35	796.89	677.75	800.98	497.46
493.33	585.50	7442.32	283.38	784.53	1481.01	729.94	809.25	690.51	813.53	506.43
504.44	601.56	7562.83	289.74	796.63	1504.80	741.56	821.66	703.36	826.10	515.42
515.56	617.76	7683.83	296.16	808.79	1528.69	753.20	834.07	716.23	838.69	524.46
526.67	634.09	7805.26	302.62	820.96	1552.65	764.87	846.52	729.18	851.31	533.50
537.78	650.54	7927.16	309.10	833.16	1576.68	776.56	859.00	742.17	863.97	542.61
548.89	667.13	8049.55	315.63	845.39	1582.18	788.27	871.48	755.23	876.64	551.72
560.00	683.84	8172.43	322.18	857.65	1624.94	800.03	884.01	768.31	889.35	560.87
571.11	700.67	8295.77	328.76	869.92	1649.20	811.78	896.55	781.46	902.06	570.03
582.22	717.61	8419.58	335.38	882.24	1673.53	823.59	909.10	794.66	914.82	579.23
593.33	735.13	8543.90	342.03	894.58	1697.93	835.39	921.70	807.90	927.60	588.45
604.44	751.86	8668.68	348.69	906.96	1722.42	847.24	934.31	821.20	940.40	597.73
615.56	769.14	8793.97	355.41	919.35	1746.96	859.10	946.95	832.23	953.23	607.00
626.67	786.53	8919.73	362.13	931.78	1771.59	870.99	959.62	847.94	966.08	616.29
637.78	804.02	9046.00	368.84	944.24	1796.31	882.89	972.31	861.37	978.95	625.63
648.89	821.64	9172.76	375.65	956.69	1821.08	894.83	985.02	874.85	991.85	634.97
660.00	839.34	9300.03	382.46	969.22	1845.95	906.78	997.75	888.37	1004.79	644.36
671.11	857.14	9427.79	389.29	981.74	1870.86	918.74	984.95	901.94	1017.73	653.75
682.22	875.04	9556.05	396.12	994.29	1895.88	930.76	1023.29	915.54	1030.72	663.16
693.33	893.02	9684.83	402.98	1006.86	1920.96	942.77	1036.09	929.20	1043.71	672.62
704.44	911.01	9814.12	409.88	1019.48	1946.12	954.81	1048.92	942.89	1056.75	682.08
715.56	929.27	9943.93	416.78	1032.09	1971.36	966.87	1061.79	956.60	1069.79	691.53
726.67	947.51	10074.24	423.70	1044.76	1996.66	978.95	1074.66	970.35	1082.87	701.04
737.78	965.85	10205.09	430.63	1057.45	2022.04	991.03	1087.58	984.16	1095.97	710.54
752.22	984.25	10336.44	437.58	1070.13	2047.51	1003.16	1100.50	998.01	1109.10	720.09
760.00	1002.72	10468.34	444.55	1082.87	2073.04	1015.29	1113.47	1011.86	1122.25	729.64
771.11	1021.29	10600.74	451.52	1095.62	2098.65	1027.45	1126.44	1025.77	1134.66	739.19
782.22	1039.93	10733.68	458.51	1108.38	2124.33	1039.62	1139.45	1039.69	1148.63	748.77
793.33	1058.61	10867.18	465.51	1121.19	2150.10	1051.80	1152.49	1053.66	1161.85	758.36
804.44	1077.38	11001.19	472.52	1133.99	2175.94	1064.02	1165.52	1067.67	1175.10	767.98
815.56	1096.21	11135.75	479.54	1146.84	2201.85	1076.24	1178.60	1081.68	1188.36	777.60
826.67	1115.10	11270.85	486.56	1159.69	2227.82	1088.49	1191.71	1095.74	1201.65	787.22

温度（℃）	碳	氢	硫	干空气	水蒸气	氧	氮	二氧化碳	一氧化碳	二氧化硫
837.78	1134.04	11406.49	493.60	1172.59	2253.90	1100.74	1204.84	1109.82	1214.99	796.87
848.89	1153.04	11542.68	500.64	1185.48	2280.04	1113.01	1217.99	1123.93	1228.33	806.53
860.00	1172.07	11679.43	507.68	1198.40	2306.25	1125.30	1231.19	1138.08	1241.69	816.20
871.11	1191.18	11816.71	514.75	1211.34	2332.53	1137.61	1244.39	1152.23	1255.10	825.87
882.22	1210.32	11954.58	521.79	1224.31	2358.90	1149.93	1257.61	1166.43	1268.51	835.56
893.33	1229.52	12092.98	528.85	1237.28	2385.35	1162.27	1270.88	1180.63	1281.96	845.25
904.44	1248.76	12231.96	535.89	1250.29	2411.88	1174.63	1284.15	1194.85	1295.42	854.94
915.56	1268.02	12371.49	542.96	1263.30	2438.47	1186.99	1297.46	1209.11	1308.92	864.65
926.67	1287.31	12511.61	550.00	1276.34	2465.14	1199.38	1310.80	1223.38	1322.44	874.36
937.78	1306.66	12652.29	557.06	1266.16	2491.89	1211.76	1324.16	1237.67	1335.96	884.07
948.89	1326.02	12793.55	564.10	1302.46	2518.73	1224.17	1337.54	1251.96	1349.54	893.81
960.00	1345.42	12935.39	571.14	1315.56	2545.64	1236.60	1350.95	1266.30	1363.13	903.55
971.11	1364.83	13077.78	578.18	1328.67	2572.61	1249.04	1364.38	1280.64	1376.75	913.28
982.22	1384.27	13220.78	585.20	1341.77	2601.99	1261.49	1377.84	1295.00	1390.36	923.02
993.33	1403.72	13364.37	592.24	1354.93	2626.80	1273.95	1391.34	1309.36	1404.03	932.76
1004.44	1423.20	13508.55	599.24	1368.08	2654.01	1286.42	1404.84	1323.74	1417.71	942.49
1015.56	1442.72	13653.32	606.25	1381.25	2681.29	1298.90	1418.39	1338.15	1431.42	952.23
1026.67	1462.19	13798.67	613.25	1394.43	2708.64	1311.40	1431.96	1352.56	1445.16	961.97
1037.78	1481.71	13944.64	620.22	1407.63	2736.09	1323.90	1445.53	1366.96	1458.91	971.70
1048.89	1501.20	14091.20	627.19	1420.85	2763.60	1336.43	1459.17	1381.32	1472.69	981.46
1060.00	1520.72	14238.36	634.14	1434.07	2791.21	1348.95	1472.81	1395.82	1486.49	991.20
1071.11	1540.26	14386.12	641.09	1447.32	2818.86	1361.48	1486.47	1410.28	1500.32	1000.93
1082.22	1559.76	14534.51	648.01	1460.58	2846.63	1374.03	1500.16	1424.71	1514.17	1010.65
1093.33	1579.26	14683.51	654.91	1473.85	2874.44	1386.60	1513.89	1439.16	1528.04	1020.38
1104.44	1598.78	14833.11	661.81	1487.14	2902.35	1399.15	1527.65	1453.64	1541.94	1030.12
1115.56	1618.25	14983.33	668.67	1500.44	2930.33	1411.74	1541.43	1468.09	1555.86	1039.83
1126.67	1637.72	15134.19	675.52	1513.75	2958.37	1424.31	1555.23	1482.54	1569.80	1049.55
1137.78	1657.19	15285.65	682.35	1527.07	2986.51	1436.91	1569.06	1497.02	1583.79	1059.26
1148.89	1676.62	15437.76	689.16	1540.40	3014.72	1449.50	1582.90	1511.50	1597.78	1068.95
1160.00	1694.19	15590.49	695.95	1553.77	3043.00	1462.12	1596.78	1525.95	1611.79	1078.64
1171.11	1715.43	15743.86	702.69	1567.13	3071.37	1474.74	1610.70	1540.43	1625.82	1088.33
1182.22	1734.80	15897.87	709.43	1580.51	3099.82	1487.35	1624.64	1554.88	1639.88	1097.99
1193.33	1754.14	16052.51	716.14	1592.97	3128.33	1499.99	1638.60	1569.33	1653.99	1107.66
1204.44	1773.42	16207.78	722.81	1607.30	3156.93	1512.61	1652.59	1583.79	1668.09	1117.33
1215.56	1792.69	16363.73	729.46	1620.71	3185.61	1525.25	1666.60	1598.24	1682.22	1126.97
1226.67	1811.93	16520.30	736.08	1634.14	3214.35	1537.92	1680.66	1612.69	1696.37	1136.59
1237.78	1831.10	16677.52	742.68	1647.57	3243.19	1550.56	1694.72	1627.12	1710.57	1146.21

温度（℃）	碳	氢	硫	干空气	水蒸气	氧	氮	二氧化碳	一氧化碳	二氧化硫
1248.89	1850.25	16835.42	749.23	1661.03	3272.09	1563.22	1708.83	1641.55	1724.77	1155.83
1260.00	1869.35	16993.96	755.76	1674.50	3301.07	1575.89	1722.95	1655.96	1738.99	1165.41
1271.11	1888.38	17153.16	762.24	1687.98	3330.14	1588.55	1737.11	1670.37	1753.25	1174.98
1282.22	1907.39	17313.03	768.70	1701.46	3359.28	1601.24	1751.28	1684.78	1767.52	1184.55
1293.33	1926.32	17473.57	775.14	1714.96	3388.51	1613.90	1765.50	1699.16	1781.81	1194.10
1304.44	1945.19	17634.77	781.51	1728.48	3417.81	1626.59	1779.75	1713.54	1796.13	1203.63
1315.56	1964.01	17796.64	787.85	1742.01	3447.19	1639.28	1793.99	1727.88	1810.49	1213.13
1326.67	1982.77	17959.18	794.17	1755.56	3476.65	1651.96	1808.30	1742.24	1824.85	1222.64
1337.78	2001.47	18101.51	800.44	1769.10	3506.18	1664.65	1822.62	1756.55	1839.23	1232.12
1348.89	2020.09	18286.33	806.67	1782.70	3535.79	1677.34	1836.95	1770.87	1853.66	1241.55
1360.00	2038.63	18450.92	812.85	1796.27	3565.49	1690.03	1851.34	1785.16	1868.09	1251.01
1371.11	2057.10	18616.21	818.96	1809.86	3595.25	1702.74	1865.75	1799.43	1882.55	1260.42
1382.22	2075.51	18782.19	825.08	1823.48	3625.09	1715.43	1880.18	1813.69	1897.05	1269.81
1393.33	2093.82	18948.84	831.14	1837.12	3655.02	1728.14	1894.63	1827.92	1911.55	1279.17
1404.44	2112.06	19116.20	837.14	1850.76	3685.04	1740.82	1909.13	1842.14	1926.07	1288.54
1415.56	2130.28	19284.27	843.11	1864.42	3715.11	1753.53	1923.65	1856.31	1940.64	1297.86
1426.67	2148.26	19453.04	849.01	1878.11	3745.27	1766.22	1938.17	1870.49	1955.21	1307.15
1437.78	2166.25	19622.51	854.87	1891.79	3775.52	1778.93	1952.77	1884.61	1969.80	1316.91
1448.89	2184.12	19792.67	860.68	1905.50	3805.85	1791.62	1967.36	1898.74	1984.44	1325.69
1460.00	2201.89	19963.56	866.44	1919.24	3836.24	1804.33	1982.00	1912.82	1999.08	1334.92
1471.11	2219.58	20135.16	872.15	1932.99	3866.73	1817.04	1996.66	1926.88	2013.74	1344.12
1482.22	2237.17	20307.49	877.80	1946.77	3897.29	1829.73	2010.88	1940.92	2028.43	1353.28
1493.33	2254.64	20480.53	883.40	1960.55	3927.94	1842.42	2025.13	1954.91	2043.16	1362.43
1504.44	2272.00	20654.30	888.93	1974.35	3958.17	1855.13	2040.81	1968.89	2057.89	1371.54
1515.56	2289.26	20828.79	894.42	1988.20	3989.44	1867.81	2055.57	1982.81	2072.65	1380.63
1526.67	2306.39	21003.99	899.85	2001.59	4020.33	1880.50	2070.39	1996.73	2087.43	1389.69
1537.78	2323.42	21179.94	905.22	2015.46	4051.28	1893.19	2085.22	2010.60	2102.23	1398.70
1548.89	2340.34	21356.64	910.52	2029.36	4082.30	1905.88	2100.07	2024.43	2117.05	1407.70
1560.00	2357.11	21534.08	915.77	2043.28	4113.41	1918.56	2114.96	2038.23	2131.93	1416.67
1571.11	2373.78	21712.23	920.95	2057.24	4144.62	1931.23	2129.42	2052.01	2146.80	1425.59
1582.22	2390.32	21891.14	925.62	2071.21	4175.90	1943.91	2144.84	2065.75	2161.69	1434.49
1593.33	2406.73	22070.80	931.15	2085.22	4206.78	1956.58	2159.81	2079.43	2176.61	1443.34
1604.44	2423.01	22251.22	936.13	2099.72	4238.68	1969.24	2174.82	2093.07	2191.55	1452.17
1615.56	2439.14	22432.37	940.15	2113.78	4270.19	1981.91	2189.85	2106.69	2206.05	1460.96
1626.67	2455.15	22614.29	945.93	2127.88	4301.80	1994.57	2204.94	2120.26	2221.50	1469.72
1637.78	2471.00	22796.96	950.72	2142.01	4333.47	2007.21	2220.02	2133.78	2236.51	1478.43
1648.89	2486.73	22980.42	955.44	2155.23	4365.23	2019.85	2235.14	2147.26	2251.55	1486.19

温度(℃)	碳	氢	硫	干空气	水蒸气	氧	氮	二氧化碳	一氧化碳	二氧化硫
1660.00	2502.30	23164.62	960.08	2170.36	4397.07	2032.49	2250.29	2160.72	2266.61	1495.77
1671.11	2517.73	23349.58	964.66	2184.60	4428.97	2045.13	2265.49	2174.10	2281.69	1504.36
1682.22	2533.00	23535.32	969.19	2198.87	4460.97	2057.29	2280.25	2187.44	2296.79	1512.91
1693.33	2548.10	23721.84	972.68	2213.16	4492.60	2070.37	2295.96	2200.75	2311.92	1521.44
1704.44	2563.06	23909.13	977.98	2227.52	4525.22	2082.99	2311.22	2214.00	2327.07	1529.92
1715.56	2577.87	24097.21	982.25	2241.91	4557.45	2095.58	2326.53	2227.20	2342.22	1538.36
1726.67	2592.51	24286.08	986.02	2256.34	4589.77	2108.18	2341.87	2240.35	2356.95	1546.77
1737.78	2606.98	24475.72	990.59	2270.81	4622.16	2120.77	2357.23	2253.45	2372.64	1555.11
1748.89	2621.27	24666.17	994.66	2285.34	4654.65	2133.37	2372.61	2266.51	2387.88	1563.43
1760.00	2635.40	24857.39	998.63	2299.91	4687.20	2145.47	2388.04	2279.50	2403.12	1571.70
1771.11	2649.37	25048.49	1002.51	2314.52	4719.85	2158.48	2403.50	2291.98	2418.41	1579.93
1782.22	2663.15	25242.24	1006.32	2329.21	4752.57	2171.03	2418.99	2305.34	2433.73	1588.11
1793.33	2676.74	25435.85	1010.04	2343.92	4785.38	2183.58	2434.52	2318.17	2449.04	1596.22
1804.44	2690.17	25630.27	1013.69	2358.69	4817.80	2196.11	2450.06	2330.95	2464.40	1604.31
1815.56	2703.42	25825.51	1017.25	2373.54	4851.23	2208.63	2465.63	2343.20	2479.76	1612.35
1826.67	2716.45	26021.56	1020.71	2388.44	4883.35	2221.16	2481.25	2356.32	2495.17	1620.34
1837.78	2729.30	26218.40	1024.10	2403.40	4917.41	2233.66	2496.42	2368.92	2510.57	1628.26
1848.89	2741.97	26416.08	1027.40	2418.41	4950.62	2246.13	2512.55	2381.44	2526.02	1636.16
1860.00	2754.44	26614.57	1030.61	2433.49	4983.92	2258.61	2528.26	2393.92	2541.48	1643.99
1871.11	2766.71	26813.89	1033.72	2448.67	5017.29	2271.09	2543.99	2405.87	2556.95	1651.78
1882.22	2778.77	27014.03	1036.74	2463.89	5050.28	2283.55	2559.28	2418.69	2572.48	1659.52
1893.33	2789.72	27215.01	1039.67	2478.25	5084.28	2295.98	2575.54	2430.96	2588.00	1667.21
1904.44	2801.36	27416.80	1042.53	2494.10	5117.90	2308.41	2591.37	2443.18	2603.54	1674.83
1915.56	2813.75	27618.50	1045.27	2509.99	5151.60	2320.82	2607.24	2455.34	2619.11	1682.41
1926.67	2825.13	27822.91	1047.92	2525.54	5185.38	2333.23	2623.11	2467.42	2634.70	1689.93
1937.78	2835.98	28027.21	1050.48	2540.69	5219.24	2345.61	2639.03	2479.43	2650.32	1697.39
1948.89	2846.79	28232.37	1052.91	2556.84	5253.19	2358.00	2654.53	2491.38	2665.96	1704.81
1960.00	2857.36	28438.39	1055.29	2572.61	5287.23	2370.36	2670.98	2503.25	2681.62	1712.15
1971.11	2867.72	28645.23	1057.54	2587.56	5321.34	2382.70	2686.99	2515.06	2697.30	1719.47
1982.22	2877.86	28852.94	1059.70	2604.45	5355.52	2395.04	2703.02	2526.79	2712.55	1726.69
1993.33	2887.75	29061.03	1060.82	2620.53	5389.80	2407.35	2719.10	2538.46	2728.74	1733.88
2004.44	2897.42	29270.91	1063.70	2636.68	5424.17	2419.65	2735.20	2550.03	2744.50	1741.01
2015.56	2906.86	29481.20	1065.56	2652.95	5458.60	2431.94	2751.35	2561.55	2760.25	1748.05
2026.67	2916.06	29692.33	1067.30	2669.30	5492.20	2444.21	2767.53	2572.96	2776.05	1755.07
2037.78	2925.00	29904.35	1068.93	2685.78	5527.73	2456.45	2783.72	2584.33	2791.88	1761.99
2048.89	2933.25	30117.24	1070.46	2702.37	5562.43	2468.70	2799.97	2595.60	2807.70	1768.87
2060.00	2942.18	30330.93	1071.88	2719.08	5597.19	2480.92	2816.23	2606.80	2823.57	1775.70

温度（℃）	碳	氢	硫	干空气	水蒸气	氧	氮	二氧化碳	一氧化碳	二氧化硫
2071.11	2950.40	30545.62	1073.18	2735.90	5632.04	2493.12	2832.54	2617.90	2839.45	1782.44
2082.22	2958.37	30761.14	1074.39	2752.84	5666.97	2505.30	2848.86	2628.94	2854.90	1789.13
2093.33	2966.09	30977.52	1075.48	2769.90	5701.99	2517.47	2865.24	2639.91	2871.28	1795.76
2104.44	2973.55	31194.81	1076.45	2787.09	5737.10	2529.63	2881.62	2650.76	2887.22	1802.31
2115.56	2980.73	31412.96	1077.34	2804.43	5772.28	2541.76	2898.05	2661.54	2903.21	1808.81
2126.67	2987.67	31632.04	1078.08	2821.88	5807.55	2553.86	2914.52	2672.26	2919.19	1815.23
2137.78	2994.34	31851.98	1078.71	2839.47	5842.90	2565.97	2931.02	2682.85	2935.20	1821.59
2148.89	3000.73	32072.85	1079.24	2857.22	5878.33	2578.03	2947.54	2693.38	2951.24	1827.89
2160.00	3006.87	32294.60	1079.64	2875.11	5913.86	2590.09	2964.11	2703.37	2967.30	1834.10
2171.11	3012.72	32517.25	1079.92	2893.15	5949.46	2602.13	2980.70	2714.17	2983.38	1840.25
2182.22	3018.30	32740.82	1080.08	2911.34	5985.13	2614.14	2996.85	2724.42	2999.48	1846.34
2193.33	3023.60	32964.82	1080.13	2929.70	6020.92	2626.13	3013.98	2734.60	3015.58	1852.36
2204.44	3028.64	33190.20	1080.06	2948.22	6056.28	2638.10	3030.66	2744.66	3031.73	1858.29

将表 A-2 中的数据进行拟合，可得到如图 A-1～图 A-10 所示的烟气中各种原始组成成分的比热容随温度变化的曲线。

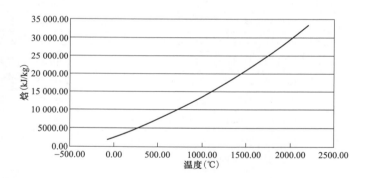

图 A-1　氢元素比热容随温度变化的趋势

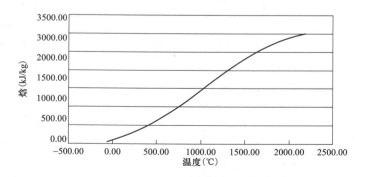

图 A-2　碳元素比热容随温度变化的趋势

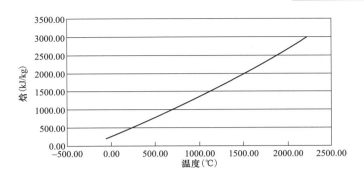

图 A-3　干空气比热容随温度变化的趋势

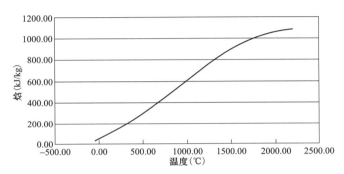

图 A-4　硫元素比热容随温度变化的趋势

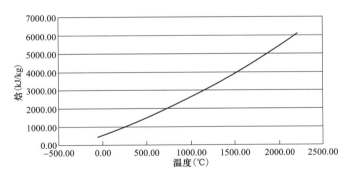

图 A-5　水蒸气比热容随温度变化的趋势

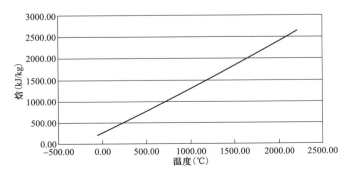

图 A-6　氧气比热容随温度变化的趋势

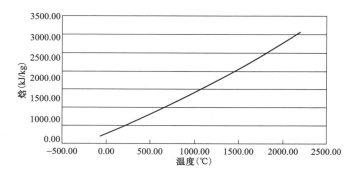

图 A-7　氮气比热容随温度变化的趋势

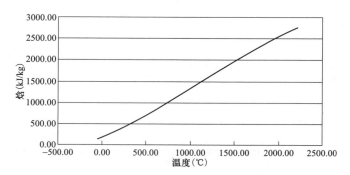

图 A-8　二氧化碳比热容随温度变化的趋势

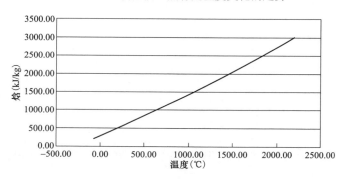

图 A-9　一氧化碳比热容随温度变化的趋势

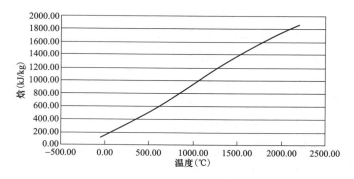

图 A-10　二氧化硫比热容随温度变化的趋势

各成分焓值拟合公式见式（A-1）～（A-10），即

$$c_C = 1e^{-14}t^5 - 7e^{-11}t^4 - 2e^{-07}t^3 + 0.0009t^2 + 0.7177t + 40.106 \tag{A-1}$$

$$c_{p,H} = -1e^{-14}t^5 + 9e^{-11}t^4 + 1e^{-07}t^3 + 0.0016t^2 + 9.1396t + 2530.1 \tag{A-2}$$

$$c_S = 2e^{-15}t^5 - 2e^{-11}t^4 - 9e^{-08}t^3 + 0.0003t^2 + 0.346t + 50.938 \tag{A-3}$$

$$c_{p,Air,dry} = 3e^{-14}t^5 - 1e^{-10}t^4 + 2e^{-07}t^3 + 6e^{-06}t^2 + 1.0037t + 272.92 \tag{A-4}$$

$$c_{p,Steam} = -3e^{-15}t^5 + 2e^{-11}t^4 - 5e^{-08}t^3 + 0.0004t^2 + 1.8093t + 503.88 \tag{A-5}$$

$$c_{p,O_2} = -2e^{-15}t^5 + 1e^{-11}t^4 - 7e^{-08}t^3 + 0.0002t^2 + 0.8953t + 247.84 \tag{A-6}$$

$$c_{p,N_2} = 2e^{-16}t^5 + 8e^{-13}t^4 - 1e^{-09}t^3 + 0.0001t^2 + 1.0141t + 283.84 \tag{A-7}$$

$$c_{p,CO_2} = 8e^{-16}t^5 - 5e^{-12}t^4 - 1e^{-07}t^3 + 0.0004t^2 + 0.8422t + 191.31 \tag{A-8}$$

$$c_{p,CO} = -2e^{-15}t^5 + 1e^{-11}t^4 - 3e^{-08}t^3 + 0.0001t^2 + 1.0103t + 283.98 \tag{A-9}$$

$$c_{p,SO_2} = e^{-16}t^5 - 3e^{-12}t^4 - 8e^{-08}t^3 + 0.0002t^2 + 0.6203t + 149.34 \tag{A-10}$$

由于性能试验一般只需计算到500℃以下的温度，因此只需根据各个标准中的计算公式对0～500℃温度区间内烟气的焓值变化进行计算并对比，即可知各个标准中计算公式是否一致。由于ASME PTC 4—2013沿袭自ASME PTC 4.1—1968，ASME PTC 4.4—2008沿袭自ASME PTC 4.4—1981，因此主要比较的是GB/T 10184—2015、国际单位制的气体真实焓（表A-2插值计算）和ASME PTC 4—2013三个标准的数据，比较结果见表A-3。

表A-3　　　　　　　各种烟气成分0～200℃和0～500℃下的焓值变化　　　　　　　kJ/kg

物质	气体真实焓		ASME PTC4—2013		GB/T 10184—2015	
	0～200℃	0～500℃	0～200℃	0～500℃	0～200℃	0～500℃
水蒸气焓	376.66	991.68	378.91	989.04	379.24	989.88
氧气焓	186.28	489.06	187.23	489.90	187.23	489.88
氮气焓	206.80	532.89	207.07	528.88	208.91	533.64
CO_2焓	184.02	507.05	182.61	508.24	182.65	508.36
CO焓	207.32	537.08	209.37	537.54	209.46	537.75
SO_2焓	133.33	362.52	132.81	364.00	—	—
干空气焓	201.93	518.76	202.48	519.86	202.91	520.98

由表A-3可以看出，各个标准所使用的比热容值基本一致，尽管计算值有所区别，但这只是技术处理上的微小差异造成的。一方面，如果读者与用户可以达到沟通与理解，完全可以用真实比热容代替所有标准中的比热容技术处理，使得各标准计算结果趋于一致；另一方面，这些微小的差异也决定了一个试验的数据可由不同标准计算出不同的数据，这是非常正常的。

附录 B ASME 标准单位和国际标准单位的换算

项目	单位		换算因子
	美制单位	国际单位	
面积	ft^2	m^2	9.2903E－02
对流或辐射换热系数	Btu/（ft^2·h·℉）	W/（m^2·K）	5.6779E+00
密度	lb/ft^3	kg/m^3	1.6018E+01
电能	kWh	J	3.6000E+06
单位面积的能量	Btu/ft^2	J/m^2	1.1341E+04
单位质量的能量	Btu/lb	J/kg	2.3237E+03
能量（通量）	Btu/（ft^2·h）	W/m^2	3.1503E+00
能量（流率）	Btu/h	W	2.9307E－01
单位能量的质量	lb/Btu	kg/J	4.3036E－04
质量流量	lb/h	kg/s	1.2599E－04
平均比热容	Btu/（lb·℉）	J/（kg·K）	4.1868E+03
单位质量的摩尔数	mol/lb	mol/kg	2.2046E+00
压力	in（wg）	Pa	2.491E+02
绝对压力	psia	Pa	6.8948E+03
表压力	psig	Pa	6.8948E+03
气体常数	ft·lb/（lb·R）	J/（kg·K）	5.3812E+00
温度	℉	℃	（℉－32）/1.8
绝对温度	R	K	（℉+459.67）/1.8
通用气体常数	ft·lb/（mol·R）	J/（mol·K）	5.3812E+00

参 考 文 献

[1] 北京锅炉厂，译．锅炉机组热力计算标准方法 [M]．北京：机械工业出版社，1976．

[2] 范从振．锅炉原理 [M]．北京：水利水电出版社，1982．

[3] 赵振宁，张清峰，赵振宙．电站锅炉性能试验原理方法及计算．北京：中国电力出版社，2010．

[4] 廖宏楷，王力．电站锅炉试验 [M]．北京：中国电力出版社，2007．

[5] 杨世铭，陶文铨．传热学 [M]．北京：高等教育出版社，2006．

[6] 朱明善，刘颖，林兆庄．工程热力学 [M]．北京：清华大学出版社，1995．

[7] 陈学俊．锅炉原理 [M]．北京：机械工业出版社，1983．

[8] 阎维平，云曦．ASME PTC 4—1998 锅炉性能试验规程的主要特点 [J]．动力工程，2007，27（2）．

[9] 黄伟，李文军，熊蔚立．GB 10184—1988 和 ASME PTC 4.1 标准锅炉热效率计算方法分析 [J]．湖南电力，2006，25（1）．

[10] 崔秀丽．JNP2010 顺磁式在线氧量分析系统在火电厂中的应用前景 [J]．安徽电力职工大学学报，2001，7（1）．

[11] 汪永祥，王德彬．采用煤低位发热量计算烟气量方法的探讨 [J]．吉林电力．2003，36（5）．

[12] 曹子栋，陈国慧．锅炉测试技术 [M]．西安：西安交通大学出版社，1995．

[13] 高飞，杨伟良．锅炉的计算效率与燃料的高低位发热值的关系 [J]．热能动力工程．2001，17（95）．

[14] 李树生，吕翔．锅炉排烟热损失现行公式的分析和建议 [J]．发电设备，2006，5．

[15] 睢彬，孙虹，肖必年，等．火电厂新型氧量在线测量系统的开发与应用 [J]．中国电力，2002，35（2）．

[16] 杨庆柏，厉鹏．氧气传感器及其在火电厂的应用 [J]．传感器世界，2009．

[17] 刘福国，赵显桥．煤元素组成特性的数据挖掘 [J]．煤炭学报，2005．

[18] 刘福国，郝卫东，韩小岗，等．基于烟气成分分析的电站锅炉入炉煤质监测模型 [J]．燃烧科学与技术，2002．8（5）．

[19] 潘汪杰．热工测量及仪表 [M]．北京：中国电力出版社，2005．

[20] 张春发．崔映红．杨文滨，等．汽轮机级临界状态判别定律及改进的 Flugel 公式 [J]．中国科学（E 辑）．2003．33（3）．

[21] 毛宇，周棋，龚留生，等．ASME1998 版与国内 CFB 锅炉效率计算方法比较 [J]．东方电气评论，2008．22（88）．

[22] 孙伟，魏铁铮，陈华桂．电站锅炉效率计算方法研究 [J]．电力情报，2002．

[23] 李智，蔡九菊，曹福毅，等．电站锅炉效率在线计算方法 [J]．节能，2008，22（88）．

[24] 杨志勇，刘引．运行条件变化对锅炉效率的修正 [J]．电站系统工程，2003，20（1）．

[25] 蒋蓬勃，赵勇凯．印度 BALCO 电站锅炉效率试验标准探讨 [J]．电站系统工程，2008，24（5）．

[26] 车得福，庄正宁，李军，等．锅炉 [M]．西安：西安交通大学出版社，2008．

[27] 赵振宁，张清峰，朱宪然，等．基于湿基氧量的锅炉效率在线计算方法 [C]．中国电机工程学会

年会，2010.

［28］大唐国际. 全能值班员技能提升指导丛书锅炉分册［M］. 北京：中国电力出版社，2008.

［29］赵振宁，卢晓，葛亚琴，等. 电站锅炉一次风量的最佳风煤比修正［J］. 电站系统工程. 2010，26（3）.

［30］赵熙，阎维平，祝宪，等. 600MW 锅炉中速磨石子煤排放异常分析［J］. 锅炉技术，2010，41（5）.

［31］赵振宁，卢晓，葛亚琴，等. 中贮式制粉系统热态调整技术研究［J］. 华北电力技术，2010，3.

［32］包德梅，徐治皋，赵振宁. 回转式空气预热器动态分析的矩阵算法［J］. 锅炉技术，1998，29（9）.

［33］林旭. 空气预热器漏风率测试要点及计算方法分析［J］. 电力标准化与技术经济，2007（5）.

［34］张振兴，孙宝华，黄振康，等. 关于空气预热器漏风测定方法的探讨［J］. 电力标准化与技术经济，2007（5）：44-47，52.